# FAUNE DE FRANCE

## DU MÊME AUTEUR

---

### A LA MÊME LIBRAIRIE

**Faune de France**, contenant la description des espèces indigènes, disposées en tableaux analytiques, et illustrée de figures représentant les types caractéristiques des genres et des sous-genres. 1896-1900, 4 vol. in-18 jésus de 2 026 pages avec 5 075 figures........... 40 fr.

T. I. *Mammifères, Oiseaux, Poissons, Reptiles, Batraciens, Protochordes.* 540 pages et 1 124 figures.............................. 12 fr.

T. II. *Coléoptères.* 466 pages et 1 052 figures............... 8 fr.

T. III. *Orthoptères, Névroptères, Hyménoptères, Lépidoptères, Hémiptères, Diptères, Aphaniptères, Thysanoptères, Rhipiptères.* 520 pages et 1 235 figures........................................ 10 fr.

T. IV. *Arachnides, Crustacés, Myriopodes, Vers, Mollusques, Phytozoaires, Protozoaires.* 500 pages et 1 664 fig............... 10 fr.

**Flore de France**, contenant la description des espèces indigènes, illustrée de figures représentant les types caractéristiques des genres et des sous-genres. 1894, 1 vol. in-18 jésus de 816 pages avec 2 165 figures........................................... 12 fr. 50
Cartonné...................................................... 14 fr.

**Les Champignons**, au point de vue biologique, économique et taxonomique. 1892, 1 vol. in-16 de 328 pages avec 60 figures (*Bibliothèque scientifique contemporaine*)...................... 3 fr. 50

**Les Lichens**, étude sur l'anatomie, la physiologie et la morphologie de l'organisme lichénique. 1893, 1 vol. in-16 de 376 pages avec 82 figures (*Bibliothèque scientifique contemporaine*)....... 3 fr. 50

### LIBRAIRIE FÉLIX ALCAN, A PARIS

**Les Insectes nuisibles.** Ravages ; moyens de destruction. 1897, 1 vol. in-18 de 192 pages avec 80 figures (Bibliothèque utile). *Ouvrage honoré d'une souscription du Ministère de l'Instruction publique.* 1 fr.

### LIBRAIRIE C. PAILLART, A ABBEVILLE

**Scènes de la vie des insectes.** 1897, 1 vol. in-8 de 320 pages avec 173 figures............................................ 2 fr. 50
**Fleurs et Plantes.** 1898, 1 vol. in-8 de 320 p. avec 360 fig... 2 fr. 50
**Le Monde sous-marin.** 1899, 1 vol in-8 de 320 pages avec 230 figures.................................................. 2 fr. 50

---

6521-99. — Corbeil. Imprimerie ED. CRÉTÉ.

# A. ACLOQUE

# FAUNE DE FRANCE

CONTENANT

## LA DESCRIPTION DES ESPÈCES INDIGÈNES

DISPOSÉES EN TABLEAUX ANALYTIQUES

Et illustrée de figures représentant les types caractéristiques
des genres

## MAMMIFÈRES, OISEAUX, POISSONS, REPTILES, BATRACIENS, PROTOCHORDES

Avec 1124 figures

PARIS

LIBRAIRIE J.-B. BAILLIÈRE et FILS

19, Rue Hautefeuille, près du Boulevard Saint-Germain

1900

# PRÉFACE

Voici enfin achevée la tâche que nous avons assumée il y a cinq ans, et que peut-être nous n'aurions pas osé entreprendre si nous avions eu au préalable entre les mains les éléments nécessaires pour en apprécier sûrement l'étendue.

Malgré la somme énorme de travail que nous avons dépensée pour réaliser ces quatre volumes, nous ne saurions nous dissimuler que les diverses parties de l'ouvrage ne sont pas d'égale valeur, et qu'il comporte, çà et là, des imperfections et des lacunes.

Mais nous nous sommes heurté à d'infranchissables obstacles que nous nous permettons d'invoquer comme autant de circonstances atténuantes.

D'abord, nos éditeurs ont dû nous fixer une limite que nous ne pouvions pas dépasser sous peine d'élever le prix du livre à un taux qui eût empêché sa vente. Et il fallait bien leur accorder quelque autorité en la matière, puisqu'ils ont consenti aux frais énormes qu'entraîne une publication de cette importance.

En second lieu, nous n'avions pour nous guider aucun ouvrage d'ensemble, puisque nul avant nous ne s'était attaqué à un pareil labeur. Tout essai comporte des incertitudes.

Enfin, il faut bien reconnaître que sur certains points la science est peu avancée encore, et ne permet pas une classification rationnelle ni la diagnose sûre des espèces.

Nous espérons par suite que l'on nous pardonnera les imperfections de notre travail, en considération de l'effort fait pour doter la zoologie française d'un livre souhaité depuis longtemps, mais que nous avons le premier réalisé.

D'ailleurs, peut-être pourrons-nous combler par la suite les lacunes que nous regrettons, par la publication soit d'un volume supplémentaire, soit de fascicules isolés. Il faudra pour cela que Dieu nous prête vie, et que nous ayons le loisir de nous procurer et d'utiliser les matériaux rares dont le défaut nous a obligé à laisser dans l'ombre certaines parties de notre ouvrage.

A. ACLOQUE.

*Paris, le 31 décembre 1899.*

Afin de rendre à chacun ce qui lui est dû, nous tenons à déclarer que nous avons eu recours, pour les dessins des Oiseaux, à l'ouvrage de Temminck et Werner, *Atlas des Oiseaux d'Europe*.

# CLEF ANALYTIQUE DES EMBRANCHEMENTS

1 { Corps ord. formé d'une *seule* cellule ou d'un très petit nombre de cellules s'm-
    *blables entre elles* → **Protozoaires** (T. IV, p. 490).

    Formé d'un *grand nombre* de cellules, *différenciées en tissus* → **2.**

2 { Animal ord. *fixé*, à symétrie *nulle* ou *rayonnée* → **3.**
    Ord. *libre*, à symétrie *bilatérale* → **5.**

3 { *Une cavité générale* → **Echinodermes** (T. IV, p. 454).
    *Pas de cavité générale* → **4.**

4 { *Deux* orifices, l'un pour l'entrée, l'autre pour la sortie de l'eau → **Spongiai-
    res** (T. IV, p. 489).

    *Un seul* orifice pour l'entrée et la sortie de l'eau → **Polypes** (T. IV, p. 466).

5 { *Pas de corde* dorsale ou caudale → **6.**
    *Une corde* dorsale ou caudale → **9.**

6 { Téguments *chitineux*. Corps segmenté en anneaux. Ord. pas de cils vibratiles →
    **Arthropodes** (T. II, p. 13).

    *Sans chitine.* Ord. des cils vibratiles → **7.**

7 { Ord. *une coquille* calcaire. Le plus souv. *libres*. Corps non segmenté, présentant
    ord. 3 régions distinctes, la tête, le tronc, le pied → **Mollusques** (T. IV,
    p. 334).

    Ord. *pas de coquille*, ou coquille à 2 valves, *l'une dorsale, l'autre ventrale* → **8**

8 { *Fixés*, au moins temporairement → **Lophostomés** (T. IV, p. 241).
    *Libres.* Corps souv. annelé → **Vers** (T. IV, p. 265).

9 { *Pas de vertèbres* → **Protochordes** (T. I, p. 497).
    *Des vertèbres* → **Vertébrés** (T. I, p. 3).

A. ACLOQUE

# FAUNE DE FRANCE

# MAMMIFÈRES

avec 209 figures

# FAUNE DE FRANCE

## EMBRANCHEMENT DES VERTÉBRÉS

Animaux à symétrie bilatérale, munis d'un squelette intérieur dont l'axe est primitivem. constitué par une corde dorsale autour de laquelle se forme la colonne vertébrale (fig. 1). Au plus 2 paires de membres. Un crâne. Système nerveux central (névraxe) protégé par des dépendances de la colonne vertébrale et placé dorsalem. par rapport à la cavité

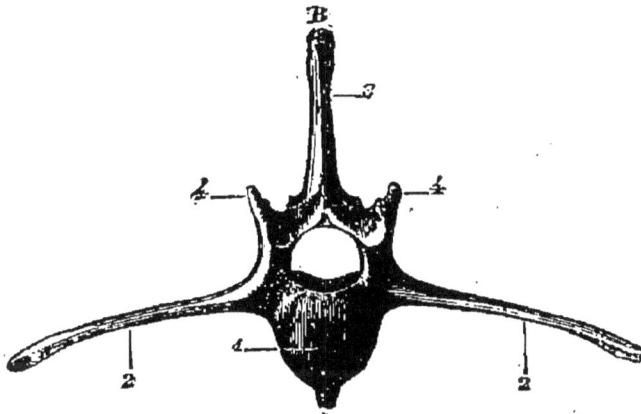

Fig. 1. — Vertèbre lombaire d'âne, 1, corps ; 2, apophyses transverses ; 3, apophyse épineuse ; 4, apophyses articulaires.

générale·renfermant les viscères. Un cœur. Sang rouge. Des poumons, ou des branchies soit transitoires, soit permanentes.

*Téguments.* — La peau qui enveloppe le corps comprend deux couches superposées : l'une externe, épithéliale, constituant l'*épiderme*, l'autre interne, formée de tissu conjonctif, et constituant le *derme*. De l'épiderme émanent les *glandes cutanées* et les *phanères*, terme collectif désignant les écailles, les ongles et les poils. Le derme peut s'ossifier en plaques, et constituer un *exosquelette*, dont les parties sont ord. recouvertes d'une couche externe dure, *corne* ou *émail*.

*Système digestif.* — Il comprend le *tube digestif* et ses annexes. Le tube digestif est formé de deux tuniques, une *muqueuse* interne et une *couche musculaire* externe. Il se compose (fig. 2) de la *cavité buccale*, du *pharynx*, de l'*œsophage*, de l'*estomac* et de l'*intestin*. La cavité buccale est située immédiatement derrière l'orifice buccal, et renferme ord. une *langue* charnue occupant son plancher ; elle est ord. pourvue de deux mâchoires, l'une supérieure, presque touj. fixe, l'autre inférieure, mobile. La muqueuse de la cavité buccale produit comme annexes des organes masticateurs calcaires (*dents*) ou cornés (*fanons*), et des *glandes salivaires*. La langue, qui constitue essentiellement l'organe du goût, est couverte de nombreuses *papilles* où aboutissent d'abondantes terminaisons nerveuses. Après la cavité buccale vient le pharynx, partie commune au canal aérien et au canal digestif ; l'œsophage lui fait suite, et se joint à l'estomac par une ouverture nommée *cardia* ; l'estomac à son tour communique avec

l'intestin par le *pylore*, ouverture munie d'un épaississement de la paroi, *valvule pylorique*, qui empêche le reflux des aliments. L'intestin comprend l'*intestin grêle* et le
*gros intestin*, séparés l'un de l'autre par une *valvule iléo-cœcale*. — Les organes
annexes du tube digestif sont les *dents*, organes calcaires provenant à la fois de l'épi-
thélium et du derme, et des *glandes*, les unes cachées dans la paroi même du tube
(*intrapariétales*), les autres placées en dehors de cette paroi (*extrapariétales*). Les
premières sont de 2 sortes : les unes en grappe, répandues dans tout le tube (glandes
*muqueuses*), les autres tubuleuses, occupant l'estomac et sécrétant le suc gastrique
(glandes *gastriques*), ou les intestins et sécrétant le suc intestinal (glandes *intestinales*). Les glandes extrapariétales sont volumineuses et peu nombreuses : elles comprennent les *glandes salivaires*, le *foie* et le *pancréas*. — Au système digestif se
rattachent, mais sans présenter aucun rapport avec ses fonctions, la *glande thyroïde*
et le *thymus*.

*Système circulatoire.* — Il se compose d'un système *sanguin* et d'un système *lymphatique*. Le premier a pour organe essentiel le *cœur*, organe musculeux creusé de
cavités et muni de replis membraneux (*valvules*) qui dirigent le cours du sang ; cette
circulation s'opère dans tout le corps par des *artères* et des *veines*, reliées entre elles
par un réseau de canaux microscopiques, ou *capillaires*. Le système lymphatique renferme la *lymphe*, et se compose soit de cavités entourant les vaisseaux sanguins, soit
d'un ensemble de vaisseaux spéciaux sur le trajet desquels se trouvent les *ganglions
lymphatiques*. La *rate*, organe spécial aux vertébrés, offre la structure de ces ganglions, mais se rattache à l'appareil sanguin.

*Système respiratoire.* — Il a pour agents, suivant les groupes, soit des *branchies*,
en nombre variable, placées symétriquement à la suite les unes des autres sur des arcs
branchiaux, soit des *poumons*, toujours au nombre de deux, symétriquem. placés à
gauche et à droite, et commençant par un cœcum pharyngien impair.

*Système excréteur.* — Il offre, selon les groupes, 2 ou 3 formes successives : 1° le
*pronéphros* (rein précurseur ou céphalique), formé d'un petit nombre de canalicules qui
s'ouvrent d'un côté dans la cavité générale par des pavillons vibratiles (*néphrostomes*),
de l'autre dans un canal *excréteur* aboutissant au cloaque ; 2° le *mésonéphros* (rein
primitif ou corps de Wolff), plus volumineux que le pronéphros et le remplaçant
progressivement, composé de canalicules dont chacun offre un néphrostome et une
ampoule à double paroi (*capsule de Bowman*) qui recouvre un peloton artériel (*glomé-
rule de Malpighi*) ; 3° le *métanéphros* (rein définitif), amas cellulaire dans lequel
vient plonger un diverticule (*uretère*) du canal de Wolff, excréteur de l'urine. — Les
reins sont toujours au nombre de 2, symétriques ; leurs uretères s'ouvrent qqf. dans le
rectum, mais plus souv. dans un réservoir spécial (*vessie urinaire*). Au voisinage des
reins sont placées des *capsules surrénales*, glandes vasculaires sanguines.

*Système reproducteur.* — Il se compose de glandes sexuelles logées dans la cavité
viscérale ou ses dépendances, et constituées chez les ♂ par des *testicules*, chez les ♀
par des *ovaires*.

*Squelette.* — Il se compose essentiellement d'une partie interne (*endosquelette*)
constituée par des os et des cartilages, et à laquelle s'ajoute qqf. un *exosquelette*, formé
de plaques calcaires qui se développent dans le derme. — La corde dorsale est toujours
protégée par une série de *vertèbres*, organes solides juxtaposés bout à bout et constituant le rachis ou *colonne vertébrale* ; les vertèbres offrent un anneau dorsal dans
lequel passe la moelle épinière ; un certain nombre offrent latéralem. des arcs (*côtes*)
dirigés vers la face ventrale, où ils s'unissent parfois par une pièce impaire, *sternum*.
La colonne vertébrale et les côtes forment le squelette du tronc. Le squelette de la tête
entoure l'encéphale, qui se continue avec la moelle épinière. Les membres, ord. au
nombre de 2 paires, l'une antérieure, l'autre postérieure, se réunissent au squelette du
tronc par des pièces formant deux ceintures, la ceinture *scapulaire* ou *thoracique*
(*épaule*) pour les antérieurs, la ceinture *pelvienne* ou *abdominale* (*bassin*) pour les
postérieurs.

*Système nerveux.* — Il comprend 2 parties : le système *cérébro-spinal*, ou *encé-
phalo-rachidien*, soumis à la volonté, et le système *viscéral* ou du *grand sympa-
thique*, indépendant de la volonté. — L'axe cérébro-spinal, *névraxe*, se compose d'un
renflement (*encéphale*) logé dans le crâne et d'un cordon (*moelle épinière*) qui se pro-
longe plus ou moins loin dans la colonne vertébrale. Il existe en outre des centres nerveux latéraux constitués par des ganglions *cérébraux* et des ganglions *spinaux*. Le
système viscéral, qui n'est qu'une dépendance localisée du système cérébro-spinal,
comprend des *ganglions sympathiques* et des *nerfs sympathiques*.

*Organes des sens.* — Le *toucher* a pour agents des *corpuscules tactiles*, placés dans l'épiderme ou dans le derme. Le *goût* est servi par des *cellules gustatives*, groupées en corpuscules spéciaux siégeant dans la muqueuse de la langue. L'*odorat* réside dans les fosses nasales (fig. 2), cavités placées au-dessus de la bouche et tapissées par une muqueuse qui est munie de *cellules olfactives*. L'*ouïe* a pour organe essentiel une cavité

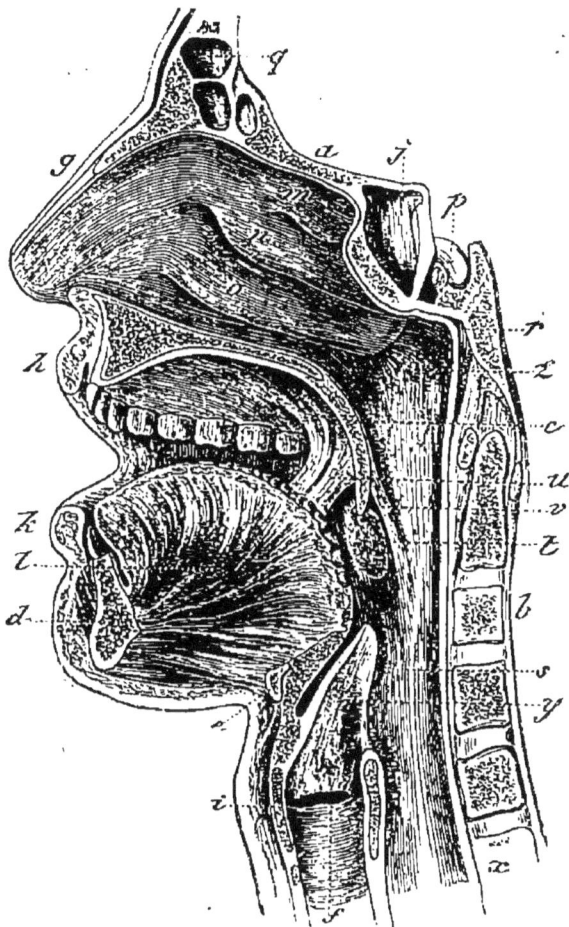

Fig. 2. — Coupe de la partie inférieure de la tête humaine ; *a*, crâne ; *b*, colonne vertébrale ; *c*, voile du palais ; *d*, maxillaire inférieur ; *e*, os hyoïde ; *f*, glotte ; *g*, nez ; *h*, *k*, lèvres ; *i*, larynx ; *j*, sinus sphénoïdaux ; *l*, langue ; *m*, *n*, *o*, cornets du nez ; *p*, selle turcique ; *q*, sinus frontaux ; *r*, voûte du palais ; *s*, œsophage ; *t*, amygdale ; *u*, piliers du voile du palais ; *v*, piliers externes ; *x*, vertèbres cervicales correspondant au pharynx ; *y*, épiglotte ; *z*, trompe d'Eustache.

close (*vésicule auditive*) pleine d'un liquide spécial, *endolymphe*, et offrant des *cellules auditives*. La *vue* est servie par des yeux, pairs et presque toujours symétriques.

# CLASSE DES MAMMIFÈRES

Vertébrés allantoïdiens à sang chaud, à téguments ord. pilifères. Respiration pulmonaire. ♀ munies de mamelles. Ord. vivipares.

Corps formé de 3 parties : une *tête*, renfermant le *cerveau* dans sa partie supér. (*crâne*), les organes des sens, la cavité buccale et l'orifice supér. du pharynx dans sa partie infér. ; un *tronc*, divisé par un *diaphragme* musculaire, horizontal, en 2 cavités : en haut le *thorax*, enfermant l'œsophage, le cœur et les poumons, en bas l'*abdomen*, enfermant l'estomac, les intestins et organes annexes, le foie, les reins et l'appareil génital ; *quatre membres*, une paire antér. et une paire postér.

Tégument formé de 2 couches : un *épiderme* et un *derme* ; c'est dans le derme qu'aboutissent les terminaisons nerveuses. Appendices tégumentaires constitués par des *poils*, des *ongles*, des *sabots*, des *cornes* et des *glandes sudoripares*. Revêtement

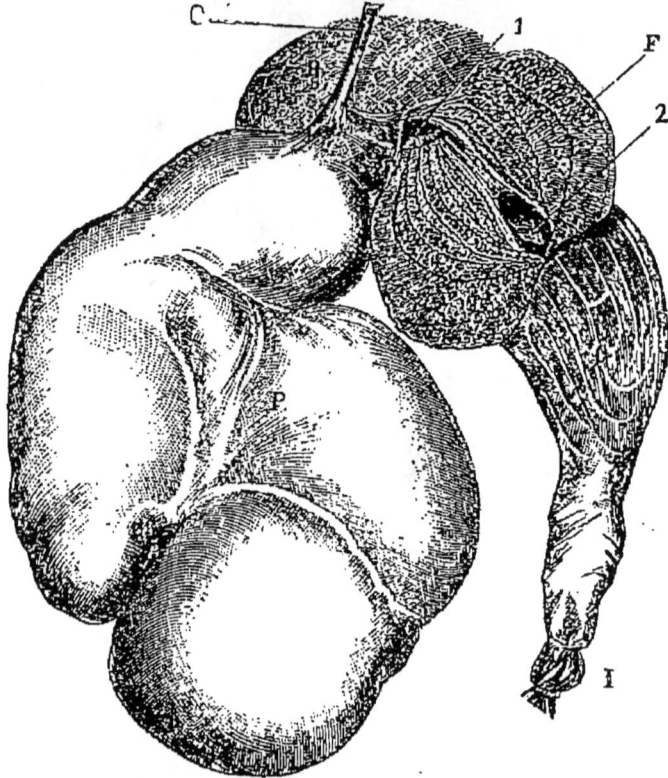

Fig. 3. — Estomac d'un ruminant (Mouton). — O, œsophage ; P, panse ; R, bonnet ; F, feuillet ; C, caillette ; I, intestin ; 1, 2, gouttière œsophagienne.

pileux ord. dimorphe : poils les uns longs et raides (*soies* ou *jarres*), les autres courts et fins (*duvet*, *bourre*). Poils insérés dans de petites dépressions de la peau (*follicules pileux*) dont le fond est renflé en *papille*, et comprenant 2 parties, l'une interne, *racine*, renflée à sa base en *bulbe*, l'autre saillante en dehors, constituant la *tige*. Au voisinage des poils, des *glandes sébacées*, sécrétant une substance huileuse.

Appareil digestif constitué par un tube digestif (*cavité buccale, pharynx, œsophage, estomac, intestins*) et ses annexes (*dents, glandes salivaires, pancréas, foie*). Cavité buccale (fig. 2) constituée par les *os des mâchoires* (la supérieure comprenant, de chaque côté, un *intermaxillaire*, un *maxillaire*, un *palatin* ; l'inférieure formée de 2 *maxil-*

*laires* souv. soudés ; toutes deux ayant les maxillaires munis de 2 rebords saillants ; *arcades dentaires*, revêtus d'une *gencive*, épaississement de la muqueuse, et portant les dents dans des *alvéoles*), les *lèvres* en avant, les *joues* sur les côtés, la *langue* en bas, le *palais* en haut (celui-ci formé d'une *voûte palatine* antér., munie d'une charpente osseuse, et d'un *voile du palais*, postér., exclusivem. musculeux ; voile muni qqf. d'un prolongement médian, *luette*, continué latéralem. par 2 piliers, l'un antér., l'autre postér., comprenant entre eux une glande, *amygdale*. Pharynx en entonnoir commun aux orifices digestif et respiratoire, communiquant en avant avec la bouche par *l'isthme du gosier*, en haut avec les fosses nasales par *l'arrière-narine*, en bas avec l'œsophage par l'orifice œsophagien et le larynx par la *glotte*, latéralem. avec l'oreille par *l'orifice de la trompe d'Eustache*. Œsophage traversant le diaphragme et débouchant dans l'estomac ; celui-ci uni à l'intestin, avec, au point de jonction, un anneau

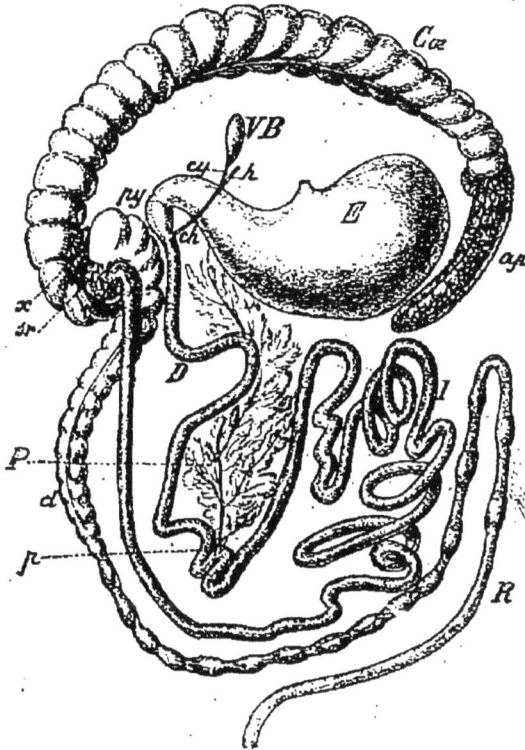

Fig. 4. — Tube digestif du Lapin. — *E*, estomac ; *py*, pylore ; *D*, duodénum ; *I*, intestin grêle ; *Cæ*, cæcum ; *cl*, colon ; *R*, rectum ; *h*, canal hépatique ; *cy*, canal cystique ; *VB*, vésicule biliaire ; *ch*, canal cholédoque ; *P*, pancréas ; *p*, canal de Virsung ; *ap*, appendice vermiculaire du cæcum ; *sr*, *sacculus rotundus*, couvert de plaques de Peyer ; *x*, épaississement du gros intestin, où s'ouvre la valvule iléo-cæcale.

musculaire, *valvule pylorique* (fig. 3). Intestin grêle, faisant suite à l'estomac, composé de 2 parties : le *duodénum*, en fer à cheval, recouvert par le péritoine seulem. en avant, et le *jéjuno-iléon* ou *intestin moyen*, décrivant de nombreuses *circonvolutions intestinales* (fig. 4) et entièrem. enveloppé par le péritoine. Gros intestin logé dans l'abdomen et le bassin, destiné à recevoir les *matières fécales*, et divisé en 3 parties : *cæcum, côlon, rectum* ; cæcum séparé de l'intestin grêle par la *valvule iléo-cæcale* ; orifice extérieur du rectum constitué par un *anus* pouvant se fermer par un muscle annulaire, *sphincter ani*. — Dents formant par leur ensemble une *dentition*, qui peut êtr permanente ou temporaire (fig. 14 à 16). Dans ce dernier cas, les premières dents, *dents de lait*, sont remplacées par d'autres plus robustes et plus nombreuses, *dents de remplacement* ou *de deuxième dentition.* Les dents (fig. 5 à 12) se partagent en : *incisives*, implantées dans les os intermaxillaires et dans la partie correspondante de la

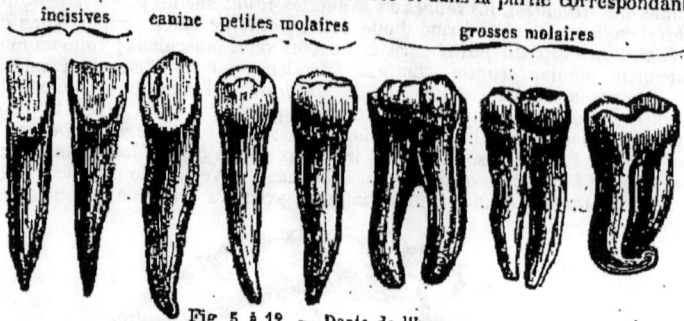

incisives    canine  petites molaires              grosses molaires

Fig 5 à 12. — Dents de l'homme.

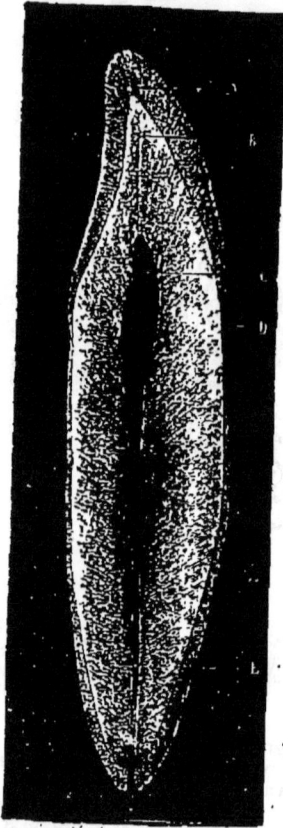

Fig. 13. — Coupe d'une dent; A, émail; B, ivoire; C, cavité de la pulpe; D, collet; E, cément.

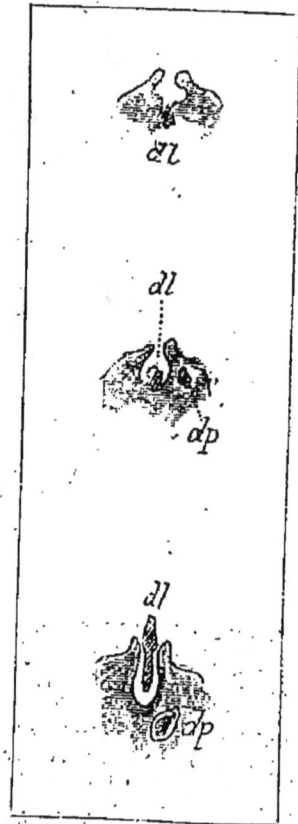

Fig. 14 à 16. — Mode de remplacement des dents; *dl*, dent de lait; *dp*, dent permanente.

mâchoire infér. ; *canines*, insérées à l'extrème bord antér. des intermaxillaires et à la partie correspondante de la mâchoire infér. ; *molaires*, occupant le reste de la mâchoire;

et divisées en *prémolaires*, qui succèdent à des molaires de lait, et en *vraies molaires*, qui ne se renouvellent .pas.. Le nombre et la répartition des dents s'expriment sous la forme d'une *formule dentaire* dont le numérateur comprend successivement le nombre des différentes dents d'un côté de la mâchoire supérieure, et le dénominateur le nombre des dents du même côté de la mâchoire inférieure. La formule dentaire de l'homme, par exemple, est celle-ci : $\frac{2.1.(2.3)}{2.1.(2.3)} = 32$ dents ; ce qui veut dire que l'homme a de chaque côté à la mâchoire supérieure 2 incisives, 1 canine, 2 prémolaires et 3 vraies molaires, et de chaque côté à la mâchoire inférieure 2 incisives, 1 canine, 2 prémolaires et 3 vraies molaires, le nombre total des dents étant de 32. Toute dent (fig. 13) se compose d'une partie émergée, *couronne*, et d'une partie immergée dans l'alvéole, *racine*, ord. séparées l'une de l'autre par un rétrécissement, *collet*, auquel adhère la gencive ; elle est essentiellem. constituée par une matière dure, *ivoire*, avec la couronne recouverte d'une substance plus dure, *émail*, et la racine munie d'un revêtement osseux, *cément*.

Les glandes salivaires sont en forme de grappe composée, et sécrètent la salive ; elles comprennent : la *parotide*, située au-dessous du conduit auditif externe ; la *glande sous-maxillaire*, placée en dedans du maxillaire inférieur, à la partie antéro-supérieure du cou ; la *glande sublinguale*, logée dans l'épaisseur du plancher buccal, sous l'extrémité antérieure de la langue. Le *foie*, glande qui sécrète la bile et élabore du glucose, volumineux, d'un brun rougeâtre, est situé immédiatement au-dessous du diaphragme ; sa face infér. est marquée de 3 sillons, dont 2 longitudinaux et 1 transverse, *hile*, qui la partagent en 4 lobes, *droit*, *gauche*, *antérieur* ou *carré*, *postérieur* ou de *Spiegel* ; le foie est relié au duodénum par le *canal cholédoque*. Le *pancréas* est situé transversalem. entre l'estomac et la colonne lombaire, en arrière du péritoine. Les viscères de l'abdomen sont enveloppés par une membrane séreuse, le *péritoine*, qui tapisse également les parois de la cavité abdominale.

Appareil circulatoire composé d'un organe central, *cœur*, enfermé dans le thorax (fig. 17),

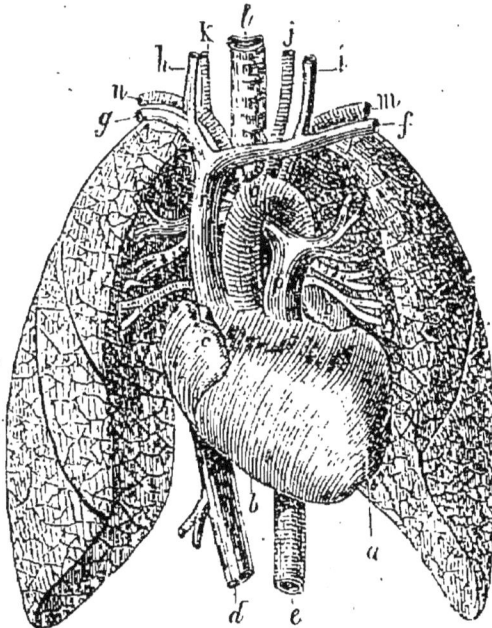

Fig. 17. — Cœur et appareil respiratoire de l'homme. — *a*, ventricule gauche ; *b*, ventricule droit, *c*, oreillette droite ; *d*, veine cave inférieure ; *e*, aorte pectorale ; *f*, *g*, veines du bras ; *h*, *i*, veines jugulaires ; *j*, *k*, artères carotides ; *l*, trachée-artère ; *m*, *n*, artères du bras ; *o*, oreillette gauche ; *p*, artère pulmonaire ; *q*, crosse de l'aorte, *r*, veine cave supérieure.

et de vaisseaux dans lesquels circule du sang ou de la lymphe. Le cœur est un organe mus-

culeux. ovoïde, à 4 loges. qui pousse dans les artères le sang qu'il reçoit par les veines.
Il est partagé par une cloison longitudinale en 2 moitiés indépendantes, l'une gauche.
l'autre droite; le cœur gauche est rempli de sang artériel, le cœur droit de sang veineux. Chacune de ces moitiés est divisée par une cloison horizontale en deux loges superposées, la supérieure globuleuse, *oreillette*. l'inférieure conique, *ventricule*. Ces deux
loges communiquent par un *orifice auriculo-ventriculaire*, muni d'une *valvule
auriculo-ventriculaire*, qui laisse passer le sang de l'oreillette dans le ventricule,
mais s'oppose au mouvement inverse. De chaque ventricule émane une artère : l'*artère
pulmonaire* part du ventricule droit, l'*artère aorte* du ventricule gauche; chacune est
munie de 3 replis, *valvules sigmoïdes*. Les oreillettes reçoivent les veines; à l'oreillette
droite aboutissent les deux *veines caves* et la *grande veine coronaire*, qui amènent
respectivement le sang veineux du corps et du cœur; l'oreillette gauche reçoit les
quatre *veines pulmonaires*, qui lui amènent le sang des poumons. Le système artériel
émane par subdivision des deux artères aboutissant au cœur; l'artère pulmonaire conduit le sang aux poumons; l'aorte conduit le sang artériel aux diverses régions
du corps; le système veineux émane tout entier des veines pulmonaires, grande veine
coronaire et veines caves. Les veines sont reliées aux artères par les *capillaires*, vaisseaux d'une grande ténuité, dont le calibre varie de 4 à 20 μ, et dont le réseau s'insinue
entre les éléments anatomiques. Le système lymphatique comprend les vaisseaux lymphatiques, charriant la lymphe, *lymphatiques proprement dits*, ou le chyle, *vaisseaux
chylifères*, de la périphérie au centre; le *canal thoracique*, qui naît d'une ampoule,
*réservoir de Pecquet*, placée au-dessous du diaphragme, et qui va se jeter dans la
veine sous-clavière gauche; la *veine lymphatique*, tronc fort court se jetant dans la
veine sous-clavière droite; les *follicules clos*. corps sphériques logés dans le derme de
l'intestin; les *amygdales*, volumineux lymphoïdes placés entre les piliers du voile du palais.

Système respiratoire comprenant : les *poumons*, organes spongieux, pairs, symétri-

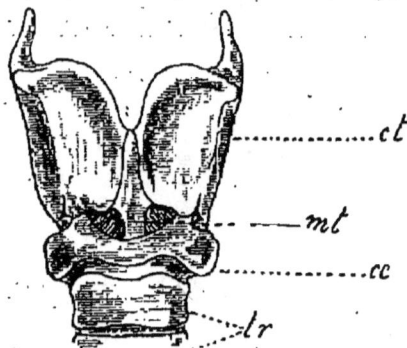

Fig. 18. — Larynx humain, vu par sa face antérieure; *ct*, cartilage thyroïde; *mt*, membrane;
*cc*, cartilage cricoïde; *tr*, commencement de la trachée-artère.

ques, logés de part et d'autre dans la cavité thoracique, et enveloppés dans un sac
séreux, *plèvre*; les *cavités nasales*, au nombre de deux et offrant une *narine* dilatable et une *fosse nasale* à paroi fixe. communiquant avec des sinus creusés dans les
os de la tête; le *pharynx*, qui sert au passage de l'air; le *larynx* (fig. 18), partie antér.
de la trachée-artère et organe de la voix; la *trachée-artère*, tube qui conduit l'air, et
dont la paroi est formée d'anneaux cartilagineux; les *bronches*, ramifications qui font
suite à la bifurcation de la trachée.

Appareil urinaire comprenant les 2 *reins* (fig. 19), organes qui élaborent l'urine,
placés de chaque côté de la colonne lombaire, derrière le péritoine, et les *voies uri-
naires*, divisées en 3 parties : les *uretères* (fig. 20, 21), émanant de la cavité interne
des reins, ou *bassinet*; la *vessie*, qui reçoit et accumule l'urine venue par les uretères;
l'*urèthre*, canal excréteur de la vessie.

Appareil reproducteur représenté essentiellement, chez le mâle par les testicules, chez
la femelle par les ovaires. Les testicules sont au nombre de 2, formés de nombreux
tubes ou canalicules séminifères, dont les parois différencient les spermatozoïdes; ces
canalicules se réunissent pour émerger du testicule sous forme de canaux efférents. La

Fig. 19. — Coupe longitudinale dans un rein, montrant les calices, le bassinet et les infundibula.

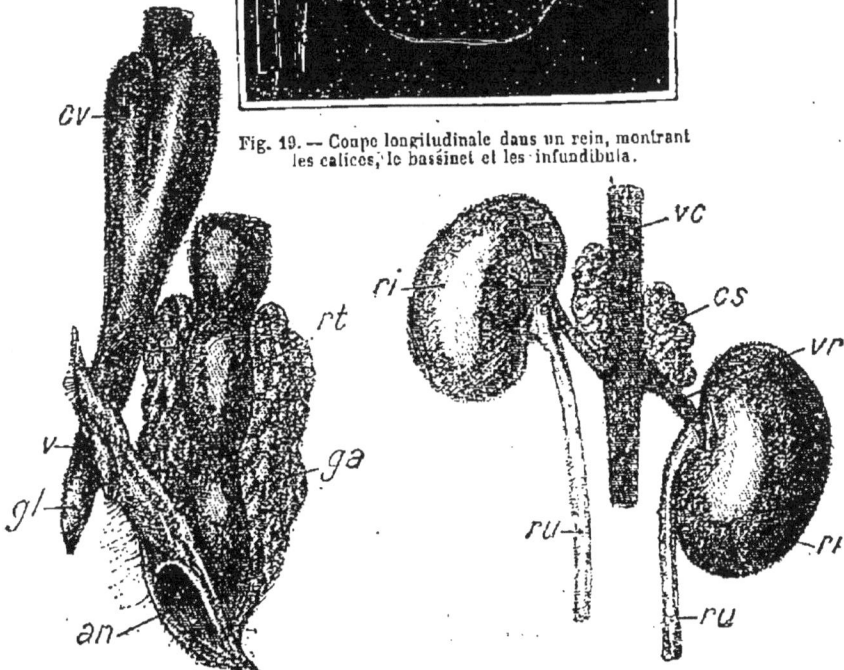

Fig. 20 et 21. — Appareil urinaire du Lapin. — *ri*, reins; *ru*, uretères; *v*, verge; *cv*, corps caverneux; *gl*, gland; *rt*, rectum; *an*, anus; *ga*. glandes anales; *cs*, corps surrénaux; *vc*, veine cave inférieure; *vr*, veines rénales.

réunion des canaux efférents constitue l'*épididyme*, organe oblong, en forme de crête.
adhérent au testicule par sa partie antér., et se continuant postérieurem. avec un *canal*

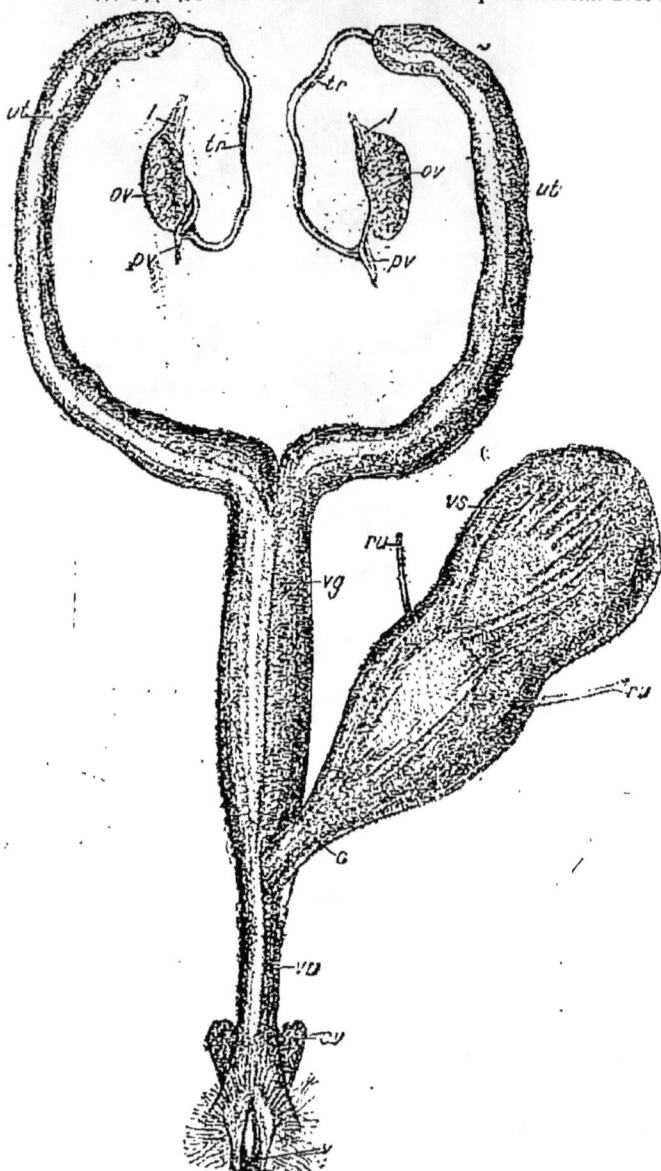

Fig. 22. — Appareil génital femelle du Lapin. — *ov*, ovaire; *l*, ligament; *pv*, pavillon de la trompe; *tr*, trompe: *ut*, utérus; *vg*, vagin; *ur*, uretères; *vs*, vessie; *c*, urèthre; *vu*, sinus uro-génital; *cv*, corps caverneux; *v*, vulve.

*déférent*, qui présente souv. un réservoir, *vésicule séminale*, et qui débouche dans
l'urèthre par un *canal éjaculateur*. L'organe copulateur, ou *pénis*, est formé d'une
tige érectile, *corps caverneux*, à laquelle s'accole l'urèthre. — Les ovaires (fig. 22) sont

au nombre de deux, toujours placés dans la cavité abdominale; ils offrent de nombreuses vésicules. *ovisacs* ou *vésicules de Graaff*, qui différencient les ovules; au voisinage des ovaires débouchent les extrémités flottantes. *pavillons*, des oviductes ou *trompes de Fallope*, dont l'extrémité inférieure communique avec l'*utérus* ou matrice : celui-ci offre un *col*, dont une portion, dite *museau de tanche*, fait saillie dans le *vagin*, conduit qui va de l'utérus à la *vulve*, ou ensemble des organes génitaux externes. — Le *placenta* est un organe qui unit la mère à l'embryon, tant que celui-ci n'est pas expulsé; il manque chez un certain nombre de mammifères (marsupiaux, monotrèmes), appelés pour cette raison *implacentaires*.

Le squelette (fig. 23) comprend six parties : la colonne vertébrale, les côtes, le sternum,

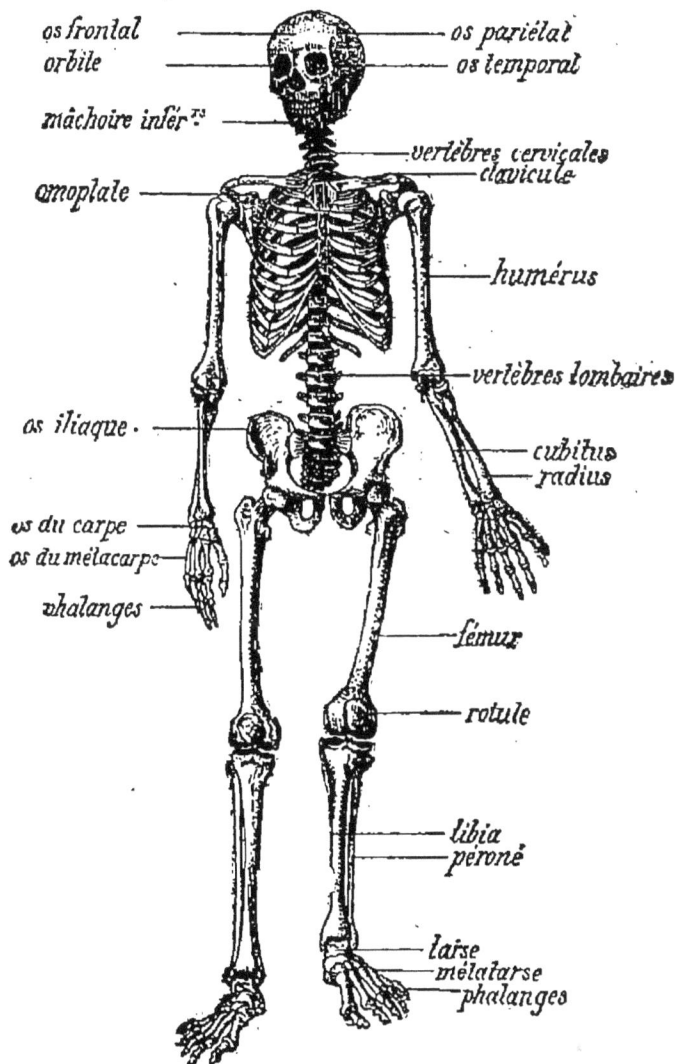

os frontal — — os pariétal
orbite — — os temporal

mâchoire infér.^rs —

— vertèbres cervicales
— clavicule

omoplate —

— humérus

— vertèbres lombaires

os iliaque .

— cubitus
— radius

os du carpe
os du métacarpe

phalanges

— fémur

— rotule

— tibia
— péroné

— tarse
— métatarse
— phalanges

Fig. 23. — Squelette de l'homme.

la tête, les ceintures et les membres. La colonne vertébrale se compose de cinq régions

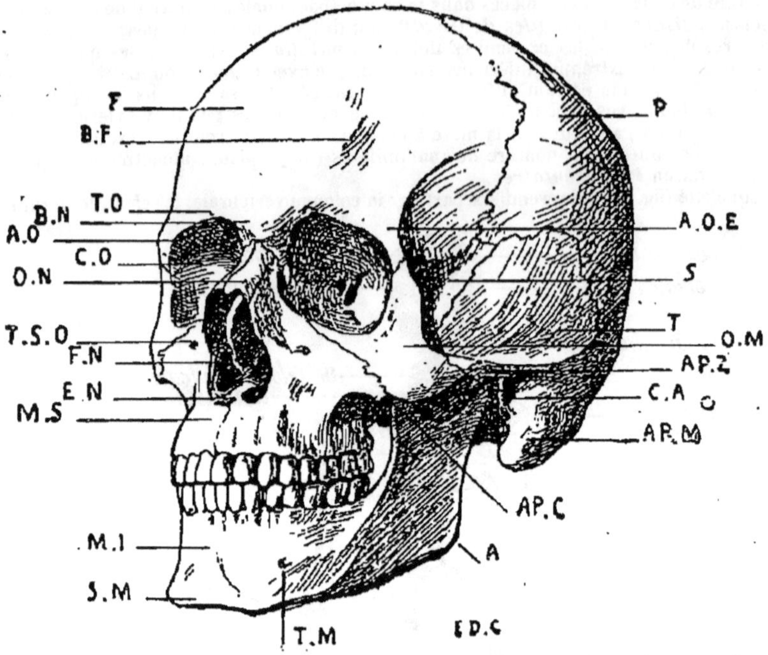

Fig. 24. — Tête osseuse de l'homme, face antéro-externe. — A, angle de la mâchoire ; AP.C, apo-physe coronoïde ; A.O, arcade orbitaire ; AP.M, apophyse mastoïde ; AP.Z, apophyse zygomatique : C.O, cavité orbitaire ; F, frontal ; F.N, fosses nasales ; M.I, maxillaire inférieur ; O.M, os ma-laire ; O.N, os du nez ; P, pariétal ; S, sphénoïde ; T, temporal.

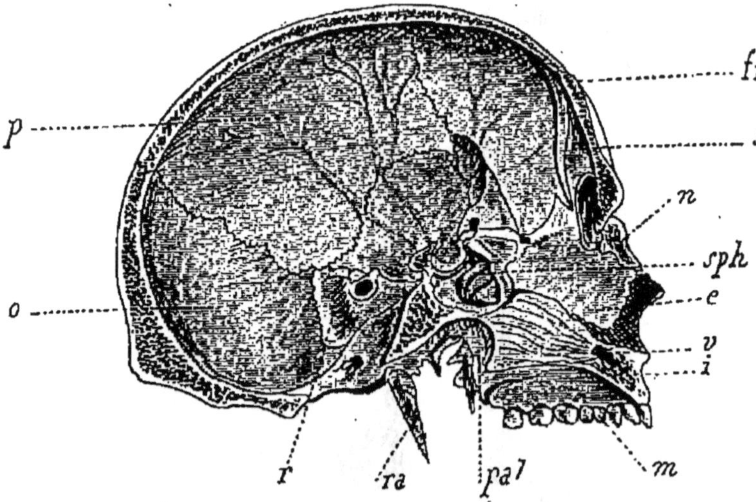

Fig. 25. — Coupe verticale de la tête de l'homme, pour montrer l'intérieur du crâne ; fr, frontal ; sf, sinus frontal ; p, pariétal ; o, occipital ; r, rocher (partie du temporal) ; ra, apophyse sty-loïde du rocher : pal, palatin : m, maxillaire supérieur ; i, os incisif ; v, vomer ; e, ethmoïde ; n, os nasal ; sph, sphénoïde.

distinctes : *cervicale, dorsale, lombaire, sacrée, coccygienne*. Les vertèbres des 3 premières sont libres et indépendantes; celles de la région sacrée sont soudées en un seul os, *sacrum*; lorsque la queue est rudimentaire, les vertèbres coccygiennes sont également soudées. Les côtes sont de 2 sortes : les unes, *vraies côtes*, rejoignent le sternum, les autres, *fausses côtes*, sont libres en avant. Le *sternum* est une pièce médiane formée par la soudure des extrémités antérieures des côtes. — Le *crâne* (fig. 24 et 25) est partagé en 2 régions : une base, comprenant ord. 2 os impairs, l'occipital

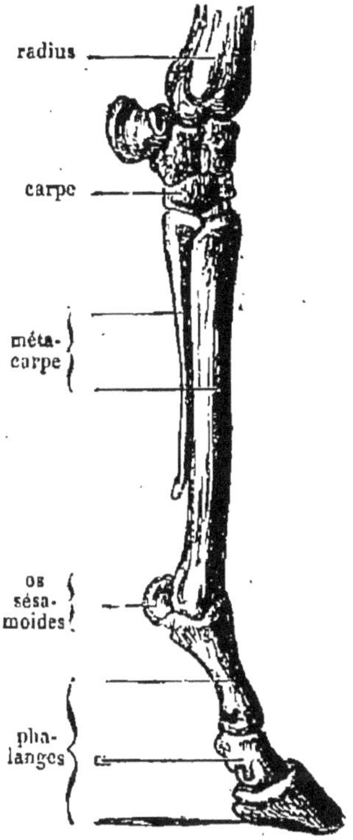

Fig. 26. — Pied antérieur de Cheval.

Fig. 27. — Pied antérieur de Tigre.

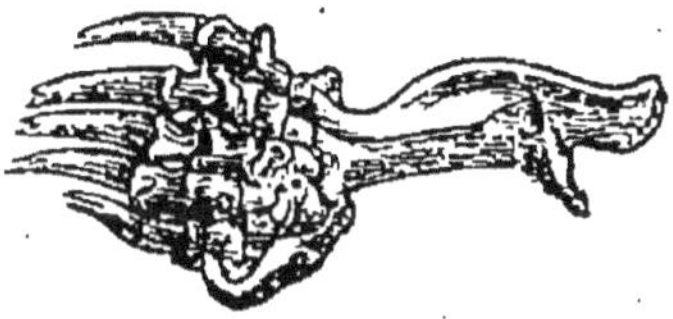

Fig. 28. — Patte antérieure de Taupe.

Fig. 29. — Nageoire de Dauphin.

(à parties qqf. non soudées) et le *sphénoïde*, et 2 os pairs, les *temporaux*; et une voûte, comprenant un os impair, le *frontal*, à parties qqf. non soudées, et 2 os pairs, les *pariétaux*, qui peuvent se souder en un os impair. La face comprend 2 régions : la région nasale, qui se compose de 2 os impairs, l'*ethmoïde* et le *vomer*, et de 2 os pairs, les *nasaux* et les *lacrymaux*; et la région buccale, comprenant 3 os pairs, supérieurs, les *maxillaires supérieurs*, les *palatins* et les *jugaux*, et 2 impairs, inférieurs, le *maxillaire inférieur* et l'*hyoïde*. Le nombre de ces os varie avec les groupes : qqf.

les os pairs se soudent ; ailleurs il s'y ajoute des pièces surnuméraires. — La *ceinture*

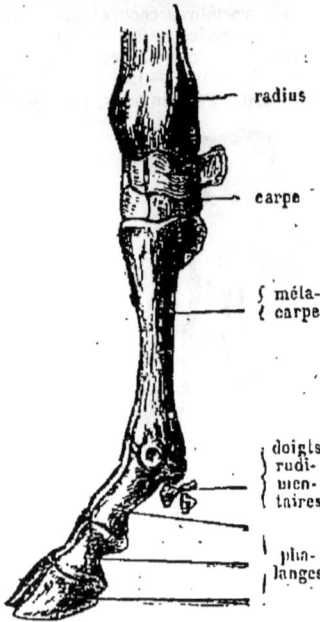

radius

carpe

{ méta-
{ carpe

doigts
rudi-
men-
taires

pha-
langes

Fig. 30. — Pied antérieur de Bœuf.

Fig. 31. — Pied antérieur
gauche de Cerf.

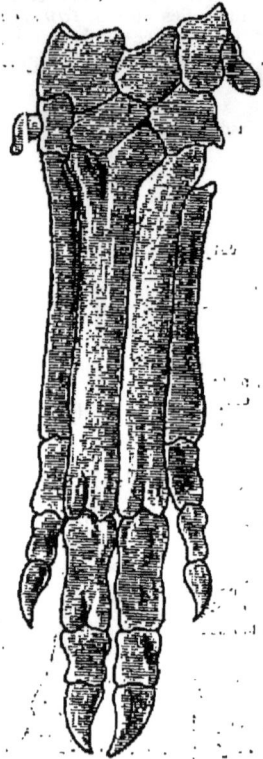

Fig. 32. — Pied antérieur
de Porc.

Fig. 33. — Carpe droit d'un Cheval.
1, pyramidal ; 2, semi-lunaire ; 3, sca-
phoïde ; 4, pisiforme ; 5, os crochu ;
6, grand os ; 7, trapézoïde.

*scapulaire*, ou épaule, comprend l'*omoplate* et la *clavicule* ; la ceinture pelvienne
comprend, de chaque côté, un os, *os coxal* ou
*iliaque*, uni en arrière avec le sacrum et en avant
avec son symétrique par la *symphyse du pubis*.
— Le membre antérieur comprend cinq parties
(fig. 26 à 33) : le *bras*, constitué par 1 os, l'*humérus* ; l'avant-bras, composé de 2 os, le *cubitus* et le *radius* ; le *carpe*, constitué par un
ensemble d'osselets de forme diverse ; le *métacarpe*, formé par des os longs, ord. au nombre
de 5 ; les *doigts*, ord. constitués par 3 os longs,
placés bout à bout et nommés *phalange*, *pha-
langine* et *phalangette*. Le membre postérieur
se compose égalem. de 5 parties : la *cuisse*, avec
1 seul os, le *fémur* ; la *jambe*, composée de
2 os longs, le *tibia* en dedans, le *péroné* en
dehors ; le *tarse*, à osselets ≠ nombreux ; le *métatarse* et les *orteils*, correspondant respecti-
vem. au métacarpe et aux doigts du membre
supérieur.

Les fonctions de relation sont commandées par des *muscles* (fig. 34), ord. symétriques et pairs, et provoquant les mouvements des membres et des organes sous les excitations transmises par les nerfs

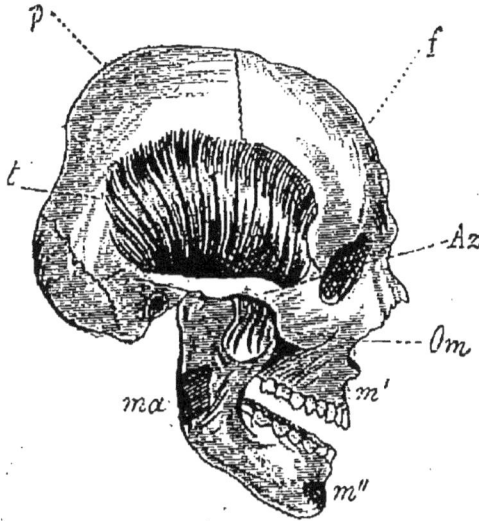

Fig. 34. — Appareil de la mastication ; *p*, pariétal ; *f.* frontal ; *t,* temporal ; *az,* arcade zygomatique ; *om*, os malaire ; *m'*, maxillaire supérieur ; *m''*, maxillaire inférieur ; *ma*, muscle masséter.

Le système nerveux (fig. 35, 36, 37) comprend essentiellement une *moelle épinière*

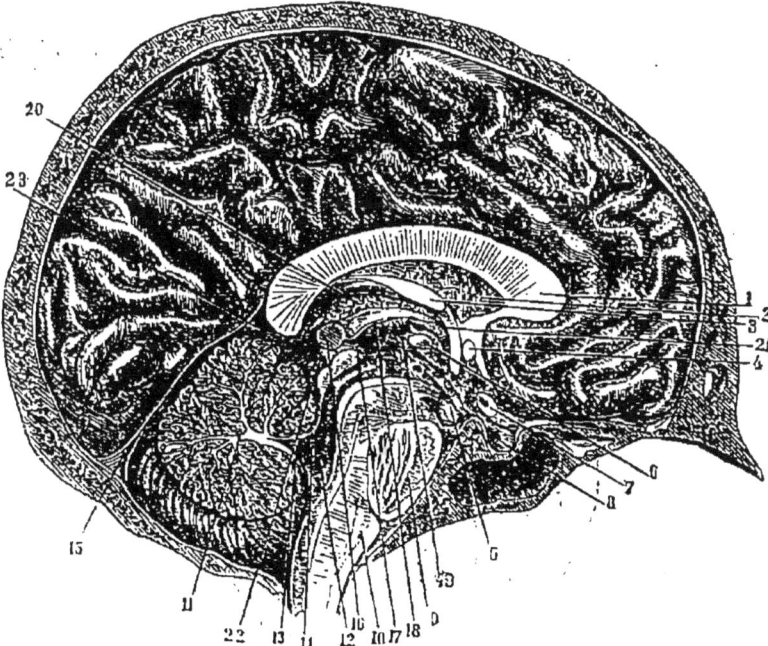

Fig. 35. — Coupe de l'encéphale humain. — 1, corps calleux ; 2, septum lucidum ; 3, trigone cérébral ; 4, commissure blanche antérieure ; 5, tubercules mammillaires ; 6, commissure grise ; 7, chiasma des nerfs optiques ; 8, hypophyse ; 9, pont de Varole ; 10, moelle allongée ; 11, cervelet ; 12. 4e ventricule ; 13, pédoncules cérébelleux postérieurs ; 14. valvule de Vieussens ; 15, tente du cervelet ; 16, épiphyse ; 17, commissure postérieure ; 18, rênes de l'épiphyse ; 19, 3e ventricule ; 20, toile choroidienne ; 21, trou de Monro ; 22, tubercules quadrijumeaux ; 23, fente cérébrale de Bichat.

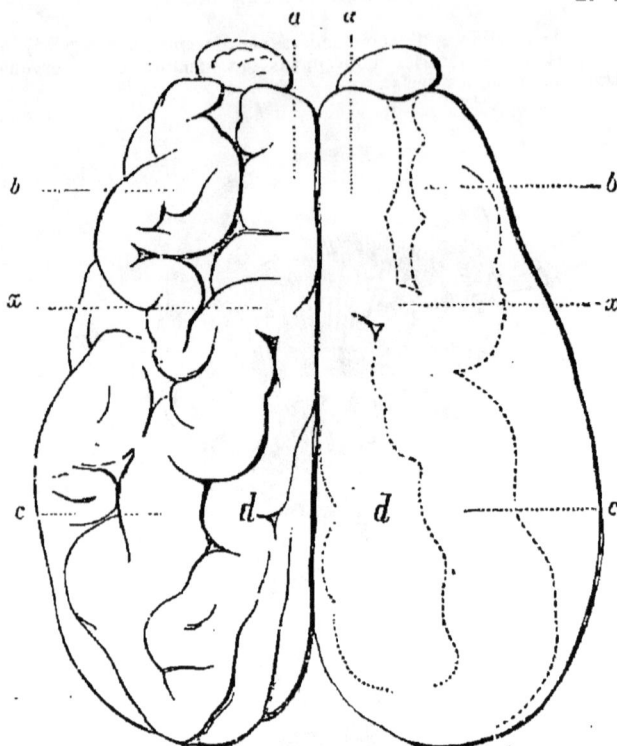

Fig. 36. — Hémisphères cérébraux du Mouton. — 3ᵉ circonvolution (x) divisée en avant (a, b),et en arrière (c, d) en deux branches.

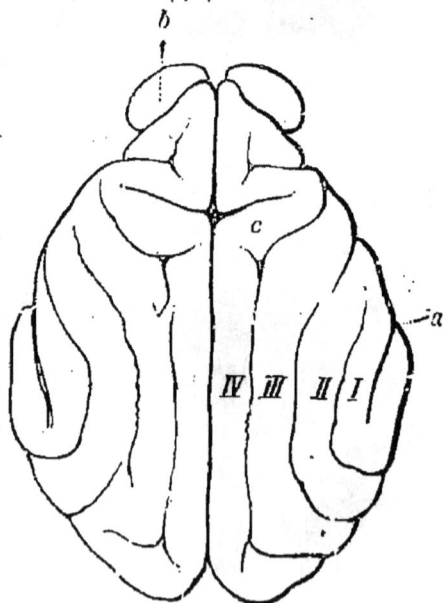

Fig. 27. — Hémisphères cérébraux du Renard. — a, scissure de Sylvius; b, lobe olfactif; c, sillon crucial; I à IV, les 4 circonvolutions primitives.

en forme de gros cordon blanc s'amincissant à l'extrémité postér. en un *cône terminal*, et muni de 2 renflements, 1 *cervical* et 1 *lombaire*, correspondant à l'origine des nerfs des membres ; et un *encéphale*, constitué par 3 parties distinctes : 1 inférieure, *bulbe rachidien*, 1 postérieure, *cervelet*, 1 supérieure, *cerveau*. La moelle épinière émet latéralem. par les trous de conjugaison des vertèbres, des nerfs *rachidiens* ou *spinaux* ; l'encéphale donne naissance à 12 paires de nerfs, qui sont, d'avant en arrière : l'*olfactif* ; l'*optique* ; l'*oculo-moteur commun* ; le *pathétique* ; le *trijumeau* ; l'*oculo-moteur externe* ; le *facial* ; l'*auditif* ; le *glosso-pharyngien* ; le *pneumogastrique* ; le *spinal* ; le *grand hypoglosse*.

Le sens du *toucher* est servi par des terminaisons nerveuses tactiles, pour la plupart logées dans la peau.

Le goût a pour siège les *papilles gustatives* de la langue, qui renferment des cor- puscules spéciaux en forme d'olive, *corpuscules du goût*.

L'odorat réside dans la muqueuse des fosses nasales, ou *membrane pituitaire*.

L'ouïe est servie par l'oreille (fig. 38 et 39), qui comprend normalem. 3 parties :

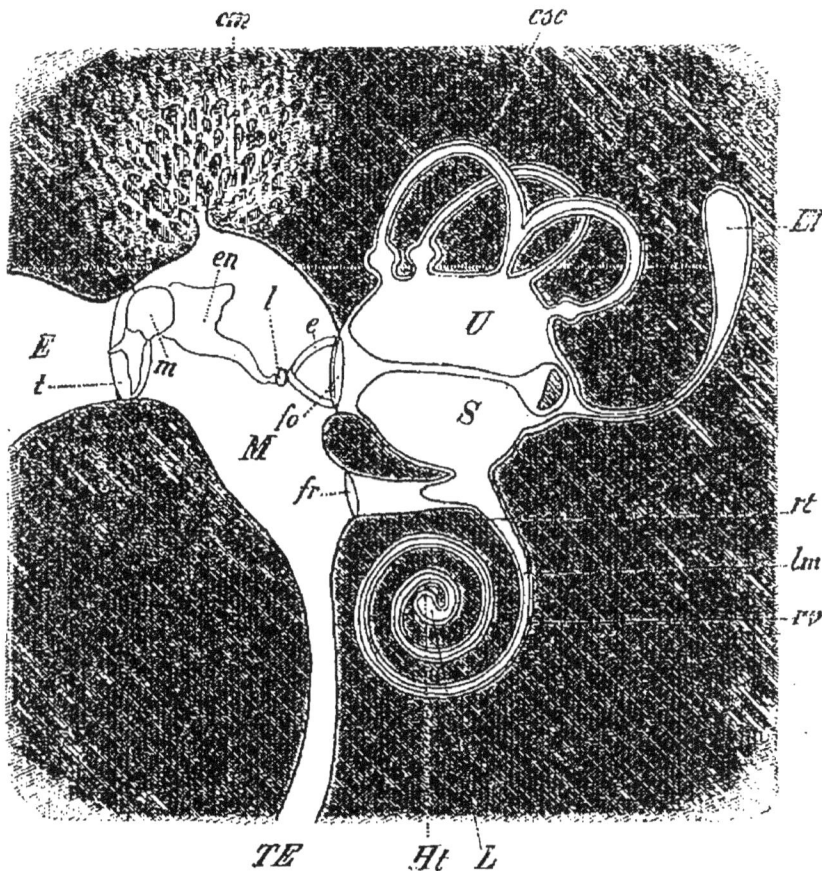

Fig. 38. — Schéma de l'oreille des mammifères. — *E*, oreille externe ; *M*, oreille moyenne ; *TE*, trompe d'Eustache ; *t*, tympan ; *m*, marteau ; *en*, enclume ; *l*, os lenticulaire ; *e*, étrier ; *fo*, fenêtre ovale ; *fr*, fenêtre ronde ; *cm*, cellules mastoïdiennes ; *U*, utricule ; *S*, saccule ; *El*, canal endo- lymphatique ; *lm*, canal cochléaire du limaçon ; *rt*, rampe tympanique ; *rv*, rampe vestibulaire ; *L*, lagena ; *Ht*, hélicotrème ; *csc*, canaux semi-circulaires.

l'oreille *externe*, l'oreille *moyenne* et l'oreille *interne*. L'oreille externe se compose du *pavillon* et du *conduit auditif externe*. L'oreille moyenne est essentiellem. constituée par une cavité, *caisse du tympan*, séparée du conduit auditif externe par la *membrane du tympan*, et communiquant avec les arrière-narines par un conduit ostéo-cartilagineux, *trompe d'Eustache*; sa paroi interne est percée de 2 ouvertures, constituant, la supérieure la *fenêtre ovale*, l'inférieure la *fenêtre ronde*, et toutes deux fermées par une cloison membraneuse; entre la membrane du tympan et celle de la fenêtre ovale s'étend une chaîne d'osselets, le marteau, l'enclume, l'étrier. L'oreille interne, ou *labyrinthe*, est une cavité entièrement close, comprenant un sac membraneux, *laby-*

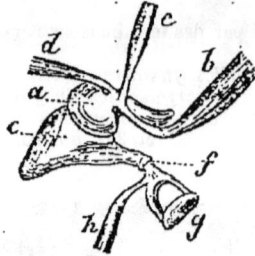

Fig. 39. — Osselets de l'oreille et leurs muscles. — *a*, marteau; *bcd*, ses muscles; *e*, enclume; *f*, os lenticulaire, *g*, étrier; *h*, son muscle.

*rinthe membraneux*, contenant un liquide spécial, *endolymphe*, et emboîté dans un *labyrinthe osseux*, dont il est séparé par un autre liquide, *périlymphe*. Le labyrinthe osseux comprend 3 parties : une antérieure, *limaçon*, une moyenne, *vestibule*, une postérieure, *canaux semi-circulaires*.

L'organe de la vision est l'*œil* (fig. 40), sphéroïde logé dans l'orbite, et séparé posté

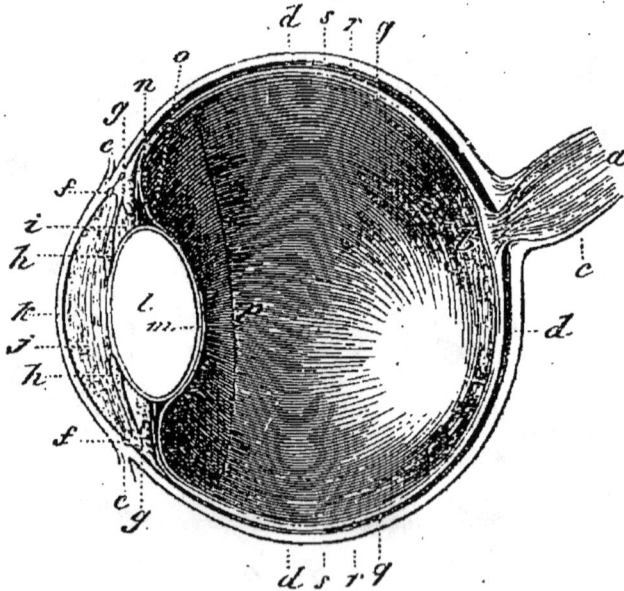

Fig. 40. — Section verticale du globe de l'œil; *a*, nerf optique; *b*, papille interne; *c*, gaine conjonctive du nerf; *d*, sclérotique; *e*, sa jonction avec la cornée; *fk*, cornée; *g*, muscle; *h*, iris; *ij*, portions postérieure et préférienne de la chambre antérieure; *l*, cristallin; *m*, sa capsule; *n*, canal de Petit; *o*, limite antérieure du corps vitré; *p*, chambre postérieure; *q*, membrane hyaloïde; *r*, rétine; *s*, choroïde.

rieurement de cette cavité par un coussinet graisseux. Le globe oculaire est limité par

3 membranes : la *membrane externe*, fibreuse, comprenant 2 parties, 1 postérieure,
*sclérotique*, qui laisse passer le nerf optique, l'autre antérieure, *cornée*; la *membrane
moyenne*, composée de 2 parties, 1 postérieure, *choroïde*, tapissant la sclérotique, et
1 antérieure, *iris*, tendue derrière la cornée, et percée d'un trou central, *pupille*, susceptible de se dilater et de se rétrécir par l'action de fibres musculaires rayonnantes et
concentriques; la *membrane interne*, sensible, formée par l'épanouissement du nerf
optique. Derrière la pupille se trouve le *cristallin*, lentille 2convexe, renfermée dans
une capsule transparente, *cristalloïde*, et séparée de la cornée par un liquide incolore,
appelé *humeur aqueuse*; le cristallin est séparé de la rétine par une substance semi-
fluide, appelée *humeur vitrée*, renfermée dans la *membrane hyaloïde*. — Les organes
accessoires de l'appareil de la vision sont les *sourcils*, les *paupières*, les *glandes
lacrymales* et leurs conduits excréteurs, enfin les muscles spéciaux destinés à faire
mouvoir l'œil.

DIVISION DES MAMMIFÈRES EN ORDRES.

**Ordre des Insectivores.** — Un placenta. Des ongles. Pouce non opposable. Den-

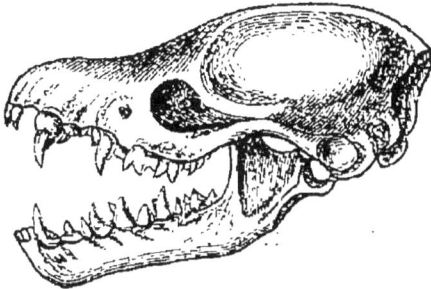

Fig. 41. — Dentition d'insectivore (Taupe).

tition complète, insectivore (fig. 41 et 42); canines normales; molaires hérissées de
pointes.

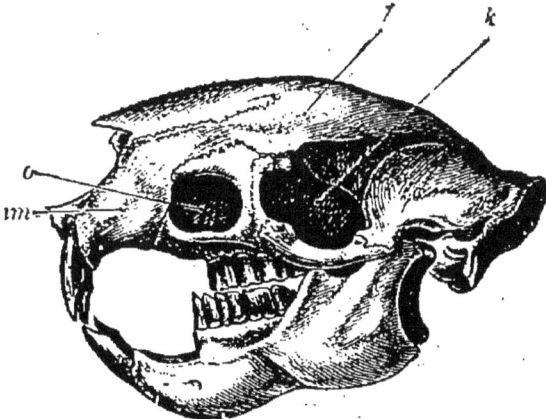

Fig. 42. — Dentition d'insectivore (Hérisson).

**Ordre des Cheiroptères.** — Un placenta. Des ongles. Pouce non opposable. Dentition complète, insectivore. Membres antérieurs en forme d'ailes, servant au vol.

**Ordre des Rongeurs.** — Un placenta. Des ongles. Pouce non opposable. Denti-tion de rongeurs : pas de canines, $\frac{1-2}{1}$ incisives arquées, à croissance continue (fig. 43).

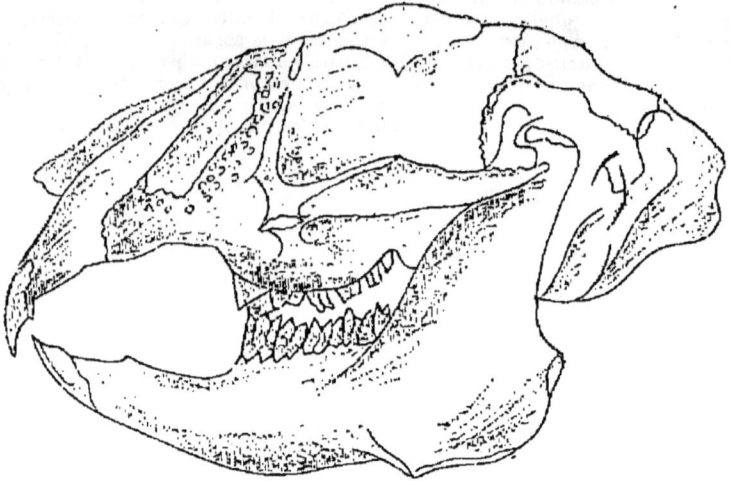

Fig. 43. — Crâne de rongeur (Lièvre).

**Ordre des Carnivores.** — Un placenta. Des ongles. Pouce non opposable. Den-tition carnivore : canines fortes, molaires tranchantes (fig. 44 et 45). Membres propres à la marche.

Fig. 44. — Dentition de carnivore (Chat domestique).

**Ordre des Pinnipèdes.** — Un placenta. Des ongles. Pouce non opposable. Den-tition carnivore. Membres natatoires.

**Ordre des Périssodactyles.** — Un placenta. Des sabots. Pouce non opposable. Dentition herbivore. Moins de cinq doigts, toujours en nombre impair (fig. 46).

**Ordre des Artiodactyles.** — Un placenta. Des sabots. Pouce non opposable. Dentition omnivore ou herbivore. Doigts en nombre pair (fig. 47 à 50).

**Ordre des Cétacés.** — Un placenta. Dents nulles ou toutes semblables, sans rem-placement. Corps pisciforme, muni d'une nageoire caudale.

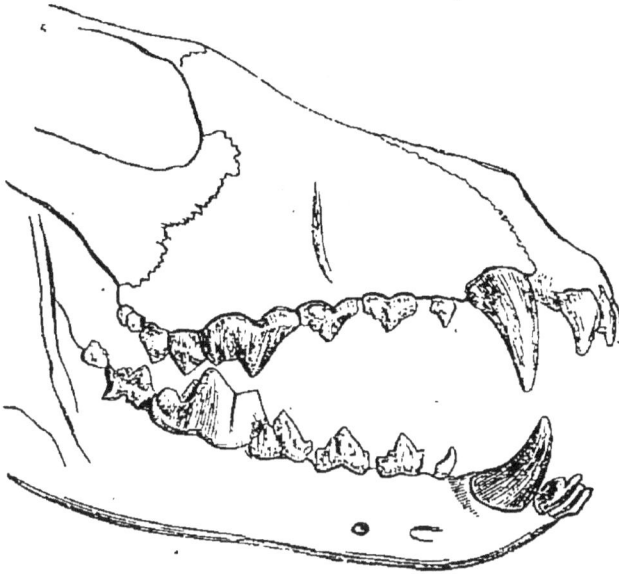

Fig. 45. — Dentition de carnivore (Chien domestique).

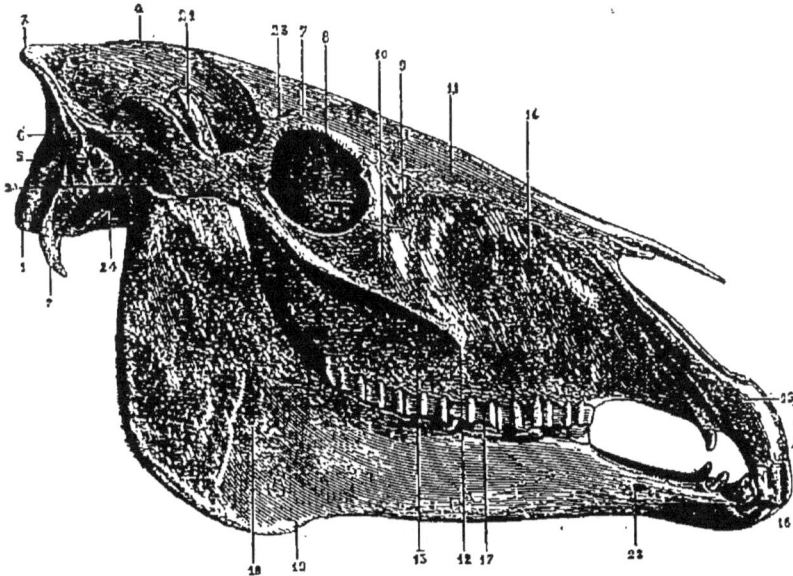

Fig. 46. — Tête de périssodactyle (Cheval) : 1, condyle de l'occipital ; 2, apophyse styloïde de l'occipital ; 3, protubérance occipitale externe ; 4, crête pariétale ; 5, hiatus auditif externe ; 6, apophyse zygomatique du temporal ; 7, frontal ; 8, orbite ; 9, lacrymal et son tubercule ; 10, zygomatique ou jugal ; 11, os nasal ; 12, maxillaire supérieur ; 13, épine zygomatique : 14, trou sous-orbitaire ; 15, os intermaxillaire ; 16, dents incisives ; 17, dents molaires ; 18, maxillaire inférieur ; 19, scissure maxillaire ; 20, condyle du maxillaire ; 21, apophyse coronoïde du maxillaire ; 22, trou mentonnier ; 23, trou sourcilier ; 24, apophyse basilaire de l'occipital.

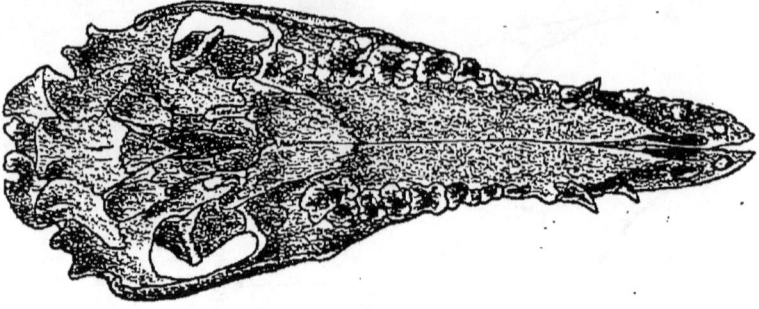

Fig. 47. — Crâne d'artiodactyle (Sanglier).

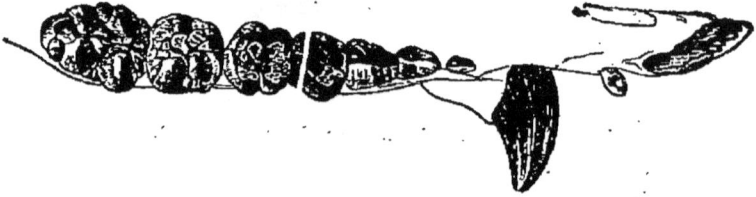

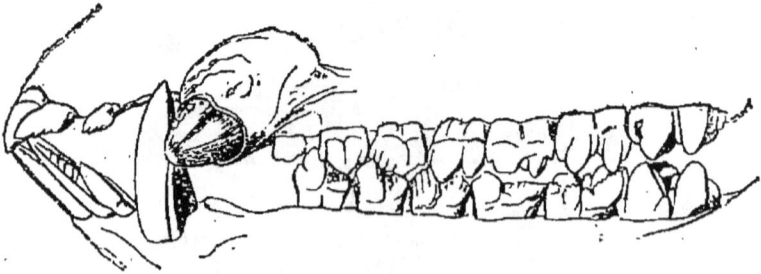

Fig. 48 à 50. — Mâchoire d'artiodactyle (Porc).

# ORDRE DES INSECTIVORES

Trois sortes de dents, variant en nombre, en position et en forme ; incisives développées ; canines petites ; molaires hérissées de pointes coniques. Mamelles placées sur le ventre. Un placenta discoïde. Tête petite. ord. effilée, souv. prolongée en trompe. Boîte cranienne souv. privée d'arcades zygomatiques. Clavicules très normales. Pattes plantigrades, le plus souv. 5dactyles, à doigts terminés par un ongle. Sens de l'odorat très développé. Œil petit, rudimentaire ou avorté. — Taille ord. petite. Passent ord. l'hiver en léthargie.

1 { Poils *de forme normale* · · · · · · · · · · · · · · · · 2
  { Transformés *en piquants* · · · · · · · · · I. Erinaceidi

2 { *38* à *39* dents. Membres antérieurs et membres
  {   postérieurs *du même type* · · · · · · · · II. Soricidi.
  { 44 dents. Membres *dissemblables*, une des deux
  {   paires étant modifiée pour fouir ou pour nager · · · III. Talpidi.

## I. ERINACEIDI.

### 1. ERINACEUS Linné. *Hérisson*. Fig. 51, 52.

Corps couvert de longs poils transformés en piquants. Queue très abrégée. Incisives

Fig. 51. — Erinaceus europaeus, 1/4 gr. nat. (1).

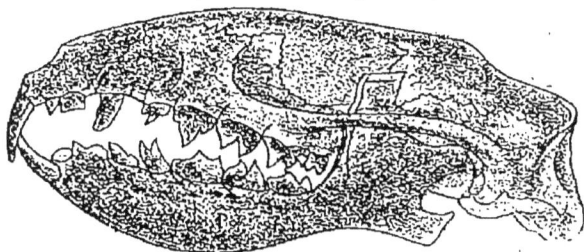

Fig. 52. — Erinaceus europaeus, *crâne*.

médianes allongées, dirigées en avant, les supér. cylindriques, distantes. Molaires 4angulaires, munies de tubercules en W, les 2 prem. supér. à tubercule médian uni à la base des 2 internes par une saillie de chaque côté. — Formule dentaire : $\frac{3.1.6}{2.1.6}$ = 36 dents.

(1) Pour les dimensions précises des animaux figurés, voir le texte.

Oreilles courtes, larges, arrondies. Dos et flancs couverts de piquants de 2 à 3 cent. de long, blancs dans
leur 1/2 infér. et leur 1/3 supér., bruns ou noirs au
milieu. Ventre et tête à poils longs, couchés, brun
foncé avec l'extrém. plus claire. Moustaches peu
fournies. 1 raie noire horizontale sur l'œil.

**europaeus** L.
Toute l'Europe; dans les
Alpes jusqu'à 2 000 m. —
Long. : 0ᵐ,2.

## II. SORICIDI.

Faciès murinoïde. Mâchoire infér. à 12 dents, la supér. à 14, 16, 18 ou 20 dents.

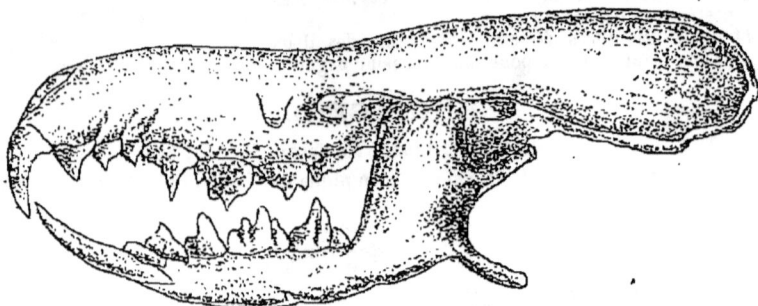

Fig. 53. — Sorex vulgaris, crâne, grossi.

Incisives médianes volumineuses et robustes aux 2 mâchoires; les infér. dirigées en
avant, à tranche supér. qqf. dentelée, les supér. en hameçon, munies à leur base postér.
d'un fort denticule qqf. plus développé que la dent (fig. 53). 6-8 mamelles inguinales.
Flancs avec qqf. une glande odorifère. — Mâchoire supér. ord. avec de *petites dents
intermédiaires* placées entre la grande incisive et la grosse prémolaire en forme
de carnassière.

Régime insectivore; s'attaquent aussi aux petits mammifères, aux batraciens et aux
poissons.

1 { Dents *blanches*     1. Crocidura.
  { *Rouges à la pointe*     2
2 { Pieds et queue *munis de cils*, organisés pour la
  { natation     2. Crossopus.
  { *Dépourvus de cils*, non organisés pour la natation     3. Sorex.

### 1. CROCIDURA Wagler. *Crocidure*. Fig. 54 à 58.

Dents blanches; les 2 grandes incisives médianes infér. à marge non dentelée; les

Fig. 54. — Crocidura etrusca, 2/3 gr. nat.

2 supér. uncinées, à talon pointu. Oreilles ovales, subglabres, émergeant nettem. des
poils. Queue moins longue que le corps, s'atténuant de la base à l'extrém.; pubescente
avec des poils plus longs disséminés. Pattes glabrescentes.

1 {
$28$ dents : $\dfrac{3.1.(1.3)}{1.1.(1.3)}$. Taille *plus forte* ..... 2

Sect. 1. *Pachyura* Sélys.

$30$ dents : $\dfrac{3.1.(2.3)}{1.1.(1.3)}$. 4 petites intermédiaires supér.,
la 4e très petite, invisible en dehors et masquée
par le tubercule antér. de la carnassière (2e prémolaire). la 3e aussi haute que le tubercule de la
carnassière. Taille *très petite*. Queue aussi longue
que le corps moins la tête, carrée, atténuée,
munie de poils ras mêlés à des verticilles de poils
longs. Oreilles grandes, arrondies. Flancs sans
glande odorante. — Dessus gris cendré ± roussâtre ; flancs, dessous, pattes et museau gris blanchâtre. Pattes munies jusqu'aux ongles de poils
blancs.

**etrusca** Savi.
Provence. AC. Plateau Central. R. — Long. : 0ᵐ,035 ;
queue, 0ᵐ,025.

Fig. 55. — Crocidura leucodon, 1/2 gr. nat.

Fig. 56. — Crocidura aranea, env. 1/2 gr. nat.

Sect. 2. *Eucrocidura.*

2 {
Couleur brun noirâtre du dessus *bien distincte*
de la couleur claire du dessous : celui-ci et les
flancs blanc pur. Queue *plus courte* que la 1/2
de la long. du corps, 2colore. Dents intermédiaires
supér. assez petites, comprimées, notamm. la
canine (3e) ; carnassière (prémolaire) assez forte
et élevée.

**leucodon** Hermann.
Somme. Centre. Est. Pro-
vence. Alpes. Long. : 0ᵐ,07 ;
queue, 0ᵐ,03.

Pelage gris brun ou gris-souris en dessus, ± lavé
de roux, gris en dessous, les deux teintes *sans
ligne de démarcation nette*. Pattes grises ; doigts
et extrém. du museau rosés. Flancs avec une
glande odorifère. Oreilles finem. velues, émergeant
des poils. Queue *plus longue* que la 1/2 du corps,
à poils ras mêlés de longs poils disséminés. 3e petite dent intermédiaire (canine) notablem. plus
haute que le tubercule antér. de la grosse prémolaire. [*Musaraigne musette.*]

**aranea** Schreber.
Toute la France. *Champs,
jardins. voisinage des
habitations.* Long. : 0ᵐ,06 ;
queue, 0ᵐ,04.

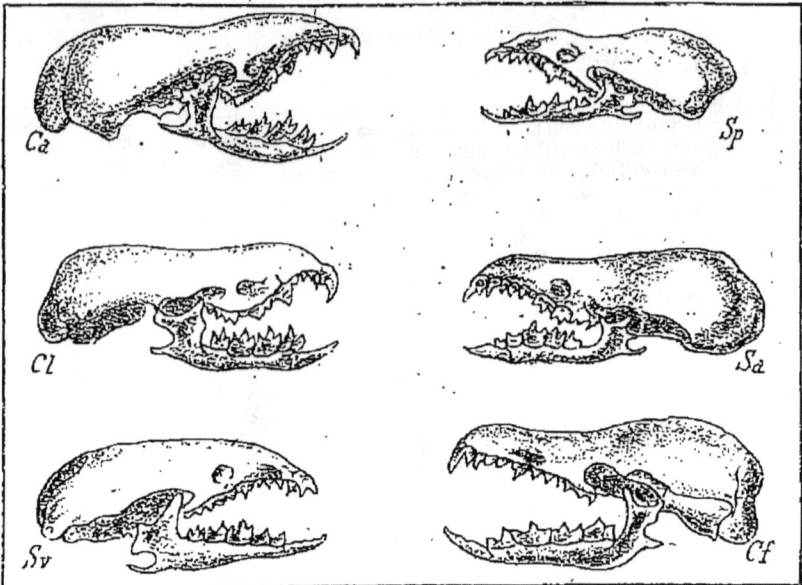

Fig. 57 à 62 (d'après Trouessart). — *Ca*, Crocidura aranea, *crâne*. — *Cl*, C. leucodon, *crâne*. — *Sv*. Sorex vulgaris, *crâne*. — *Sp*, S. pygmaeus, *crâne*. — *Sa*, S. alpinus, *crâne*. — *Cf*, Crossopus fodiens, *crâne*.

## 2. CROSSOPUS Wagler. *Crossope*. Fig. 62 et 63.

Dents à pointe rouge brun ; incisives infér. à marge supér. subondulée, non dentelée ; les médianes supér. uncinées. Queue ± comprimée, ciliée en dessous. Pattes très

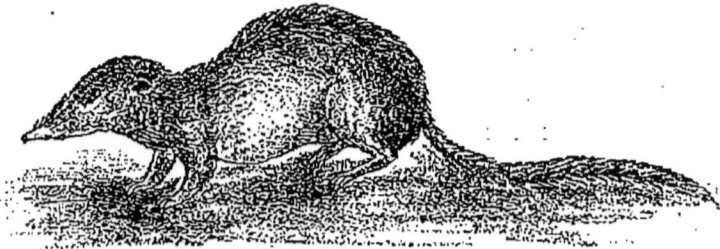

Fig. 63. — Crossopus fodiens, env. 1/3 gr. nat.

larges, ciliées de poils raides et propres à la natation. Oreilles immergées dans les poils. — Formule dentaire : $\dfrac{1.1.(3.3)}{3.1.(1.3)} = 30$ dents. 4 petites intermédiaires supér.

Pelage velouté ; dessus noir ou brun foncé ; dessous blanc, les deux teintes ord. bien séparées. 1 petite tache blanche postoculaire. Queue env. aussi longue que le corps. 4° petite interm. supér. moins haute que le tubercule antér. de la carnassière ; canine infér. à 1 tubercule, la prémolaire à 2. [*Musaraigne d'eau*.]
  Dessous gris foncé, se fondant insensiblem. avec la teinte du dessus.

**fodiens** Pallas.
*Bords des eaux*. Toute la France. Long. : 0m,1-0m,2 ; queue, 0m,05-0m,07.

2. *remifer* Et. Geoffr.

**3. SOREX** Linné *ex parte. Musaraigne.* Fig. 53, 59 à 61, 64 à 66.

Dents à pointe rouge orangé; les 2 incisives médianes infér. dentelées sur leur marge

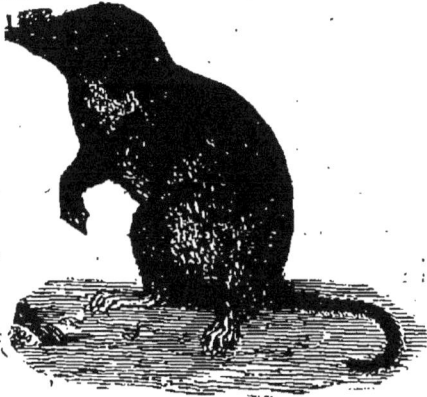

Fig. 64. — Sorex vulgaris, env. 1/2 gr. nat.

Fig. 65. — Sorex alpinus, env. 1/2 gr. nat.

Fig. 66. — Sorex pygmaeus, env. 1/2 gr. nat.

supér.; les 2 supér. à talon aussi haut que la pointe. Queue à poils uniformes. Oreilles ± immergées. Doigts dépourvus de poils raides. — Formule dentaire $\frac{4.1.(2.3)}{1.1.(1.3)}$ = 32 dents.

2.

1 — Queue un peu *plus courte* que le corps, *subqua-drilatère*, non atténuée. Pelage dense, velouté, brun noirâtre ou roussâtre en dessus, gris blanc en dessous; flancs avec 1 ligne rousse longitudin., et munis d'une glande odorifère. Pattes glabres-centes. 5ᵉ interm. supér. plus petite que le tuber-cule antér. de la carnassière. (2ᵉ prémolaire), peu visible en dehors. [*Musaraigne carrelet.*]

**vulgaris** L.
*Prairies humides.* Toute la France. Long. : 0ᵐ,06-0ᵐ,07; queue, 0ᵐ,04-0ᵐ,045

Au moins *aussi longue* que le corps

**2**

2 — Taille *grande* (longueur totale env. 0ᵐ,13 à 0ᵐ,15). Queue couverte de poils jusqu'à l'extrém. Mous-taches longues, blanchâtres. Dessus gris ardoisé ou cendré; dessous plus clair. — 5ᵉ interm. supér. entièrem. visible du dehors; canine infér. à 2 tubercules. [*Musaraigne des Alpes.*]

**alpinus** Sch.
Alpes, Jura, Pyrénées, *au bord des torrents.* Long. : 0ᵐ,06-0ᵐ,075; queue, 0ᵐ,06-0ᵐ,07.

*Moyenne* (longueur totale env. 0ᵐ,08 à 0ᵐ,09). Queue épaisse, subcylindrique, à poils allongés, égaux, avec un pinceau terminal. Dessus gris brun; dessous cendré. Pattes blanchâtres, velues jusqu'aux ongles. Oreilles *émergeant* des poils. — 5ᵉ interm. supér. entièrem. visible du dehors; canine infér. à 1 tubercule.

**pygmaeus** Pallas.
*Bords des eaux.* Toute la France. AR. Long. : 0ᵐ,045-0ᵐ,05; queue, 0ᵐ,035-0ᵐ,038.

## III. TALPIDI.

Une des deux paires de pattes modifiée pour nager ou pour fouir. — 44 dents.

1 — Pattes *postér.* palmées, *adaptées à la natation.* Queue *allongée, écailleuse,* comprimée en rame — 1. MYGALE.

Pattes *antér. propres à fouir,* les postér. ambu-latoires. Queue *courte,* munie *de poils* — 2. TALPA.

### 1. MYGALE Cuvier. *Desman.* Fig. 67.

Museau allongé en une petite trompe aplatie. Queue longue, munie d'écailles et com-primée latéralem. Pattes antér. peu développées, velues; les postér. très grandes,

Fig. 67. — Mygale pyrenaica, 1/3 gr. nat.

squamigères et palmées, munies d'ongles robustes. Yeux petits. Oreilles immergées. — Formule dentaire : $\dfrac{2.1:(5.3)}{2.1.(5.3)} = 44$ dents. Incisives médianes supér. très développées, en pyramide 3angulaire, à talon presque nul; canines supér. et infér. très petites. Dos châtain, flancs plus clairs, ventre gris argenté.

**pyrenaica** E. Geoffr.
*Torrents.* Pyrénées. R. Long. : 0ᵐ,13; queue, 0ᵐ,14.

Queue brune, munie de qques poils blancs. Mousta-ches longues, raides. Une glande odorifère sous la base de la queue.

### 2. TALPA Linné. *Taupe.* Fig. 68 à 70.

Forme allongée, subcylindrique. Tête conique, sans rétrécissem. postér. sensible. Queue courte, munie de poils. Pattes antér. très larges, à doigts reliés par la peau jusqu'aux ongles; ceux-ci robustes, aplatis, tournés en dehors. Pattes postér. ambulatoires. Oreilles non visibles extérieurem. Yeux très peu développés. — Formule dentaire :

$$\frac{3.1.(4.3)}{3.1\ (4.3)} = 44 \text{ dents.}$$

Fig. 68. -- Talpa europaea, env. 1/2 gr. nat.

Fig. 69 et 70. — Talpa europaea, *crâne et dents.*

Yeux *visibles, munis* de paupières mobiles. Incisives supér. *subégales* entre elles. 2ᵉ prémolaire subégale à la 3ᵉ aux 2 mâchoires. Pattes et queue à poils *gris.* — Pelage dense, velouté, noir; varie au blanc et au gris.

**europaea** Linné. Toute la France. Long. : 0ᵐ,14; queue, 0ᵐ,03.

*Invisibles, dépourvus* de paupières. Incisives supér. fortem. *inégales,* les 2 médianes env. 2 f. plus larges que les latér. 2ᵉ prémolaire bien plus petite que la 3ᵉ. Pattes et queue à poils *blancs.* Longueur du boutoir au delà des incisives (0ᵐ,012) env. 1 fois plus grande que la largeur de l'extrém. antér. du museau (0ᵐ,006).

**caeca** Savi. Zone méditerranéenne. Long.: 0ᵐ,14; queue, 0ᵐ,03.

# ORDRE DES CHEIROPTÈRES

Dentition complète, insectivore. Un placenta discoïde. 2 mamelles pectorales. Sternum avec une crête saillante donnant insertion aux muscles abaisseurs de l'aile. Clavicules fortem. développées. Humérus et radius allongés; cubitus rudimentaire; carpe court. Doigts sans ongles, ord. formés de 2 phalanges très allongées; pouces libres, courts, munis d'une forte griffe courbée en faulx. Une membrane alaire partant du cou, enveloppant les bras et les doigts, se continuant latéralem. et sur les pattes postér. en laissant les pieds libres, et atteignant ord. la queue. Ord. un éperon soutenant la partie reliant les pattes postér. — Yeux peu développés; sens de la vue et de l'odorat imparfaits; toucher servi par des poils tactiles très sensibles insérés sur la membrane des ailes, et par des appendices cutanés du nez; ouïe très fine.

Nocturnes ou crépusculaires; demeurent pendant le jour dans des endroits obscurs où ils se tiennent la tête en bas, accrochés par les griffes de leurs membres postér.

Hivèrnent sous notre climat. — Régime insectivore; molaires hérissées de pointes; sillons transversaux.

1 { Nez *surmonté* d'un repli cutané foliiforme      **I. Rhinolophidi.**
    { *Dépourvu* de repli foliiforme                     **2**

    { Queue longue et *mince*, à peine *saillante* en de-
2 { hors de la membrane interfémorale       **II. Vespertilionidi.**
    { *Épaisse*, au moins 1/2 *plus longue* que la mem-
    { brane interfémorale                     **III. Nyctinomidi.**

# I. RHINOLOPHIDI.

### 1. RHINOLOPHUS E. Geoffroy. *Rhinolophe.* Fig. 71 à 73.

Queue entièrem. engagée dans la membrane fémorale. Nez surmonté d'un repli membraneux foliiforme, comprenant 3 parties : un *fer-à-cheval*, qui occupe la lèvre supér. et les côtés du museau, une *selle*, verticale au-dessus du nez et médiane, la *feuille* ppm.

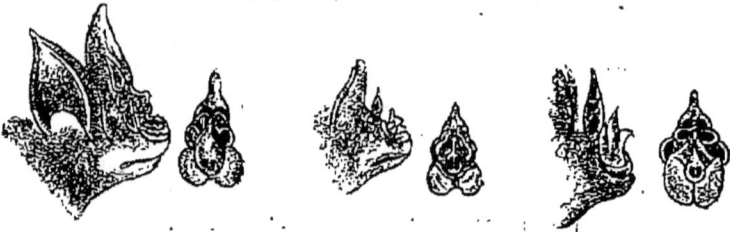

Fig. 71. — Rhinolophus ferrum-equinum; *tête et feuille nasale.*     Fig. 72. — R. hipposideros; *tête et feuille nasale.*     Fig. 73. — R. blasii; *tête et feuille nasale.*

dite, à *lancette* centrale, dressée, flanquée de part et d'autre de plusieurs cellules. Oreilles séparées, dépourvues d'oreillon (*tragus*), mais munies à la base de leur bord antér. d'un lobe bien développé (*antitragus*). Membrane interfémorale ± tronquée.
Ailes enroulées autour du corps pendant le sommeil. — Formule dentaire : $\dfrac{1.1.(2.3)}{2.1.(3.3)}$
= 32 dents.

1 { 2ᵉ prémolaire supér. *contiguë* à la canine, la 1ʳᵉ très petite, rejetée en dehors de la ligne dentaire; la 2ᵉ prémolaire infér. presque indistincte, placée en dehors de la ligne dentaire. — Fer-à-cheval petit; selle concave latéralem., terminée postérieurem. en cône obtus. Membrane interfémorale subtriangulaire; queue presque totalem. engagée. Oreilles à pointe très aiguë, moins longues que la tête. Ailes insérées au talon; éperon bien développé. Dessus brun; dessous gris pâle.
   **ferrum-equinum** Schreber.
   Toute la France, AC. Sud-Ouest, TC. Long. : 0ᵐ,06; queue 0ᵐ,04; enverg. : 0ᵐ,35-0ᵐ,45.

   *Distante* de la canine, la 1ʳᵉ étant insérée dans l'intervalle    **2**

2 { Échancrure postér. séparant l'oreille de son lobe antér. aiguë. Fer-à-cheval assez grand; pointe postér. de la selle *obtusém. arrondie*, ses côtés convergeant en cornet. Membrane interfémorale angulée; queue presque totalem. incluse. Dessus brun clair; dessous gris roux très pâle.
   **hipposideros** Bechstein.
   Toute la France. Nord-Est, AR. Long. : 0ᵐ,04; queue 0ᵐ,03; enverg. : 0ᵐ,25.

   *Obtuse*                                **3**

Aile insérée *au talon.* Côtés de la selle en cornet; sa pointe postér. *aiguë.* Membrane interfémorale carrée; extrém. de la queue libre. Oreilles légèrem. obtuses, moins longues que la tête. Dessus brun roux; dessous brun clair. **blasii** Peters. Pourtour méditerran. France? Long. : 0m,05; queue. 0m,025; enverg. : 0m,27.

Au *tibia*, au-dessus du talon. Membrane interfémorale carrée; extrém. caudale libre. Selle à côtés droits, parallèles; sa pointe postér. *aiguë,* relevée. Dessus roux brun ± foncé, dessous plus clair, légèrem. lilacé. **euryale** Blasius. Midi. Long. : 0m,05; queue, 0m,025; enverg: : 0m,27.

## II. VESPERTILIONIDI.

Nez à repli foliiforme nul ou rudimentaire. Oreilles avec un oreillon très distinct. Queue longue et mince, presque entièrement engagée dans la membrane interfémorale avec le bord libre de laquelle elle forme un angle aigu.

1 { Sommet de la tête *très élevé* au-dessus du museau. Incisives supér. *distantes* des canines — 5. MINIOPTERUS.
Faiblem. élevé au-dessus du museau. Incisives supér. *contiguës,* 2 par 2, à la canine de chaque côté — 2

2 { Oreilles nettement *séparées* — 3
Soudées l'une à { *très développées* — 1. PLECOTUS.
l'autre, { *médiocres* — 2. SYNOTUS.

3 { Oreilles au moins *aussi longues* que la tête. Sommet de l'oreillon *aigu.* Museau *allongé* — 4. VESPERTILIO.
Plus *courtes* que la tête. Sommet de l'oreillon *obtus.* Museau *court* — 3. VESPERUGO.

### 1. PLECOTUS Et. Geoffroy. *Oreillard.* Fig. 74, 75.

Nez avec un repli foliiforme rudimentaire. Oreilles soudées l'une à l'autre par leur

Fig. 74. — Plecotus auritus, env. 1/2 gr. nat.

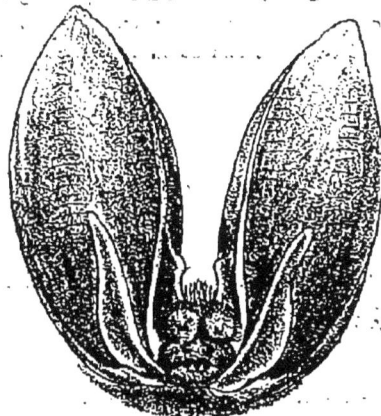

Fig. 75. — Plecotus auritus, *tête.*

base, très développées, presque aussi longues que le corps; leur bord externe inséré latéralem. près de l'angle de la bouche. Oreillon cultriforme. Museau conique, portant à

sa partie supér. les narines placées dans une rainure profonde. — Formule dentaire :
$$\frac{2.1.(2.3)}{3.1.(3.3)} = 36 \text{ dents.}$$

Dessus brun clair, chez les ♂ souv. plus foncé; dessous    **auritus** L.
blanchâtre ou cendré.             C. Long. : 0$^m$,05; queue,
0$^m$,05; enverg. : 0$^m$,23.

### 2. SYNOTUS Keyserling et Blasius. *Barbastelle*. Fig. 76.

Oreilles médiocres, notablem. plus courtes que le corps, leur bord externe inséré entre les yeux et la bouche. Nez avec un appendice foliiforme rudimentaire formé par

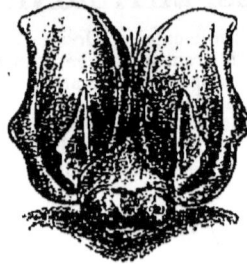

Fig. 76. — Synotus barbastellus, *tête*.

le museau fortem. renflé de chaque côté, et portant les narines à sa partie supér. dans une profonde rainure. Oreilles largem. soudées par leur base, à bord externe dentelé, ainsi que l'oreillon, qui est 3angulaire. — Formule dentaire : $\frac{2.1.(2.3)}{3.1.(2.3)} = 34$ dents.

Dessus et dessous uniformément d'un brun très foncé,    **barbastellus** E. Geoff.
fuligineux ou noirâtre. Côté infér. de la base de la    Tte la France. R. Long. :
membrane interfémorale avec des poils blancs rares.    0$^m$,05; queue, 0$^m$,05; enverg..: 0$^m$,25.

### 3. VESPERUGO Keyserling et Blasius. *Vespérien*. Fig. 77 à 86.

Oreilles non soudées, ord. plus courtes que la tête, largem. 3angulaires, à bord externe inséré en avant loin de la base de l'oreillon; celui-ci court et obtus, ± convexe au

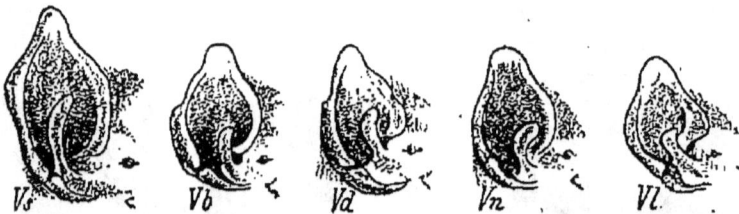

Fig. 77 à 81. — Oreille droite de : *Vs*, Vesperugo serotinus; *Vb*, V. borealis; *Vd*, V. discolor; *Vn*, V. noctula; *Vl*, V. leisleri.

bord externe, avec le bord interne rectiligne ou concave. Museau court, épais, obtus, chargé entre les yeux et les narines de tubercules glandulaires. Queue plus courte que le corps et la tête réunis. Eperon muni au bord libre d'un lobe post-calcanéen, de nature cutanée, ± développé. Pattes courtes. Ailes ord. allongées et étroites.

Sommeil hivernal très léger, de courte durée, s'interrompant facilement aux périodes de dégel.

1 {
Mâchoire supér. avec seulem. 2 prémolaires. For-
mule dentaire : $\dfrac{2.1.(1.3)}{3.1.(2.3)} = 32$ dents. Lobe post-
calcanéen *peu* développé     2

Avec *4* prémolaires. Formule dentaire : $\dfrac{2.1.(2.3)}{3.1.(2.3)}$
$= 34$ dents. Lobe post-calcanéen *bien* développé   4
}

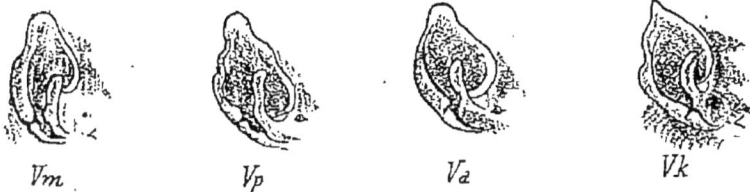

$Vm$      $Vp$      $Va$      $Vk$

Fig. 82 à 85. — Oreille droite de : *Vm*, Vesperugo maurus ; *Vp*, V. pipistrellus ; *Va*, V. abramus ; *Vk*, V. kuhli.

### Sect. 1. *Vesperus* Keyserling et Blasius.

2 {
Taille *grande* (longueur totale : 0^m,124). Oreilles presque aussi longues que la tête, à bord ext. inséré à la hauteur de l'angle de la bouche sur la même ligne que l'angle postér. de l'œil. Oreillon 2 fois plus long que large, ayant sa plus grande largeur exactem. au-dessus de la base du bord int. ; sa pointe apicale obtuse, son bord int. presque rectiligne. Lobe post-calcanéen peu développé. Ailes insérées au métatarse. Les 2 dernières vertèbres caudales dégagées. Dessus à poils assez courts, brun ; dessous brun jaunâtre, plus velu.
— **serotinus** Schreber.
Toute la France. AR. Long. : 0^m,072 ; queue, 0^m,052 ; enverg. : 0^m,33.
}

3 {
*Moyenne* (longueur totale : 0^m,090 à 0^m,095)
Oreillon court, ayant sa plus grande largeur *au milieu*. Les *2 dernières* vertèbres caudales dégagées. Lèvre supér., au-dessous des narines, avec une frange de cils fins. Dessus brun noir ; en dessous, les extrémités des poils plus claires.
— **borealis** Nilsson.
Nord de l'Europe. France ? Long. : 0^m,05 ; queue, 0^m,045 ; enverg. : 0^m,25.

Court, à sommet arrondi et courbé en dedans, sa plus grande largeur *au-dessus du milieu*. La *dernière* vertèbre caudale seule totalem. dégagée. Dessus noirâtre avec les poils blanc jaunâtre à l'extrém. ; dessous brun foncé avec les poils cendrés à la pointe.
— **discolor** Natterer.
Nord-Est. Montagnes. Long. : 0^m,048 ; queue, 0^m,045 ; enverg. : 0^m,27.
}

### Sect. 2. *Euvesperugo.*

4 {
Oreillon *dilaté* dans sa partie supér. en forme de hache, court, arrondi, avec le bord int. concave. Ailes insérées *au talon* ·    5
*Non dilaté* dans sa partie supér. Ailes insérées à la base des orteils    6
}

5 {
Taille assez *grande* (longueur totale : 0^m,126). Dessus et dessous *brun roussâtre*, avec *la base* des poils *plus pâle*. — Museau court, gros. Oreilles aussi longues que larges. Doigts courts. La dernière vertèbre caudale seule dégagée.
— **noctula** Schreber.
Toute la France. AC. Long. : 0^m,076 ; queue, 0^m,05 ; enverg. : 0^m,3-0^m,45.

*Médiocre* (longueur totale : 0^m,1). Poils du dessus et du dessous *foncés*, avec *le 1/4 apical plus clair*. Incisives insérées dans la direction de la mâchoire, *non obliques*. — Museau court, gros. Doigts courts. Oreilles aussi longues que larges.
— **leisleri** Kuhl.
Nord. Lorraine. Alpes. Long. : 0^m,055 ; queue, 0^m,045 ; enverg. : 0^m,27.
}

La plus grande largeur de l'oreillon *un peu au-dessus de sa base*

*Vers son milieu* ; bord interne subrectiligne ; bord
6 externe convexe au sommet. Oreilles courtes.
3angulaires, à sommet largem. arrondi. La dernière vertèbre caudale dégagée. Ailes insérées à
la base des orteils. Lobe post-calcanéen *peu développé*. Pelage brun foncé, avec l'extrémité apicale des poils gris cendré ; membranes noires.

**7**
**maurus** Blasius.
Montagnes du Sud-Est. Corse.
Long. : 0m,05 ; queue,
0m,03 ; enverg. : 0m,22.

Incisives supér. *subégales*, l'interne *2fide*
Très *inégales*, l'externe bien plus courte que l'interne ; celle-ci *non 2fide*. Oreilles largem. 3angulaires, à bord externe non ou à peine échancré.
7 Oreillon à bord externe convexe, l'interne rectiligne. Membrane interfémorale ord. marginée de
blanc au bord postér. Poils noirs, ceux du dessus brun clair, ceux du dessous cendrés à la
pointe.

**8**
**kuhli** Natterer.
Midi. C. Long. : 0m,045 ;
queue. 0m,035 ; enverg. :
0m,21.

Fig. 86. — *Vesperugo pipistrellus*, env. 1/2 gr. nat.

Oreilles 3angulaires, arrondies au sommet, *échancrées* au 1/3 supér. du bord externe. Oreillon à
bord externe convexe, parallèle au bord interne.
Ailes insérées à la base des doigts. — Tête velue
jusqu'au museau. Membranes noires. Poils longs,
noirs sur leur 1re 1/2, plus clairs à l'extrémité.
Membrane interfémorale ord. avec un très étroit
liséré transparent.

**pipistrellus** Schreber.
Toute la France. Sud-Est.
AR. Long. : 0m,04 ; queue,
0m,035 ; enverg. : 0m,18.

8 Faiblem. échancrées au bord externe, qui est *subrectiligne*. Museau et côtés de la face en avant
des oreilles presque dépourvus de poils. — Pelage brun foncé en dessus, brun clair en dessous,
avec l'extrémité des poils rousse.

**abramus** Temminck.
Orient. *Accidentel* en France.
Long. : 0m,05 ; queue,
0m,035 ; enverg. : 0m,23.

**4. VESPERTILIO** Linné *pro parte*. *Vespertilion*. Fig. 87 à 99.

Museau en cône allongé, à tubercules glandulaires peu saillants. Narines en croissant,
sublatéro-terminales. Oreilles non soudées, ovales, moins larges que longues, aussi ou
plus longues que la tête ; leur bord externe inséré près de la base de l'oreillon, au-dessus de la commissure des lèvres ; oreillon ord. pointu au sommet. Lobe post-calcanéen peu différencié. Ailes courtes, larges. Pattes longues.

Sommeil hivernal se prolongeant assez tard au printemps. Hab. pendant l'hiver les
caves et cavernes, et en été les trous d'arbres au bord des eaux, les greniers et clochers.

1 {
Pieds *très développés.* Éperon atteignant en longueur *les 3/4* de l'intervalle qui sépare le talon de
la queue. Angle formé par la membrane interfémorale *aigu. Les 2 dernières vertèbres caudales dégagées* .......................................... 2

*De grandeur médiocre.* Éperon atteignant au plus
la *1/2* de l'intervalle qui sépare le talon de la
queue. Angle formé par la membrane interfémorale *obtus.* Queue *entièrem.* engagée, sauf sa
pointe .......................................... 4
}

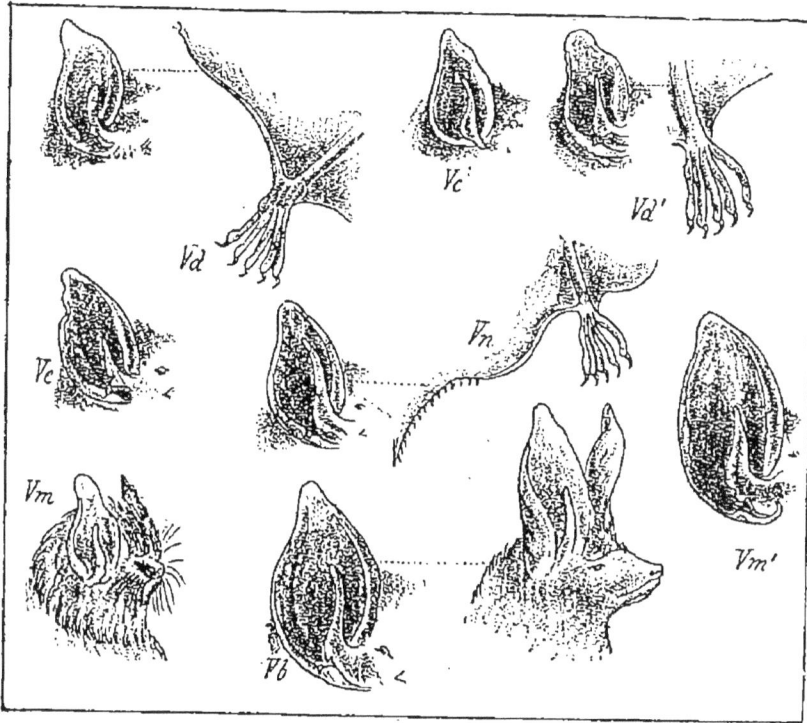

Fig. 87 à 98. — *Vd*, Vespertilio dasycneme, *oreille et pied postérieur.* — *Vc*, V. capaccinii,
*oreille.* — *Vd'*, V. daubentoni, *oreille et pied.* — *Ve*, V. emarginatus, *oreille.* — *Vm*, V. mystacinus, *tête.* — *Vn*, V. nattereri, *oreille et pied.* — *Vb*, V. bechsteini, *oreille et tête.* — *Vm'*,
V. murinus, *oreille.*

## Sect. 1. Leuconoe Peters.

2 {
Ailes insérées *aux métatarsiens.* Oreilles plus
courtes que la tête, 1 f. plus longues que l'oreillon,
qui est légèrem. pointu au sommet, à bord interne
rectiligne, l'externe convexe, dilaté au milieu.
Dessus roux brun, dessous cendré blanc, avec les
poils noirs à la base.

**daubentoni** Leisler.
Toute la France. AC. Long. :
0ᵐ.05 ; queue, 0ᵐ,045 ; enverg. : 0ᵐ,23.

*Au talon* .......................................... 3
}

3 {
Oreilles *plus courtes* que la tête ; oreillon à extrémité *arrondie,* recourbée *en dedans,* son bord
externe convexe, parallèle au bord interne. Pouce
à ongle très développé. Dessus brun clair avec la
base des poils foncée ; dessous blanc.

**dasycneme** Boié.
*Marais.* Nord. R. Long. :
0ᵐ,06 ; queue, 0ᵐ,05 ; enverg. : 0ᵐ,28.

*Presque aussi longues* que la tête ; oreillon à ex-

**capaccinii** Bonaparte
}

trêmité très *aiguë*, recourbée *en dehors*. Poils bruns en dessus, blancs en dessous, avec la base noire.

Région méditerran. Long. : 0^m,05; queue, 0^m,04; enverg. : 0^m,24.

Sect. 2. *Euvespertilio.*

4 { Bord externe de l'oreille sensiblem. *échancré* . . . . . 5
Non ou à peine *échancré* . . . . . 6

Oreillon long, étroit, à pointe légèrem. *courbée en dehors*, ciliée. Oreille env. aussi longue que la tête, fortem. échancrée à angle droit *au 1/8 supér.* du bord externe. Ailes insérées à la base des doigts. Dessus brun clair; dessous rouge clair. Membranes brun rougeâtre.

**emarginatus** Et. Geoffroy.
Toute la France. AR. Long. : 0^m,045; queue, 0^m,043; enverg. : 0^m,23.

5 { Étroit, pointu, *droit*. Oreille aussi longue que la tête, fortem. échancrée *au milieu* du bord externe. Ailes insérées à la base des doigts. La dernière vertèbre caudale dégagée. Face couverte de longs poils. Poils brun foncé, avec la pointe brun roux en dessus, cendrée en dessous.

**mystacinus** Leisler.
Toute la France. AC. Long. : 0^m,04; queue, 0^m,034; enverg. : 0^m,2.

Taille plus grande; pelage *plus foncé*.

β. *nigricans* Fatio. — Alpes.

Taille *grande* (longueur totale : 0^m,125). Oreillon allongé, pointu, *non recourbé en dehors*. Ailes insérées aux métatarsiens près de la base des doigts. Queue presque entièrem. engagée. Dessus brun fuligineux ou roux; dessous blanc sale; poils foncés à la base.

**murinus** Schreber.
Toute la France. AC. Long. : 0^m,073; queue, 0^m,052; enverg. : 0^m,36.

6 {

*Médiocre* (longueur totale : 0^m,08 à 0^m,09). Oreillon allongé, pointu, falciforme, ± *recourbé en dehors* . . . . . 7

Fig. 99. — Vespertilio nattereri, env. 1/2 gr. nat.

7 { Oreilles ovales, *aussi longues* que la tête, très faiblem. échancrées au bord externe, *1/4* plus longues que l'oreillon. Queue *aussi longue* que la tête et le corps réunis. Membrane interfémorale *avec une frange de courts poils raides*. Dessus brun roux; dessous blanc; poils brun foncé à la base.

**nattereri** Kuhl.
Toute la France. AR. Long. : 0^m,04; queue, 0^m,04; enverg. : 0^m,25.

*Plus longues* que la tête, env. *1/2* plus longues que l'oreillon. Queue notablem. *plus courte* que

**bechsteini** Leisler.
Presque toute la France. R.

le corps et la tête réunis. Membrane fémorale *sans* frange de courts poils raides. Dessus roux clair; dessous blanc; base des poils brun foncé. — Long. : 0^m,05; queue, 0^m,038; enverg : 0^m,26.

**5. MINIOPTERUS** Bonaparte. *Minioptère*. Fig. 100, 101.

Sommet de la tête notablem. élevé au-dessus de la face. Oreilles non soudées, courtes, largem. 3angulaires. Tubercules glandulaires du museau assez saillants. Ailes insérées au tibia immédiatem. au-dessus du talon. Lobe post-calcanéen nul. Pied allongé, étroit ; orteils égaux en longueur. Queue entièrem. engagée. — Formule dentaire : $\frac{2.1.(2.3)}{3.1.(3.3)}$ = 36 dents.

Fig. 100 et 101. — Miniopterus schreibersi, 1/2 gr. nat.; *son oreille*.

Queue aussi longue que le corps et la tête réunis. 1^re phalange du 2^e doigt de l'aile très courte (0^m,012). Oreilles en triangle subéquilatère. Oreillon courbé en dedans, concave au bord interne. Poils gris clair ± rougeâtre. — **schreibersi** Natterer. Région méditerr. Alpes; Jura. Long. : 0^m,05; queue, 0^m,035; enverg. : 0^m,28.

## III. NYCTINOMIDI.

Queue épaisse, saillante hors de la membrane interfémorale sur la 1/2 de sa longueur, et formant avec le bord de cette membrane un angle droit. Oreilles largem. soudées par leur bord interne.

**1. NYCTINOMUS** É. Geoffroy. *Molosse*. Fig. 102 à 104.

Oreillon court, large, subcarré. Museau obliquem. tronqué; nez notablem. plus saillant que la lèvre infér.; lèvre supér. plissée verticalem. Incisives supér. convergentes et dirigées en avant. — Formule dentaire : $\frac{1.1.(2.3)}{3.1.(2.3)}$ = 32 dents.

Bord externe de l'oreille avec un antitragus bien distinct, 3angulaire. Ailes insérées au 1/3 infér. du tibia. — **cestonii** Savi. Zone méditerran. France?

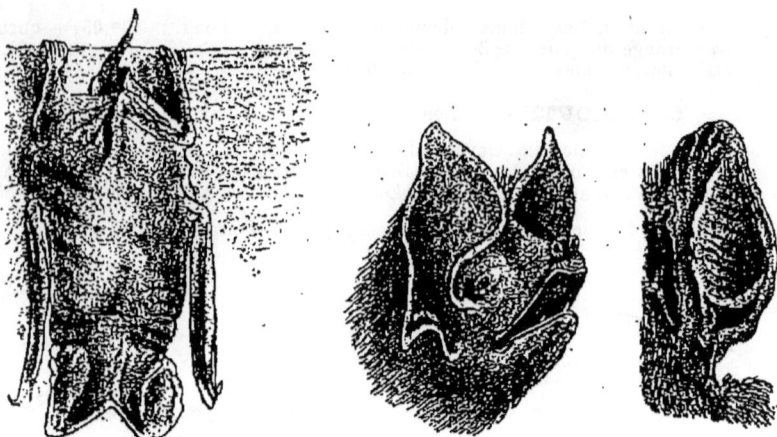

Fig. 102 à 104. — *Nyctinomus cestonii*, 1/2 gr. nat. *Sa tête ; son oreille.*

Poils roux brun nuancé d'orangé, plus clair en dessous ; leur sommet gris.

Long. : 0<sup>m</sup>,08 ; queue, 0<sup>m</sup>,046 ; enverg. : 0<sup>m</sup>,365.

# ORDRE DES RONGEURS

Ouverture buccale étroite, souv. agrandie par une fente de la lèvre supér. 4 grandes incisives à croissance continue, arquées en arrière, recouvertes à la face antér. d'une couche d'émail, qqf. colorée en rouge ou en jaune, privées d'émail à la face postér., qui s'use continuellement de manière que la dent se trouve taillée en biseau à son sommet. Pas de canines ; à leur place, un espace vide, ou barre. 2 à 6 molaires de chaque côté, avec ou sans racines, qqf. simples ou tuberculeuses, plus souv. plissées ou même décomposées en lamelles transversales fonctionnant comme une râpe. Mâchoire infér. pouvant se mouvoir d'avant en arrière, pour ronger. Utérus ord. double. Un placenta, discoïde. Clavicules ± développées, avortées chez les espèces dont les membres antér. ne sont qu'ambulatoires. Membres plantigrades, souv. inégaux et les antér. réduits ; ord. 5dactyles, à doigts libres et onguiculés, qqf. subongulés.

1 { 4 incisives supér., dont 2 petites placées derrière les 2 grandes. Queue rudimentaire, munie de poils ... VII. **Leporidi**.
Seulem. 2 incisives supér. ... 2.

2 { 5 molaires à la mâchoire supér. Clavicules bien développées ... I. **Sciuridi**.
2-3-4 molaires à la mâchoire supér. ... 3

3 { 2-3 molaires à la mâchoire infér. ... 4
4 molaires à la mâchoire infér. ... 5

4 { Molaires ± *tuberculeuses.* Queue allongée, glabre ou couverte de poils courts ... IV. **Muridi**.
Prismatiques, *avec des lignes d'émail sangu-laires.* Queue ± velue ... V. **Arvicolidi**.

5 { Queue *rudimentaire.* Pas de clavicules. Doigts pourvus de griffes engaînantes. 4 molaires aux deux mâchoires ... VI. **Cavidi**.
± développée ... 6

6 { Queue *arrondie, munie de longs poils* ... III. **Myoxidi**.
*Déprimée en palette, munie d'écailles* ... II. **Castoridi**.

## I. SCIURIDI.

Clavicules bien développées. 22 dents. Molaires tuberculeuses, 5 en haut et 4 en bas ; la 1<sup>re</sup> supér. petite et rudimentaire.

1 { Queue *plus courte* que le corps ... 2. **Ancrosys**.
*Velue en touffe, aussi longue* que le corps ... 1. **Sciurus**.

Fig. 105. — Sciurus vulgaris, env. 1/5 gr. nat.

## 1. SCIURUS Linné. *Écureuil*. Fig. 105.

Museau court. Oreilles grandes, ovales, velues, plus longuem. au sommet. Yeux grands. Ongles crochus, comprimés, propres à grimper. Queue aussi longue que le corps, velue en touffe. Pattes antér. à pouce très peu développé. Clavicules bien développées. Incisives comprimées latéralem. — Formule dentaire : $\dfrac{1.0.(2.3)}{1.0.(1.3)} = 22$ dents.

Dessus roux ± vif, brillant; dessous blanc, avec les pattes et la queue plus foncées. **vulgaris** L.
*Forêts.* Toute la France. Long. : 0m,22; queue, 0m,2.

Pelage brun foncé moucheté de jaune; ventre blanc. β. *alpinus* F. Cuvier. = Alpes. Pyrénées.

Fig. 106. — Arctomys marmotta, env. 1/13 gr. nat.

## 2. ARCTOMYS Schreber. *Marmotte*. Fig. 106.

Oreilles assez petites, arrondies. Queue notablem. plus courte que le corps, munie de poils. Ongles robustes, recourbés, propres à fouir. Pattes antér. à pouce très peu développé. Tête forte, aplatie ; yeux grands. Incisives non comprimées, fortem. recourbées, larges, mises à découvert par la fente de la lèvre supér. — Formule dentaire : $\dfrac{1.0.(2.3)}{1.0.(1.3)}$ = 22 dents.

Poils épais un peu rudes. Dessus gris roux avec la tête   **marmotta** L.
et l'extrém. de la queue presque noires. Dessous mêlé    Alpes. Long. : 0ᵐ,4 à 0ᵐ,5 ;
de roux. Dents incisives de l'adulte jaune orangé.    queue, 0ᵐ,14.

## II. CASTORIDI.

20 dents ; 4 molaires en haut et en bas. Queue déprimée en palette, écailleuse.

Fig. 107. — Castor fiber, 1/20 gr. nat.

### 1. CASTOR Linné. *Castor*. Fig. 107 à 109.

Forme trapue ; pattes courtes. Oreilles peu développées. Yeux petits. Queue portant sur ses deux faces des écailles assez grandes. Pattes 5dactyles, les postér. palmées. Près de l'anus, 2 paires de glandes, sécrétant le *castoréum*. Molaires non tuberculeuses,

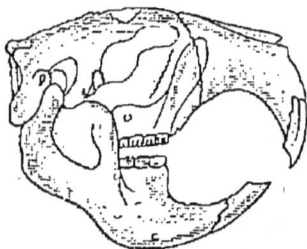

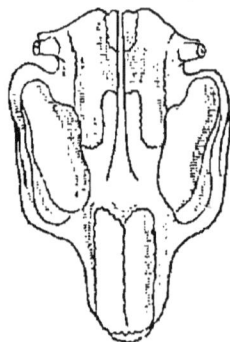

Fig. 108 et 109. — Castor fiber ; *crâne et tête en dessus*.

mais offrant des replis d'émail à contours inversem. disposés en haut et en bas. — Formule dentaire : $\dfrac{1.0.(1.3)}{1.0.(1.3)}$ = 20 dents.

Poils dimorphes, les uns longs et soyeux, châtains, les   **fiber** L.
autres courts, bruns ou gris, formant une bourre.    Bords du Rhône. R. Long. :
Couleur ± foncée.    0ᵐ,65 ; queue, 0ᵐ,3.

## III. MYOXIDI.

20 dents. 4 molaires en haut et en bas. Queue aussi longue que le corps, arrondie, velue de longs poils.

Fig. 110. — Myoxus avellanarius, 1/4 gr. nat.

**1. MYOXUS** Schreber. *Loir*. Fig. 110 à 112.

Pattes antér. 4dactyles, munies d'un pouce rudimentaire; les postér. nettem. 5dactyles. Doigts courts ; ongles incurvés, propres à grimper. Museau conique Yeux grands. Oreilles médiocres, à poils ras. Molaires munies de racines, à couronne présentant des replis d'émail transverses. — Formule dentaire : $\frac{1.0.(1.3)}{1.0.(1.3)} = 20$ dents.

Fig. 111. — Myoxus glis, 1/3 gr. nat.

1 {
Queue *distique* au moins en partie      2
         Sect. 1. *Muscardinus* Wagner.

*Non* très distinctem. *distique*, subcylindrique et **avellanarius** L.
   peu touffue. Yeux saillants, noirs. Replis d'émail    Toute la France. AC. Long.:
   des molaires nombreux. Oreilles plus courtes que      0m,08 ; queue, 0m,07.
   la 1/2 de la tête. Poils roux doré ; une ligne dorsale brune ; dessous clair ; gorge et poitrine blanches. [*Muscardin.*]
}

Fig. 112. — Myoxus quercinus, env. 1/4 gr. nat.

Sect. 2. *Glis* Wagner.

Taille *assez grande* (longueur totale : 0<sup>m</sup>,28). **glis** L.
Queue un peu plus courte que le corps, distique　Centre. Midi. C. Nord-est. R.
*depuis la base jusqu'à l'extrémité*. Oreilles　　Long. : 0<sup>m</sup>,15; queue.
ovales, un peu plus longues que le 1/3 de la tête.　0<sup>m</sup>,13.
Dessus gris luisant. Dessous blanc. [*Loir.*]

Sect. 3. *Eliomys* Wagner.

Plus *petite* (longueur totale : 0<sup>m</sup>,21). Queue distique　**quercinus** L.
seulem. *vers l'extrémité*. Replis d'émail des mo-　Toute la France. *Jardins,*
laires peu nets. Dessus gris roux; dessous blan-　*vergers.* C. Long. : 0<sup>m</sup>,12;
châtre; queue noire en dessus, blanche en des-　queue, 0<sup>m</sup>,09.
sous et à l'extrémité. De chaque côté de la tête,
bande noire sus-oculaire. [*Lérot.*]

## IV. MURIDI.

3-2-4 molaires à la mâchoire supér.; 3-2 à la mâchoire infér. Queue ± longue,
glabre ou velue de poils courts. — Molaires tuberculeuses au moins chez le jeune.

*Pas d'abajoues* (poches buccales internes). Queue
*longue*, couverte de poils squamiformes　　　　　1. Mus.
*Des abajoues.* Queue *courte*, velue de poils ras-　2. Cricetus.

### 1. MUS Linné. *Rat.* Fig. 113 à 119.

Forme assez courte, trapue; pattes courtes. Tête conique-subeffilée; yeux grands,
saillants. Oreilles bien développées, ord. glabres. Queue au moins aussi longue que le
corps, écailleuse. Pattes glabrescentes, les antérieures sub-5dactyles, à pouce peu évolué
portant un ongle plat; les postér. nettem. 5dactyles, à doigts tous munis d'un ongle
robuste, incurvé, pointu. — Formule dentaire : $\frac{1.0.(0.3)}{1.0.(0.3)} = 16$ dents. Régime ord.
omnivore.

1 { Taille assez *grande* (longueur totale : 0ᵐ,35 à
0ᵐ,50). Pattes fortes, épaisses. Callosité du talon
*allongée*, arquée en dedans. Pelage du dos mêlé
de poils plus longs, cannelés, raides. *12* mamelles　2
Assez *petite* (longueur totale : 0ᵐ,12 à 0ᵐ,23).
*Moins de 12* mamelles　3

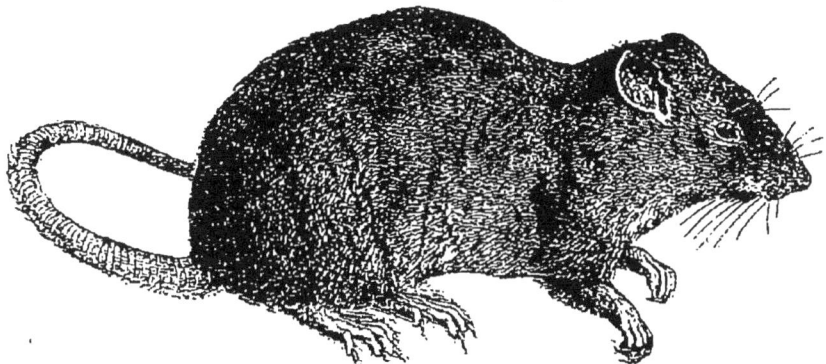

Fig. 113. — Mus decumanus, 1/4 gr. nat.

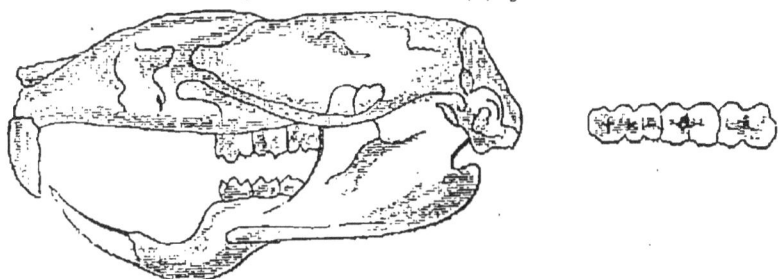

Fig 114 et 115. — Mus decumanus. *Crâne. Molaires supérieures.*

Fig. 116. — Mus rattus, env. 1/2 gr. nat.

3.

Sect. 1. *Rattus* auct.

2 {
Queue *moins longue* que le corps, munie de
210 verticilles d'écailles. Oreilles égalant *le 1/3* de
la tête, *n'atteignant pas* les yeux quand on les
rabat en avant. Dessus brun roux ; dessous gris
ou blanchâtre. [*Surmulot.*]
　Pelage brun noir.

*Plus longue* que le corps, munie de 250 à 260 verticilles d'écailles. Oreilles atteignant *la 1/2* de la
tête. Dessus gris noir ; dessous cendré foncé. Pieds
noirâtres ; doigts munis de poils blancs. [*Rat.*]
　Seulem. une ligne dorsale gris-foncé ; flancs
　gris clair, dessous blanc.
　Dessus brun fauve ; dessous et pieds blancs ;
　gorge avec 1 tache jaune.

**decumanus** Pallas.
Toute la France. C. Long. :
　0m,3 ; queue, 0m,2.

β. *maurus* Waterhouse.
**rattus** L.
Toute la France. Long. :
　0m,15 ; queue, 0m,2.

β. *intermedius* Ninni.
Centre.
γ. *alexandrinus* de l'Isle.
Midi.

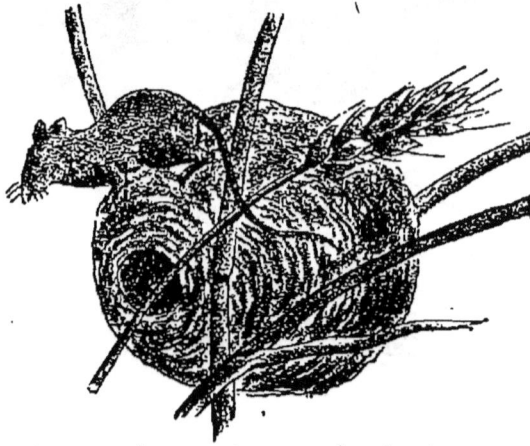

Fig. 117. — Mus minulus, 1/3 gr. nat.

Sect. 2. *Micromys* Dehne.

3 {
Oreilles *glabres*, au moins aussi longues que *la 1/2*
de la tête

Arrondies, *velues* de poils ras, au plus aussi longues
que *le 1/3* de la tête. Dessus fauve jaunâtre, dessous blanc. Queue jaunâtre, aussi longue que le
corps. — Régime de préférence insectivore et
granivore. [*Rat des moissons.*]

4

**minutus** Pallas.
*Champs.* Toute la France.
Long. : 0m,06 ; queue, 0m,06.

Fig. 118. — Mus musculus, 1/3 gr. nat.

Sect. 3. *Eumus.*

Dessus gris brunâtre, dessous plus clair avec le
ventre cendré, *sans ligne de démarcation nette*

**musculus** L.
Toute la France, *dans les ha-*

Fig. 119. — Mus sylvaticus, 1/4 gr. nat.

entre les nuances. Oreilles grises, glabres. Queue aussi longue que le corps, à 180 anneaux d'écailles.. Tarses *courts* ; talon *sans* tache brune. 10 mamelles. [*Souris.*]

Varie à pelage blanc, noir ou isabelle.

Pelage plus nettem. roux que dans le type; dessous gris jaunâtre. Queue plus courte que le corps.

Dessus fauve roussâtre, dessous blanc, *avec* une ligne de démarcation nette entre les deux nuances. Queue un peu moins longue que le corps, à 150 anneaux d'écailles. Tarses *allongés*; talon *avec* une tache brune. 6 mamelles. [*Mulot.*]

Varie à pelage gris brunâtre.

*bitations.* Long. : 0ᵐ,09 ; queue, 0ᵐ,09.

*hortulanus* Nordmann. *Champs, jardins ; accidentel habitations.*

**sylvaticus** L. *Champs.* Toute la France, TC. Long. : 0ᵐ,12 ; queue, 0ᵐ,11.

Fig. 120. — Cricetus frumentarius, 1/5 gr. nat.

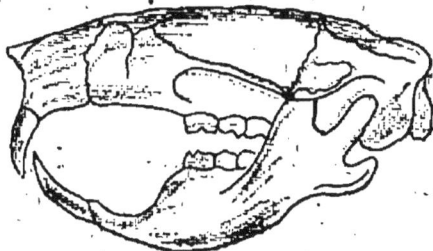

Fig. 121. — Cricetus frumentarius. Crâne.

## 2. CRICETUS Pallas. *Hamster.* Fig. 120, 121.

Forme courte, épaisse. Tête conique, obtuse. Oreilles médiocres, arrondies, presque glabres. De grandes poches buccales internes (abajoues). Queue notablem. plus courte

que le corps. Pattes munies d'ongles larges, fouisseurs ; les antér. sub-5dactyles, à pouce rudimentaire, les postér. 5dactyles. Molaires tuberculeuses. — Formule dentaire :
$$\frac{1.0.(0.3)}{1.0.(0.3)} = 16 \text{ dents.}$$

Poils dimorphes, les uns courts formant un duvet mou, les autres raides, allongés, sétiformes. Dessus d'un jaunâtre, avec les soies noires à la pointe ; bouche blanche ; une tache jaune aux joues. Ventre, pattes, une ligne frontale noirâtres ; pieds blancs.

**frumentarius** Pallas. Versant alsacien des Vosges. Belgique. Long. : 0m,3 ; queue, 0m,03.

## V. ARVICOLIDI.

3 molaires à chaque mâchoire, ord. de forme prismatique, portant des lignes d'émail 3angulaires. Queue velue de poils = ras.

### 1. ARVICOLA Lacépède. *Campagnol.* Fig. 122 à 126.

Tête assez épaisse, à museau arrondi. Pieds antér. de faibles dimensions, à plante glabre ; ongles courts, fouisseurs. Oreilles courtes ou moyennes. Queue courte, toujours plus longue que les pieds postér. Molaires à couronne jamais tuberculeuse, même chez le jeune, et portant des prismes d'émail 3angulaires alternes. — Formule dentaire :
$$\frac{1.0.(0.3)}{1.0.(0.3)} = 16 \text{ dents}$$

Fig. 122. — Arvicola rutilus, env. 1/3 gr. nat.

Oreilles *plus courtes* que la 1/2 de la tête ............ 2
  Sect. 1. *Evotomys* Elliot Coues.
Bien développées, *aussi longues* que la 1/2 de la tête, émergeant notablem. hors des poils. Molaires des adultes avec 2 racines. Pied postér. à plante munie de 6 tubercules arrondis.   **rutilus** Pallas. Long. : 0m,09-0m,1 ; queue, 0m,05-0m,06.

Dessus rouge vif ; flancs gris ; dessous et pieds blanc presque pur ; queue brune en dessus, blanche en dessous. Formule des dents molaires(1) : supérieures, $\frac{1^{re}}{(5\text{-}6)}, \frac{2^e}{(4\text{-}5)}, \frac{3^e}{(6\text{-}7 \text{ ou } 8)}$.   α. *glareolus* Schreber. Toute la France ; *prairies au bord des eaux, jardins, taillis.*

inférieures, $\frac{1^{re}}{(7\text{-}8)}, \frac{2^e}{(5\text{-}6)}, \frac{3^e}{(3\text{-}6)}$.

Dessus roux marron ; flancs gris fauve ; dessous blanc ; ces diverses teintes *assez bien limitées.* Dents molaires : supérieures, $\frac{1^{re}}{(5\text{-}6)}, \frac{2^e}{(4\text{-}5)}$ $\frac{3^e}{(6\text{-}7)}$ ; inférieures, $\frac{1^{re}}{(7\text{-}8 \text{ ou } 9)}, \frac{2^e}{(5\text{-}6)}, \frac{3^e}{(3\text{-}6)}$.   β. *bicolor* Fatio. Montagnes du Sud-Est.

(1) Le chiffre supérieur indique le rang de la molaire, le premier chiffre inférieur le nombre des espaces cémentaires de la couronne. le second chiffre inférieur le nombre des angles *latéraux* formés par les prismes 3angulaires d'émail. Ces formules ne sont pas absolues.

$2\begin{cases}\text{Oreilles } \textit{dépassant notablem.} \text{ les poils, égales au}\\\quad 1/3 \text{ de la longueur de la tête. 8 mamelles} \hfill 3\\\textit{Non} \text{ ou à peine } \textit{saillantes} \text{ hors des poils} \hfill 4\end{cases}$

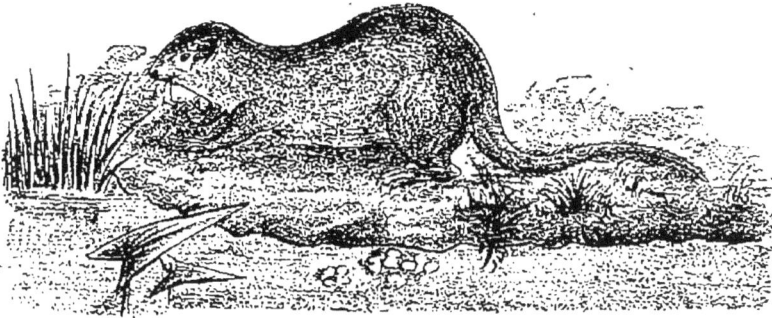

Fig. 123. — Arvicola amphibius, 1/4 gr. nat.

Fig. 124. — Arvicola nivalis, env. 1/3 gr. nat.

### Sect. 2. *Hemiotomys* de Sélys.

Taille *grande* (longueur totale : 0ᵐ,26). Plante des pieds postér. avec 5 tubercules. Dessus brun gris nuancé de roux ; dessous plus clair. Dents molaires : supérieures, $\dfrac{1^{re}}{(5\text{-}6)}, \dfrac{2^e}{(4\text{-}5)}, \dfrac{3^e}{(5\text{-}6)}$ ; inférieures, $\dfrac{1^{re}}{(7\text{-}9)}, \dfrac{2^a}{(5\text{-}6)}, \dfrac{3^e}{(5\text{-}6)}$. [*Rat d'eau.*]  — **amphibius** Pallas. *Bords des eaux.* Toute la France. Long. : 0ᵐ,17 ; queue, 0ᵐ,08-0ᵐ,09.

$3\begin{cases}\end{cases}$ Pelage plus clair, d'un fauve jaunâtre. Taille du type. — β. *musignani* de Sélys. Sud-Est.

Pelage plus clair. Taille ord. plus petite ; queue proportionnellem. plus courte. — γ. *monticola* de Sélys. Montagnes.

Assez *petite* (longueur totale : 0ᵐ,19). Plante des pieds postér. à 6 tubercules. Dessus brun gris clair, dessous et flancs jaunâtres. Queue concolore ± foncé. Dents molaires : supérieures, $\dfrac{1^{re}}{(5\text{-}6)}, \dfrac{2^a}{(4\text{-}5)}, \dfrac{3^e}{(6\text{-}6)}$ ; inférieures, $\dfrac{1^{re}}{(8\text{-}9)}, \dfrac{2^a}{(5\text{-}6)}, \dfrac{3^a}{(3\text{-}6)}$. [*Campagnol des neiges.*] — **nivalis** Martius. Alpes. Pyrénées. Long. : 0ᵐ,12 ; queue, 0ᵐ,06-0ᵐ,07.

### Sect. 3. *Euarvicola.*

Oreilles égalant au plus le 1/3 de la tête, *dépassant* légèrem. les poils. Queue égalant le 1/3 de la longueur du corps. Plante du pied post. à 6 tubercules. 8 mamelles. — **agrestis** Linné. Long. : 0ᵐ,1-0ᵐ,12 ; queue, 0ᵐ,03-0ᵐ,05.

Fig. 125. — Arvicola agrestis, 1/2 gr. nat.

Fig. 126. — Arvicola subterraneus, 1/3 gr. nat.

Dessus brun foncé; flancs brun clair; dessous et pieds gris blanchâtre. Queue 2colore, noirâtre en dessus, blanche en dessous. Dents molaires : supérieures, $\frac{1^{re}}{(5-6)}, \frac{2^e}{(5-6)}, \frac{3^e}{(6-7\ ou\ 8)}$; inférieures, $\frac{1^{re}}{(9-9\ ou\ 10)}, \frac{2^e}{(5-6)}, \frac{3^e}{(3-6)}$.  —  α. *agrestis* L Çà et là, surtout Nord. — Alpes. Pyrénées.

Dessus fauve nuancé de gris; dessous et pieds blanchâtres. Flancs avec une ligne jaune plus pur. Queue unicolore. Dents molaires : supérieures, $\frac{1^{re}}{(5-6)}, \frac{2^e}{(4-5)}, \frac{3^e}{(6-7)}$; inférieures, $\frac{1^{re}}{(9-9)}, \frac{2^e}{(5-6)}, \frac{3^e}{(3-5\ ou\ 6)}$.  —  β. *arvalis* Pallas. Toute la France, C. sauf région méditerranéenne.

Sect. 4. *Microtus* de Sélys.

Très courtes, *cachées* par les poils. Yeux petits. Forme trapue. Queue plus courte que le 1/3 du corps. 4 mamelles. Pied post. à 5 tubercules. — Habitudes souterraines. Dessus gris noirâtre; dessous cendré. Dents molaires : supérieures, $\frac{1^{re}}{(5-6)}, \frac{2^e}{(4-5)}, \frac{3^e}{(6-7\ ou\ 8)}$; inférieures, $\frac{1^{re}}{(9-11)}, \frac{2^e}{(5-6)}, \frac{3^e}{(3-6)}$.  —  **subterraneus** de Sélys. Toute la France, sauf les Alpes. Long. : $0^m,09$-$0^m,10$; queue, $0^m,03$.

Ferrugineux sombre; face noirâtre; ventre ardoisé; queue brune en dessus, cendrée en dessous.  —  β. *gerbei* de l'Isle. Bassin de la Loire.

Brun ferrugineux; flancs plus clairs, à nuance se fondant avec celle du dessous, qui est cendré roux. Queue 2colore.  —  γ. *selysi* Gerbe. Basses-Alpes.

Brun; flancs plus clairs, pattes peu cendrées.

Dents molaires : supérieures, $\frac{1^{re}}{(5\text{-}6)}$, $\frac{2^e}{(4\text{-}5)}$, $\frac{3^e}{(6\text{-}8)}$; inférieures, $\frac{1^{re}}{(9\text{-}11)}$, $\frac{2^e}{(5\text{-}6)}$, $\frac{3^e}{(3\text{-}6)}$.

8. *pyrenaicus* de Sélys. Sud-Ouest ; Pyrénées.

Dessus gris roussâtre; dessous et pieds blanchâtres. Dents molaires : supérieures, $\frac{1^{re}}{(5\text{-}6)}$, $\frac{2^e}{(4\text{-}5)}$, $\frac{3^e}{(5\text{-}6 \text{ ou } 7)}$; inférieures, $\frac{1^{re}}{(9\text{-}11)}$, $\frac{2^e}{(5\text{-}6)}$, $\frac{3^e}{(3\text{-}6)}$.

c. *savii* de Sélys. Italie. Sud-Est?

Dessus gris brun clair ; tête variée de cendré; flancs nuancés de fauve jaunâtre.

c. *incertus* de Sélys. Provence. Languedoc. Dauphiné.

## VI. CAVIIDI.

4 molaires en haut et en bas. Pas de clavicules. Doigts pourvus de griffes engainantes.

Fig. 127. — Cavia aperea.

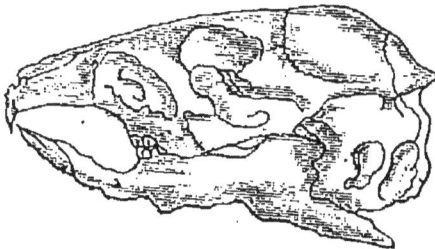

Fig. 128. — Cavia aperea. *Crâne.*

### 1. CAVIA Gmelin. *Cobaye.* Fig. 127, 128.

Oreilles bien développées. Queue courte, réduite à un moignon. Plante des pieds nue. Ongles larges, presque en sabot. Formule dentaire : $\frac{1.0.(1.3)}{1.0.(1.3)} = 20$ dents.

**aperea** Gmelin. *Domestiqué.*

## VII. **LEPORIDI.**

3 petites incisives derrière les 2 grandes supér. 5-6 molaires en haut, 5 en bas. Clavicules imparfaites. Queue peu développée. Oreilles très longues.

**1. LEPUS** Linné. *Lièvre.* Fig. 129 à 131.

4 incisives supér., les latér. plus petites. Membres post. allongés, propres à la course, 4dactyles; les antér. 5dactyles. Forme allongée; museau arrondi. Queue relevée, velue.

Formule dentaire : $\dfrac{2.0.(3.3)}{1.0.(2.3)} = 28$ dents.

Fig. 129. — Lepus cuniculus, 1/6 gr. nat.

Membres postér. *notablem.* plus longs que les antér. Oreilles à pointe *noire* 2

Sect. 1. *Oryctolagus* Lilljebord.

1 A *peine* plus longs que les antér. Oreilles plus courtes que la tête, à pointe *grise.* Dessus gris fauve nuancé de brun; queue blanche en dessous, noirâtre en dessus; ventre blanc. [*Lapin de garenne.*]

**cuniculus** L. Toute la France. Long. : 0ᵐ,4; queue, 0ᵐ,06.

Souche probable de nos lapins domestiques.

Fig. 130. — Lepus timidus, 1/10 gr. nat.

Sect. 2. *Eulepus.*

Queue *presque aussi longue* que la tête, blanche en dessous, *noire en dessus* sur la ligne mé-

**timidus** L. *Plaines.* Longueur : 0ᵐ,5;

Fig. 131. — Lepus variabilis.

diane. Dessus gris fauve mêlé de brun; dessous blanc. Oreilles *plus longues* que la tête, grises à pointe noire [*Lièvre*.]

2 { Pelage long. épais, ± mêlé de blanc en hiver. Oreilles longues, très velues. Pelage plus court, moins dense, roux en toute saison.

*Plus courte* env. de 1/2 que la tête. concolore, blanche. Oreilles *plus courtes* que la tête, avec la pointe noire en toute saison. Pelage gris fauve en été, blanc en hiver. [*Lièvre changeant.*]

queue, 0ᵐ,1.

*a. timidus* auct. Presque tte la France. β. *mediterraneus* Wagner. Pourtour méditerranéen. variabilis Pallas. Alpes. Pyrénées. *De 1 000 à 3 500 m d'altitude.*

# ORDRE DES CARNIVORES

Gueule largem. fendue. 3 incisives en haut et en bas; 1 canine en haut et en bas, ord. en forme de croc. Prémolaires tranchantes ; molaires mousses, tuberculeuses. Entre les prémolaires et les molaires, une *carnassière* saillante, munie de 2-3 tubercules. constituée à la mâchoire supér. par la dernière prémolaire et à l'infér par la première molaire. Mâchoires ne pouvant pas se déplacer latéralem. Clavicules rudimentaires ou nulles. Membres terminés par 4-5 doigts ord. libres et pourvus de fortes griffes. Marche plantigrade (la plante des pieds appuyant sur le sol) ou digitigrade (les doigts seuls appuyant sur le sol) ; dans ce dernier cas. griffes rétractiles. pouvant se replier dans des gaines cutanées placées à la face supér. des pieds, à l'aide d'un ligament élastique relevant la dernière phalange. Odorat et ouïe très développés; yeux grands. qqf. aptes à voir dans l'obscurité. — Un placenta. Régime carnivore.

1 { *Plantigrades*, 5dactyles, à ongles non rétractiles. Molaires tuberculeuses $\frac{2}{2}$ — V. Ursidi.

*Digitigrades* ou *subdigitigrades* — 2.

2 { Pieds *subplantigrades*. 5dactyles en avant comme en arrière. Griffes ord. non rétractiles. Molaires tuberculeuses $\frac{1}{1}$ — IV. Mustelidi.

*Digitigrades* — 3

3 { Ongles *rétractiles* Langue rude — 4 *Non rétractiles*. Pieds antér. 5dactyles, les postér. 4dactyles. Molaires tuberculeuses $\frac{2}{2}$ — I. Canisidi.

4 { Tous les pieds *5dactyles*. Molaires tuberculeuses $\frac{-}{1}$ — III. Viverridi. Pieds antér. 5dactyles, les postér. *4dactyles*. Molaires tuberculeuses $\frac{1}{0}$ — II. Felisidi.

## I. CANISIDI.

Pieds nettem. digitigrades, n'appuyant sur le sol pendant la marche que par l'extrém. des doigts; les antér. 5dactyles, les postér. 4dactyles. Ongles non rétractiles. Tête longue; museau allongé. 42 dents.

### 1. CANIS Linné. *Chien.* Fig. 132 à 139.

Ongles faiblem. crochus, ord. émoussés par la marche. Membres allongés, peu robustes, plus propres à la marche qu'au bond. Queue de longueur moyenne. Langue non hérissée de papilles rudes. Formule dentaire : $\dfrac{3.1.(3.1.2)}{3.1.(4.1.2)} = 42$ dents.

Fig. 132. — Canis lupus, env. 1/15 gr. nat.

Sect. 1. *Lupus* Brisson.

Queue peu touffue, *au plus aussi longue que le 1/3 du corps.* Jambes assez longues. Œil à pupille *arrondie.* Oreilles aiguës, dressées. — Dessus gris fauve; dessous fauve clair; une raie noire en avant aux jambes antér. Museau noir. Extrémité de la queue rembrunie. [*Loup.*]    **lupus** L. *Grandes forêts.* Long. : 1ᵐ,15; queue, 0ᵐ,4.

Pelage entièrem. noir.    β. *lycaon* Schreber. TR.

Sect. 2. *Vulpes* Brisson.

Touffue, *plus longue que la 1/2 du corps.* Jambes assez courtes. Œil à pupille étroite, *allongée, verticale.* Oreilles grandes, aiguës, dressées. — Dessus fauve, qqf. gris, avec le dessous pâle. Extrémité de la queue blanche. [*Renard.*]    **vulpes** L. Toute la France. C. Long. : 0ᵐ,6; queue, 0ᵐ,38.

La coloration du pelage peut offrir les variations suivantes :

Roux foncé; extrémité des membres et de la queue noire. [*Renard charbonnier.*]    β. *alopex* L.

Semblable, mais avec en outre une bande dorsale, les épaules et les pieds noirs;

l'extrémité de la queue blanchâtre. [*Renard croisé.*]
Dessous noirâtre. [*Renard à ventre noir.*]

γ. *crucigera* Brisson.

δ. *melanogaster* Bonaparte.

Fig. 133. — Canis vulpes, env. 1/12 gr. nat.

A cette famille appartient le *Chien domestique, Canis familiaris* L., représenté par un grand nombre de races que le croisement a multipliées à l'infini, et qui probablement dérive de plusieurs espèces sauvages primitives, non encore déterminées d'une manière suffisamment précise. Anatomiquement, il est très voisin du Loup, dont il est difficile de le différencier par des caractères constants. La plupart des races s'en éloignent

Fig. 134. — Canis familiaris. *Lévrier.*     Fig. 135. — Canis familiaris. *Mâtin.*

par leurs flancs plus saillants, le museau moins long, moins aigu, les yeux moins obliques, faisant un angle avec la direction du nez, les oreilles pendantes, la queue dressée, et pouvant se recourber à gauche. Mais ces différences ne sont pas vraies pour toutes les variétés.

Voici les caractères des principales races du Chien domestique :

*Lévriers.* — Taille élancée. Flancs très rentrés; poitrine saillante; poumons très amples. Pattes très grêles, à tendons saillants. Queue descendant au-dessous de l'articulation tibio-tarsienne, mince, allongée, glabrescente ou touffue. Pelage à poils courts et serrés, ou plus rarem. à poils longs. Essentiellement coureurs.

*Mâtins.* — Diffèrent des lévriers par leur forme plus massive, plus trapue, leurs flancs moins rentrés, leurs membres plus épais. Poils courts. Oreilles souv. droites ou ne retombant qu'incomplètement.

*Dogues.* — Tête fortem. développée, par suite de l'écartement des branches de la mâchoire, du volume de ses muscles, et de la dilatation des lèvres, qui sont larges et

Fig. 136. — Canis familiaris. *Dogue.*

± retombantes. Museau court, arrondi. Nez fendu. Poitrine saillante. Queue ord. droite. Oreilles de moyenne grandeur, arrondies, demi-pendantes. Pelage ras, dense. Peau du front ridée.

*Chiens de chasse.* — Taille grande ou médiocre. Forme plutôt élancée, allongée; flancs rentrants. Cou allongé, bien développé. Poitrine large. Tête longue, relevée,

Fig. 137. — Canis familiaris. *Chien de chasse.*

avec les crêtes osseuses saillantes. Museau assez court, aminci et comme tronqué en avant. Pattes antér. ord. droites; les postér. avec un tubercule muni d'un ongle.

Oreilles longues, pendantes. Queue atteignant l'articulation tibio-tarsienne, variable de forme, touffue ou presque glabre, droite, recourbée ou dressée. Pelage variable; presque toujours une tache ronde au-dessus de l'œil.

*Épagneuls.* — Oreilles très larges, pendantes. Pelage à poils très longs, soyeux ou

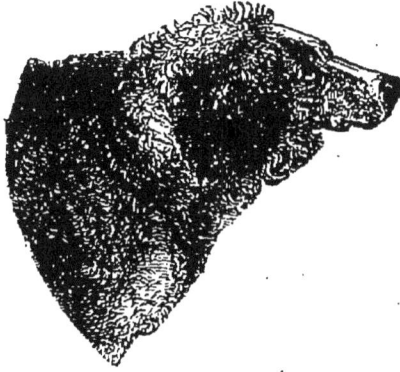

Fig. 138. — Canis familiaris. *Épagneul.*

laineux, frisés ou non, ord. plus allongés sur les oreilles, la région inférieure du cou, la face postér. des quatre pattes, la queue.

*Chiens domestiques proprement dits.* — Corps assez gros. Flancs légèrem. ren-

Fig. 139. — Canis familiaris. *Chien domestique.*

trants; échine incurvée; poitrine peu saillante; cou court, gros; front peu bombé; museau court, pointu. Pattes fortes, les antér. subdroites, les postér. sans tubercule.

Queue ord. touffue, dépassant l'articulation tibio-tarsienne, portée horizontalem. en arrière ou relevée et inclinée à gauche. Oreilles courtes, pointues, presque toujours dressées. Pelage touffu, à poils grossiers.

## II. FELISIDI.

Pieds nettem. digitigrades, n'appuyant sur le sol que par l'extrémité des doigts. Pattes antér. 5dactyles, les postér. 4dactyles. Ongles rétractiles. Tête arrondie, à museau court. Langue rude. Molaires tuberculeuses $\frac{1}{0}$

Fig. 140. — Felis cattus, 1/10 gr. nat.

Fig. 141. — Felis lynx.

## 1. FELIS Linné. *Chat*. Fig. 140 à 141.

Tête grosse, courte, arrondie, à museau peu proéminent, obtus. Oreilles grandes. 3angulaires. Pattes allongées, fortes ; ongles aigus, recourbés. Pupille de l'œil allongée verticale en pleine lumière, se dilatant dans l'obscurité. Formule dentaire : $\dfrac{3.1.(2.1.1)}{3.1.(2.1.0)}$ = 30 dents.

1 {

Longueur 0m,6. Queue *aussi longue* que la 1/2 du corps. Oreilles *sans* pinceau de poils au sommet. — Pelage long, dense ; dessus gris fauve, dessous fauve clair. Des bandes noires ainsi disposées : 4 parallèles sur le sommet de la tête et le cou, suivies de 2 plus larges, échancrées en dehors, atteignant les épaules ; 1 médiane dorsale, avec des bandes transverses, obliques, descendant sur les flancs ; 3-4 sur le haut des pattes ; 6-8 en anneau sur la queue. ♂ plus brun que la ♀. [*Chat sauvage.*]

**cattus** Linné. *Forêts.* TR. Régions montagneuses. Long. : 0m,6 ; queue, 0m,3.

0m.8. Queue *plus courte* que le 1/4 du corps. Oreilles *munies* au sommet d'un pinceau de poils noirs. — Pelage moins long en été qu'en hiver, roux avec des taches brunes éparses. 4-5 bandes sur le front et les joues ; celles-ci munies de longs favoris fauve clair. Queue à base et extrémité noires, au milieu annelée de roux. Ventre, partie supér. de la gorge, lèvres et côté interne des oreilles blancs. [*Lynx, loup cervier.*]

**lynx** Linné. Alpes, Jura. Pyrénées. *Régions boisées.* R. Long. : 0m,8 ; queue, 0m,2.

Fig. 142. — Felis domesticus.

A ce genre se rattache le *Chat domestique* (*Felis domesticus* L.), qui se distingue toujours du Chat sauvage par sa taille d'un tiers plus petite, sa vigueur moins grande, sa queue plus allongée, plus grêle, se terminant en pointe, sa tête plus aplatie, ses intestins cinq fois plus longs que le corps, alors que chez le Chat sauvage, plus exclusivement carnivore, ils ne sont que trois fois plus longs que le corps.

## III. VIVERRIDI.

Pied nettem. digitigrade, n'appuyant sur le sol que par l'extrémité des doigts. Toutes les pattes 5dactyles. Tête allongée ; museau pointu. — Ongles subrétractiles. Queue aussi longue que le corps. Langue rude.

### 1. VIVERRA Linné. *Genette.* Fig. 143, 144.

Corps élancé, à pattes allongées. Corps et tête allongés. Museau grêle. Queue allongée, forte. Oreilles elliptiques, longues. Toutes les pattes 5dactyles. Ongles aigus, recourbés, demi-rétractiles. Formule dentaire : $\dfrac{3.1.(3.1.2)}{3.1.(4.1.1)}$ = 40 dents. Régime carnivore.

Fig. 143. — Viverra genetta, 1/9 gr. nat.

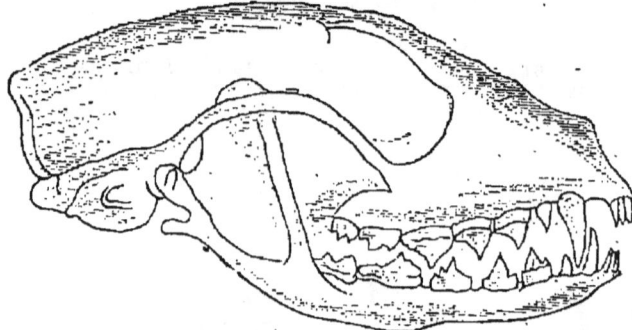

Fig. 144. — Viverra genetta. *Crâne.*

Pelage gris fauve. Tout le corps marqué de taches **genetta** L.
noires rondes ou allongées ; dessus de la queue annelé   Espagne. Région comprise
de noir. Dessous et pattes gris ; lèvres et nez noirs ;      entre le Rhône, la Loire et
bord de la lèvre supér., 1 tache sous l'œil et face intér.   les Pyrénées. R. Long. :
de l'oreille blancs ; 1 ligne médiane dorsale noire.    0ᵐ,45 ; queue, 0ᵐ,38.
2 glandes à musc près de l'anus. [*Genette.*]

## IV. **MUSTELIDI.**

Pied demi-plantigrade. Queue moins longue que la tête, non cachée par les poils.
Moins de 40 dents. 1 seule molaire tuberculeuse derrière chaque carnassière.

1 { 34-36 dents                                                                2
  { 38 dents                                                                   3

2 { 36 dents. Pieds courts, *palmés, non velus* en des-
  {   sous                                                             3. LUTRA.
  { 34 dents. Pieds *non palmés, velus* en dessous. De
  {   chaque côté, 3 molaires tuberculeuses supér.          2. MUSTELA.

3 { Queue env. *aussi longue que la 1/2 du corps.*
  {   4 tuberculeuses supér. de chaque côté. Pieds
  {   *velus* en dessous                                           1. MARTES.
  { A peine *plus longue que la tête*: Pieds *longs,*
  {   *non velus* en dessous                                       4. MELES.

### 1. **MARTES** Ray. *Marte.* Fig. 145, 146.

Forme très allongée. Tête longue ; museau en pointe. Oreilles arrondies, médiocres.
Queue longue, touffue. Pattes courtes ; pied arrondi, velu en dessous, digitigrade.
Ongles non rétractiles, aigus, recourbés ; doigts libres. Langue non rude. — Formule
dentaire : $\dfrac{3.1.(3.1.1)}{3.1.(4.1.1)} = 38$ dents.

Fig. 145. — Martes foina, 1/9 gr. nat.

Fig. 146. -- Martes abietum, 1/9 gr. nat.

1 { Bord externe de la 3ᵉ prémolaire supér. *convexe*, la tuberculeuse *échancrée* sur ce bord. Pelage gris brun; dessous plus clair, poitrine *blanc pur* Dos, pattes et queue brun foncé. [*Fouine.*]  **foina** Gmelin. Toute la France. C. Long. : 0ᵐ,45 ; queue. 0ᵐ,2.

*Concave*, la tuberculeuse *convexe-arrondie* sur le bord externe. Pelage brun marron foncé; poitrine *jaune*.  **abietum** Ray. *Grandes forêts.* Long. : 0ᵐ,45 ; queue, 0ᵐ,2.

Fig. 147. — Mustela vulgaris, 1/4 gr. nat.

## 2. MUSTELA Linné *ex parte. Putois.* Fig. 147 à 151.

Forme très allongée. Pieds courts, velus en dessous, digitigrades. Doigts réunis par une courte membrane. Langue rude. — Formule dentaire : $\dfrac{3.1.(2.1.1)}{3.1.(3.1.1)} = 34$ dents.

1 { Dessus roux *clair*, dessous *blanc*      2
{ Dessus et dessous brun *foncé*      3

ACLOQUE. — Faune de France. Vert.      4

Fig. 148. — Mustela herminea, 1/4 gr nat.

### Sect. 1. *Eumustela.*

Taille *plus petite* (longueur totale : 0ᵐ,208). Pattes courtes ; pieds poilus en dessous. Museau court ; moustaches fortes. Queue *entièrem. concolore au pelage du dos.* [*Belette.*]  —  **vulgaris** Brisson. Toute la France. C. Long. : 0ᵐ,17 ; queue, 0ᵐ,038.

2 { *Plus grande* (longueur totale : 0ᵐ.32). Oreilles égalant env. *la 1/2* de la tête. Pelage d'été : dessus fauve. dessous blanc ; pelage d'hiver : dessus et dessous blancs. Queue toujours *noire à l'extrémité.* [*Hermine.*]  —  **herminea** L. Presque lte la France, sauf sur le littoral méditerran. Long.: 0ᵐ,23 ; queue, 0ᵐ,09.

Fig. 149. — Mustela putorius, 1/6 gr. nat.

Fig. 150. — Mustela furo, 1/7 gr. nat.

### Sect. 2. *Foetorius* Keyserling et Blasius.

Forme *un peu courte,* trapue. Museau court. Moustaches fortes ; oreilles égalant le 1/3 de la tête. Dessus brun ; dessous noirâtre. Queue noire. Flancs jaunâtres. Face *tachetée de blanchâtre ou de jaunâtre* au museau, au-dessus des yeux et au bord des oreilles. [*Putois.*]  —  **putorius** L. Toute la France. Longueur : 0ᵐ,38 ; queue, 0m,15.

Le Furet (*Mustela furo* L.) ne paraît être qu'une variété albinos du Putois, dont il ne diffère

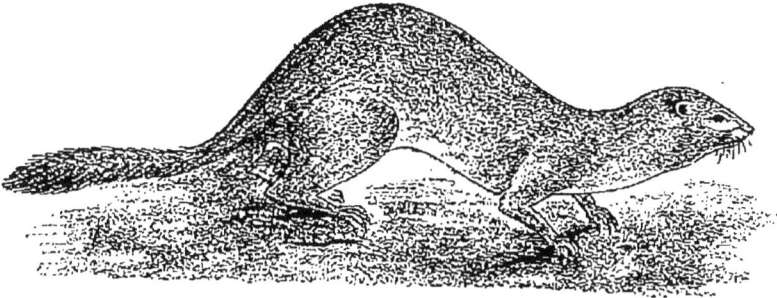

Fig. 151. — Mustela lutreola, 1/6 gr. nat.

3 \ pas anatomiquement. Il a les yeux rouges, et
le pelage ord. blanc jaunâtre.

Sect. 3. *Lutreola* auct.

Assez *allongée*. Pieds poilus, à membrane interdi- **lutreola** L.
gitale bien développée. Oreilles petites, presque *Bords des eaux*. Vallée de
entièrem. immergées dans les poils. Pelage épais, la Loire. Long. : 0ᵐ,4 ;
brun foncé ; ventre plus clair ; extrémité de la queue, 0ᵐ,13.
queue noirâtre. *Une tache blanche au menton*
et au bord de la lèvre supér. [*Vison, Petite
Loutre.*]

Fig. 152. — Lutra vulgaris, env. 1/12 gr. nat.

## 3. **LUTRA** Brisson. *Loutre*. Fig. 152.

Forme allongée ; membres robustes, courts. Pieds en entier palmés, sauf les ongles ;
pas de poils en dessous. Queue en cône aplati. Tête courte. Oreilles rondes, submimmer-
gées, pouvant être fermées par un repli de la peau. Museau large, obtus. — Formule
dentaire : $\dfrac{3.1.(3.1.1)}{3.1.(3.1.1)} = 36$ dents. Régime omnivore, mais normalem. ichthyophage.

Dessus brun roux, dessous blanc ou gris. — Nage et **vulgaris** Erxleben.
plonge avec facilité. [*Loutre.*] Toute la France, *au bord des
eaux*. Long. : 0ᵐ,7 ; queue,
0ᵐ,35.

## 4. **MELES** Brisson. *Blaireau*. Fig. 153 à 156.

Forme allongée ; membres courts. Pieds semi-plantigrades. allongés. non velus en
dessous. Doigts libres, à ongles longs faiblem. arqués. Tête longue ; oreilles médiocres.
Queue env. de la longueur de la tête. — Formule dentaire : $\dfrac{3.1.(3.1.1)}{3.1.(3.1.2)} = 38$ dents. Les
premières prémolaires tombent facilement.

Fig. 153. — Meles taxus, 1/10 gr. nat.

Fig. 154. — Meles taxus. *Mâchoire inférieure.*

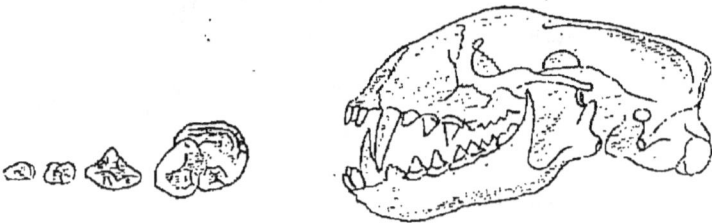

Fig. 155. — Meles taxus. *Molaires supérieures.*

Fig. 156. — Meles taxus. *Crâne.*

Dessus gris brun, à poils annelés de gris et de brun; dessous noir. Poils épais, longs, raides. Tête blanche avec de chaque côté une bande noire. Queue brune, terminée par de longs poils.

**taxus** Schreber. *Bois.* Toute la France. Long.: 0$^m$,7; queue, 0$^m$,2.

## V. URSIDI.

Pied nettem. plantigrade. Pattes antér. et postér. 5dactyles. 2 molaires tuberculeuses de chaque côté à chaque mâchoire, après la carnassière.

### 1. URSUS Linné. *Ours.* Fig. 157.

Ongles forts, recourbés. Queue courte, presque en entier immergée dans les poils. Forme massive, trapue. Tête forte, grosse, à museau assez long. — Formule dentaire :
$$\frac{3.1.(3.1.2)}{3.1.(4.1.2)} = 42 \text{ dents.}$$

Fig. 157. — Ursus arctos, 1/25 gr. nat.

Poils grossiers, épais, denses ; pelage variant du gris fauve au brun ± foncé. [*Ours brun.*] **arctos** Linné.
Long. : 1ᵐ,5 ; queue, 0ᵐ,9.

Pelage brun. Un collier blanc dans le jeune âge. α. *arctos* = Alpes.

Pelage fauve grisâtre. Pas de collier blanc dans le jeune âge. β. *pyrenaicus* F. Cuv. = Pyrénées.

## ORDRE DES PINNIPÈDES

Carnivores adaptés au milieu aquatique. Dentition complète analogue à celle des Carnivores, mais avec un nombre moindre d'incisives et pas de dent carnassière. 2-4 mamelles, ventrales. Un placenta. Pas de clavicules. Membres 5dactyles, à doigts réunis par une membrane, les antér. obliques, les postér. dirigés en arrière. Corps en fuseau, couvert de poils courts, terminé par une courte queue conique placée entre les membres postér. Orifices de l'oreille et du nez fermés par des cartilages élastiques et s'ouvrant sous l'action de muscles spéciaux.

### I. **PHOCIDI**.

Canines non saillantes en forme de défenses.

1. { 3 incisives de chaque côté à la mâchoire supér. Molaires *multilobées* ....... 3
   { 2 incisives de chaque côté à la mâchoire supér. Molaire *non lobées* ....... 2

2. { Les 3 molaires postér. à 2 racines. Ongles *peu développés*, surtout aux membres postér. ....... 3. PELAGIUS.
   { Toutes les molaires à 1 racine. Tous les ongles *forts et robustes* ....... 4. STEMMATOPUS.

3. { Museau *étroit*, en cône régulier. *Doigts* des pieds antér. *décroissant de longueur du 1ᵉʳ au 5ᵉ* ....... 1. PHOCA.
   { *Large*. Le doigt médian des pieds antér. *plus long* que les autres ....... 2. ERIGNATHUS.

#### 1. **PHOCA** Linné. *Phoque*. Fig. 158, 159.

Mâchoire supér. avec 3 incisives de chaque côté ; ces dents simples, coniques. Molaires à 3-5 tubercules bien développés, à 2-3 racines, sauf la 1ʳᵉ qui n'en a qu'une. Ongles bien évolués. Doigts des pieds antér. décroissant régulièrem de longueur du 1ᵉʳ au 5ᵉ, les 2 premiers subégaux. — Formule dentaire : $\frac{3.1.5}{2.1.5} = 34$ dents.

{ Forme *lourde*, *massive*. Tête *grosse*, arrondie ; *nez large*. Molaires distantes, disposées obliquem., subimbriquées. Dessus gris fauve avec des taches brunes ; dessous blanc jaunâtre avec des macules **vitulina** L. Côtes de l'Océan. qqf. Méditerranée. Long. : 1ᵐ,5 à 2 m.

4.

1 { brunes. Taches qqf. effacées. [*Phoque, veau marin, chien marin, loup marin.*]
*Allongée*, moins massive. Tête *assez petite*, museau *en pointe*. Molaires assez petites, bien séparées, non obliques. — Pelage brun noirâtre avec les flancs plus clairs; des taches ovales, blanchâtres, ayant ord. un point central noir; dessous jaunâtre. [*Phoque marbré.*]

**foetida** Fabricius. Côtes de la Manche. *Accidentel.* Long. : 1ᵐ,3 à 1ᵐ,8.

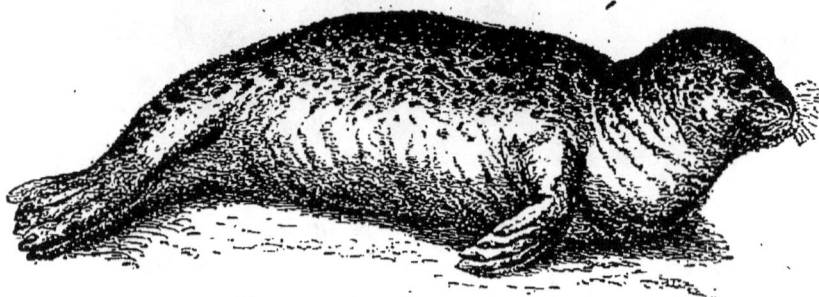

Fig. 158. — Phoca vitulina, 1/20 gr. nat.

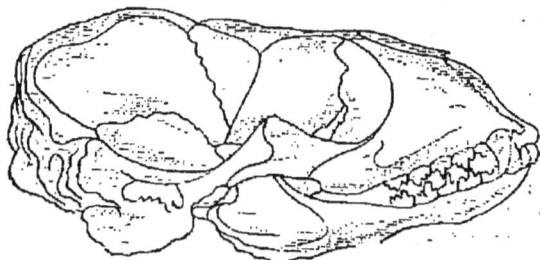

Fig. 159. — Phoca vitulina. *Crâne.*

## 2. ERIGNATHUS Gill. *Erignathe.*

Museau large. Dentition moins forte que chez les Phoques. Le doigt médian des membres antér. plus long que les autres.
Chanfrein convexe. Membres courts. Pelage gris, plus **barbatus** Fabricius. foncé sur le dos, plus pâle sous le ventre; ord. pas de Manche. *Accidentel.* Long. : taches. [*Phoque barbu.*] 2ᵐ,2 à 3 m.

## 3. PELAGIUS F. Cuvier. *Pélage.*

2 incisives de chaque côté à la mâchoire supér., munies d'entailles transv. à la marge externe. Molaires épaisses, robustes, rapprochées, insérées obliquem. dans la gencive. 1lobées, les 3 postér. à 2 racines. Museau déprimé, allongé. Moustaches lisses; à poils s'effilant vers le bout. Membres antér. courts; leurs doigts diminuant progressivem. de longueur du côté interne au côté externe. Ongles tronqués, petits. Poils ras. — Formule dentaire : $\frac{2.1.5}{2.1.5} = 32$ dents.

Hab. normalem. les zones chaudes.
Pelage court, dense. Dessus noir; dessous blanc ou gris **monachus** Hermann. jaunâtre. Doigts fortem. engagés dans la peau. 4 mamelles. [*Phoque moine.*] Méditerranée. Long. : 2ᵐ,8- 3ᵐ,3.

## 4. STEMMATOPUS F. Cuvier. *Stemmatope.* Fig. 160.

2 incisives de chaque côté à la mâchoire supér. Molaires non tuberculeuses, lisses, simples, 1lobées, munies d'une seule racine dilatée-claviforme. Ongles tous robustes et

bien développés. ♂ avec sur la tête, du nez à l'occiput, un sac en forme de bonnet, susceptible de se dilater. — Formule dentaire : $\dfrac{2.1.5}{1.1.5} = 30$ dents.

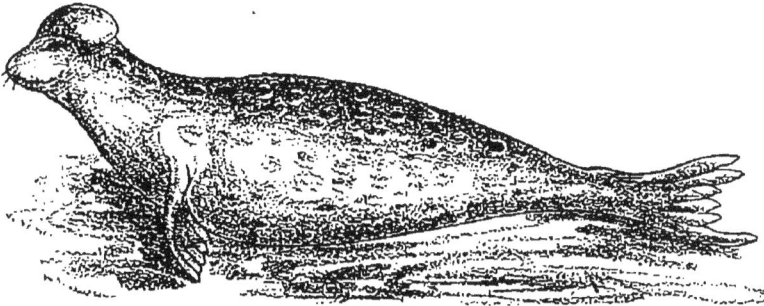

Fig. 160. — Stemmatopus cristatus, 1/24 gr. nat.

Dessus noir bleuâtre ; ventre et côtés plus clairs ; tête et pieds noirâtres, presque sans taches. Le reste du corps avec de petites taches nombreuses ; irrégulières, blanchâtres.

**cristatus** F. Cuvier. Côtes de l'Océan. *Très accidentel.* Long. : 2ᵐ,2-2ᵐ,4.

## ORDRE DES PÉRISSODACTYLES

Incisives en nombre variable ; canines faibles ou avortées ; molaires munies de replis d'émail, séparées des autres dents par un intervalle (*barre*). Estomac simple ; cœcum

Fig. 161. — Equus caballus.

très développé. Ord. 2 mamelles. inguinales ; utérus 2corne. Un placenta, diffus. Clavicules nulles. Doigts ongulés, c'est-à-dire enfermés dans un sabot.

# I. EQUIDI.

Incisives munies sur leur surface de frottement d'une fossette (*cornet externe*) qui diminue à mesure que la dent s'use, désignées, de dedans en dehors, par les noms de *pince, mitoyenne, coin*; canines (*crochets*) souv. caduques chez les ♀. Molaires à couronne carrée marquée de 4 croissants d'émail. Un seul os (*canon*) à chaque métacarpe.

Pied monodactyle. — Cou muni d'une crinière. Formule dentaire : $\frac{3.1.(3.4)}{3.1.(3.4)}$ = 44 dents.

Fig. 162. — Equus asinus.

**1. EQUUS** Linné. *Cheval.* Fig. 161, 162.

1 { Pelage *sans* trace de bande ou de raie. Crinière **caballus** L. longue, *flottante*. Queue munie de crins jusqu'à *Domestiqué.* la base. Face interne des quatre membres avec une saillie cornée (*châtaigne*). Oreilles courtes. [*Cheval.*]

*Avec* une bande dorsale foncée et souv. une bande **asinus** L. transv., moins foncée, sur les épaules. Crinière *Domestiqué.* courte, droite. Queue munie de crins seulem. à l'extrémité. Les pieds antér. avec chacun une saillie cornée. Oreilles longues. [*Ane.*]

Ces deux espèces sont interfécondes, et peuvent donner naissance à deux produits hybrides : le *mulet,* ayant pour père l'âne et pour mère la femelle du cheval (jument), et le *bardot,* ayant pour père le cheval et pour mère la femelle de l'âne (ânesse).

# ORDRE DES ARTIODACTYLES

Pieds ongulés, fourchus; les doigts médians, seuls existants ou tout au moins plus développés que les latéraux, appliqués l'un contre l'autre par leurs faces contiguës. Les deux facettes articulaires de l'astragale en forme de poulie.

1 { *4dactyles.* Dentition *complète.* Ne ruminant pas    I. *Porcins.*
   *2dactyles.* Dentition ord. *incomplète.* Ruminant    II. *Ruminants.*

## SOUS-ORDRE I. — PORCINS.

Dentition complète 2-6 incisives à la mâchoire supér., 4-6 à la mâchoire infér., à direction presque horizontale. Canines fortes, à croissance continue. Estomac simple ou complexe, impropre à la rumination. Clavicules nulles. Péroné complet. Astragale en osselet. Métacarpe et métatarse à 4 os séparés. Pieds fourchus, 4dactyles, à doigts terminés chacun par un sabot.

## I. SUSIDI.

Peau couverte de soies. Mamelles abdominales. Pieds ne touchant le sol que par les deux doigts du milieu.

Fig. 163. — Sus scrofa, 1/30 gr. nat.

**1. SUS** Linné. *Sanglier*. Fig. 163 à 165.

Dents canines robustes, recourbées en défenses, saillantes hors des lèvres. Tête grosse, à museau tronqué, conique, terminé par un *boutier* mobile portant les narines à l'extrémité. Forme courte, trapue. Pieds assez grêles. Queue mince, de longueur médiocre. — Formule dentaire : $\dfrac{3.1.(4.3)}{3.1.(4.3)} = 44$ dents. Régime omnivore.

Fig. 164. — Sus domesticus.
*Porc du Yorkshire.*

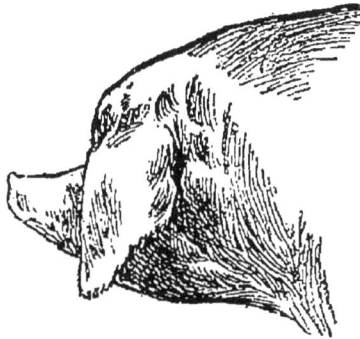

Fig. 165. — Sus domesticus.
*Porc craonnais.*

Peau couverte de poils rudes et grossiers, nommés *soies*, **scrofa** Linné. d'un brun noirâtre avec au milieu un anneau clair ; *Forêts*. Toute la France.

une crinière de poils plus longs sur la ligne dorsale  Long. : 1ᵐ,6 ; queue, 0ᵐ,5.
jusqu'au milieu du dos. Oreilles dressées, velues, plus
longues que le 1/3 de la tête. [*Sanglier.*]

A cette famille appartient le Cochon domestique (*Sus domesticus* Brisson), probable-
ment dérivé, au moins en partie, du Sanglier. Quelques-unes des races acclimatées en
Europe paraissent descendre d'espèces exotiques (*Sus vittatus*, de l'Asie orientale
*S. verrucosus* des îles de la Sonde, *S. papuanus* de la Nouvelle-Guinée).

## SOUS-ORDRE II. — RUMINANTS.

Mâchoire supér. sans incisives, munie à leur place d'une callosité. Mâchoire infér.
avec 4 paires d'incisives. Canines souv. nulles. Molaires à replis d'émail formant 2 dou-
bles croissants, à concavité externe à la mâchoire supér., interne à la mâchoire infér.
Tête le plus souv. munie de cornes, permanentes et creuses, ou pleines et caduques.
Estomac à 4 poches, propre à la rumination. Pas de clavicules. Péroné rudimentaire ou
nul. Métacarpe et métatarse à os soudés en un seul, *canon*. Pieds fourchus, à 2 grands
doigts terminés par des sabots symétriques, appuyant sur le sol par la pointe (onguligrades) ou par la face infér. des phalanges (phalangigrades). Mamelles inguinales. —

Formule dentaire : $\dfrac{0.0 \text{ ou } 1.(3.3)}{4. \quad 0 \quad (3.3)} = 32$ ou 34 dents.

| | | |
|---|---|---|
| 1 { | Cornes frontales *pleines, caduques* | I., Cervidi. |
| | Cornées, *creuses, persistantes* | 2 |
| 2 { | Cornes verticales, *peu divergentes* | II. Antilopidi. |
| | *Divergentes* | 3 |
| 3 { | Chanfrein ± *busqué*. Cornes enroulées *en hélice* | IV. Ovisidi. |
| | *Plat*. Cornes *arquées* | 4 |
| 4 { | Cornes arquées *en dedans*. Ord. 4 mamelles | III. Bosidi. |
| | Arquées *en arrière*. Ord. 2 mamelles | V. Capridi. |

## I. CERVIDI.

Onguligrades. Crâne portant 2 apophyses frontales, *pivots*, terminées par un plateau,
*meule*, sur lequel s'attachent des cornes pleines, *bois*. Bois se renouvelant tous les
ans, primitivem. simple, présentant ensuite, sur l'axe principal, *merrain*, des ramifications de plus en plus nombreuses, *andouillers*, souv. réunies, à l'extrémité, par une

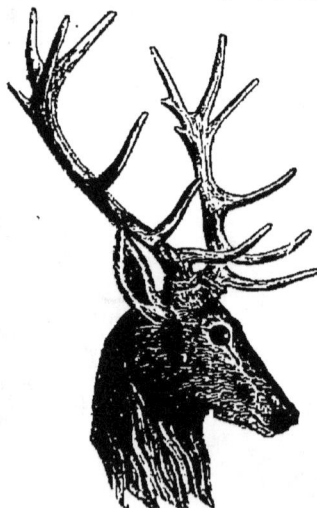

Fig. 166. — Cervus elaphus.

partie dilatée, *empaumure* ; l'ensemble constitue la *ramure*. Ramure le plus souv.
nulle chez les ♀. Oreilles grandes. Yeux saillants, portant presque toujours, en dessous,

des fossettes lacrymales, *larmiers*, sécrétant une matière huileuse. Queue très courte. Souv. un faisceau de poils raides, *brosse*, entre les sabots des pieds postér.

## 1. CERVUS Linné. *Cerf.* Fig. 166 à 184.

Bois d'abord recouvert d'une gaine de peau velue tombant à mesure qu'il s'accroît. Membres grêles, allongés. Museau nu au pourtour des narines, formant un mufle. Oreilles grandes.

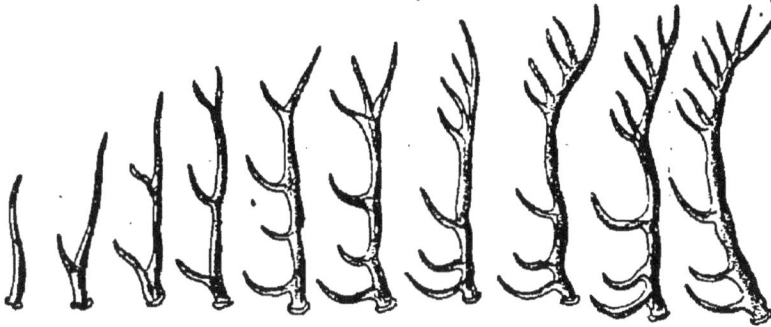

Fig. 167 à 176. — Cervus elaphus. *Bois de un an à dix ans.*

Fig. 177. — Cervus dama.

Fig. 178. — Son *bois d six ans.*

Taille *petite* (longueur totale : 1$^m$,15 à 1$^m$,4). Canines supér. *nulles* ♂

Sect. 1. *Eucervus.*

*Grande* (longueur totale : 2 m. à 2$^m$,4). Canines **elaphus** Linné.

supér. *développées* ♂. Bois arqué, cylindrique
jusqu'à l'extrémité, muni, chez le ♂ adulte, de
3 andouillers dirigés en avant et terminé par une
empaumure à 2-5 branches ou dagues. Larmiers
ovales, s'allongeant avec l'âge. — Pelage brun
roux en été, plus gris en hiver; fesses toujours
rousses. ♂ adulte avec une crinière sur le cou.
[*Cerf.*]

1 {

*Grandes forêts.* AR. Long. :
2 m.-2ᵐ,4.

Taille moindre. Ord. 1 seul andouiller basilaire
β. *mediterraneus* Gervais.
Corse.

Fig. 179 à 183. -- Cervus capreolus. *Bois de un an à six ans.*

Sect. 2. *Dama* H. Smith.

Bois avec ord. 1 seul andouiller basilaire dirigé en
avant, qqf. 2, terminé par une empaumure *aplatie*,
dentelée à sa marge supérieure t postérieure.—
Dessus fauve; dessous blanc jaunâtre; côtés et
pattes roux; queue assez longue, noire en dessus,
blanche en dessous. Pelage d'été parsemé de
taches blanchâtres. [*Daim.*]

**dama** L.
Pourtour méditerranéen. En
France, *demi-sauvage
dans les grandes forêts
et les parcs.* Long. : 1ᵐ,4.

2 {

Sect. 3. *Capreolus* H. Smith.

*Arrondi* dans toute son étendue, rugueux à la base,
ord. muni de 2 andouillers, dont 1 basilaire et
1 terminal. — Dessus roux brun en été, fauve en
hiver. Dessous blanchâtre. Queue *rudimentaire.*
Fesses avec une large tache claire. Larmiers *très
peu développés*, ronds ou 3angulaires. [*Chevreuil.*]

**capreolus** L.
*Forêts.* Presque toute la
France. Long. : 1ᵐ,15.

Fig. 184. — Cervus capreolus.        Fig. 185. — Capella rupicapra.

## II. **ANTILOPIDI.**

Cornes frontales cornées, creuses, persistantes, verticales ou peu divergentes, droites ou incurvées. 2-4 mamelles.

### 1. **CAPELLA** Keyserling et Blasius. *Chamois.* Fig. 185.

Cornes non ramifiées, munies d'un axe osseux, petites, lisses, recourbées en hameçon, s'insérant exactem. au-dessus des yeux. ♂ et ♀ munis de cornes.

Poils longs, assez grossiers, cendrés au printemps, fauves **rupicapra** L.
en été, roux brun en hiver. Devant de la tête blan- Sommets des Alpes et des
châtre; 1 ligne brune s'étendant de la bouche à la Pyrénées. Long. : 1ᵐ,08.
base des cornes, et comprenant l'œil. Fesses blanches.
Queue peu développée, à dessus noir. Cornes lisses,
noirâtres, munies de stries basilaires. Larmiers nuls.
[*Chamois* (Alpes) ; *Izard* (Pyrénées).]

## III. **BOSIDI.**

Cornes arquées en dedans, ord. lisses, arrondies, à chevilles creuses. Chanfrein plat. Museau tronqué, formant mufle, à narines distantes. Un repli cutané, *fanon*, sous le cou. Queue de longueur variable, ord. munie à l'extrémité d'une touffe de poils. Le plus ord. 4 mamelles. Pas de larmiers ni de glandes interdigitales.

Fig. 186. — Bos taurus. *Bœuf manceau.*      Fig. 187. — Bos taurus. *Bœuf salers.*

Fig. 188. — Bos taurus. *Bœuf limousin.*      Fig. 189. — Bos taurus. *Bœuf normand.*

### 1. **BOS** Linné. *Bœuf.* Fig. 186 à 189.

Cornes en croissant, insérées au-dessus d'un front allongé, plat. Peau couverte de poils ras, grossiers.

ACLOQUE. — Faune de France. Vert.      5

Pas de bosse au garrot. — Les diverses races dérivent **taurus** L.
probablement de trois ou quatre espèces, aujourd'hui *Ne se trouve en France*
éteintes, dont on trouve les restes, à l'époque quater- *qu'à l'état domestique.*
naire, mélés à ceux de l'homme. *B. primigenius,*
*B. frontosus, B. longifrons* et *B. trochoceros.*
[Bœuf.]

## IV. OVISIDI.

Cornes enroulées en hélice. Front plat; chanfrein ± busqué. Menton dépourvu de
barbe. Queue ord. longue, pendante, munie de poils jusqu'à l'extrémité. 2 mamelles ±
globuleuses, à mamelons divergents. Des fossettes lacrymales. Au-dessus de la fourche,
des glandes interdigitales constituant un *canal biflexe* sécrétant une humeur à odeur
forte, et s'ouvrant près de la séparation des phalanges.

Fig. 190. — Ovis musimon.

Fig. 191. — Ovis aries,
*race du Plateau Central.*

Fig. 192. — Ovis aries,
*race bergamasque.*

### 1. OVIS Linné. *Mouton.* Fig. 190 à 192..

Cornes grosses, rugueuses, sans protubérances annulaires, ord. nulles chez les ♀.
♂ sans barbe au menton. Queue pendante.

Cornes *peu* enroulées. Queue *courte,* un peu plus **musimon** Bonaparte.
longue que l'oreille. Pelage *rude, épais,* court, Montagnes rocheuses de
roux, avec une ligne dorsale brun foncé. Museau, Corse. Long. : 1ᵐ,2.
croupe, pieds et ventre blanchâtres ; tête grisâtre.
[*Mouflon.*]

( *Très nettement* enroulées. Queue assez *longue*. Pe-  **aries** L.
  lage *laineux*. Dérivé probablement de plusieurs  *Domestique.*
  espèces de moutons. [*Mouton.*]

## V. CAPRIDI.

Cornes arquées en arrière. Front déprimé. Chanfrein plat. Menton muni d'une barbe. Queue courte, relevée, nue en dessous. 2 mamelles pendantes, à mamelons allongés. Pas de larmiers ni de canal biflexe. — ♂ répandant une odeur désagréable.

Fig. 193. — Capra ibex.

Fig. 194. — Capra hircus.

**1. CAPRA** Linné. *Chèvre.* Fig. 193, 194.

Cornes grandes et allongées, recourbées en demi-cercle, munies chez les ♂ de protubérances annulaires. Queue droite.

Cornes très développées, 3angulaires ou 4angulaires, à face antér. large, munie de fortes tubérosités. Barbiche nulle ou *rudimentaire*. Pelage d'été court, fin, gris roux ; pelage d'hiver épais, grossier, crépu, fauve ; ventre blanc ; front, nez, jambes brun foncé.-[*Bouquetin*.]     **ibex L.** *Hautes montagnes.* TR. Long. : 1ᵐ,5-1ᵐ.6.

> Cornes *droites*, simplement divergentes.    α. *ibex.* Alpes.
> Cornes *contournées*.    β. *pyrenaica* Schimper. Pyrénées.

Assez longues, carénées en avant. Barbiche du menton *bien développée*, surtout chez les ♂. — Dérive probablement de l'Égagre du Caucase (*Capra aegagrus*) ou du Bouquetin. [*Chèvre*.]    **hircus L.** *Domestiqué.*

# ORDRE DES CÉTACÉS

Dentition composée ou de dents coniques, simples et uniformes, ou de lames cornées, *fanons*, insérées à la mâchoire supérieure et à la voûte palatine. Estomac ord. composé de 3 compartiments. Placenta diffus. 2 mamelles abdominales sur les côtés de la vulve, dans une dépression de la peau en forme de fente longitudinale. Tête énorme, non distincte du cou, dépourvue d'oreilles externes, portant latéralement, en arrière 2 petits yeux. Narines s'ouvrant au sommet du front par 1-2 orifices, *évents*. Fosses nasales verticales, fermées en bas par le larynx saillant à leur intérieur. Epiderm. glabre. épais, graisseux. 2 nageoires pectorales ; pas de ventrale ; une caudale horizontale ; qqf. une dorsale. — Carnivores, presque tous marins.

> *Des dents. Pas de fanons*    I. *Denticètes.*
> *Pas de dents. Des fanons*    II. *Mysticètes.*

## SOUS-ORDRE I. — DENTICÈTES.

> 2 évents, dont un seul, celui de gauche, fonctionne pour la respiration    III. **Physeteridi.**
> 1 seul évent, en forme de croissant, constitué par la réunion des 2 narines    2
> Dents ord. *nombreuses* ; jamais moins de 6    I. **Delphinidi.**
> *Peu nombreuses* ; ord. seulem. 1 de chaque côté à la mâchoire infér.    II. **Hyperodonidi.**

## I. DELPHINIDI.

Ord. des dents nombreuses aux deux mâchoires ; qqf. seulem. des dents peu nombreuses à la mâchoire inférieure.

> 1 Des dents seulem. *à la mâchoire inférieure*    4. GRAMPUS.
> Dents ord. nombreuses *aux 2 mâchoires*    2
> 2 Museau allongé *rostriforme*. Tête *aiguë*    3
> Court, *arrondi*. Tête *obtuse*    4
> 3 Rostre comprimé *latéralement*, non bridé à la base    6. DELPHINORHYNCHUS.
> Comprimé *de haut en bas*, bridé à la base    5. DELPHINUS.
> 4 Dents *comprimées latéralement*    1. PHOCAENA.
> *Coniques*    5.
> 5 Front légèrem. *convexe*. Dents très *volumineuses*    2. ORCA.
> *Très renflé*. Dents *médiocres*    3. GLOBICEPHALUS.

### 1. PHOCAENA Cuvier. *Marsouin.* Fig. 195.

Tête obtuse-arrondie, non rostrée. Pectorales étroites ; 1 dorsale peu haute. Dents petites, tronquées, spatulées, aux 2 mâchoires. Formule dentaire : $\frac{25}{23}$ à $\frac{28}{26}$ = 96 à 108 dents.

Dessus noir, flancs grisâtres, ventre blanc. 1 rang de tubercules au bord antér. de la dorsale. Nageoires noires ; 1 ligne noire allant de leur insertion à la commissure des lèvres. [*Marsouin*.]    **communis** Cuv. Océan. Manche. Long. 1ᵐ,65.

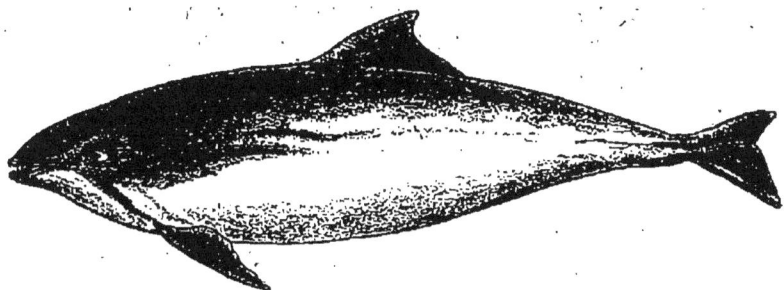

Fig. 195. — Phocaena communis, 1/20 gr. nat.

Fig. 196. — Orca duhameli, 1/75 gr. nat.

## 2. ORCA Gray. *Orque.* Fig. 196.

Tête obtuse-arrondie, non rostrée. Pectorales ovales, très larges. Dorsale allongée, haute. Dents coniques, fortes, droites, persistantes. — Formule dentaire : $\dfrac{10}{11}$ à $\dfrac{12}{12}$ = 40 à 48 dents.

Dessus noir; gorge, ventre, 1 tache 3angulaire post-oculaire blancs. Dorsale en faulx, peu haute, submédiane. Pectorales noires; caudale blanche. [*Epaulard.*]

(Diffère du type *gladiator* van Beneden et Gervais, des mers du Nord, par sa dorsale bien moins haute.)

**duhameli** Lacépède. Manche. Océan. Méditerranée. Long. : 6-9 m.

Fig. 197. — Globicephalus melas, 1/75 gr. nat.

## 3. GLOBICEPHALUS Lesson. *Globicéphale* Fig. 197.

Tête obtuse-arrondie, non rostrée; front fortem. bombé. Pectorales très allongées, minces. Dorsale très peu haute, subparallèle au dos. Dents grandes, coniques, facilement caduques. — Formule dentaire : $\dfrac{9}{9}$ à $\dfrac{24}{24}$(?) = 36 à 96(?) dents.

5.

Corps entièrement noir ; sous la gorge, une tache blanche    **melas** Traill.
se prolongeant en une raie étroite qui atteint l'anus.    Océan. Manche. Méditerranée.
[*Conducteur.*]                                       Long. : 6-7 m.

### 4. GRAMPUS Gray. *Grampus.*

Tête obtuse-arrondie, non rostrée. Pectorales allongées, minces, aiguës, en faulx, insérées très bas. Dorsale grande, élevée. Forme allongée. Mâchoire supér. touj. dépourvue de dents, l'infér. avec qques dents insérées dans la partie antér. du maxillaire. — Formule dentaire : $\frac{0}{3}$ à $\frac{0}{7} = 6$ à 14 dents.

Variable de couleur, ou à dessus noir avec le dessous    **griseus** Cuvier.
blanc, ou entièrem. gris avec l'extrémité postér. noire    Océan. Manche. Méditerra-
et des macules blanchâtres, éparses.                          née. Long. : 3ᵐ,3.

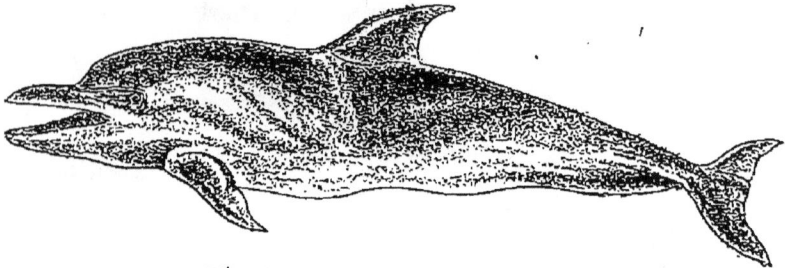

Fig. 198. — Delphinus delphis, 1/25 gr. nat.

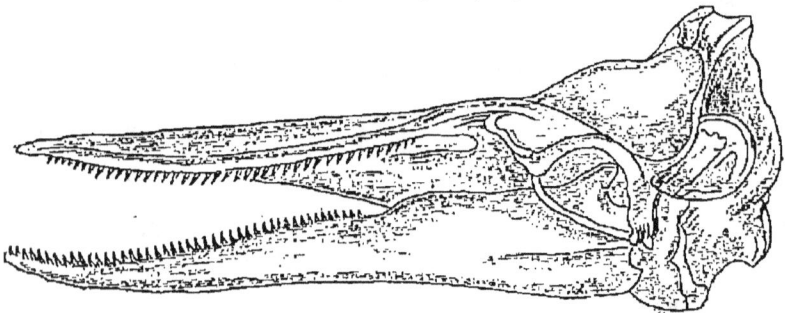

Fig. 199. — Delphinus delphis. *Crâne.*

### 5. DELPHINUS Linné. *Dauphin.* Fig. 198, 199.

Tête s'atténuant en pointe, à museau rostriforme, bridé à la base. Les deux mâchoires munies de nombreuses dents coniques, égales. Nageoire dorsale submédiane.

Sect. 1. *Eudelphinus.*

Palais *muni* sur la tête osseuse d'une rainure lon-    **delphis** L.
   gitudinale. — Coloration très variable ; ord. des-    Atlantique. Manche. Méditer-
   sus noir avec les côtés gris et le ventre blanc pur ;    ranée. Long. : 2 m. à 2ᵐ,4.
   souv. des taches et des bandes de nuances diverses
   sur les flancs. 160 à 206 dents. [*Dauphin.*]

     1. Une tache fauve latérale entre l'œil et le
       niveau de la dorsale.
         Tache fauve large, suivie par une tache    α. *fusus* Lafont.
         grise atteignant la queue ; 1 bande jaune
         entre la pectorale et la lèvre inférieure.
         Tache fauve étroite, traversée par une    β. *sowerbyanus* Lafont,
         bande blanc argenté ; rostre et bande
         entre les lèvres et la pectorale noirs ;
         ventre gris.

Une bande noire oblique entre le niveau de la dorsale et la naissance de la queue; une autre en dessous. — γ. *variegatus* Lafont.

Une seule bande noire oblique, peu nette. — δ. *balteatus* Lafont.

2. Pas de tache fauve. Côtés avec une large tache grise, traversée de bandes ± nettes. — ε. *moschatus* Lafont.

3. Dos noir; dessous blanc; une bande noire entre l'œil et la naissance de la queue. — ζ. *medi'erraneus* Loche = Méditerranée.

Dépourvu de rainures longitudinales — 2

Sect. 2. *Tursiops* Gervais.

*Moins de 80* dents de chaque côté à chaque mâchoire; ces dents *robustes*. Forme cylindrique, trapue. Pectorale et dorsale arquées. Épiderme noir; 1 bande ventrale grise (♂) ou blanche (♀); au-dessus de l'œil, une tache grise ronde. 80 à 100 dents. [*Souffleur, Grand Dauphin.*] — **nesarnack** Lacépède. Océan, Manche, Méditerranée. Long. : 2ᵐ,8 à 3ᵐ,1.

*Plus de 90* dents de chaque côté à chaque mâchoire; ces dents relativem. *faibles* — 3

Sect. 3. *Clymene* Gray.

43 à 47 dents de chaque côté à chaque mâchoire. Dessus noir; dessous blanc, avec la partie comprise entre les organes génitaux et la queue noire; entre l'œil et le niveau des organes génitaux, une bande noire, bordée en dessus d'une bande blanche; une autre bande noire, oblique, entre l'œil et la pectorale; celle-ci noire à marge antérieure blanche. 180 à 184 dents. — **marginatus** Duvernoy. Côtes de la Seine-Inférieure et de la Charente-Inférieure. Long. : 2ᵐ,1.

35-38 dents de chaque côté. Dorsale post-médiane, grande, arquée en faulx, dirigée en arrière. Pectorales allongées, falciformes; caudale très échancrée. Noir; ventre blanc; 1 bande grise entre la bouche et la pectorale. 142 à 152 dents. — **dubius** F. Cuvier. Côtes de Bretagne. Long. : 1ᵐ,4.

On a capturé dans les eaux françaises quelques formes de Dauphins qui paraissent s'éloigner de ces types, et dont voici sommairement les caractères :

*Delphinus tethyos* Gervais. — Voisin de *D. delphis*; plus grand; dents plus fortes, au nombre de 174; palais canaliculé. Un individu, échoué à l'embouchure de l'Orb, dans l'Hérault; le crâne seul a été conservé.

*D. algeriensis* Loche. — Peut-être identique au précédent. Palais? Analogue par la coloration à *D. marginatus*; dessus noir, côtés gris, dessous blanc. Une bande noire, en S, de la commissure des lèvres à l'anus, bordée supérieurem. d'une bande blanche; une autre des lèvres aux pectorales; une autre, transversale, englobant les yeux. 188 dents. Museau plus allongé, pectorales plus développées, dorsale plus longue, plus inclinée en arrière que chez *D. marginatus*. Long. : 2ᵐ,47. Un individu capturé dans la rade d'Alger.

*D. major* Gray. — Voisin de *D. delphis*, mais notablem. plus grand : les deux crânes connus sont d'un 1/4 plus volumineux. Formule dentaire : $\frac{46}{47} = 186$ dents. Un individu échoué sur les côtes de Bretagne.

## 6. DELPHINORHYNCHUS Lesson. *Delphinorhynque.*

Tête prolongée en pointe; museau rostriforme, comprimé latéralem., non bridé à la base. Dents grosses, 20 à 40 de chaque côté à chaque mâchoire. Palais canaliculé.

Formule dentaire : $\frac{21}{21} = 84$ dents. Dessus et flancs noirs. Dessous *blanc rosé*. Tête petite; front bombé; cou allongé. Dorsale grande, subfalciforme. Pectorales nettem. falciformes. — **rostratus** Cuvier. Côtes de Bretagne. Long. : Env. 2 m.

$\frac{33}{38} = 142$ dents. Dessus et flancs noirs; dessous *blanc pur*. Corps en fuseau. Rostre arrondi, continu avec le front bombé en bosse. Œil atteignant — **santonicus** Lesson. Embouchure de la Charente. Long. : 1ᵐ,9.

| presque la commissure des lèvres. Dorsale
| recourbée, post-médiane.

## II. HYPEROODONIDI.

Dents très peu nombreuses, ord. réduites à 2, 1 de chaque côté à la mâchoire inférieure. Un seul évent, en croissant, formé par la réunion des deux narines.

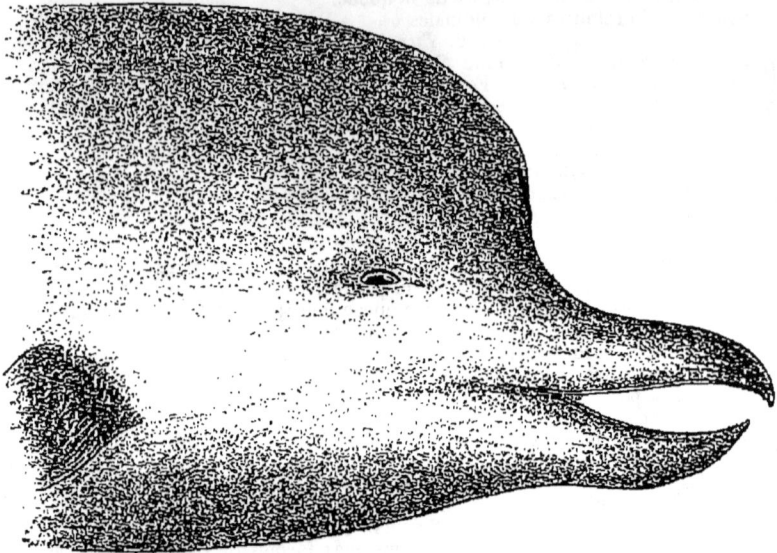

Fig. 200. — Hyperoodon rostratus, *tête* (d'après Vogt).

## 1. HYPEROODON Lacépède. *Hypéroodon*. Fig. 200.

Faciès général des Dauphins. Tête atténuée en rostre ± long, non bridé. Front ±
bombé; dorsale très petite, notablement post-médiane. 1 seule paire de dents à la
mâchoire infér., robustes; à couronne conique et à racine volumineuse; rarem. 2 paires.

1 { Dents insérées, une de chaque côté, *vers le milieu*
    de la mâchoire                                                              2
    { Insérées, une de chaque côté, *à la partie anté-*
    *rieure* de la mâchoire                                                     3

### Sect. 1. *Mesoplodon* Gervais.

{ Mâchoire infér. *plus large que haute*. Tête petite,    **sowerbyensis** de Blain-
  à museau mince. Mâchoire supér. dépassée par               ville.
  l'infér.; dents saillantes en dehors. Dessus noir;       Manche. Long. : 5-6 m.
  dessous blanc, avec sur les flancs de petites lignes
  contournées, qqf. nulles. Pectorales et dorsale
2 { très petites; celle-ci rapprochée de la queue. En
  arrière des grosses dents, 3 autres plus petites,
  caduques chez l'adulte.

### Sect. 2. *Dioplodon* Gervais.

{ Massive, *plus haute que large*, saillante au niveau    **europaeus** Gervais.
  de la dent, et formant en avant une sorte de bec          1 individu pris dans la Man-
  en forme de soc de charrue. Dents très robustes,          che. Long. : *au moins*
  coniques.                                                  4 m.

### Sect. 3. *Euhyperoodon*.

{ Front renflé, *fortem. convexe*, soutenu par des        **rostratus** Chemnitz.
  crêtes osseuses. Rostre très distinct, sans bride.        Manche. Océan. Méditerra-
  Pectorale et dorsale très petites; celle-ci rap-          née. Long. : 7m,5 à 7m,8.

prochée de la queue. — Noir, avec le ventre plus
clair. [*Butzkopf*.)

3

Sect. 4. *Ziphius* Cuvier.
*Faiblem. convexe*, non fortem. renflé. Mâchoire **cavirostris** Cuvier.
infér. dépassant légèrem. la supér. Dents arquées   Atlantique.   Méditerranée.
en dedans. — Gris, avec des lignes plus claires;   Long.: 5-7 m.
dessous blanchâtre.

## III. PHYSETERIDI.

2 évents séparés, dont un seul, le gauche, fonctionne pour la respiration. Pas de
dents à la mâchoire supér.; dents nombreuses, coniques, à la mâchoire infér.

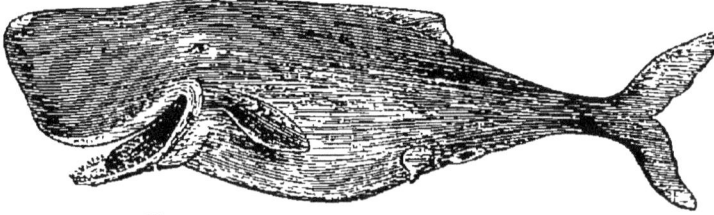

Fig. 201. — Physeter macrocephalus, 1/200 gr. nat.

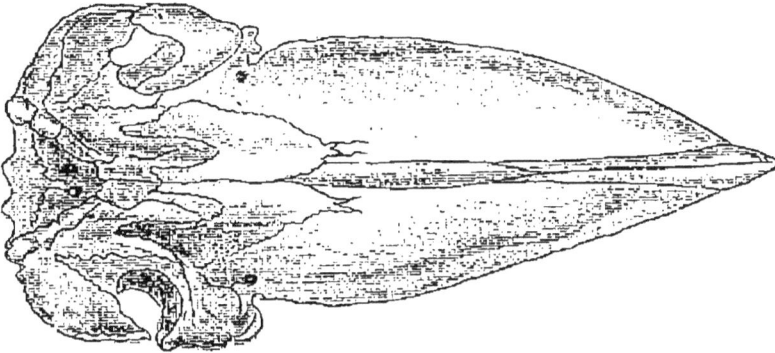

Fig. 202. — Physeter macrocephalus, *Crâne en dessus*.

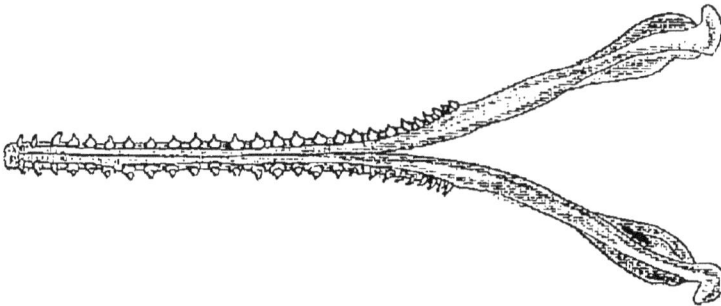

Fig. 203. — Physeter macrocephalus. *Mâchoire inférieure*.

## 1. PHYSETER Linné. *Cachalot*. Fig. 201 à 203.

Tête énorme, cylindrique, tronquée en avant, renflée par une grande quantité de
graisse liquide (*sperma ceti*), s'amassant dans la fosse nasale droite développée en
deux sacs énormes. la gauche demeurant normale. Pectorale et dorsale très peu déve-

loppées. Mâchoire infér. très étroite, ses deux branches se soudant en avant et formant une longue symphyse. — Formule dentaire : $\dfrac{0}{20 \text{ à } 27} = 40$ à 54 dents.

Dessus noir; dessous gris ou blanc. Nageoire caudale **macrocephalus** Lacépède. très développée; dorsale rapprochée de la queue.　Atlantique. Manche. Méditerranée. Long. : 15-20 m.

### SOUS-ORDRE II. — MYSTICÈTES.

1 { *Une* nageoire dorsale　　　　　　　　　　　I. Balaenopteridi.
  { *Pas* de nageoire dorsale　　　　　　　　　II. Balaenidi

## I. BALAENOPTERIDI.

Une nageoire dorsale. Fanons courts. Des plis longitudinaux sous la gorge et la poitrine.

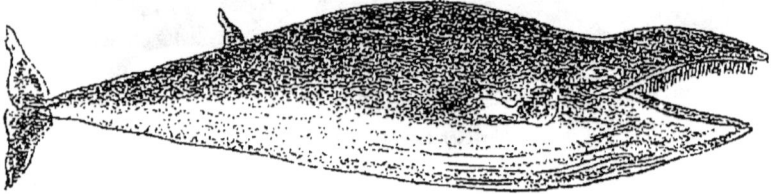

Fig. 204. — Balaenoptera boops, 1/100 gr. nat.

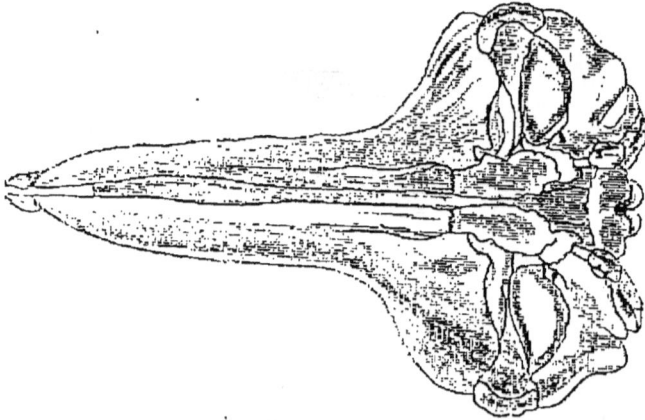

Fig. 205. — Balaenoptera boops ; *tête osseuse, vue en dessous.*

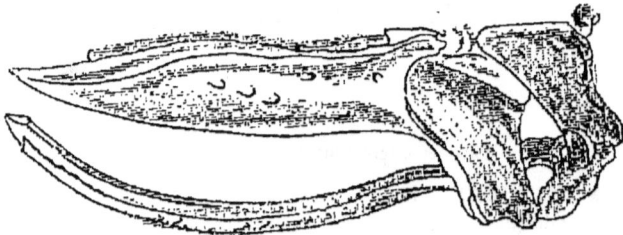

Fig. 206. — Balaenoptera boops ; *tête osseuse, vue en dessus, d'un côté.*

## 1. BALAENOPTERA Lacépède. *Rorqual.* Fig. 204 à 208.

Tête allongée. Nageoire dorsale située très en arrière. 2 évents très rapprochés l'un de l'autre.

1. 
Nageoires pectorales *peu développées* — 2
Sect. 1. *Megaptera* Gray.
*Très développées*, très longues, atteignant au moins le 1/4 de la longueur du corps. Dorsale petite, placée au 1/3 postér. Forme courte, épaisse; Dessus noir bleuâtre, dessous blanc rosé; nageoires blanches bordées de noir. Plis de la gorge ne s'étendant pas sur le ventre. [*Jubarte.*] — **boops** Linné. Mers du Nord. *Accidentellem.* échoué sur les côtes de l'Océan. Long. : 13 m.
Sect. 2. *Eubalaenoptera.*

2. 
Plis de la face infér. *s'étendant sur les côtés du ventre.* Forme en fuseau; dos renflé; aileron dorsal très peu développé, placé au 1/5 postér. Lèvre infér. formant de chaque côté un lobe arrondi près de la commissure. — En entier gris ardoisé; gorge jaunâtre; fanons noirs. — **sibbaldi** Gray. *Accident.* Océan. Long. : 17 m.
*Ne s'étendant pas jusqu'au ventre.* Forme allongée. Aileron dorsal assez développé, inséré vers le 1/4 postér. — 3

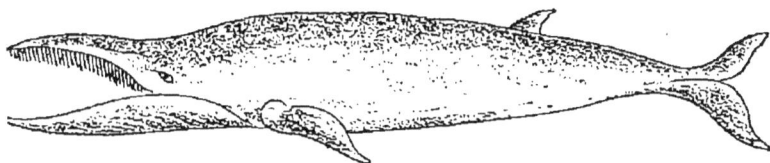

Fig. 207. — Balaenoptera rostrata, 1/100 gr. nat.

3. 
Nageoires pectorales entièrem. *noires* — 4
Noires à l'extrémité, *blanches à la base.* Fanons blanc jaunâtre ou rosés. Dessus noir; dessous blanc. Dos caréné. — **rostrata** Fabricius. Toutes nos mers. Long. : 7ᵐ,5 à 10 m.

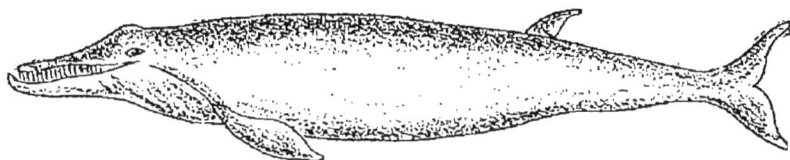

Fig. 208. — Balaenoptera borealis, 1/100 gr. nat.

4. 
Fanons *noirs,* avec leur partie effilée *blanchâtre.* Dessus noir; dessous blanc. Nageoires pectorales en fer de lance, en entier noires. — **borealis** Cuvier. Atlantique Nord. Long. : 10 à 12 m.
*Blanchâtres en avant, grisâtres en arrière* ou ardoisés striés de blanc. Pectorales étroites, pointues, en dehors d'un noir ardoisé, ainsi que le dos. — **musculus** L. Toutes nos mers. Long. : 27 m.

## II. **BALAENIDI.**

Pas de nageoire dorsale. Fanons allongés. Pas de sillons à la face ventrale.

### 1. **BALAENA** Linné. *Baleine.* Fig. 209.

Dessous du corps entièrem. lisse. Nageoires pectorales courtes, arrondies. Tête volumineuse, comprimée latéralem. Forme massive, lourde. Nageoire caudale très développée.

En entier noir. Lèvre infér. tronquée en avant, se relevant en demi-cercle, de manière que l'angle de la bouche forme une dépression immédiatem. en avant

**biscayensis** Eschricht. Océan. Méditerranée. Long. : 12 à 18 m.

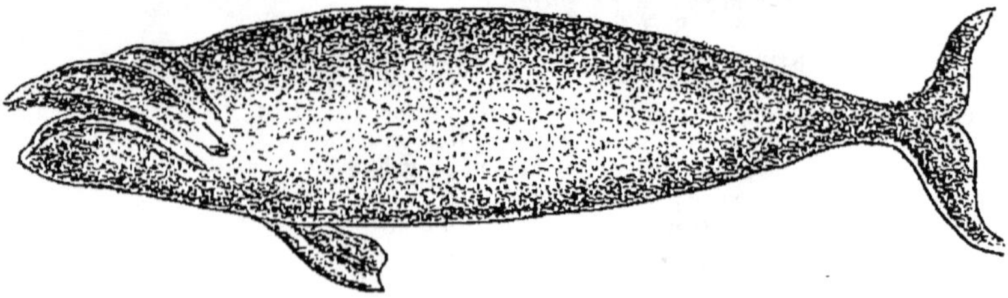

Fig. 209. — Balaena biscayensis, 1/100 gr. nat.

de l'œil: mâchoire infér. bien plus longue que la supér. [*Baleine des Basques, Baleine franche, Sarde.*]

A. ACLOQUE

FAUNE DE FRANCE

# OISEAUX

Avec figures

6

# CLASSE DES OISEAUX

Embryon avec amnios et allantoïde. Respiration aérienne dès la naissance. Reproduction ovipare. Des plumes. Membres antér. transformés en ailes, ord. propres au vol.
Température constante.

*Téguments.* — Peau très mince. Pas de glandes cutanées ; une seule, très développée,
à l'extrém. du corps, de chaque côté du croupion, glande *uropygienne.* Plumes déve-

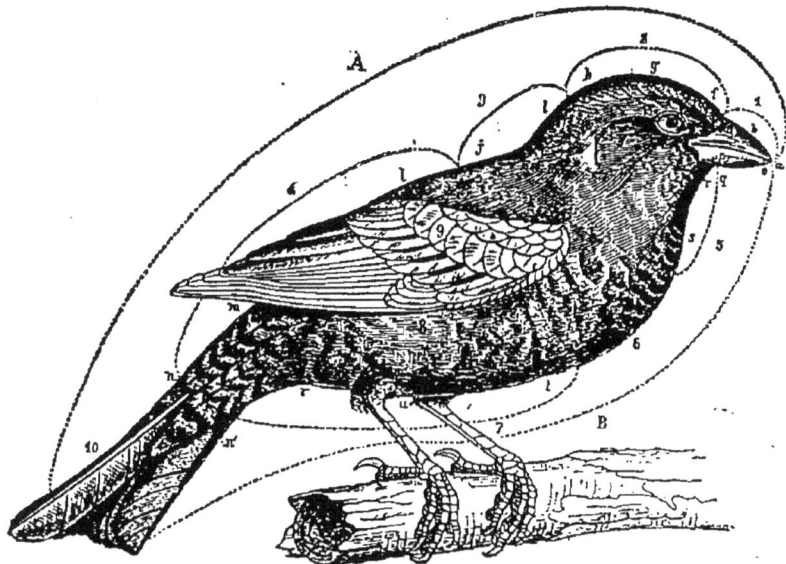

Fig. 210. — A, face supérieure ; B, face inférieure ; — 1, bec ; *a*, pointe de la mandibule supér. ;
*b*, son arête ; *c*, son bord ; *d*, narine ; *o*, pointe de la mandibule infér. ; *p*, ses branches ; *q*, menton ; — 2, bonnet ; *f*, front ; *g*, vertex ; *h*, occiput ; *x*, lorum ; *e*, sourcil ; *y*, région de l'oreille ;
— 3, région cervicale ; *i*, nuque ; *j*, bas du cou ; — 4, dos ; *k*, épaules ; *l*, partie dorsale ;
*m*, croupion ; — 5, gorge ; *r*, gorge ppm. dite ; *s*, devant du cou ; — 6, poitrine ; — 7, abdomen ;
*t*, épigastre ; *u*, ventre ; *v*, région anale ; — 8, flancs ; — 9, ailes ; — 10, queue ; *n*, sus-caudales
ou couvertures supér. ; *n'*, sous-caudales ou couvertures infér.

loppées, comme les poils, sur une papille située au fond d'un follicule. Les grosses plumes,
ou *pennes,* comprennent les plumes de ·la queue, *rectrices,* et les plumes de l'aile,
*rémiges ;* celles-ci appartiennent au pouce, *rémiges bâtardes,* à la main, rémiges *primaires,* à l'avant-bras, rémiges *secondaires,* et à l'humérus, rémiges *scapulaires*
(fig. 210). On nomme *couvertures* ou *tectrices* les plumes qui recouvrent la base des pennes.

*Appareil digestif.* — Mâchoires touj. privées de dents, recouvertes par un étui
corné, *bec.* Langue ord. coriace et munie à la base de longues papilles dirigées en
arrière. Pas de voile du palais ni d'épiglotte. Œsophage ord. avec un renflement,
*jabot.* Estomac divisé en 2 parties, l'une supérieure, *ventricule succenturié,* sécrétant
le suc gastrique, l'autre inférieure, *gésier,* ayant pour office de triturer les aliments.
Intestin court, comprenant un intestin *grêle* et un *gros* intestin, celui-ci avec, à la base,
1-2 appendices en tube, *cœcums* (fig. 211).

*Appareil circulatoire.* — Cœur (fig. 212) à 4 cavités, à valvule tricuspide formée
d'une seule lame musculaire. Crosse de l'aorte recourbée à droite. Circulation analogue
à celle des mammifères. Un réseau vasculaire sous-cutané à la partie infér. de l'abd.

*Appareil respiratoire.* — Poumons petits, sans lobes. Trachée longue, à anneaux
nombreux. Bronches courtes, à anneaux incomplets. Sacs intrathoraciques (fig. 213)
constitués par deux paires de réceptacles membraneux, *antérieurs* et *postérieurs,*
n'offrant qu'un seul orifice, en communication avec le poumon. Sacs extrathoraciques
comprenant un sac impair, *interclaviculaire,* communiquant avec les deux poumons,
et 2 sacs pairs, *cervicaux* et *abdominaux,* s'ouvrant chacun dans le poumon du

même côté. Os ord. creusés de *cavités pneumatiques.*

*Appareil urinaire.* — Reins ord. 3 lobés, situés dans le bassin. Pas de vessie. Urine s'accumulant dans le cloaque, et expulsée au moment de la défécation.

*Appareil reproducteur.* — Appareil mâle constitué par 2 testicules placés en avant des reins et ayant un épididyme sur le côté interne. Appareil femelle constitué, chez l'embryon, par 2 ovaires et 2 oviductes, dont il ne persiste ord. chez l'adulte que ceux du côté gauche.

*Squelette* (fig. 214). — Colonne vertébrale sans région lombaire distincte. La vertèbre après la dernière qui porte les côtes s'articulant avec les os iliaques et contribuant à la formation du sacrum. 9 à 24 vertèbres cervicales, très mobiles. Vertèbres dorsales et sacrées peu mobiles, ± soudées. Région coccygienne terminée par une pièce en soc de charrue,

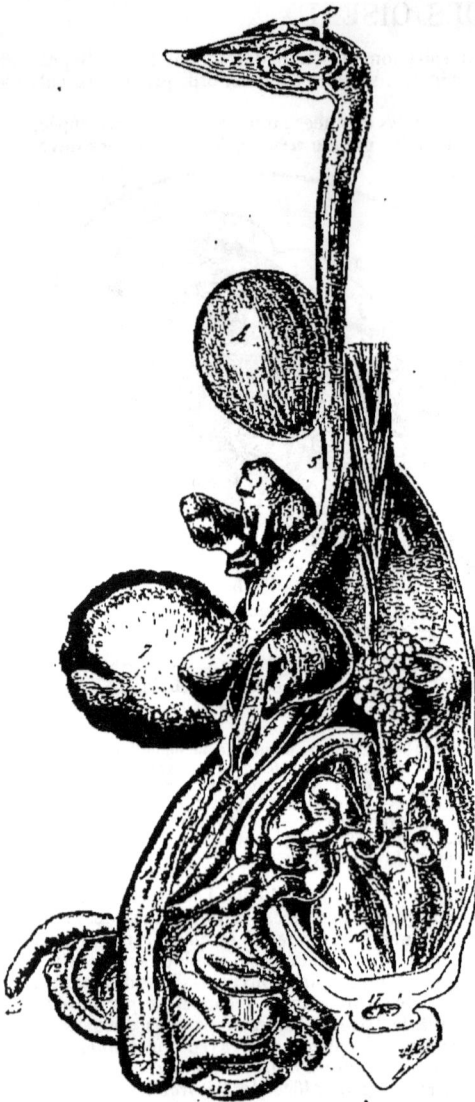

Fig. 211. — Appareil digestif de la Poule. — 1, langue; 2, arrière-bouche; 3, partie supér. de l'œsophage; 4, jabot; 5, partie infér. de l'œsophage; 6, ventricule succenturié; 7, gésier; 8, origine du duodénum; 9 et 10, branches de l'anse duodénale, 11, 12, intestin grêle; 13, extrémité libre des cœcums; 14, leur insertion sur le tube intestinal; 15, rectum; 16, cloaque; 17, anus; 18, mésentère; 19, 20, foie; 21, vésicule biliaire; 22, insertion des canaux pancréatiques et biliaires; 23, pancréas; 24, face diaphragmatique du poumon; 25, ovaire; 26, oviducte.

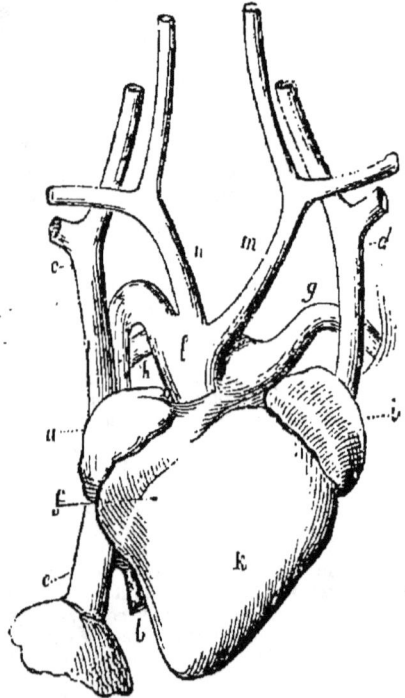

Fig. 212. — Cœur de la Poule; a, oreillette droite; b, veine cave infér.; c, veine cave supér. droite; d, veine cave supér. gauche; e, veine porte; f, ventricule gauche; g, h, i, oreillette gauche; k, ventricule gauche; l, aorte; m, n, s.-clavières.

Fig. 213. — Réservoirs aériens du Canard ; 1, réservoirs cervicaux ; 2, réservoir thoracique ; 3, réservoir diaphragmatique antér.; *a*, sa membrane ; 4, réservoir diaphragmatique postér.; *b*, sa membrane ; 5, réservoir abdominal ; *c*, coupe du diaphragme ; *d*, prolongement sous-pectoral du sac thoracique; *e*, péricarde ; *ff*, foie ; *g*, gésier ; *h*, intestin ; *m*, cœur ; *nn*, muscle grand pectoral ; *o*, clavicule antér.; *p*, clavicule postér.

*pygostyle*. Boîte crânienne s'articulant avec le rachis par un seul condyle. Mandibule supér. formée essentiellem. par les intermaxillaires ; l'infér. terminée à chacune de ses branches par une cavité s'articulant avec un *os carré* très mobile. Sternum large, muni chez les carinates d'un *bréchet*, carène médiane, non caréné chez les ratites. Côtes avec, dans leur région moyenne, une *apophyse récurrente*; les 2 premières ord. flottantes, les autres formées de 2 segm., la 2e, côte sternale, s'articulant avec le sternum. Arc scapulaire constitué par une *omoplate*, un os *coracoïde* et une *clavicule*, soudée souvent à sa symétrique et formant ainsi la *fourchette*. Arc pelvien ord. incomplet, comprenant un ilion, un ischion et un pubis. Cubitus portant un rang de tubercules correspondant à l'insertion des pennes. Carpe formé de 2 os, *radial* et *cubital*, chez

Fig. 214. — Squelette du Coq; AB, vertèbres cervicales (1. apophyse épineuse; 2. crête infér.; 3. prolongement styloïde de l'apophyse transverse); BC, vertèbres dorsales; 6, apophyse épineuse de la 1re; 7, apophyses des autres, soudées en crête; DE, vertèbres coccygiennes; FG, tête; 8, cloison interorbitaire; 9, communication des 2 orbites; 10, os intermaxillaire; 10', narine; 11, maxillaire; 12, os carré; 13, os jugal; H, sternum; 14, bréchet; 15, apophyse épisternale; 16, apophyse latérale; 17, apophyse latérale externe; 18, membrane de l'échancrure interne; 19, membrane de l'échancrure externe; L, côtes supér.; I, J, côtes infér.; K, omoplate; M, clavicule; N, humérus; O, O', cubitus et radius; P, P', carpe Q, Q', métacarpe; R, r, phalanges; S, ilion; S', ischion; S'', pubis; T, fémur; V, tibia; X, péroné; Y, tarso-métatarse; Z, doigts.

les carinates, d'un seul, *radial*, chez les ratites. Métacarpe formé de 2 os. Aile à 3 doigts, le pouce et le 3e à 1 phalange, le 2e à 2 phalanges. Tarse formé, chez l'embryon, de 2 os qui se soudent, le supérieur avec le tibia, l'inférieur avec le métatarse ; os métatarsiens soudés en une seule pièce, *canon*. 3-4 doigts aux pattes ; l'interne, pouce, à 2 phalanges, souv. absent ; le 3e à 4 phalanges ; le 4e à 5. Lorsque le doigt ext. peut indifféremm. être postérieur ou antérieur, il est dit *versatile*.

*Appareil phonateur.* — Larynx double, comprenant une partie supér., dépourvue de cordes vocales, et une partie infér., ou *syrinx*.

*Organes des sens.* — Derme riche en corpuscules tactiles. Sens du goût et sens olfactif peu développés. Pas d'oreille externe. Oreille avec un osselet unique, *columelle*, entre la membrane du tympan et la fenêtre ovale ; trompe d'Eustache unie en bas à sa symétrique ; oreille interne à limaçon à peine contourné. Œil pourvu de 3 paupières, dont l'interne. *membrane clignotante* ou *nictitante*, est mobile, et peut glisser, comme la paupière inférieure, sur le globe oculaire.

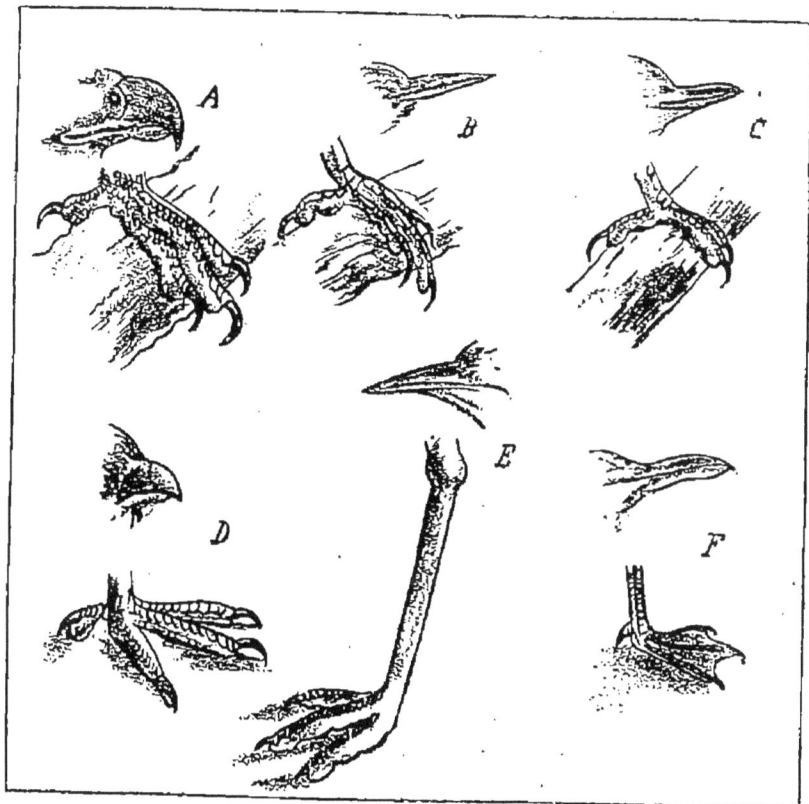

Fig. 215 à 226. — *A*, bec et doigts de Rapace ; *B*, bec et doigts de Passereau ; *C*, bec et doigts de Pigeon ; *D*, bec et doigts de Gallinacé ; *E*, bec et doigts d'Échassier ; *F*, bec et doigts de Palmipède.

DIVISION DES OISEAUX EN ORDRES (fig. 215 à 226).

**Rapaces.** — Bec *crochu*, *muni à la base d'une cire* membraneuse dans laquelle sont percées les narines. 4 doigts, ± flexibles, 3 en avant, séparés. 1 en arrière, articulé sur le plan du doigt interne. Ongles robustes. ord. mobiles et rétractiles.

**Passereaux.** — Bec de forme variable. *privé de cire, corné à la base*. Pieds relativem. courts. Ord. 4 doigts. Ongles grêles. ± courbés.

**Pigeons.** — Bec variable. droit, arqué ou crochu, *muni à la base d'une membrane cartilagineuse* où s'ouvrent les narines. Jambes empennées jusqu'à l'articulation. 4 doigts *libres*, 1 en arrière, 3 en avant.

**Gallinacés.** — Bec ± crochu ou incliné à la pointe. Mandibule supér. recouvrant l'infér.; à la base, *une membrane* dans laquelle sont percées les narines, qui sont recouvertes par une écaille cartilagineuse. 4 doigts *bordés* ou *unis à la base*, 3 en avant et 1 en arrière; qqf. seulem. 3 doigts. Pouce articulé plus haut que les doigts antér.

**Échassiers.** — Bec variable. Narines découvertes. Queue ord. courte; ailes souv. étroites. Tarses et jambes ord. *allongés*, les jambes ± nues au-dessus de l'articulation. 4 doigts, 3 en avant et 1 en arrière, ou seulem. 3 en avant, libres, bordés ou unis à la base par une petite membrane. Pouce articulé à un niveau variable.

**Palmipèdes.** — Bec variable. Pattes souv. rejetées en arrière. Tarses ord. courts, robustes, souv. comprimés sur le côté. 3-4 doigts; les 3 antér. et souv. le pouce *unis par une palmure* entière ou garnis d'une membrane lobée. Ailes presque touj. étroites et pointues. Queue ord. rudimentaire ou nulle.

## ORDRE DES RAPACES

*Accipitres* L. — *Rapaces* Scop. — *Raptatores* Illig. — *Raptores* Vig. — *Raptrices* Mac Gill.

Bec crochu, muni à la base d'une *cire*, membrane dans laquelle sont ouvertes les narines. 4 doigts ± flexibles. 3 en avant, séparés, divergents; 1 en arrière, s'articulant très bas et sur le plan du doigt interne. Ongles robustes, ord. mobiles et rétractiles.

Fig. 227 à 230. — *D*, tête et pied de Rapace diurne; *N*, tête et pied de Rapace nocturne.

1 { Habitudes *diurnes*. Yeux placés *sur les côtés* de la tête (fig. 227). Doigts toujours *nus* (fig. 228). Plumage raide ............................................. **I. Diurnes.**
*Nocturnes* ou crépusculaires. Yeux dirigés *en avant* (fig. 229). Doigts ord. *munis de plumes* ou *velus* (fig. 230). Plumage souple, moelleux ... **II. Nocturnes.**

### SOUS-ORDRE I. — RAPACES DIURNES.

1 { Yeux *enfoncés*, protégés par une saillie de l'arcade sourcilière. Tête et cou munis de plumes. Ongles crochus, très aigus, très rétractiles. Pas de jabot saillant ......................................... **III. Aquilidi.**
*A fleur de tête* ......................................... **2**

2 { Tête et cou *glabres*, ou garnis *de duvet*, ou en partie *caronculés*. Jabot ord. saillant. Tarses réticulés. Ongles faiblem. aigus, peu rétractiles. Ailes atteignant au moins l'extrémité de la queue ... **I. Vulturidi.**

Munis *de plumes*. Tarses emplumés presque jusqu'aux doigts. Ongles assez aigus, faibles. Ailes
ne dépassant pas l'extrémité de la queue     II. **Gypaetidi.**

## I. VULTURIDI.

Yeux à fleur de tête. Tête et cou nus, ou garnis de duvet, ou partiellem. caronculés.
rabot ord. saillant. Tarses réticulés. Ongles peu aigus, faiblem. rétractiles. Ailes aussi
longues ou plus longues que l'extrémité de la queue.

1 { Bec allongé, *délié*, comprimé. Cou emplumé. Cire occupant plus de la 1/2 du bec    4. NEOPHRON,
{ *Gros*, robuste    2

2 { Tête *en grande partie nue*, garnie çà et là de quelques soies raides    2. OTOGYPS.
{ *Couverte*, au moins sur le vertex, *d'un duvet laineux*    3

3 { Bec renflé latéralem., *peu comprimé* au sommet. Tarses nus-réticulés *dans leurs 2/3 inférieurs*    3. GYPS.
{ *Comprimé*, arrondi en dessous. Tarses nus-réticulés *dans leur 1/2 inférieure*    1. VULTUR.

Fig. 231. — Vultur monachus, *tête*, 1/4 gr. nat.

## 1. VULTUR Linné. *Vautour*. Fig. 231, 232.

Bec gros, droit dès la base, recourbé-crochu à l'extrémité, arrondi en dessous.
Narines ovales, obliques. Ailes obtuses. Rémiges secondaires atteignant presque. au
repos. l'extrém. des primaires. Queue arrondie. Tarses épais, vêtus dans leur 1/2 supér.,
nus-réticulés sur le reste de leur surface. Doigt externe et doigt médian réunis par une
membrane atteignant la 1re articulation. Un collier de plumes au-dessous de la nuque.
Tête grosse, large ; occiput saillant. Narines arrondies, **monachus** L.
larges. Jambes couvertes de plumes à leur face Pyrénées. 1m.2 à 1m.25.
externe, de duvet à leur face interne. Doigt médian
1/2 plus long que l'interne. — Plumage en entier
brun foncé ou noirâtre ; sur le vertex. un duvet lanugineux mêlé de poils raides noirs. Un faisceau de

6.

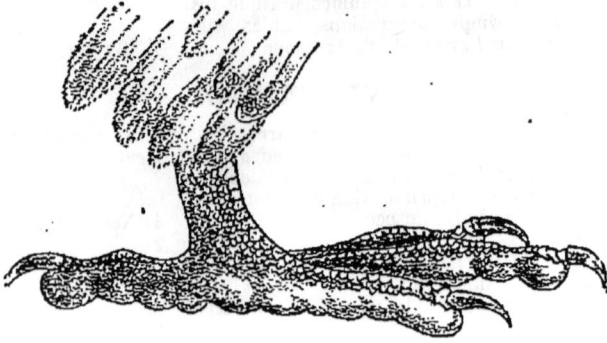

Fig. 232. — Vultur monachus, *pied*, 1/4 gr. nat.

plumes déliées à l'insertion des ailes. Ongles et pointe
du bec noirs; 1/2 postér. du bec, cire et pieds bleuâtres. [*Vautour moine.*]

Fig. 233. — Otogyps auricularis, *tête*, 1/3 gr. nat.

## 2. OTOGYPS G. R. Gray. *Otogyps*. Fig. 233, 234.

Bec très robuste, brusquem. recourbé et très crochu à l'extrémité. Narines petites,
elliptiques, perpendiculaires, à bord antér. rectiligne. Ailes obtuses; rémiges secondaires
et primaires subégales. Queue un peu étagée. Tête sans plumes. Lorums et gorge
avec quelques poils; un collier de plumes arrondies à la base du cou. Tarses vêtus sur
leur 1/2 supér., réticulés sur le reste.

Tête et cou en partie couleur chair, bleuâtres au bec et
aux oreilles, couverts seulem. de duvet, avec qques
soies raides éparses. Au bas du cou, un demi-collier
(fraise) de plumes courtes, largem. arrondies. Plumage en entier brun fuligineux. Plumes de l'abdomen

**auricularis** G. R. Gray.
*Accidentel.* Provence. 1ᵐ,2
à 1ᵐ,25.

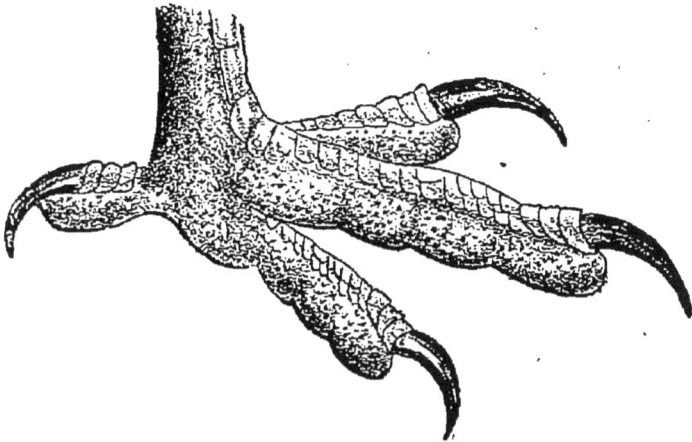

Fig. 234. — Otogyps auricularis, *pied*, 1/4 gr. nat.

contournées en sabre. Base du bec jaune, son extrémité brune. Pieds cendré jaunâtre.

Fig. 235. — Gyps fulvus, 1/10 gr. nat.

**3. GYPS** G. R. Gray. *Gyps*. Fig. 235 à 237.

Bec gros, renflé latéralem., faiblem. comprimé vers le sommet. Narines grandes.
ovales, obliques ou perpendiculaires. Ailes obtuses. Queue subétagée, à 14 rectrices,

Tarses épais, emplumés sur leur 1/3 supér., nus-réticulés sur le reste. Ongles du doigt interne, du doigt médian et du pouce subégaux. A la base du cou, un collier de plumes allongées, flottantes, plurisériées.

Fig. 236. — Gyps fulvus, *tête*, 1/2 gr. nat.

Plumage brun fauve. Tête et cou à duvet lanugineux, mêlé de soies raides éparses sur le vertex et la gorge. Plumes de la collerette très blanches, à barbes décomposées. Plumes du dessous du corps allongées-acuminées. Rémiges et rectrices noirâtres. Cire bleuâtre; bec brun.

**fulvus** G. R. Gray. Provence. *Accidentel dans* le Languedoc, le Dauphiné, le Nord. 1ᵐ,15 à 1ᵐ,2.

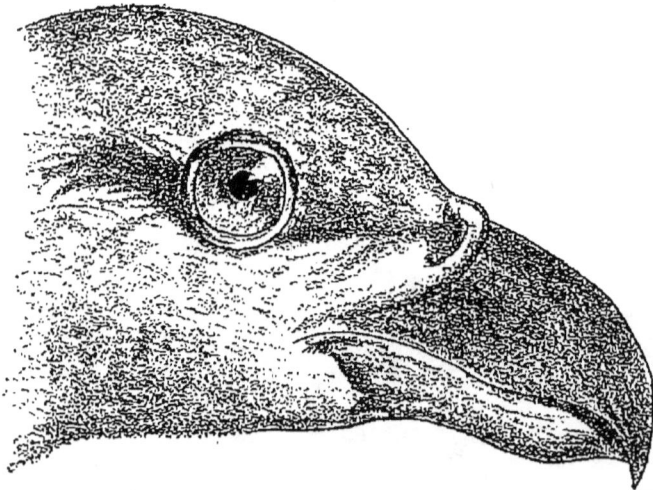

Fig. 237. — Gyps occidentalis, *tête*, 1/2 gr. nat.

Plumage isabelle, varié de brun. Plumes du dessous du corps moins allongées, arrondies au bout.

β. *occidentalis* Bp. = Pyrénées.

## 4. NEOPHRON Savigny. *Néophron*. Fig. 238.

Bec allongé, délié, comprimé, très arrondi-convexe sur le dos. Cire molle, occupant plus de la 1/2 du bec. Narines grandes, ovales, longitudinales. Ailes allongées, presque obtuses. Queue en coin, à 14 pennes. Tarses médiocres, glabres, réticulés. Tête et cou nus en partie seulem.

Fig. 238. — Neophron percnopterus, *tête*, 4/5 gr. nat.

Plumage blanc, mêlé de roux et de brun çà et là. Face, vertex et gorge à peau nue, jaunâtre. Occiput muni de longues plumes relevées, effilées. Grandes rémiges et ongles noirs. Cire et iris orangé. Pieds rouge livide.

**percnopterus** Savigny. Hautes montagnes. 0m.7.

## II. GYPAETIDI.

Yeux à fleur de tête. Tête et cou garnis de plumes. Cire cachée par de longs poils dirigés en avant. Tarses en majeure partie emplumés. Ongles un peu faibles, aigus. Ailes non plus longues que l'extrémité de la queue.

### 1. GYPAETUS Storr. *Gypaète*. Fig. 239 à 241.

Bec allongé, courbé en crochet et renflé à la pointe. Narines ovales, obliques, cachées par les soies. Mandibule infér. ayant à sa base un pinceau de poils raides. Joues, gorge et vertex munis d'un duvet cotonneux mêlé de qques plumes étroites. Ailes amples, acuminées. Queue étagée, longue, à 12 pennes. Tarses très épais, courts.

Dos et couvertures des ailes brun gris lustré; la plupart des plumes avec 1 ligne médiane blanche ou rousse. Une bande noire partant du bec, et bifurquée en arrière de l'œil. Parties infér. orangées ou ochracées. Rémiges et rectrices brun cendré, à baguettes blanches. Bec noir. Iris jaune. Pieds bleuâtres.

**barbatus** Temminck. Alpes, Pyrénées. *Accidentel* dans le Jura, les Vosges. 1m,4 à 1m,5.

## III. AQUILIDI.

Yeux enfoncés, protégés par l'arcade sourcilière ± saillante. Tête et cou garnis de plumes. Ongles crochus, très aigus, très rétractiles. Jabot non saillant. Dessous du bec dépourvu de soies raides.

1 { Bec *entier* ou subentier ........................ 2
  { *Muni* à la mandibule supér. *d'une ou deux dents.*
  { Doigts à forts mamelons en dessous ........ 4. FALCONII.
  { *Festonné* à la marge ............................ 4

2 { Bec *presque droit* à la base, courbé vers le sommet. 1. AQUILII.
  { *Courbé dès la base* ............................. 3

ACLOQUE. — Faune de France. Vert.

Fig. 239. — Gypaetus barbatus, 1/18 gr. nat.

Fig. 240. — Gypaetus barbatus, *tête*, 1/4 gr. nat.

3 { Queue ord. *arrondie* ou *tronquée*          2. BUTEONII.
  { *Fourchue* ou *échancrée*                    3. MILVII.
4 { Doigts *longs*, déliés. Ailes relativem). *courtes*   5. ASTURII.
  { *Courts*, Ailes *allongées*                   6. CIRCII.

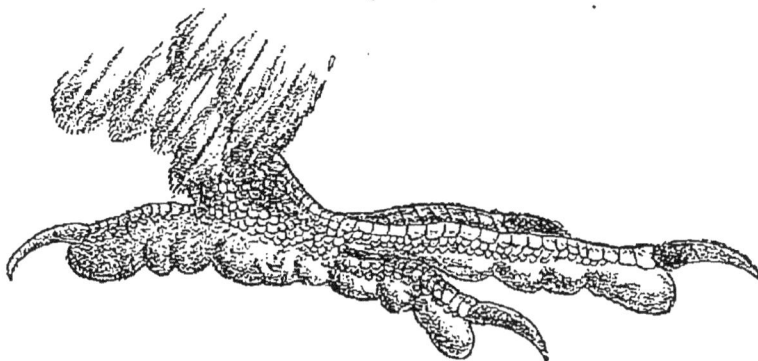

Fig. 241. — Gypaetus barbatus, *pied*, 1/4 gr. nat.

## 1. Aquilii.

Bec robuste, entier, presque droit à la base, très aïgu et courbé à l'extrémité, comprimé, subfestonné aux bords mandibulaires. Cou à plumes acuminées.

1 { Narines en lunule, *obliques*. Bec se recourbant
      presque dès la base, à pointe prolongée très aiguë  3. Pandion.
    Grandes, *transversales*, renflées ou plissées au
      bord antér.                                         2

2 { Tarses *emplumés partout*. Queue ord. arrondie        1. Aquila.
    En partie *nus-réticulés*. Queue cunéiforme           2. Haliaetus.

### 1. AQUILA Brisson. *Aigle*. Fig. 242 à 247.

Bec presque droit à la base, se recourbant fortem. à partir du 1/3 antér. Narines grandes, transverses, renflées ou munies d'un pli au bord antér. Cire avec qques poils. Commissures du bec ord. ne dépassant pas l'angle postér. du bec. Ailes obtuses, atteignant env. l'extrém. de la queue, qui est le plus souv. arrondie, qqf. subcunéiforme. Tarses partout empennés. Doigts épais, le médian à peine plus long que les latéraux, à ongle plus court que ceux du pouce et du doigt interne.

1 { Dessous *brun* ou *noirâtre*                          2
    En majeure partie *blanchâtre*                        6

#### Sect. 1. *Exaquila.*

2 { Dessus brun *foncé* ou *noirâtre*                     3
    Brun *ferrugineux*                                     5

Fig. 242. — Aquila naevia, *tête*, gr. nat.

{ Plumage brun noir, concolore ou avec de grandes    **naevia** Briss.
  taches rubigineuses aux parties inférieures et aux  *Montagnes boisées.* 0m,5 à
  jambes. Ailes à peine aussi longues que l'extrém.   0m,6.

3 { de la queue. Scapulaires brun noir, qques-unes
*terminées de roussâtre.* 5-6 grandes écailles sur
la dernière phalange du doigt médian; 4 aux
autres doigts. [*Aigle criard.*]
Qques plumes scapulaires *blanches* ou terminées
de blanc

4

Fig. 243. — Aquila imperialis, *tête,* 1.2 gr. nat.

Épaule *en entier blanc pur.* Dessus et dessous
noirâtres. Cire et pieds jaunes. Iris gris·brun.
Le 1/3 terminal de la queue brun noir.·étroitem.
liséré au bout de blanc sale.

**adalberti** Brehm.
*Accidentel.* Pyrénées. 0ᵐ,5.

4 { *Non en entier blanc pur.* Poitrine brun noir. Abd.
roux. Queue noire, marquée de bandes transv.
grises, irrégulières. Gire et doigts jaunes. Iris·
jaune pâle. Commissures du bec dépassant·les·
yeux. 5 écailles sur la dernière phalange du doigt
médian.

**imperialis** Keys. et Blas.
Hautes montagnes. TR. 0ᵐ.8
à 1 m.

Fig. 244. — Aquila fulva, *tête,* 1/2 gr. nat.

{ Bec *peu* renflé latéralem.. fortem. courbé dans le
. 1/3 de son étendue; ses commissures *ne dépas-*

**fulva** L.
Alpes. Dauphiné. Pyrénées.

Fig. 245. — Aquila chrysaetos, 1/10 gr. nat.

sant pas l'angle antér. des yeux. Plumes tibiales
*brun noir.* Couvertures infér. des ailes rubigineuses, *abondamm.* variées de blanc. Rectrices
toujours ± variées *de blanc pur.* Plumes de la
poitrine obtuses et *larges.* Cire et doigts jaunes.
5 Ongles noirs.
*Fortem.* renflé latéralem., faiblem. courbé sur le
1/4 de son étendue; ses commissures *atteignant*

Accident. Est, Ouest, Nord.
0$^m$,7 à 1$^m$,15.

**chrysaetos** L.
Montagnes. 0$^m$,7 à 1$^m$,15.

*le milieu* des yeux. Plumes tibiales *roux rubigineux.* Couvertures infér. des ailes roux mêlé
de très peu de blanc. Rectrices toujours *sans
blanc pur.* Plumes de la poitrine lancéolées,
étroites. [*Aigle doré.*]

Fig. 246. — Aquila fasciata, *tête*, gr. nat.

Fig. 247. — Aquila pennata, *tête*, gr. nat.

. Sect. 2. *Pseudaetus* Hodgs.
écailles sur la dernière phalange du doigt médian; **fasciata** Vieillot.
4 aux doigts interne et externe. Dessus brun noi-    Midi. Dordogne. *Accidentel*
râtre. Dessous blanc ou roussâtre, nuancé de brun    en Seine-et-Oise. 0m,7.
aux jambes et aux tarses, avec des taches brunes

6 { oblongues. Queue avec des bandes transv. inégales, brunes. Bec et iris bruns. Cire et pieds jaune livide. [*Aigle à queue barrée.*]

Sect. 3. *Hieraetus* Kaup.

3 écailles sur la dern. phalange du doigt médian. **pennata** Brisson.
Dessus brun sombre, avec les scapulaires lisérées Presque tte la France. R.
de cendré. Parties infér. blanches, ± lavées de 0ᵐ,45 à 0ᵐ,5.
roussâtre. Une touffe de plumes d'un blanc pur à
l'insertion des ailes. Tarses totalem. empennés.
Bec gros, court, courbé dès la base. [*Aigle botté.*]

## 2. HALIAETUS Savigny. *Pygargue.* Fig. 248.

Bec fortem. recourbé à partir du 1/3 antér. Narines grandes, transverses. Ailes obtuses, atteignant env. le bout de la queue. Tarses en partie nus, réticulés, subécussonnés. Doigts absolum. libres, l'externe versatile. Queue cunéiforme.

Fig. 248. — Haliaetus albicilla, *tête*, 2/3 gr. nat.

Plumage brun cendré ; face d'abord brune avec les plumes de la tête tachées et marginées de cendré, puis devenant grise. Couvertures alaires ± terminées de blanchâtre. Sus-caudales blanches. Queue blanc pur. Cire et partie dénudée des tarses et des doigts jaune-citron. 6 écailles sur la dernière phalange du doigt médian.

**albicilla** Leach.
*Bord de la mer et embouchure des fleuves.* 0ᵐ,85 à 0ᵐ,95.

## 3. PANDION Savigny. *Balbusard.* Fig. 249.

Bec recourbé presque dès la base, très arrondi sur le dos, à pointe allongée, très crochue, très aiguë. Narines obliques, en lunule. Tarses courts, empennés seulem. un peu au delà de l'articulation tibio-tarsienne, munis ailleurs d'écailles imbriquées de haut en bas en avant, de bas en haut en arrière. Doigts libres, munis en dessous de pelotes rugueuses et d'écailles spiniformes ; l'externe versatile. Ongles très aigus, très développés, semi-circulaires. Ailes aiguës, plus longues que la queue ; celle-ci tronquée.
Dessus cendré brun, varié de blanc et de roux sur la tête ; cou, abd. et sous-caudales blancs ; plumes du haut de la poitrine brunes au centre. 1 bande brune latérale allant des yeux au dos. Rémiges noirâtres. Rectrices cendrées, rayées en travers de plus clair, sauf les 2 médianes qui sont concolores. Bec noir. Cire et pieds bleuâtres. Iris jaune.

**haliaetus** G. Cuvier.
*Bords des eaux.* Toute l'Europe. 0ᵐ,55 à 0ᵐ,6.

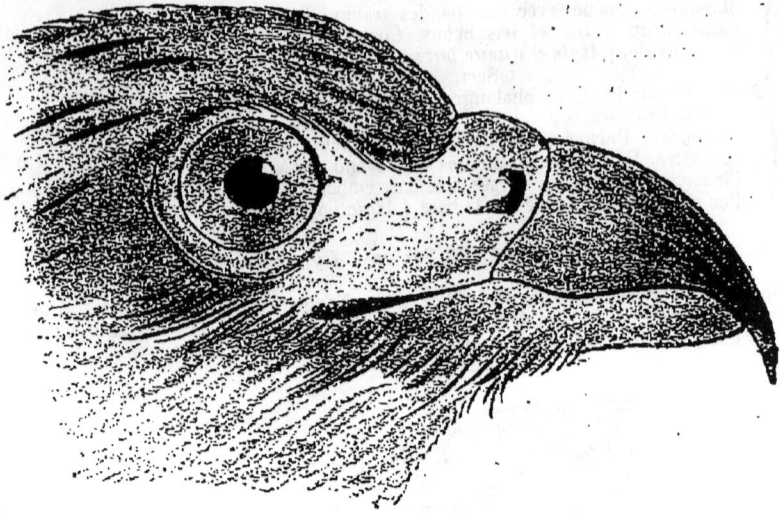

Fig. 249. — Pandion haliaetus, *tête*, gr. nat.

## 2. Buteonii.

Bec entier, comprimé, courbé dès la base. Ailes atteignant le bout de la queue. Cou à plumes arrondies.

$$
\begin{array}{l}
1 \left\{ \begin{array}{ll}
\text{Tarses } \textit{allongés,} \text{ robustes, nus depuis le talon. Na-} \\
\quad \text{rines ovales, transv.} & \text{1. Circaetus.} \\
\textit{Courts} & 2 \\
\end{array} \right. \\
2 \left\{ \begin{array}{ll}
\text{Narines } \textit{oblongues,} \text{ obliques. Ailes allongées} & \text{4. Pernis.} \\
\textit{Arrondies,} \text{ larges} & 3 \\
\end{array} \right. \\
3 \left\{ \begin{array}{ll}
\text{Tarses } \textit{vêtus seulem. sur une faible étendue} \text{ au-} \\
\quad \text{dessous de l'articulation} & \text{2. Buteo.} \\
\textit{Emplumés en avant et latéralem.} & \text{3. Archibuteo.} \\
\end{array} \right.
\end{array}
$$

### 1. CIRCAETUS Vieillot. *Circaète.* Fig. 250, 251.

Bec robuste, épais à la base, convexe, comprimé; sa mandibule supér. rectiligne au bord, très crochue au sommet. Narines transverses, ovales, munies de poils courbés d'arrière en avant. Tarses allongés, robustes, nus-réticulés à partir du talon. Doigts subégaux, courts, le médian et l'externe unis à la base par une membrane. Ongles courts, faiblem. courbés, le médian avec au bord externe une profonde gouttière.

Dessus brun cendré, avec la marge des plumes plus claire. Dessous, sous-caudales, jambes blancs, avec des taches roux clair ± nombreuses. Rémiges brun noir. Queue brune, terminée de blanc, barrée de noirâtre; blanche en dessous. Cire, pieds jaune pâle. Iris jaune. [*Jean-le-Blanc.*] — **gallicus** Vieill. *Régions montagneuses.* Çà et là. AR. 0m,65.

### 2. BUTEO G. Cuvier. *Buse.* Fig. 252, 253.

Bec court, comprimé, arrondi en dessus, festonné au bord des mandibules; ses commissures atteignant les yeux. Narines largem. arrondies. Ailes ord. plus courtes que l'extrém. de la queue, qui est arrondie. Tarses courts, forts, nus-écailleux presque dès l'articulation. Ongles robustes, recourbés, aigus.

Dessus brun foncé, avec les plumes marginées de plus clair. Gorge blanche, rayée en long de brun. Dessous blanc roux, avec des taches blanches souv. rangées en séries transverses. Rectrices brunes, transversalem. — **vulgaris** Bechst. Toute la France. C. 0m,6 à 0m,7.

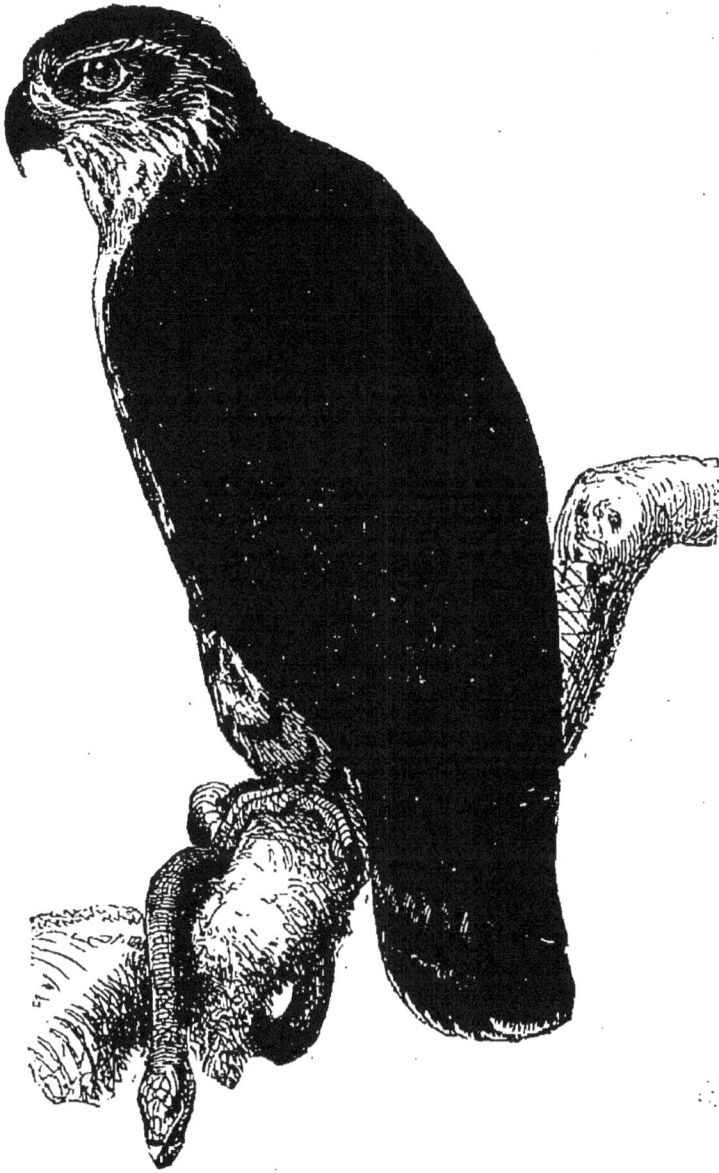

Fig. 250. — Circaetus gallicus, 1/5 gr. nat.

rayées de 10 à 14 bandes cendrées. Bec brun. Iris jaunâtre ou brun. Pieds et cire jaunes.

### 3. ARCHIBUTEO Brehm. *Archibuse*. Fig. 254.

Bec court, arrondi en dessus, comprimé, à bord des mandibules festonné. Narines larges, arrondies, en partie garnies de poils en arrière. Queue arrondie, médiocre.

  AQUILIDI.

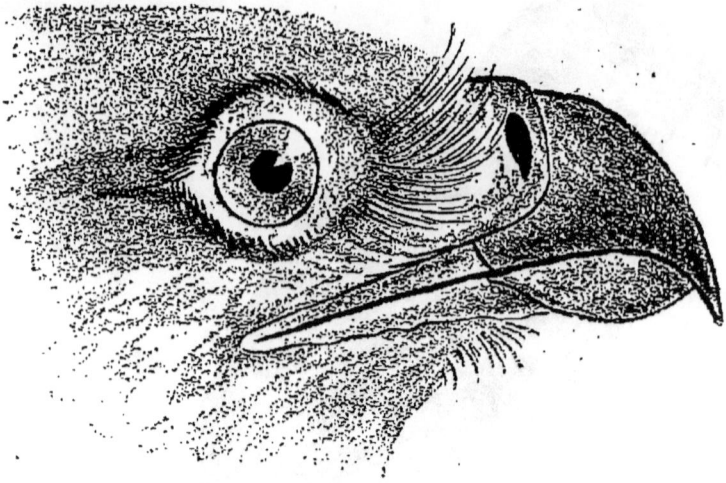

Fig. 251. — *Circaetus gallicus*, *tête*, gr. nat.

Fig. 252. — *Buteo vulgaris*, *tête*, gr. nat.

Tarses emplumés en avant et latéralement, recouverts de petites plaques épidermiques sur la ligne médiane postérieure.

Dessus brun noirâtre, jaunâtre rayé de brun sur la tête et le cou. Sus-caudales blanches. Gorge blanche, striée de brun; poitrine jaunâtre largement maculée de brun. Abd. et côtés bruns. Queue blanche à la base, **lagopus** Brehm. Zones froides. R. 0$^m$,5.

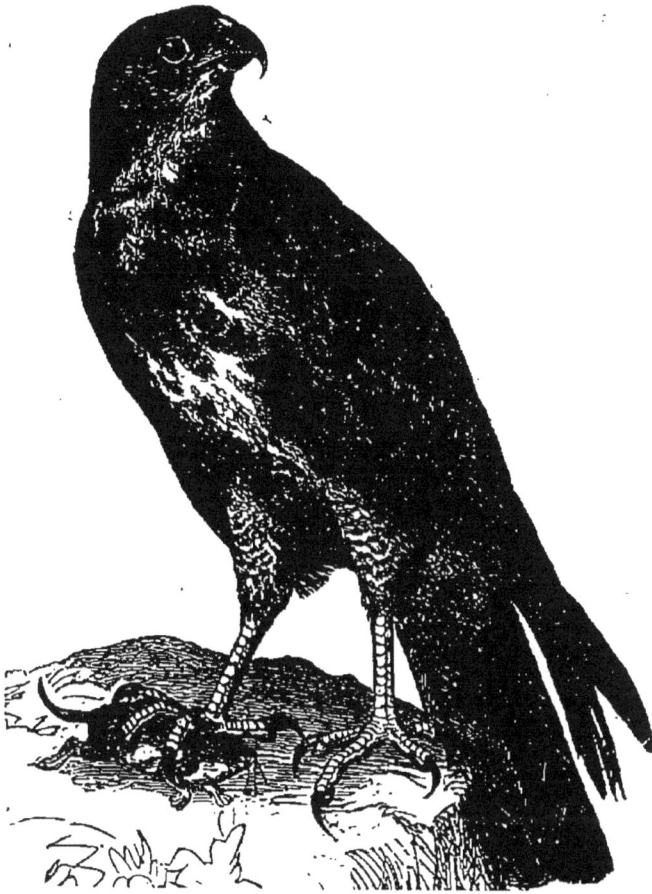

Fig 253. — Buteo vulgaris, 1/7 gr. nat.

brune sur le reste avec un liséré terminal blanchâtre.
Plumes des jambes blanc roux. Bec et ongles noirs;
cire et doigts jaunes; iris gris. [*Buse pattue.*]

### 4. PERNIS G. Cuvier. *Bondrée.* Fig. 255.

Bec comprimé, à dos saillant. Narines oblongues, obliques; cire nue. Lorums garnis
de plumes écailleuses. Ailes allongées. Queue égale. Tarses courts. emplumés jusqu'au-
dessous de l'articulation, nus-réticulés sur le reste. Doigts courts, l'externe relié au
médian, à la base, par un repli membraneux.

Dessus brun, avec la marge des plumes plus claire. Poitrine blanche, avec des taches 3angulaires brunes.
Abd., sous-caudales et jambes blancs, barrés de brun
roux. Queue avec 3 bandes transv. noires. Front et
joues bleuâtres. Bec brun à la base. Cire brune. Iris
et pieds ± jaunes. ♀ entièrem. brun roux.

apivorus L.
Alpes. Auvergne. Pyrénées.
Nord. 0m,5 à 0m,55.

Fig. 254. — Archibuteo lagopus, *tête*, gr. nat.

Fig. 255. — Pernis apivorus, *tête*, gr. nat.

### 3. Milvii.

Bec entier, courbé dès la base. Tarses courts. Doigts peu robustes. Ailes et queue allongées, celle-ci échancrée ou fourchue.

| | | |
|---|---|---|
| 1 { | Queue *légèrem. échancrée*. Bec fendu jusqu'au milieu de l'œil | 2. Elanus. |
| | *Fourchue* | 2 |
| 2 { | Bec *robuste* | 1. Milvus. |
| | Relativem. *faible* | 3. Nauclerus. |

#### 1. MILVUS G. Cuvier. *Milan*. Fig. 256 à 258.

Bec robuste, court, anguleux et rétréci en dessus. Narines obliques, en ellipse. Ailes étroites, ne dépassant pas l'extrémité de la queue, qui est très longue et fourchue.

Fig. 256. — Milvus regalis, 1/5 gr. nat.

Fig. 257. — Milvus regalis, *tête*, gr. nat.

Tarses courts, réticulés-écussonnés. Doigts médian et externe unis à la base par un repli membraneux. Ongles allongés, aigus, faibles.

Acloque. — Faune de France. Vert.

7

Fig. 258. — Milvus niger, *tête*, gr. nat.

1 {

Plumage roux, avec le centre des plumes brun. Rémiges noires. Queue rousse, avec des bandes
brunes ± distinctes. Cire, iris, pieds jaunes ; cou
cendré. Bec brun, noir à la pointe. — Tarses emplumés *dans leur 1/3 supér*. Doigts latér. *subégaux, atteignant* le milieu du médian.

**regalis** Briss.
Pyrénées. Landes. Provence.
Champagne. Nord. 0ᵐ,65.

Dessus gris brun foncé. Dessous brun roux rayé de
noir. Cire et pieds jaunes. Iris et bec noirs. —
Tarses emplumés *dans leur 1/3 supér*. Doigts
latér. *inégaux*, l'externe plus long, *dépassant* le
milieu du médian. Queue *faiblem*. fourchue.

**niger** Briss.
Landes. Languedoc. Pyré-
nées. Champagne. 0ᵐ,55.

Fig. 259. — Elanus caeruleus, *tête*, gr. nat.

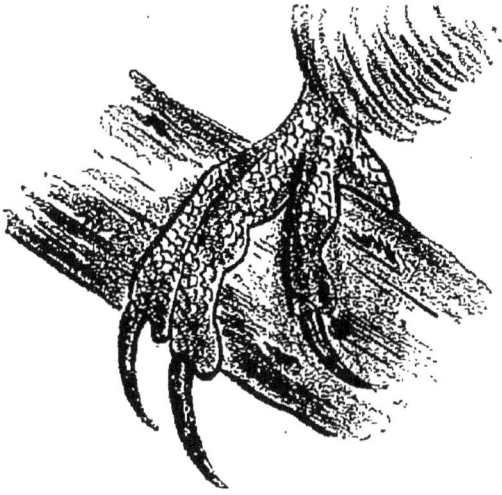

Fig. 260. — Elanus caeruleus, *pied*, gr. nat.

## 2. ELANUS Savigny. *Élanion*. Fig. 259, 260.

Bec court, courbé dès la base, large à la base, comprimé dans le reste de son étendue, festonné au bord de la mandibule supér. Commissures atteignant le milieu de l'œil. Ailes dépassant l'extrém. de la queue, qui est faiblem. échancrée. Tarses plus courts que le doigt médian, réticulés latéralem. et en arrière. Doigts gros, courts, couverts seulem. de qques écailles. Ongles forts.

Dessus gris cendré. Dessous blanc, avec les côtés de la poitrine nuancés de cendré bleuâtre. Paupières et 1 tache antéoculaire noires. Bec noir. Iris et pieds orangés. — Tarses emplumés sur les 2/3 supér. Doigt interne bien plus long que l'externe. [*Blac.*]

**caeruleus** Desfontaines. R. *Accidentel*. Nord. Côte-d'Or. Gard. 0m,3 à 0m,35.

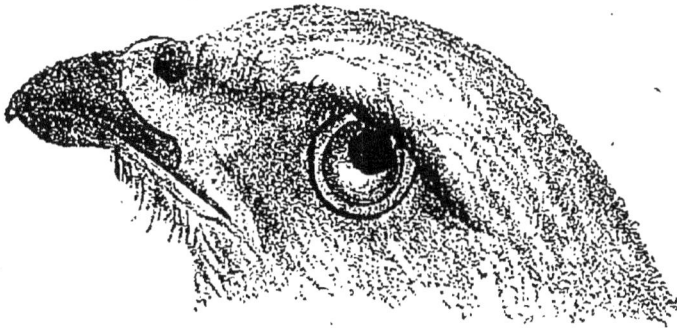

Fig. 261. — Nauclerus furcatus, *tête*, gr. nat.

## 3. NAUCLERUS Vigors. *Naucler*. Fig. 261, 262.

Bec peu robuste, large à la base, puis comprimé, sinué au bord. Commissures atteignant seulem. l'angle antér. de l'œil. Cire grande. Ailes aiguës, très allongées, plus

Fig. 262. — Nauclerus furcatus, 1/5 gr. nat.

courtes que la queue, qui est fortem. fourchue. Tarses courts, entièrem. écailleux.
Ongles faibles; celui du pouce 1 fois plus long que les autres.
Dessus noir à reflets bleus et verts. Tête, cou et dessous  **furcatus** L.
  blanc de neige. Bec noir. Cire bleue. Pieds jaunes.  Amérique du Nord. *Très ac-*
  Iris rouge [*Naucler martinet.*]                      *cidentel.* 0ᵐ,6.

Fig. 263. — Hierofalco islaudicus, *tête*, gr. nat.

## 4. Falconii.

Bec court, courbé dès la base, muni, à la mandibule supér., d'une ou deux dents.
Tarses médiocres. Doigts allongés, déliés, à mamelons fortem. saillants.

Ailes *n'atteignant pas* l'extrém. de la queue. Narines *ovales*. Doigt médian ord. *plus court* que
le tarse ......................................... 1. HIEROFALCO.
1
*Atteignant* ord. ou dépassant l'extrém. de la
queue. Narines *arrondies*. Doigt médian ord. *au
moins aussi long* que le tarse ..................... 2. FALCO.

## 1. HIEROFALCO G. Cuvier. *Gerfault.* Fig. 263.

Bec fort, renflé, ldenté ou festonné à la mandibule supér. Narines ovales. Ailes
aiguës, étroites, plus courtes que la queue, qui est longue et large. Tarses courts, réticulés, emplumés sur une grande surface. Doigts assez courts, le médian à peine aussi
long ou plus court que le tarse.

Pieds jaune livide *bleuâtre*, ainsi que la cire. Sous-
caudales touj. blanc pur. Taches blanches du dos
échancrées en cœur ou formant des bandes
1 transvers. interrompues. Bec jaunâtre avec la
pointe brune. — Le plumage devient de plus en
plus blanc à mesure que l'oiseau vieillit.          **candicans** Gmelin.
Zones boréales. *Très acci-
dentel* en France. 0ᵐ,5.

*Jaunes* ou *verdâtres* ................................ 2

Sous-caudales *marquées de bandes transverses*
brunes, maculaires ou continues. Taches blanches du dos en forme de bandes transv. interrompues. Dessous blanc, avec des taches brunes
cordées sur la poitrine, transv. sur les cuisses et
les jambes. Pieds et cire d'un beau jaune. Iris
2 brun. Bec brun de plomb, jaunâtre à la base.      **islandicus** Brisson.
Islande. *Douteux* en France.
0ᵐ,53 à 0ᵐ,6.

Marquées le long du rachis *d'une tache brune
continue, renflée de distance en distance.* Taches blanches du dos interrompues, n'occupant
que le bord des plumes. Dessous blanc, avec des
bandes noirâtres transv., maculaires. Pieds jaune
verdâtre. Bec cendré bleu, noir à la pointe.        **gyrfalco** Schlegel.
Norvège. *Très accidentel* en
France. 0ᵐ,5 à 0ᵐ,56.

## 2. FALCO Linné *ex parte. Faucon.* Fig. 264 à 277.

Bec robuste, court, muni d'une dent à la mandibule supér. Narines rondes. Ailes
aiguës. Queue arrondie, de longueur médiocre. Tarses courts, vêtus seulem. sur le 1/3
de leur longueur. Doigt médian ord. au moins aussi long que le tarse.

1 Ailes *atteignant* ou dépassant l'extrém. de la queue  2
*N'atteignant pas* l'extrém. de la queue ............... 9.

Ailes *atteignant* env. l'extrém. de la queue. Plumes
tibiales, sous-caudales et flancs marqués de taches
*transv.* ou *lancéolées* ................................ 3
2 *Atteignant* l'extrém. de la queue. Parties inférieur.
variées de taches *oblongues*; queue avec 1-2
bandes noires vers l'extrém. ......................... 10
*Dépassant* l'extrém. de la queue. Plumage en dessous concolore ou marqué de taches *arrondies*  6

Sect. 1. *Eufalco* (Faucons).

Dessus *brun cendré*, avec toutes les plumes lisérées
de roux clair. Dessous blanc, avec des taches
lancéolées brun clair. Moustaches presque indis-
3 tinctes. Rectrices avec des taches rousses arron-
dies. Bec et pieds bleuâtres. Cire jaune. Iris brun. **sacer** Brisson.
Europe occidentale. *Acciden-
tel* Midi, Centre. 0ᵐ,5 à
0ᵐ,55.

*Cendré bleuâtre* .................................... 4

Front *roux*. Dessus cendré bleu pâle, avec les plumes plus foncées au centre. Dessous blanc jaunâtre, avec qques taches sur l'abd.; des taches
sagittées sur les plumes tibiales. Nuque brun roux. **barbarus** L.
4 Rémiges noires lisérées de cendré. Rectrices avec  Afrique. *Accidentel* en Eu-
6-7 bandes obliques, brunes. Bec bleuâtre, à base  rope. Haute-Garonne. 0ᵐ,35
jaunâtre. Cire et pieds jaunes.                     à 0ᵐ,38.

*Cendré bleuâtre* .................................... 5

Fig. 264. — Falco communis, 1/4 gr. nat.

Fig. 265. — Falco lanarius, *tête*, gr. nat.

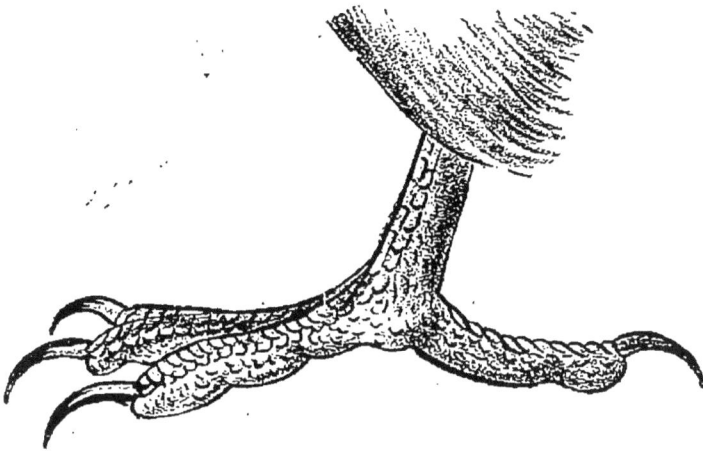

Fig. 266. — Falco lanarius, *pied*, 3/5 gr. nat.

Moustaches *étroites*, noires. Dessous blanc avec de
nombreuses taches longitudin. noirâtres. Rectrices
latér. avec des bandes brunes transv. Bec cendré
bleuâtre. Cire jaune. Pieds jaunâtres. Rémiges
noires.

**lanarius** Schlegel.
Europe occidentale. *Accidentel* en France. 0ᵐ,37 à 0ᵐ,5.

5 { *Larges*, se prolongeant sur les côtés du cou. Dos
avec des bandes transv. noirâtres. Poitrine teintée
de roux. Abd., plumes tibiales et sous-caudales
*avec des bandes transv. brun noir*. Bec noir
bleu. Pieds, cire jaunes. Iris brun. Rémiges brun
mêlé de cendré.

**communis** Gmelin.
Nord. Falaises de Dieppe.
Provence. Pyrénées. 0ᵐ,4 à
0ᵐ,48.

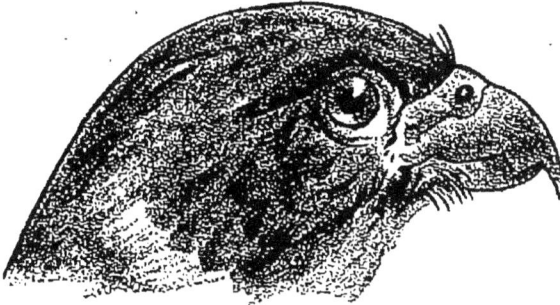

Fig. 267. — Falco communis; *tête*, 2/3 gr. nat.

Sect. 2. *Erythropus* Brehm. (Kobez).

6 { Pieds *rouges*, ainsi que le tour des yeux. Plumage
gris bleuâtre; ♂ avec le ventre, les plumes
tibiales et sous-caudales roux vif; ♀ rayée
transversalem. de noir sur le dos. Bec livide avec
la pointe noirâtre. Iris brunâtre.

**vespertinus** L.
*De passage régulier* dans les
Pyrénées, le Dauphiné.
0ᵐ,28 à 0ᵐ,3.

*Jaunes*                                                7

Fig. 268. — Falco vespertinus, *tête*, gr. nat.

Fig. 269. — Falco concolor, *tête*, gr. nat.

### Sect. 3. *Hypotriorchis* Boie (Hobereaux).

7 { Plumage *concolore*, en entier gris-ardoise, plus    **concolor** Temminck.
    sombre sur le dos. Bec jaunâtre avec la pointe    Afrique. *Accident.* : Hérault,
    noire. Doigt interne plus court que l'externe.    Tarn. 0ᵐ,3 à 0ᵐ,33.
    Cire et tarses jaunes.

   Notablem. *discolore* en dessus et en dessous          8

Fig. 270. — Falco eleonorae, *tête*, gr. nat.

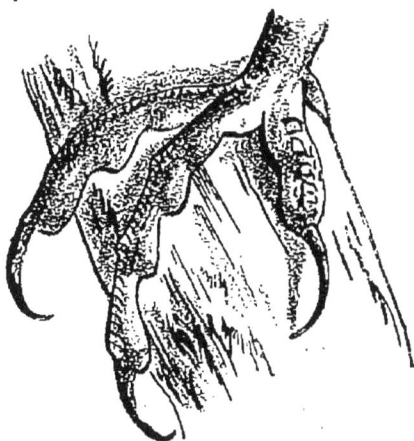

Fig. 271. — Falco eleonorae, *pied*, gr. nat.

Fig. 272. — Falco subbuteo, *tête*, gr. nat.

8 {
Bec *noir* de corne, *avec la 1/2 basilaire de la mandibule infér. jaune.* ♂ brun fuligineux, plus
foncé en dessus. ♀ brun gris en dessus, brun
varié de roux en dessous, avec des taches brun
foncé. Cire et pieds jaune-citron. Iris brun.

*Bleuâtre.* Dessus cendré bleuâtre, avec 2 taches
rousses à la nuque. Poitrine et abd. roussâtres,
tachés en long de noirâtre. Plumes tibiales roux
vif. Moustaches grandes. Paupières, cire et pieds
jaunes. Iris noisette.

**eleonorae** Géné.
Afrique. *Accidentel* dans le
Midi. 0$^m$,4 à 0$^m$,42.

**subbuteo** L.
Toute l'Europe. AC. en France.
0$^m$,3 à 0$^m$,33.

Sect. 4. *Aesalon* Kaup. (Emerillons).

9 {
Ailes n'atteignant env. que *les 2/3* de la queue.
Dessus cendré bleu ♂, gris brunâtre ♀, avec des
taches brun roux. Dessous roux ♂, blanc roussâtre ♀, avec des taches *oblongues* brunes.
Moustaches faibles, nulles à la base du bec. Cire,
paupière et pieds jaunes. Iris brun. Bec bleuâtre.
N'atteignant ord. que *les 3/4* de la longueur de
la queue.

**lithofalco** Brisson.
*De passage* en France. AC.
0$^m$,26 à 0$^m$,31.

10

7.

AQUILIDI.

Fig. 273. — Falco lithofalco, *tête*, gr. nat.

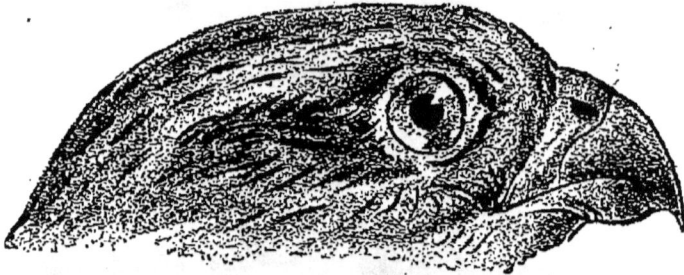

Fig. 274. — Falco tinnunculus, *tête*, gr. nat.

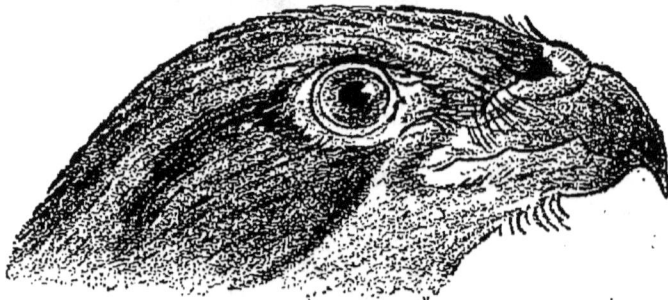

Fig. 275. — Falco cenchris, *tête*, gr. nat.

Sect. 5. *Tinnunculus* Vieillot (Cresserelles).

Ongles *noirs*. Dessus brun rouge, maculé de taches anguleuses, noires. Dessous roux, avec des raies longitudin. sur la poitrine, et des taches ovales ou arrondies aux flancs. Bec bleuâtre. Cire et pieds jaunes. Iris brun-noisette. — **tinnunculus** L. Toute la France. TC. 0$^m$,35.

*Jaunâtres*. Dessus brun rougeâtre, immaculé ♂, taché de brun ♀. Dessous roux rougeâtre ♂, roussâtre ♀, avec des taches noires, plus nombreuses chez la ♀. Paupières, cire, pieds jaunes. Iris brun jaunâtre. [*Cresserine, cresserellette.*] — **cenchris** Naum. *De passage* dans le Midi. AR. 0$^m$,3.

10

Fig. 276. — Astur palumbarius, 1/5 gr. nat.

Fig. 277. — Falco tinnunculus, 1/3 gr. nat.

## 5. Asturii.

Bec court, courbé dès la base, à bords festonnés. Tarses longs. Doigts allongés, déliés. Ailes de longueur médiocre. Queue ord. longue.

1 { Narines *basilaires, ovales*       1. ASTUR.
  { *Médianes, elliptiques*       2. ACCIPITER.

### 1. ASTUR Lacépède. *Autour.* Fig. 276, 278.

Bec court, comprimé, fortem. arqué. Narines basilaires, ovales. Ailes longues, couvrant la 1/2 de la queue. Celle-ci allongée, large, arrondie. Tarses épais, écussonnés en avant et en arrière. Doigts allongés, robustes, munis d'ongles forts et très crochus. Dessus cendré bleuâtre ; nuque tachée de blanc. Poitrine, abd. et jambes blancs, avec des stries ondulées, transverses, noirâtres. Sous-caudales blanc pur, con-

**palumbarius** L.
*Montagnes boisées.* AC. 0m.5 à 0m.6.

Fig. 278. — Astur palumbarius, *tête*, gr. nat.

colores. Doigt internè atteignant le bout antér. de la
2ᵉ phalange du médian. Bec noir bleuâtre. Cire jaune
verdâtre. Iris et pieds jaunes.

## 2. ACCIPITER Brisson. *Epervier*. Fig. 279, 280.

Bec court, courbé dès la base, très crochu, festonné au bord. Narines elliptiques,
médianes, partiellem. cachées par les soies du front. Ailes médiocres. Queue allongée,
large, ± arrondie. Tarses très grêles, écussonnés seulem. en avant. Doigts allongés,
munis d'ongles acérés.

Fig. 279. — Accipiter nisus, *tête*, gr. nat.

| | |
|---|---|
| Dessus *gris cendré ardoise*; nuque avec une tache blanche. Dessous blanc, rayé en travers de roux et de brun. Sous-caudales blanc pur. Queue en dessous terminée de blanc, ornée de 5 bandes transvers. noirâtres. Bec noir à base bleuâtre. Iris et pieds jaune-citron. | **nisus** L. Çà et là. AC. 0ᵐ,32 à 0ᵐ,37. |
| *Brun*. Dessous blanc d'argent, avec des raies transv. brunes, lancéolées sur la poitrine. Queue coupée par 7-8 bandes transv. noires. Cire, tarses et iris jaunes. | **major** Becker. Sud-Ouest. Centre. Nord-Ouest. 0ᵐ,36 à 0ᵐ,4. |

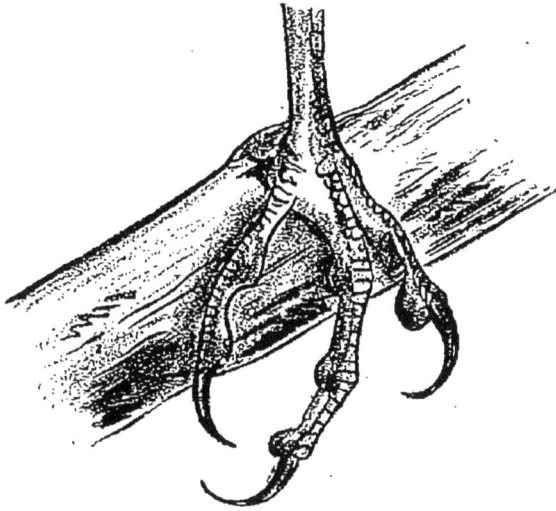

Fig. 280. — *Accipiter nisus*, *pied*, gr. nat.

## 6. Circii.

Bec court, courbé dès la base, à bords festonnés. Tarses grêles, allongés. Doigts courts. Aile et queue longues. Une collerette ± distincte.

**1. CIRCUS** Lacépède. *Busard.* Fig. 281 à 286.

Bec assez court, comprimé, peu courbé, très élevé, légèrem. festonné à la marge de la mandibule infér. ; cire couvrant plus du 1/3 de sa longueur. Narines oblongues, partiellem. cachées par des soies raides. Ailes allongées, larges. Queue allongée, arrondie, Tarses grêles, allongés. Doigts médian et externe unis à la base par une membrane.

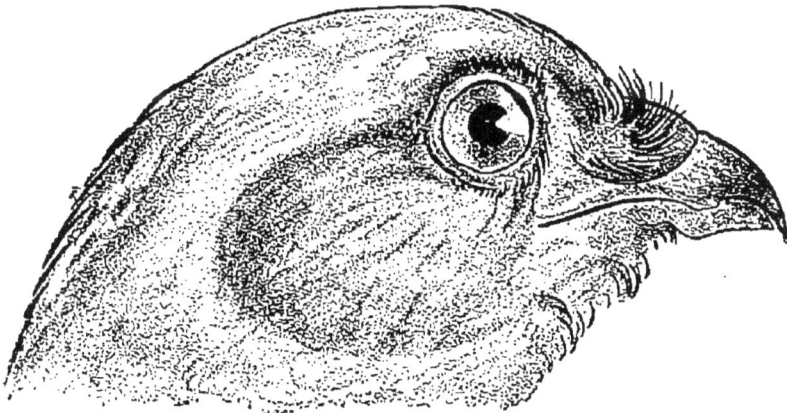

Fig. 281. — *Circus cyaneus*, *tête*, gr. nat.

Sect. 1. *Strigiceps* Bonaparte.

1 ⎰ Les 3ᵉ et 4ᵉ rémiges *égales*, plus longues que les autres. **cyaneus L.** Dessus cendré bleuâtre ♂, brun terne ♀ Croupion Provence. Pyrénées. Nord. blanc pur ♂, blanc varié de roux ♀ Dessous 0ᵐ,45 à 0ᵐ,5. blanc ♂, roux avec de larges taches longitudin. brunes ♀. Ailes atteignant l'extrém. de la queue. Bec noir. Pieds jaune-citron.[ *Saint-Martin.* ]
⎱ *Inégales*, la 3ᵉ plus longue que toutes les autres  2

Fig. 282. — Circus aeruginosus, 1/6 gr. nat.

Fig. 283. — Circus aeruginosus, *tête*, gr. nat.

Sect. 2. *Eucircus.*

2 { Croupion *roussâtre*. Dessus brun ± varié de roux.   **aeruginosus** L.
Dessous roux, ferrugineux sur l'abd. et les cuisses.   *Marais*. Çà et là. 0ᵐ,5 à
Queue gris bleuâtre. Bec noir. Cire jaune verdâ-   0ᵐ,55.
tre. Iris safran. Pieds jaunes. [*Harpaye.*]
Blanc au moins en partie

3

Fig. 284. — Circus cineraceus, *tête*, gr. nat.

Fig. 285. — Circus cineraceus, *pied*, gr. nat.

Fig. 286. — Circus swainsoni, *tête*, gr. nat.

3 {
Cendré bleuâtre ; dessous ± rayé de roux. Croupion blanc pur ♂, varié de roux ♀. Sous-caudales *marquées de taches* oblongues. Aile avec 2 bandes noires. Bec brun. Iris et pieds jaunes.

Gris bleuâtre ; dos ± brun. Croupion blanc, avec des bandes transv. cendrées ou rousses. Sous-caudales *unicolores*. Queue avec 6 bandes brunes peu distinctes. Bec noir bleuâtre. Iris jaune verdâtre. Pieds jaunes.

**cineraceus** Montagu.
*Marais, bois.* Nord. Centre. 0ᵐ,4 à 0ᵐ,43.

**swainsoni** Smith.
Midi Est. 0ᵐ,45 à 0ᵐ,5.

## SOUS-ORDRE II. — RAPACES NOCTURNES.

Yeux dirigés en avant. Doigts presque touj. recouverts de plumes ou de poils. Plumage lâche, moelleux. Mœurs crépusculaires et nocturnes. Vivent de proie et chassent la nuit.

## I. STRIGIDI.

Bec court, crochu, comprimé. Cire molle, en entier couverte par les plumes décomposées et les soies raides des côtés de la face. Yeux très développés, placés au centre de disques rayonnants. Tête volumineuse.

1 {
Tête *avec* de chaque côté, en arrière, un bouquet de plumes en forme d'aigrette — 3. OTII.
*Dépourvue* d'aigrettes — 2

2 {
Disques de la face formant, sous le bec, *une collerette* complète. Doigts *presque glabres* — 2. STRIGII.
Formant, sous le bec, *une profonde échancrure* — 1. ULULII.

## 1. Ululii (Degland et Z. Gerbe).

Tête sans aigrettes. Disques de la face formant, au-dessous du bec, une échancrure profonde. Doigts ord. vêtus de plumes.

1 {
Conque auditive *très grande*, munie d'un opercule très développé — 3. NYCTALE.
*Médiocre* ou *petite* — 2

2 {
Narines *suborbiculaires*. Conque auditive médiocre, munie d'un opercule — 4. SYRNIUM.
*Elliptiques* — 3

3 { Queue ord. *courte, subtronquée*      2. Noctua.
  { ± *allongée*, large, *étagée*      1. Surnia.

### 1. SURNIA Duméril. *Surnie.* Fig. 287 à 290.

Bec court, comprimé, fortem. arqué. Narines basilaires, ovales, cachées par les plumes sétacées qui couvrent en grande partie le bec. Conque auditive peu apparente. Ailes allongées, obtuses. Queue ± allongée, large, étagée. Tarses courts, en entier cou verts de plumes, ainsi que les doigts. — Plumage ± rayé transversalem. sur les parties infér.

Fig. 287. — Surnia funerea, *tête*, gr. nat.

1 { Dessus *brun noir, avec des taches blanches*. Dessous blanc, rayé transversalem. de brun. Gorge et cou cendrés. Queue longue ; ailes atteignant le 1/3 de sa longueur. [*Caparacoch.*] *Ne présentant pas cette coloration*

**funerea L.**
Du Nord. *Accidentel* en France, dans l'Est. 0ᵐ,38.

2

2 { Taille 0ᵐ.55. Plumage en entier blanc, ou blanc avec des taches angulées en dessus, en croissant en dessous. Bec et ongles noirs. Iris jaune. Plumes des doigts dépassant les ongles. [*Harfang.*]

**nyctea L.**
Régions arctiques. *Accidentel* en France. 0ᵐ,55.

0ᵐ,16 à 0ᵐ.18. Dessus cendré brunâtre, parsemé de points blancs sur la nuque, de points blanc roux en lignes transv. sur le dos. Poitrine avec, sur les côtés, des raies transv. roussâtres. Ventre et sous-caudales blancs. [*Chevéchette.*]

**passerina L.**
Pyrénées-Orientales ; Savoie ; Jura. 0ᵐ,16 à 0ᵐ,18.

Fig. 288. — Surnia nyctea, 1/5 gr. nat.

## 2. NOCTUA Savigny. *Chevêche*. Fig. 291.

Bec court, comprimé, courbé sur l'arête. Narines marginales, elliptiques, cachées par les plumes sétacées qui couvrent la base du bec. Disques de la face petits. Conque auditive peu développée, ovale. Ailes arrondies, obtuses. Queue ord. courte, subégale. Tarses et doigts couverts de plumes en forme de soies.

Nocturnes. Se nourrissent de petits mammifères, vivent sur les lisières des bois, et se retirent dans les trous des arbres ou des rochers, les masures.

1 ⟨ Dessus brun, varié de taches blanchâtres. Dessous **minor** Briss. *blanc*, avec des taches longitudin. brunes sur la Toute la France. 0$^m$,25. poitrine, le ventre et les flancs. Sous-caudales et plumes postér. des tarses *blanches*. Plumes des doigts clairsemées.

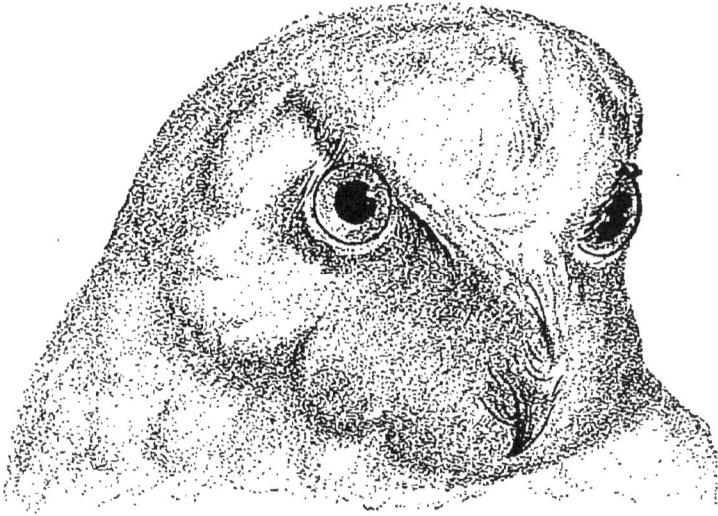

Fig. 289. — Surnia nyctea, *tête*, 1/3 gr. nat.

Fig. 290. — Surnia passerina, *tête*, gr. nat.

Fig. 291. — Noctua minor, *tête*, gr. nat.

Dessus brun roux varié de blanc. Dessous *blanc*     *persicā* Vieill
*roussâtre*, avec des taches allongées, larges,   *Accidentel* Midi. 0ᵐ,22 à
brunes, aux flancs et à l'abd. Sous-caudales et        0ᵐ,23.
plumes postér. des tarses *roussâtres*.

### 3. NYCTALE Brehm. *Nyctale*. Fig. 292.

Bec petit, comprimé, courbé dès la base. Narines marginales, transversalem. ovales,
masquées par les plumes qui couvrent la 1/2 du bec. Conque auditive très grande, à
opercule très développé. Disque facial complet, large. Ailes allongées, arrondies,
obtuses. Queue médiocre, arrondie. Tarses et doigts fortem. emplumés.

Fig. 292. — Nyctale tengmalmi, *tête*, gr. nat.

Dessus roux brun, avec des taches blanches. Dessous     tengmalmi Gmel.
blanc, tacheté en long de flammules brunes et de    *Forêts de conifères des re-*
macules en croissant. Ailes avec plus de 5 bandes    *gions montagneuses.* 0ᵐ,2.
maculaires blanches. Sous-caudales blanchâtres ma-
culées de brun. Queue avec 4 raies transv. blanches.
Bec nuancé de jaune et de noir. Iris jaune brillant.

### 4. SYRNIUM Savigny. *Hulotte*. Fig. 293, 295.

Bec court, courbé dès la base. Narines petites. arrondies. Disques de la face mieux
formés dans leur 1/2 infér. que dans leur 1/2 supér. Conque auditive médiocre, munie
d'un opercule. Ailes obtuses, presque aussi longues que la queue; celle-ci arrondie.
Tarses et doigts vêtus d'un duvet épais.

Dessus brun gris ou roux, avec des taches dentelées,   aluco L.
blanchâtres. Dessous blanc pâle ou roussâtre, avec   *Grandes forêts.* 0ᵐ,4.
de larges taches dentelées. Rémiges et rectrices rayées
transversalem. de brun et de roux. Iris, brun roux.
[*Chat-huant.*] (Vit d'écureuils, de rongeurs et de
chauves-souris.)

## 2. Strigii.

Tête sans aigrettes. Disques de la face formant, sous le bec, une collerette complète
Doigts glabres ou vêtus seulem. de qques poils.
Se réfugient ord. dans les habitations.

### 1. STRIX Linné. *Effraye*. Fig. 294, 296.

Bec droit, courbé seulem. à la pointe. Narines larges. Disques de la face complets,
très larges. Conque auditive grande, operculée. Ailes acuminées, dépassant la queue;

Fig. 293. — Syrnium aluco, 1/5 gr. nat.

Fig. 294. — Strix flammea, 1/5 gr. nat.

celle-ci courte, large. Tarses plus longs que le doigt médian, entièrem. couverts de duvet. Doigts vêtus seulem. de poils clairsemés.

Dessus roux fauve, varié de gris et de brun glacés, piqueté de noir et de brun. Dessous blanc ou fauve, immaculé ou pointillé de brun. Queue un peu barrée de brun. Iris brun noir.

**flammea** L.
Toute l'Europe. 0ᵐ,35.

## 3. Otii.

Tête munie de chaque côté, en arrière et au-dessus des yeux, d'un faisceau de plumes ± allongées, formant ainsi deux aigrettes divergentes.

| | |
|---|---|
| 1 { Conques auditives *grandes*, étendues en demi-cercle du bec au vertex, munies d'un opercule membraneux | 1. Otus. |
| *Petites* | 2 |
| 2 { Taille *petite* (0ᵐ,2 au plus). Tarses *vêtus en avant*, écailleux en arrière. Doigts *nus* | 3. Scops. |
| Taille *grande* (au moins 0ᵐ,5). Tarses *entièrem*. empennés. Doigts *vêtus* jusqu'aux ongles | 2. Bubo. |

Fig. 295. — Syrnium aluco, *tête*, 2/3 gr. nat.

Fig. 296. — Strix flammea, *tête*, 2/3 gr. nat.

Fig. 297. — Otus brachyotus, 1/3 gr. nat.

## 1. OTUS G. Cuvier. *Hibou*. Fig. 297 à 299.

Bec courbé dès la base. Narines grandes, elliptiques, médianes. Disques périophthalmiques irréguliers, complets. Conques auditives grandes, étendues en demi-cercle du bec au vertex, et munies d'un opercule membraneux. Ailes atteignant ou dépassant l'extrém. de la queue. Tarses entièrem. empennés. Doigts vêtus jusqu'à la base de la dernière phalange.

| | |
|---|---|
| Barbes internes des rectrices coupées par *4-5* bandes espacées, brunâtres. Dessus jaune ochracé, taché de brun ; des taches blanches sur les ailes. Dessous blanc roussâtre, rayé de brun sur l'abd. et les flancs. Bec noir. Iris jaune. [*Chouette.*] | **brachyotus** Gmel. Toute la France, *à l'automne.* 0$^m$,35 |
| Coupées par *8-10* bandes brunes. Parties supér. roux jaunâtre, avec des taches longitudin. et des raies transv. ondulées. Dessous roux, avec des taches oblongues, dentelées sur les flancs. Bec brun ; iris orangé. [*Moyen Duc.*] | **vulgaris** Flemming Presque tte la France. 0$^m$,35. |

Fig. 298. — Otus brachyotus, *tête*, 2/3 gr. nat.

Fig. 299. — Otus vulgaris, *tête*, 2/3 gr. nat.

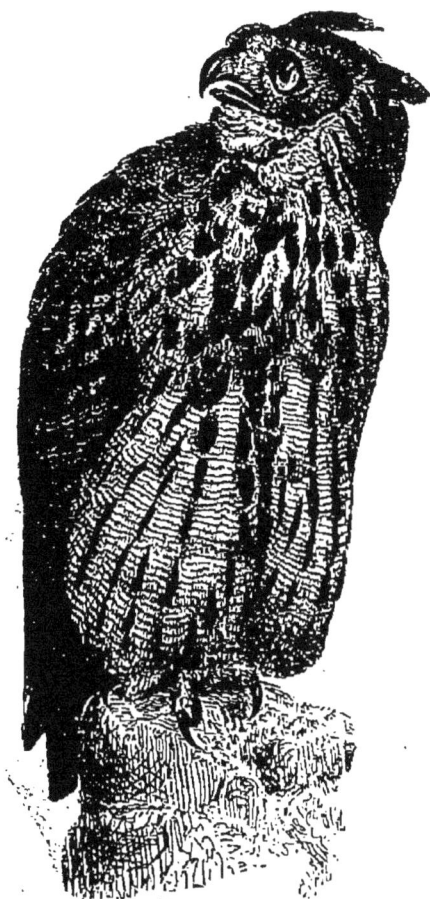

Fig. 300. — Bubo maximus, 1/8 gr. nat.

## 2. BUBO G. Cuvier. *Duc.* Fig. 300 à 302.

Bec robuste, épais, saillant. Narines larges, arrondies. Disques périophthalmiques médiocres, irréguliers, peu étendus au-dessus de l'œil. Conque auditive médiocre, ovale, n'occupant pas la 1/2 de la hauteur du crâne. Ailes médiocres. Queue courte, arrondie. Tarses courts, robustes, totalem. emplumés. Doigts vêtus jusqu'aux ongles.

Dessus varié de gris et ondé de noir sur fond jaune **maximus** Sibbald.
roux. Dessous plus clair, avec des taches brunes, et *Grandes montagnes boisées.*
de fines raies transv. sur l'abd. et les flancs. La 0m,6.
3e rémige la plus longue de toutes. Bec noir. Iris orangé rougeâtre.

## 3. SCOPS Savigny. *Scops.* Fig. 303.

Bec très incliné dès la base. Narines ovales, petites. Disques périophthalmiques peu développés, imparfaits. Oreilles à fleur de tête, petites, arrondies, privées d'opercule. Ailes plus longues que la queue; celle-ci courte, carrée. Tarses emplumés en avant, écailleux postérieurem. Doigts nus.

ACLOQUE — Faune de France. Vert. 8

Fig. 301. — Bubo maximus, *pied*, 3/5 gr. nat.

Fig. 302. — Bubo maximus *tête*, 2/5 gr. nat.

Fig. 303. — Scops aldrovandi, *tête*, gr. nat.

Dessus brun, varié de gris, de roux, de blanchâtre, avec des raies vermiculées transv. Dessous plus clair, avec de larges taches longitudin. brun noir. Queue avec 6-7 bandes transv. brunes. 4ʳᵉ et 5ᵉ rémiges subégales; la 3ᵉ la plus longue de toutes. Bec noir. Iris jaune. [*Petit Duc.*]

**aldrovandi** Willughbi, Centre Midi. 0ᵐ,2.

# ORDRE DES PASSEREAUX

Bec de forme très variable, dépourvu de cire. Ailes et queue variables. Pieds courts ou médiocres. Ord. 4 doigts. Ongles grêles, ± courbés.

1 { 2 doigts en avant ... I. *Zygodactyles*.
{ 3 doigts en avant ... 2

2 { Doigts antér. *entièrem. divisés*, avec ou sans membrane interdigitale ... IV. *Anomodactyles*.
{ Doigt médian { jusqu'à la 3ᵉ articulation, soudé à
ord. *soudé* à { l'interne jusqu'à la 4ᵉ ... II. *Syndactyles*.
{ l'externe { jusqu'à la 4ʳᵉ articulation ... III. *Déodactyles*.

## SOUS-ORDRE I. — ZYGODACTYLES.

2 doigts en avant; 2-1 en arrière; les antér. soudés à la base, les postér. libres.

1 { Langue longue, *lombriciforme*, très extensible ... I. Picidi.
{ *Non lombriciforme*, normale (fig. 309, 310) ... II. Cuculidi.

Fig. 304. — Dryopicus. Fig. 305. — Picus. Fig. 306. — Picoides.

## I. PICIDI.

Bec droit, acuminé. Langue lombriciforme, très extensible. Queue à pennes le plus souv. acuminées et raides.

Fig. 307. — Gecinus.    Fig. 308. — Yunx.   Fig. 309. — Cuculus. Fig. 310. — Oxylophus.

1 { Bec *muni* latéralem. de sillons.longitudin. Pennes
caudales *raides*, élastiques, arquées (fig. 304 à 307)   1. PICII.
*Dépourvu* de sillons longitudin. latéraux. Pennes
de la queue *flexibles*, larges (fig. 308)     2. TORQUILLII

## 1. Picii.

Essentiellement grimpeurs.
1 { Sillons latér. du bec rapprochés *du sommet* de la
mandibule supér.      2
Rapprochés *des bords* de la mandibule supér.    3
2 { Bec *allongé*. Queue *longue*. Tarses emplumés
presque jusqu'aux doigts. Plumage noir non
taché de blanc     1. DRYOPICUS.
Assez *court*. Queue *médiocre*. Pennes alaires avec
des taches blanches latérales    4. GECINUS.
3 { *3 doigts* seulem.     3. PICOIDES.
*4 doigts*     2. PICUS.

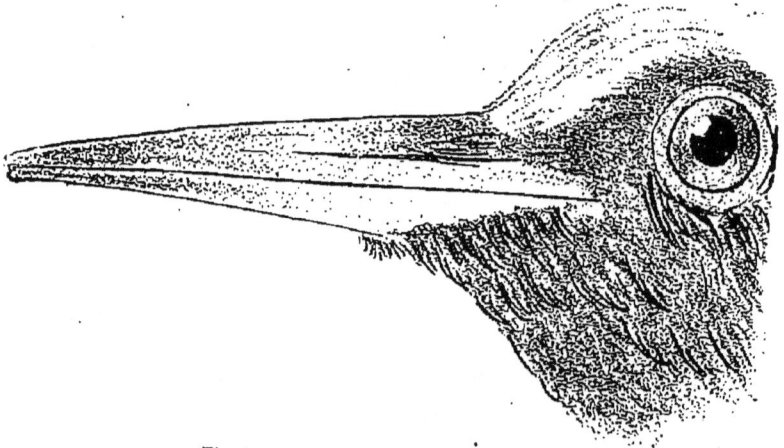

Fig. 311. — Dryopicus martius, *tête*, gr. nat.

## 1. DRYOPICUS Boie. *Dryopic.* Fig. 311.

Bec droit, allongé, à sillons rapprochés du sommet de la mandibule supér. Narines
basilaires, latérales, cachées par un faisceau de plumes raides. Ailes obtuses. Queue
allongée, étagée. Tarses courts, vêtus presque jusqu'aux doigts.
Entièrem. noir, avec le dessus de la tête d'un beau **martius** L.
rouge ♂; ♀ avec seulem. l'occiput rouge. Iris blanc   *Grandes forêts* des monta-
jaunâtre.     gnes. R. 0ᵐ,45.

## 2. PICUS Linné. *Pic.* Fig. 312 à 316.

Bec droit. de moyenne longueur. à sillons latér. rapprochés des bords mandibulaires.
Narines basales, latérales, masquées par un pinceau de plumes raides. Ailes obtuses.
Queue médiocre, arrondie. Tarses courts, emplumés en partie. — Des raies blanches
transv. sur l'aile.

Fig. 312. — Picus major, 1/3 gr. nat.

4 { Sous-caudales *blanc gris rayé de noir.* Plumage noir taché de blanc; dessous blanc gris finem. rayé de noir. ♂ avec le vertex rouge. Bec et pieds bruns. Iris rouge. Taille *assez petite.* [*Epeichette.*]

*Rouges*

minor L.
Toute la France. AC. 0m,15.

2

Fig. 313. — Picus leuconotus, *tête,* gr. nat.

3.

Fig. 314. — Picus medius, *tête*, gr. nat.　　　Fig. 315.　　Picus minor, *tête*, gr. nat.

2 { Bas du dos *blanc*, ainsi que le croupion, le devant du cou. Poitrine et abd. roses flammés de noir latéralem. Plumage noir varié de blanc. Bec et pieds bruns. Iris orangé. Pennes alaires bordées de taches blanches petites et nombreuses.
　*Noir* }　　leuconotus Bechstein. TR. Pyrénées. 0ᵐ,3.

3

Fig. 316. — Picus major, *tête*, gr. nat.

3 { Dessus noir varié de blanc; vertex et occiput rouges. Dessous blanc roux; flancs *roses*, *rayés longitudinalem. de brun noirâtre*. [*Pic mar*.]　　medius L. R. Midi. Lorraine. 0ᵐ,22.
Dessus noir varié de blanc; ♂ avec l'occiput rouge. Dessous *gris roux, sans taches* sur les flancs. [*Epeiche*.]　　major L. Toute l'Europe. 0ᵐ,24. }

### 3. PICOIDES Lacépède. *Picoïde*. Fig. 317.

Bec droit, large à la base; sillons latér. rapprochés des bords de la mandibule supér. Narines basilaires, latérales, masquées par un pinceau de poils raides. Ailes médiocres. pointues. Tarses emplumés en partie; 3 doigts, 2 en avant et 1 en arrière. — Des raies blanches transv. sur l'aile.

Plumage noir, varié de blanc. Dessous blanc avec des raies à l'abd. et aux flancs. Iris bleu. Vertex varié de jaune doré ♂, de blanc argenté ♀.　　tridactylus L. Europe orientale. *Accidentel* en France. 0ᵐ,17.

### 4. GECINUS Boie. *Gécine*. Fig. 318 à 321.

Bec droit, court, large à la base; sillons latér. très rapprochés du sommet de la mandibule supér. Narines basilaires, latérales, masquées par un pinceau de plumes raides. Ailes longues, obtuses. Queue médiocre, étagée. Tarses courts, peu emplumés.

Fig. 317. — Picoides tridactylus, *tête*, gr. nat.

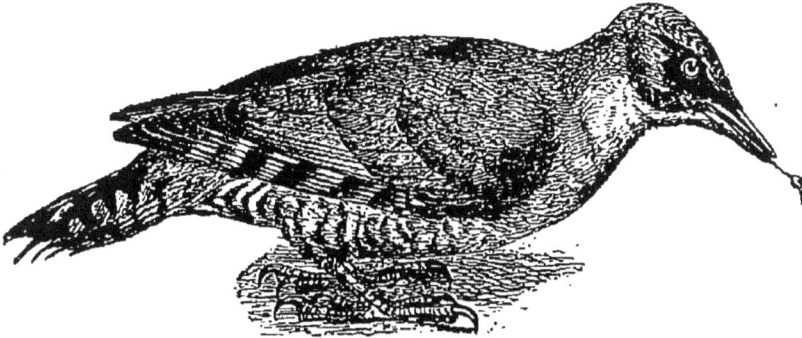

Fig. 318. — Gecinus viridis, 1/4 gr. nat.

Fig. 319. — Gecinus viridis, *tête*, gr. nat.

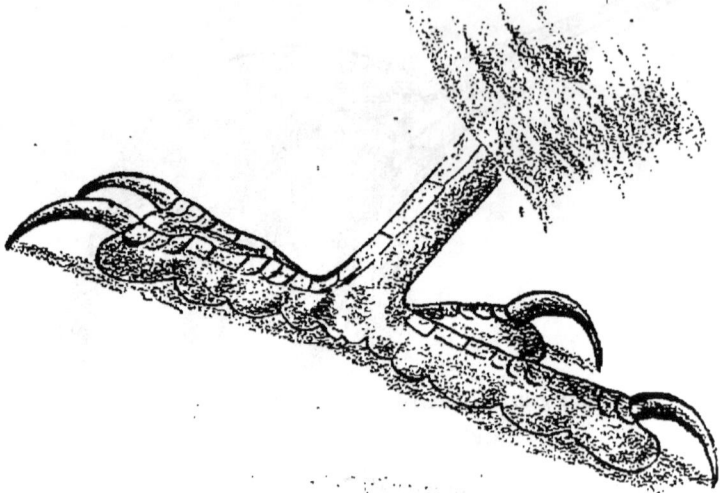

Fig. 320. — Gecinus viridis, *pied*, gr. nat.

Fig. 321. — Gecinus canus, *tête*, gr. nat.

Plumage vert; dessus de la tête *rouge*. Queue **viridis** L.
brune, rayée transversalem. d'olivâtre *sur toutes* *Forêts.* 0ᵐ,3.
les pennes [*Gécine vert.*]

Plumage vert; dessus de la tête *cendré*; ♂ avec le **canus** Gmel.
front rouge. Queue brune, rayée transversalem. Zones boréales. 0ᵐ,28 à 0ᵐ,3.
de gris jaunâtre *sur les 2 pennes médianes.* [*Gé-*
*cine cendré.*]

## 2. Torquillii.

Bec sans sillons latéraux. Queue arrondie, à pennes larges et flexibles.

### 1. YUNX Linné. *Torcol.* Fig. 322, 323.

Bec droit, conique, aigu, muni de plumes à la base. Narines basilaires, non cachées
par des poils, partiellem. fermées par une membrane. Langue très extensible, dépourvue d'aiguillons. Ailes relativem. courtes. Tarses squameux.

Dessus brun varié de roux, de noir et de gris; dessous **torquilla** L.
roux; abd. blanchâtre varié de taches 3angulaires Toute la France 0ᵐ,17
brunes. Rémiges brunes marquées en damier de taches
rousses 4latères

Fig. 322. — Yunx torquilla, 1/2 gr. nat.

Fig. 323. — Yunx torquilla, *tête*, gr. nat.

## II. CUCULIDI.

Bec ± arqué; mandibules ord. entières au bord. Région périophthalmique dénudée sur une assez grande étendue.

1 { Bec *plus large* à la base que haut. Narines *décou-vertes* ......... 1. CUCULII.
{ *Moins large* à la base que haut. Narines *operculées* 2. COCCYZII.

## 1. Cuculii.

Bec plus large à la base que haut. Narines découvertes. Ailes allongées, aiguës.

1 {
Narines en partie *couvertes* par les plumes frontales. Tarses ord. assez *longs*, emplumés *au-
  dessous du talon. Pas de huppe*        1. Cuculus.
Presque entièrem. *découvertes.* Tarses *courts. Une
  huppe* de plumes raides        2. Oxylophus.
}

Fig. 324. — Cuculus canorus, 1/4 gr. nat.

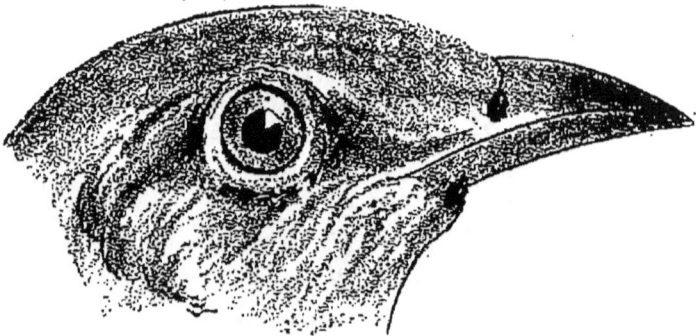

Fig. 325. — Cuculus canorus, *tête*, gr. nat.

### 1. CUCULUS Linné. *Coucou.* Fig. 324, 325.

Bec légèrem. arqué, entier, comprimé graduellem. jusqu'à la pointe, qui est aiguë.
Narines basilaires, arrondies, en partie couvertes par les plumes frontales. Ailes subobtuses, longues. Queue étagée, allongée. Tarses annelés en bas, ± emplumés au-dessous
du talon. Tête sans huppe. Région périophthalmique peu dénudée.

Dessus cendré bleuâtre; abd. et cuisses blancs, rayés en travers de brun noirâtre. 1ʳᵉ rectrice latér. noire, terminée de blanc, marquée de petites taches blanches sur les barbes externes. Bec noir. Paupière, iris, pieds jaunes.

**canorus** L. *De passage* dans toute la France. 0ᵐ,3.

Fig. 326. — Oxylophus glandarius, 1/4 gr. nat.

### 2. OXYLOPHUS Swainson. *Oxylophe*. Fig. 326, 327.

Bec convexe, entier, un peu crochu à la pointe. Narines basilaires, ovales, presque entièrem. découvertes. Ailes longues, subobtuses. Queue étagée, très longue. Tarses courts, épais, vêtus seulem. à l'origine. Une huppe de plumes allongées, raides Région périophthalmique bien dénudée.

Dessus de la tête cendré; nuque, dos, croupion gris brun lustré de verdâtre; qques parties blanches. Dessous blanc. Rémiges brunes, terminées de blanc. Rectrices noirâtres, terminées de blanc. Gorge et poitrine rousses. Bec noir, rougeâtre à la base de la mandibule infér. Pieds verdâtres. Iris jaune. [*Oxylophe geai.*]

**glandarius** L. *Accidentel*. Midi. 0ᵐ,45.

### 2. Coccyzii.

Bec plus haut que large à la base. Narines munies d'un opercule partiel. Ailes ordi arrondies.

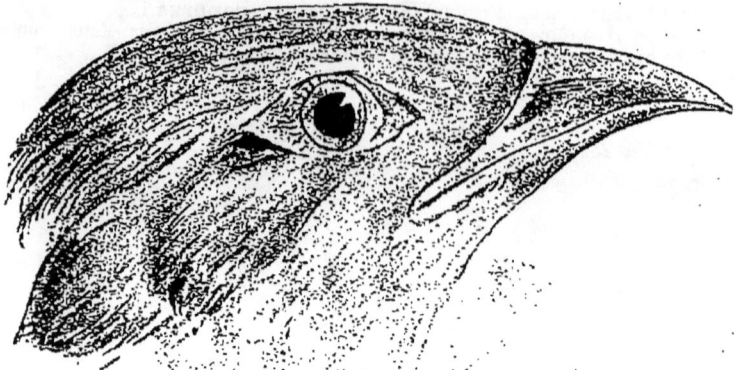

Fig. 327. — Oxylophus glandarius, *tête*, gr. nat.

## 1. COCCYZUS Vieillot. *Coulicou.*

Bec robuste, égalant la tête, aigu, arqué, comprimé dans tte sa longueur. Narines basilaires, ovales. Ailes médiocres, aiguës. Queue longue, large, étagée. Tarses munis de larges scutelles. Région périophthalmique peu dénudée.

Dessus cendré olivâtre, à reflets métalliques verdâtres. **americanus** L.
Dessous blanc. Rémiges à barbes internes rousses. Amérique. *Accidentel* en Rectrices latér. noires, avec l'extrém. blanche. Bec France, en Italie. 0<sup>m</sup>,3. brun en dessus, jaune en dessous. Iris rougeâtre. Pieds noirs.

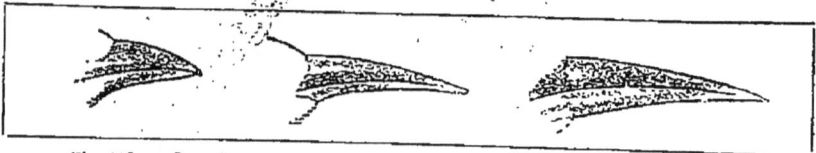

Fig. 328. — Coracias.    Fig. 329. — Merops.    Fig. 330. — Alcedo.

## SOUS-ORDRE II. — SYNDACTYLES. Fig. 328 à 330.

4 doigts, dont 3 en avant et 1 en arrière; le médian ord. uni à l'externe jusqu'à la 3<sup>e</sup> articulation, à l'interne jusqu'à la 1<sup>re</sup>.

| | |
|---|---|
| 1 { Ailes *courtes* | III. **Alcedinidi.** |
| Allongées | 2 |
| { Forme *massive*. Rectrices latér. de la queue *à peine* | |
| 2 { *prolongées* | I. **Coraciasidi.** |
| { *Élancée*. Rectrices médianes *dépassant notablem.* | |
| l'extrém. de la queue | II. **Meropsidi.** |

# I. CORACIASIDI.

Bec env. aussi long que la tête. Ailes pointues, ord. longues. Tarses courts. Plumage décomposé, varié de couleurs vives, non métalliques. Forme rapue.

## 1. CORACIAS Linné. *Rollier.* Fig. 331, 332.

Bec nu à la base, plus haut que large, crochu et non échancré à l'extrém. Narines basilaires, elliptiques, semi-fermées. Ailes longues, subaiguës. Queue à 12 pennes. Tarses courts, robustes, annelés. Doigts entièrem. divisés.

Hab. les forêts. Régime insectivore.

Fig. 331. — Coracias garrula, 1/4 gr. nat.

Fig. 332. — Coracias garrula, tête, gr. nat.

Vertex, cou vert bleu. Dessus fauve ; croupion nuancé de vert et de violet. Poitrine, abd. vert clair. Rectrices latér. vertes, nuancées de bleu à la base. Bec noirâtre. Pieds jaune-bistre. Iris brun-noisette.

garrula L.
Afrique. *De passage* çà et là, en France. 0m,32.

## II. MEROPSIDI.

Bec au moins aussi long que la tête, effilé. Ailes allongées, étroites. Tarses courts. Forme svelte. Plumage varié de couleurs vives.

### 1. MEROPS Linné. *Guêpier.* Fig. 333 à 336.

Bec légèrem. courbé, 4gone, épais à la base, pointu. Narines basilaires, petites, en partie cachées par des plumes. Ailes longues, pointues. Queue allongée, légèrem. arrondie, les 2 rectrices médianes dépassant notablem. les autres. Tarses grêles, courts.

Fig. 333. — Merops apiaster, 3/8 gr. nat.

Fig. 334. — Merops apiaster, *tête*, gr. nat.

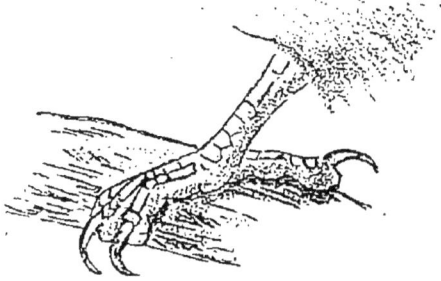

Fig. 335. — Merops apiaster, *pied*, gr. nat.

Fig. 336. — Merops aegyptius, *tête*, gr. nat.

Régime insectivore. Nichent dans des trous, fréquentent les terrains sablonneux.

| | |
|---|---|
| Dessus rouge marron. Croupion et gorge *jaunes.* Dessous vert ; un demi-collier noir. Ailes vert olivâtre ; toutes les rémiges terminées de noir ; les 2 rectrices médianes dépassant les autres de $0^m,08$ au plus. Pieds bruns. Bec noir. Iris rouge. | apiaster L. Europe méridionale. Algérie. *Accidentel* Midi. $0^m,26$. |
| Dessus vert nuancé de bleuâtre. Gorge *rousse.* Croupion *vert bleu.* Poitrine et abd. vert tendre. Ailes vertes, avec les pennes terminées de brun. Bec noir. Pieds bruns. Les 2 rectrices médianes dépassant les autres d'*au moins* $0^m,04$ à $0^m,05$. | aegyptius Forskal. *Accidentel* Midi. $0^m,25$. |

## III. ALCEDINIDI.

Bec plus long que la tête, élargi à la base, anguleux, à arête déprimée. Ailes médiocres. Queue ord. courte. Tarses courts. Plumages à couleurs vives, en partie irisées.

Fig. 337. -- Alcedo hispida, *tête*, gr. nat.

### 1. ALCEDO Linné. *Martin-pêcheur.* Fig. 337, 338.

Bec moins large que haut, comprimé, s'atténuant de la base à la pointe ; mandibule supér. à arête arrondie. Narines basilaires, nues, obliques, étroites, linéaires. Ailes courtes, arrondies. Queue courte, en coin ou arrondie. Tarses un peu rejetés en arrière.

Fig. 338. — Alcedo hispida, presque gr. nat.

Dessus vert bleuâtre ; dessous roux rubigineux ; qques **hispida L.** parties bleu d'azur. Lorums noirs. Rémiges brunes, *Bords des eaux.* AC. 0^m,12 bordées de vert. Bec brun à base rouge. Pieds rou- sans le bec. geâtres. Iris brun roux.

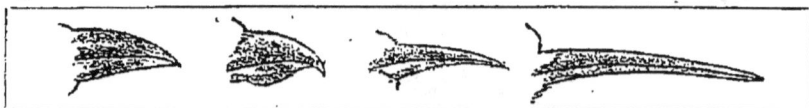

Fig. 339.      Fig. 340.      Fig. 341.      Fig. 342.
Corvus.      Lanius.      Certhia.      Upupa.

## SOUS-ORDRE III. — DÉODACTYLES. Fig. 339 à 355.

4 doigts, dont 1 en arrière et 3 en avant, l'ext dirigé en avant et soudé au médian seulem. jusqu'à la 1^re articulation.

1 { Bec allongé, cunéiforme à la base, *grêle dans sa partie antér.*      2
En forme de couteau      III Corvidi.
Crochu en hameçon      IV. Laniidi.
Conique      3
En forme d'alène      4
Court, *très large à la base,* très fendu      11

2 { Pas de huppe      I. Certhiidi.
*Une huppe* pouvant s'étaler en éventail      II. Upupidi.

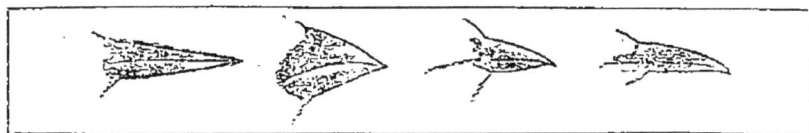

Fig. 343.          Fig. 344.          Fig. 345.          Fig. 346.
Sturnus.          Fringilla.         Alauda.           Motacilla.

$3$ { Bec en cône *allongé* ........................ V. Sturnidi.
   { En cône *court* ............................. VI. Fringillidi.
   ( La plupart des rémiges secondaires *échancrées au*
$4$ {   *bout en forme de cœur* ...................... 5
   ( *Non* ......................................... 6
   / Narines ± *cachées* par les plumes frontales. La
   |   plus longue des pennes cubitales *n'atteignant*
   |   ord. *pas* l'extrém. de la plus longue des rémiges
$5$ {   primaires ................................... VII. Alaudidi.
   | *Découvertes*. La plus longue des pennes cubitales
   |   *atteignant* ord. l'extrém. de la plus longue
   \   rémige ...................................... VIII. Motacillidi.
$6$ { Bec ± *allongé* ............................... 7
   { *Médiocre* ou *court* ........................ 9

Fig. 347.          Fig. 348.          Fig. 349.          Fig. 350.
Troglodytes.       Oriolus.           Hydrobates.        Turdus.

   ( Ailes *allongées*. Bec dilaté, à arête entamant les
$7$ {   plumes frontales ............................ X. Oriolidi.
   ( *Courtes* .................................... 8
$8$ { Tarses *robustes* ............................. IX. Hydrobatidi.
   { *Grêles* ..................................... XII. Troglodytesidi.
$9$ { Bec *de moyenne longueur*, fléchi à la pointe .. XI. Turdidi.
   { *Court* ...................................... 10

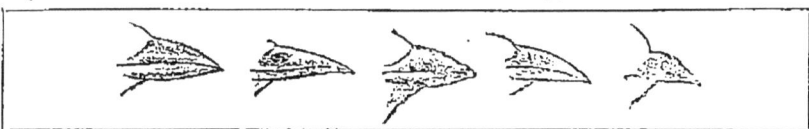

Fig. 351.       Fig. 352.       Fig. 353.       Fig. 354.       Fig. 355.
Parus.          Phyllopneuste.  Ampelis.        Muscicapa.      Hirundo.

    ( Tarses *épais*. ord. assez courts. Bec entier. conico-
$10$ {   convexe. Ongle postér. plus long que les antér. . XIV. Paridi.
    ( *Allongés. grêles*. Ongle du pouce *médiocre* .. XIII. Phyllopneustidi.
$11$ { *Une huppe frontale* en forme de toupet ........ XV. Ampelisidi.
    { *Pas de huppe* en toupet ...................... 12
$12$ { Base du bec *garnie* de soies raides ........... XVI. Muscicapidi.
    { *Dépourvue* de soies raides ................... XVII. Hirundinidi.

## I. CERTHIIDI.

Bec entier, au moins aussi long que la tête. Tarses ord. courts. nus. annelés. 4 doigts,
1 en arrière, 3 en avant. l'ext. plus long que l'interne, le pouce, ongle compris, ord
au moins aussi long que le doigt médian.
   ( Bec *droit*, à bords dessinant des lignes *ondulées*
$1$ {   ou *irrégulières* ........................... 1. SITTII.
   ( ± *arqué*, effilé, aigu, à bords *réguliers* ... 2. CERTHII.

## 1. Sittii.

Bec droit, ondulé ou irrégulier au bord.

### 1. SITTA Linné. *Sittelle*. Fig. 356 à 358.

Bec fort, entier, cunéiforme. Narines basilaires, cachées par les plumes frontales. Queue tronquée, à pennes faibles, larges, arrondies. Tarses forts, courts. Ongle du pouce robuste, allongé, crochu.

Vivent d'insectes et de graines, nichant dans les trous des arbres, auxquels elles grimpent comme les Pies et les Mésanges.

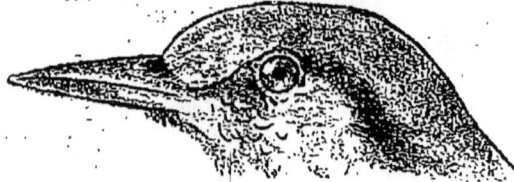

Fig. 356. — Sitta caesia, *tête*, gr. nat.

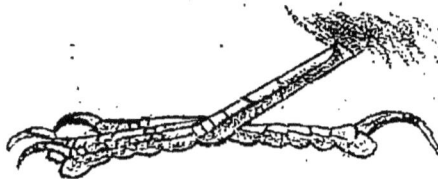

Fig. 357. — Sitta caesia, *pied*, gr. nat.

Dessus cendré bleuâtre. Dessous *blanchâtre sur la gorge*, roux sur le reste. Rectrice la plus extér., de chaque côté, noire à la base, marquée vers l'extrém. d'une tache blanche et terminée de cendré. Une bande noire sur les yeux. Bec cendré bleu. Tarses gris. Iris noisette. [*Sittelle torche-pot.*] — **caesia** Meyer et Wolf. *Grands bois*. C. 0<sup>m</sup>,13.

Dessus cendré bleuâtre. Dessous *blanc sur la gorge et la poitrine*, roux sur le reste. Queue *unicolore*, avec une tache blanc roux vers l'extrém. de la rectrice la plus latérale. — **syriaca** Ehrenberg. Europe méridionale. *Accidentel* en Provence. 0<sup>m</sup>,16.

## 2. Certhii

Bec aigu, courbé, rectiligne aux bords.

Bec 3angulaire à la base, *arrondi sur le reste*. Queue à baguettes *faibles* — 2. TICHODROMA

Comprimé latéralem. Pennes caudales *raides*, pointues — 1. CERTHIA.

### 1. CERTHIA Linné. *Grimpereau*. Fig. 359, 360.

Bec grêle, au moins aussi long que la tête, ± arqué, comprimé latéralem., pointu. Narines basilaires, placées dans un sillon longitudin., demi-fermées par une membrane. Ailes obtuses. Queue longue, à pennes étagées, raides, pointues. Tarses courts. Ongle postér. le plus long.

Dessus varié de roux, de blanchâtre et de brun. Dessous blanc pur, *sauf les plumes fémorales et les sous-caudales*, lavées de roux. Couvertures infér. de l'aile *sans taches*. Pieds gris brun; ongles cendrés. Bec brun noir à base jaunâtre. Iris brun. 2<sup>e</sup> rémige *plus courte* que la 8<sup>e</sup>. — **familiaris** L. Régions montagneuses de l'Est. 0<sup>m</sup>,13 à 0<sup>m</sup>,14.

Fig. 358. — Sitta syriaca, *tête*, gr. nat.

Fig. 359. — Certhia familiaris, 1/2 gr. nat.

Fig. 360. — Certhia familiaris, *tête*, gr. nat.

Dessus varié de brun, de roux et de blanc sale. Dessous blanc, *avec les plumes des flancs et les sous-caudales brun roussâtre*. Couvertures infér. de l'aile *tachées de brun*. 2e rémige *plus longue* que la 8e. Ongle du pouce ord. *plus court* que le doigt.

**brachydactyla** Brehm. Toute la France, AC. 0m.13.

Fig. 361. — Tichodroma muraria, *tête*, gr. nat.

## 2. TICHODROMA Illiger. *Tichodrome*. Fig. 361.

Bec très long, grêle, arqué, pointu, déprimé-3angulaire à la base, arrondi sur le reste. Narines basilaires, nues, demi-fermées par une membrane. Ailes amples, à 1re rémige allongée. Queue arrondie, à baguettes peu raides. Ongle du pouce mince, égalant le doigt.

Vivent d'araignées et d'insectes qu'ils cherchent en grimpant le long des rochers. Plumage = cendré. 2 grandes taches arrondies, blanches, sur les 4 premières rémiges, et 1 à l'extrém. des sous-caudales. ♀ avec, en outre, des taches jaunes, rondes, sur les dernières rémiges. [*Tichodrome échelette*.]

**muraria** L. Pyrénées. Alpes. Provence. Dauphiné. 0m,17.

## II. UPUPIDI.

Bec long, arqué. Sur la tête, une huppe composée de 2 rangs de plumes disposées parallèlem., et pouvant s'abaisser ou se développer en éventail.

### 1. UPUPA Linné. *Huppe*. Fig. 362.

Bec très long, entier, convexe, 3gone à la base. grêle sur le reste, la mandibule supér. plus longue que l'infér. Narines basilaires, ovales, petites. Ailes obtuses, longues, à 1ʳᵉ rémige allongée. Queue carrée, à 10 pennes. Tarses, doigts courts. Ongles faiblem. recourbés.

Fig. 362. — Upupa epops, *tête*, gr. nat.

Plumage varié de roux, de cendré et de brun; ailes noires, avec les couvertures lisérées de blanc jaunâtre, les rémiges barrées de blanc. Plumes de la huppe terminées par une tache noire contiguë en dessous à une tache blanche. Une tache blanche en chevron vers le milieu de la queue.

**epops** L.
*De passage en été.* 0ᵐ.3.

## III. CORVIDI.

Bec épais, en forme de couteau, allongé et arrondi, ou court et un peu grêle. Narines couvertes par des poils et des plumes décomposées. Tarses annelés. Queue à 12 pennes, tronquée ou étagée.

| | |
|---|---|
| Bec au moins *aussi long* que la tête. Plumage ord. noir, à reflets métalliques. Ailes *longues* | 1. CORVII. |
| Ord. *plus court* que la tête. Plumage à peu de reflets métalliques. Ailes *médiocres* | 2. GARRULII. |

### 1. Corvii. Fig. 363 à 366.

Bec aussi long ou plus long que la tête. Plumage le plus souv. noir, à reflets métalliques. Ailes aiguës, allongées.

| | | |
|---|---|---|
| 1 | Bec *gros, robuste* | 1. Corvus. |
| | *Médiocre* ou *grêle* | 2 |
| 2 | Tarses *robustes*. Ailes *pointues* | 2. Pyrrhocorax. |
| | *Médiocres*. Ailes ± *obtuses* | 3 |

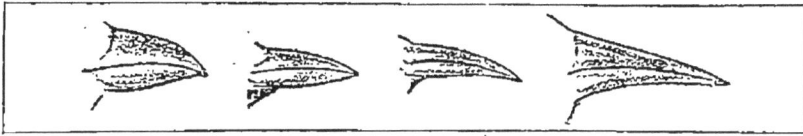

3 { Bec *arrondi, arqué,* pointu      4. Coracia.
  { *Droit,* ± épais, *aplati* et émoussé à l'extrém.      3. Nucifraga.

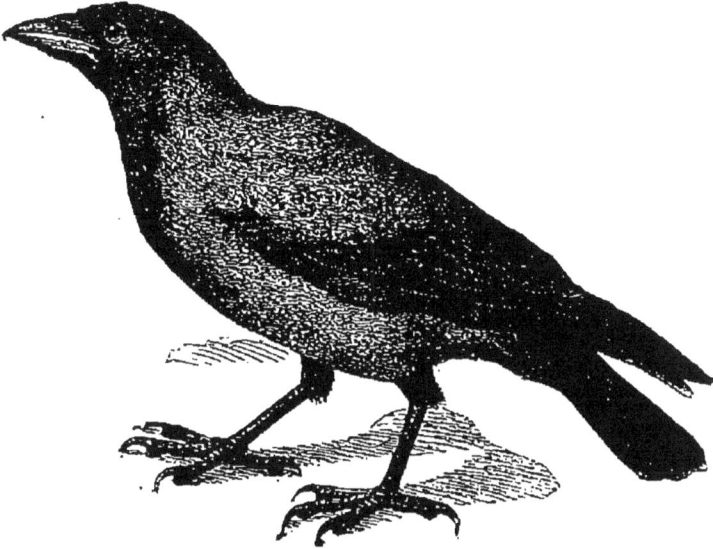

Fig. 367. — Corvus cornix, 1/6 gr. nat.

Fig. 368. — Corvus monedula, *tête,* gr. nat.

**1. CORVUS** Linné. *Corbeau.* Fig. 367 à 372.

Bec gros, robuste, renflé à la base, arrondi en dessus, comprimé, à bords tranchants. Narines basilaires, rondes, recouvertes par des plumes sétacées. Ailes longues, acumi-

9.

Fig. 369. — Corvus corone, *tête*, gr. nat.

Fig. 370. — Corvus cornix, *tête*, gr. nat.

Fig. 371. — Corvus frugilegus, *tête*, gr. nat.

Fig. 372. — *Corvus corax, tête*, gr. nat.

n..es, atteignant l'extrém. de la queue; celle-ci tronquée ou arrondie, Tarses allongés robustes, à larges scutelles. Doigts presque entièrem. divisés.

| | | |
|---|---|---|
| 1 | 4ᵉ rémige *plus courte* que la 3ᵉ; la 1ʳᵉ plus courte que la 9ᵉ; les 2ᵉ et 5ᵉ égales. Noir, ± varié de cendré derrière le cou. Iris blanc. [*Choucas*.] | **monedula** L. *Champs. clochers, tours.* AC. 0ᵐ,4 à 0ᵐ,42. |
| | *Égale* à la 3ᵉ, ces deux rémiges les plus longues Plus *longue* que la 3ᵉ, et la plus longue de toutes. Plumage entièrem. noir à reflets violets. Iris brun-noisette. [*Corneille*.] | 2 **corone** L. Toute la France. C. 0ᵐ,5. |
| 2 | Plumage *gris cendré*, qqf. varié de brun, avec la tête. les ailes et la queue noires. 1ʳᵉ rémige plus courte que la 8ᵉ; 2ᵉ plus courte que la 6ᵉ. Iris brun foncé. [*Corbeau manteléʹ*.] Entièrem. *noir* | **cornix** L. *En hiver. par bandes.* R dans le Midi. 0ᵐ.53. 3 |
| 3 | 2ᵉ rémige *plus courte* que la 5ᵉ; la 1ʳᵉ *plus courte* que la 8ᵉ. Noir à reflets pourprés. Bec et pieds gris. Iris brun. [*Freux*.] *Égale* à la 5ᵉ; la 1ʳᵉ *aussi longue* que la 8ᵉ. Noir; reflets violets en dessus, verts en dessous. Bec et pieds *noirs*. Iris brun. Taille *plus forte*. [*Corbeau*.] | **frugilegus** L. Europe septentr. Nord; Centre, *par bandes.* 0ᵐ.5. **corax** L. Nord. Est. Provence. Alpes. 0ᵐ,67. |

## 2. PYRRHOCORAX Vieillot. *Chocard*. Fig. 373.

Bec au plus aussi long que la tête, arrondi à la base, un peu courbé en dessus, légèrem. échancré à la pointe. Narines basilaires, ovoïdes, percées dans une membrane et cachées par des plumes sétacées. Ailes allongées, pointues. Queue longue, arrondie. Tarses et doigts robustes, scutellés. Ongle du pouce le plus fort. Plumage noir à reflets verdâtres. Bec jaune. Pattes rouges chez l'adulte. 4ᵉ rémige la plus longue; 2ᵉ plus courte que la 6ᵉ. 1ʳᵉ très courte. Iris brun. [*Chocard des Alpes*.]

**alpinus** Vieill. Alpes. Pyrénées. 0ᵐ,4.

## 3. NUCIFRAGA Brisson. *Casse-noix*. Fig. 374, 375.

Bec droit. entier, ± allongé et épais. aplati et émoussé à l'extrém.; mandibule infér. plus courte que la supér. Narines basilaires. petites. cachées par des plumes sétacées.

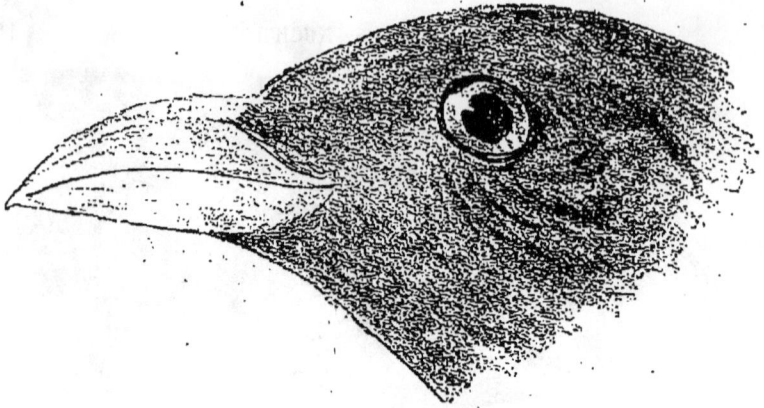

Fig. 373. — Pyrrhocorax alpinus, *tête*, gr. nat.

Fig 374. — Nucifraga caryocatactes, 1/3 gr. nat.

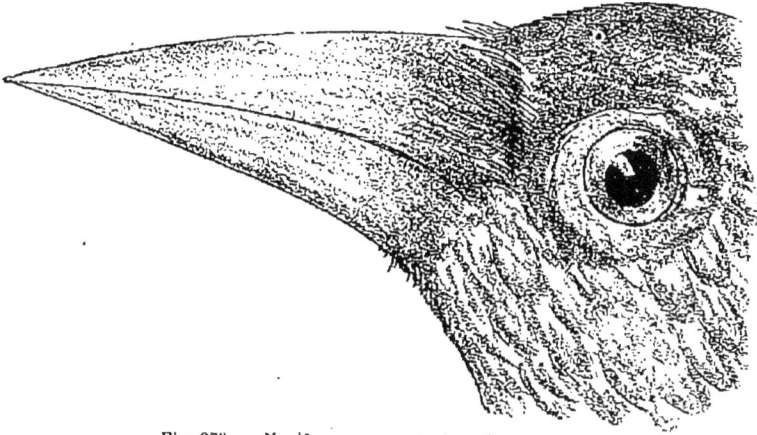

Fig. 375. — Nucifraga caryocatactes, *tête*, gr. nat.

Ailes longues. obtuses. Queue arrondie. Tarses médiocres, scutellés. Ongle du pouce le plus long.

Brun fuligineux, couvert de taches blanches en forme de   **caryocatactes** L larmes. Queue terminée par une bande blanche. Iris   *Forêts de sapins* des monta noisette. Bec et pieds noirs.                       gnes. Nord 0ᵐ.35.

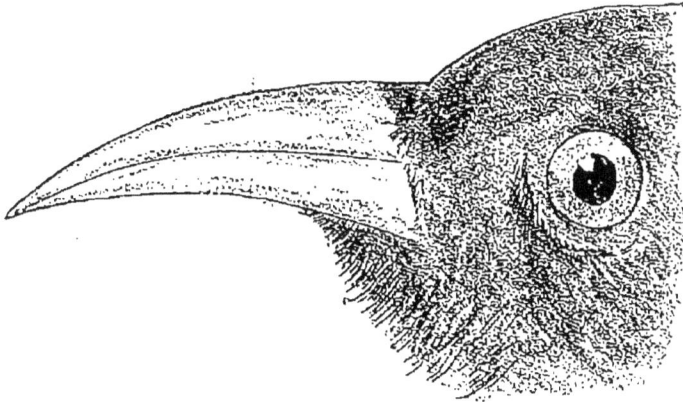

Fig. 376. — Coracia gracula, *tête*, gr. nat.

## 4. CORACIA Brisson. *Crave.* Fig. 376.

Bec long. grêle. arrondi. arqué. pointu. Narines rondes. recouvertes par des plumes sétacées. Ailes longues. obtuses. Queue médiocre, tronquée. Tarses minces, scutellés, de la longueur du doigt médian. Pouce robuste; ongles aigus. crochus.

Plumage noir à reflets verts. bleus et pourprés. Bec et   **gracula** L. pieds rouges chez l'adulte. Iris brun. 4ᵉ rémige la   H^tes montagnes. Nord. 0ᵐ,42. plus longue; 1ʳᵉ très courte.

## 2. Garrulii.

Bec ord. plus court que la tête. Plumage varié. avec peu de reflets métalliques. Ailes médiocres.

1 { Queue *tronquée* ou légèrem. *arrondie*         2. GARRULUS.
  { *Étagée*

$2$ { Queue *longue*, très étagée. Bec *noir*, droit, émoussé.  
     subéchancré à la pointe                  1. Pica.  
    *Médiocre.* Bec *brun*, court, conique, arqué et  
     échancré à la pointe                  3. Penisoreus.

Fig. 377. — Pica caudata, 1/4 gr. nat.

## 1. PICA Brisson. *Pie.* Fig. 377 à 379.

Bec assez court, droit, convexe, émoussé, à bords tranchants, un peu échancré à la pointe. Narines oblongues, cachées par les plumes sétacées du front. Ailes à peine plus longues que le croupion ; 1re rémige longue, échancrée. Queue longue, étagée. Tarses bien plus longs que le doigt médian, forts, scutellés. Ongles robustes.

{ Plumage en grande partie noir velouté; *scapu-*    **caudata** L.  
   *laires et parties infér., depuis le haut de la*    Toute la France. TC. 0m,5.

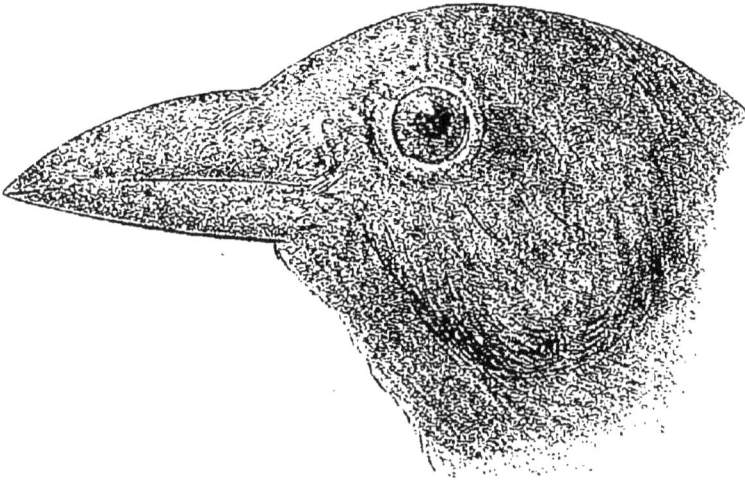

Fig. 378. — Pica caudata, *tête*, gr. nat.

Fig. 379. — Pica cyanea, *tête*, gr. nat.

1 { *poitrine jusqu'aux sous-caudales. blanc pur.*
2ᵉ et 7ᵉ rémiges subégales. Taille *plus forte.*
*Dessus gris blanchâtre* ; vertex noir à reflets    cyanea Pall.
d'acier. *Rectrices blanches à l'extrémité.*    Espagne. Pyrénées ? 0ᵐ,35.

## 2. GARRULUS Brisson. *Geai.* Fig. 380, 381.

Bec moyen, épais, droit, à bords tranchants, brusquem. courbé et légèrem. denté à la pointe. Narines ovales. Ailes médiocres, obtuses ; 1ʳᵉ rémige allongée, arrondie. Queue carrée ou subarrondie. Tarses égalant le doigt médian. Ongles peu recourbés. Plumes de la tête pouvant se redresser en huppe.

Plumage gris vineux varié de blanc sale et de noir.    glandarius L.
Gorge blanche. Queue noire, unicolore. Couvertures    *Sédentaire.* C. 0ᵐ,35.
des ailes rayées transversalem. de bleu et de noir.

Fig. 380. — *Garrulus glandarius*, 1/3 gr. nat.

Fig. 381. — *Garrulus glandarius*, *tête*, gr. nat.

Fig. 382. — Perisoreus infaustus, *tête*, gr. nat.

**3. PERISOREUS** Bonaparte. *Mésangeai.*-Fig. 382..

Bec court. conique, large à la base. comprimé. subarqué et échancré à la pointe. Plumes frontales sétacées s'avançant jusqu'au milieu du bec. Ailes moyennes. arrondies, obtuses. Queue médiocre. étagée. Ongle du pouce robuste. aussi long que le doigt. Cendré varié de gris et de roux ; vertex et joues brunes. **infaustus** L.

Ailes cendrées , petites couvertures rubigineuses. Rectrices rousses. avec une teinte cendrée sur les barbes externes. [*Mésangeai imitateur.*] — Europe boréale. *Accidentel* Provence, Alsace, Auvergne. 0ᵐ.3.

# IV. LANIIDI.

Bec très crochu, fortem. denté, comprimé ; extrém. de la mandibule infér. retroussée. niguë. Ailes courtes ; 1ʳᵉ rémige peu développée, étroite. Queue bicolore, étagée ou arrondie.

1 { Narines *demi-fermées par une membrane voûtée*  1. LANIUS.
  { *Cachées par les plumes frontales*  2. TELEPHONUS.

### 1. LANIUS Linné. *Pie-grièche.* Fig. 383 à 388.

Bec convexe. très comprimé. muni à la base de poils raides. Mandibule supér. dentée. échancrée à la pointe ; l'infér. plus courte. relevée au bout. Narines subarrondies. demi-fermées par une membrane voûtée. Ailes subobtuses. Queue ± étagée. ou arrondie sur les côtés. Tarses et doigts munis de scutelles. Ongle postér. le plus fort.

Surtout insectivores. les pies-grièches se nourrissent aussi de petits mammifères et de petits oiseaux ; elles sont querelleuses et très vives.

1 { Dos *brun, roux ou noir*  3
  { *Cendré*. Ailes avec 1-2 miroirs blancs  2

2 { *Pas de trait blanc* sur la paupière. Ailes noires, avec une grande tache blanche (miroir) sur les pennes primaires ; rectrices latérales terminées de blanc, *la plus latér. entièrem. blanche.* Poitrine rose. [*Pie-grièche d'Italie.*]  **minor** Gmel. Toute la France. AC. 0ᵐ.22.

  { *Un trait blanc* sur la paupière  4

3 { Aile *avec un miroir* blanc. Dessus de la tête roux ; dos cendré au bas ; scapulaires blanches. Dessous blanc, lavé de roux à la poitrine. 6ᵉ rémige plus courte que la 2ᵉ. Queue subarrondie ; les 2 rectrices externes de chaque côté blanches. tachetées de noir vers l'extrém.  **rufus** Brisson Midi. Centre. Est. Nord. AC. 0ᵐ,19.

  { *Sans* miroir blanc. Dos roux marron : tête et bas du dos cendrés. 5ᵉ rémige plus courte que la 2ᵉ. Queue subcarrée, les 2 rectrices externes de chaque côté noires dans leur 1/3 infér. [*Pie-grièche écorcheur.*]  **collurio** L. Toute la France. C. 0ᵐ,17.

Fig. 383. — Lanius minor, 1/2 gr. nat.

Fig. 384. — Lanius minor, *tête*, gr. nat.

Fig. 385. — Lanius rufus, *tête*, gr. nat.

Dessous *blanc rosé*. 2ᵉ rémige plus courte que la 6ᵉ. Rectrices toutes noires à la base, la plus externe de chaque côté blanche *dans ses 2/3 in fér.*, les autres ± terminées de blanc. Queue très étagée.

**meridionalis** Temm

Midi 0ᵐ,25

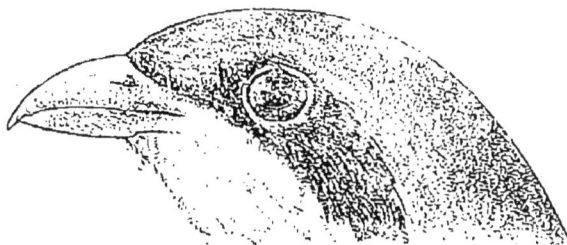

Fig. 386. — Lanius meridionalis, *tête*, gr. nat.

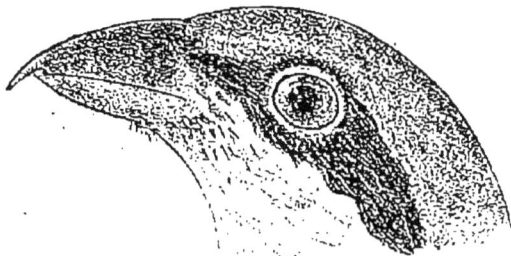

Fig. 387. — Lanius excubitor, *tête*, gr. nat.

Blanc terne, *sans nuance rosée* à la poitrine,
2ᵉ rémige plus courte que la 6ᵉ. Les 4 rectrices
médianes noires avec une tache blanche apicale,
la plus latérale, de chaque côté, *entièrem.* blanche.
[*Pie-grièche grise.*]

**excubitor** L.
Presque tte la France. 0ᵐ,24.

## 2. TELEPHONUS Swainson. *Téléphone.*

Bec robuste, fortem. comprimé, convexe sur l'arête, à pointe crochue, échancrée.
Narines basilaires, arrondies, en partie cachées par les plumes du front. Ailes subobtuses, de moyenne longueur. Queue allongée, très étagée. Tarses longs. Ongle du pouce
le plus fort.

Dos brun ; vertex noir. Aile sans miroir blanc. Dessous
gris bleuâtre, avec le milieu du ventre blanchâtre.
2ᵉ rémige plus courte que la 7ᵉ. Toutes les rectrices,
sauf les 2 médianes, noires avec une grande tache
noire apicale.

**tschagra** Le Vaillant.
Afrique. *Accidentel* Midi,
Bretagne. 0ᵐ,25.

Fig. 388. — Lanius collurio, *tête*, gr. nat.

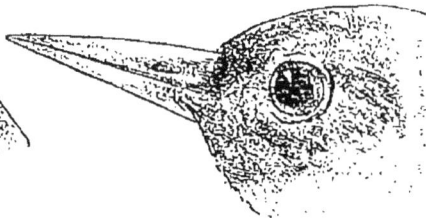

Fig. 389. — Sturnus vulgaris, *tête*, gr. nat.

## V. STURNIDI

Bec droit, en cône allongé, à pointe obtuse, subcomprimée, à base divisant les
plumes frontales. Ailes longues, à 1ʳᵉ rémige presque nulle ; queue composée de
12 rectrices.

Vivent d'insectes, de baies et de grains.

1 { Plumage en grande partie *noir*. Narines *latérales*.
　　　Queue *subéchancrée* ............... 1. STURNUS.
　　En grande partie *rose*. Narines *basilaires*. Queue
　　　*tronquée*. *Une huppe* ............... 2. PASTOR.

Fig. 390. - Sturnus vulgaris, 1/2 gr. nat.

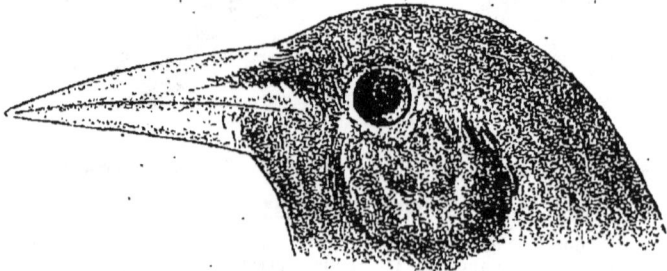

Fig. 391. - Sturnus unicolor, *tête*, gr. nat.

### 1. STURNUS Linné. *Étourneau.* Fig. 389 à 391.

Bec au moins aussi long que la tête, droit, subdéprimé vers la pointe. Narines latérales, demi-fermées par une membrane. Ailes longues, subobtuses. Queue ample, de médiocre longueur. Tarses allongés, munis de scutelles.

Plumage noir, à reflets violets et verts. ± *parsemé,* à l'extrém. des plumes, *de petites taches* sanguinaires, blanc roussâtre en dessus, blanches en dessous. Pieds couleur chair. Bec jaune ou brun. [*Sansonnet.*] — **vulgaris** L. Nord, et çà et là. *Surtout lieux humides.* 0ᵐ,23.

Noir lustré à reflets pourprés, ord. *sans taches.* Plumes du vertex et du jabot *longues, effilées,* pendantes au bas du cou. Bec noirâtre à pointe jaune. Pieds bruns. — *unicolor* de la Marmora. Sicile. Midi? 0ᵐ,24.

Fig. 392. — Pastor roscus, 1/3 gr. nat.

Fig. 393. — Pastor roseus, *tête,* gr. nat.

### 2. PASTOR Temminck. *Martin.* Fig. 392, 393.

Bec en cône allongé, droit, courbé et subéchancré à la pointe. Narines basilaires, ovales, demi-fermées par une membrane couverte de petites plumes. Ailes longues,

aiguës. Tarses allongés, annelés. Doigts externe et médian soudés à la base. Tête chez les adultes avec une huppe retombant en arrière.
Tête, cou noirs à reflets violets; dos, croupion, abd. **roseus** L.
roses; bas du ventre et jambes noirs. Bec jaune rosé, Afrique; Asie. *De passage* avec la 1/2 postér. de la mandibule supér. noire. *irrégulier.* 0ᵐ,23.
Pieds jaunâtres. [*Martin roselin.*]

## VI. FRINGILLIDI.

Bec court, conique, épais; ailes médiocres. Queue variable. Pieds ord. assez courts. Tarses annelés, dépourvus de plumes.

Fig. 394.    Fig. 395.    Fig. 396.    Fig. 397.    Fig. 398.    Fig. 399.
Loxia.     Passer.     Pyrrhula.    Emberiza.    Fringilla. Coccothraustes.

1 { Bec à mandibules ord. *recourbées l'une vers l'autre* à l'extrém., et le plus souv. croisées (fig. 394) ......... 3. LOXII.
{ *Non recourbées l'une vers l'autre* ......... 2

2 { Bec *obtus* ......... 3
{ *Pointu* ......... 4

3 { Bec *légèrem:* bombé, un peu renflé *à la pointe* (fig. 395) ......... 1. PASSERII.
{ *Fortem.* bombé, égalem. renflé *partout*, à mandibule supér. fortem. infléchie à l'extrém. (fig. 396) ......... 2. PYRRHULII.

4 { Palais ord. *tuberculé*, ou au moins *fortem. convexe* (fig. 397) ......... 6. EMBERIZII.
{ *Non fortement convexe* ......... 5

5 { Bec presque droit, à base *moins large* que la tête (fig. 398) ......... 5. FRINGILLII.
{ Courbé sur la mandibule supér., à base au moins *aussi large* que la tête (fig. 399) ......... 4. COCCOTHRAUSTESII.

## 1. Passerii.

Bec robuste, bombé, subrenflé vers la pointe, convexe sur l'arête, à base moins large que la tête.

Fig. 400. — Passer montanus, 1/2 gr. nat.

**1. PASSER** Brisson. *Moineau.* Fig. 400 à 405.

Bec court, un peu bombé, incliné à la pointe, à bords de la mandibule supér.

# PASSER.  167

Fig. 401. — Passer petronia, *tête*, gr. nat.   Fig. 402. — Passer montanus, *tête*, gr. nat.

Fig. 403. — Passer italiae, *tête*, gr. nat.   Fig. 404. — P. hispaniolensis, *tête*, gr. nat.

rentrants, ord. échancrés vers l'extrém. Ailes et tarses médiocres. Queue médiocre, échancrée. — Pieds rougeâtres ou roussâtres.

Vivent de graines et d'insectes.

1 {
  Ailes, au repos, *n'atteignant pas* le milieu de la queue; celle-ci *concolore*. Gorge ♂ *noire* . . . . . . 2
  *Dépassant le milieu de la queue* Tête et cou brun grisâtre; dessus brun cendré, varié longitudinalem. de noir et de brun. Dessous blanc terne varié de gris et de brun; 1 tache jaune vif au milieu du cou. Rectrices. les 2 médianes exceptées, *avec 1 tache blanche*, ronde, à l'extrém. La 3ᵉ rémige la plus longue; la 2ᵉ plus longue que la 5ᵉ. [*Soulcie.*]   petronia L.
*Lieux boisés montueux.* Midi. *Accidentel* Nord, Est. 0ᵐ,15.
}

Dessus de la tête *rouge-bai*. Dos roux marron en avant, cendré rougeâtre en arrière ; des mouchetures longitudin. noirâtres. Déssous blanchâtre lavé de brun. 1 tache noire sur l'oreille. Aile avec 2 bandes transv. blanches. 3° et 4° rémiges égales, les plus longues ; 2° plus courte que la 5°. [*Friquet.*]    **montanus** Briss.  *Champs, bois.* Tte l'Europe. 0ᵐ,13.

*Cendré, brun* ou *marron*. Aile avec *1 seule* bande blanche transv.    3

La 3° rémige la plus longue    4

Les 3° et 4° rémiges égales et les plus longues. Dessus de la tête marron. Dessus noir ou brun, avec les ailes lisérées de clair. Abd. blanc. Bande transv. de l'aile *blanche et noire*. Flancs ♂ avec des *flammules noires*.    *hispaniolensis* Temm.  Algérie. *De passage* dans le Midi. 0ᵐ,15.

Fig. 405. — Passer domesticus, gr. nat.

Dessus *marron* ± vif. avec des raies noires sur le dos. Poitrine et abd. *blanc jaunâtre*, lavé de cendré brun sur les flancs. ♀ avec la tête et le cou *cendré clair*. [*Moineau cisalpin*.]    *italiae* Vieillot.  Italie. *De passage* dans le Midi. 0ᵐ,15.

Dessus *cendré bleuâtre* sur la tête, marron sur le dos, avec des raies noires. Abd. gris blanchâtre. ♀ avec le dessus de la tête et du cou *brun cendré*. [*Moineau*.]    **domesticus** Brisson  Toute la France. TC. 0ᵐ,15.

## 2. Pyrrhulii.

Bec très bombé, égalem. renflé partout, obtus ; mandibule supér. fortem. infléchie au bout, dépassant l'infér.

Bec un peu *allongé*    4. CORYTHUS.
*Court*    2

Ailes arrondies *subobtuses*. Bec robuste, conique, à mandibule supér. subarquée, légèrem. comprimée à la pointe    3. CARPODACUS.
*Aiguës*    3

Queue *courte*. Bec *brun orangé*    2. ERYTHROSPIZA
*De moyenne longueur*. Bec *noir*    1. PYRRHULA.

### 1. PYRRHULA Brisson. *Bouvreuil*. Fig. 406, 407.

Bec court, gros, fortem. bombé. Narines rondes, masquées par les plumes du front. Ailes courtes, subaiguës. Queue échancrée, normale. Tarses et doigts courts.

Fig. 406. — Pyrrhula vulgaris, *tête*, gr. nat.

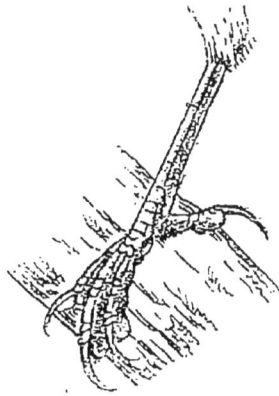

Fig. 407. — *Son pied*, gr. nat.

Dessus cendré bleuâtre; ailes. tête. queue noires.
Poitrine et abd. rougeâtres. Croupion et sous-
caudales blancs. Aile avec une bande transv.
cendrée. 1ʳᵉ et 5ᵉ rémiges égales. bien plus courtes
que la 4ᵉ. — Ailes longues de 0ᵐ.085.
Même coloration. Taille *plus forte* (0ᵐ.18). Ailes
longues de 0ᵐ,095. [*Bouvreuil ponceau, Grand
Bouvreuil.*]

**vulgaris** Temm.
Çà et là, *sédentaire ou de
passage. Bois.* 0ᵐ,16.

*coccinea* de Sélys.
Alpes. Nord. 0ᵐ,18.

## 2. ERYTHROSPIZA Bonaparte. *Erythrospize.* Fig. 408.

Bec très court, robuste, bombé, à mandibules égalem. hautes et à bords rentrants.
Narines basilaires, masquées par les plumes du front. Ailes longues, aiguës. Queue
échancrée. courte.
♂ gris jaunâtre mêlé de rosé; couvertures alaires cendré brun. ♀ brun jaunâtre pâle. Bec jaune-orange.
Pieds rougeâtres.

**githaginea** Temm.
Afrique. *Accidentel* en Provence. 0ᵐ,13.

## 3. CARPODACUS Kaup. *Roselin.* Fig. 409.

Bec assez court. fort; mandibule supér. subarquée. légèrem. comprimée au bout;
narines masquées par les plumes frontales. Ailes suboblues. Queue échancrée. Tarses
peu allongés.
♂ rose cramoisi. plus sombre sur le dos; scapulaires.
couvertures alaires brunes; aile avec 2 bandes transv.
blanc rougeâtre. Gorge. haut de la poitrine. croupion
rouge cramoisi. Abd. blanc. ♀ brun cendré. avec le
dessous blanc jaunâtre. [*Roselin cramoisi.*]

**erythrinus** Pallas.
*De passage* dans le Midi.
0ᵐ,14.

## 4. CORYTHUS G. Cuvier. *Dur-bec.* Fig. 410.

Bec allongé. arqué. subcomprimé latéralem.; mandibule supér. dépassant l'infér.
Narines basilaires. cachées. Ailes subaiguës. Queue ample. longue, échancrée. Tarses
robustes. Doigts longs.
♂ rouge carminé ⚤ vif; plumes dorsales brunes au
centre; 2 bandes transv. blanc rosé sur les ailes. Bas-
ventre et flancs gris cendré. ♀ gris cendré mêlé de
brun; ailes et queue noires. les ailes avec 2 bandes
blanches; rémiges primaires et rectrices bordées
d'orangé.

**enucleator** L.
Zones arctiques. *De passage*
en France (Provence,
Champagne). 0ᵐ,22.

## 3. Loxii.

Bec plus haut que large, à bords flexueux; mandibules recourbées l'une vers l'autre,
et ord. croisées à l'extrém.

Fig. 408. — Erythrospiza githaginea, gr. nat.

Fig. 409. — Carpodacus erythrinus, *tête*, gr. nat.

Fig. 410. — Corythus enucleator, *tête*, gr. nat.

### 1. **LOXIA** Brisson. *Bec-croisé.* Fig. 411 et 412.

Bec allongé, comprimé, à mandibules croisées. Narines basilaires, très petites, masquées par un faisceau de plumes raides, touffues. Ailes subaiguës. Queue courte, échancrée. Tarses courts.

Forme trapue. — Vivent surtout de semences d'arbres.

Fig. 411. — Loxia curvirostra, *tête*, gr. nat.

1
Bec *allongé*, faiblem. courbé; mandibule supér. dépassant notablem. la mandibule infér., *dont la pointe dépasse* le bord supér. de la mandibule supér. Dessus, cou, poitrine, flancs rouge ± foncé ♂; rémiges et rectrices brunes. ♀ gris verdâtre, à croupion jaune; abd. blanc au milieu. — Pas de taches ni de bandes blanches aux ailes.

**curvirostra** L. *Sédentaire* dans les départements montagneux. 0ᵐ,16.

Mandibules *se croisant peu* à la pointe          2

Fig. 412. — Loxia pityopsittacus, *tête*, gr. nat.

2
♂ rouge ± varié de jaunâtre; sous-caudales et ventre blancs; ♀ cendrée, à croupion jaune verdâtre. Ailes et queue noirâtres, celles-là *sans* taches blanches. Bec très gros, très courbé, court; mandibule supér. dépassant à peine l'infér.

**pityopsittacus** Bechst. *Accidentel* Est. R. 0ᵐ,18.

♂ rouge-cinabre mêlé de brun; bas-ventre et sous-caudales blancs. ♀ gris brun, avec des plumes lisérées de jaune verdâtre; dessous gris verdâtre. Bec robuste, à mandibules égales. Ailes noirâtres, *avec 2 bandes blanches transv.*

**bifasciata** Brehm. Europe septentrionale. *Accidentel*, TR. 0ᵐ,15.

## 4. Coccothraustesii.

Bec robuste, pointu, à mandibule supér. dessinant de profil une courbe très accentuée, à base ord. aussi large que la tête.

### 1. COCCOTRHAUSTES Brisson. *Gros-bec.* Fig. 413.

Bec épais, renflé. Narines basilaires, rondes, petites, partiellem. masquées. Ailes moyennes, pointues. Queue et tarses courts. Rémiges secondaires tronquées.
Dessus brun roux ; un demi-collier cendré sur la nuque. **vulgaris** Vieillot.
Dessous roux vineux ; sous-caudales blanches ♂, cen- *Lieux boisés montueux.* drées ♀. Iris blanc rosé. Une tache blanche sur les    0ᵐ,18.
rémiges primaires et à l'extrém. des rectrices.

Fig. 413. — Coccothrausles vulgaris, *tête*, gr. nat.    Fig. 414. — Ligurinus chloris, *tête*, gr. nat.

## 5. Fringillii.

Bec presque droit, pointu, moins large à la base que la tête mandibule supér. dépassant notablement l'infér.

| | | |
|---|---|---|
| 1 { Queue *arrondie* ou *faiblem. échancrée* | 2 | |
|    { *Fortement échancrée* | 6 | |
| 2 { Bec *allongé* | 3 | |
|    { *Médiocre* ou *court* | 5 | |
| 3 { Tarses *forts*; ongles longs et crochus | 3. Montifringilla. | |
|    { *Médiocres* | 4 | |
| 4 { Narines *à peine* recouvertes par les plumes frontales. Queue *de moyenne longueur* | 4. Carduelis. | |
|    { *En partie cachées* par les plumes frontales. Queue allongée | 2. Fringilla. | |
| 5 { Ailes *aiguës*, dépassant le milieu de la queue | 5. Chrysomitris. | |
|    { *Obtuses*, médiocres | 7. Sirinus. | |
| 6 { Narines *presque complètem. découvertes* | 8. Cannabina. | |
|    { *Cachées* par les plumes frontales | 7 | |
| 7 { Mandibule supér. dépassant *notablement* l'infér., qui est 2dentée | 9. Linaria. | |
|    { Dépassant *un peu* l'infér. | 8 | |
| 8 { Bec *fort*, épais à la base, subcomprimé latéralem. Queue fourchue | 1. Ligurinus. | |
|    { *Médiocre*, aussi haut que large, conique et droit, comprimé à la pointe | 6. Citrinella. | |

### 1. LIGURINUS Koch. *Verdier.* Fig. 414.

Bec robuste, épais à la base, un peu comprimé latéralem., à bords légèrem. rentrants; mandibule supér. voûtée, aiguë, dépassant un peu l'infér. Narines rondes, basilaires, cachées. Ailes longues. Queue médiocre, très fourchue. Tarses peu robustes.
Plumage vert-olive varié de brun ; rémiges primaires et **chloris** L.

secondaires jaunes en dehors, noirâtres en dedans. Rectrices jaunes à la base, noirâtres à l'extrém., sauf les 4 médianes qui sont bordées de vert-olive.

Presque tte la France. C. 0ᵐ,15.

Fig. 415. — Fringilla caelebs, 1/2 gr. nat.

**2. FRINGILLA** Linné. *Pinson.* Fig. 415 à 417.

Bec robuste, droit, conique, un peu allongé, non bombé; bords mandibulaires infléchis en dedans. Narines rondes, basilaires, en partie cachées. Ailes subaiguës, longues. Queue allongée, échancrée. Tarses médiocres. Ongles fortem. comprimés.

Fig. 416. — Fringilla montifringilla, *tête*, gr. nat.

Fig. 417. — Fringilla caelebs, *tête*, gr. nat.

1 { 1 seule rectrice extér., de chaque côté, en partie blanche. ♂ noir bleuâtre en dessus; ailes avec 1 bande transv. jaune roux et, au-dessus, 1 autre blanche; poitrine roux-orange; abd. blanc roux; ♀ gris roux en dessus, jaunâtre clair en dessous. — Joues et région parotique noires. [*Pinson des Ardennes.*]

**montifringilla** L. Zone, boréales. *Arrive à l'automne.* 0ᵐ,18.

2 à 4 rectrices latérales variées de blanc

2

10.

2 {
Joues et région parotique *gris de plomb*. ♂ vert-
olive en dessus, avec le dessus de la tête et du
cou gris bleu clair. Dessous gris vineux; ailes
avec 2 larges bandes transv. blanches; ♀ brun
verdâtre en dessus, blanchâtre en dessous. 4 des
rectrices latér., de chaque côté, variées de blanc.

spodiogena Bp.
Afrique. *Accidentel* en France.
0<sup>m</sup>,18.

*Roux vineux*. ♂ roux châtain mêlé de cendré
bleu; croupion vert; dessous roux vineux;
2 bandes blanches sur l'aile, qui est noire; ♀
cendré blanchâtre en dessus. 2-3 rectrices latér
avec une longue tache blanche.

caelebs L.
Toute la France. 0<sup>m</sup>,17.

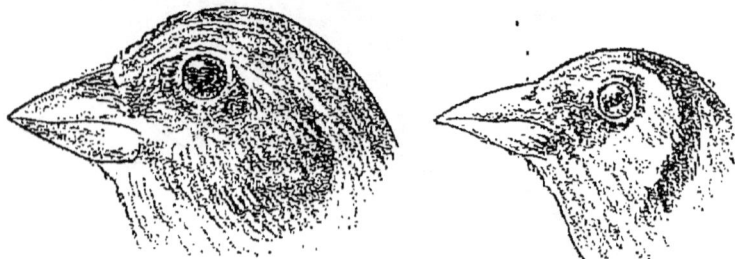

Fig. 418. — Montifringilla nivalis, *tête*, gr. nat.   Fig. 419. — Carduelis elegans, *tête*, gr. nat.

### 3. MONTIFRINGILLA Brehm. *Niverolle*. Fig. 418.

Bec robuste, allongé, conique, droit; mandibule supér. dépassant légèrem. l'infér.
Narines basilaires, presque découvertes. Ailes aiguës, atteignant presque l'extrém. de
la queue. Tarses robustes. Ongles allongés, crochus.

Dessus brun mêlé de roux et de cendré. Dessous cendré
pâle, avec, chez le ♂, 1 tache noire à la gorge. Ailes
noires, avec 1 grande bande blanche. Rectrices médianes noires, les autres blanches terminées de noir.

nivalis Brisson.
Alpes. Pyrénées. Nord. Allemagne. 0<sup>m</sup>,19.

### 4. CARDUELIS Brisson. *Chardonneret*. Fig. 419.

Bec longuem. conique, légèrem. fléchi et comprimé vers l'extrém.. qui est aiguë:
bords de la mandibule infér. formant vers la base un angle saillant. Narines presque
découvertes. Tarses courts et grêles. Pouce plus court que le doigt médian. Ailes plus
longues que le milieu de la queue.

Dessus brun roux clair; dessous blanc mêlé de fauve;
face rouge; vertex noir; ailes noir velouté avec une
grande bande jaune; queue noire, avec 2-3 rectrices,
de chaque côté, tachées de blanc au 1/3 postér.

elegans Steph.
Toute la France. C. 0<sup>m</sup>,15.

### 5. CHRYSOMITRIS Boie. *Tarin*. Fig. 420.

Bec assez court, aussi haut que large à la base, comprimé à la pointe. mince. Narines
basilaires, un peu couvertes. Ailes aiguës, plus longues que le milieu de la queue, qui
est large et échancrée. Tarses courts. Ongles comprimés, crochus.

Dessus verdâtre ± foncé, varié de noir et de cendré.
Dessous jaune verdâtre ♂, blanchâtre ♀. Ailes avec
2 bandes transv., l'une olive et l'autre jaune. Queue
jaune à la base, brune sur le reste. Bec blanchâtre,
brun en dessus. Gorge, vertex, occiput ♂ noirs.

spinus L.
Montagnes. *De passage régulier d'octobre à février*
0<sup>m</sup>,12.

### 6. CITRINELLA Bonaparte. *Venturon*. Fig. 421.

Bec médiocre, aussi haut que large, droit, conique, comprimé à la pointe. Mandibule
supér. dépassant légèrem. l'infér. Narines basilaires, cachées. Ailes allongées, aiguës.
Queue fortem. échancrée. Tarses courts. Ongles faiblem. recourbés, longs.

Fig. 420. -- Chrysomitris spinus, *tête*, gr. nat.

Plumage gris vert jaunâtre plus jaune en dessous; ailes avec 2 bandes jaune verdâtre; rémiges et rectrices noirâtres lisérées de verdâtre. ♀ avec les bandes des ailes blanchâtres.

**alpina** Scopoli.
Provence. *Accidentel* Nord
0ᵐ,13.

Fig. 421. — Citrinella alpina, *tête*, gr. nat.

Fig. 422. — Serinus meridionalis, *tête*, gr. nat.

## 7. SERINUS Koch. *Serin*. Fig. 422.

Bec brièvem. conique, renflé, voûté en dessus; mandibules égalem. hautes. Narines basilaires, en partie cachées. Ailes obtuses, médiocres; queue moyenne, échancrée. Tarses égalant le doigt médian.

Dessus olivâtre, varié de noir; croupion jaune; ailes avec 2 bandes jaunâtres; rémiges et rectrices brunes. Dessous jaune verdâtre; sous-caudales blanches. [*Cini.*]

**meridionalis** Bonap
Midi, AC. *Accidentel* ailleurs.
0ᵐ,12.

## 8. CANNABINA Brehm. *Linotte*. Fig. 423 et 425.

Bec court, droit, subobtus, renflé au niveau des narines, qui sont presque découvertes. Bords mandibulaires rentrants. Ailes subaiguës, à peine aussi longues que le milieu de la queue; celle-ci moyenne, fortem. échancrée. Tarses courts. Ongles comprimés, médiocres.

Fig. 423. — Cannabina linota, presque 1/2 gr.   Fig. 424. — Linaria rufescens, presque 1/2 gr.

Bec *brun* ou *noir*. Dessus châtain mêlé de cendré; croupion *blanc* varié de noir. Dessous blanchâtre, avec le vertex et la poitrine ± rouges ♂. Queue et ailes brunes, avec les pennes lisérées de blanc aux barbes externes. Pieds *brun clair*. — **linota** Gmelin. *Sédentaire et de passage.* 0^m,14.

1 { *Jaune.* Plumage varié de brun, de roux jaunâtre et de noirâtre. Poitrine et flancs largem. maculés de brun. Croupion *rouge* ♂. *roussâtre* ♀. Ailes avec 1 bande transv. blanche; qques-unes des rémiges frangées de blanc à la base. Rectrices latér. bordées de blanc. Pieds *noirs*. — **flavirostris** L. Europe, boréale. *De passage en France.* 0^m,13.

Fig. 425. — Cannabina linota, tête, gr. nat.   Fig. 426. — Linaria rufescens, tête, gr. nat.   Fig. 427. — Linaria borealis, tête, gr. nat.

## 9. LINARIA Vieillot. *Sizerin.* Fig. 424, 426, 427.

Bec court, très droit, très aigu, plus haut que large, comprimé. Mandibule supér. à bords droits, notablem. plus longue et plus large que l'infér.. qui est 2dentée de chaque côté à la base. Narines entièrem. cachées par des plumes raides embrassant la base de la mandibule supér. Ailes et queue longues, celle-ci fortem. échancrée. Tarses courts, en partie cachés par les plumes tibiales. Ongles larges à la base, creusés en dessous d'une gouttière.

1 { Queue longue de *0^m,065*. Plumage blanchâtre flammulé de noirâtre. Vertex. front, poitrine ± roses ou réouges ♂. Croupion blanc ♀ et ♂ en hiver, nuancé de rose ♂ en plumage de noces. Rémiges et rectrices brunes bordées de blanc. — **canescens** Gould. Groenland. *Accidentel Nord.* 0^m,14.

Longue au plus de *0^m,055*                                        2.

Plumage varié de brun et de roux clair ; 2 bandes transv. blanchâtres aux ailes ; abd. et sous-caudales blanc varié de brun. ♂ en amour avec le vertex, la poitrine et le croupion rouges ; celui-ci *roussâtre* flammulé de brun ♂ en automne et ♀. Queue longue de *0ᵐ,05*. [*Sizerin cabaret*.] — **rufescens** Vieillot. Cercle arctique. *De passage régulier en automne et au printemps.* 0ᵐ,11.

Plumage varié de brun ; dessous blanchâtre taché de brun. 2 bandes obliques blanches aux ailes. ♂ en amour avec le vertex, le front, la poitrine rouges, le croupion blanc mêlé de rose ; celui-ci *blanc* ♂ en automne et ♀. Queue longue de *0ᵐ,055*. — **borealis** Vieillot. Zones boréales. *De passage irrégulier.* 0ᵐ,13.

♀

Fig. 428. -- Passerina melanocephala, env. 1/2 gr. nat.

## 6. Emberizii.

Bec pointu, droit, à bords rentrants. Palais le plus souv. tuberculé, ou tout au moins fortem. convexe.

1 { Tarses ord. ± grêles ............ 2
{ Épais ............ 4

2 { Palais ord. *muni* d'un tubercule oblong ............ 3. Emberiza.
{ *Dépourvu* de tubercule ............ 3

$$3 \begin{cases} \text{Ailes } subobtuses, \text{ assez } courtes. \text{ Queue large,} \\ \quad longue, \text{ échancrée} \\ Subaiguës, allongées. \text{ Queue } médiocre, \text{ faiblem.} \\ \quad \text{échancrée} \end{cases}$$

4. CYNCHRAMUS.

5. PLECTROPHANES.

$$4 \begin{cases} \text{Palais seulem. } subconvexe \\ Muni \text{ d'un } tubercule \text{ oblong} \end{cases}$$

1. PASSERINA.

2. MILIARIA.

Fig. 429. — Passerina aureola, *tête*,   Fig. 430. — Passerina melanocephala,
gr. nat.                                   *tête*, gr. nat.

### 1. PASSERINA Vieillot. *Passérine*. Fig. 428 à 430.

Bec conique, allongé, comprimé à la pointe, à bords rentrants, subondulés, à commissure oblique, à arête gibbeuse au-dessus des narines. Palais subconvexe. Narines ovales, en partie cachées. Ailes subaiguës, longues. Queue longue, ample, échancrée. Tarses épais; doigt médian, ongle compris, égal au tarse. 1re et 2e rémiges égales et les plus longues.

1 $\begin{cases} \end{cases}$ ♂ roux marron en dessus; poitrine et flancs jaune-serin; ventre et sous-caudales blanchâtres; rémiges lisérées de jaunâtre; *les 2 rectrices les plus externes* avec une tache blanche. ♀ brun terne flammulé de brun noirâtre. — Croupion *roux marron*.

aureola Pallas.
Asie. *De passage* dans le Midi. 0m,15.

♂ roux en dessus, avec le vertex *noir*; dessous jaune nuancé de roux; *la rectrice la plus externe* lisérée de blanc. ♀ à gorge blanche.

melanocephala Scop.
Europe méridionale, *Accidentel*. 0m,18.

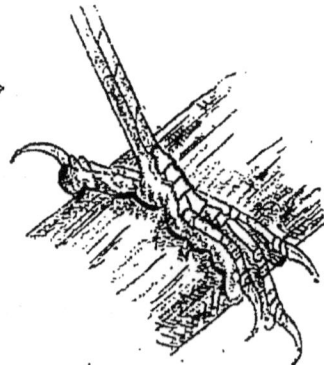

Fig. 431. — Miliaria europaea, *tête*, gr. nat.      Fig. 432. — *Son pied*, gr. nat.

### 2. MILIARIA Brehm. *Proyer*. Fig. 431, 432.

Bec robuste, comprimé, conique, bien plus haut que large, entamant le front; bords mandibulaires fortem. infléchis en dedans. Palais muni d'un tubercule oblong saillant. Narines orbiculaires, basilaires. Ailes subaiguës, allongées. Queue ample, subéchancrée,

presque concolore. Tarses épais et allongés. Ongle du pouce peu arqué, aussi long que
le doigt.

Plumage varié de brun et de gris. Dessous gris pâle ou **europaea** Swainson.
jaunâtre taché de brun. Rémiges et rectrices lisérées Toute l'Europe. AC. en France.
de blanchâtre. Croupion cendré roux. 0ᵐ,19.

Fig. 434. — Emberiza pithyornus, *tête*, gr. nat.

Fig. 435. — Emberiza ciu, *tête*, gr. nat.

Fig. 433. — Emberiza hortulana, 2/3 gr. nat.

### 3. EMBERIZA Linné. *Bruant.* Fig. 433 à 439.

Bec conique, comprimé, pointu, entamant le front; bords mandibulaires fortem. infléchis en dedans. Palais muni d'un tubercule oblong. Narines orbiculaires, basilaires.
Ailes amples, subaiguës. Queue longue, ample, échancrée. Tarses grêles, aussi longs
que le doigt médian, ongle compris.

Se nourrissent de graines farineuses, de baies et d'insectes. Ils nidifient à terre ou
dans les broussailles, touj. à une faible distance du sol.

1 { Au-dessus de chaque œil, *un large trait jaune-* **chrysophrys** Palas.
*citron* dépassant le méat auditif. Dessus ferrugi- Sibérie. *Accidentel et* TR en
neux gris brun; tête noire; dessous blanc gris France. 0ᵐ,15.
moucheté de brun. Queue fortem. échancrée; la
1ʳᵉ rectrice externe, de chaque côté, presque entièrem. blanche, la 2ᵉ avec une tache blanche.
[*Bruant à sourcils jaunes.*]
Pas de grande raie sourcilière jaune 2

<table>
<tr><td>

| 2 { | Abd. et sous-caudales *blanches* ou blanchâtres. Dessus roux varié de noir ; vertex *avec une tache blanche* ; côtés de la tête noirs. Poitrine et flancs tachetés de roux. Gorge ♂ roux ardent. Pennes alaires et caudales brun noirâtre, lisérées de cendré roux ; 1 grande tache blanche sur les 2 rectrices externes de chaque côté. | **pithyornus** Pallas. Sibérie. *Accidentel* en Provence. 0<sup>m</sup>,18. |

</table>

Abd. et sous-caudales *blanches* ou blanchâtres. Dessus roux varié de noir ; vertex *avec une tache blanche* ; côtés de la tête noirs. Poitrine et flancs tachetés de roux. Gorge ♂ roux ardent. Pennes alaires et caudales brun noirâtre, lisérées de cendré roux ; 1 grande tache blanche sur les 2 rectrices externes de chaque côté.  **pithyornus** Pallas. Sibérie. *Accidentel* en Provence. $0^m,18$.

*Roux* ................ 3
*Jaunes* ............. 5

Fig. 436. — Emberiza hortulana, *tête*, gr. nat.  Fig. 437. — Emberiza caesia, *tête*, gr. nat.

3 { 1<sup>re</sup> rectrice *plus courte* que la 4<sup>e</sup>. Dessus roux varié de noir. Tête ♂ avec 4 bandes noires de chaque côté. Gorge blanche. Croupion *roux rougeâtre*. Ailes avec 2 bandes étroites blanchâtres. 1 tache blanche à l'extrém. des 2 rectrices externes de chaque côté. [*Bruant fou.*]  **cia** L. Europe méridionale. *De passage* en France. $0^m,17$.

*Plus longue* que la 4<sup>e</sup>, égale à la 2<sup>e</sup> ............. 4

Fig. 438. — Emberiza citrinella, *tête*, gr. nat.  Fig. 439. — Emberiza cirlus, *tête*, gr. nat.

4 { Dessus varié de roux et de noirâtre ; tête et cou cendré olivâtre, avec le bord des paupières, les moustaches, la gorge *jaune-paille*. Couvertures alaires noires ; rémiges brunes lisérées de roux pâle ; rectrices brunes, les 2-3 latérales marquées d'une longue tache blanche. Croupion *cendré olivâtre*. [*Ortolan.*]  **hortulana** L. *De passage* dans toute la France, d'avril à août. $0^m,15$ à $0^m,16$.

Dessus varié de roux et de brun ; tête, cou cendré bleuâtre ; gorge *roux rubigineux*. Pennes alaires et caudales noires, les 3 rectrices latér. avec 1 tache blanche, plus petite sur la 3<sup>e</sup>. Croupion *cendré roussâtre*. [*Bruant cendrillard.*]  **caesia** Cretzch. Europe méridionale. Afrique. *Accidentel* en Provence. $0^m,14$.

Dessus varié de gris, de noir et de roux. Croupion *fauve*. Tête et dessous jaunes ; vertex, occiput variés de brun ; flancs tachetés de noir. Rémiges  **citrinella** L. *Sédentaire*. TC. $0^m,17$.

noirâtres bordées de *jaunâtre*. Les 2 rectrices
latér. en grande partie blanches sur les barbes
internes. Pieds *jaunâtres*.

5 { Dessus cendré varié de noirâtre. Tête ♂ avec **cirlus L**
2 bandes jaunes; sa gorge noire. Croupion *oli-* *Sédentaire* Midi. De passage
*vâtre*. Poitrine cendré verdâtre; flancs tachés Nord. 0<sup>m</sup>,165.
de brun. Rémiges brunes, frangées de *cendré* et
de *roussâtre*. Les 2 rectrices latér. avec une longue
tache blanche sur les barbes internes. Pieds *rou-*
*geâtres*. [*Zizi.*]

Fig. 441. — Cynchramus pyrrhuloides,
*tête*, gr. nat.

Fig. 440. — Cynchramus schoeniclus,
2/3 gr. nat.

Fig. 442. — Cynchramus schoeniclus, *tête*,
gr. nat.

## 4. CYNCHRAMUS Boie. *Cynchrame.* Fig. 440 à 442.

Bec variable de forme, comprimé, entamant les plumes frontales. Palais sans tubercule. Narines basilaires, arrondies, en partie cachées. Ailes subobtuses, n'atteignant pas
le milieu de la queue, qui est longue, large et échancrée. Tarses grêles, ainsi que les
doigts; doigt médian de la longueur du tarse. Ongles longs, minces, aigus, celui du
pouce le plus fort.
Hab. les lieux humides.

{ Bec *gros*, fort; arête de la mandibule supér. dessi- **pyrrhuloides** Pallas.
nant au profil une courbe convexe accusée. Dessus Midi. AC. 0<sup>m</sup>,16.
varié de noir, de gris et de roux pâle; ♂ avec la
1 { tête, la gorge et le haut de la poitrine noirs. Des-

ACLOQUE. — Faune de France. Vert. 11

sous blanc strié de brun roux. Les 2 rectrices latér. avec 1 tache blanche. Croupion cendré, striolé de noir.

*Petit* ou *médiocre* ............................... 2

2 { Arête de la mandibule supér. dessinant, au profil, une courbe *convexe* ord. prononcée ......... 3

{ Dessinant, au profil, une ligne *concave*. Taille *petite* 4

3 { Dessus noir varié de roux vif; dessous blanc gris flammulé de roux. Les 2 rectrices latér. en partie blanches. Croupion *cendré varié de noir*. Tête, cou et gorge ♂ noirs, avec un demi-collier blanc. **schoeniclus** L. *De passage* dans le Nord. 0ᵐ,15.

{ Dessus brun roux flammulé de noir; dessous blanc roux varié de brun. Ailes avec une double bande blanc roux. Croupion et zone pectorale *roux ardent*. Les 2 rectrices latér. avec 1 tache blanche. **fucatus** Pallas. France? 0ᵐ,16 à 0ᵐ,17.

{ Dessus gris roux varié de brun; dessous blanc mêlé de roux; poitrine avec des taches brunes. Croupion *brun verdâtre*. Ailes avec 2 bandes blanches. Les 2 rectrices latér. avec 1 tache blanche. Tête avec une bande médiane rubigineuse limitée par 2 raies noires. **pusillus** Pallas. Europe septentrionale. *De passage* en Provence. 0ᵐ,12.

4 { Dessus varié de noir et de roux foncé. Ventre et abd. blancs; flancs variés de rouge. Les 2 rectrices latér. avec 1 tache blanche. Croupion *roux* ou *rouge de brique*. Tête avec une bande noire circonscrite par 2 bandes sourcilières blanches. **rusticus** Pallas. Asie. *Accidentel* en Provence 0ᵐ,13 à 0ᵐ,135.

Fig. 443. — Plectrophanes lapponicus, env. 2/3 gr. nat.

## 5. PLECTROPHANES Meyer et Wolf. *Plectrophane*. Fig. 443 à 445.

Bec court, conique, droit, à commissures obliques, à bords peu rentrants. Palais épais, sans tubercule. Narines arrondies, en partie cachées. Ailes longues, subaiguës.

Queue médiocre, peu échancrée. Tarses grêles. Doigts latéraux égaux. Ongle du pouce en alène, plus long que le doigt.

Fig. 444. — Plectrophanes nivalis, *tête*, gr. nat.

Fig. 445. — Plectrophanes lapponicus *tête* gr. nat.

1 {
Ongle du pouce *subrectiligne. Une grande tache blanche* sur l'aile. Les 3 rectrices latér. blanches avec un trait noir apical. Dessus noir mêlé de roux. Dessous blanc mêlé de rubigineux. — **nivalis** L. Cercle arctique. *De passage annuel* dans le Nord. 0$^m$,17 à 0$^m$,18.

Notablem. *recourbé*. Aile *sans* tache blanche. Les 2 rectrices latér. avec 1 tache blanche, plus grande sur la penne externe. Dessus noir mêlé de roux, ou brun; dessous blanc flammulé de noir. ♂ en amour avec la tête et la gorge noir velouté. — **lapponicus** L. Zones boréales. *De passage irrégulier* en France. 0$^m$,15.
}

## VII. ALAUDIDI.

Bec variable. Narines ± cachées par les plumes du front. La plupart des rémiges secondaires échancrées en cœur au bout; les plus longues des pennes cubitales ord. n'atteignant pas l'extrém. de la plus longue des rémiges primaires.

Essentiellement marcheurs. Vivent de graines et d'insectes.

1 {
Bec droit, *plus court* que la tête      1. ALAUDII.
Au moins *aussi long* que la tête      2. CERTHILAUDII.
}

### 1. Alaudii.

Bec plus court que la tête, droit.

Fig. 446. — Alauda arvensis, env. 2/3 gr. nat.

$$\left.\begin{array}{l} 1 \left\{ \begin{array}{l} \text{Queue } \textit{médiocre ou courte} \\ \textit{Longue}, \text{tronquée ou subéchancrée} \end{array} \right. \\ 10 \left\{ \begin{array}{l} \text{Bec } \textit{conico-cylindrique}. \text{ Ongle du pouce } \textit{subrec-} \\ \quad \textit{tiligne} \\ \textit{Comprimé}, \text{ courbé jusqu'à la pointe. Ongle du} \\ \quad \text{pouce } \textit{subarqué} \end{array} \right. \end{array}\right.$$

2
2. Otocoris.

1. Alauda.

3. Melanocorypha.

### 1. ALAUDA Linné. *Alouette* Fig. 446 à 449.

Bec conico-cylindrique, muni à la base de petites plumes dirigées en avant. Ailes oblongues. Queue médiocre, = échancrée. Tarses un peu plus longs que le doigt médian. Ongle du pouce aussi long ou plus long que le doigt, subrectiligne.

Fig. 447. — Alauda arvensis, *tête*, gr. nat.

Fig. 448. — Alauda brachydactyla, *tête*, gr. nat.       Fig. 449. — Alauda arborea, *tête*, gr. nat.

Poitrine et flancs blanc nuancé de roux, *sans taches*. Dessus cendré roux tacheté de brun. Bec comprimé. 1re rémige nulle; la plus longue des pennes cubitales dépassant touj. la 4e rémige. [*Calandrelle*.]

**brachydactyla** Leisler. Europe méridionale. Midi. Centre. 0m,14.

*Tachetées* de noir ou de brun

2

Plumes de l'occiput *ne formant pas* de huppe. Dessus varié de gris roux, de noir et de blanc sale. Rectrices latér. noirâtres, les 2 plus externes, de chaque côté, bordées de blanc pur.

**arvensis** L. Toute la France. *Sédentaire* çà et là. 0m,18.

*Formant* une huppe. 2e rémige égale à la 3e, plus courte que la 4e. Dessus varié de brun et de roux; 1 raie blanche occipitale supraoculaire. Les 3 rectrices externes, de chaque côté, marquées de blanchâtre à l'extrém. [*Lulu*.]

**arborea** L. *Champs, bruyères. Sédentaire* çà et là. 0m,15.

### 2. OTOCORIS Bonaparte. *Otocoris*. Fig. 450, 451.

Bec conique, avec à la base de petites plumes dirigées en avant. Ailes longues, aiguës. Queue longue, tronquée ou subéchancrée. Tarses plus longs que le doigt médian. Ongle du pouce subrectiligne, plus long que le doigt.
Dessus cendré rougeâtre mêlé de brun. Dessous blanc **alpestris** L.

Fig. 450. — Otocoris alpestris, 1/2 gr. nat.

mêlé de fauve roussâtre. Rectrices médianes brunes bordées de roux. Front. sourcils. gorge jaunes; poitrine avec un plastron noir; 1 bande noire du bec au trou auditif.

Europe septentrionale. *Accidentel* en France. 0m.18.

Fig. 451. — Otocoris alpestris, *tête*, gr. nat.    Fig. 452. — Melanocorypha calandra, *tête*, gr. nat

### 3. **MELANOCORYPHA** Boie. *Calandre*. Fig. 452, 453.

Bec robuste. élevé, comprimé, arqué jusqu'à la pointe. muni à la base de petites plumes dirigées en avant. Ailes aiguës, atteignant l'extrém. de la queue. qui est courte et échancrée. Ongle du pouce subarqué, plus long que le doigt.
Dessus brun à plumes marginées de roux. Dessous blanchâtre : un demi-collier noir. Vertex et sus-caudales brun roussâtre. Rectrices, sauf les 2 médianes, terminées de blanchâtre. la plus latér. presque entièrem. blanche.

calandra L.
Europe méridionale. Midi. Ouest. 0m,2.

## 2. Certhilaudii.

Bec au moins aussi long que la tête, ord. un peu fléchi à l'extrém.

1 {
  Narines *recouvertes par une membrane. Pas de huppe*    1. CERTHILAUDA.
  *Cachées par les plumes* raides de la base du bec.
     Plumes du vertex pouvant se dresser *en huppe*    2. GALERIDA.
}

Fig. 453. — Melanocorypha calandra, env. 1/2 gr. nat.

## 1. CERTHILAUDA Swainson. *Sirli.* Fig. 454.

Bec à base 3angulaire, sensiblem. arqué. Narines rondes, basilaires. Ailes longues, subaiguës. Queue large, longue, faiblem. échancrée. Tarses robustes. Doigts grêles courts ; ongle du pouce aussi long que le doigt.

Fig. 454. — Certhilauda desertorum, *tête*, gr. nat.

| | |
|---|---|
| Dessus varié de roux et de brun. Dessous *roux,* avec *quelques* taches oblongues. Rectrice latérale *blanche, avec les barbes internes bordées de noir* ; la suivante marginée de blanc en dehors. | **duponti** Vieillot. Afrique. Asie. *Accidentel* Provence. 0ᵐ,21. |
| Dessus isabelle varié de cendré. Dessous *blanc* varié de *nombreuses* taches oblongues. Rectrice latér. *brune bordée de blanc en dehors.* | **desertorum** Stanley. Afrique. *Très accidentel* Midi. 0ᵐ,22. |

## 2. GALERIDA Boie. *Cochevis.* Fig. 455 à 457.

Bec robuste, notablem. infléchi. Ailes aiguës, atteignant au plus le milieu de la queue, qui est subéchancrée. Tarses un peu plus longs que le doigt médian. Ongle du pouce fort, droit. Plumes du vertex étagées, pouvant se dresser en huppe.
Dessus gris cendré ; dessous blanc roussâtre taché de **cristata** L.
noir. 1ʳᵉ rémige courte ; 2ᵉ et 5ᵉ égales. 2 rectrices Presque tte la France. *Séden-*
latér. bordées de roux en dehors. [*Cochevis huppé.*] *taire.* 0ᵐ,18.

Fig. 455. — Galerida cristata, env. 1/2 gr. nat.

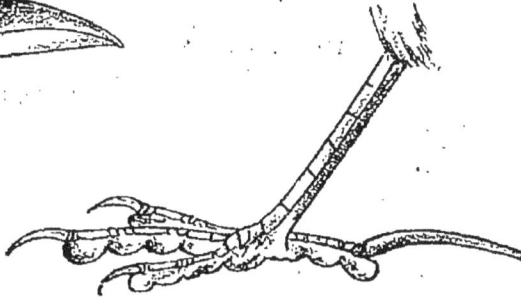

Fig. 456. — Galerida cristata, *tête*, gr. nat.     Fig. 457. — *Son pied*, gr. nat.

## VIII. **MOTACILLIDI.**

Bec droit, échancré à la pointe de la mandibule supér. Narines découvertes. La plupart des rémiges secondaires échancrées en cœur à l'extrém. La plus longue des couvertures alaires atteignant presque l'extrém. des plus longues rémiges. Queue allongée; tarses et doigts longs, grêles.

1 { Queue *échancrée*, à pennes relativem. *larges* · · · 1. ANTHII.
{ *Non échancrée*, à pennes relativem *étroites* · · 2. MOTACILLII.

## 1. Anthii.

Queue échancrée. à pennes larges. Pouce, ongle compris, ord. aussi long que la partie découverte des tarses. Plumage ± grivelé partout.

1 ⎰ Ongle du pouce *à peine aussi long* que le doigt    2. Agrodroma.
  ⎱ Ord. *plus long* que le doigt    2

2 ⎰ Bec *fort*. Ailes *peu allongées*    3. Corydalla.
  ⎱ *Médiocre*. Ailes *longues*    1. Anthus.

Fig. 458. — Anthus arboreus, enr. 1/2 gr. nat.

### 1. ANTHUS Bechstein. *Pipi.* Fig. 458 à 464.

Bec médiocre, mince. plus large à la base que haut, comprimé en avant, échancré vers la pointe à la mandibule supér. Narines basilaires, découvertes, ovales. Ailes longues, subaiguës. Queue de moyenne longueur, large, échancrée. Tarses et doigts grêles. longs. Pouce. ongle compris. au moins aussi long que le doigt médian. Ongle du pouce ord. plus long que le doigt, grêle et courbé.

1 ⎰ Ongle du pouce *plus court* que le doigt, fortem.    **arboreus** Brisson.
arqué. Dessus cendré olive taché de brun ; ventre    Toute la France. C. 0ᵐ,15.
et région anale blancs ; poitrine roux jaune à
taches noirâtres. Rectrice latér. blanche, avec les
barbes int. lisérées de brun ; la suivante avec
une petite tache blanche apicale. [*Bec-figue.*]
Au moins *aussi long* que le doigt    2

2 ⎰ Rectrice la plus latérale *blanche au bord ext.,*    **spinoletta** L.
*marquée d une tache conique blanche sur les*    *Montagnes en été ; à l'au-*
*barbes internes* ; la suivante avec 1 très petite    *tomne, descend dans les*
tache blanche apicale. Croupion unicolore. Dessus    *plaines marécageuses*
brun cendré ± varié de vert roussâtre. Dessous    0ᵐ,18.

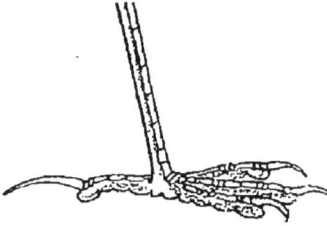

Fig. 459. — Anthus arboreus, *pied*, gr. nat.

Fig. 462. — Anthus cervinus, *tête*, gr. nat.

Fig. 460. — Anthus arboreus, *tête*, gr. nat.

Fig. 463. — Anthus pratensis, *tête*, gr. nat.

Fig. 461. — Anthus spinoletta, *tête*, gr. nat.

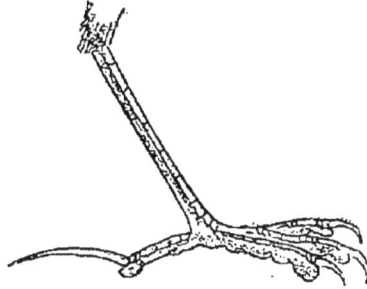

Fig. 464. — Anthus pratensis, *pied*, gr. nat.

blanc ± lavé de roux. Aile avec 2 bandes obliques grises.

*Blanche avec une large bande brune sur les barbes internes*     3

Croupion concolore ou à mèches brunes *peu nettes.* Ongle du pouce *plus long* que le doigt. Dessus brun mêlé de gris ; 2 bandes grises sur l'aile ; dessous blanc terne taché de brun. [*Farlouse.*]     **pratensis** L.
*De passage* dans tte la France. 0ᵐ,15.

3 { Varié de larges mèches noirâtres *très nettes.* Ongle du pouce *égalant* le doigt. Dessus brun clair strié de noir. Sourcils. gorge roux rougeâtre. Dessous isabelle strié de noir. [*Pipi gorge-rousse.*]     **cervinus** Pallas.
Afrique. Asie. *Rarem. de passage* en France. 0ᵐ,15.

## 2. AGRODROMA Swainson. *Agrodrome.* Fig. 465, 466.

Bec env. aussi long que la tête. fort. comprimé. infléchi et échancré vers l'extrém. de la mandibule supér. Narines découvertes, ovales. basilaires. Ailes longues. subaiguës. Queue longue. ample. échancrée. Tarses forts. plus longs que le doigt médian.

Dessus gris roux mêlé de brun ; dessous blanc-isabelle avec la poitrine et les flancs roux jaunâtre. Les 2 rectrices latér. blanches ou rousses. avec une bande brune sur les barbes internes. Un trait brun sur les côtés du cou.     **campestris** Swains.
AC. Midi ; R. Nord. 0ᵐ,17.

11.

Fig. 465. — Agrodroma campestris, 1/2 gr. nat.

### 3. CORYDALLA Vigors. *Corydalle*. Fig. 467, 468.

Bec env. aussi long que la tête, fort, surtout à la base, échancré à la pointe. Narines basilaires, ovales, découvertes. Ailes peu allongées, aiguës. Queue longue, subéchancrée. Tarses grêles, plus longs que le doigt médian. Ongle du pouce effilé, notablem. plus long que le doigt.

Fig. 466. — Agrodroma campestris, *tête*, gr. nat.

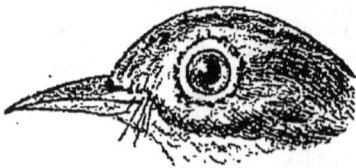

Fig. 467. — Corydalla richardi, *tête*, gr. nat.

Fig. 468. — Corydalla richardi, *pied*, gr. nat.

Dessus brun mêlé de roux ; dessous blanc lavé de **richardi** Vieillot.
roux ; un large trait jaunâtre supraoculaire. Les Asie. Afrique. *De passage*
2 rectrices extér., de chaque côté, blanches avec *annuel.* 0^m,78.
1 bande brune sur les barbes internes. [*Pipi richard.*]

## 2. Motacillii.

Queue tronquée, très longue, à pennes étroites. Pouce, ongle compris, plus court que
la partie découverte des tarses. Plumage ord. non tacheté sur la poitrine.

1 { Queue *au plus aussi longue* que le corps     1. Budytes.
  { *Plus longue* que le corps          2. Motacilla.

Fig. 469. — Budytes citreola, 1/2 gr. nat.

**1. BUDYTES** G. Cuvier. *Bergeronnette.* Fig. 469 à 471.

Bec grêle, droit. Narines ovales, découvertes. Ailes longues, subaiguës. Tarses
allongés, grêles. Ongle du pouce faiblem. arqué, plus long que le doigt.
Hab. les terres en labour, les prairies nouvellement fauchées.

  ( Croupion *cendré bleudtre.* Les 2 rectrices latér. **citreola** Pall.
  { blanc pur, avec une bande brune sur les barbes Asie. Europe orientale. *Acci-*
  { internes. Tête, dessus, poitrine, abd. jaune- *dentel* Pyrénées. 0^m,18.
1 { citron. Flancs cendré noirâtre. Couvertures supér.
  { des ailes terminées de blanc.
  ( *Vert-olive* ou *vert jaunâtre*

Fig. 470. — Budytes citreola, *tête*, gr. nat.      Fig. 471. — Budytes flava, *tête*, gr. nat.

Dessus olivâtre, sans taches; dessous en grande **flava** L.
partie jaune-jonquille. Tête gris de plomb clair   TC. *d'avril à novembre.*
♂, verdâtre ♀; une large raie sourcilière *blan-*   0ᵐ,165.
*che*. Gorge jaune ♂, blanche ♀.

Tête vert jaunâtre ♂, olivâtre ♀; une large raie   *rayi* Bonap.
sourcilière *jaune*. Gorge jaune. Croupion vert   Çà et là en France. 0ᵐ,175.
jaunâtre.

Tête gris de plomb foncé ♂, olivâtre ♀. *Pas de*   *cinereocapilla* Savi.
*raie sourcilière* ♂. Gorge *blanche* ♂ ♀.   Midi. R. Nord. 0ᵐ,16.

Tête *noire. Pas de raie sourcilière.* Gorge jaune.   *melanocephala* Lichst.
Dos vert-olive peu foncé.   *Accidentel* Nord. 0ᵐ,16.

Fig. 472. — Motacilla alba, 1/2 gr. nat.

Fig. 473. — Motacilla sulphurea, *tête*, gr. nat.      Fig. 474. — Motacilla yarrelli, *tête*, gr. nat.

## 2. **MOTACILLA** Linné. *Hochequeue.* Fig. 472 à 475.

Bec grêle, droit. Narines découvertes, ovales. Ailes longues, aiguës. Queue plus
longue que le corps. Tarses allongés, minces. Ongle du pouce courbé, aussi long que
le doigt.

Hab. ord. le bord des eaux.

| | | |
|---|---|---|
| Les 2 rectrices latér.. de chaque côté, *blanches* avec *1 bande noire* | | 2 |

Rectrice la plus extér. *entièrem. blanche.* les 2 suivantes blanches bordées de brun. Croupion jaune verdâtre. Dessus cendré mêlé d'olivâtre; gorge noire. ♂ en plumage de noces avec le dessous d'un beau jaune. [*Boarule.*] — **sulphurea** Bechst. *Sédentaire* Midi. *Accidentel* ailleurs. 0ᵐ,2.

1 {

Croupion *cendré.* Dessus cendré bleuâtre; dessous en majeure partie blanc; vertex. cou, gorge et poitrine noirs. — **alba** L. *Bords des eaux.* C. 0ᵐ,19.

*Noir.* Dos olivâtre ou noir; gorge. poitrine, jambes noires; côtés du cou. abd.. joues blanes. Flancs noir ardoisé. — **yarrelli** Gould. *Accidentel* en France. 0ᵐ,19.

2 {

## IX. HYDROBATIDI.

Bec de moyenne longueur, comprimé, finem. denticulé aux bords des 2 mandibules. Ailes courtes. Tarses, doigts, ongles robustes. Plumes de la tête courtes. serrées, pressées au front et à la face.

Fig. 475. — Motacilla alba, *tête*, gr. nat.   Fig. 476. — Hydrobata cinclus, *tête*, gr. nat.

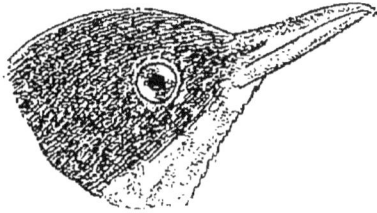

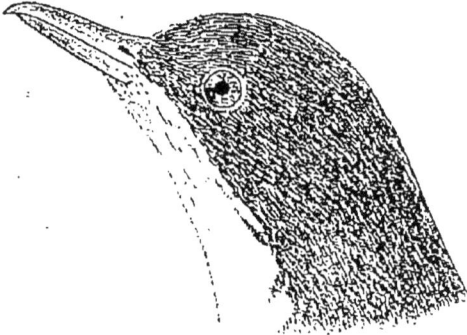

Fig. 477. — Hydrobata melanogaster, *tête*, gr. nat.

## 1. HYDROBATA Vieillot. *Aguassière.* Fig. 476, 477.

Bec grêle, droit, arrondi et emplumé à la base. subfléchi et échancré à la pointe. Narines linéaires-oblongues. recouvertes par une membrane. Ailes courtes. Queue courte, carrée. à 12 rectrices. Tarses glabres. Doigts longs, forts, munis en dessous de pelotes saillantes. Ongles très arqués, robustes.

Hab. au bord des torrents, des rivières à courant rapide, et se nourrissent de mollusques et de crustacés qu'elles vont chercher au fond de l'eau, où elles marchent.

1 {

Dessus *brun foncé*, mêlé de cendré bleuâtre. Gorge, poitrine *blanc pur.* Abd. brun roux *ferrugineux.* — **cinclus** L. Çà et là en France. 0ᵐ.195.

*Brun-ardoise.* Tête *brun foncé.* Devant du cou et poitrine *blanc terne.* Milieu de l'abd. brun *noir.* — **melanogaster** Brehm. Europe occidentale. France? 0ᵐ,19.

## X. ORIOLIDI.

Bec dilaté, son arête entamant les plumes frontales. Narines profondes. Ailes dépassant le milieu de la queue. Tarses robustes, un peu courts.

Fig. 478. — Oriolus galbula, env. 1/3 gr. nat.

Fig. 479. — Oriolus galbula, *tête*, gr. nat.

### 1. ORIOLUS Linné. *Loriot.* Fig. 478, 479.

Bec long, conico-convexe, comprimé vers la pointe, qui est inclinée et échancrée. Narines basilaires, ovales, percées dans une membrane 1re rémige assez développée

Queue moyenne, ample. échancrée ou arrondie. Tarses scutellés, moins longs que le doigt médian. Ongle du pouce recourbé, le plus fort.

Vivent dans les vergers, les bois, d'insectes et de fruits.

♂ jaune avec les ailes noires; ♀ vert jaunâtre mêlé **galbula** L.
en dessus d'olivâtre. 1re rémige étroite, 1/2 plus    Presque tte l'Europe. *d'avril*
courte que la .2e; rectrices, sauf les 2 médianes,    *à septembre.* 0m,27.
noires avec leur 1/3 postér. jaune. Iris rouge vif.

## XI. TURDIDI.

Bec moyen, presque droit, à pointe ± fléchie. Tarses médiocres ou longs, recouverts en avant tantôt par plusieurs scutelles, tantôt par une seule, très grande.

1 { Œil *grandement ouvert*  ... 2
  { *Faiblement dilaté*  ... 3

2 { Tarses *courts, épais*, recouverts par *plusieurs* scutelles  ... 1. IXOSII.
  { *Allongés,* ± *grêles,* ord. recouverts par *une seule* scutelle  ... 2. TURDII.

3 { Vertex *déprimé*. Front anguleux  ... 5. CALAMOHERPII.
  { *Arrondi*  ... 4

4 { Bec aigu, à bords *infléchis* en dedans  ... 3. ACCENTORII.
  { A bords *non infléchis* en dedans  ... 4. SYLVII.

### 1. Ixosii.

Vertex arrondi. Tarses courts, recouverts par plusieurs scutelles. Ailes arrondies. Yeux largem. ouverts.

Fig. 480. — Ixos obscurus, *tête*, gr. nat.

### 1. IXOS Temminck. *Turdoïde*. Fig. 480.

Bec moins long que la tête, comprimé, fléchi dès la base qui est munie de poils raides, courbé à la pointe. Narines basilaires, ovales, demi-fermées par une membrane. Ailes dépassant peu la base de la queue, qui est allongée, large, arrondie.

1re rémige atteignant la 1/2 de la 2e; la 3e la plus   **obscurus** Temm.
longue de toutes. Dessus brun terreux; poitrine et   Nord de l'Afrique. *Accidentel*
flancs brun clair; abd. cendré blanchâtre. Iris, bec,   Provence? 0m,21.
pieds noirs.

### 2. Turdii.

Vertex arrondi. Tarses ord. longs et grêles, ord. recouverts, en avant et sur presque tte leur étendue, par une seule grande scutelle. Yeux largem. ouverts.

1 { Narines rondes, *découvertes*  ... 4. CYANECULA.
  { *Cachées par les plumes du front*  ... 8. PRATINCOLA.
  { *Demi-fermées par une membrane*  ... 2

2 { Queue ample, 2colore, *échancrée*  ... 5. RUTICILLA.
  { *Arrondie ou tronquée*  ... 3

3 { Ailes *allongées*  ... 4
  { *De moyenne longueur*  ... 6

4 { Bec assez *court*. Tarses recouverts en avant par
    3 scutelles, dont 1 très grande               3. PHILOMELA.
    Assez *long*                                     5

5 { Tarses *médiocres*                        6. PETROCINCLA.
    ± *allongés*. Bec grêle, droit, très fendu     7. SAXICOLA.

6 { Bec *allongé*, robuste                 9. CALLIOPE.
    *De moyenne longueur*                  7

7 { Taille assez *forte* (0ᵐ,18 au moins)     1. TURDUS.
    Plus *petite* (0ᵐ.15 au plus). Gorge roux vif.   2. RUBECULA.

Fig. 481. — Turdus merula, 1/3 gr. nat.

## 1. TURDUS Linné. *Merle*. Fig. 481 à 492.

Bec comprimé, aussi haut que large à la base, qui est munie de soies raides. Mandibule supér. échancrée à la pointe. Narines basilaires, ovoïdes, demi-fermées par une membrane. Ailes dépassant peu le milieu de la queue; celle-ci ample, arrondie. Tarses allongés.

Vivent de larves, d'insectes, de fruits et de baies. Hab. les bois, les bosquets, les buissons.

1 { Livrée de la ♀ *différant notablement* de celle
    du ♂                                      2
    *Ne différant pas* sensiblem. de celle du ♂    3

2 { ♂ *sans* taches ni mouchetures aux parties infér.  5
    *Avec* des taches au moins sur les flancs     7

3 { Parties infér., sauf qqf. la gorge, *dépourvues* de
    taches.                                  6
    *Munies* de taches                      4

4 { Des mouchetures *du menton à l'abd.* au moins  11
    *De la poitrine aux sous-caudales*       10

5 { 2ᵉ rémige *plus longue* que les 5ᵉ et 6ᵉ; *la 3ᵉ* la
    plus longue. ♂ brun noir en dessus; gorge, abd.,
    ventre brun noir mêlé de gris; un plastron blanc
    pur. ♀ brun fuligineux mêlé de gris; gorge
    blanche tachetée longitudinalem. de brun. [*Merle*
    *à plastron.*]                         **torquatus** L.
                               Hautes montagnes; *émigre*
                               *en hiver.* 0ᵐ,29.

    Plus longue que la 7ᵉ, bien *plus courte* que la 6ᵉ;  **merula** L.
    les 3ᵉ, 4ᵉ, 5ᵉ les plus longues. ♂ noir profond.  Toute la France. *Sédentaire*
    ♀ brun noir en dessus, roux varié de noir à la  *çà et là.* 0ᵐ,265.
    poitrine, cendré brun sur l'abd. [*Merle noir.*]

Fig. 482. — Turdus torquatus, *tête*, gr. nat.

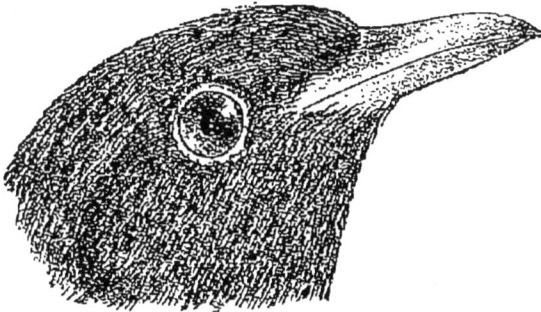

Fig. 483. — Turdus merula, *tête*, gr. nat.

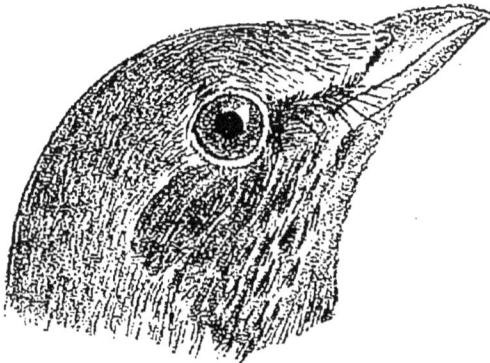

Fig. 484. - Turdus migratorius, *tête*, gr. nat.

Dessus *gris olivâtre*. Gorge et devant du cou blanchâtres, encadrés par une série de mouchetures confluentes brun gris. Poitrine et flancs roux ochracé ± moucheté. *Abd. blanc*. Rectrices frangées de gris olivâtre; la plus latér. tachée à l'extrém. de blanc ou de roussâtre. Bande sourcilière blanche, large derrière l'œil

**pallidus** Gmelin.
Asie. *Accidentel* Midi. 0<sup>m</sup>,22

| | |
|---|---|
| *Brun noirâtre.* Tête noir ardoisé. Gorge blanche striée de noir. Poitrine, flancs et *abd. roux vif.* Rectrices frangées de cendré, la plus extér. tachée de blanc à l'extrém. [*Merle erratique.*] | **migratorius** L.<br>Amérique. *Accidentel* en Europe. 0ᵐ,24. |

7 { Gorge ♂ *noire*              8
  { Au plus *striolée de noir*         9

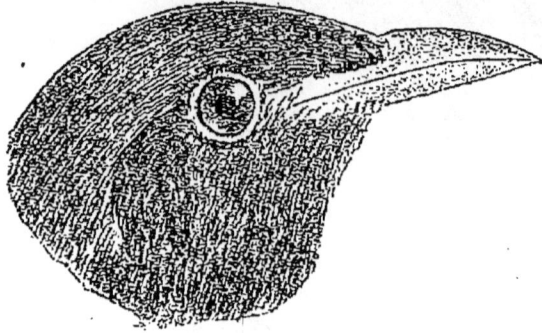

Fig. 485. — Turdus atrigularis, *tête*, gr. nat.

Fig. 486. — Turdus sibiricus, *tête*, gr. nat.

| | |
|---|---|
| Dessus cendré olivâtre. Gorge, devant du cou, haut de la poitrine noirs ♂, blanc roux strié de noir avec des taches noires en fer à cheval au haut de la poitrine ♀. Abd. blanchâtre; flancs striés de cendré. Sourcils *subindistincts.* | **atrigularis** Temm.<br>Europe orientale. *Accidentel* en France. 0ᵐ,29. |
| 8 { Dessus noir bleu ♂, brun olivâtre ♀. Flancs et côtés du ventre brun olivâtre varié de blanc. Sourcils *larges*, blancs ♂, jaunâtres ♀. Sous-candales 2colores, bleuâtres ou brunes à la base, blanches à la pointe. | **sibiricus** Pall.<br>Sibérie orientale. *Accidentel* en France. 0ᵐ,24 à 0ᵐ,25. |
| Haut du dos. épaules, couvertures supér. des ailes brun châtain; tête, nuque, croupion *cendrés.* Gorge. poitrine roux clair. Ventre blanc; flancs variés de taches lancéolées. Rectrice la plus extér. *finem. bordée de blanc à l'extrémité.* [*Litorne.*] | **pilaris** L.<br>*De passage régulier sur beaucoup de points.* 0ᵐ,275. |
| 9 { Dessus *gris brun orangé* ou *brun roussâtre:* poitrine rousse, ou gris cendré ± varié de taches noires ou brunes. Sur les flancs. de larges taches anguleuses rubigineuses ♂. noirâtres ♀. Rectrices rousses en majeure partie, la plus latér. *complétem. rousse.* | **naumanni** Temm.<br>Europe orientale. *Accidentel* Midi. 0ᵐ,25. |

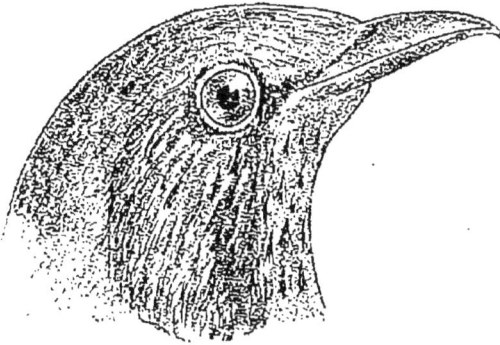

Fig. 487. — Turdus pilaris, *tête*, gr. nat.

Fig. 488. — Turdus naumanni, *tête*, gr. nat.

Fig. 489. — Turdus viscivorus, *tête*, gr. nat.

Dessus brun olivâtre, *sans taches.* Dessous jaunâtre, varié de taches en forme de larmes au cou, lunulées sur les flancs. 2ᵉ rémige aussi longue ou plus longue que la 5ᵉ. [*Merle draine.*]

viscivorus L.
*Sédentaire* Nord; *de passage* ailleurs. 0ᵐ.3.

10

Brun olivâtre, *avec des lunules noires* à l'extrém. des plumes. Dessous jaunâtre, partout varié de taches en croissant noirâtres. 2ᵉ rémige aussi longue que la 6ᵉ, plus courte que la 4ᵉ.

aureus Hollandre.
Asie. *Accidentel* Est

11

Taille *petite* (env. 0ᵐ.19). Dessus entièrem. brun olivâtre uniforme. Dessous blanc lavé de jaunâtre, taché de noir sur la gorge et le cou, de brun à la poitrine et aux côtés de l'abd. Ventre blanc.

swainsoni Caban.
Amérique. *Accidentel* en France. 0ᵐ,19.

*Plus grande*

12

Fig. 490. — Turdus iliacus, *tête*, gr. nat.

Fig. 491. — Turdus musicus, *tête*, gr. nat.

12

Dessus brun-olive mêlé de blanc roux. Dessous blanc marqué de nombreuses taches noirâtres. Flancs *roux vif.* Au-dessus des yeux, une longue et large raie blanchâtre. 2ᵉ rémige bien plus longue que la 5ᵉ. [*Mauvis.*]

iliacus Linné.
*De passage annuel.* 0ᵐ.22.

Brun olivâtre mêlé de roux. Dessous blanc roussâtre tacheté de brun. Flancs *cendrés.* 2ᵉ rémige plus longue que la 5ᵉ, les 3ᵉ et 4ᵉ égales et les plus longues. [*Grive.*]

musicus L.
*Sédentaire* sur beaucoup de points. 0ᵐ,24.

## 2. RUBECULA Brehm. *Rouge-gorge.* Fig. 493 à 495.

Bec plus court que la tête, à arête arrondie entre les 2 narines, muni à la base de qques soies raides. Narines oblongues, demi-fermées par une membrane. Ailes obtuses, médiocres. Queue subégale, concolore; rectrices terminées en pointe, subéchancrées au

Fig. 492. — Turdus musicus, 1/2 gr. nat.

Fig. 493. — Rubecula familiaris, 1/2 gr. nat.

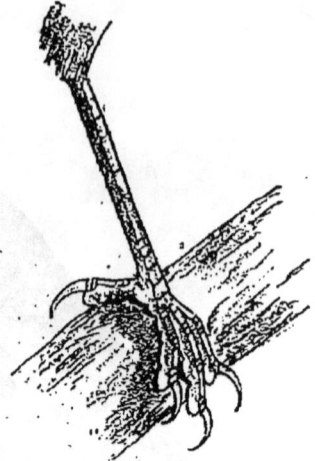

Fig. 494. — Rubecula familiaris, *tête*, gr. nat.          Fig. 495. — *Son pied*, gr. nat.

bout sur les barbes internes. Tarses presque entièrem. recouverts, en avant, par une grande scutelle. Ongles forts, recourbés.

Dessus brun olivâtre. Front, gorge, poitrine roux vif. **familiaris** Blyth.
 Dessous blanc argenté. Couvertures moyennes des Toute la France. C. 0^m,145.
ailes avec une tache jaune apicale.

Fig. 496. — Philomela luscinia, un peu plus de 1/2 gr. nat.

### 3. PHILOMELA Selby. *Rossignol.* Fig. 493 à 498.

Bec aussi long que la tête, à arête saillante entre les narines, comprimé dans sa 1/2 antér. Narines elliptiques, demi-fermées par une membrane. Ailes moyennes, sub-

Fig. 497. — Philomela luscinia, *tête*, gr. nat.

Fig. 498. — Philomela major, *tête*, gr. nat.

obtuses. Queue ample, allongée, subarrondie, unicolore. Tarses recouverts en avant par 3 scutelles, dont une très grande. Doigts externe et interne égaux.

1

Dessus brun roux *clair*. Dessous blanchâtre; poitrine, côtés et bas du cou cendrés ; flancs cendré roussâtre. 1re rémige petite ; 2e égale à la 5e, *bien plus courte* que la 4e, la 3e la plus longue. Sous-caudales *roux-uniforme*.

**luscinia** L. Presque tte la France, *d'avril à septembre*. 0m,16 à 0m,17.

Brun roux *foncé*. Gorge blanchâtre. Cou et poitrine brun mêlé de gris. Flancs bruns; ventre blanc sale. 1re rémige petite ; 2e *égale* à la 4e, beaucoup plus longue que la 5e, la 3e la plus longue. Sous-caudales blanc roux taché de brun. [*Progné*.]

**major** Shewenck. Europe orientale. *Accidentel* en France. 0m,18.

Fig. 500. — *Sa tête*, gr. nat.

Fig. 499. — Cyanecula suecica, plus de 1/2 gr. nat.

**4. CYANECULA** Brehm. *Gorge-bleue*. Fig. 499, 500.

Bec plus court que la tête, à arête vive, à bords mandibulaires légèrem. rentrants, presques aussi haut que large à la base. Narines rondes, découvertes. Ailes obtuse atteignant le 1/3 de la queue. Celle-ci égale, 2colore. Tarses grêles, presque entièrem recouverts, en avant, par une grande scutelle.

1
{
Dessus cendré brun; abd. blanc gris; les 2/3 supér. de la queue roux, le 1/3 infér. noirâtre. ♂ avec la gorge et le haut de la poitrine bleu d'azur; 1 tache *blanc argenté*, qqf. rousse cerclée de blanc au milieu. ♀ à gorge, milieu du cou blanc roussâtre, avec un hausse-col noir.    **suecica** L.
*Sédentaire* sur qques points, *de passage* ailleurs. 0ᵐ,15.

Dessus cendré brun *foncé*. ♂ à gorge et devant du cou bleus, avec une grande tache centrale *roux vif*.; ♀ à gorge sans trace de bleu, avec les côtés du cou blancs, pointillés de noir.    **caerulecula** Pall.
Russie; Sibérie. *Très accidentel et douteux* en France.
}

Fig. 501. -- Ruticilla phoenicura, plus de 1/2 gr. nat.

## 5. RUTICILLA Brehm. *Rouge-queue*. Fig. 501 à 503.

Bec moins long que la tête, à arête mousse, large à la base, comprimé et échancré à la pointe. Narines ovales, demi-couvertes par une membrane. Ailes obtuses, atteignant env. les 2/3 de la queue, qui est ample, 2colore, subéchancrée. Tarses presqu. entièrem. recouverts en avant par une grande scutelle.

1
{
Croupion et abd. *roux*. ♂ cendré bleu ± mêlé de roux en dessus; face, gorge, haut de la poitrine noirs; dessous roux. Rectrices rousses, les 2 médianes brunes sur les 2/3 postér. ♀ à front, gorge, ventre gris; poitrine, flancs roux. 2e rémige plus longue que la 6e, les 3e et 4e égales et les plus longues. [*Rouge-queue de muraille*.]    **phoenicura** L.
TC. en France, *de mai à octobre*. 0ᵐ,145.

*Cendré bleuâtre*. Rémiges secondaires largem. frangées de blanc ♂, de gris cendré ♀. ♂ à joues, gorge, poitrine noires. Rectrices roux ardent, les 2 médianes brunes. 2e rémige plus    **tithys** Scop.
Est. Centre. Alpes. *Sédentaire* sur qques points 0ᵐ,15.
}

Fig. 502. — Ruticilla phœnicura, *tête*, gr. nat.     Fig. 503. — Ruticilla tithys, *tête*, gr. nat.

longue que la 7e ; les 4e et 5e égales et les plus longues.

Teinte générale brun cendré ; pas de noir dans le plumage ; bordures des rémiges secondaires grises, peu apparentes.

*cairci* Z. Gerbe. Basses-Alpes. 0m,15.

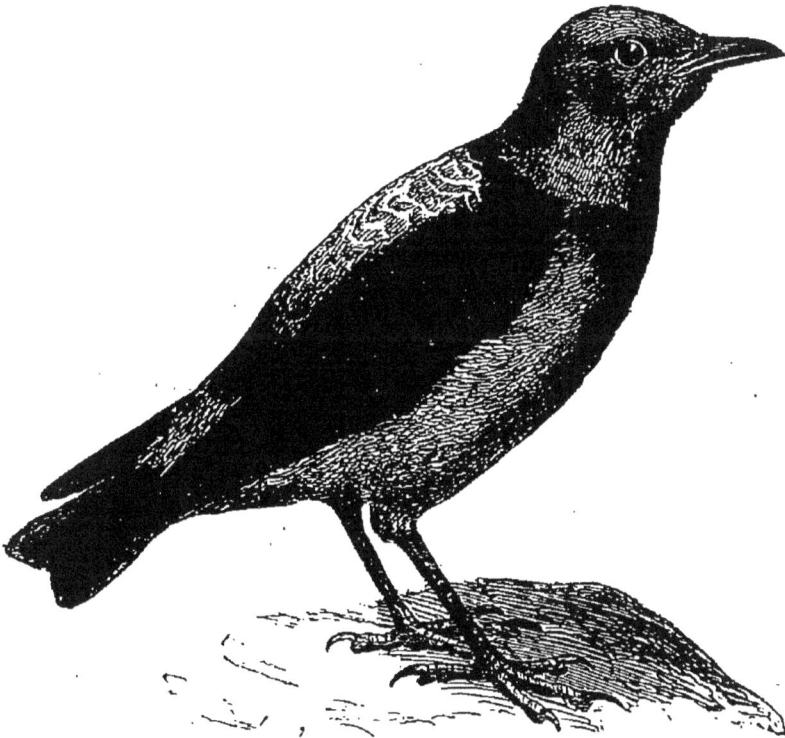

Fig. 504. — Petrocincla saxatilis, presque 1/2 gr. nat.

### 6. PETROCINCLA Vigors. *Pétrocincle.* Fig. 504 à 506.

Bec long, subcylindrique, plus large que haut à la base. Narines basilaires, latérales, ovoïdes, demi-fermées par une membrane. Ailes longues, dépassant le milieu de la queue, qui est médiocre, tronquée. Tarses de longueur médiocre.

Fig. 505. — Petrocincla saxatilis, *tête*, gr. nat.

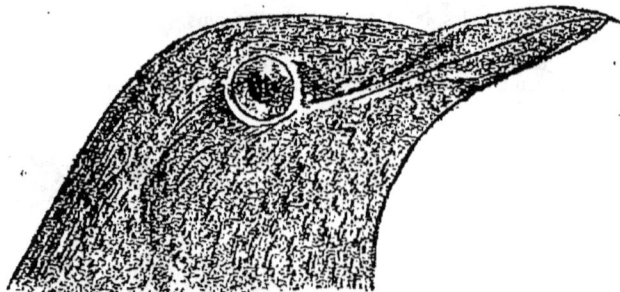

Fig. 506. — Petrocincla cyanea, *tête*, gr. nat.

2e rémige bien *plus longue* que la 4e. Les 2 rectrices médianes *plus courtes* que les autres.. ♂ noir en dessus, cendré à la tête, tacheté de blanc au dos ; poitrine, abd., sus- et sous-caudales *roux*. Rectrices roux très ardent. ♀ brun mêlé de cendré, roux clair en dessous, avec des raies brunes — **saxatilis** L. Europe méridionale. Provence, Pyrénées, Franche-Comté. 0m,205.

*Plus courte* que la 4e. Les 2 rectrices médianes *plus longues* que les autres. Plumage *brun bleuâtre* varié de cendré. Ailes noires. Dessous ♀ taché de roux et de brun. *Taille plus forte.* — **cyanea** L. *Sédentaire* Midi. Europe méridionale, Afrique. 0m,23.

## 7. SAXICOLA Bechstein. *Traquet.* Fig. 507 à 511.

Bec env. de la longueur de la tête, grêle, droit, très fendu, plus large que haut à la base. Mandibule supér. subobtuse, échancrée, courbée seulem. à la pointe. Narines ovales, demi-fermées par une membrane. Ailes obtuses, atteignant au moins le milieu de la queue. Celle-ci moyenne, subarrondie ou tronquée. Tarses longs, grêles, comprimés.

1 { *Noir* ou *noirâtre*, avec les sus- et sous-caudales blanches. Queue blanche avec la 1/2 des rectrices médianes et le 1/4 postér. des pennes latérales noirs. [*Traquet rieur.*] — **leucura** Gmelin. Midi. *Sédentaire* Pyrénées et Alpes. 0m,2.

Dessus *gris* ou *roux* — 2

2 { 2e Rém. *au moins égale* à la 4e. Dessus gris cendré ou gris roux. Pas de bande longitudin. blanchâtre sur les barbes internes des rémiges. Rectrices médianes blanches à la base, les autres sur leurs 2/3 postér. ♂ à poitrine, flancs, sous-caudales mêlés de roux ; une large bande noire encadrant — **oenanthe** L. Toute l'Europe. *De passage au printemps et à l'automne.* 0m,16 à 0m,17.

Fig. 507. — Saxicola oenanthe, un peu plus de 1/2 gr. nat.

Fig. 508. — Saxicola oenanthe, *tête*, gr. nat.

Fig 509. — Saxicola stapazina, *tête*, gr. nat.

Fig. 510. — Saxicola aurita, *tête* du mâle, gr. nat.

Fig. 511. — Saxicola aurita, *tête* de la femelle, gr. nat.

l'œil. ♀ à région parotique brune. [*Traquet
motteux.*]

*Plus courte* que la 4ᵉ

Dessus blanc roux ♂, roux sale ♀. Joues, *gorge
et côtés du cou noirâtres.* Poitrine et abd. blanc
roussâtre. La plus grande partie des rectrices
blanc pur.                                          3
                                                    **stapazina** Gmel.
                                                    Europe méridionale. C. Midi.
                                                    0ᵐ,15 à 0ᵐ,16.

3 ⎰ Blanc roux ♂. roux fauve ♀. Gorge *blanchâtre.*      **aurita** Temminck.
Du bec à l'oreille, un large trait noir couvrant    Europe méridionale. Midi.
l'œil et la région parotique. La presque totalité    0ᵐ,16.
des rectrices médianes, le 1/3 infér. des autres
et la bordure externe des latérales noir profond.
[*Traquet oreillard.*]

Fig. 512. — Pratincola rubicola, presque 2/3 gr. nat.

Fig. 513. — Pratincola rubeira, *tête*, gr. nat.

Fig. 514. — Pratincola rubicola, *tête*, gr. nat.

## 8. PRATINCOLA Koch. *Tarier.* Fig. 512 à 514.

Bec plus court que la tête, large à la base, échancré et infléchi à la pointe; narines
rondes, en partie cachées par les plumes frontales; ailes longues, obtuses; queue médiocre; tarses longs, comprimés. Plumage, en dessus, avec des taches longitudinales.
Hab. les prairies, les pâturages, les coteaux couverts de bruyères et de petits arbres.

Dessus brun noir mêlé de roux. Poitrine. flancs rubetra L.
roux clair. Aile avec 1 grande tache oblongue et Europe tempérée. Nord. *de*
un miroir blancs. Sourcils *grands*, blancs. Gorge *mars à novembre.* 0ᵐ,13.
*blanche.* Queue *brune et blanche.* 2ᵉ rémige
*plus longue* que la 5ᵉ.

Dessus noir mêlé de roux. Gorge *noirâtre.* Poi- rubicola L.
trine, flancs roux ; ventre blanc. 1 tache blanche Midi, *toute l'année.* 0ᵐ,12.
sur l'aile. Queue *concolore*, noire. *Pas de raie*
*sourcilière.* 2ᵉ rémige bien *plus courte* que la 5ᵉ.

Fig. 515. — Calliope kamtschatkensis, *tête*, gr. nat.

**9. CALLIOPE** Gould. *Calliope.* Fig. 515.

Bec aussi long que la tête, robuste, env. aussi haut que large à la base. Narines oblongues. demi-fermées par une membrane. Ailes moyennes. Queue égale. concolore. Tarses allongés. recouverts en avant par 3 scutelles.

Dessus brun terreux. Poitrine et flancs brun olivâtre ; kamtschatkensis Gmel.
ventre blanc-isabelle. Gorge rouge clair luisant ♂, Asie. *Très accidentel* Midi.
rosée ♀. encadrée par une bande gris noirâtre. 0ᵐ,16 à 0ᵐ,18.
2ᵉ rémige plus longue que la 7ᵉ, les 3ᵉ et 4ᵉ les plus longues.

## 3. Accentorii.

Vertex arrondi. Bec aigu ; bords mandibulaires infléchis en dedans. Tarses recouverts par plusieurs grandes scutelles. Œil faiblem. ouvert.

Ailes au plus *atteignant* le milieu de la queue.
Ongle du pouce *plus court* que le doigt — 2. PRUNELLA.
*Dépassant* le milieu de la queue. Ongle du pouce
*aussi long* que le doigt — 1. ACCENTOR.

**1. ACCENTOR** Bechstein. *Accenteur.* Fig. 516, 517.

Bec plus large que haut à sa base, droit, aigu, échancré à la pointe de la mandibule supér. Narines découvertes, percées dans une membrane. Ailes aiguës, dépassant le milieu de la queue. Tarses robustes, aussi longs que le doigt médian.
Hab. les montagnes.

Dessus cendré brun ; gorge blanche, marquée de taches alpinus Gmelin.
noirâtres. Abd. et flancs cendrés avec des flammules *Montagnes. Descend en hi-*
roux vif. Rémiges et rectrices brunes à bordure grise. *ver dans les plaines.* 0ᵐ,18.
[*Pégot.*]

**2. PRUNELLA** Vieillot. *Mouchet.* Fig. 518 à 520.

Bec mince, droit, aigu, échancré et subinfléchi à l'extrém. de la mandibule supér. Narines nues, percées dans une membrane. Ailes subobtuses, assez courtes. Queue médiocre, égale. Tarses forts, aussi longs que le doigt médian.

12.

Fig. 516. -- Accentor alpinus, 1/2 gr. nat.

Fig. 517. — Accentor alpinus, *tête*, gr. nat.

Fig. 518. — Prunella modularris, *tête*, gr. nat.

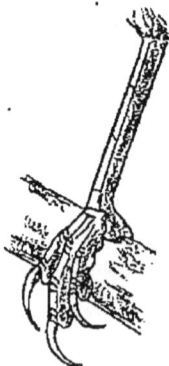

Fig. 520. — Prunella montanella, *tête*, gr. nat.     Fig. 519. — Prunella modularis, *pied*, gr. nat.

Hab. les régions basses et boisées, les vallées humides couvertes de buissons et d'épaisses broussailles.

1 {
Dessus de la tête *cendré*. Dos et ailes fauves ; une petite tache blanc jaunâtre à l'extrém. des moyennes et grandes couvertures. Dessous cendré bleuâtre teinté de roux et de brun. Sous-caudales avec une tache longitudin. brune. [*Mouchet chanteur*.] — **modularis** Vieillot. TC. *Sédentaire* sur beaucoup de points. 0m,15.

*Noir*. Dos et ailes cendré rougeâtre avec des taches rouge-brique. Ailes avec 2 bandes transv. de points jaunâtres. Tige des rectrices rougeâtre. — **montanella** Pallas. Asie occidentale. *Accidentel* en France. 0m,145 à 0m,15.
}

## 4. Sylvii.

Vertex arrondi. Bec aussi haut que large à la base ; bords mandibulaires droits Tarses recouverts par plusieurs grandes scutelles. Ongle du pouce plus court que le doigt. Œil peu ouvert.

1 { Queue médiocre, tronquée, *unicolore* .......... 1. SYLVIA.
*Bicolore* .......... 2

2 { Tarses assez *robustes* .......... 2. CURRUCA.
*Grêles* .......... 3. MELIZOPHILUS.

Fig. 521. — Sylvia atricapilla, un peu plus de 1/2 gr. nat.

### 1. SYLVIA Scopoli. *Fauvette*. Fig. 521 à 523.

Bec droit, comprimé dans sa 1/2 apicale ; mandibule supér. échancrée vers la pointe. Narines oblongues, munies d'un opercule, ouvertes de part en part. Ailes presque aiguës, atteignant env. la 1/2 de la queue. Celle-ci tronquée, unicolore. Tarses robustes. Ongles faibles.

Vivent de fruits et d'insectes. Hab. les bois, les vergers, les jardins.

{
Sous-caudales *avec une tache* longitudin. au centre. **atricapilla** L.
Vertex *noir* ♂, roux ♀. 2e rémige plus courte que la 5e, la 3e la plus longue. Dessus brun-olive — TC. *Sédentaire* Midi ; *de passage* Nord. 0m,14.
}

Fig. 522. — Sylvia atricapilla, *tête*, gr. nat.     Fig. 523. — Sylvia hortensis, *tête*, gr. nat.

1 { cendré. Poitrine, flancs gris cendré. Abd. gris
    blanchâtre. [*Fauvette à tête noire.*]
  { *Non tachées.* Vertex et dos *gris* olivâtre. Poitrine   **hortensis** Gmelin.
    et flancs gris mêlé de roux. Ventre, pli de l'aile    TC., surtout Ouest et Nord.
    blanc pur. [*Fauvette des jardins.*]              0<sup>m</sup>,14.

Fig. 524. — Curruca nisoria, 1/2 gr. nat.

## 2. CURRUCA Boie. *Babillarde.* Fig. 524 à 533.

Bec petit, droit, comprimé dans sa 1/2 apicale; mandibule supér. échancrée vers la
pointe. Narines oblongues, operculées, ouvertes de part en part. Ailes subobtuses.
atteignant à peine la 1/2 de la queue. Celle-ci allongée, arrondie, 2colore, la rectrice
latérale touj. au moins en partie blanche. Tarses forts. Ongles faibles.

1 { Rémiges secondaires frangées *de roux vif*                    2
  { Frangées *de roux cendré*                                     3
    ( *La 3e rémige* la plus longue; 2e et 4e subégales.   **cinerea** Brisson.
    · Dessus gris brun roussâtre ± varié de cendré;      Toute la France, *de mars à*
      gorge blanche; poitrine et flancs cendré roux        *septembre.*.0<sup>m</sup>,14.
      rosé; abd. blanc. Rectrice latérale blanchâtre à
      la pointe, sur les barbes externes et une partie
      des barbes internes. [*Grisette.*]
2 { *Les 3e et 4e rémiges* égales et les plus longues;   **conspicillata** de la Mar-
  { 2e plus courte que la 6e. Dessus cendré rous-          mora.

Fig. 525. — Curruca cinerea, *tête*, gr. nat.

Fig. 526. — Curruca conspicillata, *tête*, gr. nat.

sâtre. Gorge blanche. Dessous roux vineux. *Tour des yeux ♂ noir.* Ailes noirâtres. Les 2/3 infér. de la rectrice latérale blancs; 1 tache blanche apicale sur la 2e et qqf. sur la 3e. [*Babillarde à lunettes.*]

Midi, *d'avril à septembre.* 0m,12.

Fig. 527. — Curruca nisoria, *tête*, gr. nat.

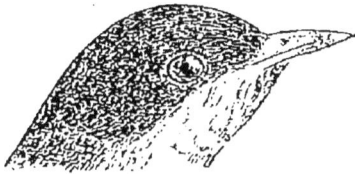

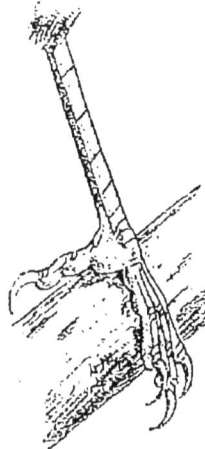

Fig. 529. — Curruca melanocephala, *tête*, gr. nat.   Fig. 528. — Curruca nisoria, *pied*, gr. nat.

3 {
*Les 4 rectrices latérales*, de chaque côté, avec 1 tache blanche apicale. Dessus cendré brun; gorge et abd. blancs; flancs. sous-caudales blanc ondulé de gris rembruni; qques-unes des moyennes et des grandes couvertures bordées de blanc. 2e rémige plus longue que la 5e, la 3e la plus longue. [*Babillarde épervière.*]
*Moins de 4 rectrices* de chaque côté tachées de blanc.

**nisoria** Bechst.
Europe septentrionale. *De passage* en Provence *à l'automne.* 0m,17 à 0m,18.

4 {
*Les 3e, 4e et 5e rémiges* égales et les plus longues; 2e et 7e égales. Dessus gris foncé roussâtre; gorge, poitrine, ventre blanc grisâtre mêlé de brun roux. Rectrice externe blanche en dehors, tachée de blanc en dedans, à la pointe; 1 tache blanche apicale sur la 2e et qqf. sur la 3e. Tête ♂ noire jusqu'à la nuque.

**melanocephala** Gmelin.
Afrique. Europe méridionale. *Sédentaire* Midi. 0m,135.

*La 3e rémige* la plus longue; 2e et 5e égales. Dessus cendré gris; vertex ♂ cendré bleu. Dessous blanc pur à la gorge, au ventre, teinté de roux à la poitrine, aux flancs. Rectrice latérale cendrée, terminée et lisérée en dehors de blanc pur.

**garrula** Briss.
Midi. Nord *de mai en août.* 0m,13 à 0m,14.

*Les 3e et 4e rémiges* égales et les plus longues

5

Fig. 530. — Curruca orphea, *tête*, gr. nat.

Fig. 531. — Curruca garrula, *tête*, gr. nat.     Fig. 532. —. Curruca subalpina, *tête*, gr. nat.

Fig. 533. — Curruca orphea, 1/2 gr. nat.

5 {

Taille *plus grande* (0m,17 env.). Tête ± brun noirâtre. Dessus gris cendré olivâtre ; gorge. abd. blancs. Poitrine, flancs rosés. Rémiges noirâtres. Rectrice latérale blanche sur les barbes externes et la majeure partie des barbes internes, les autres presque toutes finem. terminées de blanc.

**orphea** Temm.
Provence. Vosges. Ardennes.
Nord *d'avril à septembre.*
0m,17.

*Plus petite* (0m,13 au plus). Dessus cendré olivâtre, mêlé de bleuâtre à la tête. Gorge, poitrine, flancs roux. Ventre blanchâtre. Un trait blanc de chaque côté du bec. Rectrice latérale blanche en dehors et en dedans sur le 1/3 de son étendue ; les 2 suivantes terminées de blanc. [*Passerinette*.]

**subalpina** Bonelli.
*Sédentaire* Languedoc, Provence. 0m,126 à 0m,128.

Fig. 534. — Melizophilus sardus, 2/3 gr. nat.

### 3. MELIZOPHILUS Leach. *Pitchou*. Fig. 534 à 536.

Bec assez grêle. droit, comprimé dans sa 1/2 antér. Mandibule supér. échancrée à la pointe. Narines elliptiques, operculées, ouvertes de part en part. Ailes subobtuses. arrondies, dépassant à peine la base de la queue, qui est allongée, étroite, étagée, 2colore, la rectrice externe touj. au moins en partie blanche.

Fig. 535: — Melizophilus provincialis, *tête*, gr. nat.

Fig. 536. — Melizophilus sardus, *tête*, gr. nat.

1 {
Rémiges secondaires frangées *de roux*. 2e rémige *un peu plus longue* que la 7e; les 4e et 5e égales et les plus longues. Dessus cendré bleuâtre ou olivâtre. Dessous roux ferrugineux foncé ; ventre blanc argenté. Rectrice latérale bordée en dehors et terminée de blanc. [*Pitchou provençal.*]

**provincialis** Gmel. Midi. *Accidentel* ailleurs. 0<sup>m</sup>,135.

Frangées *de gris*. 2e rémige *plus courte* que la 7e, la 4e la plus longue. Dessus cendré noirâtre ; côtés du corps brun roux. Ventre blanchâtre teinté de vineux. Rectrice latérale bordée et terminée de blanc, les autres lisérées de gris vert.

**sardus** Marmora, Europe méridionale. Afrique. Provence? 0<sup>m</sup>,135.
}

### 5. Calamoherpii.

Vertex déprimé; front anguleux. Bec ord. plus large que haut à la base. à bords droits. Tarses recouverts par plusieurs grandes scutelles. Ongle du pouce au moins aussi long que le doigt. Queue ord. inégale. Œil peu ouvert.

Hab. au bord des eaux; grimpent sur les arbustes aquatiques, les roseaux, comme des souris.

| | | |
|---|---|---|
| 1 | Mandibule supér. *non* ou *obsolètement* échancrée à la pointe | 2 |
| | *Nettement* échancrée à la pointe | 3 |
| 2 | Ailes courtes, *obtuses*, très arrondies, l'extrémité des rémiges primaires atteignant presque celle des secondaires. Doigts *allongés* | 8. CISTICOLA. |
| | De moyenne longueur, *subaiguës*. Doigts *courts*, le médian moins long que le tarse | 1. AEDON. |
| 3 | Ongle du pouce *plus court* que le doigt | 4 |
| | *Aussi long* ou *plus long* que le doigt | 6 |
| 4 | Queue *arrondie* ou *tronquée*. Bec déprimé de la base à la pointe | 2. HYPOLAIS. |
| | *Étagée* | 5 |
| 5 | Bec *faiblem.* comprimé. Narines *ovales*, recouvertes par un opercule bombé. Ailes *courtes*. Rectrices très acuminées, étroites | 7. CALAMODYTA. |
| | *Fortem.* comprimé dans sa 1/2 antér. Narines *étroitem. oblongues.* Ailes *longues* | 4. LUSCINIOPSIS. |
| 6 | Bec *comprimé jusqu'à la base* | 5. CETTIA. |
| | *Large à la base* | 7 |
| 7 | Ailes *allongées*, subaiguës. Tarses *grêles* | 3. CALAMOHERPE. |
| | *Médiocres.* Queue cunéiforme, à rectrices larges. Tarses *épais.* Ongle du pouce env. *aussi long* que le doigt | 6. LOCUSTELLA. |

## 1. AEDON Boie. *Agrobate.* Fig. 537.

Bec comprimé de la base à la pointe, plus haut que large à partir du front. Bords des mandibules dessinant une ligne courbe; la supér. très fléchie à la pointe, obsolètem. échancrée. Narines ovales. Tarses robustes, plus longs que le doigt médian, ongle compris. Doigts courts, épais. Ongle du pouce plus court que le doigt. Ailes moyennes, subaiguës. Queue ample, longue, arrondie.

Fig. 537. — Aedon galactodes, *tête*, gr. nat.     Fig. 538. — Hypolais icterina, *tête*, gr. nat.

Dessus gris roux vif. Dessous isabelle. Queue roux vif, les 4 rectrices latérales terminées par une tache blanche, précédée d'une autre noire, transv.

**galactodes** Temm.
TR. *Accidentel* Pyrénées.
0<sup>m</sup>,175.

## 2. HYPOLAIS Brehm. *Hypolaïs.* Fig. 538.

Bec très large à la base, déprimé jusqu'à l'extrém. Mandibule supér. légèrem. échancrée à l'extrém., renflée, à arète peu saillante. Bords des 2 mandibules droits. Narines ovales. Ailes subaiguës. Queue égale ou subarrondie. Ongle du pouce plus court que le doigt.

Hab. les vergers, les jardins, les bosquets, les lisières des bois. Vivent d'insectes. qu'ils saisissent souv. très adroitem. au vol.

| | | |
|---|---|---|
| 1 | Dessous *blanc*, très faiblem. teinté de jaunâtre. Dessus gris verdâtre pâle ou gris roux. Ailes brun clair avec les rémiges lisérées de verdâtre, n'atteignant pas, au repos, le milieu de la queue. 2e rémige plus courte que la 6e; les 3e et 4e subégales et les plus longues. Sous-caudales couvrant au plus les 2/5 de la queue. | **pallida** Z. Gerbe. Afrique septentrionale. Espagne. France? 0<sup>m</sup>,126 à 0<sup>m</sup>,128. |
| | *Jaune* | 2 |

2 {
Dessus olivâtre, mêlé de vert au croupion ; dessous jaune soufré. Bec brun verdâtre en dessus. Ailes brunes, *n'atteignant pas*, au repos, le milieu de la queue. 1re rémige *arrondie à la pointe*; 2e env. égale à la 6e. les 3e et 4e les plus longues. [*Hypolaïs lusciniole.*]
**polyglotta** Vieillot. Midi. Centre. Nord. 0m,12 à 0m,13.

Dessus olivâtre. Dessous jaune, avec les flancs lavés de cendré. Ailes brunes, à pennes bordées de pâle, *dépassant*, au repos, le milieu de la queue. 1re rémige en forme de *sabre pointu*; 2e plus longue que la 5e, subégale à la 4e; la 3e la plus longue. [*Contrefaisant.*]
**icterina** Vieillot. Midi. Nord. *de mai à août*. 0m,135. Belgique. Allemagne.

Fig. 539. — Calamoherpe turdoides, 1/2 gr. nat.

### 3. CALAMOHERPE Boie. *Rousserolle*. Fig. 539 à 542.

Bec large à la base, comprimé sur les côtés, à arête saillante au front ; mandibule supér. échancrée à la pointe. Narines ovales. Ailes longues, subaiguës. Queue étagée. Tarses grêles. Doigts longs, minces, le médian, ongle compris, égal au tarse. Ongle du pouce plus long que le doigt.
Hab. les marais, le bord boisé ou herbeux des étangs, les jardins et vergers humides.

Fig. 540. — Calamoherpe turdoides, *tête*, gr. nat.

Taille assez *grande* (0<sup>m</sup>,19). Dessus brun roux, avec le croupion roux clair. Dessous blanc jaunâtre. 2e rémige ± égale à la 4e, qqf. plus longue, la 3e la plus longue. Tarses bruns. Rémiges brunes avec de longues bordures roussâtres.
Plus *petite* (0<sup>m</sup>,13 env.)

**turdoides** Meyer. Midi. Nord., Est 0<sup>m</sup>,19.

2

Fig. 541. — Calamoherpe arundinacea, *tête*, gr. nat.

Fig. 542. — Calamoherpe palustris, *tête*, gr. nat.

Croupion *roux clair*. Dessus brun roussâtre lavé d'olivâtre. Dessous roussâtre. Rémiges bordées de cendré roux ; la plus longue des primaires dépassant les plus longues des secondaires de 0<sup>m</sup>,016 env ; les 2e et 4e subégales, la 3e la plus longue. [*Rousserolle effarvate.*]
*Gris verdâtre clair*. Dessus brun-olive ou cendré roux. Dessous blanc roussâtre. Rémiges bordées de cendré; la plus longue des primaires dépassant les plus longues des secondaires de 0<sup>m</sup>,02 env.; 2e plus longue que la 4e, subégale à la 3e, qui est la plus longue. [*Rousserolle verderolle.*]

**arundinacea** Gmel. Toute la France *en été*. 0<sup>m</sup>,13.

**palustris** Bechst. Çà et là. Nord; Alpes; Savoie. 0<sup>m</sup>,133.

**4. LUSCINIOPSIS** Bonaparte. *Lusciniole*. Fig. 543 à 546.

Bec mince, droit, aigu, fortem. comprimé sur sa 1/2 antér., plus haut que large dans ses 2/3 antér., aussi haut que large à la base. Mandibule supér. échancrée à la pointe. Narines étroites, oblongues. Ailes allongées, aiguës, les rémiges primaires nullem. échancrées. Queue ample, étagée, à 12 rectrices. Doigts minces. Ongle du pouce plus court que le doigt. Plumage de coloration uniforme en dessus
Dessus brun châtain roux; gorge blanchâtre, ord. *sans mouchetures*, ou finem. striolée de brunâtre. Sous-caudales brun roux terminées de blanchâtre. Ventre blanchâtre; côtés de la poitrine, flancs brun roux. 2e et 3e rémiges *égales et les plus longues.*

**luscinioïdes** Savi. Europe méridionale Provence. Languedoc. Pyrénées. 0<sup>m</sup>,12.

Fig. 543. — Lusciniopsis luscinioides, 2/3 gr. nat.

Fig. 544. — Lusciniopsis luscinioides,
*tête*, gr. nat.

Fig. 545. — Lusciniopsis fluviatilis, *tête*,
gr. nat.

Fig. 546. — Lusciniopsis fluviatilis, *pied*,
gr. nat.

Dessus brun olivâtre immaculé. Gorge blanche variée *de nombreuses mouchetures*. Sous-caudales olivâtre clair, terminées de blanc. Ventre blanc pur. Flancs olivâtre clair. 2e rémige *plus longue* que la 3e et la plus grande de toutes.

**fluviatilis** Mey. et Wolf. Europe méridionale. Afrique. France? 0m,147 à 0m,15.

## 5. CETTIA Bonaparte. *Bouscarle*. Fig. 547, 548.

Bec mince, droit. aigu. fortem. comprimé. Mandibule supér. échancrée à la pointe, à arête très prononcée. Narines oblongues, étroites. Ailes courtes, obtuses, arrondies.

Doigts épais. le médian, ongle compris, ord. plus court que le pouce. Ongle du pouce au moins aussi long que le doigt.

Hab. sur les bords très boisés ou abondamment couverts de roseaux des rivières, lacs, marécages.

Fig. 547. — Cettia cetti, *tête*, gr. nat.

Fig. 548. — Cettia melanopogon, *tête*, gr. nat.

1 {
Dessus brun obscur *uniforme*. Gorge, ventre blancs ; poitrine blanche lavée de jaunâtre. Queue ample, étagée, à 10 pennes seulem. Les plus grandes des sous-caudales ne recouvrant env. que la 1/2 de la queue. 1re rémige atteignant le milieu de l'aile ; 4e et 5e les plus longues.

**cetti** Marmora.
Europe méridionale. Midi.
C. ♂ 0m,14 ; ♀ 0m,13.

Dessus noir sur le vertex et l'occiput, brun châtain foncé sur le dos et le croupion, avec les plumes *rayées longitudinalem. de noir*. Haut de l'abd. et ventre blanc pur. Poitrine. flancs jaunâtres. Lorums, 1 trait postoculaire noirs. Raie sourcilière blanche, dépassant l'œil. Rectrices larges, arrondies au bout, bordées de roux.

**melanopogon** Temm.
Europe méridionale. Midi, *sédentaire* çà et là. *Accidentel* ailleurs. 0m,13.
}

Fig. 549. — Locustella naevia, *tête*, gr. nat.

Fig. 550. — *Son pied*, gr. nat.

## 6. LOCUSTELLA Kaup. *Locustelle*. Fig. 549, 550.

Bec droit, épais à la base, où il est plus large que haut ; mandibule supér. échancrée à la pointe. Narines oblongues-ovales. Ailes médiocres, subaiguës. Queue longue, étagée, cunéiforme ; rectrices acuminées, larges. Tarses épais. Doigts grêles, allongés, le médian, ongle compris, bien plus court que le pouce. Pouce env. égal à son ongle. Plumage varié de taches oblongues.

La 3e rémige la plus longue. Dessus cendré olivâtre, **naevia** Briss. avec des taches noirâtres. Dessous cendré lavé de     Çà et là. 0m,14. roussâtre.

## 7. CALAMODYTA Meyer et Wolf. *Phragmite*. Fig. 551 à 553.

Bec petit, faiblem. comprimé, plus large que haut à sa base. Mandibule supér.

Fig. 551. — Calamodyta phragmitis, 1/2 gr. nat.

Fig. 552. — Calamodyta phragmitis. *tête*, gr. nat.

Fig. 553. – Calamodyta aquatica *tête* gr. nat.

échancrée à la pointe. Narines ovales, couvertes par un opercule bombé. Ailes courtes, subaiguës. Queue faiblem. allongée, étagée, cunéiforme, à pennes acuminées et étroites. Doigts grêles, le médian, ongle compris, plus long que le pouce. Pouce plus long que son ongle. Plumage varié de taches oblongues.

|  |  |
|---|---|
| Croupion et sus-caudales *unicolores*. Dessus de la tête varié de noirâtre. Bande sourcilière blanchâtre. Dessus gris olivâtre, taché de noir. Dessous blanc jaune roussâtre. | **phragmitis** Bechst. Çà et là, *en été*. 0$^m$,125. |
| *Variés de taches oblongues noirâtres*. Sur la tête, 2 larges bandes longitudin. noires, séparées par 1 rousse. Large bande sourcilière jaunâtre. Dessus gris cendré. Dessous jaune roux très clair. | **aquatica** Latham. Midi. *De passage annuel*. Aube, Somme, Nord. 0$^m$,125. |

### 8. CISTICOLA Lesson. *Cisticole*. Fig 554.

Bec fortem. comprimé dans sa 1/2 antér. Mandibule supér. recourbée dans presque tte sa longueur, très aiguë et non échancrée à la pointe. Narines grandes, oblongues. Ailes courtes, obtuses, arrondies, l'extrémité des rémiges secondaires atteignant env. celle des rémiges primaires. Queue médiocre, étagée. Tarses ± robustes. Doigts grêles, longs, le médian, ongle compris, aussi long que le tarse. Ongle du pouce plus long que le doigt.

Dessus brun noirâtre nuancé de roux et de grisâtre. Poitrine, flancs jaune roussâtre. Queue brun noirâtre ; rectrices cendrées ou blanchâtres à l'extrém.; 1 tache noire sur les latér. [*Cisticole ordinaire.*]     **schoenicola** Bonap Provence. 0$^m$,105.

## XII. TROGLODYTESIDI.

Bec assez grêle, ± courbé, entier, aigu. Tarses allongés, grêles. Ailes courtes, arrondies. Queue assez courte. Plumage varié, au moins partiellem., de raies transversales.

### 1. TROGLODYTES Vieillot. *Troglodyte*. Fig. 535, 556.

Bec grêle, subulé, entier, long, faiblem. arqué. Narines basilaires, ovales, recouvertes d'une membrane. Ailes courtes, arrondies, concaves, obtuses. Queue courte,

Fig 555. — Troglodytes parvulus.
1/2 gr. nat

Fig. 154 — Cisticola schoenicola,
tête. gr. nat.

Fig 556 — Troglodytes parvulus,
tête, gr. nat

arrondie Tarses longs, assez forts. Doigts externe et médian unis a la base. Ongle
postér. le plus long, fort, très arqué.

Vivent cachés dans les endroits obscurs, les trous. broussailles, tas de bois. etc.
Dessus brun roux. Dessous cendré roussâtre. Plumage   **parvulus** Koch.
en entier, rectrices et rémiges variés de bandes trans-   Nord *en été.* Midi *en au*
versales noires [*Troglodyte mignon.*]   *tomne et en hiver.* 0^m,10.

## XIII. PHYLLOPNEUSTIDI.

Bec court, subulé. Mandibule supér. échancrée à la pointe. Narines presque touj.
découvertes. Tarses allongés, grêles. Ongle du pouce médiocre. Queue échancrée

1 { Narines *découvertes.* Les grandes sous-caudales
*atteignant* au moins le milieu des rectrices     1. PHYLLOPNEUSTII .
*Couvertes par une sorte d'opercule formé de
plumes.* Grandes sous-caudales *n'atteignant pas*
le milieu des rectrices     2. REGULII.

### 1. Phyllopneustii.

Narines non couvertes par un opercule formé de plumes.

#### 1. PHYLLOPNEUSTE Meyer et Wolf. *Pouillot.* Fig. 557 à 562.

Bec droit, petit, comprimé. Mandibule supér. à peine échancrée à la pointe. Narines
oblongues, couvertes par une membrane. Ailes subobtuses, dépassant ord. le milieu de
la queue. Celle-ci élargie et échancrée à l'extrémité. Tarses longs, minces. Doigts grêles,
le médian notablem. plus court que le tarse. Pouce plus long que son ongle. Plumage
touj. verdâtre en dessus. Taille petite.

Se nourrissent exclusivem. de larves et d'insectes, qu'ils cherchent en parcourant
rapidem. les branches des arbres.

1 { Dessous *varié de taches ou de flammules*     2
*Unicolore*     3

2 { Tarses *jaunâtres.* Dessus cendré verdâtre. Joues,
gorge, abd., sous-caudales blanc pur, flammulé   **trochilus** Linné.
de jaune à la poitrine et aux flancs. Rémiges. et   Çà et là. *Sédentaire* en Pro-
rectrices brunâtres, bordées de vert jaunâtre.   vence. 0^m,12.
2e rémige plus courte que la 5e. plus longue que
la 6e d'env. 0^m,003. [*Pouillot fitis.*]

*Noirâtres.* Dessus gris brun olivâtre. Dessous blanc   **rufa** Brisson.
terne strié de flammules brunes et jaunes. Pennes   Çà et là. *De passage* Nord.
alaires et caudales gris brun, frangées d'olivâtre.   0^m,12.
2e rémige égale à la 7e ou plus courte, 4e et
5e égales et les plus longues. [*Pouillot véloce.*]

Fig. 557. — Phyllopneuste trochilus,
1/2 gr. nat.

Fig. 558. — Phyllopneuste trochilus,
tête, gr. nat.

Fig. 559. — Phyllopneuste sibilatrix,
tête, gr. nat.

Fig. 560. — Phyllopneuste bonellii,
tête, gr. nat.

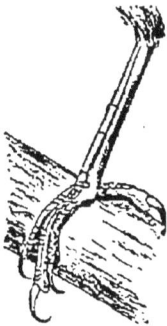
Fig. 561. — Phyllopneuste rufa, pied, gr. nat.

Fig. 562. — Sa tête, gr. nat.

3 | Dessus cendré vert nuancé de jaunâtre. Gorge, devant du cou. haut de la poitrine jaunes; le reste du dessous blanc. Sourcils ♂ d'un beau jaune. Ailes *dépassant de beaucoup* le milieu de la queue. 2ᵉ rémige plus longue que la 5ᵉ; la 3ᵉ la plus longue. Tarses brun jaunâtre. [*Pouillot siffleur.*]

**sibilatrix** Bechst.
Çà et là, *de mai à août.* G. 0ᵐ,125.

Dessus gris cendré nuancé d'olivâtre. Dessous **bonellii** Vieillot blanc pur, nuancé de jaunâtre aux jambes. Ailes *atteignant à peine* le milieu de la queue. Les 3/4 supér. des rectrices bordés de jaune verdâtre. 2ᵉ rémige notablem. plus longue que la 7ᵉ, les 3ᵉ et 4ᵉ les plus longues. Tarses brun clair.

Provence. *Accidentel* ailleurs. 0ᵐ,115.

## 2. Regulii.

Narines recouvertes par des plumes disposées en opercule.

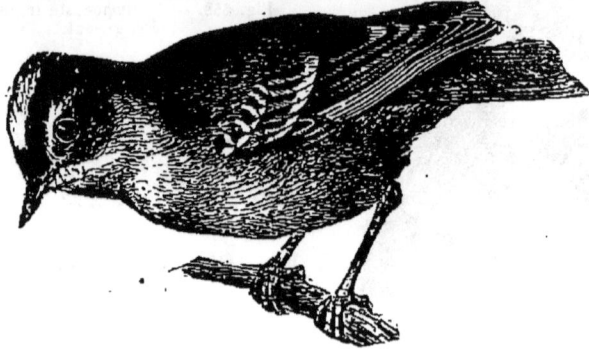

Fig. 563. - Regulus cristatus, 2/3 gr. nat.

### 1. REGULUS G. Cuvier. *Roitelet*. Fig. 563 à 565.

Bec grêle. court, très aigu à la pointe; bords mandibulaires légèrem. rentrants. Narines ovales, recouvertes par 2 petites plumes à barbes très désunies. Ailes médiocres. obtuses. Queue courte, échancrée, à 10 pennes. Tarses minces. de la longueur du doigt médian, ongle compris. Pouce .fort, son ongle robuste, plus long que le doigt. Plumes du vertex pouvant se relever en une petite huppe.

Fig. 564. — Regulus cristatus, *tête*, gr. nat.  Fig. 565. — Regulus ignicapillus, *tête*, gr. nat.

1 { Dessus olivâtre nuancé de jaunâtre; vertex jaune-aurore. *Pas de bande blanche* sur les joues. Dessous cendré lavé de roux. Rémiges primaires bordées de jaune verdâtre. [*Roitelet huppé*.] — **cristatus** Charleton. *De passage* partout, *au printemps et à l'automne*. 0ᵐ,096.

Dessus vert olivâtre; vertex jaune-aurore. Joues *avec 2 bandes blanches*. Bec fort à la base, comprimé et grêle à la pointe. 1 trait noir sous le bec. Dessous cendré lavé de roux pâle. [*Roitelet triple-bandeau*.] — **ignicapillus** Brehm. Çà et là. 0ᵐ,095.

## XIV. PARIDI.

Bec court, entier. conico-convexe. Narines couvertes par des soies ou des plumes dirigées en avant. Tarses et doigts épais. Ongle postér. robuste, plus long que les antér.

1 { Mandibules *subégales*                       1. PARII.
  { *Inégales*, la supér. plus longue que l'infér.   2. AEGITHALII.

## 1. Parii.

Bec moins large que haut. Mandibules subégales, l'infér. se relevant a la pointe.
1re rémige atteignant à peu près le milieu de l'aile.

1 { Queue *très longue*, étagée                  3. Orites
  { *De moyenne longueur*, arrondie ou échancrée  2
  { Tarse *à peine* plus long que le doigt médian. Bec
2 {    égalant env. *le 1/3* de la longueur de la tête   1. Parus.
  { *Sensiblem.* plus long que le doigt médian. Bec
  {    égalant env. *la 1/2* de la longueur de la tête   2. Poecile.

Fig. 566. — Parus major, 1/2 gr. nat.

## 1. **PARUS** Linné. *Mésange.* Fig. 566 à 572.

Bec égalant env. le 1/3 de la longueur de la tête, fort, droit, conique, arrondi à la pointe. Narines basilaires, petites, cachées. Ailes moyennes, obtuses, à 1re rémige longue. Queue médiocre, tronquée. arrondie ou subéchancrée. Tarses courts, scutellés. Pouce robuste, à ongle fort, recourbé.

  { *Une huppe* formée de plumes allongées, acuminées,   cristatus L.
  {    blanchâtres avec le centre noir. Gorge noire. Des-   AC. *Sédentaire* sur certains
1 {    sus cendré roussâtre, dessous gris blanchâtre.      points. 0ᵐ,125.
  {    Rémiges secondaires bordées de gris roux. Bec
  {    noir. [*Mésange huppée.*]
  { *Pas de huppe*                                2
2 { Dessous *blanc ou gris*                       3
  { *Jaune*                                       4
  { Tête, nuque. haut de la poitrine noirs ; 1 tache   ater L.
  {    blanche occipitale. Dessus cendré bleuâtre mêlé   Presque tte la France. *Séden-*
  {    d'olivâtre. Poitrine, abd. *gris blanchâtre.* Ailes   *taire* çà et là. 0ᵐ,11·
  {    avec *2 bandes blanches* transv. Rectrices légè-   0ᵐ.112.
  {    rem. bordées de cendré.

13.

3 { Dessus de la tête blanc mêlé de bleu d'azur ;   **cyanus** Pallas.
1 grande tache blanche à la nuque. *1 bande bleu*   Sibérie. *Accidentel* et TR en
*foncé du bec à la nuque.* Dessous blanc pur,   France. 0^m,125.
avec une tache bleue sur l'abd. Extrémité des
grandes couvertures alaires, marge externe des
rectrices latér. blanc pur. Queue longue, subétagée. [*Mésange azurée.*]

Fig. 568. — Parus cyanus, *tête*, gr. nat.

Fig. 567. — Parus cristatus, *tête*, gr. nat.

Fig. 569. — Parus major, *tête*, gr. nat.

Fig. 570. — Parus ater, *pied*, gr. nat.

Fig. 571. — Parus ater, *tête*, gr. nat.

Fig. 572. — Parus caeruleus, *tête*, gr. nat.

{ Tête, cou, haut de la poitrine noirs. Dessus vert-   **major** L.
olive jaunâtre. Bas du dos cendré bleu. Dessous   *Sédentaire.* C. 0^m,15.
jaune-soufre ; 1 bande longitudin. *noire* sur l'abd.
1 bande transvers. blanche aux ailes *sur l'ex-*

4 { trém. des moyennes couvertures. Rectrices
noires, la plus latér. blanche en dehors et au
sommet. [*Mésange charbonnière.*]
Taille *plus petite*. Vertex bleu d'azur. Front. occiput blancs. Un trait noir bleu sur les yeux ; une
bande bleue de la gorge à la nuque. Dessus vert
olivâtre. Dessous jaune ; 1 tache *bleue* sur l'abd.
Ailes bleues; les *moyennes* et *grandes couvertures* supér., et les *rémiges secondaires* terminées de blanc. [*Mésange bleue.*]

caeruleus L
*Sédentaire.* C 0.ᵐ,12.

Fig. 574. — Poecile lugubris, *tête*, gr. nat.

Fig. 573. — Poecile palustris, 1/2 gr. nat.

Fig. 575. — Poecile palustris, *tête*, gr. nat.

## 2. POECILE Kaup. *Nonnette*. Fig. 573 à 575.

Bec 1/2 plus court que la tête, robuste, cunéiforme, mousse à l'extrém., comprimé.
Narines petites, cachées par les plumes frontales. Ailes obtuses, atteignant le milieu de
la queue; 1ʳᵉ rémige courte. Queue médiocre, légèrem. échancrée. Tarses plus longs
que le doigt médian. Ongle du pouce long, robuste, courbé.

1 { Calotte noire de la tête *non prolongée* au delà de
l'occiput. Dessus cendré brunâtre. Gorge et devant du cou noir fuligineux. Poitrine et abd.
blanc lavé de gris. Taille *plus forte*.

*Prolongée* au delà de l'occiput. Taille *moindre*

lugubris Natterer
Europe orientale. France ?
0ᵐ,165.

·2

2 { Dessus *gris cendré*. Joues et région parotique *blanc
pur*. Queue longue en moyenne de 0ᵐ.06. Poitrine et abd. blanchâtres, avec les flancs légèrem.
teintés d'ochracé.

Dessus *cendré olivâtre foncé*. Joues et région parotique *gris blanchâtre*. Queue longue en
moyenne de 0ᵐ,052. Dessous gris blanchâtre lavé
de roux sur les flancs. Queue et ailes brun cuivré,
avec les pennes bordées de cendré roux

palustris Linné.
Zones froides des Alpes
0ᵐ,125

communis Bald.
Toute la France. C. 0ᵐ,115.

## 3. ORYTES Mœhring. *Orite*. Fig. 576, 577.

Bec égal au 1/4 de la longueur de la tête, subarrondi en dessus. Narines ovales,
basilaires, en partie cachées par les plumes frontales. Ailes moyennes, arrondies.
1ʳᵉ rémige allongée. Queue très longue, étagée. Tarses minces, plus longs que le doigt
médian ; doigt postér. le plus fort. Plumage soyeux, décomposé.

Fig. 576. — Orytes caudatus, 1/2 gr. nat.

Tête, cou, poitrine blanc pur ou maculé de noirâtre et de roussâtre. Dessus varié de noir profond, de rose et de cendré. Abd. blanc. mêlé de roux. Rémiges et les 6 rectrices médianes noires ; les rectrices latér. blanches sur la marge externe.

**caudatus** L.
*Buissons, taillis, vergers.*
C. 0ᵐ,155.

## 2. Aegithalii.

Bec env. aussi large que haut. Mandibule supér. plus longue que l'infér.; celle-ci infléchie. 1re rémige ord. très peu développée.

1 { 1re rémige *apparente*. Queue *moyenne*, sub-échancrée ........... 2. AEGITHALUS.
{ *Presque avortée*. Queue *longue*, très *étagée* ... 1. PANURUS.

### 1. PANURUS Koch. *Panure*. Fig. 578, 579.

Bec 1/2 plus court que la tête. aussi large que haut. Mandibule supér. plus longue que l'infér., subinfléchie à la pointe. Narines basilaires, ovales, demi-cachées par les plumes frontales. Ailes courtes. obtuses. Queue longue, large, fortem. étagée. Tarses robustes, munis de scutelles. Ongle du pouce le plus fort.
Dessus cendré ± roussâtre et nuancé de brun. Gorge, haut de la poitrine blancs; dessous roux clair. Ailes noirâtres; rémiges primaires lisérées de blanc, les secondaires de roux et de blanc; les 2 rectrices latér. blanches en dehors. Bec jaune. ♂ avec 2 moustaches et les sous-caudales noires. [*Panure à moustaches*.]

**biarmicus** L.
*De passage* Nord. *Sédentaire* sur qques points, Péronne, St-Omer. 0ᵐ,172.

Fig. 577. — *Orytes caudatus*, *tête*, gr. nat.

Fig 578. — *Panurus biarmicus*, *tête*, gr. nat.

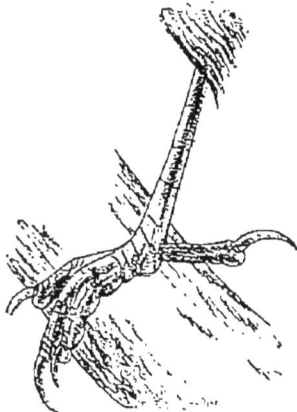

Fig. 579. — *Panurus biarmicus*, *pied*, gr. nat.    Fig. 580. — *Aegithalus pendulinus*, *tête*, gr. nat.

## 2. AEGITHALUS Boie. *Rémiz*. Fig. 580.

Bec mince, aigu, subulé. Narines basilaires, complètem. cachées par les plumes frontales. Ailes subobtuses ; 1re rémige assez longue. Queue large, échancrée. Tarses courts, scutellés. Doigts latéraux et médian presque égalem. longs. Ongle du pouce très gros, fortem. courbé.

Hab. au bord des eaux, et suspendent leur nid à l'extrémité d'une branche flexible d'un arbre.

Dessus de la tête et du cou, gorge blanc pur ou lavé de grisâtre. Dos roux vif. Joues noires. Poitrine, abd. gris mêlé de roussâtre. Pennes alaires et caudales noirâtres à bordure blanc roux. [*Rémiz penduline*.]    **pendulinus** L.
*De passage* Midi. *Accidentel* Nord, Est. 0m,1.

## XV. AMPELISIDI.

Bec très fendu, déprimé en dessus, 3gone à la base. Ailes de moyenne longueur. Queue large. Tarses courts, annelés.

### 1. AMPELIS Linné. *Jaseur*. Fig. 581, 582.

Bec court. Mandibule supér. fortem. dentée, l'infér. entaillée et retroussée à l'extrém. Narines basilaires, cachées par des plumes dirigées en avant. Ailes médiocres, aiguës ; beaucoup des rémiges secondaires munies à l'extrém. de petites palettes. Queue médiocre, arrondie. Doigts forts, le médian, ongle compris, aussi long que le tarse. Huppe en toupet frontal. Plumage cendré rougeâtre, **garrulus** L. plus foncé en dessus. Rémiges primaires noires, ter-    Europe septentrionale. *Très*

Fig. 581. — Ampelis garrulus, *tête*, gr. nat.

minées par un V jaune et blanc. Qques-unes des rémiges secondaires avec, à l'extrém.. un prolongem. cartilagineux rouge vif. [*Jaseur de Bohême.*] *accidentel* en France, *dans les hivers rigoureux*. 0ᵐ,21

# XVI. MUSCICAPIDI.

Bec largem. fendu, déprimé, très large à la base, aigu et crochu au sommet ; sa base munie de soies raides.

| | | |
|---|---|---|
| 1 | Bec, de la commissure à la pointe, *plus court* que la tête | 1. MUSCICAPA. |
| | Env. *aussi long* que la tête | 2 |
| 2 | Ailes assez *allongées*. Queue médiocre, ample, *subégale* | 2. BUTALIS. |
| | *De moyenne longueur*. Queue longue, *légèrem.* *échancrée*. Tarses *allongés* | 3. ERYTHROSTERNA. |

## 1. MUSCICAPA Brisson. *Gobe-mouches*. Fig. 583 à 585.

Bec plus court que la tête, très large à la base, droit, aigu. Mandibule supér. échancrée à la pointe. Narines ovales, basilaires. Ailes obtuses, atteignant au repos la 1/2 de la queue, qui est de médiocre longueur, ample, subéchancrée. Tarses minces, relativem. courts. Doigts courts, peu robustes. Pouce au moins égal au doigt externe.

| | |
|---|---|
| 1ʳᵉ rémige *3 fois* plus courte que la 2ᵉ, qui est notablem. *plus courte* que la 5ᵉ et plus longue que la 6ᵉ. ♂ noir ou gris brun en dessus, avec le dessous, 2 petits points au front, les grandes et moyennes couvertures des ailes blancs. ♀ cendré roux en dessus, blanche en dessous. | nigra Briss. *Midi d'avril à septembre* ; Nord, plus rare, *d'avril à août.* 0ᵐ,14. |
| Env. *2 fois* plus courte que la 2ᵉ, qui est *aussi* ou *plus longue* que la 5ᵉ. ♂ noir ou gris brun en dessus, avec le front, un collier, une tache et 1 miroir sur l'aile, blancs dans le plumage de noces ; dessous blanc. ♀ gris cendré en dessus, blanche en dessous. [*Gobe-mouches à collier.*] | collaris Bechst. *Sédentaire* sur quelques points, *de passage* régulier ailleurs. 0ᵐ,14. |

## 2. BUTALIS Boie. *Butalis*. Fig. 586.

Bec aussi long que la tête, droit, pointu. Mandibule supér. échancrée à la pointe. Narines basilaires, ovales. Ailes subobtuses, allongées, dépassant, au repos, la 1/2 de la queue, qui est de moyenne longueur, ample, subégale. Tarses grêles, un peu plus longs que le doigt médian.

Fig. 582. — Ampelis garrulus, un peu moins de 1/2 gr. nat.

Fig. 583. — Muscicapa collaris, presque 1/2 gr. nat.

Fig. 584. — Muscicapa collaris, *tête*, gr. nat.

Fig. 585. — Muscicapa nigra, *tête*, gr. nat.

Dessus gris cendré; plumes du vertex striées de brun. **grisola** L.
Dessous gris blanc, avec les flancs rayés en long de Nord. C. 0$^m$,15.
brunâtre. 1$^{re}$ rémige 3 f. plus courte que la 2$^e$, celle-
ci plus longue que la 5$^e$. [*Butalis gris.*]

Fig. 586. — Butalis grisola, *tête*, gr. nat.     Fig. 587. — Erythrosterna parva, *tête*, gr. nat.

### 3. ERYTHROSTERNA Bonaparte. *Erythrosterne.* Fig. 587.

Bec presque aussi long que la tête, droit, pointu, large à la base. Mandibule supér échancrée à la pointe. Narines basilaires, ovales. Ailes arrondies, n'atteignant pas tout à fait l'extrém. de la queue, qui est allongée, ample, subéchancrée. Tarses grêles, plus longs que le doigt médian.

Dessus cendré rougeâtre ou roussâtre. Gorge, poitrine **parva** Bechst.
   roux jaune vif. Abd. blanc argenté, avec les flancs   Europe centrale. Asie. *Acci-*
   lavés de cendré roux. Les 4 rectrices médianes noirâ-     *dentel* en France. 0m,12.
   tres, les autres noires à l'extrém., blanches à la base.
   1re rémige 2 f. plus courte que la 2e, qui est plus
   courte que la 5e et aussi longue que la 6e.

## XVII. HIRUNDINIDI.

Bec comprimé à l'extrém., large à la base, qui est dépourvue de poils raides. Ailes allongées. Tarses faibles, ord. nus. Doigts antér. inégaux, séparés.

|   |   |   |
|---|---|---|
| 1 { Queue *fortement échancrée* ou fourchue | 2 | |
|    { *Médiocrement* ou *non* échancrée | 3 | |
|    { Tarses *nus* | 1. HIRUNDO. | |
| 2 { Complètement *emplumés*. Queue *dépassant les* | | |
|     *ailes* | 2. CHELIDON. | |
|    { Queue *un peu* échancrée. Tarses munis de qques | | |
| 3 {   plumes à la face postérieure | 3. COTYLE. | |
|    { *Non* échancrée. Tarses *nus* | 4. BIBLIS. | |

Fig. 588. — Hirundo rustica, env. 1/2 gr. nat.

### 1 HIRUNDO Linné. *Hirondelle.* Fig. 588 à 590.

Bec court. Mandibule supér. presque droite. Narines basilaires, oblongues, partiellem. recouvertes par une membrane. Ailes très aiguës. Queue profondém. fourchue, rectrices latérales notablem. plus longues que les médianes. Tarses aussi longs que le doigt médian, grêles, nus ainsi que les doigts.

Fig. 589. — Hirundo rustica, *tête*, gr. nat.

Fig. 590. — Hirundo rufula, *tête*, gr. nat.

1 {

*Un collier noir* sur la poitrine. Front et gorge brun marron ou roussâtres. Dessus noir à reflets violets. Dessous roussâtre. Toutes les rectrices. sauf les 2 médianes. avec 1 tache blanche sur les barbes internes ; les 2 externes dépassant les suivantes de 0ᵐ,06 env. [*Hirondelle de cheminée.*]

**rustica** L.
Toute la France *pendant la belle saison.* 0ᵐ,18.

Roux du front plus étendu ; collier *plus large*. Dessous roux rubigineux *foncé*. [*Hirondelle du Caire.*]

*cahirica* Lichst.
*Accidentel.* 0ᵐ,17.

*Pas de collier noir*. Front, vertex. occiput, haut du dos. scapulaires noir bleuâtre à reflets. Dessous roussâtre. à plumes striées de noir le long de la tige. Ailes et queue noir cendré. Nuque rousse ; croupion fauve. [*Hirondelle rousseline.*]

**rufula** Le Vaill.
*De passage irrégulier* Midi.
0ᵐ,17 à 0ᵐ,18.

Fig. 591. — Chelidon urbica, 1/2 gr. nat.

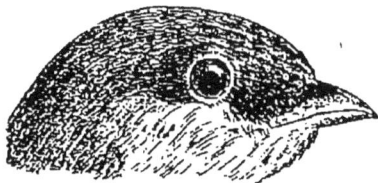

Fig. 592. — Chelidon urbica, *tête*, gr. nat.

## 2. CHELIDON Boie. *Chélidon.* Fig. 591, 592.

Bec court, robuste, à arête arrondie. Narines rondes. basilaires. Ailes aiguës, dépassant la queue au repos. Tarses aussi longs que le doigt médian, grêles, totalem. couverts de plumes. comme les doigts.

Pas de collier. Dessus noir lustré, avec le croupion blanc pur. Dessous blanc. [*Hirondelle de fenêtre.*]

**urbica** L.
Toute la France, *en été.* 0ᵐ,14.

Fig. 593. — *Cotyle riparia*, *tête*, gr. nat.

Fig. 594. — *Son pied*, gr. nat.

Fig. 595. - Biblis rupestris, *pied*, gr. nat.

Fig. 596. — *Sa tête*, gr. nat.

### 3. COTYLE Boie. *Cotyle*. Fig. 593, 594.

Bec petit, se rétrécissant brusquem. de la base à la pointe. Narines basilaires, saillantes. Ailes aiguës, plus longues que la queue, qui est faiblem. échancrée. Tarses aussi longs que le doigt médian, grêles, munis de qques plumes à la face postér. Doigts nus.

Dessus gris brun. Poitrine et flancs brunâtre pâle.    **riparia** L.
Ventre, gorge, sous-caudales blancs.     *Bords des eaux.* 0ᵐ,14

### 4. BIBLIS Lesson. *Biblis*. Fig. 595, 596.

Bec assez petit, déprimé à la base. Narines basilaires, légèrem. saillantes. Ailes allongées, plus longues que la queue, qui est égale à l'extrém. Tarses nus, aussi longs que le doigt médian.

Tout le plumage gris ± varié de brun. Rectrices, sauf **rupestris** Scop.
les 2 médianes et les 2 latérales, marquées sur les  *Cavernes, rochers.* Midi,
barbes internes d'une tache blanche ovale.      Pyrénées. 0ᵐ,144.

### SOUS-ORDRE IV. — ANOMODACTYLES.

Doigts antér. complètem. divisés. Pouce ord. très court, dirigé en avant, ou opposé et réversible.

1 { Bec *sans* soies raides à la base          I. **Cypselidi.**
   { *Muni* de soies raides à la base        II. **Caprimulgidi**

Fig. 597. — Gypselus apus, 1/3 gr. nat.

## I. CYPSELIDI.

Bec crochu, très fendu, déprimé. Ailes très longues. Tarses courts, robustes. Doigts ord. robustes, subégaux, comprimés.

### 1. CYPSELUS Illiger. *Martinet*. Fig 597 à 599.

Bec déprimé-3angulaire à la base, étroit et comprimé à la pointe. Mandibule supér. crochue, l'infér. légèrem. retroussée. Narines larges, longitudinales, bordées de petites plumes. Queue fourchue, à 10 pennes. Tarses très courts, munis de plumes jusqu'aux doigts. Doigt postér. articulé sur le côté interne du tarse et dirigé en avant. Ongles rétractiles.

Fig. 598. — Cypselus apus, *tête*, gr. nat.      Fig. 599. — Cypselus melba, *tête*, gr. nat.

1 { En entier *noir* fuligineux à reflets verdâtres, sauf la gorge qui est blanche. [*Martinet noir*.] — **apus** L. TC. *en été*. 0ᵐ.22.

Dessus *gris brun* uniforme. Dessous blanc pur ; sur la poitrine, une large ceinture brune ; sous-caudales brunes. [*Martinet alpin*.] — **melba** L. Alpes. Pyrénées. Lorraine. 0ᵐ.22.

## II. CAPRIMULGIDI.

Bec aplati à la base, à commissures atteignant au moins le milieu de l'œil, muni à la base de longues soies raides ; extrémité recourbée en crochet. Yeux très ouverts. Plumage dense, peu serré. Tarses épais, courts, ± emplumés. Ongle du doigt médian pectiné.

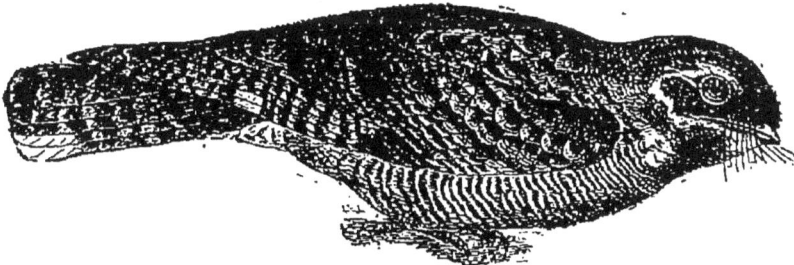

Fig. 600. — Caprimulgus europaeus, env. 1/3 gr. nat.

### 1. CAPRIMULGUS Linné. *Engoulevent*. Fig. 600 à 603.

Bec faible, déprimé à la base ; mandibule supér. plus longue que l'infér. Narines découvertes, tubuleuses, arrondies, obliques. Ailes longues, aiguës. Doigts antér. réunis par une membrane jusqu'à la 1re articulation ; le médian, ongle compris, plus long que le tarse.

Se nourrissent d'insectes, qu'ils chassent au déclin du jour.

De chaque côté de la tête, une bande blanchâtre allant des commissures à l'occiput. *Pas de collier* sur le devant du cou. 1re rémige subégale à — **europaeus** L. Presque tte l'Europe, *surtout* Midi. 0ᵐ.29.

Fig. 601. — Caprimulgus europaeus, *tête*, gr. nat.        Fig. 602. — *Son pied*, gr. nat.

Fig. 603. — Caprimulgus ruficollis, *tête*, gr. nat.

la 3e. Dessus varié de zigzags bruns et gris, de
traits noirs et de taches rousses. Dessous varié
de brun et de roux. Queue avec des bandes
transv. noires.

*Un large collier* roux embrassant la nuque et bor-        **ruficollis** Temm.
dant, en avant, le blanc du cou. Dessus gris clair,        Afrique. *Accidentel*. Pro-
marqué de zigzags roux et de traits longitudin.        vence. Languedoc. 0m,32.
noirs. Dessous rayé de jaunâtre et de noirâtre.

# ORDRE DES PIGEONS

*Passeres* L. pp. — *Columbae* Lath. — *Gallinae* G. Cuv. — *Rasores* Illig. —
*Sylvicolae* Vieill. — *Sponsores* de Blainville. — *Passerigalles* Latr.

Bec droit, voûté, crochu ou seulem. infléchi à la pointe, muni à la base de la mandibule supér. d'une membrane cartilagineuse, molle, renflée, dans laquelle sont percées
les narines. Jambes emplumées jusqu'à l'articulation. 4 doigts, dont 3 antér. et 1 postér.,
articulé au niveau des autres.

Monogames. Vivent ord. réunis en familles ; se nourrissent de graines, de fruits, auxquels ils joignent qqf. de petits mollusques.

Fig. 604. — Columba palumbus, *tête*, 1/2 gr. nat.  Fig. 605. — *Son pied*, 1/2 gr. nat.

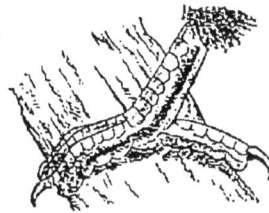

## I. COLUMBIDI.

Bec muni d'une enveloppe cornée seulem. à l'extrém., à mandibules lisses et mousses
aux bords. Narines ouvertes vers le milieu du bec. Ailes longues. Queue à 12 pennes.
Tarses courts. = emplumés, scutellés.

1 { Forme *trapue*. Tarses *courts*, ± emplumés au-
dessous de l'articulation — 1. COLUMBII.
{ *Svelte*. Tarses *longs*, nus — 2. TURTURII.

## 1. Columbii.

Forme trapue. Lames membraneuses recouvrant les fosses nasales séparées par un
profond sillon. Tarses courts. ± emplumés au-dessous de l'articulation.

### 1. COLUMBA Linné. *Colombe*. Fig. 604 à 608.

Bec moyen, droit, comprimé, renflé-arrondi à l'extrém. Narines étroites, oblongues,
horizontales, surmontées par une membrane cartilagineuse fortem. bombée. Ailes
longues, en pointe, subobtuses. Queue ample. — Pieds rouges.

1 { Tarse *plus court* que le doigt médian. *Pas de*
*bande ni de taches* transv. noires sur le dessus
de l'aile. Tête, cou, croupion cendré bleuâtre ;
dos, couvertures alaires cendré brun ; côtés du
cou vert doré ; dessous du cou *avec* latéralem.
*un croissant blanc de plomb*. Ventre, flancs gris
bleu. Rémiges primaires à bordure blanche. Queue
avec en dessous une large bande transv. gris
bleuâtre. Bec rouge, jaune à l'extrém. [*Ramier.*]  palumbus L.
*Forêts*. Double passage en
France. 0ᵐ,45.

*Aussi long* que le doigt médian. Aile en dessus
avec des bandes ou des taches transv. noires. 2
Taille *moindre*

Fig. 607. — Columba oenas, *tête*, 1/2 gr. nat.

Fig. 606. — Columba palumbus, 1/5 gr. nat.      Fig. 608. — Columba livia, *tête*, 1/2 gr. nat.

2 {

Ailes à bord externe *noir*, avec une tache noire
sur l'extrém. des rémiges secondaires et une
autre sur les grandes couvertures. Croupion *cendré*. Dessus cendré bleuâtre, à reflets métalliques
sur le cou. Poitrine rouge vineux. Abd., flancs
cendré bleuâtre. Queue cendrée, avec le 1/3
postér. noir; rectrice latér. blanche en dehors
sur sa 1/2 basilaire. [*Colombin*.]

**oenas** L.
*Forêts.* C. 0ᵐ,35.

A bord externe *cendré; 2 bandes transv. noires.*
Croupion *blanc*. Plumage gris-ardoise; côtés et
bas du cou vert violet chatoyant. Rectrice externe
blanche en dehors sur une grande étendue.
[*Biset.*]
     Souche probable de toutes les races de Pigeons
domestiques.

**livia** Briss.
*Niche parmi les rochers.* Çà
et là. 0ᵐ,52.

## 2. Turturii.

Forme svelte. Lames membraneuses couvrant les fosses nasales non séparées par un
sillon. Tarses ord. longs et nus

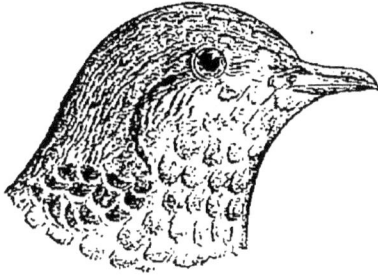

Fig. 609. - Turtur auritus, *tête*, 1/2 gr. nat.

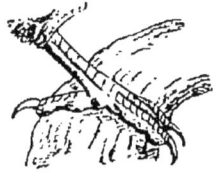

Fig. 610. — *Son pied*, 1/2 gr. nat.

**1. TURTUR** Selby. *Tourterelle*: Fig. 609, 610.

Bec mince, droit, faiblem. renflé au bout. Narines étroitem. oblongues, horizontales, surmontées par une membrane cartilagineuse peu bombée. Ailes longues, subaiguës. Queue médiocre. Ongle du doigt médian comprimé, étroit. Tour des paupières nu. Dessus brun, varié de cendré et de roussâtre. Poitrine **auritus** Ray. vineuse. Abd., sous-caudales blanches. Un demi-col- *Grands bois, surtout* Midi. lier noir, coupé par des raies blanches. Couvertures 0ᵐ,29. alaires noires, à large bordure rubigineuse. Rectrices latér. noires, terminées de blanc, la plus externe bordée en dehors de blanc. Bec brun bleuâtre.

## ORDRE DES GALLINACÉS

Bec convexe, — infléchi à la pointe; mandibule supér. voûtée, recouvrant l'infér. Narines percées dans une membrane et couvertes par une écaille cartilagineuse. Ailes le plus souv. courtes et concaves. 4 doigts. 3 antér., 1 post., ou 3 seulem., antér., ord. bordés et calleux en dessous. Pouce, lorsqu'il est présent, généralem. articulé plus haut que les doigts antér.

Volent peu et mal, par suite du faible développement de l'appareil sternal. Hab. généralem. à terre, dans les forêts, les champs, ou les montagnes rocailleuses. Ord. polygames.

1 { Ailes assez *longues*, permettant un vol assez sou- tenu      I. Pteroclesidi.
    Assez *courtes* ; vol pesant·      2

2 { Queue *très longue*, au moins chez les ♂      IV. Phasianidi.
    Très *courte*      3

3 { Arête de la mandibule supér. dessinant une courbe *très* prononcée      III. Turnicidi.
    Dessinant une courbe *peu* prononcée. Rectrices nulles ou complètem. cachées par les sus- et    II. Perdicidi. sous-caudales

### I. PTEROCLESIDI.

Bec plus large que haut à la base. Membrane surmontant les narines totalem. emplumée ; région sourcilière garnie de plumes. Ailes longues ; 1ʳᵉ rémige la plus longue. Queue médiocre, conique. 4 doigts. ou 3 seulem., antér.

1 { Tarses emplumés seulem. *en avant*; doigts *nus* ; pouce *rudimentaire*      1. PTEROCLESII.
    *Totalement* emplumés : doigts *emplumés* en des- sus ; pouce *avorté*      2. SYRRHAPTESII.

#### 1. Pteroclesii.

Bec robuste. Tarses assez courts, munis de plumes en avant. Doigts nus. Un pouce rudimentaire.

Fig. 611. — Pterocles alchata, 1/3 gr. nat.

Fig. 612. — Pterocles alchata, *tête*, 1/2 gr. nat.    Fig. 613. — P. arenarius, *tête*, 1/2 gr. nat.

### 1. PTEROCLES Temminck. *Ganga.* Fig. 611 à 613.

Bec notablem. plus court que la tête, subconique, convexe; mandibule supér dépassant l'infér., infléchie à la pointe, à arête entamant légèrem. les plumes frontales. Narines basilaires, latér., semi-lunaires. Ailes longues, étroites, pointues. 16 rectrices. Tarses courts, à plumes très courtes, piliformes. Pouce articulé très haut; doigts antér. unis par une membrane jusqu'à la 1re articulation. Ongles robustes, obtus.

Les 2 rectrices médianes *avec* un prolongement filiforme. Gorge noire ♂, blanche ♀. Un large ceinturon pectoral roux, limité en haut et en bas par une bande noire. Sous-caudales *blanches, variées de lignes brunes*. — ♂ varié en dessus d'olivâtre, de jaunâtre, de roux, de noir ; abd., jambes blancs; petites et moyennes couvertures marquées obliquem. de rouge marron, terminées de jaune, les grandes terminées de noir ; rectrices terminées de blanc; ♀ variée en dessus de bandes noires et rousses, avec des taches brun olivâtre. [*Ganga cata.*]

**alchata L.**
Europe méridionale, Afrique.
*Sédentaire* en Provence.
*Accidentel* ailleurs. 0ᵐ,27.

*Sans* prolongement filiforme. Gorge ♂ avec 1 tache 3angulaire noire, ♀ jaunâtre non tachée 1 seule *bande noire* sur le bas de la poitrine. Sous-caudales *noires terminées de blanc*. — ♂ roux ochracé en dessus, avec les plumes terminées de jaune ; ventre, abd. brun noir ; rectrices noires, terminées de blanc, vermiculées transversalem. de roux. ♀ avec la poitrine, le dos roux ochracé, striés abondamm. de noir. [*Ganga unibande.*]

**arenarius Pallas.**
Afrique. Asie. — Espagne.
France ? 0ᵐ,3.

### 2. Syrrhaptesii.

Bec grêle. Tarses courts, complètem. emplumés. Doigts munis de plumes en dessus. Pas de pouce.

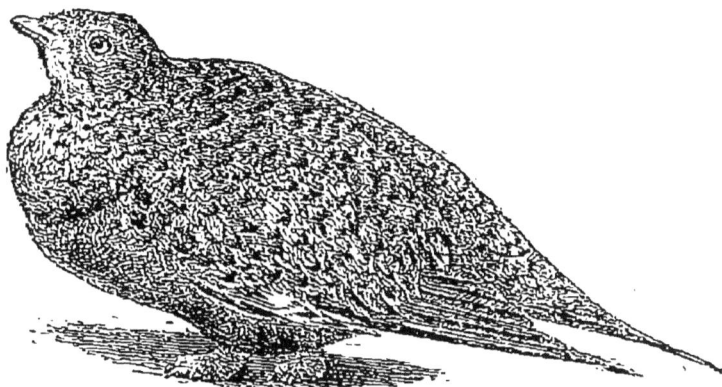

Fig. 614. -- Syrrhaptes paradoxus, 1/3 gr. nat

## 1. SYRRHAPTES Illiger. *Syrrhapte*. Fig. 614.

Bec mince, plus court que la tête, convexe ; mandibule supér. subinfléchie à la pointe ; narines basilaires, latér.. obliques. Ailes longues, étroites ; 1re rémige très longue, terminée par un prolongement filiforme ; 16 rectrices, aiguës, les 2 médianes terminées par un long prolongement effilé. Tarses très courts, robustes, couverts de plumes duveteuses. 3 doigts antér., plus courts que le tarse, unis par une membrane jusqu'à l'extrém , calleux en dessous.

Sus- et sous-caudales terminées en pointe. Aile avec 1 bande transv. châtain pourpre ; épigastre avec une large ceinture brun noir. — ♂ à face, gorge. 1 trait partant des yeux, 1 tache postoculaire jaune orangé ; dos, scapulaires gris jaunâtre, variés de lunules noires ; poitrine gris cendré ; région anale, sous-caudales et plumes tarsales blanc pur ; rectrices cendrées, à pointe blanche. ♀ à face, tache postoculaire, nuque, gorge roux pâle ; dessus gris jaunâtre varié de taches noires. [*S. paradoxal.*]

**paradoxus** Pallas. Asie. *Accidentel* en France. 0m.24 *du bec à l'extrémité des rectrices latérales.*

## II. PERDICIDI.

Mandibule supér. régulièrem. incurvée sur son arête supér., plus longue que l'infér Queue courte, ord. étroite. Sus- et sous-caudales médianes couvrant en grande partie les rectrices, courtes. Tarses épais, courts.

1 { Plumes frontales *cachant* les narines. Ord. *un espace dénudé* au-dessus des yeux . . . . . . 1. TETRAONII.
   { *Ne cachant pas* les narines . . . . . . . . . . . . . 2. PERDICII

## 1. Tetraonii.

Plumes frontales très avancées sur la mandibule supér., cachant les narines. Ord. un espace dénudé supraoculaire.

1 { 14 rectrices. Doigts *emplumés* . . . . . . . . . 1. LAGOPUS.
   { 16-18 rectrices. Doigts *nus* . . . . . . . . . . . . 2
2 { Tarses *emplumés jusqu'aux doigts*. 18 rectrices 2. TETRAO.
   { *Nus* au moins sur leur 1/3 infér. 15 rectrices 3. BONASA.

## 1. LAGOPUS Brisson. *Lagopède*. Fig. 615, 616.

Bec court, garni de plumes à peu près jusqu'au milieu de la mandibule supér. Narines oblongues, basilaires. Une bande papilleuse charnue au-dessus des yeux. Ailes courtes, arrondies. 14 rectrices. Tarses et doigts emplumés. Ongles larges, creusés en dessous.

En été : ♂ en dessus cendré mêlé de roussâtre, avec des bandes transv. noires ; gorge, cou, poitrine, flancs

**mutus** Martin. Hautes montagnes. Savoie,

Fig. 615. — Lagopus mutus, *tête*, 1/2 gr. nat.        Fig. 616. — Son pied, 1/2 gr. nat.

brun noir velouté, varié de fauve ; abd., sous-caudales. jambes, plumes tarsales blanc pur ; bande noire
sur l'œil ; rémiges blanches à rachis noir ; rectrices
blanches et noires ; ♀ plus rousse, sans bande noire
sur l'œil. — En hiver, plumage entièrem. blanc, avec,
chez les ♂, la bande noire oculaire.

Dauphiné, Provence, Pyré-
nées. 0ᵐ,35.

Fig. 617. — Tetrao urogallus, 1/10 gr. nat.

## 2. TETRAO Linné. *Tétras*. Fig. 617 à 619.

Bec 1/2 plus court que la tête. Mandibule supér: *fléchie en crochet à la pointe*.
Une bande charnue supraoculaire. Ailes courtes. Queue médiocre, à 18 rectrices. Tarses
emplumés ; doigts nus, pectinés aux bords. Ongles évasés à la pointe, creusés en dessous.

Rectrices latér. *plus courtes* que les médianes,
*plus longues* que les sous-caudales, qui sont
*noires, blanches à l'extrém*. Ailes *sans tache*
blanche. — ♂ à tête, haut du dos, croupion noir
cendré bleuâtre, rayé de zigzags gris ; poitrine
vert foncé à reflets bleus ; abd. noir bleuâtre
tacheté de blanc ; une plaque rouge vif supraoculaire ; rémiges brunes ; queue noire tachée de
blanc. ♀ rayée en dessus de roux, de noir, de
cendré et de blanc, rousse en dessous, avec des

urogallus L.
*Bois de pins et de sapins.*
Jura, Vosges, Pyrénées.
♂ 0ᵐ,7 à 1ᵐ ; ♀ 0ᵐ,55 à
0ᵐ,65.

Fig. 618. — Tetrao urogallus, *tête*, 1/3 gr. nat. Fig. 619. — T. tetrix, *tête*, 1/3 gr. nat.

bandes transvers. noires et brunes. [*Tétras uro-
galle, Coq de bruyère.*]
Bien *plus longues* que les médianes. contournées
en dehors ; les médianes *au plus aussi longues*
que les sous-caudales, qui sont *blanches* ♂.
*blanches à bordure rousse* ♀. Rémiges *avec*
une grande tache blanche. — ♂ à tête. haut du
dos. croupion bleu-métallique à reflets violets ;
dessous noir à reflets bleus sur la poitrine ; une
membrane rouge vif supraoculaire. queue noire.
♀ rousse en dessus. avec des raies noirâtres ;
dessous roussâtre. avec des bandes noires ; ailes à
2 bandes transv. de taches blanches. queue
noire barrée de roux. [*Tétras lyre, Petit Coq
de bruyère.*]
Le ♂ de cette espèce s'accouple facilem., en
donnant des produits hybrides, avec les ♀ de
*T. urogallus* et de *Phasianus colchicus.*

**tetrix** L.
*Régions boisées montueu-
ses.* ♂ 0ᵐ,55 à 0ᵐ,65 ; ♀
0ᵐ,42 à 0ᵐ46.

### 3. **BONASA** Stephens. *Gélinotte.* Fig. 620 à 622.

Bec médiocre, subdroit ; mandibule supér. faiblem. recourbée à l'extrém. Narines
basilaires, latér. Un étroit espace nu supraoculaire. Ailes courtes, arrondies. 16 rectrices. Tarses emplumés au plus sur leurs 2/3 supér. Doigts nus. pectinés aux bords.
Ongles obtus, creusés en dessous. Plumes du vertex allongées. formant une petite
huppe.
Une grande tache sur le méat auditif ; une large bande
noire vers le bout de la queue. Gorge noire ♂,
blanche ♀. — Dessus roux. varié de gris et de taches
transv. noires ; poitrine. flancs roux. Abd. blanc et
noir ; sous-caudales brunes et blanches ; queue cendrée, variée de zigzags noirs.

**sylvestris** Brehm.
Alpes. Pyrénées. Ardennes.
Auvergne 0ᵐ,37.

## 2. Perdicii.

Plumes frontales peu avancées sur la mandibule supér., ne cachant pas les narines.
Tour des yeux emplumé.

Fig. 620. — Bonasa sylvestris. 1/4 gr. nat.

Fig. 621. — Bonasa sylvestris, *tête*, 1/2 gr. nat.

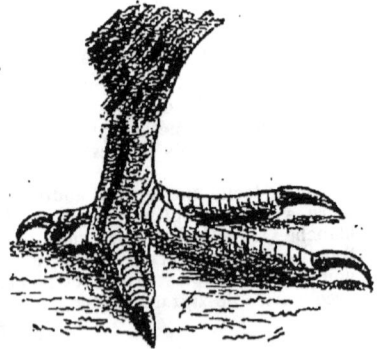

Fig. 622. — *Son pied*, 1/2 gr. nat.

Mandibule supér. *plus longue* que l'infér., notablem. infléchie au bout. Tarses élevés, avec, chez les ♂, un fort éperon corné, obtus ... 1. FRANCOLINUS.
*Dépassant très peu* l'infér. ... 2

Tarses *épais*, munis, chez les ♂, d'un tubercule calleux ... 2. PERDIX.
*Minces*, sans tubercule ♂♀ ... 3

*Un espace nu postoculaire* ... 3. STARNA.
Orbites *complétement emplumées* ... 4. COTURNIX.

Fig. 623. — Francolinus vulgaris, tête, 1/3 gr. nat.  Fig. 624. — Perdix petrosa, pied, 1/3 gr. nat.  Fig. 625. — *Sa tête*, 1/3 gr. nat.

### 1. FRANCOLINUS Stephens. *Francolin*. Fig. 623.

Bec long, plus large que haut à sa base ; mandibule supér. dépassant l'infér., notablem. infléchie au bout. Narines basilaires, étroites, subrectilignes, percées dans une membrane écailleuse nue. Ailes courtes, subobtuses ; *rémiges primaires plus courtes* que les plus grandes secondaires. Grandes sus-caudales aussi longues que les rectrices. Tarses élevés, munis chez les ♂ d'un éperon obtus, fort, corné. Doigts longs, le médian, ongle compris, *plus court* que la portion nue du tarse ; pouce portant sur le sol s ulem. par l'extrém. de l'ongle. Tour des yeux dénudé.

Plumes des flancs longues et étroites. ♂ à vertex, nuque noirs à plumes bordées de roux ; bas de la nuque entouré de taches blanches et noires, sériées ; haut du dos noir tacheté de blanc ; dos, sus-caudales rayés en travers de noir et de gris, dessous noir profond ; un large collier marron vif ; des taches blanches ovales sur les côtés ; gorge noire ; queue noire, avec des raies transversales blanches. — ♀ café au lait ; bande sourcilière et gorge blanc jaunâtre ; dos et sus-caudales gris brun, rayés de plus clair.

**vulgaris** Steph.
Europe méridionale. Corse 0ᵐ,3.

### 2. PERDIX Brisson. *Perdrix*. Fig. 624 à 628.

Bec épais, plus long que la 1/2 de la tête, plus haut ou aussi haut que large à la base ; mandibule supér. à bords un peu courbes dans leur 1/2 antér. Narines basilaires, obliques, à bords sinueux, demi-fermées par une membrane renflée, nue. Ailes arrondies, médiocres ; les plus longues des *rémiges secondaires plus courtes* que les plus grandes primaires. Grandes sus-caudales aussi longues que les rectrices. Tarses épais, assez courts, munis chez les ♂ d'un tubercule mousse, calleux. Doigt médian, ongle compris, *plus long* que la partie dénudée du tarse. Pouce bien développé, portant à terre ; ongles arqués. Un espace nu postoculaire. Plumes des flancs larges vers l'extrém.

Lorums *cendrés*. Vers le milieu du cou, *un large collier* roux, tacheté de blanc. Plumes des flancs coupées transversalem. par 2 traits noirs, distants l'un de l'autre d'env. 8 à 10 mill. 1re rémige plus courte que la 7e, les 4e et 5e subégales et les plus longues. Dessus cendré olivâtre nuancé de roussâtre ; poitrine cendré bleuâtre ; abd. et

**petrosa** Lath.
Europe méridionale ; Afrique septentrionale. *Accidentel* Midi. 0ᵐ,32.

14.

Fig. 627. — P. rubra, *tête*, 1/3 gr. nat.

Fig. 626. — Perdix rubra, 1/4 gr. nat.

Fig. 628. — P. graeca, *tête*, gr. nat.

jambes roux jaunâtre pâle. [*Perdrix de roche, gamba.*]

*Pas de large collier roux* ... 2

Plumes des flancs avec *une seule* bande transv. noire. 1 tache *noire* entre les branches de la mandibule supér. et la fossé nasale, de chaque côté. Joues, gorge, partie du cou blancs, encadrés *par un collier noir* ; en dehors du collier, de nombreuses taches noires sur les côtés du cou. 1re et 6e rémiges subégales; les 3e, 4e et 5e égales et les plus longues. Dessus cendré roux; poitrine cendrée; abd. roux clair; rectrices marron rouge. [*Perdrix rouge.*] ... **rubra** Brisson. Provence. *Plus rare* ailleurs. *Se reproduit* çà et là: 0m,3.

Avec 2 petites bandes transv. noires, *distantes* l'une de l'autre *d'env. 3 à 5 mm.* Partie entre les branches de la mandibule supér. et la fosse nasale *noire.* Joues, gorge, haut du cou encadrés *par une* large *bande noire.* 1re rémige ord. plus longue que la 5e; la 3e la plus longue. Dessus cendré lavé de roux; poitrine cendré bleuâtre; abd., bas-ventre, jambes ochracé pâle. Queue cendrée et rousse. [*Perdrix grecque.*] ... **graeca** Briss. Montagnes du Jura. Alpes. Pyrénées. 0m,32 à 0m,35.

### 3. STARNA Bonaparte. *Starne.* Fig. 629.

Bec moins long que la 1/2 de la tête, comprimé à la pointe, plus large que haut à la base. Mandibule supér. dépassant notablem. l'infér:, à bords décrivant une courbe dès la base. Ailes médiocres, arrondies. Rémiges *secondaires bien plus courtes* que les plus grandes primaires. Grandes sus-caudales aussi longues que les rectrices. Tarses

Fig. 629. — Starna cinerea, moins du 1/3 de gr. nat.

courts, minces, lisses ♂♀. Doigt médian. ongle compris, plus long que la portion nue du tarse. Pouce portant sur le sol seulem. par l'extrém. de l'ongle. Un espace nu post-oculaire. Plumes des flancs longues et étroites.

♂ à vertex, occiput brun roux, nuancé de cendré ; dos, croupion cendré varié de zigzags noirâtres ; cou, poi-trine, abd. cendré semé de taches et de zigzags noirs ; flancs avec des bandes roux rouge ; un large fer à che-val marron foncé sur l'abd. Ailes cendrées, tachées de roux rouge. 12 des rectrices latér. roux varié de brun ; les médianes variées de cendré, de noir et de roux. ♀ à vertex couvert de petites taches rondes blanc roux; dessus brun, taché de gris et de noir ; abd. blanc ou varié de roux. [*Perdrix grise*.]

**cinerea** Charlet.
Nord. Centre. *Plus rare* Midi. 0ᵐ,3.

Taille plus petite. Bec, tarses et doigts plus courts.   β. *damascena* Briss

## 4. COTURNIX Mœhring. *Caille*. Fig. 630, 631.

Bec court, plus large que haut à la base, à mandibules subégales, la supér. à bords droits sur une grande étendue. Narines basilaires, étroites, subobliques, à écaille mem-braneuse renflée. Ailes courtes, aiguës; les plus longues *rémiges secondaires bien plus courtes* que les plus grandes primaires. Queue courte ; sus-caudales dépassant un peu les rectrices. Tarses minces, assez courts, lisses ♂♀. Pouce court, ne portant à terre que par l'extrém. de l'ongle.

Une bande longitudin. blanchâtre sur l'occiput, et de chaque côté une autre sur l'œil. ♂ brun cendré en dessus, avec des taches noires et des raies rousses ; gorge roux brun, entourée de 2 bandes noires ; dessous roux clair, avec des raies blanches et des taches brunes et rousses. Ailes brun gris ; des taches transv. rousses sur les barbes externes des rémiges. ♀ plus foncée en dessus, avec la gorge blanchâtre.

**communis** Bonnaterre.
Dans toute la France, *d'avril à septembre*. 0ᵐ,17.

### III. TURNICIDI.

Arête de la mandibule supér. dessinant une courbe faiblem. prononcée, et seulem. dans la 1/2 antérieure. Fosses nasales oblongues, atteignant le milieu du bec. Rectrices nulles ou complétem. cachées.

Fig. 630. — Coturnix communis, *pied*, 1/3 gr. nat.    Fig. 631. — *Sa tête*, 1/3 gr. nat.    Fig. 632. — Turnix sylvaticus, *tête*, 1/3 gr. nat.    Fig. 633. — *Son pied*, 1/3 gr. nat.

#### 1. TURNIX Bonnaterre. *Turnix*. Fig. 632, 633.

Bec grêle, fortem. comprimé; mandibule supér. légèrem. courbée à la pointe, plus longue que l'infér. Narines nues, demi-fermées par une membrane. Ailes moyennes, concaves, aiguës. 10 rectrices très courtes. Tarses médiocres, non vêtus, réticulés. 3 doigts, antér., libres. Pouce nul. Ongles pointus, grêles.

Dessus noirâtre, avec des zigzags roux et les plumes    **sylvaticus** Desfont. étroitem. bordées de clair. Gorge blanc roussâtre.    Algérie. 0ᵐ,16.

Poitrine roux vif; plumes des côtés noires et blanches Rémiges primaires larges, contournées en dedans en faucille. [*Turnix tachydrome.*]

### IV. PHASIANIDI.

Bec nu à la base, courbé et déprimé à la pointe. Une touffe de plumes ou une crête charnue sur la tête. Joues et pourtour des yeux nus ou papilleux. Queue longue, au moins chez les ♂. 4 doigts.

Fig. 634. — Phasianus colchicus, 1/7 gr. nat.

#### 1. PHASIANUS Linné. *Faisan*. Fig. 634.

Bec robuste. Mandibule supér. voûtée. courbée au bout, dépassant l'infér. Narines demi-fermées par une membrane renflée. Ailes courtes, concaves. Queue allongée, disposée en toit, terminée en pointe; 18 rectrices, les médianes bien plus longues que les latér. Tarses robustes, scutellés, munis chez les ♂ d'un fort éperon conique. Pouce court, ne portant à terre que par l'extrémité.

♂ à cou vert-métallique, avec un bouquet de plumes de **colchicus** L. même couleur aux deux côtés de l'occiput, et au ver- *Naturalisé.* ♂ 0ᵐ,86. tex une large caroncule écarlate ; dessus rouge-bai brillant; plumes du dos bordées de viole noirâtre, variées de taches blanc jaunâtre, en V; croupion teint de pourpre violacé; dessous rouge-bai, à plumes bordées de noir violacé; rectrices gris-olive, avec des bandes noires transv. ♀ brun noir sur le haut du dos, avec les plumes bordées de roux; plumes du dos, scapulaires, sus-caudales brunes, tachetées de roux; dessous cendré jaunâtre varié de taches brunes.

# ORDRE DES ÉCHASSIERS

*Grallae* et *Gallinae* pp. Linné — *Grallae* G. Cuv. — *Cursores, Grallae, Natatores* Meyer. — *Herodiaires* et *Grallae* Bonap.

Bec variable, rarem. voûté. Narines découvertes. ord. percées de part en part, et s'ouvrant dans un sillon. Queue ord. courte. Tarses et jambes le plus souv. allongés; jambes ord. ± nues au-dessus de l'articulation. 4-3 doigts.

| | | |
|---|---|---|
| 1 | Pouce ord. *bien développé*, et pouvant porter en grande partie sur le sol | 2 |
| | *Court,* ord. ne touchant pas à terre | 3 |
| 2 | Bec ord *plus long* que la tête. Corps *peu comprimé* | III. Hérodions. |
| | Ord. *plus court* ou *aussi long* que la tête. Ailes *concaves,* subarrondies, qqf. armées d'un éperon. | |
| | Corps *très comprimé.* Doigts antér. allongés, effilés, le médian ord. au moins aussi long que le tarse | II. Macrodactyles. |
| 3 | Doigts antér. *unis jusqu'à l'extrém.* par une palmure entière | IV. Palmipèdes. |
| | *Non unis jusqu'à l'extrémite* | I. Coureurs. |

## SOUS-ORDRE I. — ÉCHASSIERS COUREURS.

Doigts assez courts. Pouce nul ou très court. ord. ne portant pas à terre, muni d'un ongle très petit. Lorums et tour des yeux garnis de plumes. Essentiellem. coureurs. Hab. de préférence les lieux découverts.

| | | |
|---|---|---|
| 1 | Bec robuste, convexe; déprimé à la base et *courbé vers la pointe.* Pas de pouce | I. Otisidi. |
| | Droit, plus court que la tête, souv. étranglé au milieu, déprimé à la base de la mandibule supér., *comprimé à l'extrémité* | 2 |
| | Faible, aussi long ou plus long que la tête, *touj. sillonné sur les côtés de la mandibule supér.,* à partir de la base | 3 |
| 2 | Fosses nasales *peu* prolongées. Tarses *scutellés* | II. Glareolidi. |
| | Ord. prolongées au moins *jusqu'à la 1/2 du bec.* Tarses ord. *réticulés* | III. Charadriidi. |
| 3 | Tarses et partie nue des jambes ord. *couverts* en avant et en arrière d'une série régulière *de scutelles* | IV. Scolopacidi. |
| | *Réticulés..* Bec long, très grêle, ± *retroussé* | V. Recurvirostridi. |

## I. OTISIDI.

Bec déprimé à la base, voûté et courbé vers la pointe. Ailes amples, obtuses, recouvrant la queue, qui est courte. Tarses longs, robustes, réticulés. Doigts courts, épais, unis à la base et étroitem. bordés latéralem. par une membrane rugueuse.

Fig. 635. — Otis tarda, *tête*, 1/3 gr. nat.  Fig. 636. — Otis tarda, 1/30 gr. nat.

Bec *plus court* que la tête. Narines *basilaires* ... 1. Oris.
1 Env. *aussi long* que la tête. Narines *submédianes*;
fosses nasales *prolongées* en un sillon au delà de
la 1/2 du bec ... 2. Houbara.

### 1. OTIS Linné. *Outarde*. Fig. 635 à 638.

Bec moins long que la tête, robuste, large à la base, comprimé dans sa 1/2 antér. Mandibule supér. dessinant, à partir des narines, une courbe très prononcée ; l'infér. droite. Narines elliptiques, basilaires ; fosses nasales peu profondes. Ailes longues, concaves, subaiguës. Queue large. Tarses épais, élevés, couverts d'un réseau d'écailles hexagones; doigts munis en dessus de larges scutelles. Pas de pouce.
Se nourrissent d'insectes et d'herbes.

Base de la mandibule infér. *garnie* de chaque côté  tarda L.
d'une petite touffe de plumes ± longues. Dos roux  *De passage irrégulier. Se*
jaunâtre, ondé de noir. Rectrices avec 2 bandes  *reproduit* sur qques points.
transv. noires. — ♂ en été avec, de chaque côté  1 m. à 1ᵐ,08.
du cou, un espace nu, violacé; un large collier
roux ; abd. blanc grisâtre mêlé de rose vineux ;

Fig. 637. — Otis tetrax, *tête*, 1/3 gr. nat.        Fig. 638. — *Son pied*, 1/3 gr. nat.

1 { ♂ en hiver sans partie dénudée au cou; dessus roux jaunâtre avec de nombreuses bandes noires et blanches; dessous blanchâtre. [*Outarde barbue.*]

*Sans* touffe de plumes. Dos et dessus des ailes jaunâtres, avec de nombreux zigzags noirs. Sus-caudales en partie blanches. Rectrices avec 1 bande transvers. brune et de nombreuses taches. — ♂ en été avec la nuque couverte de plumes noires.. [*Canepetière.*]

te!rax L.
*Se reproduit* sur qques points. 0ᵐ,45.

## 2. HOUBARA Bonaparte. *Houbara.* Fig. 639.

Bec env. aussi long que la tête, peu épais, fortem. déprimé sur ses 2/3 basilaires; mandibule supér. dilatée au niveau des narines, courbée et comprimée vers l'extrém. ; l'infér. droite. Narines submédianes. latér.. ovales. Fosses nasales prolongées en un sillon qui dépasse la 1/2 du bec. Ailes longues. amples. obtuses. Vertex, côtés et bas du cou munis de plumes décomposées fasciculées.

Vertex avec une *épaisse* touffe de plumes *blanches*, allongées, recourbées ; de chaque côté du cou, une série de plumes décomposées, tombantes. la plupart noires, les infér. blanches, les plus longues atteignant *le milieu de la poitrine* ; plumes allongées du jabot *blanches.* — Dessus jaune ochracé, varié de raies noirâtres; dessous blanc, avec des taches noirâtres, en raies sur les côtés du basventre; rémiges blanches et noires; queue avec 3 larges bandes cendrées, et le bout des pennes blanc.

undulata Jacquin.
Algérie. 0ᵐ,65.

1 { Avec une *petite* touffe de plumes allongées. peu recourbées, blanches à la base, grises au sommet, *noires* au milieu; de chaque côté du cou, une touffe de plumes décomposées. les infér. blanches, les plus longues atteignant au plus *le bas du cou* ; plumes allongées du jabot *cendrées.* — Cou, dessus gris brun roux ; dessous blanc, les sous-cau-

mac queenii Gray.
*Accidentel* Belgique. Nord ? 0ᵐ,57.

Fig. 639. — Houbara undulata, *tête*, 1/3 gr. nat.

dales latér. rousses ; rémiges blanches et noires ;
les 2 rectrices médianes coupées par 2 bandes noirâtres, les autres par 3 bandes cendrées.

## II. GLAREOLIDI.

Bec très court ; commissures atteignant le dessous des yeux ; mandibule supér. courbée presque dès la base. Fosses nasales peu prolongées. Ailes longues, étroites, fortem.
étagées. Queue ± fourchue. 4 doigts ; pouce portant à terre par le bout ; ongle du doigt
médian pectiné au bord interne.
Peuvent fournir un vol rapide et soutenu.

### 1. GLAREOLA Brisson. *Glaréole*. Fig. 640 à 642.

Bec notablem. plus court que la tête, convexe, plus haut que large à partir du milieu
jusqu'à la pointe. Bords mandibulaires nettem. incurvés. Narines basilaires, obliquem.
ovales. Ailes aiguës, bien plus longues que la queue. Tarses assez courts, réticulés sur
les côtés de l'articulation, scutellés sur le reste. Doigts médian et externe réunis à la
base par une petite membrane. Ongles allongés, comprimés.
Moyennes couvertures infér. de l'aile marron vif par-  **pratincola** L.
tout. Lorums, dessus gris brun, nuancé de roux à la  *Marécages* voisins de la

Fig. 640. — Glareola pratincola, 1/3 gr. nat.

Fig. 641. — Glareola pratincola, *tête*; 1/3 gr. nat.

Fig. 642. — *Son pied*, 1/3 gr. nat.

nuque. Sus-caudales blanches. Poitrine cendré brun ; bas-ventre blanc ; rectrices blanches et noires.

Méditerranée.  *Accident.* ailleurs. 0m,25.

## III. **CHARADRIIDI.**

Bec ord. membraneux dans sa 1/2 basilaire, renflé et dur dans son 1/3 antér. Fosses nasales ord. prolongées au moins jusqu'à la 1/2 du bec. Narines percées de part en part. Ailes allongées, étroites, aiguës. Yeux gros, placés notablem. en arrière.

1 { Grandes sous-caudales *n'atteignant pas* l'extrém. des rectrices latérales — 2
*Atteignant* ou *dépassant* l'extrém. des rectrices latérales — 3

2 { Bec ord. *plus court*, rarem. aussi long que la tête. Doigts *sans* larges callosités — 3. CHARADRII.
*Plus long* que la tête. Les doigts antér. *bordés* de larges callosités raboteuses — 4. HAEMATOPII.

3 { Bec *médiocrement* fendu. Souv. un bourrelet membraneux à la base de la mandibule supér — 5. STREPSILASII
Fendu au moins *jusqu'au milieu des yeux* — 4

4 { Plumage *varié de taches oblongues* ord. placées vers le centre des plumes — 1. OEDICNEMII.
*Coloré par grandes masses* — 2. CURSORII.

## 1. Oedicnemii.

Bec fendu au delà de l'angle antér. de l'œil. Grandes sous-caudales atteignant au moins l'extrém. des rectrices latérales. Pouce nul. Les doigts antér. réunis à la base par de larges membranes. Plumage marqué de taches oblongues.

Fig. 643. — Oedicnemus crepitans, 1/6 gr. nat.

### 1. OEDICNEMUS Temminck. *Edicnème*. Fig. 643, 644.

Bec env. aussi long que la tête, épais, 3angulaire, comprimé dans sa 1/2 antér.: mandibule infér. angulée en dessous. Narines linéaires, atteignant le milieu du bec. Fosses nasales non prolongées en sillon. Ailes aiguës, n'atteignant pas l'extrém. de la queue; celle-ci à 12 pennes. Tarses allongés, grêles, couverts d'un réseau de petites écailles. 3 doigts, antér., courts, épais, réunis, l'externe et le médian, par une membrane dépassant la 1re articulation, le médian et l'interne par une membrane atteignant cette articulation. Ongles très courts.

Fig. 644. — Oedicnemus crepitans, *tête*, 1/2 gr. nat.

Dessus roussâtre cendré, avec 1 tache longitudin. au centre des plumes. Gorge, bas-ventre, jambes blanc pur; poitrine roussâtre, avec des raies brunes. Abd. blanc roux. Ailes cendré blanchâtre sur la 1/2 de leur étendue, variées de brun et de roux sur le reste. Rémiges noires; 1 tache blanche sur la 1re et la 2e. Rectrices rayées et terminées de noir. [*E. criard.*]

crepitans Temm.
Midi. *De passage* Nord.0ᵐ,42.

## 2. Cursorii.

Bec fendu jusqu'au-dessous des yeux, subfléchi et voûté à l'extrémité. Queue égale. Grandes sous-caudales atteignant l'extrém. des rectrices latér. Pas de pouce. Doigts antér. libres, très courts. Plumage coloré par grandes masses.

Fig. 645. — Cursorius gallicus, 1/3 gr. nat.

### 1. CURSORIUS Latham. *Courvite*. Fig. 645.

Bec plus court que la tête. Narines ovales, basilaires. Fosses nasales non prolongées. Ailes moyennes, étagées, aiguës ; queue courte. Tarses longs, grêles, avec 3 séries de scutelles imbriquées, dont 2 plus petites postér., et 1 plus large, antér. et latérale. 3 doigts, les latér. bien plus courts que le médian. Plumage à couleur foncière isabelle. Dessous unicolore. **gallicus** Gmel. 2 raies noires ou brunes postoculaires. Occiput gris. Afrique. *Accidentel* Nord, Rectrices tachetées de noir vers leur extrém., termi- Est, Midi. 0ᵐ,26. nées de blanchâtre.

### 3. Charadrii.

Bec droit, assez peu fendu. Grandes sous-caudales n'atteignant pas l'extrém des rectrices latér. Ord. 3 doigts, antér., l'externe et le médian unis par une petite membrane basilaire. Plumage coloré par grandes masses, ou marqué de taches irrégulières.

|   |   |   |
|---|---|---|
| 1 { | Bec *aussi long* que la tète, grèle, droit | 4. CUETUSIA. |
|   | *Plus court* que la tète | 2 |
| 2 { | Plumage *varié* en dessus *de nombreuses taches* | 1. PLUVIALIS. |
|   | *Coloré par grandes masses* | 3 |
| 3 { | *Un pouce* | 5. VANELLUS. |
|   | *Pas de pouce* | 4 |
| 4 { | Mandibule infér. presque droite *sur toute sa longueur* | 2. MORINELLUS. |
|   | Droite *de la base au milieu*, puis relevée jusqu'à la pointe | 3. CHARADRIUS. |

Fig · 646.—Pluvialis apricarius, *tête*, 1/3 gr. nat.

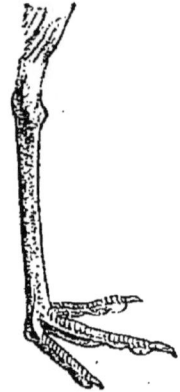

Fig. 647. — *Son pied*, 1/2 gr. nat.

Fig. 648. — Pluvialis varius, *tête*, 1/2 gr. nat.

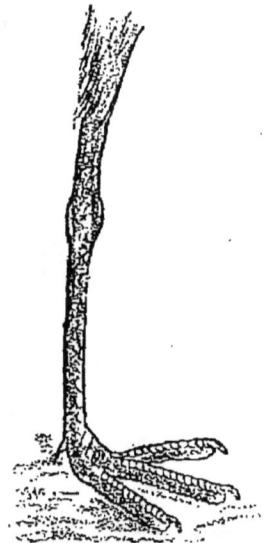

Fig. 649. — *Son pied*, 1/2 gr. nat.

**1. PLUVIALIS** Barrère. *Pluvier.* Fig. 646 à 649.

Bec un peu plus court que la tête, droit, comprimé vers l'extrém. Narines latér., étroitem. linéaires. Sillons nasaux prolongés au delà du milieu du bec. Ailes aiguës, munies d'un tubercule mousse. Queue ornée de nombreuses bandes transv. Tarses longs, grêles, couverts entièrem. d'écailles 6gones, plus larges en avant. 3 doigts ; pouce atrophié ou nul.

*3* doigts seulem., le pouce complètem. nul. Dessus noir marqué de taches jaune doré. Sous-caudales. sourcils, bord des paupières blancs ; des bandes brun noir et jaunes, alternantes, sur les sous-caudales latér. Côtés et flancs variés de taches noires et jaunes. Rémiges brun noir, tachées de blanc. Queue brune avec des raies transv. — ♂ et ♀ en amour avec la gorge, le milieu de la poitrine, l'abd. noir lustré encadré de blanc. [*Pluvier doré.*]     **apricarius** Linné. *De passage régulier.* 0$^m$,27.

*4* doigts, le pouce étant rudimentaire. Dessus noir varié de taches blanches, ou brun noir tacheté de blanchâtre. Queue blanche, rayée transversalem. de bandes noires, brunes ou grises. Rémiges brun noir à baguettes blanches. — ♂ en amour avec la face, la gorge, la poitrine, l'abd., les côtés et les flancs noir profond.     **varius** Brisson. Europe boréale. *De passage de mai au 15 juillet, et d'août à septembre.* 0$^m$,28.

Fig. 650. — Morinellus sibiricus, *tête*, 1/2 gr. nat.      Fig. 651. — *Son pied*, 1/2 gr. nat.

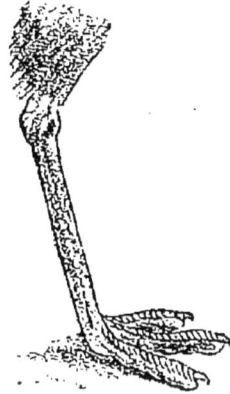

## 2. MORINELLUS Bonaparte. *Guignard.* Fig. 650, 651.

Bec moins long que la tête, grêle, faiblem. renflé à l'extrém. Narines latér., oblongues, étroites. Fosses nasales prolongées en sillon au delà du milieu du bec. Ailes au moins aussi longues que l'extrém. de la queue. Jambes dénudées au plus sur une longueur égale à celle du doigt médian. Tarses un peu courts, finem. réticulés postérieurem., couverts antérieurem. et latéralem. de plaques 4-5-6-gones. 3 doigts, antér., les latér. courts, le médian et l'externe unis par une étroite membrane n'atteignant pas la 1re articulation.

Vertex noir, avec qques plumes bordées de roussâtre. Dessus cendré brun, avec les plumes lisérées de roussâtre. Gorge blanche. Poitrine cendrée, avec une bande étroite noire et un large ceinturon blanc. Haut de l'abd., flancs roux ; sous-caudales blanches. Rémiges et rectrices brun noir ; la tige de la 1re rémige et l'extrém. des rectrices blanches.     **sibiricus** Lepechin. *Passage régulier* Nord *en mai et août.* 0$^m$,32.

## 3. CHARADRIUS Linné. *Gravelot.* Fig. 652 à 654.

Bec ord. plus court que la tête, mince ; narines basilaires, parallèles à la mandibule supér. Sillons nasaux obtus, atteignant le milieu du bec. Ailes aiguës, au moins aussi longues que l'extrém. de la queue. Tarses grêles, finem. réticulés en arrière, couverts en avant de 2 rangs de plaques 4-5-6-gones. 3 doigts, antér.; membranes interdigitales peu développées.

| | |
|---|---|
| 1 { Bec, du front à la pointe, *plus court* que le doigt interne, ongle compris. Mandibules noires avec leur 1/2 basilaire jaune. Rémiges primaires noirâtres, avec la baguette blanche en partie. Pieds jaune orangé. Rectrice latér. entièrem. blanche. Vertex, occiput, dessus cendré brun ; une large bande noire d'un œil à l'autre ; gorge blanc pur ; un large plastron noir ; abd. blanc. | **hiaticula** L. *De passage printemps et automne, surtout* côtes maritimes. 0<sup>m</sup>,16. |
| *Plus long* que le doigt interne | 2 |

Fig. 652. — Charadrius hiaticula, *tête*, 1/2 gr. nat.  Fig. 653. — C. philippinus, *tête*, 1/2 gr. nat.  Fig. 654. — C. kantianus, *tête*, 1/2 gr. nat.

| | |
|---|---|
| 2 { La 1re rémige primaire à rachis blanc, le rachis de toutes les autres *en partie blanc*. Mandibules noires. Pieds *noirâtres*. Les 3 rectrices latér. blanchâtres. Colliers blanc et noir *incomplets*. Vertex, occiput roux ochracé ; dessus cendré brun nuancé de roux ; gorge, dessous blancs ; côtés de la poitrine noirs. | **kantianus** Lath. Côtes maritimes. 0<sup>m</sup>,15. |
| À rachis presque entièrem. blanc, les autres à rachis *brun*. Rectrice latér. entièrem. blanche. Pieds *jaunâtres*. Cou, dos, dessus des ailes cendré uniforme ; 1 bande sur la tête noir profond. Gorge blanc pur ; un collier blanc *complet* suivi d'un collier noir, dilaté en avant en plastron. Dessous blanc. | **philippinus** Scopoli. *De passage régulier. Sédentaire* sur quelques points. 0<sup>m</sup>,13. |

## 4. CHÉTUSIA Bonaparte. *Chétusie*. Fig. 655.

Bec aussi long que la tête, droit, mince. Sillons nasaux larges, dépassant le milieu du bec. Narines linéaires, étroites, subrectilignes. Ailes aiguës, munies d'un tubercule, un peu plus longues que la queue. Partie dénudée du bas des jambes au moins aussi longue que le doigt externe. Tarses très allongés, irrégulièrem. scutellés en avant, submembraneux latéralem. 4 doigts. Pouce bien développé, articulé très haut, ne portant pas sur le sol.

| | |
|---|---|
| 1 { Pieds *noirs*, ainsi que le bec. Les 2 rectrices latér., de chaque côté, blanches ; les autres *avec 1 bande noire* subapicale. Sus-alaires secondaires blanches. *1 trait noir sur l'œil*. Vertex noir, avec une couronne blanche. Dos. scapulaires gris cendré. Gorge blanchâtre. Poitrine cendrée ; ventre en partie brun noir. Sous-caudales blanc pur. | **gregaria** Pall. *Accidentel* Midi. 0<sup>m</sup>,3. |
| *Jaune verdâtre vif*. Bec noir. Rectrices *entièrem. blanches*. 1 bande noire et 1 terminale blanche sur les sus-alaires. Dessus gris brun à reflets verdâtres ; grandes couvertures primaires blanches. Rémiges secondaires blanches, les 3-4 premières terminées de noir. Poitrine gris bleuâtre. Ventre blanc. | **leucura** Licht. *Très accidentel* Midi. 0<sup>m</sup>,27. |

Fig. 655. — Chetusia gregaria, *tête*, 1/2 gr. nat.

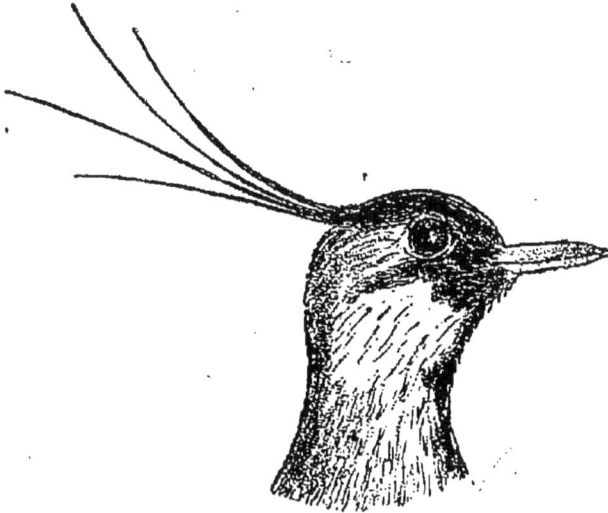

Fig. 656. — Vanellus cristatus, *tête*, 1/2 gr. nat.

## 5. VANELLUS Linné. *Vanneau*. Fig. 656.

Bec moins long que la tête, mince, brusquem. renflé. Narines longues, linéaires, parallèles à la mandibule supér. Sillons nasaux atteignant les 2/3 du bec. Ailes à pennes larges ; munies d'un tubercule qqf. prolongé en éperon. Tarses longs, réticulés de toutes parts. 4 doigts ; pouce articulé haut, ne portant à terre que par l'extrém de l'ongle. Tête lisse ou munie d'une huppe.

Hab. les bords de la mer, des grands fleuves, les vastes prairies humides.

Occiput avec une huppe de 5-6 plumes effilées, recourbées en haut. Rectrice extér. blanche; les autres blanches et noires. Bec entièrem. noir. Vertex, front noirs. Dessus vert à reflets métalliques. Haut de la poitrine noir; bas de la poitrine, abd. blancs; une moustache noire sous les yeux. Rémiges noires. [*Vanneau huppé.*] — **cristatus** Meyer et Wolf. *De passage régulier. Sédentaire* çà et là. 0m,35.

## 4. Haematopii.

Bec plus long que la tête, droit, médiocrem. fendu. Queue égale. Grandes sous-caudales n'atteignant jamais l'extrém. des rectrices latér. Pas de pouce. Doigts antér. bordés de larges callosités rugueuses.

Fig. 657. — Haematopus ostralegus, 1/6 gr. nat.

## 1. HAEMATOPUS Linné. *Huitrier*. Fig. 657, 658.

Bec bien plus long que la tête, robuste, aussi haut que large à la base, puis rétréci. Narines oblongues, latérales ; sillons nasaux se prolongeant en pointe jusqu'au milieu du bec. Ailes atteignant presque l'extrém. de la queue. 12 rectrices. Tarses robustes, peu allongés, réticulés. 3 doigts. Ongles courts, larges.

Dessus noir profond. Bec jaune rouge, brun sur son 1/3 antér. Pieds rouge livide. Paupière infér., sus-caudales, une double tache aux rémiges primaires, grandes couvertures supér. de l'aile blanc pur. Queue blanche avec l'extrém. noire. [*H. pie.*]

ostralegus L.
Côtes de la Manche. 0ᵐ,42.

Fig. 658. — Haematopus ostralegus, *tête*, 1/2 gr. nat. Fig. 659. — Strepsilas interpres, *tête*, 1/2 gr. nat.

## 5. Strepsilasii.

Bec droit ou un peu relevé en haut, peu fendu. Base de la mandibule supér. avec un petit bourrelet membraneux. Grandes sous-caudales atteignant env. l'extrém. des rectrices latér. Doigts antér. unis à la base par un étroit repli membraneux. Tarses scutellés en avant, réticulés en arrière. Plumage largem. taché par grandes masses.

### 1. STREPSILAS Illiger. *Tourne-pierre*. Fig. 659.

Bec env. aussi long que la tête, conique, à arête aplatie, à pointe dure, mousse. Ailes nn peu plus longues que la queue. 12 rectrices. Tarses recouverts en avant par un rang de plaques étroites, paraissant imbriquées, munis latéralem. et en arrière d'un fin réseau, aussi longs que le doigt médian, ongle compris. Pas de membranes inter-digitales.

| | |
|---|---|
| Dessus de la tête blanc pur; des raies noires au vertex. | **interpres** Linné. |
| Dos et scapulaires noir varié de roux ferrugineux. Grandes sus-caudales, gorge, abd., sous-caudales blancs; parties supér. et latér. de la poitrine noires. Bec subretroussé vers la pointe. Pieds rouge orangé. Queue blanche avec une bande noirâtre. [*T. vulgaire.*] | *De passage.* Côtes maritimes 0$^m$,22. |

## IV. SCOLOPACIDI.

Bec variable, ord. plus long que la tête, grêle, ± cylindrique. Ailes aiguës. ord. très étagées. Queue courte. Pouce ord. développé, ± allongé, grêle, surmonté et muni d'un ongle très petit.

| | | |
|---|---|---|
| 1 | Les 3 doigts antér. *réunis* au moins jusqu'à la 1re articulation *par une palmure prolongée* latéralem. *jusqu'à l'ongle* | 6. PHALAROPII. |
| | *Non réunis par une palmure prolongée jusqu'à l'ongle* | 2 |
| 2 | Mandibule supér. *dure* à l'extrémité | 3 |
| | *Molle* à l'extrémité | 4 |
| 3 | Mandibule supér. sillonnée *dans les 3/4 de sa longueur.* Tarses *presque entièrem. réticulés* sur toutes les faces | 1. NUMENII. |
| | Ord. *non sillonnée au delà du milieu.* Tarses *scutellés* en avant et en arrière | 5. TOTANII. |
| 4 | Tarses scutellés *en avant et en arrière* | 4. TRINGII. |
| | Scutellés *en avant*, réticulés en arrière | 5 |
| 5 | Extrém. de la mandibule supér. déprimée, dilatée, obtuse, *lisse* | 2. LIMOSII. |
| | *Pourvue de nombreuses cryptes*, creusée d'un petit sillon médian | 3. SCOLOPACII. |

## 1. Numenii.

Mandibule supér. sillonnée sur ses 3/4 env., dure, obtuse, lisse à l'extrém. Tarses presque entièrem. réticulés. 4 doigts; les antér. unis à la base par 2 palmures subégales.

### 1. NUMENIUS Moehring. *Courlis*. Fig. 660 à 663.

Bec bien plus long que la tête, grêle, fortem. arqué, la mandibule supér. plus longue que l'infér. Narines linéaires, basilaires, latérales. Ailes longues. Tarses longs, scutellés sur le 1/3 infér. de la face antér., réticulés ailleurs. Doigts courts, le médian bien plus court que le tarse. Pouce portant seulem. sur l'extrém.

| | | |
|---|---|---|
| 1 | Dessus de la tête brun, *avec une grande raie blanc jaunâtre médiane.* Dessus brun; bas du dos, sus-caudales blancs, barrés de brun. Gorge, abd. blanc pur. Poitrine rousse, avec de nombreuses taches longitudin. brunes. Couvertures infér. blanches, avec des bandes brunes. Rémiges noires; la baguette des 2 prem. blanche. Queue cendrée, barrée de brun, terminée de blanc. [*C. corlieu.*] | **phaeopus** Lath. *De passage automne et printemps.* 0$^m$;43. |
| | *Sans raie jaunâtre médiane* | 2 |
| | Taille *grande* (0$^m$,6 env.) Dessus brun noir, avec des bordures claires. Bas du dos et sus-caudales blancs, tachés de brun; dessous blanc, ± lavé de roux. Rémiges noirâtres; la tige de la 1re blanche; queue cendrée lavée de roux aux pennes | **arcuatus** Linné. *De passage régulier.* 0$^m$,6. |

Fig. 660. — Numenius arcualus, 1/5 gr. nat.

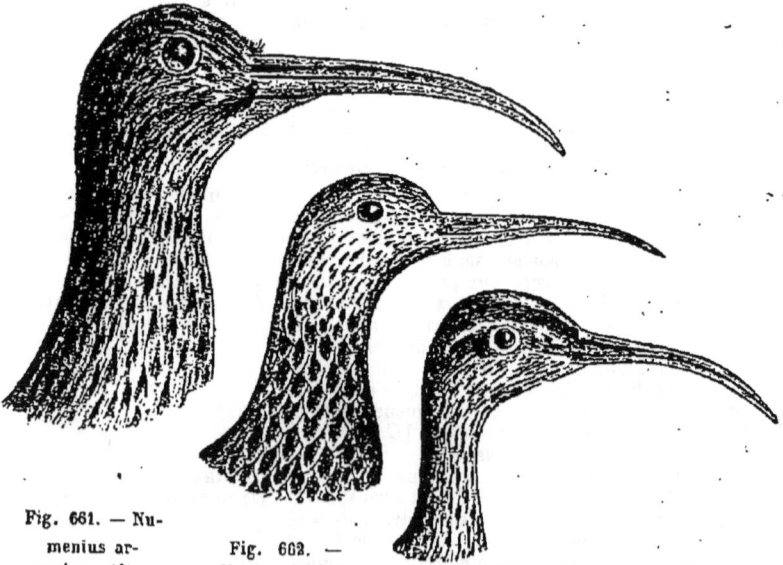

Fig. 661. — Nu-
menius ar-
cuatus, *tête*,
1/3 gr. nat.

Fig. 662. —
N. tenuirostris,
*tête*, 1/3 gr. nat.

Fig. 663. — N. phaeopus, *tête*,
1/3 gr. nat.

médianes, blanche sur les autres, avec des
bandes brunes transv. [*C. cendré.*]

2 { *Plus petite* (env. 0ᵐ,43). Dessus brun mêlé de **teñuirostris** Vieill.
cendré. Bas du dos et sus-caudales blancs; celles- *De passage.* 0ᵐ,43.
ci avec qques taches brunes longitudin. Bas-
ventre, jambes, sous-caudales blancs. Poitrine
blanc roussâtre, avec des taches brun noirâtre;
abd. et flancs avec des taches sagittées brunes.
Rémiges brunes, la 1ʳᵉ à tige blanche; queue
blanche avec des zigzags bruns.

## 2. Limosii.

Mandibule supér. sillonnée jusque près de l'extrém., qui est molle, déprimée, lisse.
Tarses scutellés en avant, réticulés postérieurem. 4 doigts, l'ext. réuni au médian par
une palmure.

1 { Doigt médian env. près d'une fois *plus court* que
le tarse       1. LIMOSA.
{ Presque *aussi long* que le tarse       2. TEREKIA.

Fig. 664. — Limosa rufa, *tête*, 1/3 gr. nat.

Fig. 665. — *Son pied*, 1/3 gr. nat.

## 1. LIMOSA Brisson. *Barge.* Fig. 664 à 666.

Bec au moins 1 f. plus long que la tête, mou, flexible, ± retroussé en avant, un peu
épais à l'extrém. Ailes longues, à rémiges étagées. Jambes nues sur la 1/2 de leur longueur, cette partie nue réticulée en avant. Tarses longs, grêles. Doigt médian env. 1 f.
plus court que le tarse, uni à l'ext. jusqu'à la 1ʳᵉ articulation par une membrane prolongée en bordure latér.; son ongle à bord interne dilaté, tranchant ou dentelé.

1 { Ongle du doigt médian *dentelé* sur son bord interne. **aegocephala** L.
Dessous de l'aile blanc. Queue blanche à la base, *De passage régulier au-*
avec un grand espace noir au bout; sus-caudales *tomne et printemps.* 0ᵐ,42.
partiellem. blanches. Vertex roux ardent; haut
du dos, scapulaires noirs, à plumes terminées de
roux; bas du dos brun noir; gorge, poitrine,
flancs roux avec des bandes noires en zigzags.
Abd. blanc, rayé de noir. Rémiges noires, avec
un miroir blanc. — En hiver, dessus brun cendré; bas du dos noirâtre; dessous gris clair;
abd. blanc pur. [*B. égocéphale.*]
*Sans dentelures.* Dessous de l'aile blanc avec qques **rufa** Brisson.
bandes brunes. Queue rayée de brun et de clair. *De passage régulier, sur-*
Sus-caudales blanches et rousses. Vertex roux *tout au bord de la mer.*
clair, avec des raies brun foncé. Haut du dos, 0ᵐ,36.
scapulaires noirs, avec des taches rousses; bas du
dos blanc avec des taches brunes. Dessous roux

rubigineux avec des traits noirs. — En hiver,
dessus brun avec les bordures claires. Bas du
dos, sus-caudales, dessous blancs, avec des stries
brunes. [*B. rousse.*]

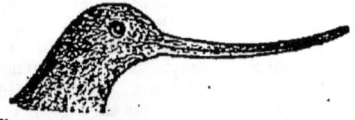

Fig. 667. — Terekia cinerea, *tête*, 1/3 gr. nat.

Fig. 666. — Limosa aegocephala, *tête*, 1/3 gr. nat.   Fig. 668. — Terekia cinerea, *pied*, 1/3 gr. nat.

### 2. TEREKIA Bonaparte. *Térékie.* Fig. 667, 668.

Bec près de 2 f. plus long que la tête, mou, flexible, fortem. retroussé dans sa 1/2
antér. Narines basilaires, étroites. Ailes plus longues que la queue. Jambes munies de
plumes sur la 1/2 de leur longueur, leur partie nue scutellée en avant. Tarses à peine
plus longs que le doigt médian; celui-ci réuni par une membrane à l'ext. et à l'int.
Dessus cendré avec de larges mèches noirâtres. Haut de **cinerea** Güldenst.
la poitrine cendré clair, avec des stries brunes; bas   Sibérie. *Très accidentel*
de la poitrine, abd., sous-caudales blancs. 1re rémige   France. 0m,2.
à baguette blanche; les secondaires terminées de
blanc.

### 3. Scolopacii.

Mandibule supér. sillonnée jusque près de l'extrém., qui est molle, pourvue de nombreuses cryptes, creusée d'avant en arrière par un petit sillon médian; extrém. de la
mandibule infér. avec un sillon médian. Tarses scutellés en avant, réticulés en arrière.
4 doigts, les antér. ord. libres.

1 { Jambes complètement *emplumées*                2. SCOLOPAX.
  { En partie *nues*                                2

2 { Narines *linéaires*. Ailes *allongées*. Doigt médian,
    ongle compris, un peu *plus court* que le tarse   1. MACRORAMPHUS.
  { Ovales. Ailes *de médiocre longueur*. Doigt mé-
    dian, ongle compris, ord. un peu *plus long* que
    le tarse                                          3. GALLINAGO.

Fig. 669. — Macroramphus griseus, *tête*, 1/3 gr. nat.   Fig. 670. — Son *pied*, 1/3 gr. nat.

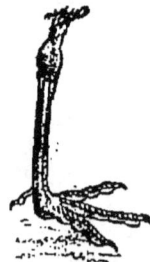

**1. MACRORAMPHUS** Leach. *Macroramphe.* Fig. 669, 670.

Bec env. 1 f. plus long que la tête. Mandibule infér. creusée en dessous d'un sillon médian. Narines linéaires. Ailes aiguës, étroites, un peu plus longues que la queue. Jambes nues sur leur 1/2. Tarses assez longs, minces. Doigt médian uni à l'ext. par une membrane qui s'étend jusqu'à la 1re articulation.

Pas de bandes noires sur la tête. Croupion blanc, taché de noir. Sus-caudales et rectrices rayées de nombreuses bandes blanches et noires. Dessus brun roux, varié de taches noires. Bas du dos blanc, avec qques taches noires. Dessous roux très clair, parsemé de taches noirâtres.

**griseus** Gmelin.
Amérique. *Très accidentel* France. 0ᵐ,27

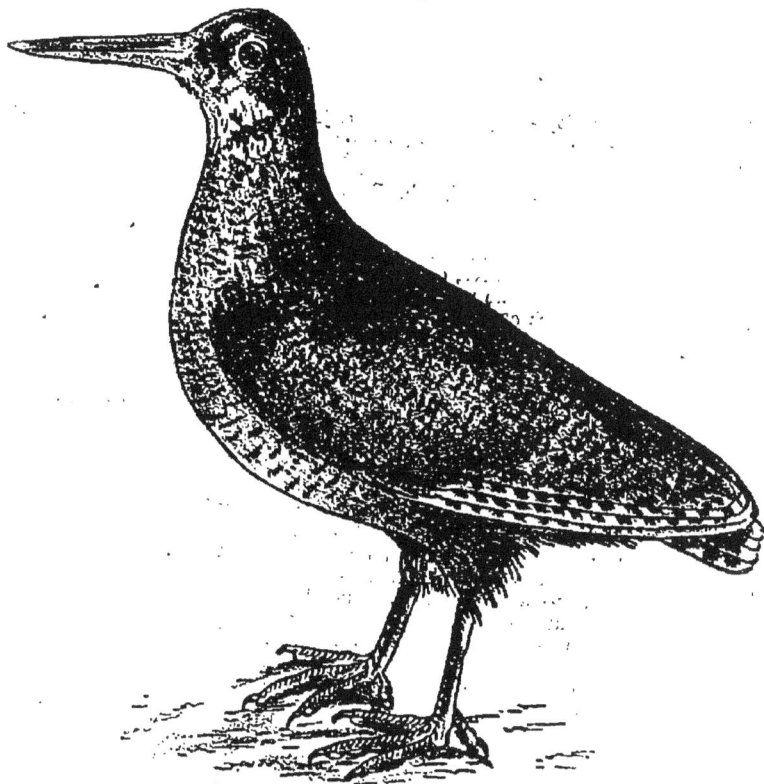

Fig. 671. — Scolopax rusticula, 1/5 gr. nat.

**2. SCOLOPAX** Linné. *Bécasse.* Fig. 671.

Bec env. 1 f. plus long que la tête, droit, subdilaté et obtus à l'extrém., qui est rude sur les côtés. Narines longitudin., couvertes par une membrane. Ailes de moyenne longueur, aiguës. Queue très courte, en partie cachée. Jambes totalem. emplumées. Tarses courts, épais. Doigts antér. complètem. divisés.

2 bandes transv. noires sur l'occiput. Dessous de l'aile avec des zigzags roux et bruns; des taches 3angulaires rousses sur les barbes ext. des rémiges. Dessus varié de marron, de roux, de jaunâtre et de cendré. Dessous roux jaunâtre, avec des zigzags bruns transv. Gorge blanche. [*B. ordinaire.*]

**rusticula** L.
*Double passage. Se reproduit sur qques points.* 0ᵐ,4 à 0ᵐ,5.

Fig. 672. — Gallinago scolopa-  Fig. 673. — G. major, *tête*,  Fig. 674. — G. gallinula, *tête*,
cinus, *tête*, 1/3 gr. nat.       1/3 gr. nat.                  1/3 gr. nat.

## 3. GALLINAGO Leach. *Bécassine.* Fig. 672 à 674.

Bec env. 1 f. plus long que la tête, droit, grêle, subarrondi, muni de cryptes à l'extrém. Narines courtes, ovales. Ailes aiguës, peu allongées. Jambes nues env. sur le 1/3 de leur longueur. Tarses minces, ord. un peu plus courts que le doigt médian, ongle compris ; ce doigt uni à l'externe par un petit pli membraneux ; l'int. totalem. libre.

1 { Sous-caudales jaunâtres ou blanc roux, *tachées de noirâtre*. Taille *plus forte* (0m,25 au moins) ... **2**

Blanc *pur*. Vertex et occiput noirs au milieu, tachetés de rubigineux. Queue à 12 rectrices très flexibles, la 1re paire ext. blanchâtre, les autres brun cendré à bordure rousse. Croupion noir. — Dessus noir tacheté de roux; gorge, abd. blanc argenté; poitrine variée de roux et de brun. [*Gallinule.*] ... **gallinula** L. *De passage automne et printemps.* 0m,17.

2 { Queue à 16 rectrices, les 3 ou 4 paires externes *blanches*, marquées à la base de 1 à 3 taches noires transv. Dessus noir; plumes du haut du dos variées de zigzags roussâtres. Dessous blanc mêlé de roux, marqué de taches noirâtres. Moyennes couvertures noires, terminées de blanc; les grandes noires avec des bandes rousses. [*Bécassine double.*] ... **major** Gmelin. *De passage en avril et août.* 0m,28.

A 12-16 rectrices, toutes ± *rousses* et marquées de taches et de bandes transv. noires. Dessus noir; 1 raie médiane blanc roussâtre. Gorge blanc nuancé de roux; abd. blanc pur; poitrine, flancs, sous-caudales roux clair, rayés de brun. [*B. ordinaire.*] ... **scolopacinus** Bonap. *De passage automne et printemps.* Env. 0m,25.

## 4. Tringii.

Mandibule supér. ord. sillonnée jusque près de l'extrém., qui est molle, déprimée, subdilatée, creusée en dedans en cuiller. Tarses scutellés. 4 doigts, plus rarem. 3, l'interne entièrem. libre.

1 { Bec *plus court* que la tête ... 4. ACTITURUS.
Au moins *aussi long* que la tête ... 2

2 { Ailes *plus courtes* que la queue ... 1. CALIDRIS.
Au moins *aussi longues* que la queue ... 3

3 { Forme plus *trapue*. Bas des jambes nu seulem. sur une petite étendue ... 2. TRINGA.
Plus *svelte*. Bas des jambes dénudé *sur une assez grande étendue* ... 3. PELIDNA.

Fig. 675. — Calidris arenaria, 1/4 gr. nat.

Fig. 676. — *Sa tête*, 1/3 gr. nat.

## 1. CALIDRIS Illiger. *Sanderling*. Fig. 675, 676.

Bec aussi long que la tête, flexible, rétréci vers son milieu ; mandibule supér. presque aussi large à la pointe qu'à la base. Narines elliptiques, latéro-basilaires. Queue doublem. échancrée, plus longue que les ailes. Jambes dénudées en bas sur une petite étendue. 3 doigts, antér., libres ; le médian, ongle compris, plus court que le tarse. Grandes couvertures alaires largem. terminées de blanc. **arenaria** L.

5ᵉ à 10ᵉ rémiges primaires frangées de blanc à la base. Rectrices médianes et latérales plus longues que les intermédiaires. Doigt médian 1/4 plus court que le tarse. — Dessus noir avec des bordures roux vif ; cou, poitrine roux, tachés de noir. Abd., sous-caudales blanc pur. — En hiver, dessus gris varié de brun ; joues, parties infér. blanches. [*S. des sables.*]

*De passage* sur les côtes. 0ᵐ,13.

Fig. 678. — *T. canutus, tête*, 1/3 gr. nat.

Fig. 677. — Tringa maritima, 1/3 gr. nat.

Fig. 679. — *T. canutus, pied*, 1/3 gr. nat.

## 2. TRINGA Linné. *Maubèche*. Fig. 677 à 679.

Bec. env. aussi long que la tête, épais et comprimé à la base, rétréci au 1/3 antér., dilaté-déprimé à l'extrém. de la mandibule supér. Narines elliptiques, latéro-basilaires.

Ailes aiguës, atteignant l'extrém. de la queue, qui est subégale. Bas des jambes médiocrem. dénudé. Tarses peu allongés, épais. Doigts antér. libres, bordés, pouce ne portant à terre que par l'extrémité.

*Toutes les rectrices cendrées.* Dessus noir, avec des bordures rousses. Bas du dos cendré. Sus-caudales blanches, avec des croissants noirs et des taches rousses. Gorge, devant du cou, poitrine, la plus grande partie de l'abd. roux rubigineux. — En hiver, dessus cendré clair taché de brun ; dessous blanc pur, avec des traits et des zigzags bruns. [*M. canut.*]

**canutus** L.
*De passage* sur les côtes 0m,25.

Taille un peu *plus petite. 2 à 4 rectrices médianes brun noirâtre*; les autres cendrées. Dessus noir violet, avec des taches et des bordures roux vif. Poitrine, abd. cendré blanchâtre avec des stries et des taches noires. Sus-caudales noires, les latér. blanches tachées de noir. — En automne, dessus noir violet à reflets purpurins ; poitrine cendrée, à plumes terminées par un croissant blanc ; abd. blanc avec qques taches cendrées.

**maritima** Brünn.
Régions boréales. *De passage* sur nos côtes. 0m,2.

### 3. PELIDNA G. Cuvier. *Pélidne.* Fig. 680 à 686.

Bec env. aussi long que la tête, droit ou subinfléchi, peu dilaté à l'extrém. de la mandibule supér. Narines latéro-basilaires, elliptiques. Ailes aiguës, un peu plus longues que la queue ; rectrices médianes terminées en pointe, dépassant les intermédiaires. Bas des jambes ord. bien dénudé. Doigts antér. libres, étroitem. bordés ; le médian, ongle compris, presque aussi long que le tarse. Pouce ne portant à terre que par l'extrém.

Fig. 680. — Pelidna subarcuata, *tête,* 1/3 gr. nat.

Fig. 681. — P. maculata, *tête,* 1/3 gr. nat.

Fig. 682. — P. platyrhyncha, *tête,* 1/3 gr. nat.

Fig. 683. — P. cinclus, *tête,* 1/3 gr. nat.

Fig 684. — P. torquata, *tête,* 1/3 gr. nat.

Fig. 685. — P. minuta, *tête,* 1/3 gr. nat.

Fig.686.—P. temminckii, *tête,* 1/3 gr. nat.

Arête de la mandibule supér. *saillante et convexe* dans toute sa largeur. Bec légèrem. arqué vers le 1/3 antér. Dessus noir, avec des bordures roux marron ; des taches angulées rousses aux plumes dorsales ; sus-caudales blanches, bordées de zigzags brun ; devant, côtés du cou, poitrine, abd. roux marron, avec des mouchetures brunes. Bas-ventre, sous-caudales blanc lavé de roux. Rémiges noires à baguettes blanches. — En hiver, dessus brun cendré avec des bordures grisâtres ; sus-caudales. abd. blancs. [*Cocorli.*]

**subarcuata** Guldenst.
*De passage* sur les côtes. 0m.2.

*Déprimée* au moins sur une partie de sa longueur 2

2 {
Bec à peu près *droit*. Arête de la mandibule supér. saillante et *convexe de la base au milieu*. puis notablem. déprimée jusqu'auprès de la pointe

Sensiblem. *fléchi en avant*. Arête de la mandibule sup. très largem. déprimée, notamm. dans la partie moyenne. 1 bande noire sur la tête. Sus-caudales latér. blanches, rousses et noires. les médianes brun noir. Dessus noir, avec des bordures rousses. Poitrine blanc roux avec des taches noirâtres. Abd. et sous-caudales blanc pur, avec des taches brunes sur les côtés. — En hiver, dessus cendré roussâtre; dessous blanc, marqué de roux sur les côtés.
}

3 {
Taille assez *grande* (au moins 0ᵐ.16 de longueur)
Plus *petite* (13-14 cent. de longueur)
}

4 {
Sous-caudales *blanc pur*. Dessus de la tête noir; dessus roux ferrugineux, avec des taches au centre des plumes. Sus-caudales brunes, quelques latér. blanches en dehors. Gorge, poitrine cendré blanchâtre ;abd. noir, avec des bordures blanches. — En automne, dessus cendré brun ; gorge. abd. blanc pur; côtés du front et poitrine cendré blanchâtre. [*P. cincle.*]

Taille, bec et tarses plus petits. — Moins de noir dans le plumage

Blanches, les latér. *marquées d'un trait brun* le long du rachis. Sus-caudales latér. blanches avec une tache angulaire brune. Vertex noir, avec des bordures rousses. Dos noir brun ; plumes frangées de roussâtre. Gorge blanc pur. Poitrine gris roux ; abd. et sous-caudales blancs.
}

5 {
*Rectrices médianes et latér. plus longues que les intermédiaires*. Dos, croupion noir profond avec des bordures rousses. Sus-caudales moyennes blanches. Poitrine gris roux. avec quelques taches angulées brunes. Abd., sous-caudales blanc pur. — En hiver, dessus cendré noirâtre ; sus-caudales latér. blanches ; dessous blanc pur.

*Rectrices diminuant progressivement de longueur des médianes aux latérales*. Rachis de la 1ʳᵉ rémige blanc ; celui des suivantes brun. Dessus noir. avec de larges bordures rousses. Gorge, abd., sous-caudales blanc pur; poitrine cendré roux. — En hiver, dessus brun foncé; dessous blanc · poitrine cendré roux.[*P. temmia.*]
}

3

**platyrhyncha** Temm.
*De passage régulier* sur les côtes maritimes. 0ᵐ,35.

4
5

**cinclus** Linné.
Boréal. *De passage régulier*. 0ᵐ,2.

*torquata* Briss.
Côtes maritimes. 0ᵐ,16-0ᵐ,17.
**maculata** Vieillot.
Amérique. France ? 0ᵐ,22-0ᵐ,23.

**minuta** Leisl.
*De passage régulier*. 0ᵐ,13.

**temminckii** Leisl.
*Double passage régulier*. 0m,13-0ᵐ.14.

Fig. 687. — Actiturus rufescens, *tête*, 1/3 gr. nat.     Fig. 688. — Son pied, 1/3 gr. nat.

**4. ACTITURUS** Bonaparte *Actiture*. Fig. 687, 688.

Bec plus court que la tête, grêle, presque rond, faiblem. dilaté vers l'extrém. Mandibules subégales, droites. Narines ovales, latéro-basilaires. Ailes aiguës, un peu plus longues que la queue ; celle-ci notablem. étagée. Jambes nues sur plus de la 1/2 de leur longueur. Tarses minces, élevés. Doigts grêles, libres, peu bordés, le médian bien plus court que le tarse. Pouce peu développé, ne portant à terre que par l'extrémité.

Dessus brun, avec des bordures claires. Dessous roux pâle ; côtés marqués de taches noires ; rémiges brunes, d'un blanc marbré de noir en dessous. Rectrices médianes brunes terminées de noir ; les latér. cendrées, avec des zigzags noirs. [A. rousset.]    rufescens Vieill.
    Amérique. Accidentel, côtes de la Picardie. 0m,2.
```

## 5. Totanii.

Mandibule supér. ord. non sillonnée au delà de sa partie moyenne ; son extrém. lisse, dure, souv. comprimée-effilée. Tarses scutellés. 4 doigts ; le médian uni à l'ext. et quelquefois à l'int. par une palmure.

```
1 { Ailes plus courtes que la queue                                              2
  { Au moins aussi longues que la queue                                          3
  { Bec plus long que la tête. Queue très arrondie.
2 {   Doigt médian, ongle compris, aussi long que le tarse        3. Actitis.
  { Plus court que la tête. Queue assez fortement
  {   étagée, dépassant sensiblem. les ailes. Doigt
  {   médian bien plus court que le tarse                         4. Bartramia.
  { Pouce court, portant au plus à terre par son ex-
  {   trémité                                                                    4
3 { Assez développé, portant à terre sur une cer-
  {   taine étendue. Doigts antér. unis par une pal-
  {   mure étendue au delà de la 1re articulation entre
  {   le médian et l'externe, jusqu'à cette articulation
  {   entre le médian et l'interne                                5. Symphemia.
4 { Bec de la longueur de la tête                                 1. Machetes.
  { Env. de 1/2 plus long que la tête                             2. Totanus.
```

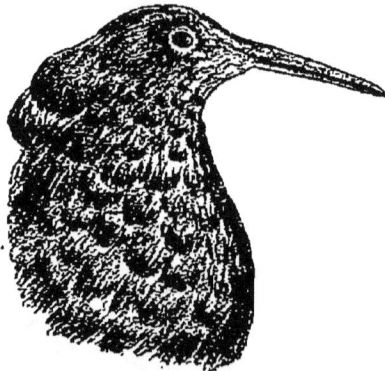

Fig. 689. — Machetes pugnax, tête, 1/3 gr. nat.

### 1. MACHETES G. Cuvier. Combattant. Fig. 689.

Bec aussi long que la tête, droit, sillonné env. jusqu'aux 2/3, peu flexible ; mandibules à pointes s'infléchissant l'une vers l'autre. Narines coniques, latéro-basilaires. Ailes dépassant la queue. Jambes nues env. sur la 1/2 de leur longueur. Doigts médian et ext. unis par une ample palmure.

```
Sous-alaires et sous-caudales blanches, immaculées.
Toutes les rémiges à rachis blanc. Les 3 rectrices        pugnax Linné.
latér. unicolores, brunes, les médianes rayées en tra-    De passage en automne et
vers de noir. — ♂ noirâtre en dessus, avec des taches       au printemps. ♂ 0m,3 ;
rousses, cendrées, blanches ou jaunes ; face couverte       ♀ 0m,2.
de papilles jaunes ; une large collerette. Poitrine va-
```
```

riée de noir ou de violet et de blanc. Abd. blanc. —
♀ sans collerette; ord. brun cendré en dessus, avec
des plumes rousses ou noires. — ♂♀, en automne,
sans papilles ni fraise; bruns variés de noir en dessus,
blancs en dessous.

Fig. 690. — Totanus stagnatilis, 1/3 gr. nat.

Fig. 691. — T. stagnatilis,
tête, 1/3 gr. nat.

Fig. 692. — T. fuscus,
tête, 1/3 gr. nat.

Fig. 693. — T. calidris, tête,
1/3 gr. nat.

Fig. 696. — T. ochropus,
tête, 1/3 gr. nat.

Fig. 694. — T. griseus, tête,
1/3 gr. nat.

Fig. 695. — T. ochropus,
pied, 1/3 gr. nat.

Fig. 697. T. glareola, tête,
1/3 gr. nat.

## 2. **TOTANUS** Bechstein. *Chevalier*. Fig. 690 à 697.

Bec env. 1/2 plus long que la tête, droit ou subretroussé, grêle; mandibule supér.
plus longue que l'inf., et fléchie sur elle. Narines linéaires. Ailes au moins aussi longues

que la queue; celle-ci tronquée ou subarrondie. Jambes nues au moins sur la 1/2 de leur longueur. Tarses longs. Pouce petit.

1 {
  Au moins la 1/2 postér. du dos *discolore*, blanche.
  Bec bien *plus long* que le doigt du milieu, ongle compris. *Rectrices médianes notablem. plus longues* que les latér.      2
  Dos *concolore*. Bec *au plus aussi long* que le doigt médian, ongle compris. Queue *subégale*. Pieds cendré verdâtre      5
}

2 {
  Pieds *verdâtres*. Sous-alaires blanches, avec des taches angulées brunes; sus-caudales et rectrices médianes rayées de brun et de blanc. Mandibule inf. noirâtre, retroussée dans le sens de la supér. — Dessus noir; des bordures blanches; bas du dos blanc; dessous blanc; des taches noirâtres à la poitrine et aux flancs. En hiver, dessous brun plus foncé, avec les plumes bordées de cendré; gorge, abd. blancs; côtés de la poitrine rayés de brun.

**griseus**. Brisson. Europe et Asie boréales. *De passage régulier.* 0ᵐ,34.
}

± *rougeâtres*      3

3 {
  Bec en entier *noir*. Sous-alaires, sus-caudales, queue blanches; les 4 rectrices médianes rayées de noir, les latér. avec 2-3 bandes brunes irrégul. Tarses noir rougeâtre. — Dessus cendré rougeâtre; dessous blanc, avec de petites taches noires, ovales. En hiver, dessus cendré clair, rayé de brun, avec des bordures blanches; dessous blanc pur, avec sur les flancs des taches brunes.

**stagnatilis**. Bechst. Europe orientale. *De passage irrégulier* dans le Nord. 0ᵐ,24.

  *Rouge* au moins sur la 1/2 basilaire de la mandibule inférieure      4
}

4 {
  Mandibule inf. fléchie à l'extrém. *dans le même sens* que la supér. Sous-alaires blanches; sus-caudales, rectrices rayées de cendré et de noir; sous-caudales blanches, les latér. rayées de noir. — Dessus brun noirâtre à reflets pourprés, avec des taches 3angulaires blanches; dessous noirâtre. En hiver, dessus gris cendré; bas du dos, poitrine, abd. blancs; flancs cendrés.

**fuscus** L. Europe boréale. *De passage régulier.* 0ᵐ,31.

  *Se relevant* à l'extrém. sur la supér. Sous-alaires blanches, les latér. cendré clair; sus-caudales et rectrices rayées de brun et de blanc; sous-caudales blanches, les latér. rayées de brun; rémiges secondaires en partie blanches. — Dessus brun cendré olivâtre; une raie noire centrale sur les plumes; bas du dos rayé de zigzags bruns. Dessous blanc, avec des taches brunes. En hiver, dessus cendré brun; milieu du dos blanc; sus-caudales rayées de noir, milieu de la poitrine blanchâtre, côtés bruns. [*C. gambette.*]

**calidris** L. *Sédentaire* Midi. *De passage* dans le Nord. 0ᵐ,29.
}

5 {
  Rectrices *rayées alternativem. de brun et de blanc*, les 3 latér. blanches au côté interne. Sous-alaires variées de brun. Sous-caudales médianes blanches, *à rachis marqué d'un trait noir*; les latér. *rayées de taches* blanches et *noires*. — Dessus noir, rayé de cendré et de roux; gorge, abd., jambes blanc pur; côtés gris tacheté de brun. En hiver, dessus brun; dessous blanc, avec la poitrine et les flancs variés de brun. [*C. sylvain.*]

**glareola** L. *De passage régulier* dans le Nord. 0ᵐ,17.

  Taille *plus forte*. Rectrices *blanches*, les médianes avec 3-4 bandes transv. noires, les latér. avec 2 taches noires aux barbes ext. Sus- et sous-

**ochropus** L. *Sédentaire* Midi; *de passage* ailleurs. 0ᵐ,22.
}

caudales *blanc pur.* — Dessus brun-olive, à
plumes tachées de blanc ; dessous blanc, taché
de brun. [*C. cul-blanc.*]

Fig. 698. — Actitis hypoleucos,
tête, 1/3 gr. nat.

Fig. 699. — Son pied,
1/3 gr. nat.

Fig. 702. — A. macularia, *tête*,
1/3 gr. nat.

## 3. ACTITIS Boie. *Guignette.* Fig. 698 à 700.

Bec un peu plus long que la tête, sillonné jusqu'aux 2/3 ; mandibule supér. un peu
fléchie sur l'infér., qui est droite. Ailes plus courtes que la queue ; celle-ci très arrondie.
Tarses grêles, env. de la longueur du doigt médian ; ce doigt uni à
l'ext. par une membrane étendue jusqu'à la 1re articulation ; l'interne libre.

Parties infér. blanches, *sans taches.* Sous-alaires,    **hypoleucos** L.
sous-caudales blanches ; sus-alaires. sus-caudales    *De passage périodique. Se*
traversées de bandes noires et rousses ; rectrices    *reproduit* sur quelques
latér. blanches, avec 3-4 bandes brunes. —    points. 0m,19.
Dessus brun olivâtre, à reflets ± apparents. avec
de fines raies transv. noirâtres, en zigzags.
[*G. vulgaire.*]

*Parsemées de taches* noires, arrondies. Sous-    **macularia** L.
alaires. sous-caudales blanches, *avec une tache*    *Amérique. Très accidentel*
*noire* transv. ; sus-caudales rousses, *sans taches.*    en Europe. 0m,18.
Rectrices latér. blanches, avec des raies transv.
noirâtres. Bec et pieds couleur chair. Dessus
brun olivâtre, à reflets, rayé de noirâtre. [*G. gri-*
*velée.*]

## 4. BARTRAMIA Lesson. *Bartramie.* Fig. 701.

Bec plus court que la tête, grêle, droit, à mandibules subégales. Narines linéaires,
basilo-latérales. Ailes aiguës, dépassant le milieu de la queue. Les plus grandes scapulaires aussi longues que la 3e rémige primaire. Queue *longue,* sensiblem. étagée. Tarses
épais, bien plus longs que le doigt médian ; ce doigt uni à l'externe par une membrane atteignant la 1re articulation ; l'interne libre.

Sous-alaires blanches, avec des bandes transv. et des    **longicauda** Lath.
taches brunes. Sus-caudales noires ; sous-caudales    États-Unis. *Très accidentel*
rousses. Rectrices rousses, les latér. à bandes transv.    en Europe. 0m,25.
noires distantes. Bec brun. Pieds rougeâtres. —
Dessus brun noir avec des bordures jaunes ; gorge,
ventre, jambes blancs ; poitrine, flancs isabelle, avec
des zigzags noirs, transv.

## 5. SYMPHEMIA Rafinesque. *Symphémie.* Fig. 702.

Bec un peu plus long que la tête, robuste, droit, bien plus haut que large, mandibules subégales. Fosses nasales profondes, très larges, prolongées au delà du milieu
du bec. Ailes aiguës, un peu plus longues que la queue. Celle-ci tronquée Jambes dénudées sur la 1/2 de leur longueur. Tarses longs et épais. Pouce portant un peu sur le
sol ; les doigts antér. réunis à la base par une palmure étendue, entre le médian et
l'interne, jusqu'à la 1re articulation, un peu au delà entre le médian et l'externe.

Sous-alaires brunes. Sus-caudales blanches ; les sous-    **semipalmata** Gmelin.
caudales blanches. quelquefois marquées de zigzags    *Amérique. Accidentel* côtes
blanc roussâtre. Rectrices latér. blanches, avec des    de Picardie 0m,4.
mouchetures cendrées Aile avec 1 miroir blanc. Pieds
gris — Dessus cendré rayé de noir ; dessous blanc

Fig. 701. — Bartramia longicaud.,
*tête*, 1/3 gr. nat.

Fig. 702. — Symphemia semipalmata, 1/3 gr. nat.

pur avec des taches brunes à la poitrine et aux flancs.
En hiver, dessus cendré teinté de brun; abd., sous-
caudales blanc pur ; poitrine cendrée, avec des stries
brunes.

## 6. Phalaropii.

Pieds médiocres, les 3 doigts antér. unis jusqu'à la 1re articulation au moins par une
palmure atteignant latéralem. l'ongle. Pouce long, grêle.

1 { Bec *aussi long* que la tête, à sillons *profonds*. Na-
    rines *linéaires* ............................................. 1. PHALAROPUS.
    *Plus long* que la tête, à sillons *peu accusés*. Na-
    rines *en croissant* ......................................... 2. LOBIPES.

Fig. 703. — *Phalaropus fulicarius*, tête, 1/2 gr. nat.

Fig. 704. — Lobipes hyperboreus, 1/3 gr. nat. Fig. 705. — L. hyperboreus, *tête*, 1/2 gr. nat.

## 1. PHALAROPUS Brisson. *Phalarope*. Fig. 703.

Bec aussi long que la tête, droit, épais, rétréci au milieu, déprimé sur toute son étendue, élargi-renflé vers l'extrém.; sillons profonds, sur toute la longueur du bec. Ailes aiguës, moins longues que la queue, qui est subcunéiforme. Grandes sous-caudales médianes plus longues que les rectrices latér. Jambes emplumées sur les 2/3 env. Membranes bordant les doigts festonnées. Pouce très grêle, surmonté.

Dessous de l'aile blanc, nuancé de cendré. Les plus grandes scapulaires atteignant l'extrém. de la 4e rémige primaire. — Tête noire. Dessus noir, avec des bordures rousses. Devant du cou, poitrine, abd., sous-caudales rouges ou roux. En hiver, vertex cendré; nuque noir cendré; dos, scapulaires, croupion cendré bleuâtre; dessous blanc pur. [*P. dentelé.*]

**fulicarius** Linné. *Passage irrégulier*. Nord. 0m,23.

## 2. LOBIPES G. Cuvier. *Lobipède*. Fig. 704, 705.

Bec plus long que la tête, droit, très grêle, à sillons faibles; mandibules s'infléchissant au bout l'une vers l'autre. Narines en croissant, operculées. Ailes aiguës, atteignant l'extrém. de la queue. Doigt médian, ongle compris, plus court que le tarse. Aile cendrée en dessous. Les plus grandes scapulaires atteignant l'extrém. de la 5e rémige primaire. Dessus brun cendré, avec quelques taches rousses; collier roux vif; haut de la poitrine brun cendré; bas de la poitrine, abd. blanc rosé. — En hiver, dessus cendré, dessous blanc teinté de rose.

**hyperboreus** L. *Passage irrégulier*. Côtes maritimes. 0m,18.

## V. RECURVIROSTRIDI.

Bec long, grêle, aigu, ± recourbé en haut, ± sillonné. Ailes très longues. Queue courte. Jambes dénudées au moins sur leurs 2/3; leur partie nue réticulée, ainsi que les tarses. Pouce nul ou très petit, ne portant pas sur le sol

1 { Bec *fortement* courbé. Pointe de la mandibule sup. tournée *en haut* ........ 1. RECURVIROSTRII.

{ *Faiblement* courbé. Pointe de la mandibule supér. tournée *en bas* ........ 2. HIMANTOPII.

## 1. Recurvirostrii.

Bec fortem. courbé. Pointe des 2 mandibules tournée en haut. Palmure des doigts antér. large, échancrée au centre. Un pouce rudimentaire.

Fig. 706. — Recurvirostra avocetta, 1/5 gr. nat.

## 1. RECURVIROSTRA Linné. *Récurvirostre*. Fig. 706.

Bec env. 1 f. plus long que la tête, flexible, sillonné jusqu'à la 1/2, déprimé sur sa 1/2 antér. Narines basilo-latér., linéaires. Ailes dépassant un peu la queue. Jambes nues env. sur leurs 2/3. Tarses longs, grêles, en entier réticulés.
Vertex et nuque noirs; tarses bleuâtres ou gris. — Plu-    **avocetta** L.
mage blanc pur; petites, grandes couvertures alaires,    *Sédent*. Midi  *De passage*
rémiges noir profond. [*Avocette.*]    Nord 0m,5.

## 2. Himantopii.

Bec faiblem. courbé. Une palmure entre les doigts ext. et médian, ord. un simple repli entre le médian et l'interne. Pouce nul.

### 1. HIMANTOPUS Brisson. *Échasse*. Fig. 707.

Bec envir. 1/2 plus long que la tête, subarrondi à la base, courbé en haut vers le milieu, sillonné sur sa 1/2; mandibules inégales, infléchies l'une vers l'autre à la pointe. Narines un peu distantes de la base du bec. Ailes aiguës, dépassant la queue d'au moins 0m,05. Jambes dénudées au moins sur leurs 4/5. Tarses très allongés, grêles, réticulés. Doigts ext. et médian palmés jusqu'à la 1re articulation, le médian et l'int. unis par un simple repli.

Fig. 707. — Himantopus candidus, 1/5 gr. nat.

Plumage blanc pur. nuancé de rosé à la poitrine, à l'abd.; nuque noire; dos, ailes noires à reflets verdâtres. Pieds rouge-vermillon. En hiver, occiput et vertex blancs.

**candidus** Bonnaterre. *Séd.* Midi. *De passage* Nord. 0ᵐ,4, *bec et doigts non compris.*

## SOUS-ORDRE II. — ÉCHASSIERS MACRODACTYLES.

Bec ± comprimé, ord. au plus aussi long que la tête. Fosses nasales larges. atteignant au moins la 1/2 du bec. Ailes concaves, avec ou sans éperon. Tarses touj. scutellés en avant. 4 doigts, les antér. longs, effilés, qqf. bordés latéralem., le médian ord.

ACLOQUE. — Faune de France. Vert.                    16

au moins aussi long que le tarse. Pouce articulé assez bas, portant sur le sol. Corps ord. fortem. comprimé.

## I. RALLIDI.

Bec plus haut que large, surtout à la base, très comprimé. Ailes sans éperon. Tarses médiocres. Doigts antér. lisses ou bordés latéralem. d'une membrane. Ongles notablem. recourbés, petits, celui du pouce bien plus court que le doigt.

1 — Tarses *notablem.* comprimés latéralem. Pouce *remonté*, à ongle *fortem. comprimé, falciforme* — 2. FULICII.
— *Non* ou peu comprimés. Pouce inséré *presque au niveau des autres doigts* — 1. RALLII.

## 1. Rallii.

Tarses épais. Doigts antér. non bordés ou à bordure membraneuse très étroite. Pouce arrondi, lisse en dessous, à ongle normal.

1 — Pouce *court*. Bec *plus long* que la tête — 1. RALLUS.
— Assez *développé*, portant à terre sur une assez grande étendue. Bec *non plus long* que la tête — 2

2 — Doigt médian, ongle compris, *plus court* que le tarse — 2. CREX.
— *Plus long* que le tarse — 3

3 — *Une* large *plaque frontale* nue, s'étendant au delà des yeux — 5 PORPHYRIO.
— *Pas* de large plaque frontale nue — 4

4 — Pennes caudales *étroites*, pointues, *souples*, légèrem. *courbées* — 3. PORZANA.
— *Larges, résistantes, droites* — 4. GALLINULA.

Fig. 708. — Rallus aquaticus, 1/3 gr. nat.

## 1. **RALLUS** Linné. *Rale*. Fig. 708.

Bec plus long que la tête, subinfléchi, mince en avant, Narines droites, n'atteignant pas la 1/2 du bec. Ailes courtes, subaiguës. Queue courte, à pennes souples, courbées. Jambes peu dénudées. Tarses robustes, médiocres, munis en arrière et en avant d'un rang de scutelles. Doigts antér. longs, grèles ; le médian, ongle compris, plus long que le tarse. Pouce court. à ongle petit.

Dos roux-olive. avec des flammules noires. Dessous, **aquaticus** L.
jusqu'au milieu d l'abd., cendré bleuâtre. Bas-ventre *Bords des eaux.* C. 0ᵐ,27.
roux. Sous-caudales blanches, rousses et noires

Fig. 709. — Crex pratensis, *tête*, 1/2 gr. nat.    Fig. 710. — Porzana maruetta, *tête*, 1/2 gr. nat

## 2. **CREX** Bechstein. *Crex*. Fig. 709.

Bec bien plus court que la tête, subconique, très haut à la base, fortem. comprimé sur tte son étendue, convexe sur l'arète. Narines droites, atteignant la 1/2 du bec. Ailes subaiguës, longues. Queue courte, à pennes peu résistantes. Jambes très peu dénudées, à partie nue scutellée. Tarses longs, épais, scutellés en avant, réticulés en arrière. Doigts antér. assez courts ; le médian, ongle compris, plus court que le tarse.

La 1ʳᵉ rémige à bord ext. blanc jaunâtre. Flancs, sous-     **pratensis** Bechst.
caudales variés de bandes brunes, rousses et blan-    *Prairies humides. Se re-*
ches. — Dessus brun noir, avec des bordures cen-    *produit* çà et là. 0ᵐ,26.
drées ; abd. blanc gris ; poitrine cendré roux moiré ;
en automne, tête, cou et poitrine roux.

Fig. 711. — Porzana baillonii,    Fig. 712. — P. minuta, *tête*,    Fig. 713. — Son pied,
tête, 1/2 gr. nat.    1/2 gr. nat.    1/2 gr. nat.

## 3. **PORZANA** Vieillot. *Porzane*. Fig. 710 à 713.

Bec plus court que la tête, subrétréci au milieu, comprimé. Narines droites, atteignant la 1/2 du bec. Ailes subaiguës, médiocres. Rectrices pointues, souples, courbées. étroites. Partie nue des jambes scutellée. Tarses courts, scutellés en avant, réticulés sur leurs 2/3 inf. en arrière. Pouce long.

Ailes *atteignant l'extrém.* de la queue. *Un trait*     **minuta** Pallas.
*blanc subapical sur les barbes ext.* de la    *De passage* Midi. Ouest.
1ʳᵉ rémige ; dos. devant du cou, poitrine. abd.    Nord. 0ᵐ,18 à 0ᵐ,19.
unicolores ; bas-ventre noirâtre avec des bandes
blanches ou olivâtres ; sous-caudales rousses. —
Dessus gris-olive brun. avec des taches noires ;
dessous en grande partie gris bleu, blanc en
automne. [*Porzane poussin.*]
*N'atteignant pas l'extrém.* de la queue    2

Poitrine, abd. unicolores. Dos roux-olive tacheté de blanc. Flancs, sous-caudales *noirs*, variés de bandelettes blanches. Bec vert foncé. — Dessous en grande partie cendré bleu. 1re rémige blanche sur le bord externe. **baillonii** Vieillot. AC. *En automne.* 0m,17.

2 Gorge cendré noir. Poitrine *tachetée de blanc.* Flancs rayés d'olivâtre et de blanc. Sous-caudales blanches ou rousses. — Dessus roux-olive, tacheté de noir; des raies blanches sur le dos, Dessous en partie cendré olivâtre. Taille *plus forte* (long. env. 0m,2). [*Marouette.*] **maruetta** Brisson. AC. *De mars à septembre* 0m,2.

Fig. 714. — Gallinula chloropus, 1/5 gr. nat.

## 4. GALLINULA Brisson. *Gallinule.* Fig. 714.

Bec plus court ou aussi long que la tête, épais à la base, un peu renflé en dessous vers la pointe, à arête dilatée sur le front en une plaque lisse. Narines atteignant la 1/2 du bec, fosses nasales larges, 3angulaires. Ailes médiocres, subaiguës. Queue courte, arrondie, rectrices larges, résistantes, droites. Tarses courts, scutellés en avant, réticulés en arrière sur leurs 2/3 infér. Doigts antér. aplatis en dessous, étroitem. bordés latéralem., le médian. ongle compris, plus long que le tarse. Pouce allongé.

Sous-caudales latér. blanches, les médianes noires. Bord ext. de la 1re rémige blanc, ainsi qu'une longue tache sur les barbes supér. des plumes des flancs. Bec rouge, jaune à la pointe. Bas des jambes cerclé de rouge. — Poitrine, abd. bleu-ardoise; des taches blanches aux flancs. dos. scapulaires brun-olive [*Poule d'eau.*] **chloropus** L. *Bords des eaux.* AC. 0m,35

Fig. 715. — Porphyrio caesius, 1/5 gr. nat.

## 5. PORPHYRIO Barrère. *Porphyrion.* Fig. 715.

Bec env. aussi long que la tête, robuste, conique ; mandibule supér. convexe, dilatée en une large plaque frontale nue. étendue au delà des yeux. Narines petites, latérales. Ailes médiocres. Queue courte. Tarses longs, épais, scutellés en avant et latéralem., munis en arrière de 2 rangs de plaques très petites. Doigts antér. très longs. Pouce allongé. Ongles longs. pointus, arqués.

Plumage d'un bleu-indigo nuancé de grisâtre. Sous-caudales blanches. Côtés de la tête et dessous du cou bleu-turquoise. Bec et plaque frontale rouges.

caesius Barrère.
Algérie. *Accidentel* Midi.
0m,4 à 0m,5.

## 2. Fulicii.

Tarses épais, fortem. comprimés latéralem. Doigts antér. largem. bordés d'une membrane festonnée. Pouce remonté, comprimé, pinné, muni d'un ongle falciforme, très fortem. comprimé.

## 1. FULICA Linné. *Foulque.* Fig. 716.

Bec moins long que la tête, convexe, comprimé, renflé-anguleux en dessous. Mandibule supér. dilatée en une large plaque frontale nue, lisse ou surmontée de lambeaux

16.

charnus. Narines elliptiques. Jambes peu dénudées. Ailes et queue médiocres. Tarses longs. un peu plus courts que le doigt médian. Pouce articulé en dedans du tarse, assez haut.

Fig. 716. — Fulica atra, 1/5 gr. nat.

|   | | | |
|---|---|---|---|
| 1 | { | Plaque frontale ovale, *lisse*, blanc rosé. Dessus noir ardoisé; dessous cendré noirâtre. Bas de la jambe avec, au printemps, une jarretière rouge verdâtre. [*Macroule.*] | **atra** L. *Sédentaire et de passage.* 0ᵐ,35 à 0ᵐ,45. |
|   | { | Rouge foncé, *surmontée par 2 tubercules* membraneux ± développés. Plumage entièrement noir bleuâtre. | **cristata** Gmel. Algérie. *Accident*. Provence. 0ᵐ,44. |

## SOUS-ORDRE III. — ÉCHASSIERS HÉRODIONS.

Bec épais, ord. plus long que la tête, comprimé et ord. à bords tranchants. 4 doigts Pouce ord. bien développé, articulé assez bas pour porter en majeure partie sur le sol.

|   | | | |
|---|---|---|---|
| 1 | { | Bec épais, pointu, ord. *droit*, à bords mandibulaires tranchants | 2 |
|   | { | ± *arqué* en faulx, très long, comprimé, bien plus mince à l'extrém. qu'à la base | IV. **Ibisidi.** |
| 2 | { | Bec fendu *au moins jusqu'au milieu de l'œil* | II. **Ardeidi.** |
|   | { | *Non* fendu *jusqu'au milieu de l'œil* | 3 |

3 {
Narines placées *vers le milieu* du bec. Pouce
surmonté — I. Grusidi.
*Basilaires.* Pouce articulé sur le côté interne du
tarse, au-dessus du doigt interne — III. Ciconiidi.
}

## I. GRUSIDI.

Bec médiocrem. fendu, conique, env. aussi long que la tête. Narines médianes, per-cées de part en part dans des fosses nasales larges, ± prolongées en avant. Lorums velus ou emplumés. Doigts antér. médiocrem. allongés, l'ext. et le médian unis par une étroite palmure. Pouce assez petit, surmonté, ne portant sur le sol que par l'extrém. Ongle du doigt ext. le plus long, fortem. arqué.

Fig. 717. — Grus cinerea, 1/12 gr. nat.

**1. GRUS** Pallas. *Grue.* Fig. 717.

Bec sensiblem. plus long que la tête, un peu fléchi et obtus à l'extrém. Ailes longues, subobtuses; queue très courte. Tarses très longs, robustes, couverts en avant d'une série de larges scutelles. Doigts latér. courts. Vertex et région périophthalmique nus. Les 3-4 dernières rémiges secondaires longues, larges, arquées, à barbes décom posées et couvrant la queue d'un panache.

Vertex nu et rouge chez les adultes. Plumage gris cen- **cinerea** Bechst.
dré. Bec rougeâtre à la pointe. Pieds noirs. Rémiges *De passage annuel.* 1ᵐ,3 à
noires.      1ᵐ,4

Fig. 718. — Ardea purpurea, 1/10 gr. nat.    Fig. 719. — A. cinerea, *tête*, 1/10 gr. nat.

## II. ARDEIDI.

Bec fendu au moins jusqu'au milieu de l'œil, à bords le plus souv. finem. dentelés. Narines basilaires. Lorums nus. Tarses ord. couverts en avant d'une série de scutelles. Membranes interdigitales peu développées. Doigts antér. longs, déliés. Pouce allongé, exactem. inséré au niveau du doigt ext., portant sur le sol dans toute son étendue. Ongles aigus, comprimés, celui du milieu dilaté au bord interne et pectiné

1. Bec *notablem.* plus long que la tête — 2
   Aussi long, plus court ou *à peine* plus long que la tête — 3
2. Partie nue des jambes largem. aréolée *sur toutes ses faces*. Plumage *non entièrem. blanc* — 1. ARDEA.
   Irrégulièrem. aréolée *en avant*, couverte en arrière d'un rang de larges plaques. Plumage *entièrement blanc* — 2. EGRETTA
3. Doigt médian, ongle compris, *plu. court* que le tarse — 3. BUBULCUS.
   *Au moins aussi long* que le tarse — 4

4 { Bec *notablem. fléchi* vers le bout    7. Nycticorax.
{ *Non notablem. fléchi* au bout    5

5 { Une *huppe* occipitale *bien développée*, longue.
{ tombante, formée de plumes étroites    4 Bupuus
{ Huppe occipitale *nulle* ou *peu développee*    6

6 { Plumage marqué de raies *transversales* irrégu-
{ lières. Doigt médian, ongle compris, *plus long*    6. Botacrus
{ que le tarse
{ Coloré en dessus *par grandes mosses*, ou à taches
{ longitudin. Doigts et ongles relativem *plus grê-*
{ *les* et *plus courts*    ò Ardeola.

## 1. ARDEA Linné. *Héron*. Fig 718, 719.

Bec bien plus long que la tête, en cône, droit, échancré vers l'extrém. de la mandibule supér. Sillons nasaux larges, profonds, très prolongés. Queue assez courte, égale , rectrices assez raides. Jambes emplumées env. sur leur 1/2; la partie dénudée largem aréolée partout. Tarses longs, scutellés en avant, réticulés en arrière. Cou très long, grèle, emplumé partout.

Fig. 721. — E. garzetta, tête, 1/10 gr. nat.

Fig. 720. — Egretta alba, 1/10 gr. nat

Taille *plus petite* (long. : env. 0ᵐ,8). Vertex noir
verdâtre ; 1 ligne médiane noire de l'occiput au
milieu du cou. Cou et joues roux. Doigt médian,
ongle compris, aussi long que le tarse. — Dessus
cendré lavé de roux, à reflets verdâtres. Gorge
blanche ; poitrine, flancs pourprés. Ventre cendré ;
sous-caudales cendré verdâtre et blanches.
[*H. pourpré*.]
**purpurea** L.
*Sédentaire* Midi. *De passage* Ouest et Nord. 0ᵐ,8.

*Plus forte* (longueur : au moins 1 m.). **.2**

Vertex et joues *blanc pur* chez les adultes ; derrière du cou, haut du dos, couvertures infér. en
majeure partie *cendrés*. Côtés de la poitrine
*noirs* ou cendrés, tachés de noir. Pieds bruns ou
noirâtres. — Dessus cendré bleu, avec des plumes cendré métallique. Milieu de la poitrine et
du ventre, sous-caudales blanc pur.
**cinerea** L.
Nord, *de mars à septembre*
1ᵐ,05 à 1ᵐ,06.

Vertex, côtés de la tête, dessus du cou, haut du dos
et pieds *noirs*. Côtés de la poitrine cendrés, *sans
taches*. Couvertures infér. des ailes *blanches*.
Bas du dos gris-ardoise. — Dessous gris cendré.
**melanocephala** Vig.
Afrique. *Accidentel* Midi.
1ᵐ à 1ᵐ,05.

### 2. EGRETTA Bonaparte. *Aigrette*. Fig. 720, 721.

Bec bien plus long que la tête, mince, droit, échancré vers l'extrém. de la mandibule supér. Sillons nasaux profonds, très prolongés. Queue médiocre ; rectrices assez
résistantes. Jambes dénudées sur plus de la 1/2 de leur longueur, aréolées en avant,
couvertes en arrière d'un rang de larges plaques. Tarses très longs, scutellés en avant,
réticulés en arrière. Cou très long, grêle, emplumé partout. Scapulaires et plumes du
dos à barbes décomposées, à tige raide, épaisse.

Doigt médian, ongle compris, *plus court* que la
1/2 du tarse, *2 fois* plus long que le pouce. —
Plumes du jabot peu allongées, peu effilées. Aigrettes droites, dépassant la queue. Tête, cou,
corps, ailes, queue blanc pur. Pieds verdâtres.
**alba** L.
*Accidentel* Nord, Est, Midi.
1ᵐ à 1ᵐ,1.

Au moins d'un cinquième *plus long* que la 1/2 du
tarse, *1 fois* plus long que le pouce. Plumes du
jabot très longues, subulées. Aigrettes ne dépassant pas la queue, à tige contournée vers l'extrém. Plumage blanc. Pieds noir verdâtre. Taille
*bien plus petite*.[*Garzette*.]
**garzetta** L.
*De passage régulier* Midi ;
*accidentel* ailleurs. 0ᵐ,55.

### 3. BUBULCUS Pucher. *Garde-bœuf*. Fig. 722.

Bec env. de la longueur de la tête. Mandibule supér. dépassant un peu l'infér., qui
est courbée dans le même sens à l'extrém. Ailes aiguës. Queue courte, à rectrices résistantes. Jambes dénudées env. sur la 1/2 de leur longueur. Tarses peu allongés,
scutellés en avant. Ongle du pouce très arqué, presque aussi long que le doigt. Cou
médiocre, nu en dessus sur le 1/4 env. de son étendue. Plumes dorsales à barbes filiformes très longues.

Plumage blanc, avec les plumes de la huppe, du dos et
du jabot rousses, profondém. découpées en longues
barbes filiformes. Bec jaune. Pieds noirs chez les
jeunes, jaunes chez les adultes. — En hiver, pieds et
bec orangés ; pas de plumes effilées au dos.
**ibis** Hasselq.
Afrique. *Accidentel* Midi.
0ᵐ,47.

### 4. BUPHUS Boie. *Crabier*. Fig. 723.

Bec aussi long que la tête, droit, très aigu. Fosses nasales peu profondes. Ailes obtuses. Rectrices courtes, peu résistantes. Jambes emplumées sur leurs 2/3, la partie nue
réticulée en avant, scutellée en arrière. Tarses scutellés en avant, un peu plus courts
que le doigt médian, ongle compris. Cou médiocre, nu en dessus sur le 1/3 de son
étendue ; les plumes de ses côtés convergeant en arrière. Huppe occipitale longue,
épaisse, tombante. Plumes dorsales longues et effilées.

Fig. 722. — Bubulcus ibis, 1/8 gr. nat.

Manteau roux rougeâtre; bas du dos, sus-caudales, poitrine, abd., sous-caudales, jambes blancs. Chez les adultes, occiput muni d'une touffe de plumes effilées, blanches, bordées de noir.

comatus L.
*De passage* Midi. *Accidentel* ailleurs. 0ᵐ,42.

## 5. **ARDEOLA** Bonaparte. *Blongios.* Fig. 724.

Bec aussi long que la tête, finem. dentelé vers l'extrém. Sillons nasaux profonds. Ailes aiguës. Rectrices courtes, très peu résistantes. Jambes très peu ou non dénudées. Tarses courts, épais, garnis en avant et latéralem. d'un rang de grandes scutelles; largem. aréolés en arrière. Doigt médian, ongle compris, aussi long que le tarse. Cou médiocre, nu en dessus sur ses 2/3 ; plumes du devant formant un fanon sur le jabot. Plumage du dessus coloré par grandes masses.

Teintes *noirâtres* dominantes. Bas de la jambe bien dénudé. Dessus gris-ardoise foncé. Dessous plus clair ; plumes du devant du cou et de la poi-

sturmi Wagl.
Afrique. *Très accidentel* en Europe. Pyrénées. 0ᵐ,35.

Fig. 723. — Buphus comatus, 1/6 gr. nat.

Fig. 724. — Ardeola minuta, 1/5 gr. nat.

Fig. 725. — Botaurus stellaris, 1/6 gr. nat.

trine gris noirâtre, avec de larges franges ±
roussâtres. Ongles jaunâtres.

Teintes *rousses* dominantes. Bas de la jambe *peu*
dénudé. Manteau noir verdâtre ♂, brun obscur
♀. Plumes axillaires noires, à large bordure
ochracée. Abd., sous-caudales roux brun. [*B.
nain.*]

**minuta** L.
Çà et là, *de mai à septembre.*
0ᵐ,38.

### 6. BOTAURUS Stephens. *Butor.* Fig. 725, 726.

Bec aussi long que la tête, échancré et fléchi vers l'extrém. de la mandibule supér.
Sillons nasaux larges, profonds. Ailes obtuses. 10 rectrices peu résistantes. Jambes
emplumées sur les 3/4. Tarses courts, couverts en avant et latéralem. d'un rang de
grandes scutelles, plus courts que le doigt médian, ongle compris. Ongles très forts et
très longs. Cou médiocre, sans plumes de la nuque aux épaules; plumes de ses côtés
longues, larges, convergeant en arrière.

Rémiges *avec des bandes transv.* larges et irrégulières. Couleur foncière roux jaunâtre; dessus
vermiculé de brun; vertex noir; poitrine, abd.
avec des raies longitudin. rousses. Doigt médian,
ongle compris, plus long que le tarse. [*B. étoilé.*]

**stellaris** L.
Midi. *De passage* ailleurs.
0ᵐ,65.

*Unicolores.* Couleur foncière ochracée; dos, scapulaires ombrés de brun rougeâtre. Vertex noir;
une large bande noire sous le méat auditif. Doigt
médian, ongle compris, env. aussi long que le
tarse. Taille *moindre.*

**freti hudsonis** Briss.
Amérique. *Très accidentel*
Europe. 0ᵐ,58.

Fig. 726. — Botaurus freti hudsonis, *tête*,
1/6 gr. nat.

Fig. 727. — Nycticorax europaeus, *tête*
1/4 gr. nat.

### 7. NYCTICORAX Stephens. *Bihoreau.* Fig. 727.

Bec aussi long que la tête, épais; mandibule infér. fléchie à l'extrém. suivant la
supér., qui est échancrée à la pointe. Sillons nasaux profonds. Ailes subobtuses. 12 rectrices courtes, peu résistantes. Jambes emplumées sur les 2/3. Tarses assez courts,
avec, en avant, 2 rangs de plaques hexagones, un peu plus courts ou aussi longs que
le doigt médian, ongle compris. Cou assez court, nu sur le 1/3 postér. de son étendue.
Vertex, occiput, nuque et manteau noir verdâtre; occi-
put avec 3-5 plumes subulées. Gorge, milieu de la
poitrine, abd., sous-caudales, jambes blanc pur;
rémiges et queue cendré bleuâtre.

**europaeus** Steph.
Midi. *De passage* Nord. 0ᵐ,5
à 0ᵐ55.

ACLOQUE. — Faune de France. Vert.        17

## III. **CICONIIDI.**

Bec fendu au plus jusqu'à l'angle antér. de l'œil. Mandibule supér. convexe à la base, à bords ord. lisses. Sillons nasaux presque nuls. Face en partie dénudée. Tarses réticulés. Membranes interdigitales larges, bordant les doigts jusqu'à l'extrém. Pouce court, mince, art culé sur le côté interne du tarse, au-dessus du doigt interne. Ongles courts ; celui du doigt médian entier au bord interne.

$\left\{\begin{array}{l}\text{Bec } plus\ haut\ que\ large\ \text{dans toute son étendue} \quad 1.\ \text{Ciconii.} \\ Moins\ haut\ que\ large\ \text{de la base à l'extrém.} . \quad 2.\ \text{Plataleii.}\end{array}\right.$

### 1. **Ciconii.**

Bec plus haut que large, ord. droit. Ongles larges, obtus, débordant peu l'extrém. des doigts. Sillons nasaux presque nuls.

Fig. 729. — C. nigra, *tête*, 1/10 gr. nat.

Fig. 728. — Ciconia alba, 1/10 gr. nat.

### 1. **CICONIA** Brisson. *Cigogne.* Fig. 728, 729.

Bec robuste, épais à la base, plus long que la tête, échancré à la pointe, mousse. Narines étroites, oblongues, percées de part en part dans la substance même du bec. Ailes longues. Queue médiocre. Tarses très-longs, robustes. Pouce court, notablem.

rebordé à l'extrémité. Ongles gros, larges, aplatis. Plumes du jabot allongées, pointues. tombant en fanon.

| | | |
|---|---|---|
| 1 | Plumage blanc, avec les ailes noires ou brun noirâtre. Partie nue des orbites et des lorums *noire*. Pieds rouges chez les adultes. | **alba** Willugh. *De passage.* Est. Nord. 1m,15 à 1m,2. |
| | Plumage brun noirâtre à reflets dorés et pourprés, Partie nue des orbites *rouge* ou olive. Pieds rouges ou olivâtres. | **nigra** Gesner. *Accidentel.* 1 m. env. |

## 2. Plataleii.

Bec aussi haut que large à la base, plus large que haut sur le reste de son étendue pointe infléchie. Ongles étroits, aigus, presque droits. Sillons nasaux linéaires.

Fig. 730. — Platalea leucorodia, 1/8 gr. nat.

### 1. PLATALEA Linné. *Spathule.* Fig. 730.

Bec droit, plat, flexible, dilaté-arrondi en spathule; sa mandibule supér. cannelée, sillonnée transversalem. à la base. Narines dorsales. oblongues. Ailes aiguës, amples. Jambes nues sur leur 1/2. Tarses forts. longs.

| | |
|---|---|
| Plumage blanc. Plumes occipitales allongées en huppe. Bec noir, taché d'ochracé sur la partie dilatée. Orbite, lorums, gorge nus. Pieds noirs. — Un ceinturon roux jaunâtre à la partie supér. du thorax chez les adultes. [*S. blanche.*] | **leucorodia** L. *De passage régulier.* Nord, Centre. Ouest. 0m,7 env. |

## IV. IBISIDI.

Bec long. comprimé. mince et arrondi vers l'extrém., épais à la base, à pointe mousse ± falciforme. Narines basilaires, dorsales. Lorums et ord. une partie de la tête et du cou sans plumes. Jambes assez courtes. Doigts antér. unis par une membrane. Pouce articulé presque au niveau des autres doigts.

### 1. FALCINELLUS Bechstein. *Falcinelle.* Fig. 731.

| | |
|---|---|
| Dessus à couleur foncière vert bronzé, avec des reflets pourprés chez les adultes. Lorums et espace dénudé des orbites verts. Bec, pieds verdâtres. — Vertex, | **igneus** Gmelin. *De passage régulier* Midi ; *accidentel* Nord. 0m,62 env. |

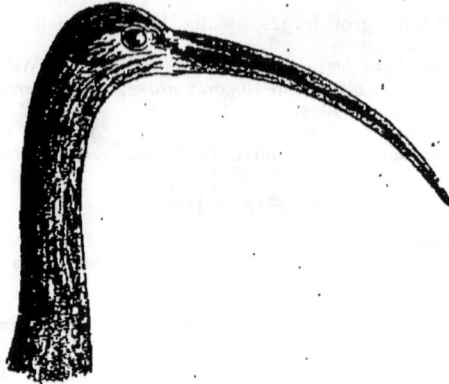

Fig. 731. — Falcinellus igneus, *tête*, 1/4 gr. nat.

Fig. 732. — Phoenicopterus roseus, 1/12 gr. nat.

gorge marron noirâtre; abd., jambes roux marron
vif; flancs, sous-caudales verts.

## SOUS-ORDRE IV. — ÉCHASSIERS PALMIPÈDES.

Bec très épais, comme brisé au milieu; ses bords dentelés. 4 doigts; les 3 antér.
unis jusqu'à l'extrém. par une palmure entière. Pouce court, libre, surmonté.

## I. PHOENICOPTERIDI.

### I. PHOENICOPTERUS Linné. *Flammant.* Fig. 732.

Bec plus long que la tête, plus haut que large, brusquem. courbé en bas vers le
milieu, garni de petites lames transv. sur les bords des deux mandibules, qui sont
emboîtées l'une dans l'autre.. Narines submédianes, munies d'un opercule membraneux. Ailes médiocres, aiguës. Queue courte. Pieds très longs, grêles. Ongles courts,
plats, larges. Cou très long, très flexible.
Dessus de l'aile rouge vif. Plumage rose clair. Rémiges    **roseus** Pall.
    entièrem. noir profond. Bec rose à pointe noire.  *Accidentel étangs.* Pro-
   Pieds rose rougeâtre. Iris jaune clair.              vence. 1<sup>m</sup>,4 à 1<sup>m</sup>,5.

# ORDRE DES PALMIPÈDES

*Anseres* L. — *Palmipedes* et *Pinnatipedes* Lath. — *Natantes* Mey. et Wolf.
Bec variable. Jambes à l'équilibre du corps ou rejetées en arrière. Tarses ord.
courts, robustes, souv. comprimés latéralem. 3-4 doigts; les 3 antér. et qqf. le pouce
unis par une palmure entière, ou garnis d'une membrane lobée. Plumage du dessous
ord. serré et élastique. Ailes presque touj. étroites et pointues. Queue courte ou nulle.

| | | |
|---|---|---|
| 1 | Bec *muni* sur les bords de lamelles ou dents régu- | |
| | lièrem. disposées | III. *Lamellirostres.* |
| | *Dépourvu* de lamelles latér. | 2 |
| 2 | Ailes *courtes* | 3 |
| | Très *longues*, très effilées, dépassant ord. la queue | II. *Longipennes.* |
| 3 | Jambes à peu près *à l'équilibre du corps* | I. *Totipalmes.* |
| | Tout à fait *à l'arrière du corps* | IV. *Brachyptères.* |

## SOUS-ORDRE I. — TOTIPALMES.

4 doigts, engagés tous dans une membrane entière. Pouce articulé en dedans du
tarse et ayant tendance à se diriger en avant. Tarses réticulés. Ailes plus courtes que
la queue. Commissures du bec dépassant presque touj. l'angle postér. des yeux.

### I. PELECANIDI.

Bec ord. crochu à l'extrém., profondém. fendu; mandibule supér. ± profondém.
sillonnée. Face ± dénudée. Peau de la gorge nue, susceptible de se dilater en une
poche ± grande. Narines peu visibles, réduites à d'étroites fentes longitudin.

| | | |
|---|---|---|
| 1 | Mandibule infér. *presque droite* à l'extrém. Tarses *nus* | 1. Pelecanii. |
| | *Recourbée* à l'extrém. dans le sens de la mandi- bule supér. Tarses *à demi couverts* par les plumes tibiales | 2. Fregatii. |

### 1. Pelecanii.

Membranes interdigitales étendues jusqu'à l'extrém. des doigts; queue arrondie ou
cunéiforme.

| | | |
|---|---|---|
| 1 | Bec fendu *au plus jusqu'à l'angle postér.* des yeux | 1. Pelecanus. |
| | *Au delà de l'angle postér.* des yeux | 2 |
| 2 | Bec finem. *dentelé-en-scie* sur les bords. Narines très prolongées. Ailes *allongées* | 2. Sula. |
| | *Lisse* sur les bords. Narines *peu* prolongées. Ailes *assez courtes* | 3. Phalacrocorax. |

Fig. 733. — Pelecanus onocrotalus, 1/15 gr. nat.

## 1. PELECANUS Linné. *Pélican*. Fig. 733.

Bec bien plus long que la tête, droit, large, fortem. déprimé. Mandibule supér. très aplatie ; l'infér. formée de 2 branches flexibles qui donnent attache à une membrane très large, très extensible. Narines basilaires. Ailes longues, aiguës. Queue assez courte, ample, subégale, à 20 pennes. Tarses courts, robustes. Ongle du doigt médian lisse au bord interne.

Région ophthalmique largem. dénudée. Plumes occipitales longues, étroites, tombant en huppe. Plumes frontales formant un angle dirigé en avant. Plumage blanc mêlé de rose. — Rémiges noires. Partie nue de la face couleur chair. Poche gutturale ochracée, veinée de rouge bleu.

onocrotalus L.
Europe orientale. *Accidentel* en France. 1ᵐ,96 env.

## 2. SULA Brisson. *Fou*. Fig. 734.

Bec fendu au delà de l'angle postér. des yeux, plus long que la tête, épais à la base, droit, conique, à bords finem. dentelés-en-scie ; branches de sa mandibule infér. séparées jusque près de l'extrém. Narines basilaires, très prolongées. Ailes aiguës, atteignant presque l'extrém. de la queue. Queue conique, à pennes résistantes. Tarses env. 1/3 plus courts que le doigt médian, qui est muni d'un ongle pectiné au bord interne. Plumage blanc ; rémiges noires. — Partie nue des joues

bassana Briss.
Mers du Nord. *Accidentel* sur nos côtes. 0ᵐ,85.

et de la gorge noir bleu ; doigts rayés de vert jaune.

## 3. PHALACROCORAX Brisson. *Cormoran*. Fig. 735 à 737.

Bec fendu au delà de l'angle postér. des yeux, ord. plus long que la tête, épais, droit, comprimé, à bords lisses ; mandibule supér. terminée en pointe crochue ; mandibule infér. tronquée. Narines basilaires, peu prolongées. Ailes médiocres, couvrant seulem.

Fig. 734. — Sula bassana, 1/7 gr. nat.

la base de la queue, qui est longue, arrondie, formée de rectrices raides. Bas des jambes complètem. vêtu. Doigt médian muni d'un ongle pectiné au bord interne.

1 {
Bec grêle, *plus court* que la tête. — Scapulaires et couvertures alaires supér. gris brun, avec d'étroites bordures noires. Joues et face ext. des jambes pointillées de blanc en plumage de noce. 12 rectrices. Cou, dos, sus-caudales, dessous noir verdâtre.

**pygmaeus** Pallas.
Asie. *Très accidentel* en France. 0ᵐ,5 à 0ᵐ,55.

*Plus long* que la tête

2

Bec *effilé*. Scapulaires et couvertures alaires supér. vert noir bronzé, avec *d'étroites* bordures noir velouté. 12 rectrices. Plumage vert foncé. Plumes du vertex, chez les adultes, pouvant se relever en huppe. [*C. huppé.*]

**cristatus** Fabr.
*Sédentaire* Finistère. *Accidentel* autres côtes. 0ᵐ,5 à 0ᵐ,6.

2 {
*Épais.* Plumes dorsales et scapulaires cendré roussâtre, avec de *larges* bordures noires. Vertex

**carbo** L.
*Sédentaire* sur qques points

Fig. 735. — Phalacrocorax carbo, 1/7 gr. nat.

Fig. 736. — P. cristatus, *tête*, 1/7 gr. nat.

Fig. 737. — P. pygmaeus, *tête*, 1/7 gr. nat.

et partie du cou parsemés d'étroites plumes blanches. *14* rectrices. Cou vert foncé. Sus-caudales noir verdâtre; dessous noir à reflets bleuâtres. Taille *plus forte*.

des côtes, *de passage* ailleurs. 0m.78.

## 2. Fregatii.

Membranes interdigitales échancrées au centre, n'atteignant pas l'extrém. des doigts. Queue profondém. fourchue.

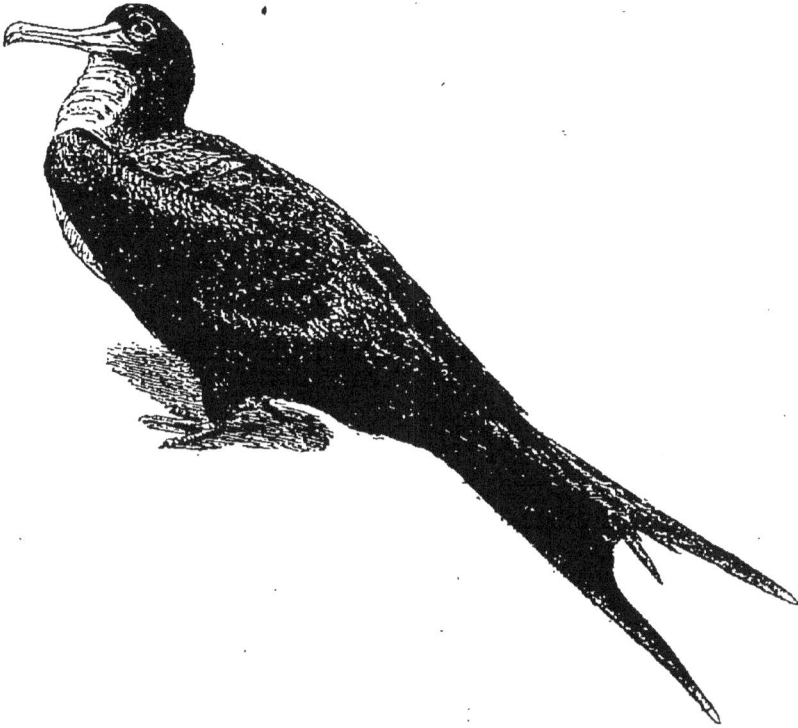

Fig. 738. — Fregata marina, 1/10 gr. nat.

### 1. FREGATA Barrère. *Frégate.* Fig. 738.

Bec plus long que la tête. robuste. droit, fortem. recourbé à l'extrém., entier aux bords. Narines courtes. basilaires. Ailes très longues, aiguës, n'atteignant pas l'extrém. de la queue. Tarses très courts, en grande partie cachés par les plumes des jambes. Ongles aigus, recourbés.

Plumage concolore, noir, chez les adultes. Rectrices **marina** Barrère.
extér. longues au moins de 37 cm. Régions intertropicales. *Très accid.* Europe. 1 m.

### SOUS-ORDRE II. — LONGIPENNES.

Ailes effilées, très longues, dépassant ord. l'extrém. de la queue. 4-3 doigts ; le pouce. quand il existe, dirigé en arrière et ne portant pas sur le sol. Bords du bec tranchants. Jambes à l'équilibre du corps, ord. nues sur une assez grande étendue au-dessus de l'articulation.

{ Narines *s'ouvrant à l'extrém. d'un tube* saillant I. Procellariidi.
1 { *Percées* de part en part *dans la partie dure* du
{ bec II. Laridi.

### I. PROCELLARIIDI.

Bec formé en apparence de plusieurs pièces distinctes, = profondém. suturé, renflé, crochu à l'extrém. Narines tubulaires. Pouce nul ou représenté seulem. par un ongle udimentaire.

**17.**

## 1. Diomedeii.

Narines ouvertes à l'extrém. de 2 tubes très courts, très séparés l'un de l'autre, situés de chaque côté de la mandibule supér., dans une profonde suture. Pas de pouce.

Fig. 739. — Diomedea exulans, 1/15 gr. nat.

### 1. DIOMEDEA Linné. *Albatros*. Fig. 739.

Bec plus long que la tête, très robuste, droit, comprimé. Mandibule supér. arrondie sur l'arête, sillonnée de chaque côté sur presque tte sa longueur, fléchie vers les 2/3, puis relevée, enfin crochue à la pointe ; l'infér. droite, tronquée pour s'emboîter dans le crochet de la supér. Ailes aiguës, très longues et très étroites. Tarses courts, épais, réticulés. Doigt médian bien plus long que le tarse. Ongles faibles, presque droits. Dessus blanc, ± marqué de fines raies noires ; dessous **exulans** Linné. blanc. — Les plus grandes rémiges primaires dépassant les plus grandes cubitales, sur l'aile fermée, d'env. 4 cm. Bec jaunâtre. Pieds rougeâtres. Queue arrondie, très courte. [*A. hurleur.*]     Mers d'Afrique. *Capturé accidentellem. sur les côtes de France.* Env. 1ᵐ,7.

## 2. Procellarii.

Narines ouvertes à l'extrém. d'un seul tube ou de 2 tubes accolés et situés en avant du front, au-dessus de la mandibule supér. Pouce remplacé par un ongle.

( Narines *distinctes*, séparées par une cloison *épaisse* 2. Puffinus.
1 { *Réunies* en un seul orifice. séparées intérieurem.
( par une cloison *très mince* 2
2 { Bec *épais, légèrem.* comprimé 1. Procellaria.
{ *Mince, fortem.* comprimé 3. Thalassidroma.

Fig. 740. — Procellaria glacialis, 1/6 gr. nat.

## 1. PROCELLARIA Linné. *Pétrel.* Fig. 740.

Bec plus court que la tête. robuste, très crochu à l'extrém. Mandibule supér. munie au bord interne de lamelles courtes. obliques. l'infér. creusée en gouttière, tronquée brusquem. et formant un angle à l'extrém. Ailes longues. suraiguës. Queue courte. à 14 pennes. Jambes très peu dénudées. Tarses réticulés. médiocres. Ongles recourbés, creusés en dessous.

/ Queue *conique.* Tube nasal égalant env. *le 1/3 du*     hasitata Kuhl.
| hec. Dessus brun noir mêlé de gris et de blanc.   Mers des Indes. *Accidentel*
| Rémiges secondaires blanches. avec l'extrém. et    sur nos côtes. 0ᵐ,35.
1 | les barbes ext. brunes. Rectrices brunes et blan-
| ches..Tarses jaunâtres. Doigts et palmures noi-
| râtres sur leurs 2/3 antér. [*P. hasite.*]
\ *Arrondie.* Tube nasal égalant en longueur env.
\ *la 1/2 du bec*                                    2
/ Dessus du corps et des ailes *blanc,* avec des taches  capensis L.
| noires à l'extrém. des plumes. Rémiges secon-    Mers d'Afrique. *Accidentel*
| daires blanches, noires à l'extrém. Rectrices      en France. 0ᵐ,33.
| blanches. noires sur le 1/3 postér. Pieds noirs.
2 | [*P. du Cap.*]
| *Cendré*; le reste du plumage blanc, avec la tête   glacialis L.
| grise en hiver. Baguette des grandes rémiges     Mers polaires. *Accidentel* en
| jaune ochracé à la base. Bec touj. jaune à l'extrém.  France. 0ᵐ,43.
\ Pieds nuancés de bleuâtre et de jaune.

## 2. PUFFINUS Brisson. *Puffin.* Fig. 741 à 744.

Bec env. aussi long ou plus long que la tête. grêle. droit, large à la base, très comprimé et crochu à l'extrém. Mandibule infér. pointue, courbée en bas dans le sens de la supér. Ailes longues. étroites. Queue médiocre. Tarses comprimés. réticulés. Doigt médian env. de la longueur du tarse.

( Bec, du front à la pointe. *aussi long* que le doigt   cinereus Kuhl.
| interne. Ailes plus longues que la queue. Bec et   Méditerranée. 0ᵐ,49.
1 ) pieds jaunes. Sus-caudales brunes ; sous-caudales,

Fig. 741. — Puffinus cinereus, 1/6 gr. nat.

Fig. 742 — Puffinus anglorum, *tête*, 1/6 gr. nat.

Fig. 743. — P. major, *tête*, 1/6 gr. nat.

Fig. 744. — P. obscurus, *tête* 1/6 gr. nat.

flancs, anus blancs. Tarses longs de 0ᵐ,03. Dessus cendré brun; gorge, poitrine, abd. blancs.
*Plus court* que le doigt interne

**2**

2 — Tarses longs *au plus de* 0ᵐ,04. Ailes plus courtes que la queue. Bec noir, brun latéralem. Doigts jaunâtres; palmures orangées. Sus- et sous-caudales latér. noires. Dessus brun noir velouté. Dessous blanc pur.
Longs *au moins de* 0ᵐ,043

**obscurus** Gmel.
*Accidentel* côtes de Picardie. 0ᵐ,3.

**3**

3 — Tout le plumage *brun fuligineux*. Bec orangé ou vert olivâtre foncé, avec la pointe noire. Pieds couleur chair. Tarses longs de 0ᵐ,056 à 0ᵐ,058.
*Varié de blanc ou de noir*

**fuliginosus** Strickland.
*Atlantique boréal. Accidentel* sur nos côtes. 0ᵐ,44.

**4**

4 — *Plus grand* (env. 0ᵐ,6). Ailes plus longues que la queue. Bec noirâtre. Pieds gris ou bruns. Sus-caudales *brun cendré*, à bordure blanchâtre; sous-caudales en grande partie brunes, ± bordées de blanc. Flancs *bruns*. Tarses longs d'env.

**major** Faber.
*Océan Atlantique. Accidentel* sur nos côtes. 0ᵐ,6.

4 {
0ᵐ,056. — Dessus brun noir. Gorge, poitrine, abd. blancs.

*Plus petit* (env. 0ᵐ,35). Ailes plus longues que la queue. Bec brun noir. Pieds jaunâtres. Doigt ext. et face postér. du tarse noirâtres. Sus-caudales *noires*; sous-caudales blanches, les latér. bordées de noir. Flancs *blancs*. — Dessus brun noir; dessous blanc. Tarses longs de 0ᵐ,043.
}

**anglorum** Gmel.
Côtes de l'Océan, *plus rarem.* de la Méditerranée. 0ᵐ,35.

Fig. 745. — Thalassidroma pelagica, 1/3 gr. nat.    Fig. 746. — T. leucorhoa, *tête*, 1/3 gr. nat.

### 3. **THALASSIDROMA** Vigors. *Thalassidrome*. Fig. 745, 746.

Bec plus court que la tête, mince, très comprimé, très crochu. Mandibule infér. un peu courbée en bas à l'extrém., pointue, à bords rapprochés formant une étroite gouttière. Ailes étroites; 2ᵉ rémige dépassant beaucoup la 1ʳᵉ; queue ord. plus courte. Tarses grêles; jambes ± nues au-dessus de l'articulation.

1 {
Queue *égale*    2

*Fourchue.* Doigt médian, ongle compris, à peu près de la longueur du tarse    3
}

2 {
Queue *notablem.* plus courte que les ailes. Doigt médian, ongle compris, *bien plus court* que le tarse. Dos noir; poitrine, abd. noir fuligineux. Ailes avec 1 bande oblique claire. Sus-caudales, qques-unes des sous-caudales latér. blanches. Palmures en partie *jaunes*. Tarses longs de 0ᵐ.035.

*Un peu* plus courte que les ailes. Doigt médian, ongle compris, *plus long* que le tarse. Brun noirâtre; dessous noir fuligineux. Ailes avec une bande oblique grise. Sus-caudales et qques plumes du bas-ventre blanches avec l'extrém. noire. Palmures *noires*. Tarses longs de 0ᵐ,21 env. [*T. tempête.*]
}

**oceanica** Kuhl.
*Accidentel* côtes de Provence et golfe de Gascogne. 0ᵐ.17.

**pelagica** L.
Côtes de Bretagne, de Provence. 0ᵐ,15.

3 {
Sus-caudales *blanches*, à rachis brun. 1 large bande claire oblique sur l'aile. Qques-unes des plumes latér. du bas-ventre blanches au moins en partie. Palmures *noires*. Tarses longs de 0ᵐ,024. Dos brun fuligineux; dessous plus clair. [*T. cul-blanc.*]

*Brun noirâtre*, ainsi que les sous-caudales et le bas-ventre. 1 bande oblique gris roux sur l'aile. Pieds bruns. Tarses longs de 0ᵐ,025. Dos brun noirâtre. Dessous noir fuligineux.
}

**leucorhoa** Vieill.
*Accidentel* sur nos côtes. 0ᵐ,2.

**bulweri** Jardine.
*Très accidentel* dans les mers d'Europe. 0ᵐ,3.

## II. **LARIDI.**

Bec comprimé. Mandibules ord. formées d'une seule pièce, à bords tranchants et lisses. Ord. 4 doigts ; les 3 antér. unis par une membrane presque entière ; le pouce, lorsqu'il existe, libre et articulé sur le tarse.

1 { Bec *couvert d'une sorte de cire* s'étendant au delà de la 1/2 de sa longueur ......... 1. STERCORARII.
{ *Solide* dans toute son étendue ......... 2

2 { Narines *subbasilaires* ......... 3. STERNII.
{ Presque toujours *médianes* ......... 2. LARII.

### 1. **Stercorarii.**

Mandibule supér. terminée par un crochet ; l'infér. ± anguleuse à la rencontre de ses branches. Narines percées dans la cire plus près de la pointe que de la base. Queue cunéiforme.

Fig. 747. — *Stercorarius catarractes*, 1/6 gr. nat.

### 1. **STERCORARIUS** Brisson. *Labbe*. Fig. 747 à 749.

Bec subcylindrique, un peu plus court que la tête. Narines latér., linéaires, obliques. Ailes longues, pointues, suraiguës. Queue inégale. Les 2 rectrices médianes touj. plus longues que les latér. Tarses médiocres, scutellés en avant, env. aussi longs que le doigt médian. Pouce court, touchant à peine au sol. Ongles grands, crochus.

1 { Taille *plus forte* (env. 0ᵐ,57). Dessus brun foncé ; **catarractes** Linné.
{ dessous nuancé de brun cendré et de rubigineux. *Accidentel* sur nos côtes.
{ Aile avec 1 large miroir blanc. Les 2 rectrices 0ᵐ,57.
{ médianes larges, arrondies à l'extrém., dépassant
{ les latér. de 2-3 cm. au plus. Tarses longs d'env.
{ 0ᵐ,075.
{ *Plus petite* (longueur au plus 0ᵐ,45) ......... 2

Fig. 748. — Stercorarius parasiticus, *tête*, 1/6 gr. nat.

Fig. 749. — S. longicaudus, 1/6 gr. nat.

Les 2 rectrices médianes *larges jusqu'à l'extrém.*, contournées sur elles-mêmes et dépassant les latér. de 6 à 10 cm. Tarses longs de 0ᵐ,051. Dessus brun-olive; dessous blanc; flancs tachetés de brun. [*L. pomarin.*]
*Se rétrécissant vers l'extrém.*

**pomarinus** Temm.
Atlantique septentrional. *Accidentel* sur nos côtes. 0ᵐ.43, *filets caudaux non compris.*
3

Manteau *brun noirâtre.* Les 2 rectrices médianes larges à la base, puis insensiblem. rétrécies et terminées en pointe fine, dépassant les latér. au plus *de 8 à 11 cm.* Tarses longs de 0ᵐ,043. Côtés du cou ochracés; poitrine, abd. blancs; flancs brun clair.

**parasiticus** L.
Boréal. *Accidentel* sur nos côtes. 0ᵐ,41, *filets non compris.*

*Brun gris.* Les 2 rectrices médianes planes, larges jusqu'à l'extrém. des latér., puis rétrécies et terminées en fer de lance, dépassant les autres *au moins de 16 cm.* Tarses longs de 0ᵐ,036. Cou en dessus blanc jaunâtre. Abd., flancs gris.

**longicaudus** Briss.
Zone arctique. *Accidentel* sur nos côtes. 0ᵐ.38, *filets non compris.*

## 2. Larii.

Mandibule supér. crochue à la pointe, l'infér. ± anguleuse à la rencontre de ses branches. Narines percées vers le milieu du bec. Queue le plus souv. égale.

Doigts épais, courts, les antér. réunis par une membrane médiocre, profondém. *échancrée* au centre
Unis jusqu'aux ongles par une membrane *entière*

1. PAGOPHILA.
2. LARUS.

### 1. PAGOPHILA Kaup. *Pagophile.* Fig. 750.

Bec notablem. plus court que la tête, env. aussi haut de la base à l'angle de la mandibule infér., notablem. rétréci d'un côté à l'autre vers le milieu, renflé en avant des narines, comprimé à l'extrém. Ailes longues, pointues, à rémiges falciformes. Queue allongée, égale. Tarses très courts, robustes. Ongles forts, nettem. recourbés. Rémiges blanches. Dessus blanc chez les adultes, avec des taches noires chez les jeunes. Bec de l'angle frontal au bout, plus court que le doigt ext., ongle compris, jaune. Pieds noirs. Tarse long d'env. 0ᵐ,038. [*P. blanche, Sénateur.*]

**eburnea** Gmel.
*Accidentel* sur nos côtes. ♂ 0ᵐ.46; ♀ 0ᵐ,42.

### 2. LARUS Linné. *Goéland.* Fig. 751 à 763.

Bec ord. plus court que la tête, fortem. comprimé dans tte son étendue, ord. plus élevé à la base et au point de rencontre des branches de la mandibule infér. qu'au milieu. Mandibule supér. arquée-crochue à l'extrém.; l'infér. plus courte, comme taillée en biseau de l'angle à la pointe. Narines oblongues, découvertes. Queue ord. tronquée. Tarses courts, minces, scutellés en avant. Pouce libre, petit, qqf. réduit à un simple tubercule. — Parties infér. ord. blanches,

Fig. 750. — Pagophila eburnea, 1/6 gr. nat.

Fig. 751. — Larus leucopterus,
tête, 1/6 gr. nat.

Fig. 752. — L. tridactylus, 1/6 gr. nat.

1 { *Jamais de capuchon*                                    2
  { A l'état adulte, *un capuchon* en plumage de noce   9
              Sect. 1. *Lari marini* Schlegel (Goélands).

    { Queue échancrée chez les jeunes. Le pouce et son    **tridactylus** Linné.
      ongle *rudimentaires*. Plumage blanc; ailes et    Sur les côtes, *en automne*.
      dos cendré bleu. 1re rémige terminée et bordée        0m,38.
      de noir; les 2e et 3e terminées de noir avec
2   { 1 tache apicale blanche. Bec, de l'angle frontal au
      bout, plus court que le doigt ext., ongle compris,
      jaune verdâtre. Pieds brun verdâtre. Tarse plus
      court que le doigt médian, long d'env. 0m,032.
    { Égale. Pouce *bien développé*                        3

Fig. 753. — Larus glaucus,
tête, 1/6 gr. nat.

Fig. 754. — Larus marinus, 1/6 gr. nat.

Manteau *gris cendré pâle*. Jamais de noir aux rémiges ... **4**

3 { Gris-ardoise *foncé*. Le noir dominant sur les rémiges ... **5**

Gris *bleuâtre* ± *clair*. Le gris ou le blanc dominant sur les rémiges ... **6**

4 {
*Plus grand*. Dessus cendré bleuâtre; dessous blanc. Rémiges blanches, ou gris pâle mêlé de blanc. Bec aussi long que le doigt ext., ongle compris, jaune-citron; 1 tache rouge à l'angle de la mandibule infér. Pieds couleur chair. Tarse plus long que le doigt médian, mesurant env. 0m.07. Angle et pointe de la mandibule infér. distants de 0m.017 env. [*Bourgmestre.*]

**glaucus** Brünn.
Europe et Amérique septentrionales. *Accidentel* côtes de Dunkerque. ♂ 0m.72; ♀ 0m.69.

*Plus petit*. Rémiges blanches, ou grises, avec le 1/3 postér. blanc. Bec à peine aussi long que le doigt int., ongle compris, jaune; 1 tache rouge à l'angle de la mandibule infér. Pieds jaunâtres. Tarse plus long que le doigt médian, mesurant env. 0m.068 à 0m.07. Angle et pointe de la mandibule inf. distants d'env. 0m.013.

**leucopterus** Faber.
Zone arctique. *De passage* sur nos côtes. ♂ 0m.54; ♀ 0m.51.

5 {
Bec *bien plus court* que le doigt ext., ongle compris, jaunâtre, avec 1 tache rouge vif. Les 2 prem. rémiges noires en dehors, terminées par une grande tache blanche touj. coupée sur la 2e par une bande noire subterminale. Pieds *livides*. Tarse *égal* au doigt médian, long d'env. 0m,065 à 0m.075. [*G. à manteau noir.*]

**marinus** L.
Régions septentrionales. *Sédentaire* sur qques points. ♂ 0m.7; ♀ 0m.65.

Fig. 755. — Larus argentatus, *tête*, 1/6 gr. nat.

Fig. 756. — L. fuscus, *tête*, 1/6 gr. nat.

Fig. 757. — Larus audouini, *tête*, 1/6 gr. nat.

Fig. 758. — L. canus, *tête*, 1/6 gr. nat.

Taille *moindre*. Bec au moins *aussi long* que le doigt ext., jaune, avec 1 tache rouge vif. Les 3 prem. rémiges noires, terminées de blanc. la 1re et qqf. la 2e munies d'une grande tache subtermin. blanche. Pieds *jaunes*. Tarse un peu *plus long* que le doigt médian, long d'env. 0m,06. [*G. à pieds jaunes.*] — **fuscus** Linné. *Sédentaire* Midi. *De passage* Nord. ♂ 0m,52; ♀ 0m,49.

6 Bec, de l'angle frontal à l'extrém., *plus court* que le doigt ext., ongle compris. Les 3 prem. rémiges noires, cendrées à la base sur les barbes internes, terminées de blanc, la 1re et qqf. la 2e avec en outre une tache subterminale blanche. Bec ochracé, avec 1 tache rouge. Pieds livides. Tarse un peu plus long que le doigt médian, mesurant 0m,06 env. — **argentatus** Brünn. *Sédentaire* sur nos côtes. ♂ 0m,62; ♀ 0m,56.

*Au moins aussi long* que le doigt ext. — 7

7 Taille *plus forte*. 1re rémige noire, terminée de blanc, avec 1 tache blanche subterminale aux barbes int.; les 2 suivantes grises à la base, puis noires et terminées de blanc. Bec rouge avec 2 bandes obliques noires. Pieds noirâtres. Tarse bien plus long que le doigt médian, mesurant 0m,055. — **audouini** Payraud. Corse. 0m,5.

*Plus petite* — 8

8 1re rémige blanche, noire à l'extrém., en dehors et sur un fin liséré interne. les 2 suiv. blanches, terminées et largem. bordées en dedans de noir. Bec et pieds *rouges*. Tarse plus long que le doigt médian, mesurant env. 0m,05. [*G. railleur.*] — **gelastes** Lichst. Côtes de Provence. 0m,44.

Les 3 prem. rémiges cendrées à la base interne, noires à l'extrém. et sur une grande partie du bord int.; 1 tache blanche subapicale sur les 1re et 2e, qqf. sur la 3e. Bec *ochracé* à base verdâtre; pieds *jaunes*. Tarse bien plus long que le doigt médian, mesurant 0m,045 à 0m,05. [*G. cendré.*] — **canus** L. *En hiver* sur nos côtes. 0m,42.

Sect. 2. *Lari cucullati* (Mouettes).

Queue notablem. *fourchue*. Manteau bleu cendré foncé. Les 3 prem. rémiges noires, largem. bordées de blanc en dedans. Bec plus court que le — **sabinei** Leach. Zone arctique. *Accidentellement de passage.* 0m,35.

Fig. 759. — Larus gelastes, *tête,* 1/6 gr. nat.

Fig. 760. — L. minutus, *tête,* 1/6 gr. nat.

Fig. 761. — L. melanocephalus, *tête,* 1/6 gr. nat.

Fig. 762. — Larus ridibundus, 1/6 gr. nat.

Fig. 763. — L. sabinei, *tête.* 1/6 gr. nat.

9 { doigt ext., jaune avec sa 1/2 basilaire noirâtre. Pieds brun rougeâtre. Tarse plus long que le doigt médian. mesurant 0ᵐ.04. Capuchon plombé, *limité par un collier noir.*

*Égale.* Capuchon *unicolore* — **10**

10 { Manteau *gris brun.* Le noir dominant sur les ré- miges. — Les 3 prem. rémiges noires, avec la base grisâtre. Bec plus long que le doigt ext., rouge, jaunâtre à la pointe. Pieds rouge brun. Tarse mesurant 0ᵐ.05. plus long que le doigt médian.

*Gris bleuâtre.* Le blanc ou le gris cendré dominant sur les rémiges — **11**

11 { Bec *brun rougeâtre.* Pieds rouge cramoisi. Doigt médian env. *aussi long* que le tarse, qui mesure 0ᵐ,024. Manteau cendré bleu très clair. Toutes les rémiges grises. avec 1 grande tache termin. blanche. Bec aussi long que le doigt ext. Taille moindre. [*G. pygmée.*]

± *rouge.* Taille *plus forte* — **12**

12 { Bec rouge de corail. *aussi long* que le doigt ext.. ongle compris. 1ʳᵉ rémige blanche, bordée en dehors et terminée de noir; les 2ᵉ et 3ᵉ blanches. terminées et largem. bordées en dedans de noir. Pieds rouges. Tarse *un peu* plus long que le doigt médian, mesurant 0ᵐ,04. [*Mouette rieuse.*]

Rouge vif. *plus court* que le doigt ext.; 1 bande noirâtre perpendiculaire en avant de l'angle de la mandibule infér. Rémiges blanchâtres. la 1ʳᵉ

**10**
**atricilla** L.
Amérique. *Accidentel* en France. 0ᵐ.4.

**11**
**minutus** Pall.
*De passage irrégulier.* 0ᵐ.27.

**12**
**ridibundus** L.
Côtes du Midi. *De passage régulier* sur les côtes sep- tentrionales. 0ᵐ.38.

**melanocephalus** Natterer.
Côtes méridionales. *Acci- dentel* dans le Nord. 0ᵐ.4.

$\pm$ bordée de noir en dehors. Tarse *notablem.* plus long que le doigt médian, mesurant 0$^m$,05 à 0$^m$,055. Capuchon *ne s'étendant pas plus bas en avant qu'en arrière.*

## 3. Sternii.

Mandibules subégales, effilées, pointues. Narines subbasilaires. Queue $\pm$ fourchue.

| | | |
|---|---|---|
| 1 { | Bec *plus court* que la tête. Ailes beaucoup plus longues que la queue, celle-ci très peu fourchue. | 3. HYDROCHELIDON. |
| | *Au moins aussi long* que la tête | 2 |
| 2 { | Bord antér. des narines atteignant env. *le milieu* du bec | 1. ANOUS. |
| | Atteignant au plus *le premier 1/3* du bec | 2. STERNA. |

Fig. 764. — Anous stolidus, 1/5 gr. nat.

### 1. ANOUS Leach. *Noddi.* Fig. 764.

Bec aussi long que la tête, comprimé sur sa 1/2 antér., aussi haut que large à la base. Mandibule supér. à arête déprimée en avant du front, se courbant insensiblem. jusqu'à la pointe. Bords des mandibules sensiblem. rentrants. Narines submédianes, prolongées en un sillon qui descend obliquem. sur les bords de la mandibule supér. Ailes plus longues que la queue, qui est un peu fourchue, avec les côtés arrondis. Tarses bien plus courts que le doigt médian, ongle compris. Palmures larges, *entières.* Pouce bien développé.

Plumage brun noirâtre. Vertex gris. Bec, de l'angle frontal à la pointe, au plus 1 f. plus long que le tarse, qui mesure env. 0$^m$,024. La plus longue des grandes sus-alaires primaires bien plus longue que la 9$^e$ grande rémige, plus courte que la 8$^e$. [*N. niais.*]

**stolidus** L.
Mers intertropicales. *Très accidentel* en France. 0$^m$,35.

### 2. STERNA Linné. *Sterne.* Fig. 765 à 772.

Bec ord. au moins aussi long que la tête, fortem. comprimé, plus haut que large de la base à la pointe. Arête de la mandibule supér. légèrem. courbée. Narines latérales. Ailes ord. au moins aussi longues que la queue; celle-ci fourchue. Doigt médian, ongle compris, presque touj. au moins aussi long que le tarse. Palmures peu échancrées. Ongle du doigt médian *fortement recourbé.*

Manteau *brun.* Queue très fourchue, moins longue que les ailes. Plumes occipitales peu allongées, arrondies. Doigt médian, ongle compris, plus long que le tarse, qui mesure 0$^m$,022. Bec noir, 1 f. plus long que le tarse. Pieds noirs. La plus longue des grandes sus-alaires primaires plus courte de 0$^m$,001 que la 8$^e$ grande rémige, plus longue que la 9$^e$ de 0$^m$,001. Dessous blanc satiné.

**fuliginosa** Gmel.
Atlantique. *Très accidentel* en France. 0$^m$,38 env.

*Cendré*                                                             2

Fig. 705. — Sterna caspia, *tête*, 1/5 gr. nat.

Fig. 766. — *Son pied*, 1/5 gr. nat.

Fig. 767. — S. dougallii, *tête*, 1/5 gr. nat.

Fig. 768. — Sterna paradisea, *tête*, 1/5 gr. nat.

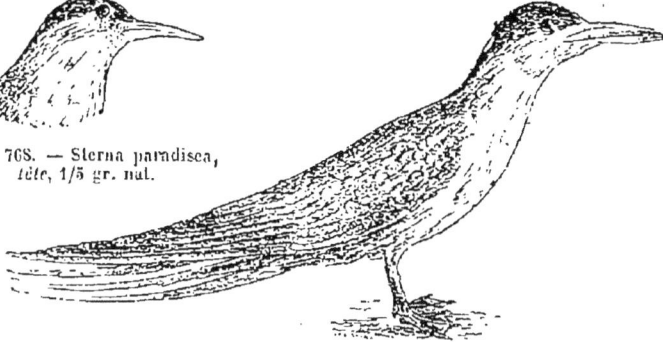

Fig. 769. — S. hirundo, 1/5 gr. nat.

Fig. 770. — S. anglica, *tête*, 1/5 gr. nat.

Fig. 771. — S. kantiaca, *tête*, 1/5 gr. nat.

Fig. 772. — S. minuta, *tête* 1/5 gr. nat.

2 { Queue *faiblem.* fourchue, *beaucoup plus courte* que les ailes. Plumes occipitales peu allongées, pointues. Doigt médian, ongle compris, moins long que le tarse — **3**
*Notablem.* fourchue, *subégale* aux ailes — **4**

3 { Bec *rouge*, à pointe jaune, env. 1/3 *plus long* que le tarse, qui mesure 0m,04 à 0m,044. Pieds noirs. La plus longue des grandes sus-alaires primaires plus courte que la 8e grande rémige env. de 0m,01. Les grandes rémiges sans large bordure claire aux barbes internes. [*S. tschegrava*.] — **caspia** Pallas. Zones méridionales. Asie. *Accidentel.* 0m,53.

*Noir*, env. *aussi long* que le tarse, qui mesure 0m,035. Pieds noirs. La plus longue des grandes sus-alaires primaires plus courte que la 8e grande rémige d'env. 0m,01. Taille bien *plus petite*. [*S. hansel*.] — **anglica** Montagu. Zones tempérées. *Accidentel* Nord. 0m,34.

4 { Plumes occipitales *allongées, pointues.* Doigt médian, ongle compris, env. aussi long que le tarse — **5**
*Médiocres, arrondies.* Doigt médian presque touj. plus long que le tarse — **6**

5 {
Front. en plumage de noce. *noir* jusqu'au bec. Celui-ci noir, à pointe ochracée, au moins 1 f. plus long que le tarse, qui mesure env. 0ᵐ,026. Pieds noirs. Ailes plus longues que les rectrices latér. La plus longue des grandes sus-alaires primaires subégale à la 8ᵉ grande rémige. Dessous blanc, teinté de rose à la poitrine et à l'abd. [*S. caujek.*]    **kantiaca** Gmel.
*Côtes maritimes, en été.* 0ᵐ,43.

Toujours *blanc*. Bec verdâtre ou noirâtre, jaunâtre sur sa 1/2 antér., au moins 1 f. plus long que le tarse, qui mesure env. 0ᵐ,03. Pieds noirs. La plus longue des grandes sus-alaires primaires subégale à la 8ᵉ grande rémige, plus longue que la 9ᵉ d'au moins 0ᵐ,015. Taille *plus forte.*    **bergii** Lichst.
*Accidentel*    Méditerranée. 0ᵐ,48.
}

6 {
La plus longue des grandes sus-alaires primaires *égale* à la 8ᵉ grande rémige ou plus courte de 0ᵐ,001-0ᵐ,002, plus longue que la 9ᵉ au moins de 0ᵐ,01. Bec *rouge*, au moins 1 fois plus long que le tarse, qui mesure env. 0ᵐ,012. Poitrine et abd. lavés de cendré bleuâtre.    **paradisea**. Brünn.
*Régions arctiques. De passage régulier.* 0ᵐ,38.

*Sensiblem. plus courte* que la 8ᵉ grande rémige    7
}

Bec *jaune* ou *rouge*    8

7 {
*Noir*, à pointe rousse, env. 1 f. plus long que le tarse, qui mesure 0ᵐ,02. Pieds orangés. La plus longue des grandes sus-alaires primaires plus courte que la 8ᵉ grande rémige de 0ᵐ,008 au moins. Poitrine, abd. blanc nuancé de rose. Ailes n'atteignant pas l'extrém. des rectrices latér.    **dougallii** Montagu.
*Sédentaire et de passage.* 0ᵐ,37.
}

8 {
Taille *plus forte*. Bec *rouge* cramoisi, avec le 1/3 antér. noir et la pointe rouge clair, 1 f. au moins plus long que le tarse, qui mesure env. 0ᵐ,018. Pieds rouges ou orangé pâle. La plus longue des grandes sus-alaires primaires plus courte que la 8ᵉ grande rémige d'env. 0ᵐ,004, et bien plus longue que la 9ᵉ. Abd. lavé de cendré. [*S. hirondelle, Pierre-Garin.*]    **hirundo** L.
*Côtes maritimes.* 0ᵐ,4.

*Moindre*. Bec *jaune* à pointe noire, 1 f. plus long que le tarse, qui mesure 0ᵐ,016. Pieds orangés. La plus longue des grandes sus-alaires primaires plus courte que la 8ᵉ grande rémige de 0ᵐ,003-0ᵐ,004, bien plus longue que la 9ᵉ. Front blanc. 1 bande noire des narines à l'œil. [*S. naine.*]    **minuta** L.
*De passage régulier en été.* 0ᵐ,22.
}

## 3. HYDROCHELIDON Boie. *Guifette.* Fig. 773 à 775.

Bec plus court que la tête, comprimé, ord. mince, plus haut que large d'un bout à l'autre, à bords mandibulaires subrectilignes. Narines oblongues, sublatérales, avancées au plus jusqu'au premier 1/3 du bec. Ailes bien plus longues que la queue, qui est assez courte et peu fourchue. Tarses minces, très courts. Doigts grêles. Palmures étroites, profondém. échancrées.

1 {
Bec touj. *noir*. Pieds brun rougeâtre. Dessus brun cendré; poitrine, abd. noir cendré. Sous-alaires et plumes axillaires gris clair. La plus longue des grandes sus-alaires primaires plus courte que la 9ᵉ grande rémige d'env. 0ᵐ,003, bien plus longue que la 10ᵉ.    **fissipes** L.
*Nord. Centre, Est, d'avril à septembre.* 0ᵐ,24.

*Rouge* chez l'adulte    2

Pieds rouges. Petites et moyennes sous-alaires, plumes axillaires *noires*. La plus longue des grandes sus-alaires primaires bien plus courte que la 9ᵉ grande rémige, ± *subégale* à la 10ᵉ.    **nigra** L.
*Europe méridionale; Afrique; Asie. Côtes méridionales; accidentel ailleurs.* 0ᵐ,24.
}

Fig. 774. — H. nigra, *tête*, 1/5 gr. nat.

Fig. 775. — Hydrochelidon fissipes, 1/5 gr. nat.    Fig. 775. — H. hybrida, *tête*, 1/5 gr. nat.

| | |
|---|---|
| 1 | Cou, dos noir ± cendré ; poitrine. abd. noirs ; |
| 2 | bas-ventre blanc. |

Pieds rouges. Sous-alaires. plumes axillaires *blan-ches*. La plus longue des grandes sus-alaires pri-maires bien plus courte que la 9e grande rémige, *plus longue* que la 10e de 0m.002-0m.003. [*Moustac.*]

**hybrida** Pall.
Zones méridionales. *De pas-sage régulier* Midi. 0m.26.

## SOUS-ORDRE III. — LAMELLIROSTRES.

Bec muni au bord de lamelles ou dents régulièrem. disposées. Ailes médiocres. rarem. plus longues que l'extrém. de la queue. Jambes ord. placées à l'arrière du corps, peu ou non dénudées au-dessus de l'articulation. Tarses courts, comprimés, réticulés. 4 doigts, les 3 antér. unis par une palmure presque touj. entière. Pouce libre.

## I. ANASIDI.

Bec déprimé ou arrondi, muni d'un onglet corné à l'extrém. des 2 mandibules. recou-vert d'une peau molle sur le reste de son étendue. Narines percées de part en part. Ailes presque touj. étroites. aiguës. munies au bord du poignet de 1-2 tubercules osseux ± prononcés, qqf. protégés par une enveloppe cornée. Pouce petit, souv. pinné, ne portant ord. à terre que par l'extrém. de l'ongle.

| | | |
|---|---|---|
| 1 | Lamelles *dentiformes, débordant partout les mandibules et dirigées en arrière* | 5. MERGH. |
| | *Ne présentant pas cette disposition* | 2 |
| 2 | Bec ord. *plus large* à la base qu'à l'extrém. | 3 |
| | Ord. *au moins aussi large* à l'extrém. qu'à la base | 4 |
| 3 | Mandibule infér. *découverte*. Pouce *lisse* en des-sous | 2. ANSERH. |
| | Au moins en partie *caché* par la supér. Pouce largem. *bordé* en dessous | 4. FULIGULH. |
| 4 | Doigts externe et médian *subégaux* | 1. CYGNII. |
| | *Inégaux*, le médian plus long | 3. ANASII. |

## 1. Cygnii.

Lorums nus. Mandibule infér. presque entièrem. cachée par la supér. Queue plus longue que les ailes. Rémiges cubitales atteignant env. l'extrém. des grandes rémiges primaires. Jambes et tarses courts. placés en arrière à l'équilibre du corps. Pouce lisse en dessous. Cou très long.

## 1. CYGNUS Linné. *Cygne*. Fig. 776 à 778.

Bec aussi long que la tête, renflé à la base qui est souv. surmontée d'un tubercule charnu, déprimé et obtus vers l'extrém., aussi large au bout qu'à la base. Lamelles de la mandibule supér. à peine saillantes, vers le milieu du bec. Narines submédianes. oblongues. Onglet supér. large. fortem. recourbé. Tarses env. aussi longs que le doigt int.

Fig. 776. — Cygnus mansuetus, 1/15 gr. nat.

Fig. 777. — Cygnus minor, 1/15 gr. nat.          Fig. 778. — Cygnus ferus, 1/15 gr. nat.

1 { Base du bec, en avant du front, *surmontée* chez les adultes *d'un tubercule charnu*. Plumage d'un blanc éclatant. Pieds noirs. Lorums, front, bords des mandibules et onglets noirs ; le reste du bec rouge. Toujours *lisse* ........................ **mansuetus** Ray. *De passage dans les hivers très rigoureux. Au moins* 1ᵐ,46.

2

2 { Plumage blanc. Plumes frontales formant un angle *aigu*. Bec noir, jaune des narines à la pointe, cette teinte *se terminant en pointe*. ........................ **ferus** Ray. Zones arctiques. *De passage en hiver. Au moins* 1ᵐ,55.

Plumage blanc éclatant. Plumes frontales formant un angle *obtus*. Bec noir, jaune orangé de la pointe jusque près des narines, cette teinte *se terminant brusquem*. Taille *moindre*. [*Cygne de Bewick*.]. ........................ **minor** Pallas. Zones boréales. *De passage en hiver.* 1ᵐ,15 à 1ᵐ,25.

## 2. Anserii.

Bec rétréci à l'extrém. Mandibule infér. découverte. Ailes ord. plus longues que l'extrém. de la queue. Jambes presque à l'équilibre du corps, bien dénudées au-dessus de l'articulation. Tarses assez élevés, peu comprimés. Doigt médian plus long que l'ext. Pouce lisse en dessous.

| | | |
|---|---|---|
| 1 { Lamelles *ne dépassant pas les bords* de la mandibule supér. | | 2 |
| { *Débordant* la mandibule supér. | | 3 |
| 2 { Narines *écartées*. Bas des jambes *emplumé* | | 2. BERNICLA. |
| { *Peu distantes*. Bas des jambes *dénudé* | | 4. CHENALOPEX. |
| 3 { Tarses env. *de la longueur* du doigt médian | | 1. ANSER. |
| { Notablem. *plus longs* que le doigt médian | | 3. CHEN. |

Fig. 779. — Anser albifrons, 1/7 gr. nat.

Fig. 780. — Anser sylvestris, 1/7 gr. nat.

### 1. ANSER Barrère. *Oie.* Fig. 779 à 782.

Bec env. aussi long que la tête, conique, très élevé à la base. subrenflé à l'extrém. Lamelles espacées, dentiformes, saillantes sur tout le bord de la mandibule supér., notablem. dirigées en arrière. Onglet supér. peu courbé, presque aussi large que l'extrém. du bec. Narines distantes, élevées, larges. Ailes aiguës, plus longues que la queue. Tarses épais, env. de la longueur du doigt médian, ongle compris.

| | | |
|---|---|---|
| 1 { *Un bandeau blanc* en arrière de la mandibule supér. | | 2 |
| { *Pas de bandeau blanc* frontal | | 3 |

{ Bandeau blanc remontant en pointe sur le front *jusqu'au-dessus des yeux*. Bec couleur chair, ainsi que les pieds, plus court, des commissures à la pointe, que le doigt interne, ongle compris. Bas du dos gris noir ; manteau brun cendré. Onglet blanchâtre. Dessus = varié de noir. [*Oie naine.*]

**erythropus** L.
Zones arctiques. *Accidentel.*
0ᵐ,56 env.

Fig. 781. — Anser cinereus, 1/7 gr. nat.        Fig. 782. — A. brachyrhynchus, 1/7 gr. nat.

2 { *N'arrivant pas au niveau de l'angle antér. de*       **albifrons** Bechst.
*l'œil.* Taille *plus forte.* Bec env. de la longueur       Zones boréales. *De passage*
du doigt interne, jaune livide. Onglet jaunâtre.       *en hiver.* 0ᵐ,7.
Pieds jaunes. Croupion mêlé de cendré. Dessous
varié de noir, dessus brun cendré terne. [*Oie*
*rieuse.*]
   Pieds roses. Dessous jamais taché de noir.       β. *pallipes* de Sélys. = *Do-*
                                    *mestiqué.*

  Bec *unicolore*, jaune orangé; onglet blanchâtre.       **cinereus** Meyer.
  Pieds jaunâtres. Croupion cendré. Dessous       Europe orientale. *De pas-*
  *varié de noir.* Dos, scapulaires cendré brun.       *sage annuel.* 0ᵐ,8 env.
3 { [*Oie vulgaire, Oie cendrée, Oie première.*]
  Souche principale et peut-être unique de l'*Oie*
  *domestique.*
  *Bicolore*                                                                           4

  Taille *plus forte.* Bec *aussi long* que le doigt in-       **sylvestris** Brisson.
  terne, ongle compris, noir et jaune, *le jaune*       Zones arctiques. *De passage*
  *dominant.* Onglet noir. Pieds orangés. Bas du       *annuel.* 0ᵐ,75 à 0ᵐ,85.
  dos *brun noirâtre.* Dessus cendré brun. [*Oie*
4 { *sauvage, O. des moissons.*]
  *Moindre.* Bec *plus court* que le doigt interne,       **brachyrhynchus** Baillon.
  noir et jaune, *le noir dominant.* Onglet noir.       Europe orientale. *De passage*
  Pieds jaunâtres ou rougeâtres. *Bas du dos*       *accidentel.* 0ᵐ,65.
  *cendré.* Dessus brun cendré.

### 2. BERNICLA Stephens. *Bernache.* Fig. 783 à 786.

Bec bien plus court que la tête, mince, droit, convexe, élevé à la base, qui est un peu
plus large que l'extrém. Lamelles entièrem. cachées. Onglet supér. médiocre, fortem.
recourbé. Narines médianes, écartées, égalem. distantes du sommet et des bords de la
mandibule. Tarses plus longs que le doigt médian.

  Plumes dorsales. scapulaires gris cendré. terminées       **leucopsis** Bechst.
  de blanc, avec une bande transv. noire antéapi-       Zones froides. *De passage*
  cale. Dessous blanc grisâtre. Front. gorge, joues       *en hiver.* 0ᵐ,63.
1 { blancs. Bec, pieds, 1 bande du bec à l'œil, dessus
  du cou noirs. [*B. nonnette.*]
  Gorge *noire*                                                                    2

  Bec, pieds, tête. cou *noirs*; 1 tache blanche ou       **brenta** Brisson.
  cendrée sur les côtés du cou. Plumes dorsales,       Zones arctiques. *De passage*
  scapulaires gris brun, à bordure plus claire. Bas-       Nord *en hiver.* 0ᵐ,58.
  ventre et sous-caudales blanc pur. [*B. cravant.*]

Fig. 783. — Bernicla brenta. 1/10 gr. nat.

Fig. 784. — *Sa tête*, 1/7 gr. nat.

Fig. 785. — Bernicla leucopsis, *tête*, 1/7 gr. nat.

Fig. 786. — B. ruficollis, *tête*, 1/7 gr. nat.

2 { Bec *brun*; onglets et pieds noirs; régions tempo- **ruficollis** Pall.
rales et *devant du cou roux*; le roux et le noir    Asie. *Très accidentel* en
du cou *séparés par une bande blanche des-*      France. 0<sup>m</sup>,55.
*cendant des tempes.* Dessus, haut de l'abd.,
flancs noirs; bas-ventre blanc.

### 3. CHEN Boie. *Chen.*

Bec env. de la longueur de la tête, large à la base où il est moins élevé qu'au niveau
des narines, mince à l'extrém., très membraneux et obliquem. ridé à l'origine de
la mandibule supér. Mandibule supér. débordée sur toute son étendue par les lamelles.
Narines médianes, distantes; fosses nasales amples, occupant près de la 1/2 du bec.
Onglet supér. peu recourbé, très large, recouvrant toute l'extrém. de la mandibule.
Plumage blanc. Rémiges primaires en partie noires chez   **hyperboreus** Pall.
les adultes. 1 large bande noirâtre sur les bords des    Zones arctiques. *Très acci-*
2 mandibules. Bec rougeâtre, plus long que le doigt      *dentel* en Europe. 0<sup>m</sup>,72.
interne. Pieds bruns. [*Oie de neige. O. des Esqui-*
*maux.*]

### 4. CHENALOPEX Stephens. *Chénalopex.* Fig. 787.

Bec plus court que la tête, peu élevé à la base, muni d'un petit bourrelet charnu sur
les côtés du front, à peu près de largeur égale d'un bout à l'autre. Lamelles incluses,

Fig. 787. — Chenalopex aegyptiaca, 1/7 gr. nat.

non apparentes quand le bec est fermé. Narines submédianes, peu distantes. larges, ovales. Onglet supér. brusquem. recourbé. Ailes munies d'un tubercule fort et très saillant. Bas des jambes dénudé sur une étendue assez grande. Tarses bien plus longs que le doigt médian.

Haut du dos marron clair, avec des raies noires. Milieu du dos brun rougeâtre. Sus-caudales noires. Bords des 2 mandibules, onglets et queue noirs. Bec, pieds rougeâtres. Un grand espace blanc, coupé par une raie noire, sur l'aile.  **aegyptiaca** L. Afrique.  *Accidentel* en France. 0ᵐ,68.

## 3. Anasii.

Bec ord. au moins aussi large à l'extrém. qu'à la base. Mandibule infér. en grande partie cachée. Jambes, tarses courts. un peu en arrière du corps. Doigt médian plus long que l'ext. Cou long, grêle. — Pouce le plus souv. lisse en dessous.

1. Pieds élevés. *presque à l'équilibre* du corps. Bec concave au milieu. retroussé en haut à l'extrém.  1. Tadorna.
   *En arrière* de l'équilibre du corps  2
2. Bec *considérablem. évasé* à l'extrém.  2. Spatula.
   *Non* considérablem. évasé  3
3. Lamelles de la mandibule supér. *très développées*, minces, longues, fortem. saillantes, visibles sur les 2/3 de l'étendue du bec  4. Chaulelasmus.
   *Peu apparentes*  4
4. Bec *sensiblem.* dilaté sur son 1/3 antér.  3. Anas.
   *Non* ou *peu* dilaté  5
5. Narines *distantes*  5. Mareca.
   *Rapprochées*  6
6. Queue *courte, conique*  7. Querquedula.
   *Assez longue*, très pointue  6. Dafila.

Fig. 788. — Tadorna belonii, 1/6 gr. nat.

### 1. TADORNA Fleming. *Tadorne.* Fig. 788

Bec moins long que la tête, plus haut que large à la base, concave au milieu, retroussé à l'extrém., à peu près de largeur égale d'un bout à l'autre. Mandibule infér. presque entièrem. cachée; lamelles de la mandibule supér. subsaillantes vers le milieu du bec. Onglet supér. large, tronqué, très recourbé. Narines submédianes, larges, ovales, distantes. Rectrices larges à l'extrém. Tarses un peu plus longs que le doigt médian, ongle compris.

Dessus blanc; haut du dos roux; scapulaires noires; poitrine rousse; milieu de l'abd. noir; flancs blancs; bec rouge. Rémiges secondaires blanches en dedans, noires au centre, vert pourpre en dehors; ce vert formant un long miroir sur l'aile fermée; rémiges cubitales noires, blanches en dedans, rousses en dehors. Queue blanche, avec 1 bande noire terminale. [*Tadorne vulgaire.*]

belonii Ray.
*Sédentaire* sur qques points,
*de passage* ailleurs. 0ᵐ,6.

### 2. SPATULA Boie. *Souchet.* Fig. 789.

Bec plus long que la tête, demi-cylindrique à la base, déprimé au milieu, en cuiller très large dans sa 1/2 antér. Lamelles longues, très fines, celles de la mandibule supér., de la base au milieu, en dents de peigne. Mandibule infér. notablem. cachée par la supér. Onglets petits, le supér. peu recourbé. Narines juxtabasilaires, très rapprochées. Ailes longues, aiguës. Tarses à peine aussi longs que le doigt interne, ongle compris.

18.

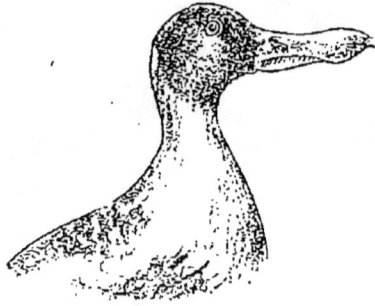

Fig. 789. — Spatula clypeata, *tête*, 1/6 gr. nat.

Dessus brun noir verdâtre; abd. et flanc roux marron.
Grandes sus-alaires secondaires brunes ou noires,
avec l'extrém. blanche; rémiges secondaires brunes
en dedans et au bout. vert doré en dehors, ce vert
formant un long miroir angulé sur l'aile pliée. Rémiges cubitales vert doré en dehors, brunes en dedans
chez les ♂, brunes bordées de roux en dehors chez
les ♀.

**clypeata** L.
*Hiverne* çà et là ; de *passage*
ailleurs. 0ᵐ,5.

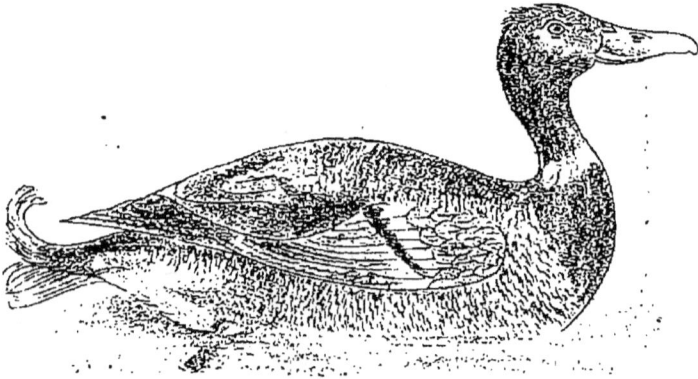

Fig. 790. — Anas boschas, 1/6 gr. nat.

### 3. ANAS Linné. *Canard*. Fig. 790.

Bec plus long que la tête, peu élevé à la base, puis déprimé, et d'égale hauteur des
narines à l'extrém., qui est bien arrondie. Lamelles courtes, celles de la mandibule
supér. dirigées en arrière, un peu apparentes sur la 1/2 postér. du bec. Onglet supér.
faiblem. courbé, non saillant. Narines juxtabasilaires, élevées, rapprochées. Tarses
épais, aussi longs que le doigt médian.

Dessus brun cendré ♂, roux jaunâtre ♀. Grandes sus-
alaires secondaires blanches, terminées de noir. Les
2ᵉ à 10ᵉ rémiges secondaires noires, avec un liséré
terminal blanc, d'un violet à reflet vert doré en
dehors, ce violet formant sur l'aile pliée un large
miroir, bordé en avant et en arrière par une double
bande blanche et noire. [*Canard sauvage*.]

**boschas** L.
*Marais, étangs, lacs*. 0ᵐ,5
à 0ᵐ,55.

Fig. 791. — Chaulelasmus strepera, 1/6 gr. nat.    Fig. 792. — Mareca penelope, 1/6 gr. nat.

## 4. CHAULELASMUS G. R. Gray. *Chipeau*. Fig. 791.

Bec env. aussi long que la tête, mince, déprimé, d'égale largeur de la base à l'extrém., qui est arrondie. Mandibule infér. visible seulem. à la base quand le bec est fermé. Lamelles de la supér. minces, longues, très saillantes hors des bords. Narines basilaires, rapprochées, élevées. Onglet brusquem. recourbé. Tarses env. de la longueur du doigt interne, ongle compris.

Haut du dos noir ; scapulaires cendré brun ; abd. blanc jaunâtre. Les 6e à 12e grandes sus-alaires secondaires avec une large tache noire apicale ; les 3e et 8e rémiges secondaires grises, terminées de blanc, bordées de noir en dehors ; les suivantes brunes, avec de larges bordures ext. blanches formant un petit miroir en losange, encadré dans un miroir noir. [*C. bruyant.*]

**strepera** L.
Europe septentrionale. *De passage*. 0m,5.

## 5. MARECA Stephens. *Marèque*. Fig. 792.

Bec plus court que la tête, un peu plus haut que large à la base, à peu près d'égale largeur sur ses 2/3 postér., rétréci ensuite insensiblem. jusqu'au bout. Lamelles larges, celles de la mandibule supér. presque invisibles. Onglet supér. large, peu saillant, brusquem. courbé. Narines subbasilaires, distantes, petites. Tarses de la longueur du doigt interne.

Dessus brun ≃ noirâtre, avec qques bordures rousses ou blanches. Grandes sus-alaires secondaires blanches, terminées de noir. Rémiges secondaires vert doré sur la 1/2 basilaire externe, noires sur l'autre 1/2, le vert formant sur l'aile pliée un miroir limité en avant et en arrière par une bande noire. Rémiges cubitales noires avec une bordure blanche. Sus-caudales médianes et sous-alaires blanches, tachetées de brun.

**penelope** L.
Europe septentrionale. *De passage régulier*. 0m,47.

## 6. DAFILA Leach. *Pilet*. Fig. 793.

Bec env. aussi long que la tête, mince, demi-cylindrique, un peu plus large vers l'extrém. qu'au milieu. Lamelles courtes, à peine visibles hors de la mandibule supér. Narines basilaires, rapprochées. Onglet supér. petit, crochu. Cou long, très mince dans sa 1/2 supér.

Dessus rayé de zigzags noirs et cendrés ♂, brun noirâtre avec des croissants jaunâtres ♀. Grandes sus-alaires secondaires cendrées ou gris brun, avec une large bande terminale fauve. Rémiges secondaires noir vert pourpre sur les 2/3 antér. en dehors, jaune clair blanchâtre à l'extrém., le noir vert formant sur l'aile pliée un long miroir oblique limité en

**acuta** L.
Zones boréales. *De passage régulier*. 0m,64.

Fig. 793. — Dafila acuta, 1/6 gr. nat.

avant par une large bande fauve. en arrière par une
étroite bande fauve ou blanche.

Fig. 795. — Q. crecea, *tête*, 1/6 gr. nat.

Fig. 794. — Querquedula circia, 1/6 gr. nat.          Fig. 796. — Q. formosa, 1/6 gr. nat.

## 7. QUERQUEDULA Stephens. *Sarcelle*. Fig. 794 à 796.

Bec presque aussi long que la tête. droit à partir des narines, demi-cylindrique, un
peu plus large vers l'extrém. qu'au milieu. Lamelles presque invisibles. Onglet supér.
petit, crochu. Narines basilaires, très rapprochées, percées près du sommet. Tarses
plus courts que le doigt médian.

| | |
|---|---|
| *Pas de miroir* brillant sur l'aile. Plumage entièrem. brun clair, mêlé de blanchâtre. Rémiges secondaires grises, avec l'extrém. blanchâtre. | **angustirostris** Ménét. Algérie. 0$^m$,4. |
| 1 Sur l'aile pliée, *2 miroirs*, l'un vert doré, l'autre noir, superposés, limités en avant et en arrière par une bande blanchâtre ou jaunâtre. ♂ avec | **crecca** L. *Toute l'année. dans les marais.* 0$^m$,32. |

1 bande vert doré de l'œil jusqu'au-dessus du cou. Rémiges cubitales brunes, frangées de roux. [*Sarcelline.*]

| | |
|---|---|
| Sur l'aile pliée, *un miroir* | **2** |
| Grandes sus-alaires secondaires rouge-brique, *terminées de vert doré*, ces deux couleurs séparées par une teinte plus foncée. 1 tache chamois, arrondie, sur les joues. Aile pliée avec 1 long miroir noir violet, limité en avant par une bande vert doré, en arrière par une bande blanche. | **formosa** Georgi. Asie. *Très accidentel.* ♂ 0$^m$,4 ; ♀ 0$^m$,36 à 0$^m$,38. |

Terminées *de blanc*

Miroir *noir* d'acier velouté, limité en avant et en arrière par une bandelette blanche. Rémiges cubitales longues, étroites, *variées par 2 lignes blanches et 2 lignes noires*. ♂ avec 1 petite tache blanche frontale, derrière la mandibule supér. [*S. à faucilles.*]

**3** **falcata** Pallas. Asie. *Très accidentel.* 0$^m$,44- 0$^m$,43.

*Vert*

Miroir vert doré, étroit, limité *en avant et en arrière par une bande* blanche. Rémiges cubitales brunes, frangées de blanc en dehors. ♂ avec une grande raie sourcilière descendant *sur les côtés de la nuque*. [*S. d'été.*]

**4** **circia** L. Europe méridionale. Afrique. *De passage régulier* 0$^m$,36.

**4** Vert doré à reflets pourprés, limité *en avant par une large bande, en arrière par un trait* blancs. Grandes sus-alaires secondaires blanches sur leur 1/2 postér. ♂ avec une grande tache en croissant sur la face, descendant *sur les côtés de la gorge*. [*S. soucrourou.*]

**discors** L. Amérique. *Très accidentel* en Europe. 0$^m$,38 à 0$^m$,41.

## 4. Fuligulii.

Bec ord. plus large à la base qu'à l'extrém. Mandibule infér. en partie cachée. Jambes et tarses très courts, placés très en arrière de l'équilibre du corps. Doigts longs, l'ext. et le médian ord. égaux. Pouce largem. bordé en dessous. Palmures amples. Cou court, gros.

| | | |
|---|---|---|
| 1 | Queue ± *courte* | **2** |
| | Assez *allongée* | **6** |
| 2 | Bec *plus court* que la tête | 5. Eniconetta. |
| | *Au moins aussi long* que la tête | **3** |
| 3 | Plumage à *teintes foncées*, ord. sans éclat | 7. Oidemia. |
| | *Offrant* ord. *des colorations variées* | **4** |
| 4 | Lamelles de la mandibule supér. *petites*, peu saillantes, entièrem. cachées | 6. Somateria. |
| | *Larges* | **5** |
| 5 | Bec un peu élevé à son origine, fortem. déprimé au delà des narines, *se rétrécissant insensiblem.* de la base à l'extrém. Lamelles *visibles* sur la 1/2 antér. du bec | 1. Branta. |
| | Déprimé à l'extrém., un peu *plus large vers le* 1/3 *antér.* qu'à la base. Lamelles complètem. cachées | 2. Fuligula. |
| 6 | Bec env. *aussi long* que la tête | 8. Erimistura. |
| | *Plus court* que la tête | **7** |
| 7 | Narines *médianes* | 3. Clangula. |
| | *Juxtabasilaires* | 4. Harelda. |

## 1. BRANTA Boie. *Brante.* Fig. 797.

Bec de la longueur de la tête, élevé à la base, très déprimé après les narines, diminuant insensiblem. de largeur de la base à l'extrém. Lamelles de la mandibule supér. larges, dirigées en arrière; celles de la mandibule infér. très fines, rapprochées, presque indistinctes au dehors. Onglet supér. large, saillant, terminé en pointe recourbée. Narines submédianes, très distantes. Tarses épais, moins longs que le doigt interne.

Fig. 797. — Branta rufina, 1/6 gr. nat.

Dessus gris vineux ♂, brun cendré jaunâtre ♀. Rémi-   **rufina** Pall.
ges cubitales gris cendré. Sur l'aile pliée, un large   Europe orientale. *Accidentel.*
miroir blanc.                                           0ᵐ,56.

Fig. 798. — Fuligula cristata, 1/6 gr. nat.        Fig. 799. — F. marila, 1/6 gr. nat.

## 2. FULIGULA Stephens. *Fuligule*. Fig. 798 à 801.

Bec env. de la longueur de la tête, subélevé à la base, déprimé au bout, un peu plus
large vers son 1/3 antér. qu'à la base. Lamelles larges, complètem. cachées. Onglet
supér. petit, ovale, terminé en pointe recourbée. Narines submédianes, très distantes.
Ailes moyennes, aiguës. Rectrices terminées en pointe. Tarses notablem. plus courts
que le doigt interne.

Fig. 800. — Fuligula ferina, 1/6 gr. nat.          Fig. 801. — F. nyroca, 1/6 gr. nat.

1 Plumes occipitales. chez l'adulte, allongées, effilées *en huppe tombante* ± longue. Tête. cou en-tièrem. noirs, à reflets pourprés. Rémiges secondaires terminées de noir. Flancs noirâtres, unicolores. Aile pliée avec un miroir blanc très oblique. [*F. morillon.*]
*Ne formant pas* une huppe tombante

**cristata** L.
Zones arctiques. AC. en France. *en automne et en hiver.* 0ᵐ,4.

2

2 Tête et haut du cou *noirs*. à reflets verdâtres. Flancs blanc pur, unicolores ♂, vermiculés de brun ♀. Rémiges secondaires largem. terminées de noir. Aile fermée avec un étroit miroir oblique. blanc. [*F. milouinan.*]
*Roux marron*

**marila** L.
Zones arctiques. *De passage périodique, surtout* Nord. 0ᵐ,47.

3

3 Rémiges secondaires *avec un liséré blanc* termi-nal aux barbes externes. Aile fermée avec un large miroir oblique, *cendré*. Dessus noir ♂, brun ♀. Manteau et dessous avec de fins zigzags cendrés. [*F. milouin.*]
*Avec une large bordure* terminale *brune*. Men-ton avec 1 petite tache 3angulaire blanche. Flancs *brun roux*. Aile fermée avec un miroir presque carré, *blanc*. [*F. nyroca.*]

**ferina** L.
Europe septentrionale. *Dou-ble passage* en France. 0ᵐ,46 env.

**nyroca** Guldenst.
Europe orientale. *De passage.* 0ᵐ,4.

## 3. CLANGULA Fleming. *Garrot.* Fig. 802, 803.

Bec moins long que la tête, plus haut que large, s'atténuant de la base à l'extrém.. un peu plus large au niveau des narines qu'ailleurs. Lamelles dentiformes, courtes, largem. espacées, celles de la base de la mandibule supér. seules visibles. Onglets petits. Narines médianes. étroites, elliptiques. Queue longue. étagée, pointue ; rectrices semi-aiguës. Doigt int. au moins aussi long que le tarse.

1 Rémiges cubitales *noires*. Dessus noir ♂, brun ♀. 1/2 postér. des grandes sus-alaires secondaires blanches. Aile pliée *avec une longue tache blanche* non interrompue. Une tache blanche arrondie derrière le bec.
*Blanches* lisérées de noir. Dessus noirâtre ♂, brun foncé ♀. Les 5-6 premières grandes sus-alaires secondaires bleu pourpre en dehors, blanches au bout. Aile pliée *avec un miroir bleu pourpre*. Une petite tache blanche en arrière de l'oreille. [*G. histrion.*]

**glaucion** L.
Zones boréales. *Double pas-sage régulier.* ♂ 0ᵐ,5 ; ♀ 0ᵐ,41.

**histrionica** L.
Zones arctiques. *Très acci-dentel.* ♂ 0ᵐ,43 ; ♀ 0ᵐ,35.

## 4. HARELDA Leach. *Harelde.* Fig. 804.

Bec bien plus court que la tête ; mandibule supér. plus large à la base qu'à l'extrém.. qui se rétrécit brusquement et cache la 1/2 antér. de l'infér. Lamelles dentiformes;

Fig. 802. — Clangula glaucion, 1/6 gr. nat.

Fig. 803. — C. histrionica, 1/6 gr. nat.

Fig. 804. — Harelda glacialis, 1/6 gr. nat.

Fig. 805. — Eniconetta stelleri, 1/6 gr. nat.

saillantes, très distantes, débordant la mandibule supér. seulem. dans sa 1/2 basilaire. Onglet supér. médiocre, crochu à l'extrém. Narines juxtabasilaires, latér., très distantes. Ailes moyennes, aiguës. Rectrices terminées en pointe acérée, les médianes, chez le ♂, bien plus longues que les autres. Tarses moins longs que le doigt interne. Dessus noir fuligineux ; un demi-collier roux ♂. Aile sans miroir. Rémiges cubitales brun rouge en dehors. La plupart des scapulaires longues et effilées chez le ♂.

**glacialis L.**

Zones boréales. *De passage irrégulier.* ♂ 0ᵐ,6, filets compris ; ♀ 0ᵐ,4.

## 5. ENICONETTA G. R. Gray. *Eniconette.* Fig. 805.

Bec moins long que la tête, demi-cylindrique, convexe, presque égalem. large partout. Mandibule infér. cachée. Lamelles très petites, nullem. débordantes, nulles sur le 1/3 antér. du bec. Narines submédianes. Onglet peu recourbé, non ou peu saillant. Rémiges cubitales contournées en dehors. Doigt int. plus long que le tarse.
Dessus noir bleuâtre. Grandes sus-alaires secondaires **stelleri** Pallas.
  bleu violet en dehors, terminées de blanc. Aile pliée  Asie. Amérique. *Très acci-*
  avec un miroir bleu violet. Rémiges cubitales blanches   *dentel.* 0ᵐ,45.
  ou grises en dedans, violet sombre en dehors.

Fig. 806. — Somateria mollissima, *mâle*, 1/6 gr. nat.

## 6. SOMATERIA Leach. *Eider.* Fig. 806 à 808.

Bec au moins aussi long que la tête, renflé à la base, rétréci à l'extrém. Lamelles très distantes; celles de la mandibule supér. non saillantes. Narines médianes, petites, distantes. Onglets très larges, voûtés. Ailes courtes. Tarses notablem. plus courts que le doigt interne. Pouce grele, allongé.

1 { ♂ haut du dos blanc; bas du dos, abd., flancs **mollissima** L.
   noirs; ♀ brun noir en dessus. Plumes des côtés  Zones arctiques. *Accidentel*
   du bec *atteignant*, au moins, l'extrém. postér.  sur nos côtes. 0ᵐ,65.
   des narines, *dépassant* notablem. les plumes du front.
  Plumes des côtés du bec *n'atteignant pas* le bord **spectabilis** L.
   postér. des narines, *s'étendant bien moins loin* Zones arctiques. *Accidentel*
   que les plumes frontales.[*Eider à tête grise.*]  sur nos côtes. 0ᵐ,63.

## 7. OIDEMIA Fleming. *Macreuse.* Fig. 809 à 811.

Bec environ aussi long que la tête, robuste, large jusqu'au bout. Mandibule supér. renflée ou gibbeuse à la base, déprimée à l'extrém. Lamelles larges, fortes, très distantes, peu ou non visibles à la base des mandibules. Onglets très larges, voûtés.

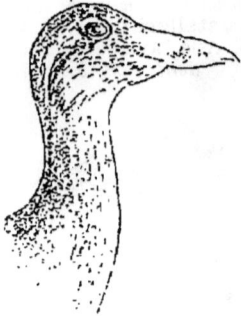

Fig. 807. — Somateria mollissima, *femelle*,
1/6 gr. nat.

Fig. 808. — S. spectabilis,
1/6 gr. nat.

Fig. 809. — Oidemia fusca, 1/6 gr. nat.

Narines submédianes. Rectrices terminées en pointe. Tarses plus courts que le doigt interne.

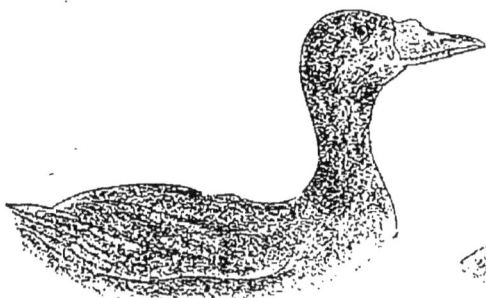

Fig. 810. — Oidemia nigra, 1/6 gr. nat.

Fig. 811. — O. perspicillata, 1/6 gr. nat.

Aile *avec* un miroir blanc. Plumage noir ♂, brun avec 2 taches blanches sur les côtés de la tête ♀. Plumes des joues avancées sur les côtés du bec bien au delà des commissures.

**fusca** L.
Mers du Nord. *De passage.* 0ᵐ,55 *env.*

*Sans* miroir

2

Plumes du front et des joues formant une ligne presque droite, et *ne se prolongeant pas* sur le bec. Plumage noir ♂, brun avec les joues cendrées ♀. Protubérance de la base du bec, chez les ♂, noire au sommet.

**nigra** L.
Zones arctiques. *De passage régulier en hiver.* 0ᵐ,48 *env.*

*Se prolongeant* en pointe au moins jusqu'au 1/3 antér. du bec. Plumage noir, avec 1 grande tache blanche antéoculaire et 1 occipitale ♂, brun avec 2 taches blanchâtres aux côtés de la tête ♀. [*M. à lunettes.*]

**perspicillata** L.
Amérique. *De passage accidentel.* 0ᵐ,5 *env.*

Fig. 812. — Erimistura leucocephala, 1/6 gr. nat.

## 8. **ERIMISTURA** Bonaparte. *Erimisture.* Fig. 812.

Bec env. de la longueur de la tête, renflé à la base, très déprimé à l'extrém. qui est évasée et large. Mandibule supér. dessinant au profil une courbe très prononcée à partir du bord postér. des fosses nasales, à arête divisée par un large sillon. Lamelles

de la mandibule sup. petites, perpendiculaires. peu visibles au milieu du bec ; celles de
la mandibule inf. très nombreuses, très fines, à peine visibles. Narines médianes.
Onglet supér. très petit, fortem. recourbé. Ailes très courtes. Queue longue, à rectrices
pointues. Tarses 1 f. plus courts que le doigt médian, ongle compris.
Dessus roux avec des zigzags bruns. Aile sans miroir. Tête  **leucocephala** Scop.
  blanchâtre ; vertex brun foncé. Ailes atteignant à peine  Europe  orientale.  Sibérie.
  la base de la queue.                                    *Très accidentel.* 0ᵐ,5.

## 5. Mergii.

Mandibule inf. complètem. découverte. Lamelles dentiformes, dirigées en arrière,
débordant partout les mandibules. Onglet supér. couvrant exactem. l'extrém. de la
mandibule. Jambes très en arrière de l'équilibre. Doigts ext. et médian égalem. longs ;
palmures larges.

Fig. 813. — Mergus merganser, 1/6 gr. nat.

## 1. MERGUS Linné. *Harle.* Fig. 813 à 816.

Bec ord. au moins aussi long que la tête, droit, épais. déprimé à la base, puis effilé-
cylindrique jusqu'à l'onglet infér., qui déborde notablem. la mandibule. Lamelles dentiformes de la mandibule supér. toutes visibles quand le bec est fermé. Narines submédianes. Ailes médiocres. Tarses plus courts que le doigt interne.

|   | | |
|---|---|---|
| 1 | Grandes sus-alaires secondaires blanches, *coupées* par 2 bandes noires transv. Les 5ᵉ et 11ᵉ rémiges secondaires blanches en dehors sur leur 1/2 terminale. Rémiges cubitales blanches, noires en dehors. [*H. couronné.*] | **cucullatus** L. Amérique. *Très accidentel* en Europe. 0ᵐ,42. |
|   | *Non coupées* par 2 bandes noires transv. | 2 |
| 2 | Taille *moindre*. Grandes sus-alaires et rémiges secondaires terminées de blanc. Un miroir noir coupé par une bande oblique blanche. 2 des ré- | **albellus** L. Zones boréales. *De passage* Nord *en automne.* 0ᵐ,42. |

Fig. 814. — M. serrator, 1/6 gr. nat.

Fig. 815. — M. cucullatus, 1/6 gr. nat.

Fig. 816. — Mergus albellus, 1/6 gr. nat.

miges cubitales blanches en dehors, les autres =
cendrées. [*H. piette.*]

*Plus forte* (longueur env. 0ᵐ.5 à 0ᵐ,6)

Les 5ᵉ à 11ᵉ rémiges secondaires *blanches*. Rémiges
cubitales blanches, bordées de noir ♂, cendrées ♀. Grandes sus-alaires secondaires blanches
sur la 1/2 postér. ♂, blanches, lavées de cendré
au bout ♀. [*H. bièvre.*]

*Noires à la base*, blanches sur leur 1/2 terminale,
ainsi que les grandes sus-alaires secondaires. Un
miroir blanc coupé par une bande oblique noire.
Rémiges cubitales blanches bordées de noir ♂,
grises avec une bordure brune ♀. [*H. huppé.*]

3

**merganser** L.
Zones arctiques. *Double passage régulier.* 0ᵐ,6 à
0ᵐ.65.

**serrator** L.
Zones arctiques. *De passage*
sur nos côtes maritimes.
0ᵐ,56.

19

## SOUS-ORDRE IV. — BRACHYPTÈRES.

Ailes très étroites, courtes, qqf. presque avortées. Queue courte, à rectrices rigides, ou remplacée par un petit faisceau de plumes décomposées. Jambes complètem. à l'arrière du corps. Tarses ± comprimés. Bec tranchant aux bords.

1 { Pouce *nul* ............................................ III. **Alcidi.**
  { ± *développé* ......................................... 2
2 { Ongles *peu larges.* Tarses *réticulés* .............. II. **Colymbidi.**
  { *Très larges,* fortem. aplatis. Tarses *scutellés* ... I. **Podicipidi.**

Fig. 818. — P. grisegena, 1/6 gr. nat.

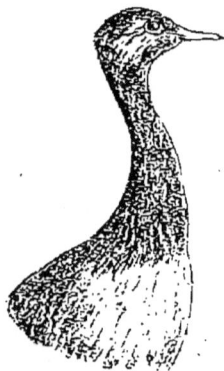

Fig. 819. — P. auritus, 1/6 gr. nat.

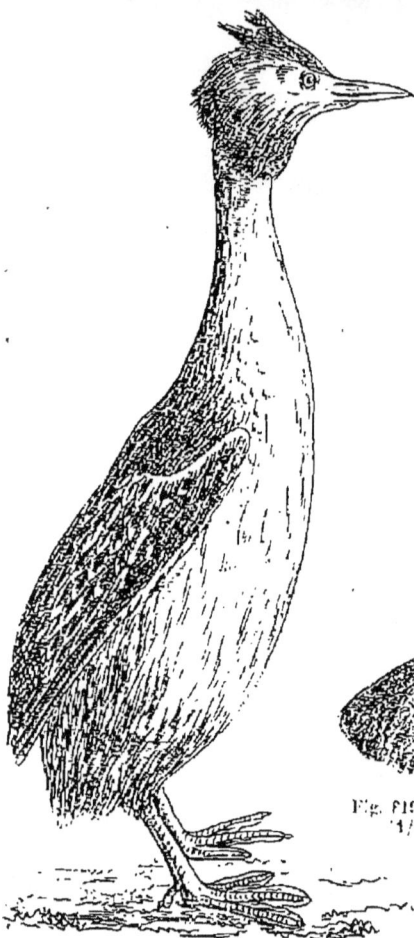

Fig. 817. — Podiceps cristatus, 1/6 gr. nat.

Fig. 820. — P. fluviatilis, 1/6 gr. nat.

## I. PODICIPIDI.

Lorums nus. Tarses fortem. comprimés latéralem. 4 doigts, garnis latéralem. de larges expansions membraneuses lobées, l'ext. plus long que le médian. Pas de queue.

**1. PODICEPS** Latham. *Grèbe.* Fig. 817 à 820.

Bec ord. droit, pointu, large à la base, comprimé vers l'extrém. Narines submédianes, étroites, oblongues; fosses nasales larges. Ailes courtes, niguës. Jambes emplumées jusqu'à l'articulation. Tarses déjetés en dehors; scutelles de leur bord postér. saillantes en dents de scie. Pouce pinné sur ses deux bords. Membrane lobée des doigts formée en dessus par une série de longues écailles.

1 { Taille *plus forte* (long. au moins 0ᵐ,5). — Joues blanchâtres; 1 trait brun de l'œil au bec. Ailes avec 2 taches longitudin. blanches. Doigt interne mesurant env. 0ᵐ,058, plus court, l'ongle compris, que le bec des commissures à la pointe. [*G. huppé.*]
*Moindre*

**cristatus** L.
*Double passage régulier.*
0ᵐ,51 à 0ᵐ,52.

2

2 { Rémiges secondaires *brunes* en dehors, blanches sur les barbes internes. Rémiges primaires brunes. Lorums blanchâtres. Base de la mandibule infér. et pointe du bec jaunâtres. [*G. castagneux.*]
*Blanches*, au moins la plupart. Taille sensiblem. *plus forte*

**fluviatilis** Brisson.
*Sédentaire* Nord. 0ᵐ,24.

3

3 { Joues grises en plumage de noces. Grandes susalaires secondaires brunes. Bec droit, plus court, des commissures à la pointe, que le doigt interne, ongle compris; ce doigt long de 0ᵐ,056. Mandibule infér. orangée à la base. [*G. jougris.*]
*Noires*

**grisegena** Boddaert.
Europe. Asie. Amérique. *De passage.* R. 0ᵐ,33 à 0ᵐ,4.

4

4 { *Haut du cou* noir. Bec droit, *plus haut que large* en arrière des fosses nasales, noir, rouge à la pointe, rougeâtre à la base. Rémiges blanches sur leur moitié. [*G. oreillard.*]
*Tout le cou* noir. Bec *plus large que haut* en arrière des fosses nasales, déprimé au milieu, notablem. relevé vers l'extrém. La 2ᵉ 1/2 des rémiges primaires et les rémiges secondaires blanches.

**auritus** L.
Europe septentrionale. *De passage.* 0ᵐ,35.

**nigricollis** Sunder.
Europe orientale. *De passage.* AC. Midi: R. Nord. 0ᵐ,3.

Fig. 821. — Colymbus arcticus, 1/6 gr. nat.    Fig. 822. — C. septentrionalis, 1/6 gr. nat.

Fig. 823. — Colymbus glacialis, 1/6 gr. nat.

## II. COLYMBIDI.

Tarses réticulés, fortem. comprimés latéralem. 4 doigts. Pouce muni d'une membrane sur son bord infér. Doigt médian plus court que l'ext.

### 1. COLYMBUS Linné. *Plongeon*. Fig. 821 à 823.

Bec au moins aussi long que la tête, droit, robuste, subcomprimé, pointu, à bords très rentrants. Narines basilaires, larges. Queue très courte, à rectrices raides. Tarses courts, robustes, déjetés en dehors, un peu plus longs que le doigt interne. Ongles droits, déprimés.

1. Profil de la mandibule sup. *droit*, celui de l'infér. très convexe. Plumes des flancs avec des taches longitudin. brunes. Bec env. de la longueur du doigt médian, ongle compris. En plumage de noces, une tache roux marron vif sur le devant du cou, cerclée de gris. [*Cat marin.*]

*Convexe*, comme celui de l'infér.

2. Cou noir, avec *2* demi-colliers variés de blanc, en plumage de noces. Bec *bien plus long* que le doigt médian, ongle compris. Plumes des flancs noires à l'extrém., *marquées* de chaque côté d'une tache blanche ovale. [*P. imbrin.*]

Devant du cou noir, avec *1* demi-collier varié de blanc, en plumage de noces. Bec *plus court* que le doigt médian, ongle compris. Plumes des flancs noires à l'extrém., *sans* taches. [*P. lumme.*]

**septentrionalis** L.
Zones arctiques. *De passage annuel.* 0m,62.

**2**

**glacialis** L.
Europe septentrionale. Amérique. *De passage.* 0m,76.

**arcticus** L.
Europe septentrionale. *De passage.* 0m,68.

## III. ALCIDI.

Mandibule inf. garnie de plumes jusqu'à la rencontre de ses deux branches. Tarses peu comprimés, aréolés. Pouce nul. Doigt ext., ongle compris, un peu plus court que le médian. Les plus grandes scapulaires bien plus courtes que les plus grandes rémiges cubitales.

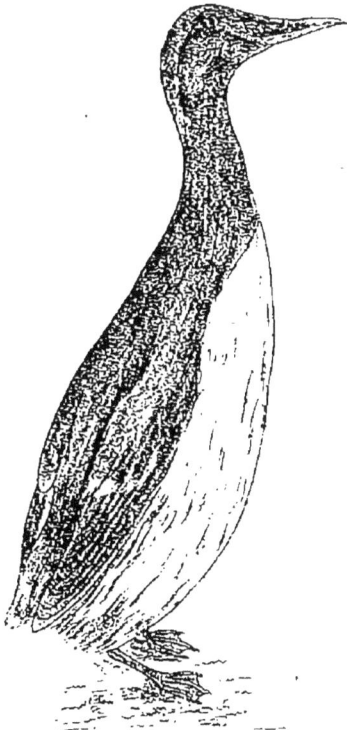

Fig. 825. — U. grylle, 1/6 gr. nat.

Fig. 824. — Uria troile, 1/6 gr. nat.

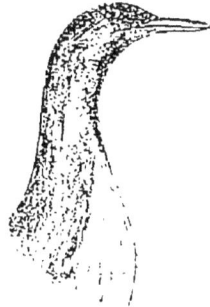

Fig. 826. — U. ringvia, 1/6 gr. nat.

344

ALCIDI.

Tarses ord. *réticulés*. Bec droit, *peu élevé, lisse,*
  convexe, *faiblem.* comprimé . . . . . . . . . . . . 1. URII.
*Scutellés* en avant. Bec *fortem.* comprimé, *très*
  *élevé, sillonné* sur les côtés des 2 mandibules;
  la supér. crochue à l'extrém. . . . . . . . . . . 2. ALCII.

## 1. Urii.

Narines *étroites, ovales,* à demi fermées par une
  membrane emplumée, percées de part en part en
  avant. Ongles *courbés en faulx* . . . . . . . . . 1. URIA.
*Amples, arrondies.* operculées. Ongles faiblem.
  recourbés. Tarses largem. *scutellés* en avant . . 2. MERGULUS.

### 1. URIA Brisson. *Guillemot.* Fig. 824 à 826.

Bec moins long que la tête, pointu, comprimé, convexe en dessus, anguleux en dessous. Tarses courts, grêles, réticulés.

Taille *plus forte.* Dessus brun fuligineux. Plumes | troile L.
des flancs avec des taches longitudin. brun noi- | Zones glaciales. *De passage*
râtre. Bec un peu plus haut que large à la base. | *en hiver.* 0m,42.
[*Troïle.*] |
  Un cercle blanc autour des yeux, continué en | *ringvia* Brünn. — *De pas-*
  arrière avec une ligne blanche. | *sage.* 0m,42.
*Moindre.* Toutes les rémiges noires. Bec haut à la | grylle L.
base d'env. 0m,01. — Chez les adultes, moyennes | Zones arctiques. *De passage*
ouvertures supér. des ailes et 1/2 terminale des | *irrégulier.* 0m,33.
grandes secondaires blanc pur. Bec rouge en
dedans. Pieds rouge vif. [*G. grylle.*]

Fig. 827. — Mergulus alle, 1/3 gr. nat.    Fig. 828. — Fratercula arctica, 1/3 gr. nat.

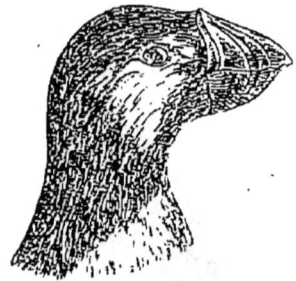

### 2. MERGULUS Vieillot. *Mergule.* Fig. 827.

Bec très court, épais, aussi haut que large à la base. Tarses grêles, aussi longs que
le doigt interne, largem. scutellés en avant.
Dessus noir; dessous blanc. La plupart des scapulaires | alle L.
avec un étroit liséré blanc. Sous-alaires ± cendré ou | Zone polaire. *De passage*
brun noirâtre. [*M. nain.*] | *irrégulier.* 0m,23.

## 2. Alcii.

1 {
Narines très étroites, *percées* de part en part *dans une peau nue* ......... 1. FRATERCULA.

Marginales, très étroitem. linéaires, presque entiè-rement *fermées par une membrane emplumée* ... 2. ALCA.
}

### 1. FRATERCULA Brisson. *Macareux.* Fig. 828.

Bec au moins aussi haut que long ; arête de la mandibule supér. surmontant le niveau du crâne, garnie à la base d'une peau papilleuse. Ailes aiguës. Tarses plus courts que le doigt interne, ongle compris. Ongles ext. et médian falciformes, l'int. très arqué. Dessus noir lustré. Bec, des narines à la pointe, au moins aussi long que le doigt interne, qui, avec l'ongle, mesure env. 0ᵐ,03. Sillons des mandibules obliques, formant un angle à leur point de rencontre. **arctica** L. *De passage. Se reproduit* en Bretagne. 0ᵐ,3.

Fig. 829. — Alca torda, 1/4 gr. nat.

---


## 2. ALCA Linné. *Pingouin*. Fig. 829.

Bec env. aussi long que la tête, plus élevé à l'angle maxillaire qu'à la base. Mandibule supér. échancrée, fortem. recourbée à l'extrém. Ailes aiguës. Queue pointue. Tarses plus courts que le doigt interne.

Ailes dépassant la base de la queue. Dos noir; dessous en grande partie blanc. Une fine ligne blanche de l'angle antér. de l'œil à l'angle frontal du bec. Côtés de la mandibule supér. avec 3-4 sillons courbes. — **torda** Linné. *Se reproduit* en Bretagne. 0m,38 env.

A. ACLOQUE

# FAUNE DE FRANCE

# POISSONS
## REPTILES, BATRACIENS, TUNICIERS

Avec figures

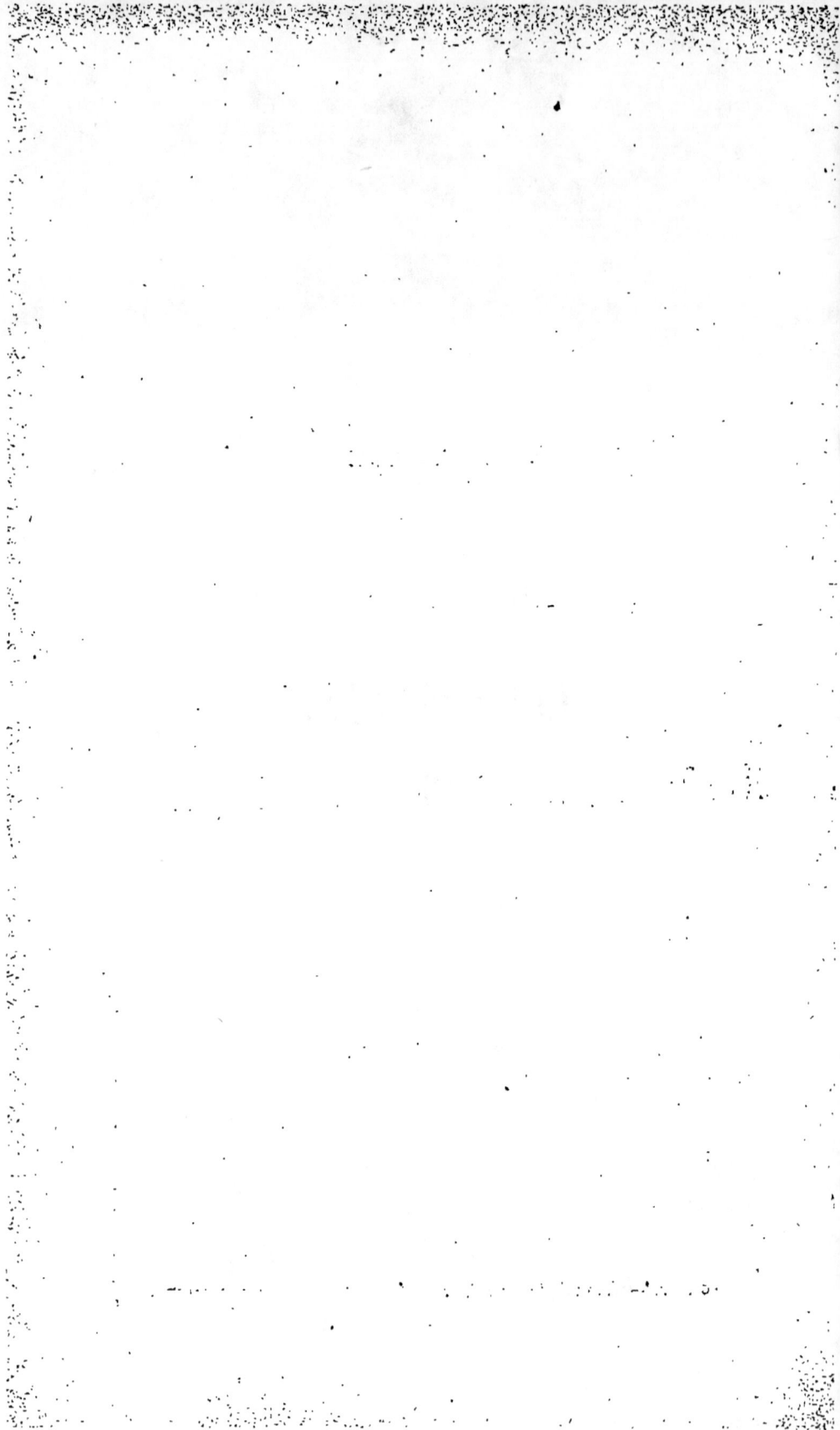

# CLASSE DES POISSONS (1)

Épiderme nu ou plus souv. couvert d'écailles. Toujours des nageoires impaires et ord. des nageoires paires, dues à l'adaptation des membres ; ces nageoires munies de rayons. Ovipares ou ovovivipares. Sang froid. Ord. pas de métamorphoses.

*Écailles.* — Elles sont dues à une ossification du derme, avec adjonction d'une couche externe d'émail. On en distingue quatre sortes : écailles *placoïdes*, munies d'une pulpe interne comme de véritables dents (fig. 830) ; écailles *ganoïdes*, formées par

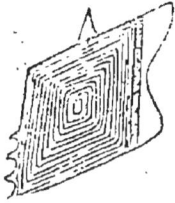
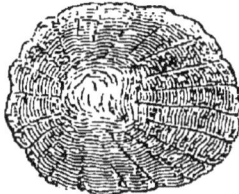
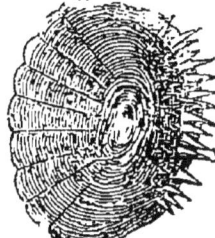

Fig. 830. — Écaille    Fig. 831. — Écaille      Fig. 832. — Écaille        Fig. 833. — Écaille
placoïde.          ganoïde.           cycloïde.           cténoïde.

du tissu osseux recouvert d'une épaisse couche d'émail (fig. 831) ; écailles *cycloïdes*, molles, à surface libre lisse avec le bord postér. entier (fig. 832) ; écailles *cténoïdes*, couvertes de menues pointes avec le bord postér. denticulé (fig. 833).

*Appareil digestif* (fig. 834). — Bouche rarem. conformée pour sucer, plus souv. munie de mâchoires mobiles, cartilagineuses ou osseuses. Dents formées d'ivoire, le plus souv. soudées aux os ou simplem. adhérentes à la muqueuse. Intestin presque touj. muni d'une *valvule spirale* ; finissant en cloaque ou s'ouvrant directem. à l'extér.

*Appareil circulatoire* (fig. 835). — Un cœur exclusivem. veineux, composé d'une oreillette et d'un ventricule ; en arrière de l'oreillette, un réservoir, *sinus de Cuvier*, destiné à recevoir le sang veineux du corps ; en avant du ventricule, un *bulbe artériel*, conique, donnant naissance à l'*aorte*, laquelle fournit autant de branches aortiques qu'il y a de branchies.

*Appareil respiratoire.* — La respiration est presque toujours exclusivem. servie par des branchies, qui sont le plus souv. constituées par des séries de lamelles triangulaires fixées aux parois des fentes branchiales. Les branchies sont soutenues, dans le cas le plus ordinaire, par des arcs branchiaux, parallèles, à concavité antéro-intérieure ; en avant de ces arcs, deux branches, émanées de l'hyoïde et reliées au crâne, portent, à leur bord infér., un nombre variable de *rayons branchiostéges* (fig. 836). — Les branchies sont renfermées dans une *chambre branchiale*, protégées par une sorte de couvercle, *battant operculaire*, séparé du corps en arrière par une fente, *ouïe* ; ce battant, membraneux à sa partie infér., est formé à sa partie supér. de quatre os : *opercule*, *sous-opercule*, *interopercule*, *préopercule* (fig. 837). — Dans beaucoup d'espèces, une *vessie natatoire*, poche unique ou paire, existe entre la colonne vertébrale et le tube digestif ; elle correspond au poumon des vertébrés à respiration aérienne, mais n'en remplit les fonctions que dans un petit nombre d'espèces.

*Squelette* (fig. 838). — Osseux ou cartilagineux. Corde dorsale persistant pendant toute la vie, protégée par des vertèbres incomplètes ou complètes ; colonne vertébrale terminée dans la nageoire caudale, soit en ligne droite, soit en se redressant à l'extrém. ; dans le premier cas, la caudale est aiguë (*poissons diphycerques*) ; dans le second, elle se termine en 2 lobes soit égaux (*homocerques*), soit fortement inégaux (*hétérocerques*). Côtes plus ou moins développées ; souv. des faisceaux conjonctifs intermusculaires ossifiés (*arêtes*), simulant des côtes. — Crâne tantôt cartilagineux, tantôt composé d'os plus

(1) Ém. BLANCHARD, *Les Poissons des eaux douces de la France* ; CUVIER et VALENCIENNES, *Histoire naturelle des Poissons* ; D<sup>r</sup> ÉMILE MOREAU, *Histoire naturelle des Poissons de la France*. — M. le professeur L. Vaillant a bien voulu mettre à notre disposition les figures de l'ouvrage de M. E. Moreau, dont les clichés appartiennent aujourd'hui au Service d'Herpétologie et d'Ichthyologie du Muséum, et auquel ils ont été légués ; nous nous faisons un devoir de lui en exprimer ici toute notre reconnaissance.

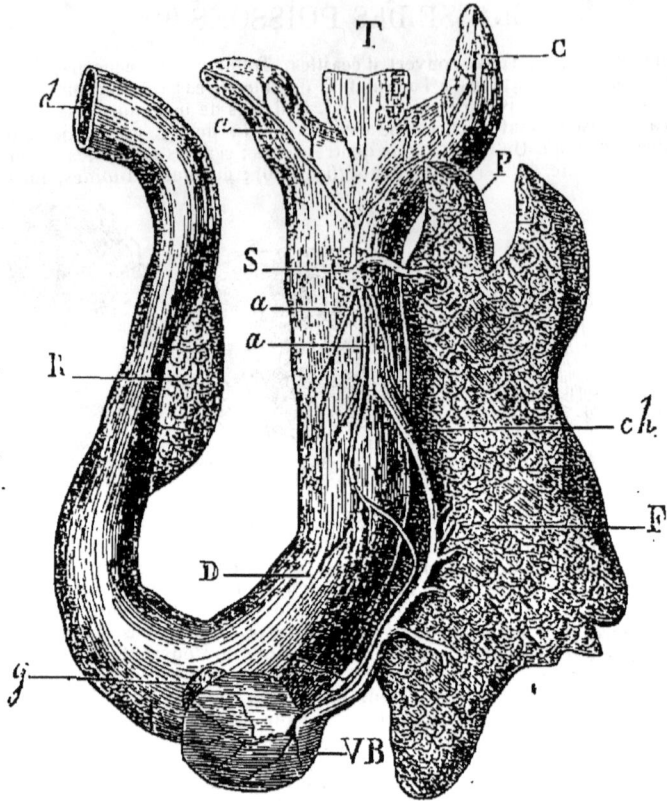

Fig. 834. — Appareil digestif du Turbot.

*T*, partie pylorique de l'estomac ; *P*, conduit commun au foie et à l'estomac ; *S*, masse pancréatique ; *aa*, conduits se ramifiant jusqu'à la vésicule du fiel ; *D*, duodénum ; *R*, rate ; *d*, ouverture du duodénum coupé ; *ch*, conduit cholédoque ; *F*, foie ; *VB*, vésicule du fiel ; *g*, corps glanduleux collé à cette vésicule.

nombreux que chez les autres vertébrés, chaque centre d'ossification donnant un os distinct et non confluent avec ses voisins. Le *système viscéral*, rattaché au crâne, est formé par une série d'arcs pairs, s'articulant avec leur symétrique sur la ligne médiane. Les arcs *mandibulaires*, ou de la 1re paire, soutiennent les bords de la fente buccale ; ils forment les *cartilages de Meckel*, soutenant la lèvre inférieure, et donnent attache aux *palatins*, soutenant la lèvre supérieure. Les arcs *hyoïdiens*, ou de la 2e paire, rattachent le 1er arc au crâne ; les suivants constituent les arcs *branchiaux*, qui se relient inférieurem. par une pièce impaire, *os basibranchial*. Les os basibranchiaux peuvent être soudés en une seule pièce portant en arrière les rudiments du dernier arc (*pharyngiens inférieurs*).

Membres antér. représentés par les nageoires *pectorales*, formées, dans leur état le plus complet, de 3 pièces, une antérieure, *propterygium*, une intermédiaire, *mesopterygium*, une postérieure, *metapterygium*. Membres postér. constitués par les nageoires *ventrales*, qui peuvent manquer ; les ventrales peuvent être insérées sous la gorge, ventrales *jugulaires*, sous les pectorales, *thoraciques*, sous le ventre, en arrière des pectorales, *abdominales*. Nageoires impaires verticales : sur le dos, *dorsale*, simple ou multiple ; après l'anus, *anale* ; terminant la queue, *caudale*.

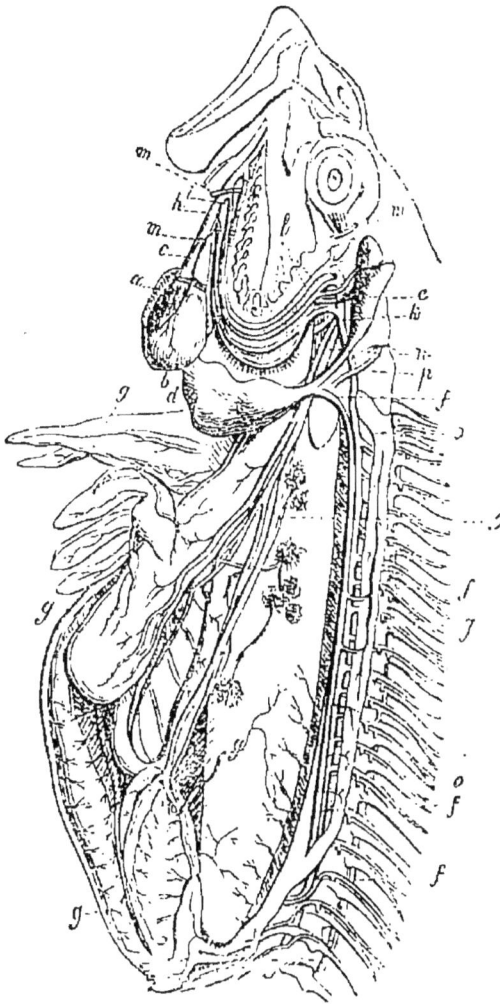

Fig. 835. — Appareil circulatoire de la Perche.

*a*, oreillette du cœur ; *b*, ventricule ; *c*, bulbe artériel ; *d*, sinus veineux ; *e*, tronc et sinus veineux de la tête ; *ff*, troncs veineux des organes du mouvement ; *g*, tronc des veines des organes digestifs ; *h*, artère branchiale ; *i*, rameau de cette artère ; *k*, veines branchiales, formant par leur réunion l'aorte *l* ; *mm*, branches des arcs branchiaux envoyant le sang à la tête et au cœur.

*Organes des sens.* — Organes tactiles représentés surtout par les lèvres et les bar-billons qui existent souv. au voisinage de la bouche. Des *organes latéraux*, recevant les ramifications d'un nerf émané du pneumogastrique, offrent des orifices ouverts chacun dans une écaille de la *ligne latérale*. Organe de l'ouïe privé d'oreille externe, d'oreille moyenne, de limaçon et de fenêtre ronde ; 1 à 3 canaux demi-circulaires. — Globe oculaire aplati en avant ; cristallin subsphérique. Pas d'appareil lacrymal. Pau-pières nulles ou représentées par un simple repli circulaire immobile.

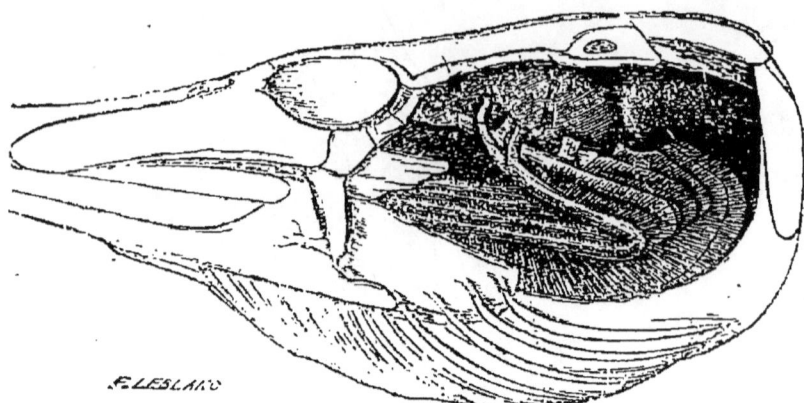

Fig. 836. — Appareil branchial du Brochet.

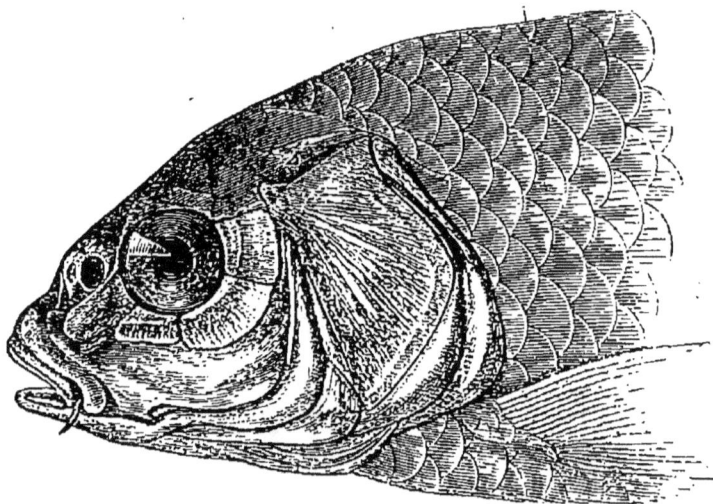

Fig. 837. — Pièces operculaires de la Carpe (E. Blanchard).

### DIVISION DES POISSONS EN ORDRES.

**Sélaciens.** — *Cartilagineux*, hétérocerques. Pas de vessie natatoire. Tégument rugueux, chagriné, souv. vêtu de scutelles épineuses, plus rarem. nu. Fentes branchiales *visibles* latéralem.

**Ganoïdes.** — *Cartilagineux*. Fentes branchiales *couvertes par un opercule*. Écailles *munies d'émail*, ord. *losangiques*.

**Téléostéens.** — *Osseux*. Fentes branchiales *couvertes par un opercule*. Écailles molles. ± *arrondies*.

**Cyclostomes.** — *Squelette réduit au crâne et à la corde dorsale*. Mâchoires immobiles; bouche organisée pour la succion.

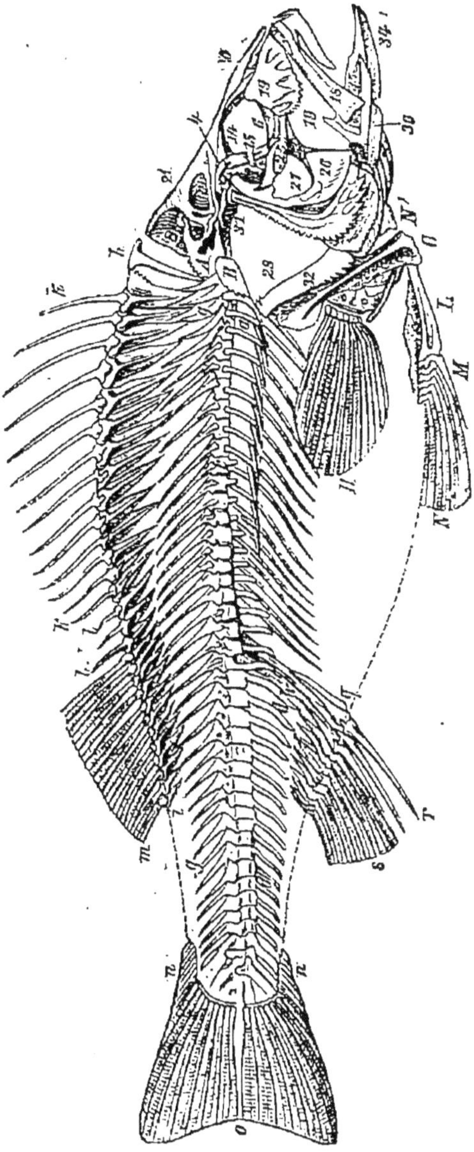

Fig. 838. — Squelette de Perche.

4, post-frontal; 6, sphénoïde; 7, pariétal; 8, sus-occipital; 14, cavité orbitaire; 15, anneau osseux sous-orbitaire; 18, maxillaire supérieur; 20, nasal; 21, sus-temporal; 25, ptérygoïdien interne; 26, jugal; 27, tympanique; 28, operculaire; 31, symplectique; 32, sous-operculaire; 34, dentaire; 35, articulaire; 36, angulaire. — C, humérus; H, pectorale; L, bassin; N', appareil hyoïdien; M, ventrale; N, ses rayons.

## ORDRE DES SÉLACIENS

Bouche ord. transverse, placée à la face ventrale, en arrière de l'extrém. du museau, munie de dents remplacées à mesure qu'elles tombent par d'autres placées en arrière. Branchies supportées par des arcs mobiles et articulés de l'appareil hyoïdien; la 1re portée sur la corne de l'os hyoïde. Ord. 2 évents, ouvertures en communication avec la cavité buccale et placées en arrière des yeux. Intestin muni d'une valvule spirale. Ord. 5 paires de sacs branchiaux, communiquant le plus souv. avec l'extér. par 5 fentes branchiales de chaque côté. Narines placées le plus souv. à la face ventrale de la tête, en avant de la bouche. Nageoires verticales à rayons sans connexion avec la colonne vertébrale. Caudale hétérocerque.

| | | |
|---|---|---|
| 1 | De chaque côté, 5 à 7 fentes branchiales. Évents presque touj. distincts | I. Plagiostomes. |
| | De chaque côté, fentes branchiales recouvertes par un opercule membraneux ne laissant qu'un seul orifice branchial. Pas d'évents | II. Holocéphales. |

## SOUS-ORDRE I. — PLAGIOSTOMES.

| | | |
|---|---|---|
| 1 | Fentes branchiales *latérales* | 2 |
| | *Inférieures* | 13 |
| 2 | *Pas* de nageoire anale | 3 |
| | *Une* nageoire anale | 5 |
| 3 | Chaque nageoire dorsale *avec* une épine | X. Acanthiasidi. |
| | *Sans* épine | 4 |
| 4 | La 1re dorsale insérée *en avant* ou *au niveau* des ventrales | XI. Scymnidi. |
| | Insérée *en arrière* des ventrales, sur la queue. Forme aplatie, déprimée, bien plus large que haute | XII. Squatinidi. |
| 5 | 6-7 fentes branchiales. *Une seule* dorsale, insérée en arrière des ventrales | IX. Notidanidi. |
| | 5 fentes branchiales. Dorsale *double* | 6 |
| 6 | Évents *nuls* | 7 |
| | *Apparents* | 8 |
| 7 | Yeux *portés* sur des prolongements latéraux de la tête | VII. Zygaenidi. |
| | *Non portés* sur des prolongements latéraux de la tête | VIII. Carchariasidi. |
| 8 | *Une* paupière nictitante aux yeux | 9 |
| | *Pas* de paupière nictitante aux yeux | 10 |
| 9 | Dents aplaties, *dentelées*, *pointues*, de même forme aux deux mâchoires | VI. Galeidi. |
| | *En petits pavés* serrés, à angle postér. mousse ou légèrem. pointu, disposées par séries obliques | V. Mustelidi. |
| 10 | La nageoire caudale *égalant au moins la 1/2* de la longueur totale | II. Alopiasidi. |
| | *N'égalant pas* la 1/2 de la longueur totale | 11 |
| 11 | La 1re dorsale insérée *au-dessus* ou *en arrière* des ventrales | I. Scylliidi. |
| | Insérée *en avant* des ventrales | 12 |
| 12 | Tronçon de la queue *dépourvu* de carène latérale | III. Odontaspisidi. |
| | *Muni* d'une carène latérale | IV. Lamnidi. |
| 13 | Dorsale *simple* ou nulle. Pas de caudale | 14 |
| | *Double* | 16 |
| 14 | Nageoires pectorales *formant* de chaque côté de la tête *un prolongement en oreille ou en corne* | XVII. Cephalopteridi. |
| | *Pas de prolongements céphaliques* latéraux | 15 |
| 15 | Dorsale *nulle* | XIX. Trygonidi. |
| | *Distincte*, petite, insérée en avant de l'aiguillon. Dents plates, bien plus larges que longues sur la série médiane | XVIII. Myliobatisidi. |
| 16 | Queue *faisant suite au-tronc*, dont ne la sépare aucune ligne de démarcation | 18 |
| | *Nettement distincte* du tronc | 17 |
| 17 | Queue *grosse*, charnue, *dépourvue d'épines*, formant de chaque côté un repli. Nageoires ventrales *entières* | XV. Torpedidi. |

) *Grêle*, déprimée, *munie* le plus souv. *d'aiguillons*
( 1-plurisériés. Caudale *nulle* ou *presque nulle*.
( Ventrales *2lobées*                                    XVI. Raiidi.
( Forme de *squale*. 1re dorsale à peu près *au-dessus*
18 ( de la base des ventrales ; celles-ci *éloignées* des
( pectorales                                             XIII. Pristisidi.
( Forme de *raie*. Dorsales *en arrière* des ventrales ;
( celles-ci rapprochées des pectorales                   XIV. Rhinobatidi.

## I. SCYLLIIDI.

Forme allongée, ± arrondie antérieurem., comprimée postérieurem. Téguments recouverts de petites scutelles 3 cuspidées. Dents à 3-5 pointes, dont la médiane plus longue ; ces dents plurisériées. Narines ± fermées par un repli cutané. Events postoculaires. 5 fentes branchiales, régulières. 1re dorsale insérée au-dessus ou en arrière des ventrales. Caudale échancrée en dessous.

( Museau *allongé*. Bord supér. de la nageoire caudale
1 ( *dentelé*                                             1. PRISTIURUS.
( *Court*                                                2. SCYLLIUM.

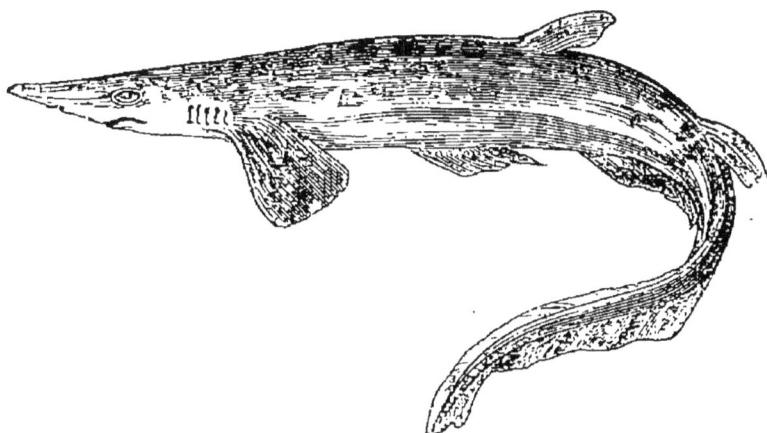

Fig. 839. — Pristiurus melanostomus (E. Moreau) (1).

## 1. PRISTIURUS Bonaparte. *Pristiure*. Fig. 839.

Museau long. Bouche arquée. Chaque mâchoire avec des plis labiaux. Narines larges. Valvules nasales distantes, petites. 1re dorsale au-dessus de l'extrém. postér. des ventrales ; la 2e au-dessus de l'anale. Caudale longue, sa marge supér. munie d'une crête épineuse.

Corps au moins 10 f. aussi long que haut, gris rougeâtre en dessus, gris taché de plus foncé sur les côtés. Diamètre des yeux égalant au moins le 1/3 de la longueur de la tête. Events rapprochés des yeux.

**melanostomus** Bp. Méditerranée. Golfe de Gascogne. Côtes de Bretagne. Long. : 0m,5 à 0m,9.

## 2. SCYLLIUM Cuvier. *Roussette*. Fig. 840 à 842.

Vertex aplati. Museau court, semi-circulaire. Mâchoire infér. seulem. avec des plis labiaux. Events étroits, rapprochés de l'angle postér. de l'œil. 1re dorsale un peu en arrière des ventrales, la 2e un peu en arrière de l'anale. — Œufs munis de 4 longs filaments tortillés en vrille.

(1) Pour les dimensions, voir le texte.

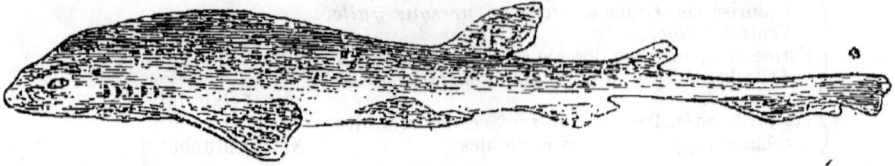

Fig. 840. — Scyllium canicula (E. Moreau).

Fig. 841. — Scyllium canicula, *valvule nasale*.      Fig. 842. — Scyllium catulus, *valvule nasale*.

1 {

Tête assez *étroite*, à valvules nasales *contiguës*. 1re dorsale en arrière des ventrales ; la 2e au-dessus du bord postér. de l'anale. Ventrales étroitem. *3angulaires*. Dessus et flancs gris roux. abondamm. maculés de *petites* taches grises. noires et brunes. [*Grande roussette, chien de mer.*]

**canicula** Cuvier.
Toutes nos mers. 0m.7 à 0m,8.

Assez *large*, à valvules nasales *séparées* par un intervalle égal au 1/4 de la distance entre les angles externes des valvules. Ventrales larges, tronquées en arrière, *4angulaires*. Brun cendré ou grisâtre, avec de *grandes* taches violacées. [*Petite roussette.*]

**catulus** Cuvier.
Toutes nos côtes, 0m,7 à 1 m.

## II. ALOPIASIDI.

Forme en fuseau. Nageoire caudale au moins aussi longue que le corps.

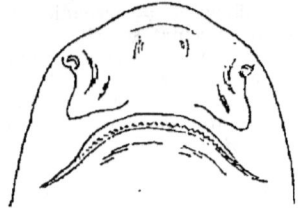

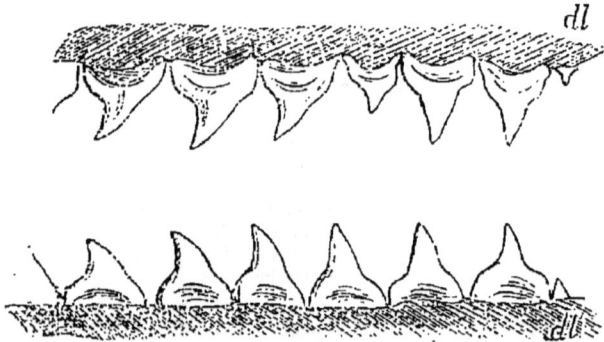

Fig. 843. — Alopias vulpes, *dents* ; *dl, dent latérale* (E. Moreau).

### 1. ALOPIAS Rafinesque. *Renard.* Fig. 843.

Téguments couverts de petites scutelles. Museau court, conique. Dents petites, non dentelées au bord. Narines rapprochées de la bouche. Évents très étroits, presque indistincts. 1re dorsale insérée en ayant des ventrales.

Corps 8 à 10 f. plus long que haut. Museau court. conique. Yeux assez grands. 1<sup>re</sup> dorsale insérée à peu près au milieu du corps. Dos et flancs gris ardoisé. Ventre blanchâtre. **vulpes** Bonap. Toutes nos côtes. 2 à 5 m.

## III. ODONTASPISIDI.

Forme en fuseau. Scutelles des téguments 3carénées. Tête longue. Museau pointu. Bouche fendue jusqu'au niveau des évents. Dents épaisses, avec 1-2 tubercules latéraux. Narines rapprochées de la bouche. Events petits. Fentes branchiales grandes. 1<sup>re</sup> dorsale insérée entre les pectorales et les ventrales ; la 2<sup>e</sup> se terminant au-dessus de l'anale. Caudale env. aussi longue que la 1/2 du corps ; son lobe supér. très développé.

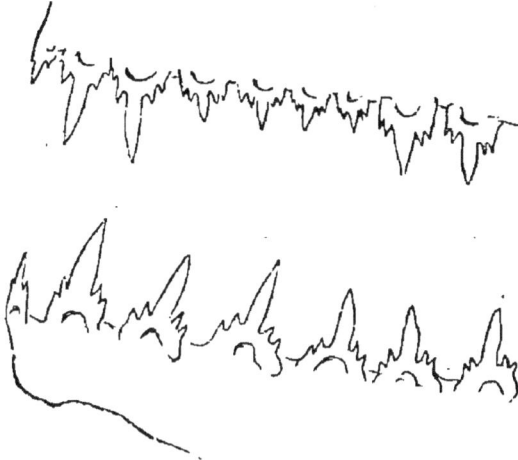

Fig. 844. — Odontaspis ferox, *dents* (E. Moreau).

### 1. ODONTASPIS Agassiz. *Odontaspide.* Fig. 844.

A la mâchoire supér.. les 2<sup>e</sup> et 3<sup>e</sup> dents très grandes. suivies d'une ou plusieurs très petites. les autres diminuant progressivem. de volume.

A la mâchoire supér.. après la 3<sup>e</sup> dent. 1-2 petites dents. Corps env. 6 à 7 f. plus long que haut. 1<sup>re</sup> dorsale très éloignée de la tête. Gris jaunâtre ou rougeâtre. taché ou non de noir. **taurus** Müll. Méditerranée. TR. *Au moins* 2 m.

A la mâchoire supér.. après la 3<sup>e</sup> dent. 4 petites dents. Corps au moins 7 f. plus long que haut. Dents ord. à 5 pointes. Yeux petits. Dos rougeâtre, taché de noir. **ferox** Agass. Méditerranée. TR. 2 à 4 m.

## IV. LAMNIDI.

Forme en fuseau allongé. Tronçon caudal avec une carène de chaque côté. Tête ± conique. Events très petits. éloignés de l'œil. Ouvertures branchiales très larges. La 2<sup>e</sup> dorsale et l'anale subopposées. Caudale à lobes formant croissant. Pectorales falciformes.

Dents à marge *non dentelée* — 2
A marge *dentelée*. en triangle à sommet mousse — 4. CARCHARODON.
Dents crochues, *très petites* et nombreuses — 3. SELACHE.
*Longues* — 3
Dents *avec de chaque côté un tubercule conique.* Bord postér. de la dorsale *plus rapproché* de la caudale que du museau — 1. LAMNA.
*Sans tubercules* coniques *latéraux.* Bord postér. de la dorsale *plus éloigné* de la caudale que du museau — 2. OXYRHINA.

### 1. LAMNA Cuvier. *Touille*.

Forme en fuseau. Scutelles tégumentaires lisses. Museau pyramidal. Dents aiguës, non dentelées, ayant de chaque côté à la base un cône simple ou double. La 3ᵉ dent de chaque côté à la mâchoire supér. bien plus petite que les autres. 2ᵉ dorsale et anale opposées. Lobe infér. de la caudale au moins aussi grand que la 1/2 du supér.

Corps en fuseau arrondi, 5 à 6 f. plus long que haut. **cornubica** Cuv.
  Tête aplatie en dessus. Dents longues, comprimées, Toutes nos côtes. *Plus rare* 3angulaires. Dos gris ardoisé ; ventre blanchâtre. au nord de la Loire. 1 à [*Lamie long-nez.*] 3 m.

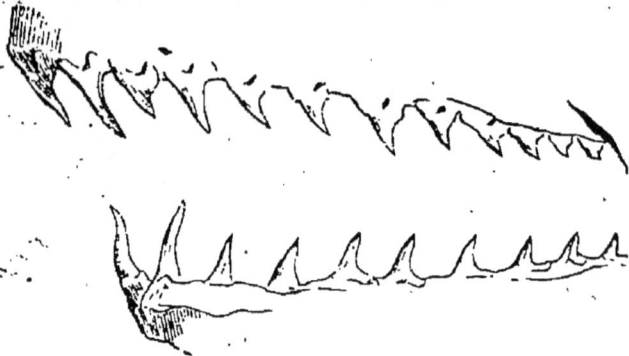

Fig. 845. — Oxyrhina spallanzanii, *dents* (E. Moreau).

### 2. OXYRHINA Agassiz. *Oxyrhine*. Fig. 845.

Corps en fuseau. Museau pointu, pyramidal. La 3ᵉ dent de chaque côté à la mâchoire supér. env. 1/2 plus courte que les 1ʳᵉ et 2ᵉ. Caudale en croissant, son lobe supér. plus court que les pectorales.

Corps allongé, 4 à 6 f. plus long que haut. Carènes du **spallanzanii** Bp. tronçon caudal bien développées. Scutelles tégumen- Méditerranée, AC. Golfe de taires presque lisses. Museau allongé, en pyramide Gascogne, TR. 2 à 4 m. 4angulaire. Dents fortes, distantes. Dos et flancs gris-ardoise ; ventre blanchâtre.

### 3. SELACHE Cuvier. *Pèlerin*.

Corps en fuseau long. Scutelles tégumentaires épineuses. Tronçon caudal caréné de chaque côté. Dents petites, en cône crochu, nombreuses. Bord libre des membranes intrabranchiales formant de grands replis. 2ᵉ dorsale un peu en avant de l'anale.

Corps env. 3 f. 1/2 à 6 f. plus long que haut, fusi- **maximus** Cuvier. forme, comprimé postérieurem. Yeux très petits, au Côtes de l'Ouest. TR. 8 à niveau du bord antér. de la bouche. Dos brun ou noi- 12 m. râtre ; ventre grisâtre.

### 4. CARCHARODON Müll. et Henl. *Carcharodonte*. Fig. 846.

Forme en fuseau allongé. Tête grosse ; museau court. Dents longues, comprimées, 3angulaires, dentelées. Events très distants de l'œil. 2ᵉ dorsale plus avancée que l'anale.

Corps allongé, renflé en avant de la 1ʳᵉ dorsale. 4 à **lamia** Bp. 5 f. plus long que haut. Scutelles tégumentaires très Méditerranée. AC. 3 à 5 m. petites. Yeux très petits. Dessus gris brun bleuâtre ; *au moins.* ventre blanchâtre. [*Requin lamie.*]

## V. MUSTELIDI.

Corps allongé. Dos presque droit. Tronçon caudal non caréné. Angle de la bouche avec un lobe détaché du cartilage labial supérieur. Dents nombreuses, en petits pavés

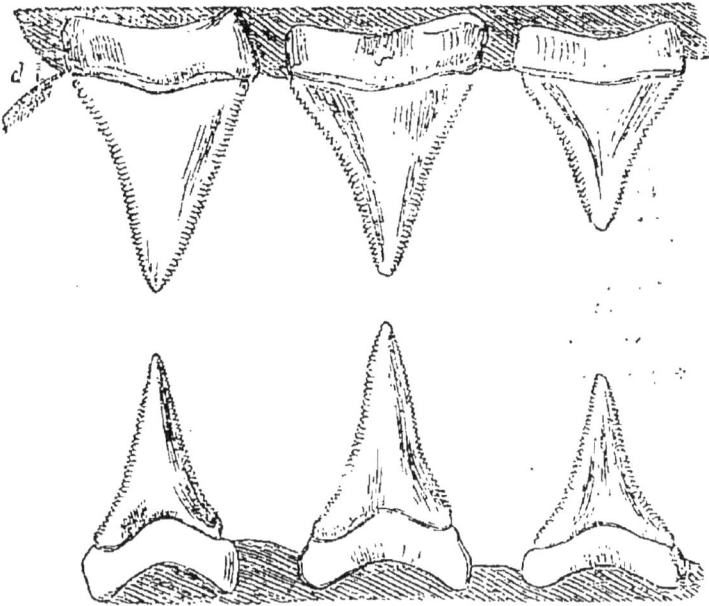

Fig. 846. — Carcharodon lamia, *dents ; dl,* 1re *dent latérale* (E. Moreau).

serrés, en rangées obliques. Une paupière nictitante aux yeux. Narines placées sous le museau. Events assez grands. Fentes branchiales petites, régulières. 1re dorsale insérée env. au 1er 1/3, le 2e en avant de l'anale. Caudale au plus aussi longue que le 1/5 de la longueur totale.

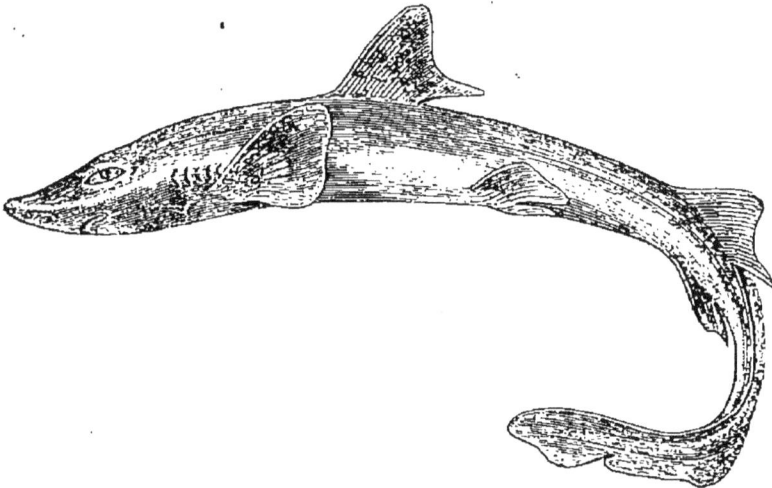

Fig. 847. — Mustelus laevis (E. Moreau).

## 1. MUSTELUS Müll. et Henl. *Emissole.* Fig. 847.

Forme allongée. Ventre un peu aplati. Scutelles épidermiques très petites. Yeux vales, plus longs que hauts.

Épiderme couvert de petits tubercules aigus. Côté externe des dents lisse. *sans saillie pointue*. Pectorales atteignant au moins le 1/4 antér. de la 1re dorsale. Corps env. 9 f. plus long que haut. Dos et flancs gris brun ou ardoisé; ventre gris blanchâtre. — **vulgaris** Müll. et Henl. Toutes nos côtes. C. 1 à 2 m.

Lisse au toucher. Côté externe des dents *avec une saillie pointue*. Pectorales ne dépassant pas le point d'insertion de la première dorsale. Corps env. 9 f. plus long que haut. Dos ± gris-olive; ventre blanc; flancs avec des lignes ochracé violacé. — **laevis** Risso. Méditerranée. Golfe de Gascogne. 1 m. à 1m,5.

## VI. GALEIDI.

Corps en fuseau allongé. Scutelles épidermiques petites. Tête aplatie; dents dentelées, comprimées, aiguës. Une paupière nictitante. 1re dorsale insérée entre les pectorales et les ventrales; anale et 2e dorsale opposées. Bord infér. du lobe supér. de la caudale échancré.

1 { *La dent médiane seulement* dentelée des 2 côtés. les autres dentelées au côté externe — 2. GALEUS.
*Toutes les dents* dentelées des 2 côtés — 1. THALASSINUS.

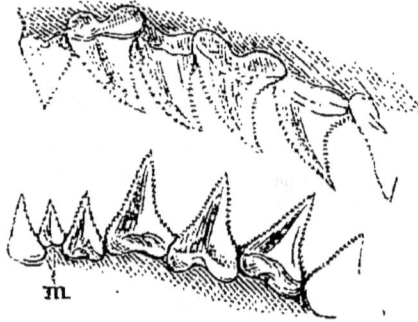

Fig. 848. — Thalassinus rondeletii, *dents; m, dent médiane* (E. Moreau).

### 1. THALASSINUS Moreau. *Thalassine*. Fig. 848.

Museau pointu. Dents larges, 3angulaires. dépourvues de talon. Caudale formant à peu près le 1/4 de la longueur totale. Pectorales courbées en faulx. Corps en fuseau long. env. 8 f. plus long que haut. Dos bleu ardoisé; flancs bleu cendré; ventre blanc. — **rondeletii** Risso. Méditerranée. R. Océan, TR. Env. 2 m.

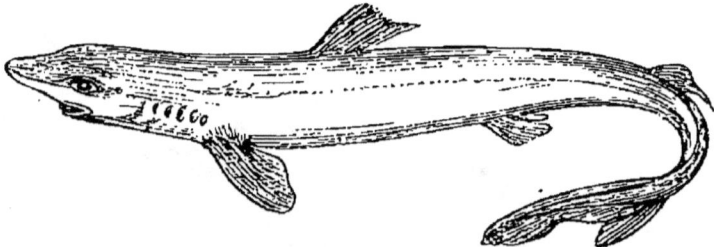

Fig. 849. — Galeus canis (E. Moreau).

### 2. GALEUS Cuvier. *Milandre*. Fig. 849, 850.

Museau allongé, aplati. Dents obliques, lisses au bord interne; la médiane 3angulaire,

Fig. 850. — Galeus canis, *dents du milieu de la* Fig. 851. — Zygaena malleus, *dents.*
*mâchoire supérieure.*

dentelée de chaque côté. 1re dorsale commençant en arrière de l'insertion postér. des pectorales.

Corps à épiderme presque lisse, allongé. Évents grands. **canis** Rondelet.
plus longs que larges. Dos gris ardoisé, ventre gris Toutes nos côtes. C. *Au moins*
plus clair. 1 m.

## VII. ZYGAENIDI.

Corps arrondi, allongé, subconique. Yeux portés sur des prolongements céphaliques latéraux, munis d'une paupière nictitante. Pas d'évents.

### 1. ZYGAENA Cuvier. *Marteau*. Fig. 851, 852.

Corps long; scutelles épidermiques presque mousses. Tête tronquée en avant, très développée en travers. Dents à pointe droite ou oblique, avec un talon basilaire au côté externe; souv. finem. denticulées; la médiane droite, aiguë. Narines éloignées de la bouche; valvule nasale 3angulaire, petite. 1re dorsale grande, insérée en arrière des pectorales; la 2e et l'anale opposées, subsemblables. Bord infér. du lobe supér. de la caudale échancré.

Fig. 852. — Zygaena malleus.

Corps 8 à 9 f. plus long que haut. Tête *faiblem.* **malleus** Valenciennes.
arquée en avant, au moins *2 fois* plus large que Toutes nos côtes. AR. *Au*
longue. Dos brun; ventre gris blanchâtre. [*Mar- moins* 2 m.
teau.*]
10 à 11 f. plus long que haut. Tête *fortem.* arquée **tudes** Valenc.
en avant, env. *4 fois* plus large que longue. Dos Méditerranée. TR. *Au moins*
gris ± foncé; ventre plus clair.[*Marteau maillet.*] 1m.5.

## VIII. CARCHARIASIDI.

Forme allongée. Scutelles épidermiques presque mousses. Tête aplatie; bouche fortem. arquée. Une paupière nictitante. Pas d'évents. 1re dorsale postér. aux pectorales.

### 1. CARCHARIAS Cuvier. *Requin*. Fig. 853 à 856.

Corps en fuseau. Dents ± 3angulaires, aplaties, ord. denticulées, dépourvues de cône latéral. 2e dorsale et anale opposées; lobe supér. de la caudale bien plus grand que l'infér.

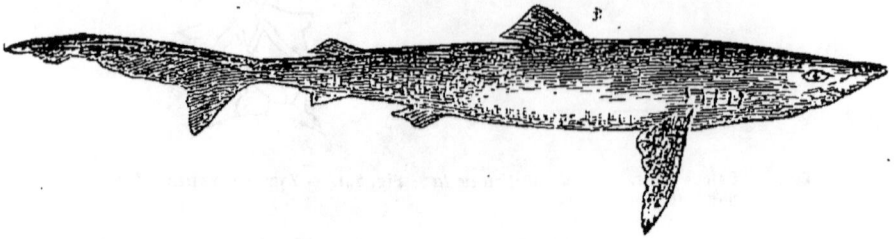

Fig. 853. — Carcharias glaucus (E. Moreau).

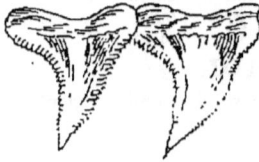

Fig. 854. — C. glaucus; *dents latérales
supérieures.*

Fig. 855. — C. glaucus ; *dents latérales
inférieures.*

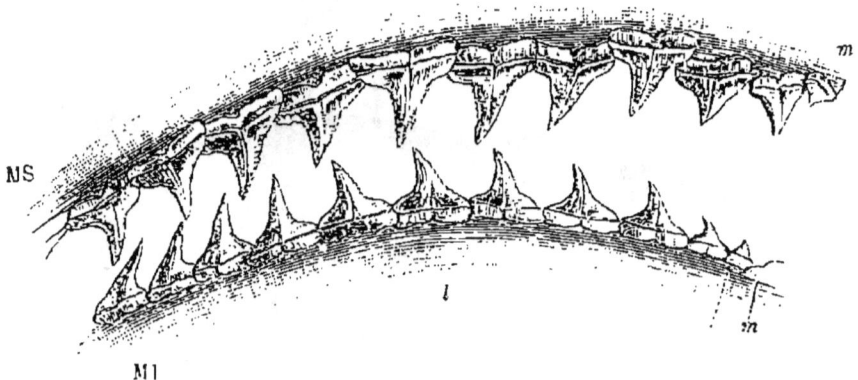

Fig. 856. — Carcharias milberti ; *partie gauche des mâchoires ; m, dent médiane ; l, 6e dent
latérale* (E. Moreau).

| | |
|---|---|
| 1 { Espace séparant la bouche de l'extrém. du museau *au moins 1/3 plus long* que la largeur de la bouche. Museau long, conique. 1re dorsale plus rapprochée des ventrales que des pectorales. Dos bleu foncé ; flancs plus clairs ; ventre blanc argenté. [*Bleu.*] | **glaucus** Rondel. Toutes nos côtes. *Au moins* 1m,5. |
| Env. *aussi long* que la largeur de la bouche | 2 |
| 2 { Nageoires pectorales *au moins 1 fois* plus longues que larges. Museau court, arrondi. 1re dorsale plus rapprochée des pectorales que des ventrales. Dos brun cendré ; dessous blanchâtre. | **obtusirostris** Moreau. Méditerranée. AC. *Douteux* dans l'Océan. 2 à 4 m. |
| *Au plus 2/7* plus longues que larges, très nettem. falciformes. 1re dorsale insérée au niveau du point d'insertion postér. des pectorales. | **milberti** Valenc. Méditerranée. TR. *Au moins* 4 m. |

## IX. **NOTIDANIDI.**

Corps en fuseau, ± allongé. Bouche arquée; un pli labial paraissant continuer en arrière la lèvre supér. A la mâchoire supér., de chaque côté de la symphyse, qques dents à pointe unique, suivies d'autres denticulées, ayant une longue pointe au côté interne; à l'infér., une dent médiane denticulée, les latér. larges, denticulées. Pas de paupière nictitante. 6-7 fentes branchiales. Une seule dorsale, insérée très en arrière. Caudale longue; son lobe supér. tronqué, échancré au 1/4 postér.

Fig. 857. — Notidanus griseus (E. Moreau).

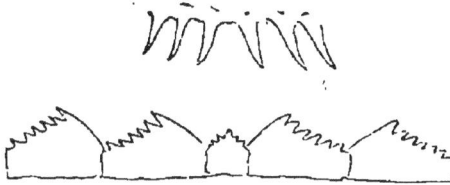

Fig. 858. — Notidanus griseus, *dents* (E. Moreau).

### 1. **NOTIDANUS** Bonap. *Notidane*. Fig. 857, 858.

6-7 fentes branchiales. Dorsale insérée en arrière des ventrales.

Sect. 1. *Hexanchus* Rafinesque.

1 {
Corps env. 7 f. plus long que haut, revêtu d'un tégu-ment chagriné. 6 fentes branchiales. Dessus gris brun; flancs gris; 1 bande blanche latér., atteignant la caudale. [*Griset.*] — **griseus** Rafin. Méditerranée. AC. Océan, R. *Au moins* 2 m.

Sect. 2. *Heptanchus* Müll. et Henl.

Allongé; scutelles épidermiques rudes, carénées. 7 fentes branchiales. Dessus gris; dessous blanchâtre. [*Perlon.*] — **cinereus** Müll. et Henl. Méditerranée. Golfe de Gascogne. R. *Au moins* 2 m.
}

## X. **ACANTHIASIDI.**

Forme allongée. Une entaille de chaque côté de la bouche. Pas de paupière nictitante. Des évents. Les 2 dorsales avec chacune un aiguillon, la 1re rapprochée des pectorales. Anale nulle.

1 { Dents tranchantes, *semblables* aux 2 mâchoires — 1. ACANTHIAS.
{ *Dissemblables* aux 2 mâchoires — 2

2 { La 2e dorsale *opposée* à la base des ventrales — 5. CENTRINA.
{ *Non opposée* à la base des ventrales — 3

3 { Dents de la mâchoire supér. à *plusieurs* pointes — 2. SPINAX.
{ A *une* seule pointe — 4

4 { Dents de la mâchoire supér. distantes, *en forme d'alène* — 4. CENTROSCYMNUS.
{ *Triangulaires* — 3. CENTROPHORUS.

### 1. **ACANTHIAS** Bonaparte. *Aiguillat*. Fig. 859.

Scutelles épidermiques 3dentées. Dents semblables en haut et en bas, à bord libre tranchant, à pointe rejetée en dehors. Ligne latérale très nette. La 1re dorsale en arrière des pectorales; la 2e en arrière des ventrales.

Fig. 859. — Acanthias vulgaris (E. Moreau).

1 {
Anus s'ouvrant *au milieu* de la longueur totale. **blainvillei** Müll. et Henl.
Aiguillon des nageoires dorsales sans sillon laté- Méditerranée.C.0ᵐ,5 à 0ᵐ,7.
ral; celui de la 2ᵉ au moins aussi haut que la
nageoire. Dos gris-ardoise; ventre blanchâtre.
S'ouvrant *en arrière du milieu* de la longueur
totale    2
}

2 {
Aiguillons des dorsales *creusés* d'un profond sillon **uyatus** Müll. et Henl.
latéral; celui de la 2ᵉ presque aussi haut que la Méditerranée. 0ᵐ,3 à 0ᵐ,5.
nageoire. Dos et flancs brun roux; ventre blanc.
[*A. uyat.*]
*Dépourvus* de sillon latéral; celui de la 2ᵉ moins **vulgaris** Risso.
haut que la nageoire. Dessus gris brun ou ardoisé; Toutes nos côtes. C. *Au moins*
dessous blanchâtre; ord. des taches arrondies    0ᵐ,5.
blanchâtres.
}

Fig. 860. — Spinax niger (E. Moreau).

## 2. SPINAX Bonaparte. *Sagre.* Fig. 860.

Scutelles épidermiques spiniformes. Une entaille de chaque côté de la bouche. Dents
de la mâchoire supér. à plusieurs pointes, dont la médiane plus forte; celles de la
mâchoire infér. à bord tranchant. Aiguillons des dorsales avec un sillon latéral.
Corps env. 7 f. à 7 f. 1/2 plus long que haut. Spinules **niger** H. Cloquet.
épidermiques formant velours. Dessus et flancs ardoisé Méditerranée. Golfe de Gas-
noirâtre; ventre noir; une bande gris blanchâtre cogne. 0ᵐ,3 à 0ᵐ,5.
latérale.

## 3. CENTROPHORUS Müll. et Henl. *Centrophore.* Fig. 861.

Corps angulé-prismatique. Dents de la mâchoire supér. 3angulaires, ppendiculaires;
celles de la mâchoire infér. en forme de hache, à pointe oblique rejetée en dehors ou en
arrière. Aiguillons des dorsales avec un sillon latéral; la 1ʳᵉ rapprochée des pectorales.

1 {
Museau *court*, mousse, arrondi. Angle postér. de **granulosus** M. et H.
l'œil au-dessus de la commissure des lèvres. Méditerranée.    TR    0ᵐ,7
Allongé, en pyramide 3angulaire.    à 1ᵐ,5.
}

Fig. 861. — Centrophorus granulosus, *dents*.

| | |
|---|---|
| *Très allongé*, mince, aplati, spathuliforme. Œil notablem. plus rapproché de la 1<sup>re</sup> fente branchiale que de l'extrém. du museau. | **calceus** Lowe. Golfe de Gascogne. 0<sup>m</sup>,6 à 1 m. |

### 4. CENTROSCYMNUS Bocage et Capello. *Centroscymne.*

Scutelles épidermiques pédonculées. Forme prismatique 3angulaire. Dents de la mâchoire supér. distantes, étroites, subulées, aiguës ; celles de la mâchoire infér. en forme de hache, à pointe déjetée en dehors.

| | |
|---|---|
| Corps env. 5 f. plus long que haut. Tête courte ; museau arrondi, obtus. Téguments d'un brun châtain foncé. | **coelolepis** Boc. et C. Méditerranée. TR. 0<sup>m</sup>,8 à 1<sup>m</sup>,2. |

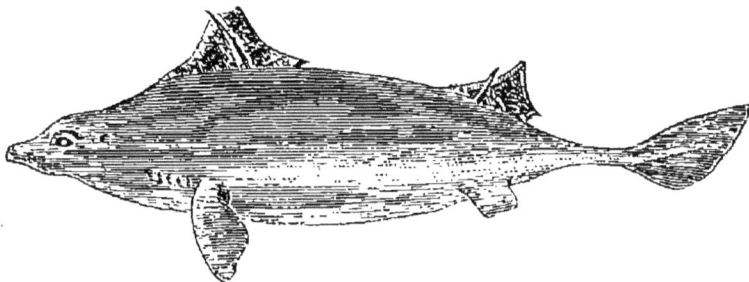

Fig. 862. — *Centrina vulpecula* (E. Moreau).

### 5. CENTRINA Cuvier. *Centrine.* Fig. 862.

Forme courte, prismatique-3angulaire. Téguments très scabres. Anus très en arrière. Bouche très petite. Dents de la mâchoire supér. plurisériées, coniques ; celles de la mâchoire infér. 1sériées, droites, à bord libre 3angulaire ; une dent médiane. Caudale large, non échancrée.

| | |
|---|---|
| Scutelles épidermiques spiniformes, très rudes. Anus au 1/3 postér. Events larges, subtriangulaires. Ligne latér. indistincte. Dos noir ; dessous brun ; qqf. des taches noires sur une couleur foncière rougeâtre. [*Humantin.*] | **vulpecula** Bel. Méditerranée. Golfe de Gascogne. 0<sup>m</sup>,7 *au moins.* |

### XI. SCYMNIDI.

Forme allongée. Dents aiguës, tranchantes. Pas de paupière nictitante. Events apparents. 1<sup>re</sup> dorsale en avant ou au niveau des ventrales. Anale nulle.

| | | |
|---|---|---|
| 1 | Dents *semblables* aux 2 mâchoires, à bord libre tranchant, oblique. Tégument *hérissé de boucles* à base large orbiculaire | 3. ECHINORHINUS. |
| | *Dissemblables* aux 2 mâchoires. 1<sup>re</sup> dorsale en avant des ventrales | 2 |
| 2 | Dents de la mâchoire infér. *non dentelées*, à pointe *oblique* | 2. LAEMARGUS. |
| | *Dentelées*, à pointe *droite* | 1. SCYMNUS. |

### 1. SCYMNUS Risso. *Scymne.* Fig. 863.

Forme allongée. Tégument rude. Dents de la mâchoire supér. étroites, aiguës ; celles de la mâchoire infér. larges à la base, terminées par une pointe droite, 3angulaire ; une médiane. 1<sup>re</sup> dorsale rapprochée des pectorales. Anale nulle.

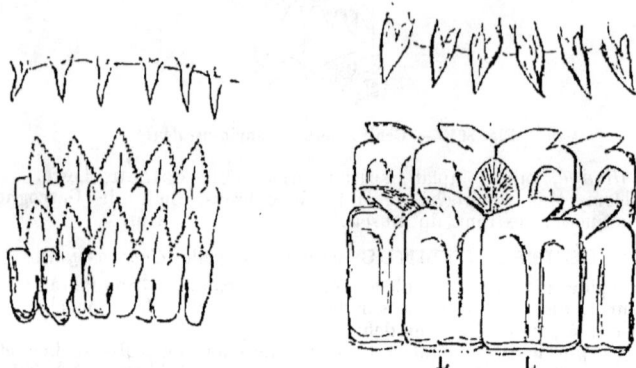

Fig. 863. — Scymnus lichia, *dents* (E. Moreau). Fig. 864. — Laemargus brevipinna, *dents* L, *1re dent latérale* (E. Moreau).

Téguments couverts de petits tubercules très rudes. Ligne latérale bien marquée. Couleur foncière brun violacé, avec des taches noires mal limitées. [*Liche.*]

**lichia** Müll. et H. Méditerranée. Golfe de Gascogne. *Au moins* 1 m.

## 2. LAEMARGUS Müll. et Henl. *Laimargue.* Fig. 864.

Forme ± allongée. Dents de la mâchoire supér. étroites. 3angulaires; les infér. subrectangulaires. avec une pointe terminale très oblique. et se recouvrant par leur marge interne; pas de médiane. 1re dorsale insérée en avant des ventrales.

1 {
Dents supér. longues, fortes. étroitem. 3angulaires. 1carénées à la face antér., à pointe déjetée *en dehors*. Pectorale *bien plus courte* que l'intervalle qui la sépare de l'angle de la bouche. — **brevipinna** Lesueur. Océan. Manche. *Accidentel.* 3 à 4 m.

Subulées. très aiguës, 7-8-sériées, à pointe tournée *en arrière*. Pectorale *au moins égale* à l'intervalle qui la sépare de l'angle de la bouche. — **rostratus** Risso. Méditerranée. Océan. 0m,3 à 0m.8.
}

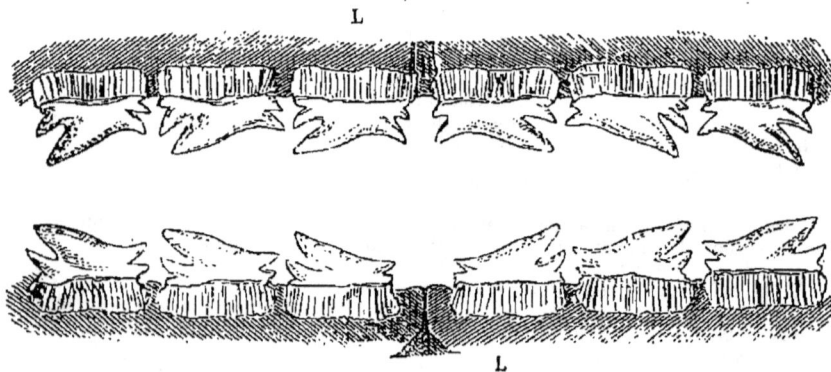

Fig. 865 et 866. — Echinorhinus spinosus, *dents* ; L, *1re dent latérale* (E. Moreau).

## 3. ECHINORHINUS de Blainville. *Echinorhine.* Fig. 865, 866.

Corps en fuseau allongé. Téguments couverts de boucles en crochet inséré sur une base orbiculaire, striée. Dents semblables en haut et en bas, à bord libre tranchant, à bords latér. munis de 1-2 dentelures. 1re dorsale insérée au niveau des ventrales. Corps comprimé postérieurem. Ligne latérale bien marquée. Caudale à lobes non séparés, non échancrée.

**spinosus** Blainv. Méditerranée. Océan. AR.

Couleur foncière brun violacé, avec des mouchetures 1 à 2 m.
plus foncées. [Le bouclé.]

## XII. SQUATINIDI.

Forme aplatie, bien plus large que haute. Épiderme rude. Tête déprimée, son bord
libre en demi-cercle. Bouche très grande, subterminale. Yeux très petits, dépourvus
de paupière nictitante. Events grands, en croissant. Dorsales insérées sur la queue,
rapprochées. Pectorales larges ; leur bord antér. échancré. Ventrales trapézoïdes.

### 1. SQUATINA Risso. *Squatine*.

Dents semblables aux 2 mâchoires, aiguës, à base assez large, disposées en rangées
symétriques. Fentes branchiales en partie cachées par le bord interne des pectorales.
Corps large, déprimé. Tête aplatie, disciforme. Diamètre **angelus** Risso.
des yeux *au plus aussi grand* que la longueur de Toutes nos côtes. 1 à 2 m.
l'espace préorbitaire. Dessus vert brun avec des
taches qqf. ocellées ; dessous blanchâtre. [*Ange*.]
  Diamètre des yeux *plus grand* que l'espace préor- ß. *oculata* Bonap.
  bitaire. Couleur foncière rougeâtre avec des Avec le type.
  taches blanchâtres.

## XIII. PRISTISIDI.

Forme allongée, déprimée en avant. Queue faisant suite au corps sans démarcation
nette. Dents petites. Pas de cartilages labiaux. Ouvertures branchiales placées en
dedans de la base des pectorales. 1re dorsale à peu près au-dessus de la base des
ventrales, celles-ci distantes des pectorales.

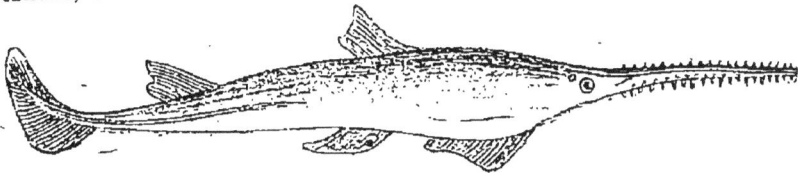

Fig. 867. — Pristis antiquorum.

### 1. PRISTIS Latham. *Scie*. Fig. 867.

Museau déprimé, prolongé en une lame aplatie munie de chaque côté d'une série de
dents osseuses pointues, espacées, ± nombreuses. — Ovovivipares.
  Bec env. *4 fois* plus long que large, muni de **antiquorum** Latham.
    chaque côté de 16 à 20 dents. Dessus gris plombé Méditerranée. 2 à 4 m.
    ou brun ; dessous jaune grisâtre.
  *6 à 7 fois* plus long que large, muni de chaque **pectinatus** Latham.
    côté de 24 à 34 dents grêles, courtes, peu canne- Méditerranée. 2 à 4 m.
    lées au bord postér. Dessus gris brun ; dessous
    gris jaunâtre.

## XIV. RHINOBATIDI.

Queue avec de chaque côté 1 carène cutanée. Museau 3angulaire. Dents petites,
en pavés.

### 1. RHINOBATUS Columna, *Rhinobate*.

Œil et évent séparés seulem. par un repli membraneux. **columnae** Bonap.
Dorsales trapézoïdes. Brun jaunâtre ou verdâtre. Méditerranée. 0m,5 à 1 m.

## XV. TORPEDIDI.

Corps disciforme. Queue courte, charnue, avec de chaque côté un repli. Tégument
lisse. Valvules nasales antér. larges, attachées en dedans par un frein médian. Pectorales atteignant les ventrales. Un appareil électrique très développé.

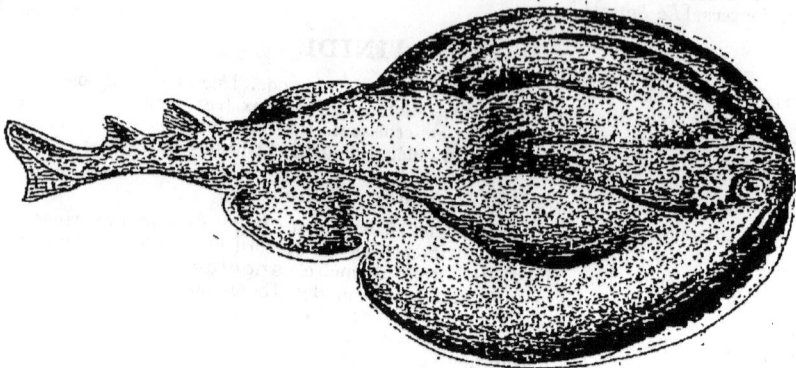

Fig. 868. — Torpedo marmorata.

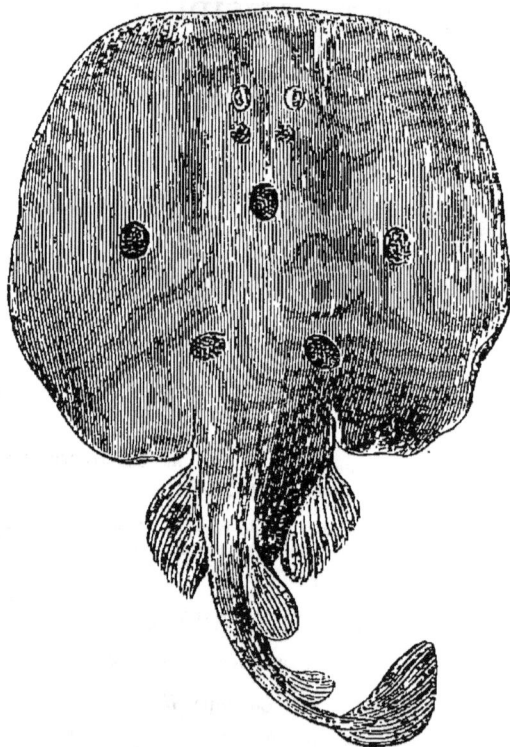

Fig. 869. — Torpedo oculata (E. Moreau).

**1. TORPEDO** C. Duméril. *Torpille*. Fig. 868, 869.

Dents petites, aiguës. Yeux et évents petits. Dorsale double; la 1re au-dessus ou un peu en arrière des ventrales; caudale 3angulaire, subsymétrique. Ventrales non lobées. — Ovovivipares.

1
' Disque *échancré* de chaque côté au niveau des yeux. Yeux plus petits que les évents ; ceux-ci *réniformes*, privés, au pourtour, de franges et de tentacules. Dessus rouge noirâtre ; dessous blanc rosé.
*Non échancré* au niveau des yeux

nobiliana Bonap.
Méditerranée, R. *Accidentel* Océan. *Au moins* 0ᵐ.5.

2

2
Dessus jaune rougeâtre ou gris clair, avec ou sans marbrures brunes, qqf. taché de blanc ; dessous blanc ± rougeâtre. Évents *ovales*, env. aussi grands que les yeux, munis de 7-8 tentacules.
Dessus jaunâtre ou brun rougeâtre, *avec* ord. de grandes taches généralem. ocellées, en nombre variable. Évents *orbiculaires*, à tentacules très réduits, un peu plus petits que les yeux.

marmorata Risso.
Manche, R. Océan, C. Méditerranée, TC. 0ᵐ,35 à 1 m.

oculata Bel.
Océan. TR. Méditerranée, AR. 0ᵐ,35 à 0ᵐ,6.

## XVI. RAIIDI.

Corps très large, aplati, rhomboïdal. Queue grêle, déprimée, munie ord. d'aiguillons 1-2-sériés. Museau formant un angle = allongé. Dents nombreuses. Valvules nasales réunies. Pectorales très grandes, prolongées en arrière jusqu'aux ventrales. 2 dorsales, insérées vers l'extrém. de la queue. Caudale nulle ou peu développée.

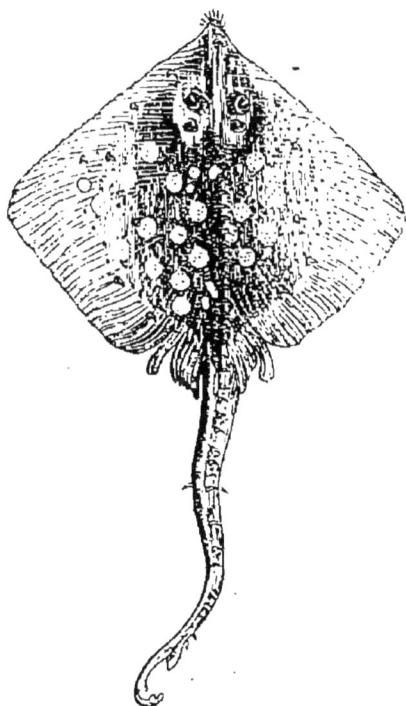

Fig. 871. R. batis ; *une dent isolée, vue de face.*

Fig. 870. — Raia clavata.

### 1. RAIA Cuvier. *Raie.* Fig. 870 à 875.

' Nageoires pectorales non prolongées jusqu'au museau. Ventrales 2lobées. — Ovipares.
*Une série médiane* d'aiguillons sur la queue    2
*Pas de série médiane* d'aiguillons sur la queue   17

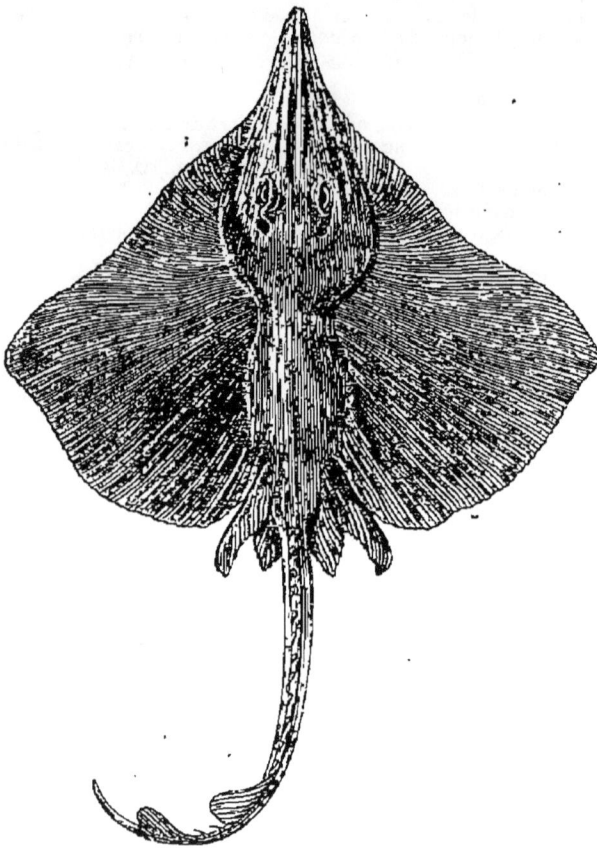

Fig. 873. — R. macro-
rhynchus ; *une dent
isolée, vue de face.*

Fig. 872. — Raia macrorhynchus (E. Moreau).

| | | |
|---|---|---|
| 2 { | Tégument *portant* des boucles ± nombreuses | 16 |
| | *Ne portant pas* de boucles | 3 |
| 3 { | Museau *allongé*. une ligne menée de son extrémité à l'angle externe de la pectorale ± *éloignée* du bord antér. du disque | 4 |
| | *Court*, une ligne menée de son extrémité à l'angle externe de la pectorale *coupant* le bord antér. du disque | 7 |
| 4 { | Orifices des tubes de Lorenzini (tubes ouverts à leur extrémité externe. renflés en ampoule à leur extrémité interne) *avec une bordure noire*, à la face inférieure | 5 |
| | *Sans* bordure noire. Corps épais ; queue large, déprimée, comme tronquée. Museau étroit jusqu'au niveau du 1/3 de l'espace préorbitaire, puis brusquem. dilaté. Dessus cendré, taché ou non de blanchâtre; dessous blanc. | alba Lacépède. Toutes nos côtes. 1ᵐ,5 à 2 m. |

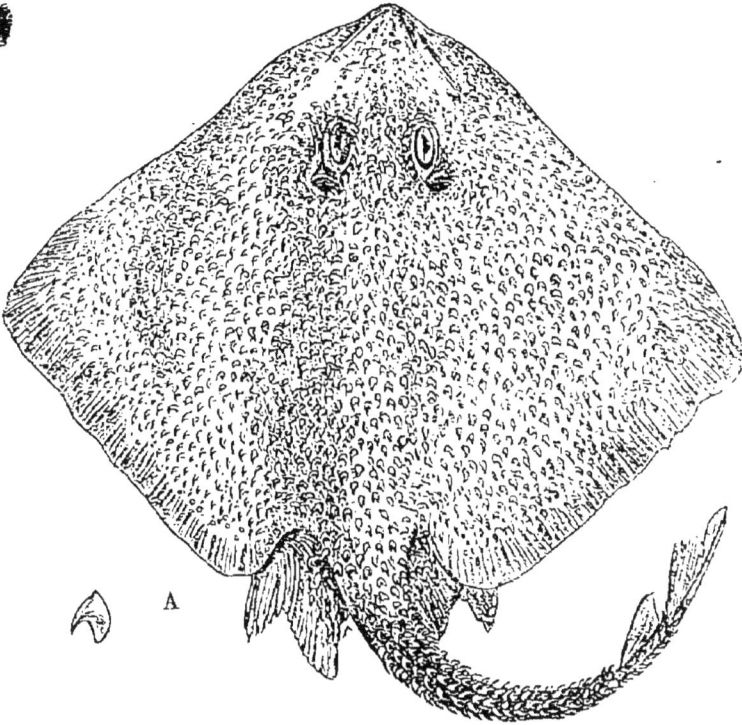

Fig. 874. — Raia fullonica ; A, un aiguillon isolé (E. Moreau).

Dents *espacées*, à base *plus longue que large*, aiguës, placées par rangées verticales. Museau, au niveau du bord antér. de l'orbite, env. 1/5 plus large que la longueur de la tête. Gris ou brun; dessous gris tacheté de noir. — **batis** Linné. Toutes nos côtes. 1<sup>m</sup>,3 à 2 m.

5

Rapprochées, à base *large* — 6

Largeur du museau, au niveau du bord antér. de l'orbite, *env. 1/4 plus grande* que sa longueur. Dents disposées de telle manière que chacune est entourée de six autres. Dos gris cendré ou brunâtre; dessous jaune cendré, taché de noir. — **macrorhynchus** Rafin. Toutes nos côtes. 1<sup>m</sup>,5 à 2 m.

6

Egale ou *subégale* à sa longueur. Dents pointues, crochues, au nombre de 42 à 50 à chaque mâchoire. Dessus brun noir ou violacé; dessous jaunâtre, taché de noir. — **oxyrhynchus** Blainv. Méditerranée. Océan ? Manche. 0<sup>m</sup>,8 à 1<sup>m</sup>,1.

7

Yeux *notablement plus petits* que les évents — 8
*Au moins aussi grands* que les évents — 9

Disque lisse ou scabre, très large, ondulé au bord antér. Museau court, arrondi, Dents mousses ♀, aiguës ♂, sur 45 à 60 rangées. Diamètre de l'œil inférieur au 1/5 de l'espace préorbitaire. Gris jaunâtre. — **microcellata** Montagu. Océan. Manche. 0<sup>m</sup>,6 à 0<sup>m</sup>,9.

8

Disque en parallélogramme régulier, ondulé au bord antér.; scabre; tête lisse. Dents sur 85 rangées. Disque gris-chamois, avec des taches noirâtres et qqes taches blanchâtres. Dessous blanc. — **brachyura** Lafont. Océan, R. 0<sup>m</sup>,8 à 1<sup>m</sup>,1.

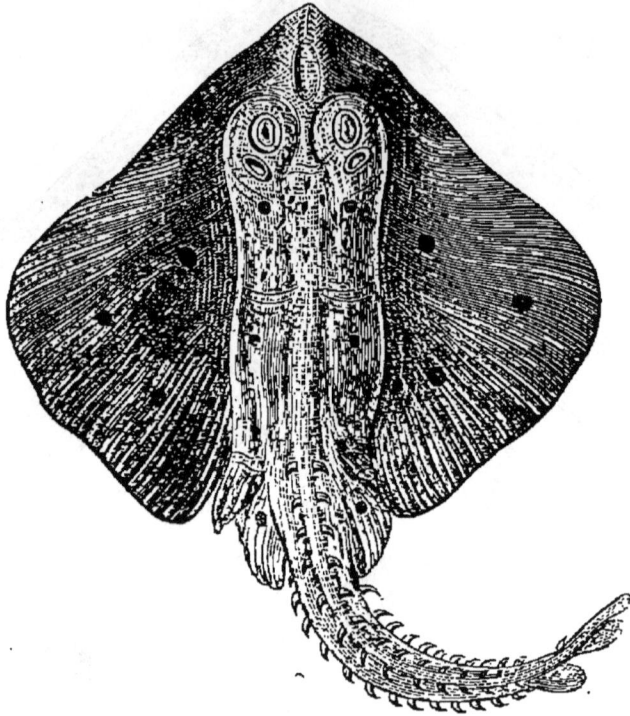

Fig. 875. — Raia circularis (E. Moreau)

9 { Nageoire pectorale *avec* une tache ocellée      10
  { *Sans* tache ocellée      13

10 { Museau *tronqué*. Disque rhomboïdal, avec les    **radula** Delaroche.
   { angles ext. arrondis, 1/5 plus large que long,    Méditerranée. TR. 0$^m$,28 à
   { spinuleux en dessus. Dents mousses. Dessus gris    0$^m$,35.
   { jaunâtre, avec des bandes brunes, ou brun taché
   { de jaunâtre.
   { *Terminé en pointe aigue*      11

11 { Tache ocellée *noirâtre* au centre      13
   { *Rougeâtre* au centre      12

12 { Disque env. 1/5 plus large que long. Dents aiguës    **miraletus** Rondelet.
   { ♂, mousses ♀. Dessus brun-cannelle, avec de    Méditerranée. Golfe de Gas-
   { petites taches brunes ; tache ocellée ronde ou    cogne. 0$^m$,5.
   { ovale, purpurine tachée de noire, cerclée de
   { jaunâtre. [*R. miraillet.*]
   { Env. 2/5 plus large que long. Dents aiguës ♂,    **quadrimaculata** Risso.
   { plates et mousses ♀. Dessus jaune clair tacheté    Méditerranée, AR. Golfe de
   { de noir. Tache ocellée rougeâtre, avec une cou-    Gascogne, TR. 0$^m$,45 à
   { ronne noire cerclée de jaunâtre ; à l'extrém.    0$^m$,6.
   { postér. de la nageoire, ord. *une autre tache* noire,
   { non ocellée.

13 { Disque à angles ext. arrondis, à bords antér.    **mosaica** Lacép.
   { presque non ondulés, scabre en dessus chez les    Toutes nos côtes. 0$^m$,5 à 1$^m$,2.
   { adultes. Dents médianes aiguës, coniques, les
   { ext. plus larges, à bord oblique, tranchant.

Dessus jaune rougeâtre, *avec des bandes ondu-lées brunâtres*, bordées ou non de taches lai-teuses.

*Pas de bandes ondulées* sur le disque     14

Disque presque régulièrem. rhomboïdal, spinuleux en dessus. *Une série courbe d'aiguillons* du bord antér. de l'orbite au bord postér. de l'évent.     **fullonica** Rondel. Méditerranée, AR. Océan, TR. 0<sup>m</sup>,5 à 0<sup>m</sup>,7.

14 { Dessus vert ou gris jaunâtre, avec de nombreuses taches rondes, noirâtres. Dessous blanchâtre. [*R. chardon.*]

*Pas de ligne courbe d'aiguillons* sur le sourcil     15

78 à 92 séries de dents aiguës, à pointe lisse tour-née en arrière. Disque presque lisse. Events ovales, un peu moins larges que l'œil. Dessus gris ou brun jaunâtre tacheté de noirâtre et de jaunâtre; dessous blanc rosé. [*R. étoilée.*]     **asterias** Rondel. Toutes nos côtes. 0<sup>m</sup>,7 à 1 m.

15 { Dents mousses ♀, aiguës ♂, disposées par rangées obliques au nombre de 35 à 60. Dessus gris jau-nâtre tacheté de brun et de blanc sale, les taches blanchâtres souv. cerclées de noir. Qqf. une tache ocellée sur les pectorales.     **punctata** Risso. Toutes nos côtes. C. 0<sup>m</sup>,4 à 0<sup>m</sup>,7.

Disque ondulé au bord antér., env. 1/5 plus large que long, couvert d'aspérités au milieu desquelles sont éparses des boucles à base *en forme de bouton*. [*Raie bouclée.*]     **clavata** Rondel. Toutes nos côtes. C. *Au moins* 0<sup>m</sup>,8.

16 { Rhomboïdal, env. 1/4 plus large que long, rude, portant des boucles en forme de tubercules coniques, cannelés, émergeant d'une base étoilée et terminés par un aiguillon courbé en arrière. Dessus brunâtre; dessous blanchâtre.     **radiata** Donovan. Océan. Manche, TR. 0<sup>m</sup>,5 à 0<sup>m</sup>,6.

Disque large, ± scabre ou lisse. Queue grosse, large, creusée en gouttière sur sa ligne médiane, avec, de chaque côté, 2-4 lignes d'aiguillons. Dents pointues, sur 68 à 70 rangées env. Dessus gris-chamois, avec 6-8 taches rondes, blanchâtres, de chaque côté. [*Raie ronce.*]     **circularis** Couch. Toutes nos côtes. R. 0<sup>m</sup>,7 à 1<sup>m</sup>,2.

17 { Disque échancré au bord antér., arrondi au bord postér., 1/5 plus large que long, spinuleux en dessus. Queue avec de chaque côté 1 seul rang d'aiguillons. Dessus brun jaunâtre maculé de noir. Dessous blanchâtre.     **chagrinea** Pennant. Méditerranée. R. Golfe de Gascogne, TR. 0<sup>m</sup>,8 à 1<sup>m</sup>,2.

## XVII. CEPHALOPTERIDI.

Nageoires pectorales avancées sur les côtés de la tête en prolongements semblables à des cornes.

### 1. CEPHALOPTERA Duméril. *Céphaloptère.*

Corps déprimé, à tégument lisse. Queue effilée, longue, avec un aiguillon sur les côtés. Dents petites, tuberculeuses. Events et yeux latéraux. Une seule dorsale, insérée au-dessus des ventrales.

Queue *lisse* sur son 1/4 antér., puis tuberculée, avec de chaque côté une longue épine denticulée. Dessus bleu glauque; dessous blanc mat.     **giornae** Lacépède. Méditerranée. TR. *Au moins* 0<sup>m</sup>,6.

1 { *Garnie* sur toute sa longueur *de tubercules* 3sériés. Dos caréné. Prolongements céphaliques noirs à l'extrém. Dessus brun noir; côtés argentés; dessous blanc tacheté de noir.     **massenae** Risso. Méditerranée. TR. 1<sup>m</sup>,8.

## XVIII. MYLIOBATISIDI.

Corps disciforme, très large. Queue longue, munie de 1-2 aiguillons denticulés. Tête-

bombée. Museau bordé par le prolongement des pectorales. Dents plates, formant une mosaïque. Dorsale petite, insérée en avant de l'aiguillon caudal.

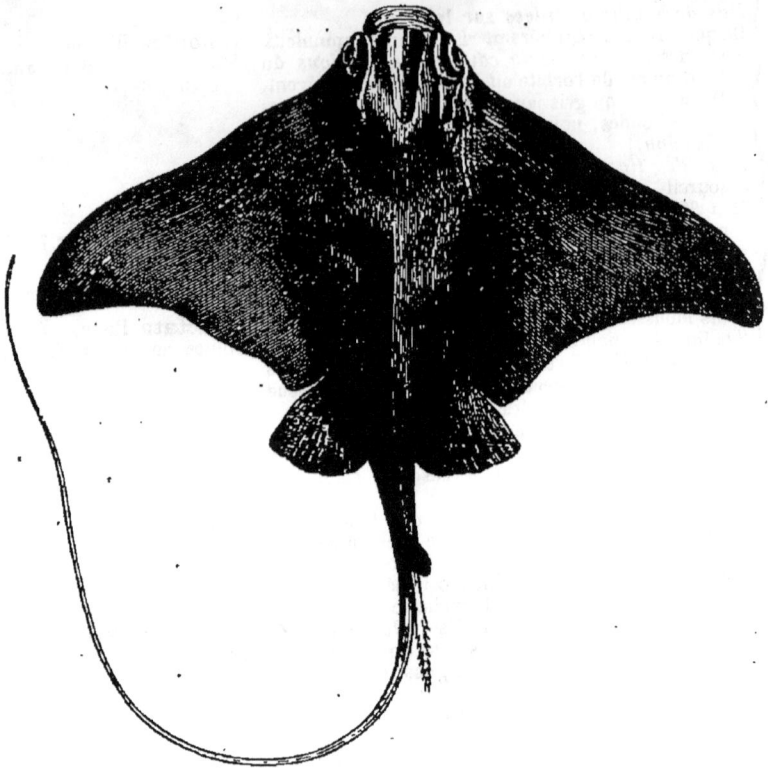

Fig. 876. — Myliobatis aquila (E. Moreau).

## 1. **MYLIOBATIS** C. Duméril. *Mourine*. Fig. 876.

Dents médianes irrégulières, 6gonales, les côtés antér. et postér. plus longs que les autres ; les latér. plurisériées, en pavés.

| | |
|---|---|
| Tête large, aplatie, élevée au-dessus du corps, terminée par un museau *large*, déprimé, convexe au bord antér. Dessus ± bronzé ou jaunâtre ; dessous brun ou gris. [*Aigle de mer.*] | **aquila** C. Dum. Toutes nos côtes. *Au moins* 0ᵐ,8. |
| Disque plus fortem. échancré sur ses bords postér. Museau plus *long* et plus *étroit*. Dorsale placée en arrière de la base des ventrales. [*Vachette.*] | **bovina** Geoffr. St-H. Méditerranée. 0ᵐ,8 à 1ᵐ,5. |

## XIX. **TRYGONIDI**.

Disque ± large; son extrém. antér. formée par la réunion des pectorales. Queue non carénée, munie ord. d'un aiguillon denticulé. Ventrales entières ; dorsale et caudale nulles.

| | |
|---|---|
| Disque au moins *1/2* plus long que la queue | 1. PTEROPLATEA. |
| Au plus *1/4* plus long que la queue | 2. TRYGON. |

### 1. **PTEROPLATEA** Müll et Henl. *Ptéroplatée*.

Disque env. 1 f. plus large que long ; queue très courte ; tête engagée dans le disque. Dents petites, pointues. Yeux supérieurs.

Museau obtus, très court; dents régulièrem. sériées. **altavella** Müll et H.
3angulaires, à pointe très fine. Dessus gris ± foncé; Méditerranée. TR. 0ᵐ.5 à
dessous blanc teinté de rouge ou de brun. 1ᵐ.4.

### 2. TRYGON Müller et Henle. *Pastenague.*

Disque subrhomboïdal. Queue au moins aussi longue que le corps, munie d'un court
repli cutané. Tête non dégagée. Dents petites, régulièrem. sériées. Yeux supérieurs.

1 { Extrémité antér. du disque *tronquée-sinueuse.* **violacea** Bonap.
Queue grêle, filiforme au bout. Couleur foncière Méditerranée. TR. *Au moins*
violacée. 0ᵐ,8.
*Anguleuse* 2

2 { Queue au moins *1 fois 1/2* aussi longue que le disque. 3
*Moins d'une fois 1/2* aussi longue que le disque. **brucco** Bonap.
Disque régulièrem. rhomboïdal. Yeux plus Méditerranée. TR. *Au moins*
petits que les évents. Dessus brun verdâtre ou 0ᵐ,6.
cuivré; dessous blanc grisâtre.

3 { Queue *avec* des rangées de boucles coniques, larges **aspera** Bel.
à la base et striées. Dessus brun; dessous blan- Méditerranée. TR. 0ᵐ,9 à 2 m.
châtre.
*Sans* rangées de boucles. Dessus gris bleuâtre ou **vulgaris** Risso.
gris rougeâtre, qqf. marbré. Dessous blanc gris Toutes nos côtes. AR. *Au*
ou rosé. *moins* 1 m.

## SOUS-ORDRE II. — HOLOCÉPHALES.
### I. CHIMAERIDI.

Pectorales libres. Ventrales abdominales, entourant l'orifice anal. 2 dorsales, la
1ʳᵉ munie d'un aiguillon.

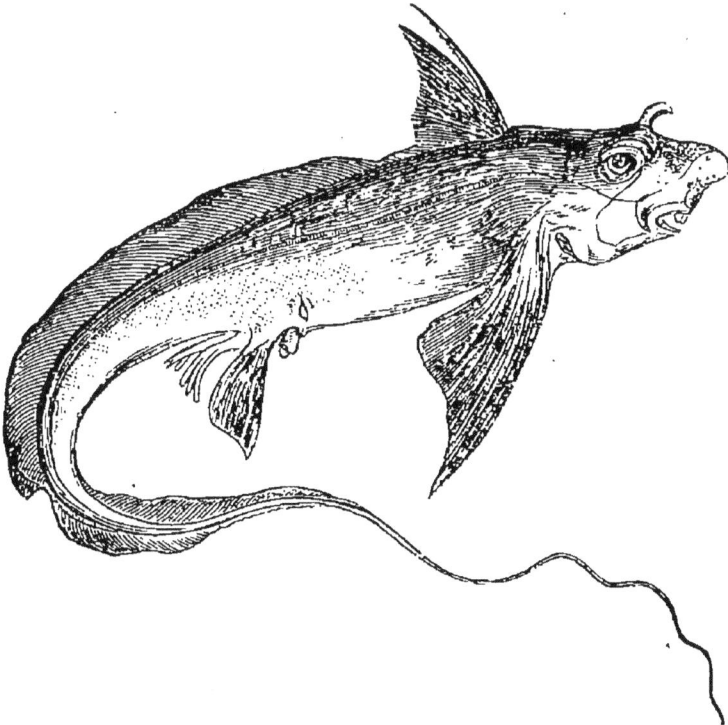

Fig. 877. — Chimaera monstrosa (E. Moreau).

**1. CHIMAERA** Linné. *Chimère.* Fig. 877.

Corps terminé par un prolongement filiforme. Museau dépourvu de cartilages. Ligne latér. bien marquée, soutenue par une série de pièces solides.

Corps allongé, au moins 9 f. plus long que haut, pyra-    **monstrosa** L.
midal en avant des ventrales. Queue nue, très lon-    Méditerranée, R. Océan ? 0m,6
gue. Tégument gris argenté mêlé de brun.    à 1 m.

# ORDRE DES GANOÏDES

Squelette osseux ou cartilagineux. Peau nue ou couverte soit d'écailles, soit d'écussons osseux. Fentes branchiales recouvertes par un opercule. — Intestin muni d'une valvule spirale. Branchies libres.; battant operculaire ord. muni d'une branchie accessoire.

## I. ACIPENSERIDI.

Corps allongé, couvert de scutelles rudes, pyramidal, avec sur chacune de ses arêtes une série d'écussons osseux. Queue hétérocerque. Squelette interne en grande partie cartilagineux. Tête couverte de pièces osseuses rugueuses ou striées. Museau allongé, muni inférieurem. de 4 barbillons. Ventrales abdominales ; dorsale et anale peu développées, très reculées.

Fig. 878. — Acipenser sturio (E. Moreau).

**1. ACIPENSER** Linné. *Esturgeon.* Fig. 878.

Corps en pyramide à 5 faces. Anus très reculé. Une seule dorsale, opposée à l'anale. Caudale hétérocerque. Ventrales très reculées.

Dorsale à 34 rayons; anale à 24. 9. écussons dor-    **valenciennii** Duméril.
saux entre la plaque occipitale et la plaque de la    Océan. 1m,5 à 3 m.
dorsale; 24-27 écussons latéraux.

A 38-43 rayons; cette nageoire basse. 10-14 écus-    **sturio** L.
sons dorsaux de la plaque occipitale à la plaque    *Remonte les fleuves. Au*
de la dorsale ; 28-30 écussons latéraux.    *moins* 1m,5.

# ORDRE DES TÉLÉOSTÉENS

Squelette osseux. Téguments couverts d'écailles cycloïdes ou cténoïdes. Fentes branchiales recouvertes par un opercule. — Intestin dépourvu de valvule spirale. Queue symétrique, homocerque.

1 { Branchies *en forme de houppes*       I. *Lophobranches.*
   { Pectinées       2

2 { Ceinture scapulaire presque toujours *attachée* au crâne, placée *en arrière* du cœur       3
   { *Non attachée* au crâne, placée *en avant* du cœur       V. *Apodes.*

3 { Maxillaire supérieur et intermaxillaire *soudés*       II. *Plectognathes.*
   { *Libres*       4

4 { Rayons antérieurs de la nageoire dorsale toujours *épineux*       III. *Acanthoptérygiens.*
   { Rayons *mous*, sauf qqf. le 1er de la dorsale ou des pectorales       IV. *Malacoptérygiens.*

## SOUS-ORDRE I. — LOPHOBRANCHES.

Corps recouvert d'une cuirasse de pièces dures. Branchies en forme de houppes. Bouche tubiforme. Pas de nageoires ventrales. — Les ♂ portent les œufs attachés sous le ventre ou dans une poche ventrale incubatrice.

## I. SYNGNATHIDI.

Corps de forme variable, enveloppé de pièces dures unies *entre elles* et formant une cuirasse articulée. Tête continuant l'axe du corps ou coudée avec le tronc. Yeux latéraux, arrondis. Orifice branchial très étroitem. oblong, placé très haut en arrière. 1 seule dorsale.

| | | |
|---|---|---|
| 1 | Caudale *nulle* ou *rudimentaire*. Queue préhensile. enroulable | 2 |
| | *Développées*. Des pectorales | 2. SYNGNATHU. |
| 2 | Pectorales *bien développées* | 1. HIPPOCAMPII. |
| | *Nulles*. Pas d'anale | 3. NEROPHISII. |

## 1. Hippocampii.

Corps comprimé, 7gonal en avant. Queue préhensile, pyramidale. 4angulaire. Tête en forme de tête de cheval. 1 dorsale ; anale très petite ; caudale nulle.

Fig. 879. — Hippocampus guttulatus.

## 1. HIPPOCAMPUS Cuvier. *Hippocampe*. Fig. 879.

Tronc 7gonal, composé de 12 anneaux ; le 1er anneau caudal à 6 segments, les autres à 4. Occiput avec 3 tubercules. Sur chaque sourcil, une épine ± longue. Au milieu de l'espace préorbitaire, une protubérance, *épine nasale* ; espace interorbitaire concave, 3angulaire, formant le *triangle orbito-nasal*. Yeux grands. Membrane branchiostège soutenue par 2 rayons.

| | |
|---|---|
| 1 ⎰ Côté externe du triangle orbito-nasal *à peine aussi long* que l'intervalle entre l'extrém. du museau et l'épine nasale. Appendices cutanés ord. *allongés*. Épine nasale saillante, à pointe dirigée en avant. Dorsale à 18 rayons ; anale à 4 ; pectorales à 17. Blanc ou gris, ponctué de blanc ou de jaunâtre. [*Cheval marin.*] | **guttulatus** Cuvier. Toutes nos côtes. 0m,1 à 0m,16. |
| ⎱ *Plus long* que cet intervalle. Appendices cutanés peu développés ou nuls. Épine nasale à pointe peu saillante. Dorsale à 17-20 rayons ; anale à 4 ; pectorales à 15. Brun ± foncé, maculé de blanchâtre. | **brevirostris** Cuvier. Toutes nos côtes. 0m,1 à 0m,16. |

## 2. Syngnathii.

Corps 7gonal au tronc, 6gonal de l'anus à la fin de la dorsale, se terminant en pyramide 4angulaire. Queue non préhensile. Une nageoire caudale. Tête dans l'axe du corps.

|   |   |   |
|---|---|---|
| 1 | Anneau scapulaire *fermé* en dessous par une pièce impaire. Museau presque arrondi, moins élevé que la tête | 1. SYNGNATHUS. |
|   | *Non fermé* en dessous. Museau comprimé, très élevé | 2. SIPHONOSTOMA. |

Fig. 880. — Syngnathus dumerilii (E. Moreau).

### 1. SYNGNATHUS Linné. *Syngnathe*. Fig. 880, 881.

Corps allongé, ± anguleux, aplati ou concave sur le dos. Dorsale allongée, commençant sur l'avant-dern. ou le dern. anneau du tronc. Anale à 3-4 rayons. Caudale à 10 rayons env.

| | | |
|---|---|---|
| 1 | Dorsale commençant *après le 15ᵉ* anneau du tronc | 2 |
| | Commençant *sur le 14ᵉ* anneau du tronc, plus longue que la tête. Tronc à 15 anneaux; queue à 35-38. Dorsale à 36 rayons ♂, à 34 ♀; pectorales à 11-12. Dos et côtés gris brun; dessous blanchâtre. | **dumerilii** Moreau. Manche. Golfe de Gascogne. TR. 0ᵐ,1 à 0ᵐ,12. |
| 2 | Museau formant *au moins la 1/2* de la longueur de la tête | 3 |
| | Formant *moins de la 1/2* de la longueur de la tête; celle-ci courte, moins longue que la dorsale. Dorsale portée sur 8-9 anneaux, à 32-36 rayons; pectorales à 12-13. Brun rougeâtre, avec des taches verticales jaunâtres ou blanchâtres. | **abaster** Risso. Méditerranée, R. Océan, TR. 0ᵐ,12 à 0ᵐ,15. |
| 3 | Angles des anneaux *épineux*, denticulés surtout aux pièces latér. Dorsale à 40-42 rayons, s'étendant sur 12-13 anneaux, commençant sur le dern. ou l'avant-dern. du tronc. qui en compte 17-18. Queue à 48-59 anneaux. Dos bleuâtre; côtés et ventre argentés. | **phlegon** Risso. Méditerranée. R. 0ᵐ,14 à 0ᵐ,2. |
| | *Non épineux* | 4 |
| 4 | Sourcil peu accusé, *non continué* par une arête postorbitaire. 52-53 anneaux, dont 17-18 pour le tronc. Dorsale à 30 rayons, sur 12 anneaux env. Dos et côtés verdâtres. Ventre grisâtre. | **ethon** Risso. Méditerranée, R. Océan, Manche, TR. 0ᵐ,12 à 0ᵐ,15. |
| | *Continué* en arrière par une arête postorbitaire | 5 |
| 5 | Dorsale *au moins égale en longueur* à l'intervalle entre l'extrém. du museau et le bord supér. de l'occipital. 60-62 anneaux, dont 19-20 pour le tronc. Dorsale à 38-41 rayons. [*Syngnathe aiguille.*] | **acus** Linné. Côtes de l'Ouest. Méditerranée? *Au moins* 0ᵐ,2. |
| | *Plus courte* que cet intervalle | 6 |
| 6 | Museau env. *4 à 5 fois* moins haut que long. Dos à surface très faiblem. concave. 58-60 anneaux, dont 18-20 pour le corps. Brun rougeâtre, avec des points blancs sur les côtés. | **rubescens** Risso. Méditerranée. AC. 0ᵐ,2 à 0ᵐ,3. |

Fig. 881. — Syngnathus acus, *partie antérieure du corps.*

{ Env. 7 *fois* moins haut que long. 58-62 anneaux, dont 18-19 au corps. Dorsale sur 8-9 anneaux, de 34-38 rayons. — **tenuirostris** Rathke. Méditerranée. R. 0ᵐ,25 à 0ᵐ,35.

Fig. 882. — Siphonostoma rondeletii, *tête.*

Fig. 883. — S. typhle, *tête.*

Fig. 884. — S. argentatum, *tête.*

## 2. SIPHONOSTOMA A. Duméril. *Siphonostome.* Fig. 882 à 884.

Corps anguleux; dos aplati ou convexe. Museau très allongé. Dorsale longue, occupant le dern. segm. du corps et les 7-9 premiers de la queue. Anale à 3-4 rayons; la caudale ord. à 10.

1 { Bord antér. du museau *anguleux.* 53-58 anneaux, dont 19-20 pour le tronc. Dorsale plus courte que le museau. Gris brun ou olivâtre, qqf. mêlé de jaunâtre. — **rondeletii** Delaroche. Méditerranée. Océan? 0ᵐ,2 à 0ᵐ,33.

{ *Arqué-arrondi* ................................... 2

2 { Bord supér. du museau *rectiligne.* Dorsale *plus longue* que le museau, à 34-40 rayons. Gris verdâtre foncé, teinté de jaune en dessus et latéralem.; dessous gris blanchâtre. — **typhle** Linné. Toutes nos côtes. AR. 0ᵐ,2 à 0ᵐ,3.

{ Sensiblem. *concave.* Dorsale *plus courte* que le museau, à 33-38 rayons. Dos et côtés brun verdâtre ou jaunâtre; ventre gris argenté. — **argentatum** Pallas. Méditerranée. AC. 0ᵐ,2.

## 3. Nerophisii.

Corps presque lisse, peu anguleux. Queue grêle, effilée, préhensile. Anale, pectorales, caudale nulles; dorsale développée, opposée à l'anus.

1 { Caudale *rudimentaire.* Dorsale s'étendant sur 11-13 anneaux, dont 8 à 10 appartiennent au corps — 1. ENTELURUS.

{ *Nulle.* Dorsale étendue sur 7-11 anneaux, dont *2-3* appartiennent au corps — 2. NEROPHIS.

### 1. ENTELURUS A. Duméril. *Entélure.*

Caudale rudimentaire, à rayons enveloppés dans la peau.

1 { Corps *peu effilé.* Tronc 8gone, à angle dorsal marqué. Dorsale à 38-40 rayons; caudale à *6.* Dos et côtés gris olivâtre; ventre gris jaunâtre, avec des bandes argentées bordées de noir. — **aequoreus** Linné. Manche. Océan. Méditerranée. 0ᵐ,3 à 0ᵐ,6.

{ *Très effilé.* Tête formant env. le 1/12 de la longueur totale. Caudale à *5* rayons. Vert jaunâtre ou brun foncé, avec le bord des anneaux plus clair. — **anguineus** A. Dum. Manche; Océan. AC. Méditerranée, R. 0ᵐ,2 à 0ᵐ,3.

### 2. NEROPHIS Rafinesque. *Nérophis.* Fig. 885.

Caudale absolument nulle.

1 { Museau *comprimé, ayant* une crête sur le bord supér., plus long que la hauteur du corps. 95 à 100 anneaux, dont 30 à 33 pour le tronc. Dorsale à *35-38* rayons. Dos et flancs vert bleuâtre à reflet métallique; ventre vert jaunâtre. — **ophidion** Bonaparte. Manche. TR. Océan, AC. Méditerranée, R. 0ᵐ,2 à 0ᵐ,25.

{ *Dépourvu* de crête au bord supér. ............ 2

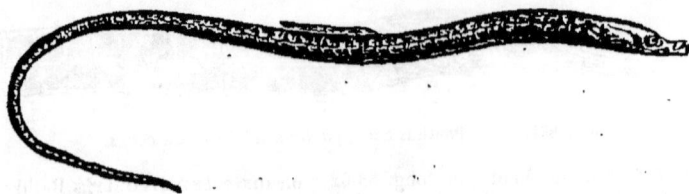

Fig. 885. — Nerophis lumbriciformis (E. Moreau).

2 {
Museau formant au plus *le 1/3* de la longueur de la — **lumbriciformis** Bp.
tête, non plus long que la hauteur du corps, con-   Côtes de l'Ouest. 0m,1 à 0m,15.
cave en dessus. 68 à 72 anneaux. Gris verdâtre.
Formant *plus du 1/3* de la longueur de la tête,   **annulatus** Kaup.
arrondi, *plus long* que la hauteur du corps. 91 à   Méditerranée. R. 0m,2 à 0m,3.
93 anneaux. Brun verdâtre ou gris rougeâtre, avec
des bandes de taches jaunâtres bordées de noir.

## SOUS-ORDRE II. — PLECTOGNATHES.

Peau nue ou revêtue de plaques en cuirasse. Mâchoire supér. immobile; maxillaire intimem. soudé à l'intermaxillaire. Fente buccale étroite.

1 {
Mâchoires garnies d'une sorte de bec formé par les
dents *réunies*                                      I. Orthagoriscidi.
A dents *séparées et distinctes*                     II. Ostracionidi.

## I. ORTHAGORISCIDI.

Mâchoires garnies d'un bec à bords tranchants. Une seule dorsale; anale, caudale, pectorales présentes. Ventrales nulles.

1 {
3 paires de branchies. Mâchoires *avec* une division
au milieu                                            1. TETRAODONII.
4 paires de branchies. Mâchoires *sans* division
médiane                                              2. ORTHAGORISCII.

### 1. Tetraodonii.

Corps allongé, pouvant se gonfler démesurément par l'entrée de l'air dans un réservoir communiquant avec l'œsophage. Téguments souv. spinigères.

#### 1. TETRAODON Lacépède. *Tétrodon.*

Tête forte, arrondie en avant. 4 dents, 2 en haut, 2 en   **lagocephalus** Bloch.
bas. Dorsale à 11-14 rayons; anale à 10-12; caudale   Océan. TR. 0m,2 à 0m,6.
à 6-7. Dos bleuâtre ou ardoisé; dessous et côtes gris
ou blanchâtres.

### 2. Orthagoriscii.

Corps tronqué postérieurem.; téguments couverts de scutelles ou de tubercules. Dorsale et anale ± unies à la caudale.

#### 1. ORTHAGORISCUS Schneider. *Mole.* Fig. 886.

Pas de ventrales. Vessie natatoire nulle.
Corps oblong; tégument ± épineux chez les jeunes. Yeux   **mola** Schneider.
petits, arrondis. Dorsale à 16-18 rayons. Dos grisâtre;   Toutes nos côtes. R. *Au*
côtés à reflets argentés. [*Poisson-lune.*]           *moins* 0m,5.

## II. OSTRACIONIDI.

Corps de forme variable, à téguments couverts de scutelles rudes ou de plaques osseuses. Bouche petite.

1 {
*Une seule* dorsale                                  2. OSTRACIONII.
*Deux* dorsales                                      1. BALISTESII.

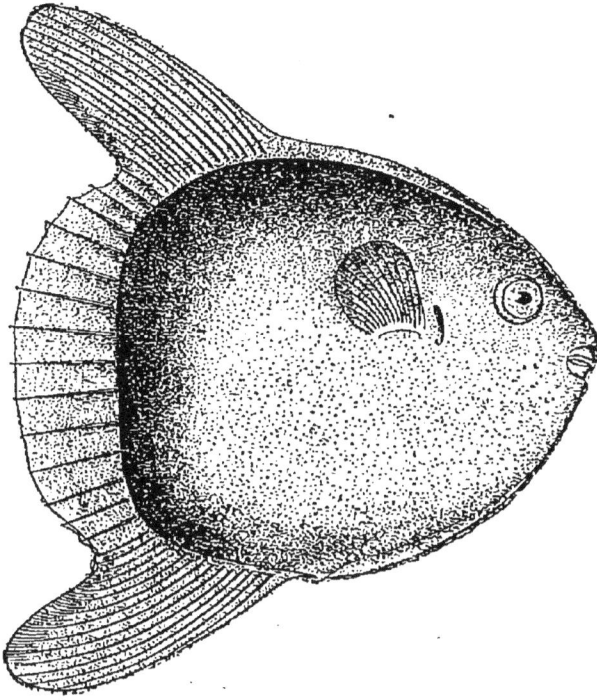

Fig. 886. — Orthagoriscus mola.

## 1. Balistesii.

Forme ovale, comprimée. Museau avancé. Dents peu nombreuses, nettem. séparées
La 1re dorsale épineuse.

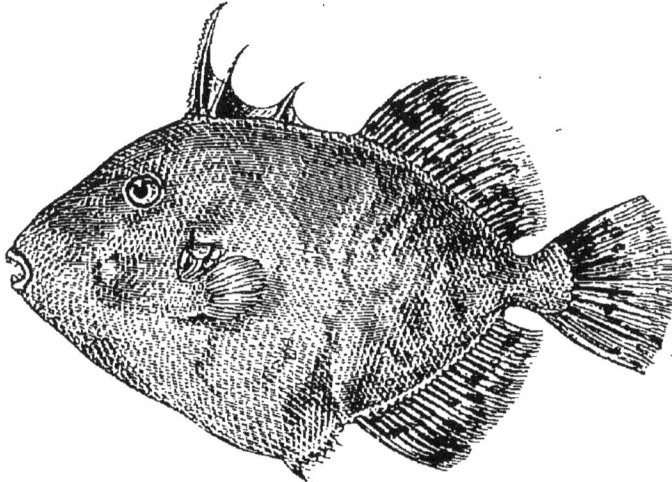

Fig. 887. — Balistes capriscus (E. Moreau).

## 1. BALISTES Linné. *Baliste*. Fig. 887.

Dents supér. 2sériées, les infér. 1sériées. Yeux éloignés de la bouche. 1re dorsale courte, à 3 épines articulées sur une pièce osseuse; la 2e et l'anale opposées, allongées. Ventrales imparfaites.

Forme ovale, fortem. comprimée. 2e dorsale à 27- **capriscus** L.
28 rayons; anale à 25-27; caudale à 10-12. Gris brun   Méditerranée. TR. Océan?
nuancé de jaune et de bleu; qqf. des taches bleues,      0m,15 à 0m,4.
jaunes ou noires sur les nageoires.

## 2. Ostracionii.

Corps enveloppé d'une carapace ne laissant libre que le tronçon de la queue, et formée de pièces osseuses polygonales, tuberculeuses. 1 dorsale, sans rayons épineux. Ventrales nulles.

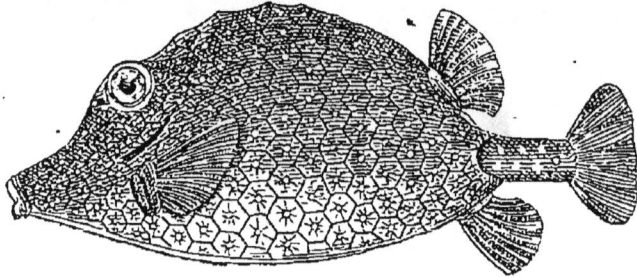

Fig. 888. — Ostracion trigonus.

## 1. OSTRACION Linné. *Coffre*. Fig. 888.

Corps polyédrique. 10-14 dents, 1sériées, à chaque mâchoire. Dorsale au-dessus de l'anale. Caudale bien développée, ord. à 10 rayons.

  Carapace *3angulaire*; arêtes abdominales très dé-   **trigonus** Linné.
  veloppées. *portant* une épine très développée à    Méditerranée.    *Accidentel.*
  pointe dirigée en arrière. Gris foncé ou gris jau-    0m,2 à 0m,4.
1 nâtre, avec des taches blanches éparses.
  *A 5 arêtes.* L'arête infér. *dépourvue* d'épine. Cara-  **nasus** Bloch.
  pace parsemée de taches rondes, noires. Une sorte   Méditerranée. TR. 0m,2 à 0m,3.
  de bec au-dessus de la bouche.

## SOUS-ORDRE III. — ACANTHOPTÉRYGIENS.

Peau nue ou écailleuse. Rayons antér. de la dorsale épineux. — La plupart marins.

  Ventrales insérées *en avant* des pectorales       2
1 *En arrière* des pectorales                        21
  *Au niveau* des pectorales                          6
2 Pectorales *pédiculées*                             3
  *Sessiles*                                           4
3 Rayons antér. de la 1re dorsale *isolés*, sur la tête   IV. Lophiidi.
  *Reliés* par une membrane. Yeux *latéraux*          V. Batrachidi.
4 *Moins de* 6 rayons aux ventrales                   5
  6 rayons aux ventrales. Dorsale *double*            I. Trachinidi.
  *Une seule* dorsale. Préopercule *normal*           II. Blenniidi.
5 *Deux* dorsales. Préopercule *avec* en arrière *un*
    prolongement en *éperon*                           III. Callionymidi.
6 *Une seule* dorsale                                  7
  *Deux* dorsales                                      16
7 Sous-orbitaire *articulé* avec le préopercule       VIII. Triglidi.
  *Non articulé* avec le préopercule                   8
8 Les pharyngiens inférieurs *soudés*                  9
  *Non soudés*                                          10

| | | | |
|---|---|---|---|
| 9 | Ecailles *cycloïdes* | XVII. Labridi. | |
| | *Pectinées* | XVIII. Chromisidi. | |
| 10 | Opercule *épineux* | 11 | |
| | *Non épineux* | 12 | |
| 11 | 6 rayons aux ventrales | X. Percidi. | |
| | *Plus de 6* rayons aux ventrales | IX. Eerycidi. | |
| 12 | Rayons de la dorsale *subsemblables* | 13 | |
| | *Dissemblables*, les uns mous, les autres en aiguillons | 14 | |
| 13 | Forme *très allongée* | 15 | |
| | *Normale* | XII. Scombridi. | |
| 14 | Bouche *fortement* protractile | XVI. Maenidi. | |
| | *Non* ou *peu* protractile | XV. Pagridi. | |
| 15 | Ventrale *nulle* ou en forme d'écaille rudimentaire | XIII. Trichiuridi. | |
| | *Développée*, ± allongée | XIV. Trachypteridi. | |
| 16 | Ventrales *réunies* en forme de ventouse | VI. Gobiidi. | |
| | *Séparées* | 17 | |
| 17 | Sous le menton, *2 barbillons* articulés | VII. Mullidi. | |
| | *Pas de barbillons* | 18 | |
| 18 | Sous-orbitaire *articulé* avec le préopercule | VIII. Triglidi. | |
| | *Non articulé* avec le préopercule | 19 | |
| 19 | Opercule *non épineux* | XII. Scombridi. | |
| | *Epineux* | 20 | |
| 20 | Vomer *non denté* | XI. Sciaenidi. | |
| | *Denté* | X. Percidi. | |
| 21 | Epines de la 1re dorsale *libres* | 22 | |
| | *Réunies* par une membrane | 23 | |
| 22 | Caudale *distincte* de l'anale | XX. Gasterosteidi. | |
| | *Nulle* ou *confluente* avec l'anale | XIX. Notacanthidi. | |
| 23 | Museau *non prolongé-tubuliforme* | 24 | |
| | *Prolongé en tube* | XXI. Centriscidi. | |
| 24 | *2 crêtes* saillantes de chaque côté de la queue | XXII. Tetragonuridi. | |
| | *Pas de crêtes* latérales à la queue | 25 | |
| 25 | *4* rayons à la 1re dorsale | XXIII. Mugilidi. | |
| | *Plus de 4* rayons à la 1re dorsale | 26 | |
| 26 | Mâchoires à dents *très petites* | XXIV. Atherinidi. | |
| | A dents inégales, plusieurs *très fortes* | XXV. Sphyraenidi. | |

## I. TRACHINIDI.

Forme allongée. Ecailles lisses, petites, en bandes obliques. Museau court ; mâchoire supér. moins avancée que l'infér. Mâchoires, vomer et palatins munis de dents. 6 rayons branchiostèges. Ligne latérale très nette. 2 dorsales, la 1re courte, épineuse, la 2e opposée à l'anale ; caudale subtronquée ; ventrales à 6 rayons, dont 1 épineux.

| | | | |
|---|---|---|---|
| 1 | Tête en partie *cuirassée*, large. 1re dorsale à 4 rayons | 1. URANOSCOPUS. | |
| | *Non* cuirassée, comprimée | 2. TRACHINUS. | |

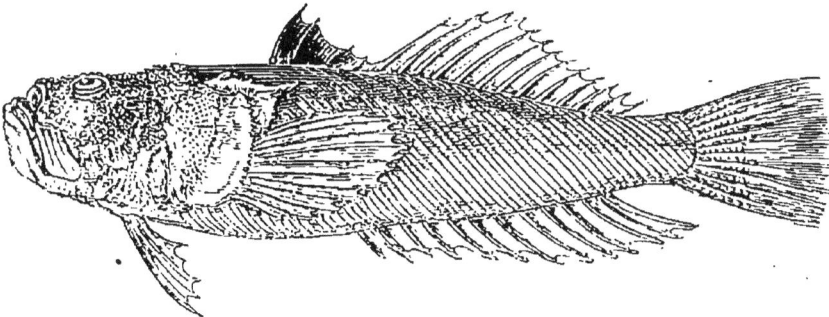

Fig. 889. — Uranoscopus scaber (E. Moreau).

## 1. URANOSCOPUS Linné. *Uranoscope.* Fig. 889.

Corps cunéiforme. Ecailles très petites. Tête grosse, large, aplatie. Museau très court. Yeux presque supérieurs. Sous-opercule épineux.

Dos large; ventre arrondi, Tête cuboïde, épineuse. Yeux **scaber L.**
regardant en haut. Fente branchiale très grande. Méditerranée, C. Océan, TR.
2ᵉ dorsale à 14 rayons. Dos gris brun, taché de plus 0ᵐ,15 à 0ᵐ,3.
clair; flancs gris; ventre blanchâtre. Ventrales rosées.
[*U. rat.*]

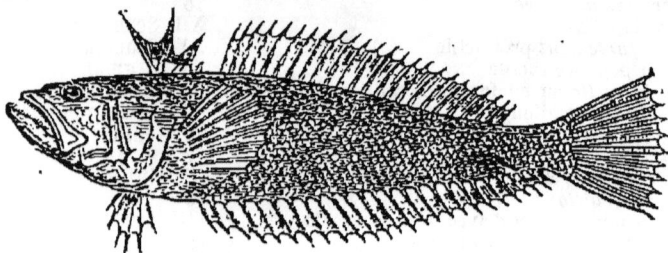

Fig. 890. — Trachinus vipera.

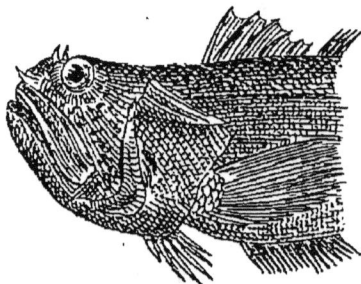

Fig. 891. — Trachinus radiatus, *tête.*

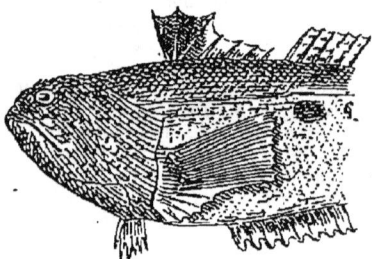

Fig. 892. — T. araneus, *tête.*

## 2. TRACHINUS Artedi. *Vive.* Fig. 890 à 892.

Forme longue, comprimée. Anus sous les pectorales. Yeux latéraux, placés très haut. Opercule avec 1 épine dirigée en arrière. 1ʳᵉ dorsale à 6-7 rayons très épineux; la 2ᵉ et l'anale à plus de 20 rayons.

1 { La 2ᵉ dorsale à 24 rayons. Forme assez courte, env. **vipera Cuvier.**
4 f. 1/2 aussi longue que haute. *Pas d'épine au* Toutes nos côtes. C. 0ᵐ,1 à
bord antér. du sourcil. Dessus gris jaunâtre 0ᵐ,14.
ponctué de brun; côtés gris argenté; ventre blanc;
joues et gorge argentées. [*Petite vive.*]
A 25-30 rayons **2**

2 { 1ʳᵉ dorsale à 7 rayons; la 2ᵉ à 28. 1 épine bien **araneus Cuvier.**
développée au sourcil. Dessus gris roux abondamm. Méditerranée. R. 0ᵐ,3 à 0ᵐ,4.
taché de noir; ventre gris jaunâtre; sous la ligne
latérale, 1 série longitudin. de grandes taches
noirâtres. [*Vive araignée.*]
A 6 rayons **3**

3 { 25-26 rayons à la 2ᵉ dorsale. Pectorales, ventrales **radiatus Cuvier.**
jaune clair. Dos et côtés du dessus jaunâtres, Méditerranée. R. 0ᵐ,3 à 0ᵐ,4.
*avec des taches noires groupées en anneaux;*
5-6 anneaux semblables sous la ligne latér. Flancs
jaunâtres; ventre jaune très pâle. Museau brun.
[*V. à tête rayonnée.*]

*30* rayons à la 2ᵉ dorsale. Corps env. 5 f. à 5 f. 1/2   **draco** L.
plus long que haut. Pectorales, ventrales blanc   Toutes nos côtes. C. 0ᵐ,2
rosé. Gris roux ou jaunâtre, à reflets bleus ; des   à 0ᵐ,3.
taches brunes, obliques. Dessous rayé de jaune.

## II. BLENNIIDI.

Forme allongée-comprimée. Écailles nulles ou très petites. Mâchoire dentée. Orifice branchial ord. très large. 6 rayons branchiostèges, plus rarem. 5-7. Dorsale 1-2-3lobée, s'étendant sur presque tout le dos, à rayons antér. ± épineux. Ventrales nulles, jugulaires ou subthoraciques.

1 ⎰ Caudale distincte, *libre* — 2
  ⎱ *Confluente avec la dorsale et l'anale* — 5. ZOARCES.
2 ⎰ Ventrales *nulles* — 6. ANARRHICHAS.
  ⎱ *Développées* — 3
3 ⎰ Dorsale *unique* — 4
  ⎰ *Double* — 2. CLINUS.
  ⎱ *Triple* — 3. TRIPTERYGION.
4 ⎰ Ventrales à *plusieurs* rayons — 1. BLENNIUS.
  ⎱ À *un seul* rayon, épineux, très réduit — 4. GUNNELLUS.

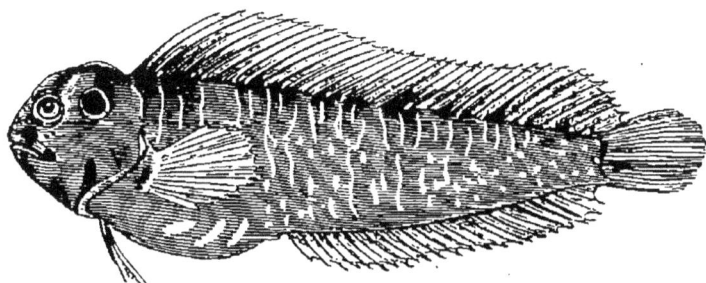

·Fig. 893. — Blennius pavo (E. Moreau).

### 1. BLENNIUS Artedi. *Blennie.* Fig. 893 à 898.

Peau nue, visqueuse. Museau court. Dents 1sériées, la dern. ord. en forme de canine en crochet. Yeux latéraux. Dorsale très longue, à 11-14 rayons épineux, les rayons mous variables en nombre. Ventrales à 2-3 rayons.

1 ⎰ Filaments sétacés sur la tête ± *nombreux* — 2
  ⎱ *Nuls* — 3

*Pas de tentacule* sur le sourcil. Dents nombreuses,   **montagui** Fleming.
40-50 à la mâchoire supér. Tête avec, en arrière   Méditerranée ; Manche. R.
de l'orbite, un lambeau charnu 3angulaire, cilié,   Océan ? 0ᵐ,05 à 0ᵐ,08.
suivi de 5-6 filaments sétacés. Gris brun avec des
2 taches plus foncées. Entre les pectorales et la
caudale, ord. une bande maculaire blanche, qqf.
nulle.

Sourcil *avec* 3-4 petits tentacules déliés. Mâchoires   **crinitus** Cuvier.
avec env. 30 dents très fines. Dorsale avec 1 tache   Océan. TR. 0ᵐ,05 à 0ᵐ,1.
ronde noire ; anale bordée de noir. Crête médiane
de la tête avec 10-12 filaments sétacés. Brun ou
gris, taché ou non.

3 ⎰ Sur le sourcil, *un tentacule au moins aussi long que le 1/3 du diamètre de l'œil* — 4
  ⎱ *Pas de tentacule* ou tentacule *très court* — 5
4 ⎰ Dorsale *subégale* — 6
  ⎱ *Notablement inégale* — 9

5 Narine *dépourvue* de tentacule. Env. 30 dents à la   **basiliscus** Valenc.
mâchoire supér. Tête avec une mince crête assez   Méditerranée. TR. Golfe de
saillante. Vert ou gris-olive, avec des raies verti-   Gascogne. 0ᵐ,15 à 0ᵐ,18.

cales noir violacé, bordées d'une ligne blanche en haut, divisées en bas par une ligne blanche. *Munie* d'un tentacule palmé — **8**

Tête munie ♂ d'une crête érectile. allant des orbites à la nuque. 22 à 30 dents à la mâchoire supér. Anale et dorsale verdâtres à bordure brun violacé. Dessus jaune verdâtre avec 6-7 bandes verticales bleu foncé; joues *avec une grande tache ocellée*, noire, cerclée de bleu ou de lilas. — **pavo** Risso. Méditerranée. Golfe de Gascogne. Manche? 0ᵐ,09 à 0ᵐ,14.

6 ⟨ Joues *dépourvues* de tache ocellée — **7**

7 ⟨ Tentacule sourcilier *au plus aussi long* que le diamètre de l'œil — **10**

Notablement *plus long* que le diamètre de l'œil — **11**

Bord postér. de l'orbite placé *à égale distance* du bout du museau et de l'insertion de la dorsale. Dents longues, serrées; de chaque côté, une canine en haut et en bas; env. 18 dents à la mâchoire supér. Roussâtre, ou verdâtre ponctué de noir. — **pholis** L. Côtes de l'Ouest. 0ᵐ,1 à 0ᵐ,15.

8 ⟨ *Plus rapproché* de l'insertion de la dorsale que de l'extrém. du museau. Mâchoire supér. avec env. 20-24 dents; une canine de chaque côté en haut et en bas. Gris brun, avec des taches noirâtres. — **trigloides** Valenc. Méditerranée. TR. 0ᵐ,06 à 0ᵐ,08.

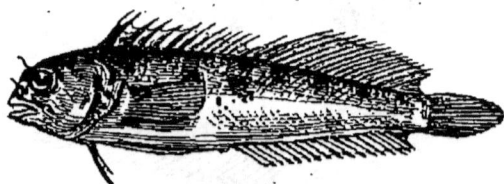

Fig. 894. — Blennius inaequalis (E. Moreau).

9 ⟨ Partie antérieure de la dorsale *moins élevée* que la région molle. Mâchoires avec 12-14 dents; 1 canine en haut et en bas. Jaune gris en avant; dos jaunâtre, avec 5-8 bandes verticales noirâtres; côtés jaunâtres, avec des lignes blanches. — **inaequalis** Valenc. Méditerranée. TR. 0ᵐ,05 à 0ᵐ,06.

*Plus élevée* que la région molle — **13**

10 ⟨ Anale commençant *sous le 1/3 postér.* de la pectorale, ou un peu en avant. Tentacule sourcilier palmé. Dos ponctulé de noir; ventre argenté; une bande brune de l'œil à la queue. — **rouxi** Cocco. Méditerranée. R. 0ᵐ,05 à 0ᵐ,06.

Commençant *en arrière* des pectorales — **12**

11 ⟨ Distance entre la dorsale et le bord postér. de l'orbite *égale* à l'espace préorbitaire. Tentacule sourcilier *ramifié*. Dos gris brun roussâtre, tacheté de violet noir; des bandes noires verticales; ventre gris roux avec des bandes noires. Coloration qqf. uniforme. — Pas de véritables canines. — **gattorugine** Lacép. Toutes nos côtes. 0ᵐ,15 à 0ᵐ,2.

Notablem. *plus grande* que cet espace. A chaque mâchoire, 26-30 dents; une canine. Tentacule sourcilier ord. seulem. *dentelé*. Gris roux avec de grandes taches brunes, qqf. nulles. — **tentacularis** Brünn. Méditerranée. AC. 0ᵐ,1 à 0ᵐ,15.

12 ⟨ Canine de la mâchoire supér. *nulle* ou indistincte. Mâchoires à 34-38 dents. Olivâtre ou brunâtre, taché ou non de noirâtre. Tentacule sourcilier palmé, à 5-6 lobes. — **palmicornis** C. et V. Méditerranée, C. Océan, Manche, R. 0ᵐ,12 à 0ᵐ,15.

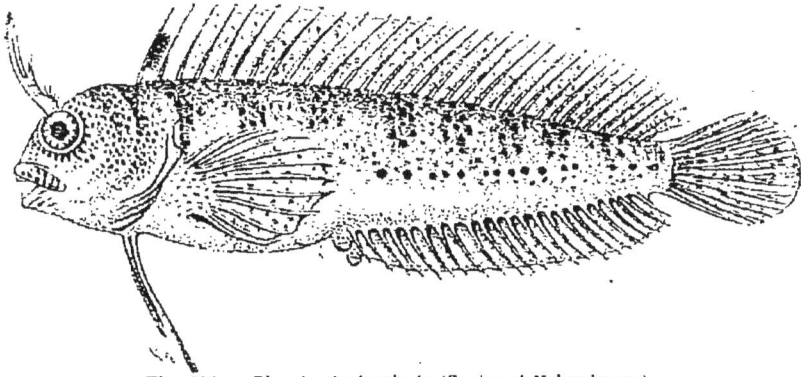

Fig. 895. — Blenni  tentacularis (Cuvier et Valenciennes).

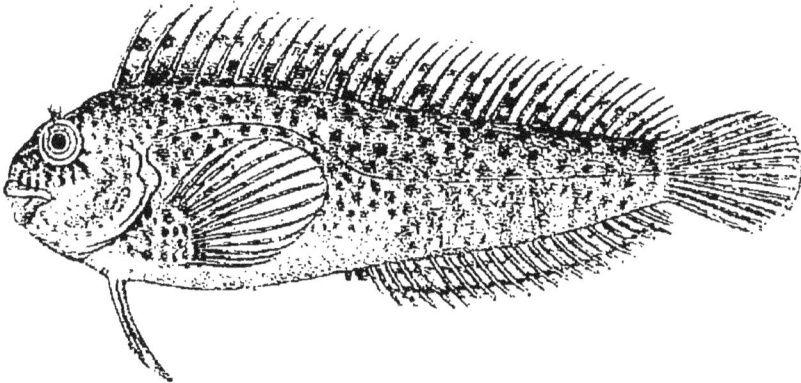

Fig. 896. — Blenn us palmicornis (Cuvier et Valenciennes).

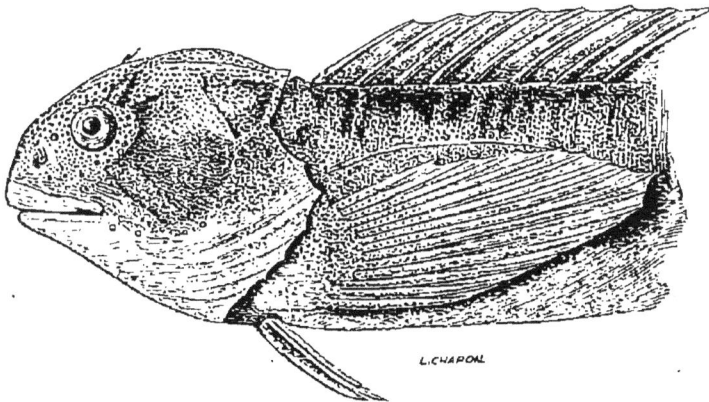

L.CHAPON

Fig. 897. — Blennius cagnota (E. Blanchard).

Développée. *forte*, Mâchoires avec 16 à 28 dents. **cagnota** Valenc.
Jaune verdâtre ± ponctulé de brun : 5-6 taches *Eaux douces*. Midi. 0ᵐ,1
brunes dorsales; des lignes brunes verticales; à 0ᵐ,15.
dessous jaunâtre. [*Cagnette*.]

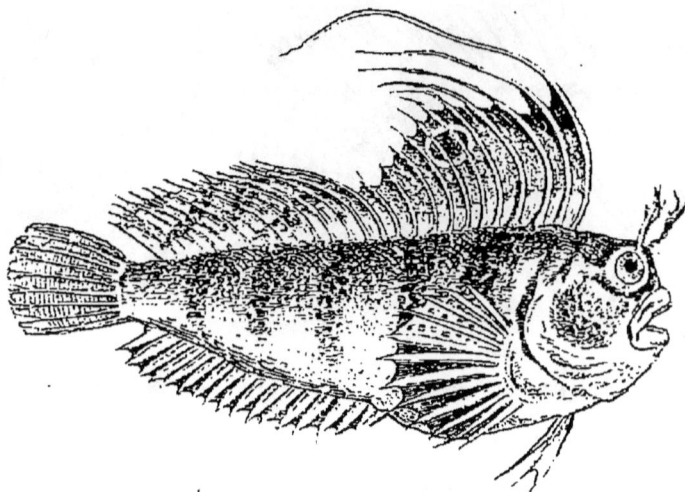

Fig. 898. — Blennius ocellaris.

13 { 1-2 canines de chaque côté en haut et en bas ; 30-36 dents à chaque mâchoire. Tentacule sourcilier ord. plus long que le diam. de l'œil. Dorsale jaune gris, *avec*, sur les 6e et 7e rayons épineux, *une tache noirâtre* cerclée de blanc. Gris cendré, verdâtre, roux, jaune, avec des bandes brunes. [*B. papillon.*]

**ocellaris** L.
Méditerranée, C. Océan, R. 0ᵐ,15 à 0ᵐ,18.

Dorsale *sans tache ocellée* — 14

14 { Les 2, 3,4 premiers rayons de la dorsale *plus élevés* que le suivant. Mâchoires avec 1 canine de chaque côté et 20-26 dents. Gris verdâtre, avec des bandes brunes ; une tache rouge sur la tête.

**erythrocephalus** Risso.
Méditerranée. R. 0ᵐ,08 à 0ᵐ,1.

*Ne dépassant pas* le suivant ; cette nageoire très échancrée au milieu. Vert jaunâtre ; 6-7 bandes verticales vert-olive, bordées de blanc. Joues avec un ocelle ovale bleu cerclé de rouge.

**sphinx** Valenc.
Méditerranée. 0ᵐ,06 à 0ᵐ,07.

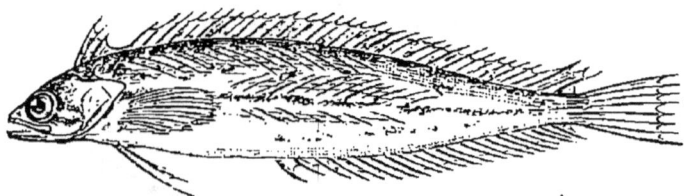

Fig. 899. — Clinus argentatus (E. Moreau).

## 2. CLINUS Cuvier. *Cline*. Fig. 899.

Forme allongée, comprimée. Écailles petites, cycloïdes. Dents plurisériées. Un tentacule sourcilier. 1re dorsale courte, à 3 épines ; la 2e en majeure partie épineuse, avec seulem. les 3-4 dern. rayons mous, articulés. Ventrales jugulaires, à 2-3 rayons.

Forme très comprimée, 4 f. à 4 f. 1/2 plus longue que haute. Pas de canines. Jaune gris clair maculé de blanc, ou brun avec des parties claires et des taches argentées.

**argentatus** Risso.
Méditerranée. 0ᵐ,06 à 0ᵐ,1.

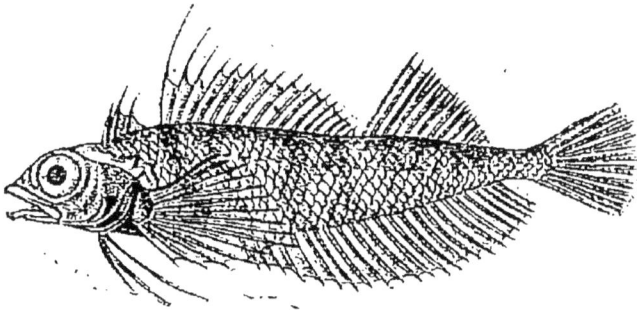

Fig. 900. — Tripterygion nasus (Cuvier et Valenciennes).

### 3. TRIPTERYGION Risso. *Tryptérygion*. Fig. 900.

Forme allongée; tégument écailleux. Tête longue. Dents plurisériées. Dorsale à 3 lobes, le 2e le plus long, le 3e composé seul de rayons mous. 1 anale. Ventrale à 2 rayons. -
Corps subfusiforme-allongé. Tentacule sourcilier peu **nasus** Risso.
développé. Tête noirâtre. Corps blanc grisâtre ou gris   Méditerranée. 0m,05 à 0m,07.
rougeâtre, avec des bandes transv. brunes.

### 4. GUNNELLUS Cuvier. *Gonnelle*.

Corps allongé; mince; écailles petites, lisses. Museau court. Mâchoires dentées. Membrane branchiostège à 5 rayons. Une dorsale, à rayons tous épineux. Ventrales très réduites, composées d'une épine et de 2 rayons mous très courts, enfermés dans la peau.
Forme en épée, env. 7-8 fois plus longue que haute. Dor-   **vulgaris** Cuvier.
sale s'étendant des pectorales à la caudale. Gris ou brun   Manche. Océan. 0m,15 à 0m.2.
roussâtre, avec qques taches noires, rondes. cerclées
de blanc.

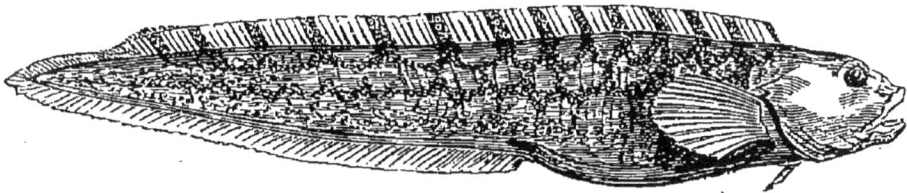

Fig. 901. — Zoarces viviparus (E. Moreau).

### 5. ZOARCES Cuvier. *Zoarcès*. Fig. 901.

Forme allongée, effilée. Écailles très petites. éparses. Dents coniques, plurisériées en avant. Vomer et palatins sans dents. 6 rayons branchiostèges. Nageoires impaires confluentes.
Corps comprimé à partir de l'anus, terminé en pointe.   **viviparus** Valenc.
Dos et flancs gris roussâtre, avec une douzaine de   Mers du Nord. *Accidentel*
bandes verticales brunes; dessous gris brun.   Manche. 0m,15 à 0m,25.

### 6. ANARRHICHAS Linné. *Anarrhique*. Fig. 902.

Corps allongé; écailles très petites, cachées sous l'épiderme. Dents sur les mâchoires. les palatins, le vomer. 7 rayons branchiostèges. Dorsale très longue. Ventrales nulles.
Forme allongée, comprimée. Dorsale un peu unie à la   **lupus** L.
caudale par sa membrane terminale. Gris jaunâtre ou   Mers du Nord. *Accidentel*

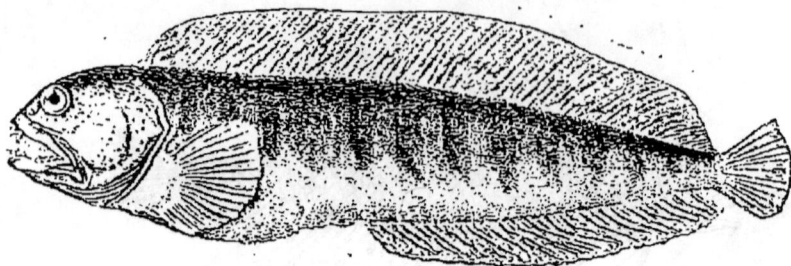

Fig. 902. — Anarrhichas upus (Cuvier et Valenciennes).

verdâtre ± foncé; un pointillé noirâtre; 8 à 10 bandes      Manche, Océan. 0ᵐ,8 à 1ᵐ,5.
brunes verticales.

## III. CALLIONYMIDI.

Forme longue, déprimée. Anus avancé. Tête large, aplatie, 3angulaire. Les 2 mâchoires avec de très fines dents en velours. Yeux ± supérieurs. Ligne [latérale] droite,
rapprochée du dos. 6 rayons branchiostèges. 2 dorsales.

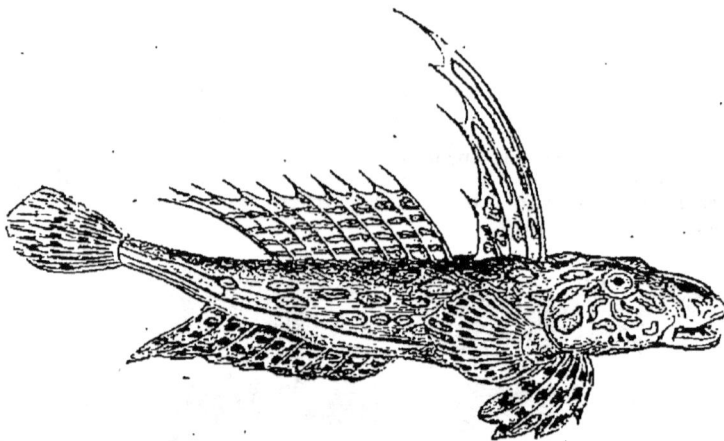

Fig. 903. — Callionymus lyra.

## 1. CALLIONYMUS Linné. *Callionyme.* Fig. 903, 904.

La 1ʳᵉ dorsale avancée, à 3-4 rayons simples; la 2ᵉ et l'anale à rayons peu nombreux
la plupart simples. Caudale non échancrée, ± longue. Ventrales jugulaires, à 5 rayon,
mous et 1 épineux, petit.

| | | |
|---|---|---|
| Le 2ᵉ dorsale à *8-10* rayons | | **2** |
| 1 | A *6-7* rayons. Couleur foncière grisâtre; côtés de la tête avec 2-3 rangs de points argentés cerclés de noir; 16-18 bandes verticales nacrées sur les côtés. [*Lambert, Lacert.*] | **dracunculus** Rondel. Méditerranée. R. 0ᵐ,09 à 0ᵐ,11. |
| 2 | *3* rayons à la 1ʳᵉ dorsale. Corps 8-9 f. plus long que haut. ♂ gris verdâtre ou jaunâtre avec des points rouge jaunâtre; ventre blanc; ♀ plus foncée, avec des points noirs. [*Bélène.*] | **belenus** Risso. Méditerranée. AC. 0ᵐ,06 à 0ᵐ,08. |
| | *4* rayons à la 1ʳᵉ dorsale | **3** |

CALLIONYMUS. 381

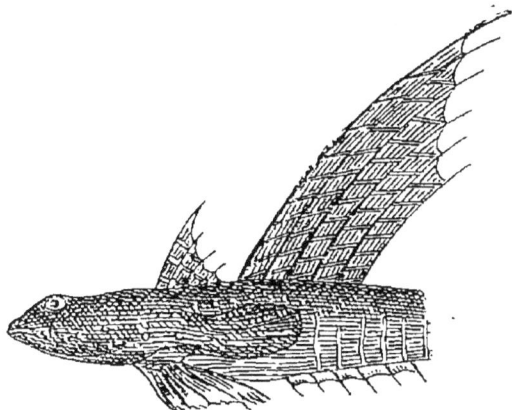

Fig. 904. — Callionymus dracunculus.

Corps 9 à 12 f. plus long que haut. Dorsale gris pâle avec des taches noires et blanchès, ocellées ; anale grise à bordure noire. Nuque rouge-lilas. Dessus jaune verdâtre ; sur les côtés, *2 rangs longitud.* de *taches nacrées.* Dessous rosé très pâle.

**maculatus** Rafin.
Méditerranée, AC. Océan ?
♂ 0ᵐ,08 à 0ᵐ,11, ♀ 0ᵐ,06 à 0ᵐ,08.

11 à 13 f. plus long que haut. 1ʳᵉ dorsale orangée, avec des taches basilaires lilas. Anale noirâtre, gris blanc à la base. Dessus jaune orangé, avec des taches lilas bordées de violacé ; *pas de taches nacrées* sur le corps.

**lyra** Linné.
Manche ; Océan, AC. Méditerranée, TR. ♂ 0ᵐ,25 à 0ᵐ,3 ; ♀ 0ᵐ,2 à 0ᵐ,25.

## IV. LOPHIIDI.

Forme déprimée, notablem. rétrécie après les pectorales. Peau sans écailles. Des appendices cutanés ± lobés. Tête très grosse, aplatie, épineuse. Yeux supérieurs. 6 rayons branchiostèges. 2 dorsales ; les rayons antér. de la 1ʳᵉ isolés. Pectorales pédiculées.

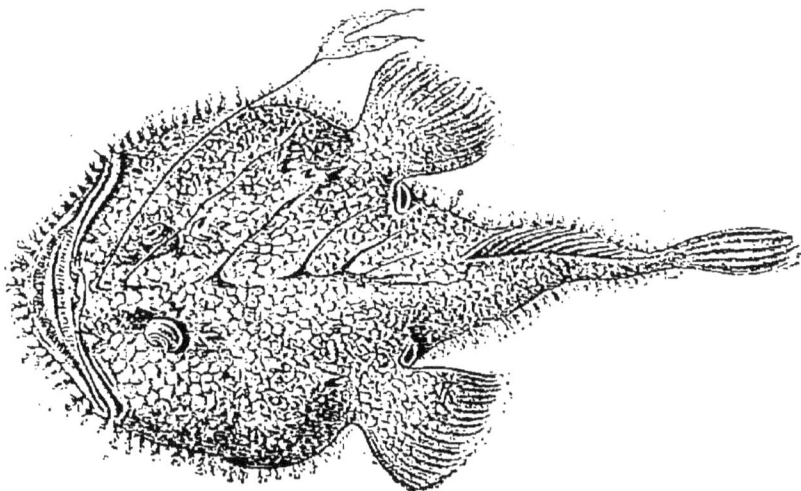

Fig. 905. — Lophius piscatorius (Cuvier et Valenciennes).

Fig. 906. — *Lophius budegassa* *tête.*

### 1. LOPHIUS Arledi. *Baudroie.* Fig. 905, 906.

1er rayon de la 1re dorsale terminé par une membrane. Mâchoires munies de dents pointues, ± mobiles. Palais denté.

Intervalle entre l'épine coracoïdienne et la pointe supér. du coracoïdien 1 f. *plus long* que cette épine. Dessus brun-olive; dessous blanc grisâtre. — **piscatorius** Linné. Toutes nos côtes. 0m,7 à 2 m.

*Egal* à cette épine. — Lambeaux cutanés moins nombreux, moins divisés. La 2e dorsale à 8-9 rayons. Roux marron en dessus, avec des taches étoilées; dessous blanchâtre. — **budegassa** Spinola. Méditerranée. C. 0m,4 à 0m,7.

## V. BATRACHIDI.

Forme large et déprimée en avant, ± arrondie après l'anus. Tête nue. Dents sub-égales, coniques, sur les mâchoires, le vomer, les palatins. Yeux latéraux. Opercule épineux. 2 dorsales. la 1re courte, à 3 épines; la 2e aussi longue que l'anale. Ventrales 2lobées.

### 1. BATRACHUS Schneider. *Batrachoïde.*

Fente branchiale subverticale. Épines de la 1re dorsale réunies par une peau épaisse. Corps env. 5 f. plus long que haut; écailles petites. Dos brun foncé; côtés brun roux avec de petites taches noirâtres; ventre blanc gris. — **didactylus** Schn. Méditerranée. *Accidentel.* 0m,3 à 0m,35.

## VI. GOBIIDI.

Corps allongé, couvert d'écailles. Mâchoires dentées; pas de dents au palais. 4-5 rayons branchiostèges. 2 dorsales. Ventrales soudées en ventouse.

1 Mâchoires à dents *plurisériées*            1. Gobius.
  A dents *1sériées*                           2. Aphya.

### 1. GOBIUS Linné. *Gobie.*, Fig. 907 à 910.

Forme allongée. Écailles ord. cténoïdes. Tête ± allongée, écailles de la nuque ord. non ciliées. Dents en cardes ou en velours. Yeux rapprochés de la partie supér. de la tête. Ligne latérale nulle ou indistincte. 1re dorsale à 5-7 rayons simples, flexibles; la 2e avec 1 rayon simple et 9-16 rayons mous.

1 1re dorsale *notablement* plus haute que la 2e       4
  *Non* ou *à peine* plus haute que la 2e              2
2 7 rayons à la 1re dorsale                            3
  6 rayons à la 1re dorsale                            5

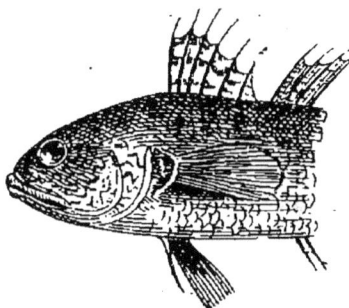

Fig. 907. — Gobius lota, *partie antérieure.*

Pectorales à 15 rayons semblables, *sans* rayons cri- **ruthensparri** Euphr.
noïdes. Caudale gris marron, rayée de brun, Côtes de l'Ouest. AC. 0ᵐ,04 à
*marquée d'une large tache noire basilaire.* Gris 0ᵐ,06.
roux, avec ou sans taches blanchâtres aux flancs.
3 *A rayons supérieurs crinoïdes.* Tête un peu plus **limbatus** Valenc.
haute que large. Couleur foncière grise avec des Méditerranée. TR. 0ᵐ,15 à
taches noires et des points blancs, ou plus foncée 0ᵐ,18.
avec les lèvres noires, la tête, les nageoires
impaires et ventrales brunes.

Rayons médians de la 1ʳᵉ dorsale *plus longs* que **jozo** Linné.
les autres. Forme env. 5 f. plus longue que haute. Océan, R. Golfe de Gascogne,
Pectorales à 2-4 rayons crinoïdes. Gris foncé, avec Méditerranée, C. 0ᵐ,12 à
des taches noires latérales. 1ʳᵉ dorsale à 6 rayons. 0ᵐ,15.
6 fois plus long que haut. 1ʳᵉ dorsale nuancée β. *longiradiatus* Risso.
de vert, de bleu, bordée de noir; 4ᵉ rayon Méditerranée.
plus long que les 3ᵉ et 5ᵉ.
4 A peu près *aussi longs* que les autres. 1ʳᵉ dorsale **colonianus** Risso.
env. 1 fois plus haute que la 2ᵉ; sur son dernier Méditerranée. AR. 0ᵐ,06 à
espace interradiaire, un ocelle noir cerclé de blanc. 0ᵐ,07.
Blanc mêlé de jaunâtre, avec des bandes de points
noirs.

Espace interorbitaire *non plus petit* que le diamètre
5 vertical des yeux 6
*Plus petit* que ce diamètre 7
Membrane antér. des ventrales peu développée, **lota** Valenc.
*dépourvue de lobes latéraux.* 60-65 écailles Méditerranée. 0ᵐ,14 à 0ᵐ,18.
dans la ligne longitudin.; 17-18 sur la ligne transv.
6 Dessus grisâtre ou jaune rougeâtre taché de noir;
dessous ± jaune.
*Portant* de chaque côté un lobe ovale 8
*Des taches rouges* sur le museau et le corps. 58- **cruentatus** Gmel.
62 écailles dans la ligne longitudin.; 16-18 dans Méditerranée. Golfe de Gas-
la ligne transv. Gris rougeâtre avec des macules cogne. 0ᵐ,12 à 0ᵐ,16.
7 brunes; joues avec des lignes noires dessinées par
des pores.
*Pas de taches rouges* sur les lèvres et le corps 9
Espace postorbitaire *plus court* que la base de la **guttatus** Valenc.
1ʳᵉ dorsale. Forme env. 3 f. 1/2 à 5 f. plus longue Méditerranée. TR. 0ᵐ,15 à
que haute. 65-66 écailles sur la ligne longitudin.; 0ᵐ,22.
20-21 sur la ligne transv. Gris jaunâtre ord.
taché de noir.
8 *Aussi long* ou *plus long* que la base de la 1ʳᵉ dor- **capito** Valenc.
sale. Forme env. 4 f. 1/2 à 5 f. plus longue que Méditerranée. AC. 0ᵐ,18 à
haute. 60-62 écailles sur la ligne longitudin.; 0ᵐ,27.
18-20 sur la ligne transv. Jaune ou jaune verdâtre,
avec des taches brunes. [*Céphalote.*]

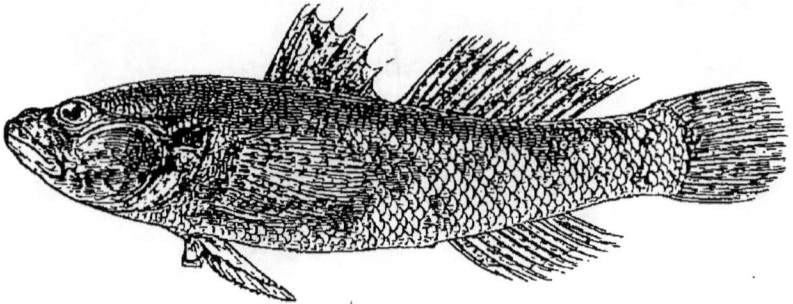

Fig. 908. — Gobius capito (E. Moreau).

9 { 6-7 rayons crinoïdes à la pectorale ........... 10
  { 2 ou 3 rayons crinoïdes au plus ............... 11

10 { 39-40 écailles sur la ligne longitudin.; 15-16 sur la    niger L.
     ligne transv. 4 1/2 à 5 f. plus long que haut.           Toutes nos côtes. 0ᵐ,1 à 0ᵐ,15.
     Nageoires brunes ± tachetées. Brun jaunâtre
     marbré de noir, ou gris avec le dos noirâtre.
   { Plus de 42 écailles sur la ligne longitudinale ...... 12

11 { 10-12 rayons à la 2ᵉ dorsale ................. 14
   { Au moins 13 rayons à la 2ᵉ dorsale ........... 13

12 { Bordure de la dorsale jaune-citron. Nageoires ta-       paganellus Linné.
     chetées de jaune, de bleu ou de brun. Dos brun fon-     Méditerranée.   AC.   Océan,
     cé; dessous jaunâtre, avec des taches brunes latér.     Manche. R. 0ᵐ,1 à 0ᵐ,12.
   { Blanchâtre. Nageoires noirâtres. 4-5 f. plus long       bicolor Gmel.
     que haut. 50-54 écailles dans la ligne longitudin.;     Toutes les côtes. 0ᵐ,1 à 0ᵐ,15.
     16-17 sur la ligne transv. Brun noir uniforme.

13 { Caudale lancéolée ........................... 18
   { Arrondie ................................... 16

14 { Ventrales plus longues que la tête. Joues sans lignes   reticulatus Valenc.
     de pores. Dorsales jaune clair avec des points noirs,   Méditerranée.  R.  0ᵐ,05  à
     la 2ᵉ à 10 rayons. Dos et côtés gris jaune clair,       0ᵐ,06.
     ponctulés de noir; ventre argenté.
   { Plus courtes que la tête .................... 15

15 { Des taches ou des bandes isolées aux flancs ...... 19
   { Pas de taches isolées aux flancs ............. 17

16 { Forme 5 à 6 fois plus longue que haute ......... 20
   { 4 fois plus longue que haute. 7-8 rangs de pores de    auratus Risso.
     l'orbite à la joue. 2ᵉ dorsale à 13-14 rayons mous.     Méditerranée, AC. Océan?
     Nageoires rouge doré. Jaune doré avec des taches        0ᵐ,07 à 0ᵐ,1.
     nébuleuses noirâtres.

17 { Forme 6-7 f. plus longue que haute. 5 rayons bran-      minutus C. et Val.
     chiostèges. 55-60 écailles dans la ligne longitudin.;   Toutes nos côtes. 0ᵐ,06 à
     11-13 sur la ligne transv. Gris jaunâtre, avec          0ᵐ,08.
     ou sans bandes latérales. [Buhotte.]
   { 6 f. plus longue que haute. Tête très large. 4 rayons   laticeps Moreau.
     branchiostèges. Env. 40 écailles dans la ligne          Manche. 0ᵐ,04.
     longitudin. Vert-olive.

18 { Ord. 5 rayons branchiostèges. 42-44 écailles sur la     fallax Sarato.
     ligne longitudin.; 11-13 sur la ligne transv. 2ᵉ dor-   Méditerranée. 0ᵐ,06 à 0ᵐ,075.
     sale à 15 rayons, plus rarem. 14. Brun jaunâtre,
     avec le ventre plus clair. Sur la base des rayons
     supér. de la pectorale ord. 1 tache noire.
   { 4 rayons branchiostèges. 26-27 écailles sur la ligne    lesueurii Risso.
     longitudin.; 4-7 sur la ligne transv. Rose jau-         Méditerranée, R. 0ᵐ,045 à
     nâtre avec des ponctuations brunes. 3 lignes jaune      0ᵐ,09.
     nacré sur les opercules et les joues.

Fig. 909. — Gobius laticeps (E. Moreau).

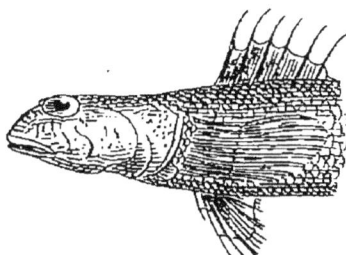

Fig. 910. — G. geniporus, *partie antérieure.*

19

50-70 écailles sur la ligne longitudin. Dans l'espace postorbitaire et sous l'œil, des séries de pores cerclés de noir. Brun clair ou rougeâtre; ventre blanchâtre. De chaque côté, *4 bandes blanches* : 1 postoculaire, 1 sur la nuque, 1 entre les 2 dorsales, 1 sous la base de la 2e dorsale.

**quadrivittatus** Steindachner.
Méditerranée. 0ᵐ,05.

37-40 écailles sur la ligne longitudin.; 8-9 sur la ligne transv. Joues sans pores apparents. Gris jaunâtre clair, ponctulé de noirâtre. *4 taches noires* rondes sur les flancs.

**quadrimaculatus** Valenc.
Méditerranée. 0ᵐ,06 à 0ᵐ,08.

2

42-44 écailles sur la ligne longitudinale
53-55 écailles; 13-14 sur la ligne transv. 6-8 fois plus long que haut. 5-6 rangées de pores noirâtres sur les joues. Brun, roux, ou jaune grisâtre; 1 bande maculaire brune aux flancs.

18

**geniporus** Valenc.
Méditerranée. 0ᵐ,1 à 0ᵐ,16.

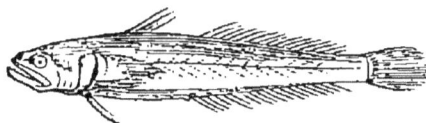

Fig. 911. — Aphya pellucida (E. Moreau).

## 2. APHYA Risso. *Aphye.* Fig. 911.

Écailles caduques, lisses. Dents 1-sériées. 5 rayons branchiostèges. 1re dorsale à 5 rayons; membrane réunissant les ventrales très délicate.
Corps arrondi en avant, comprimé en arrière. Un dessin de lignes de pores sur les joues. 24-25 écailles sur la ligne longitudin.; 4 sur la ligne transv. Jaune pâle.

**pellucida** Nardo.
Méditerranée.C. 0ᵐ.04 à 0ᵐ,05.

## VII. MULLIDI.

Forme ovale. Écailles grandes. Sous la mâchoire infér., 2 barbillons. 4 rayons branchiostèges. 2 dorsales distantes, courtes. Ventrales thoraciques, munies d'un aiguillon et de 5 rayons mous.

## 1. MULLUS Linné. *Mulle.* Fig. 912 à 914.

Corps subcomprimé. Écailles à spinules plurisériées. Mâchoire infér. à dents très petites. Plaques du vomer à dents petites, grenues; les dents pharyngiennes en cardes. Yeux grands, rapprochés du sommet de la tête. Narines à 2 orifices. 4 rayons branchiostèges, dont 1 très grêle, spiniforme. Ligne latérale très distincte. 2 dorsales courtes, la 1re à 7-8 aiguillons minces, la 2e munie d'un aiguillon et de 8 rayons mous. Anale à 8 rayons, dont 6 fourchus.

1

Bord postér. de la mâchoire supér. *atteignant au moins* le niveau du bord antér. de l'orbite. Bord antér. de la tête presque vertical. 38-40 écailles dans la ligne longitudin. Dos rouge; flancs et ventre rose argenté. [*Rouget.*]

**barbatus** Willugh.
Méditerranée. Océan. Manche? 0ᵐ,15 à 0ᵐ,25.

*N'atteignant pas* ce niveau

2

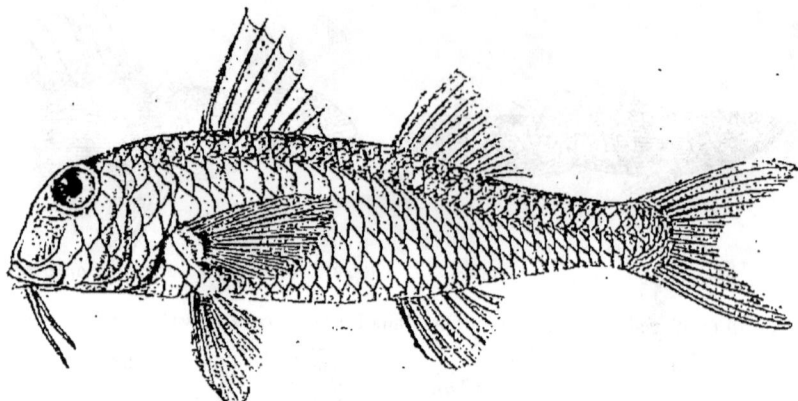

Fig. 912. — Mullus barbatus (Cuvier et Valenciennes).

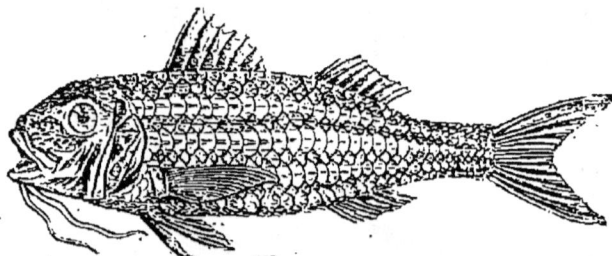

Fig. 913. — Mullus surmuletus.

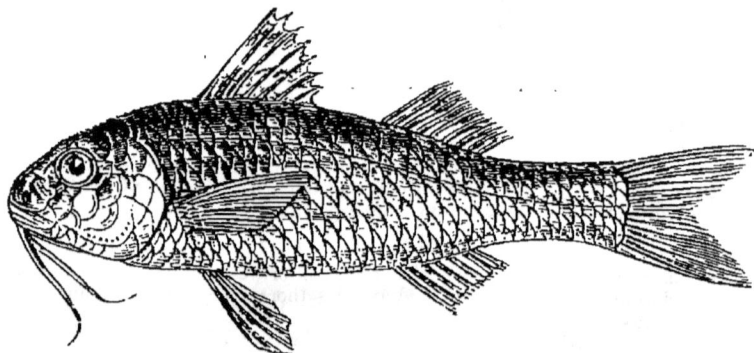

Fig. 914. — Mullus fuscatus (E. Moreau).

2 {

Tête toujours *plus longue* que la hauteur du corps. Écailles des rangées médianes avec *3-4* spinules sur leur bord libre. 39 écailles sur la ligne longitudin. Dos rouge ; flancs rosés, avec 3-4 bandes longitudin. jaunes. [*Surmulet, Rouget.*]

surmuletus L.
Toutes nos côtes. 0ᵐ,2 à 0ᵐ,4.

*Aussi longue* que la hauteur du corps. Écailles des rangées médianes à 5-7 spinules au bord libre. 38-39 écailles sur la ligne longitudin. Rougeâtre ; 3-4 bandes longitudin. jaunâtres.

fuscatus Rafin.
Méditerranée. 0ᵐ,15 à 0ᵐ,25.

## VIII. **TRIGLIDI.**

Forme oblongue ou allongée. Dents petites ou nulles. 5-7 rayons branchiostèges. Jamais plus de 5 rayons mous aux ventrales.

1 { *Deux* dorsales            2
  { *Une seule* dorsale        3. SCORPAENII.

2 { Nageoires pectorales *divisées* en deux parties.
   {   l'antér. à rayons libres ou réunis    1. TRIGLII.
   { *Non divisées* en 2 parties        2. COTTII.

## 1. **Triglii.**

Corps arrondi ou subpyramidal. Téguments couverts d'écailles ou de scutelles. Tête grosse, en parallélépipède, à appareil sous-orbitaire très développé. 6-7 rayons branchiostèges. 2 dorsales.

1 { Partie antérieure de la pectorale à *6* rayons *réunis*
  {   par une membrane        1. DACTYLOPTERUS.
  { A *2* rayons *libres*          2. PERISTEDION.
  { A *3* rayons *libres*          3. TRIGLA.

### 1. **DACTYLOPTERUS** Lacépède. *Dactyloptère.* Fig. 915.

Fig. 915. — Dactyloptorus volitans (E. Moreau).

Corps squamigère. Tête avec des pièces osseuses supér. et latér. 6 rayons branchiostèges. 1re dorsale à rayons antér. détachés. Ventrales munies d'une épine et de 4 rayons mous.

Dorsale grise, la 2e avec 4-5 taches brunes entre les rayons. Ventrales, anale blanc rosé. Dos brun ou rougeâtre avec des taches bleues; côtés rouge clair; ventre rosé.

**volitans** Bp.
Méditerranée, AR. Manche ?
0m,3 à 0m,5.

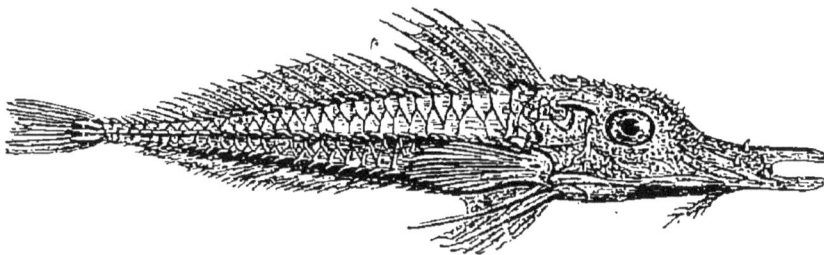

Fig. 916. — Peristedion cataphractum (E. Moreau).

## 2. PERISTEDION Lacépède. *Péristédion*. Fig. 916.

.Corps pyramidal, à 8 arêtes, cuirassé. Museau 2furqué. Mâchoires et palais inermes.
Pectorales avec 2 rayons libres. 7 rayons branchiostèges.
Pas de ligne latérale. 30 écailles sur la ligne longitudin. **cataphractum** L.
Dessus et flancs rosés ; ventre rose argenté. Dorsale Méditerranée. Côtes de
et caudale rouges. [*Malarmat.*] l'Ouest? 0ᵐ,2 à 0ᵐ,3.

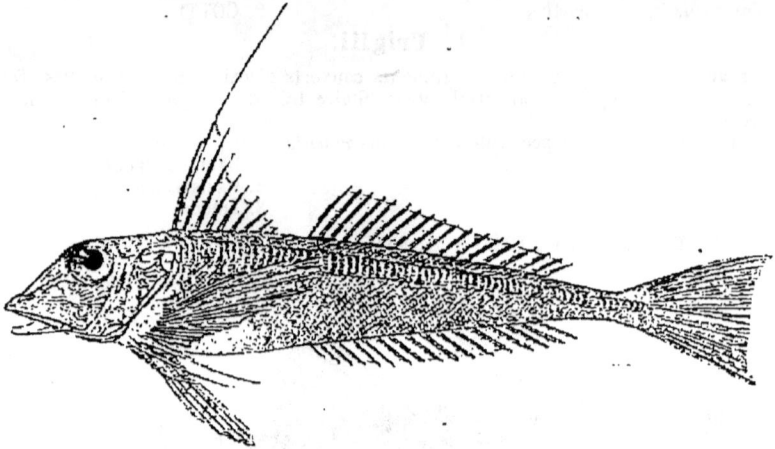

Fig. 917. — Trigla cuculus (Cuvier et Valenciennes).

## 3. TRIGLA Artedi. *Grondin*. Fig. 917, 918.

Forme allongée ; dessous ord. nu. Tête en parallélépipède, armée d'épines, couverte
de plaques osseuses sculptées. Museau crénelé. Dents en velours. Narines à 2 orifices.
Opercule épineux, 7 rayons branchiostèges. 1ʳᵉ dorsale moins longue et plus haute que
l'autre. 3 rayons libres aux pectorales. Ventrales à 1 épine et 3 rayons mous.

1
  - 2ᵉ rayon de la 1ʳᵉ dorsale *filiforme, très allongé.* **cuculus** Rondel.
  Ligne latér. droite, formée d'écailles 2 f. plus larges  Toutes les côtes. Rare dans la
  que longues, au nombre de 70 env. Dos.et côtés  Manche. 0ᵐ,2 à 0ᵐ,3.
  rougeâtres ; ventre gris blanc ; pectorales bleues.
  [*Morrude.*]
  - *Non filiforme très allongé* 2

2
  - *Des stries transverses sur le corps* 3
  - *Pas de stries transverses sur le corps* 4

3
  - *Sur les flancs* seulem. une large rangée de stries  **pini** Bloch.
  parallèles. Env. 70 pièces à la ligne latér. Pecto-  Toutes nos côtes. 0ᵐ,25 à
  rales très longues. Nageoires ord. rougeâtres ; dos  0ᵐ,3.
  et flancs rouges ; ventre rosé. [*T. pin.*]
  - *Tout autour du corps,* sauf sur l'abd., des lignes  **lineata** Walbaum.
  transv. parallèles. Museau court, peu échancré. Na-  Toutes nos côtes. 0ᵐ,25 à
  geoires rougeâtres ; pectorale grise tachée de noir.  0ᵐ,35.
  Dos et côtés souv. tachés de noir. [*Imbriago.*]

4
  - Museau *très fortement* échancré. Épine coracoï-  **lyra** Lacépède.
  dienne allongée. Opercule à 2 épines. Sillon des  Toutes nos côtes. 0ᵐ,25 à
  dorsales relevé de chaque côté par une série de  0ᵐ,4,
  25 épines. Nageoires ord. rouges ; des bandes
  bleues aux pectorales. Dos rouge ; côtés et dessous
  blanc rosé.
  - *Très peu échancré* 5

5
  - *Écailles de la ligne médiane grosses, ayant une*  6
  *crête médiane dentelée*
  - *Dépourvues de crête* médiane 7

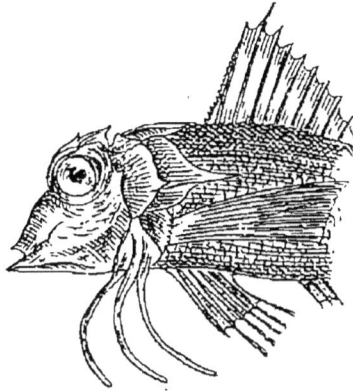

Fig. 918. — Trigla aspera, *partie antérieure.*

<table>
<tr><td>6</td><td>Dos et flancs *rouges*. Ventre gris blanc ; ligne latér. blanche. 1<sup>re</sup> dorsale avec 1 tache noire entre les 3<sup>e</sup> et 5<sup>e</sup> ou 6<sup>e</sup> rayons épineux. [*Milan*.]</td><td>milvus Risso.<br>Toutes nos côtes. 0<sup>m</sup>,3 à 0<sup>m</sup>,5.</td></tr>
</table>

6 — Dos et flancs *rouges*. Ventre gris blanc ; ligne latér. blanche. 1<sup>re</sup> dorsale avec 1 tache noire entre les 3<sup>e</sup> et 5<sup>e</sup> ou 6<sup>e</sup> rayons épineux. [*Milan*.] — milvus Risso. Toutes nos côtes. 0<sup>m</sup>,3 à 0<sup>m</sup>,5.

— Dos ord. *grisâtre*, qqf. bleuâtre ; des taches blanchâtres sur le dos et les flancs. Gorge et ventre blanchâtres. Ligne latér. blanc nacré. [*Gornaud*.] — gurnardus Linné. Méditerranée. Côtes de l'Ouest. 0<sup>m</sup>,3 à 0<sup>m</sup>,5.

7 — Un *sillon* transversal très profond postorbitaire. Corps allongé, subconique. Opercule avec une épine horizontale *très aiguë*. Écailles de la ligne latér. très étroites, sans spinules au bord libre. Dos rouge ou gris jaunâtre. Ventre blanchâtre. [*Cavillone*.] — aspera Rondel. Méditerranée. 0<sup>m</sup>,08 à 0<sup>m</sup>,12.

— Pas de profond *sillon postorbitaire*. Opercule à 2 épines mousses. Dorsales roses, la 1<sup>re</sup> avec qqf. une tache sombre. Pectorales souv. violettes, avec le côté interne vert foncé. Dos rose jaunâtre ou gris ; flancs ord. rose doré. [*T. corbeau*.] — corax Bonap. Toutes nos côtes. 0<sup>m</sup>,4 *au moins*.

## 2. Cottii.

Forme allongée, bien plus épaisse en avant qu'en arrière. Tête large, non écailleuse, souv. épineuse. 6 rayons branchiostèges. 2 dorsales, rapprochées ; la 2<sup>e</sup> opposée à l'anale. Rayons des pectorales simples, articulés.

1 — Téguments *nus* ou seulem. avec qques plaques écailleuses éparses — 1. Cottus.

— Couverts *d'écailles* grandes, carénées — 2. Aspidophorus.

### 1. COTTUS Artedi. *Cotte.* Fig. 919, 920.

Mâchoires et vomer à dents en velours ; pas de dents sur les palatins et la langue. Ventrales avec 1 épine.

Sect. 1. *Eucottus* (Chabots).

1 — Des eaux *douces*. Préopercule avec 1 seule épine. 1<sup>re</sup> dorsale à 6-8 rayons ; 2<sup>e</sup> à 16-18. Ventrales à 2 divisions, l'antér. à 1 épine et 1 rayon mou ; la 2<sup>e</sup> à 3 rayons mous. Gris avec des bandes noirâtres. — gobio L. *Eaux douces, surtout courantes.* 0<sup>m</sup>,1 env.

Sect. 2. *Pontocottus* (Chaboisseaux).

— De la *mer*. Préopercule à *plusieurs épines* — 2

2 — Membranes branchiostèges *réunies* sous l'isthme de la gorge, qu'elles recouvrent par un bord large et entièrem. libre. Préopercule à 3 épines. 2<sup>e</sup> dorsale commençant par un petit aiguillon. Dessus et côtés gris roux ou verdâtre, avec des marbrures noires ; dessus gris jaunâtre. — scorpius Linné. Côtes de l'Ouest. 0<sup>m</sup>,15 à 0<sup>m</sup>,2.

22.

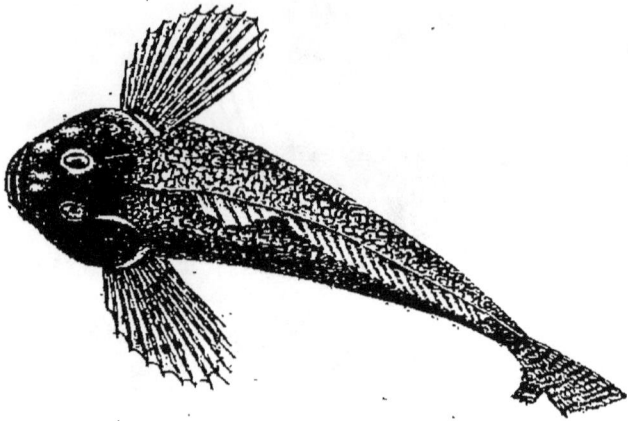

Fig. 919. — Cottus gobio (E. Blanchard).

[Fig. 920. — Cottus scorpius.

*Ne se joignant pas* sous la gorge, séparées par un      **bubalis** Euphrasen.
intervalle au moins aussi grand que le 1/3 de la      Manche. Océan. 0ᵐ,1 à 0ᵐ.13.
hauteur de la fente branchiale. Pectorales, cau-
dales et souv. anale tachées de brun ; dessus gris
brun ou rougeâtre ; dessous gris blanc ou violacé ;
des taches noirâtres.

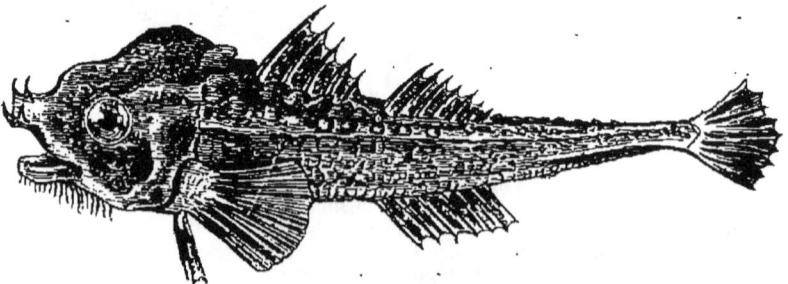

Fig. 921. — Aspidophorus cataphractus (E. Moreau

## 2. ASPIDOPHORUS Lacépède. *Aspidophore.* Fig. 921.

Forme pyramidale; une cuirasse de plaques écailleuses. Tête très large, couverte de plaques osseuses. Museau épineux. Dents aux mâchoires; vomer non denté. 2 dorsales, courtes; la 2e opposée et semblable à l'anale.
La 1re dorsale à 5 rayons; la 2e à 6-7; ventrales à **catáphractus** L.
1 épine et 2 rayons mous. Couleur foncière sombre,    Côtes de l'Ouest. TR. 0ᵐ.1 à
rosée ou rougeâtre; des bandes transv. brunes; des-    0ᵐ,15.
sous blanc jaunâtre. [*Souris de mer.*]

## 3. Scorpaenii.

Forme oblongue. Écailles ± cténoïdes. Mâchoire, vomer et palatins dentés. Fente branchiale très grande. Opercule, préopercule épineux. 7 rayons branchiostèges. 1 seule dorsale; anale à 3 aiguillons; caudale arrondie ou tronquée.

1 { Tête *dépourvue d'écailles*, munie de lanières cutanées      1. SCORPAENA.
    { *Munie d'écailles*, dépourvue de lanières cutanées    2. SEBASTES.

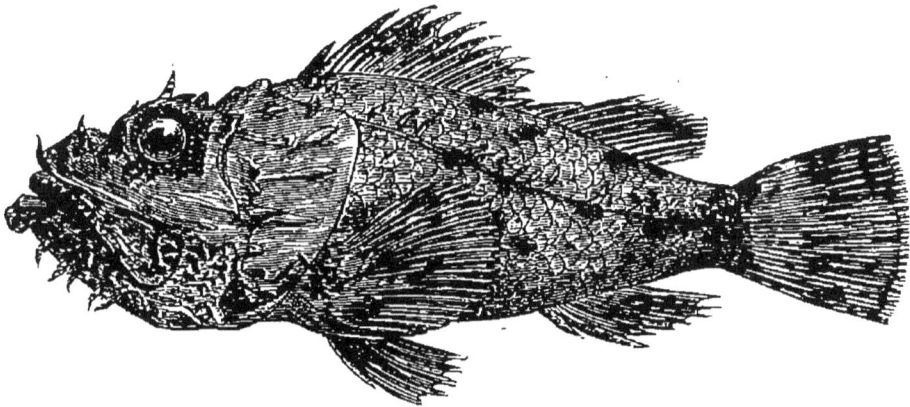

Fig. 922. — Scorpaena scrofa (E. Moreau).

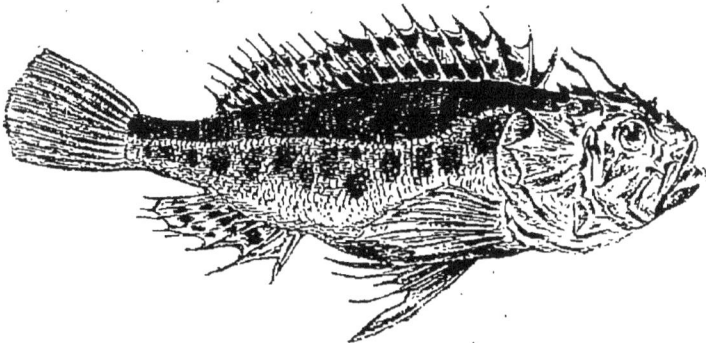

Fig. 923 — Scorpaena porcus.

## 1. SCORPAENA Linné. *Scorpène.* Fig. 922, 923.

Corps oblong, écailleux, muni de lanières cutanées. Tête munie de piquants. Yeux rapprochés, presque supérieurs. Opercule à 2 arêtes épineuses; préopercule avec ord.

5 épines. Dorsale à rayons épineux plus nombreux que les mous. Anale à 3 aiguillons et 5 rayons mous ; ventrales à 1 épine et 5 rayons mous.

4 épines au bord antér. du 1ᵉʳ sous-orbitaire. Mandibule avec 1 tubercule terminal, *munie* en dessous de 10 à 18 lanières cutanées. Corps et tête rougeâtres maculés de noir, ou gris avec des taches brunes ; des taches ou bandes aux nageoires. [*S. truie.*]
**scrofa** Linné.
Méditerranée. Golfe de Gascogne. 0ᵐ,25 à 0ᵐ,5.

2 épines au bord antér. du 1ᵉʳ sous-orbitaire. Écailles allongées, petites, très peu ciliées. Mandibule *sans* lanières cutanées. Gris avec des taches noires ; dessous ± rosé. [*Rascasse.*]
**porcus** L.
Méditerranée. Côtes de l'Ouest. *plus rare.* 0ᵐ,15 à 0ᵐ,3.

3 épines au bord antér. du 1ᵉʳ sous-orbitaire. Téguments très rugueux. Mandibule à lanières cutanées *nulles* ou *très réduites.* Couleur foncière rosée, tachée de brun ; des taches noirâtres aux nageoires.
**ustulata** Lowe.
Méditerranée. Nice, AC. 0ᵐ,1 *au moins.*

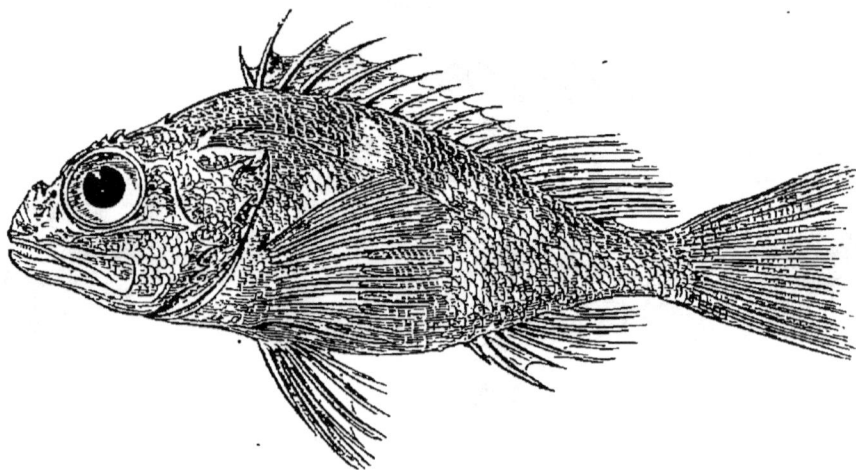

Fig. 924. — Sebastes dactyloptera (E. Moreau).

## 2. SEBASTES Cuvier. *Sébaste.* Fig. 924.

Forme oblongue ; pas de lanières cutanées ; écailles ciliées. Tête écailleuse et épineuse. Vomer, palatins, mâchoires munis de dents. 7 rayons branchiostèges.

Couleur foncière rouge ± vif, avec des raies blanchâtres, ou rose avec des marbrures rougeâtres. Extrém. postér. du maxillaire supér. *dépassant* le niveau du diam. vertical de l'œil. Pharynx *noir.* Préopercule à 5 épines. 55-60 écailles sur la ligne longitudin.
**dactyloptera** Delaroche.
Méditerranée. Golfe de Gascogne. 0ᵐ,2 à 0ᵐ,3.

Extrém. postér. du maxillaire supér. *n'atteignant pas* le niveau du centre de l'œil. Crête de la joue à 3 épines. Préopercule à 4 épines. 42 écailles sur la ligne longitudinale.
**bibroni** Sauvage.
Méditerranée.

## IX. BERYCIDI.

Forme ovale. Des écailles. Dents de la mâchoire peu robustes. 1 dorsale.

Préopercule *avec 1 très forte épine* à son angle inféro-postérieur. *Une cuirasse* entre l'anus et les ventrales
1. HOPLOSTÈTHUS.

*Sans épine. Pas de cuirasse* abdominale. Joue munie d'écailles
2. BERYX.

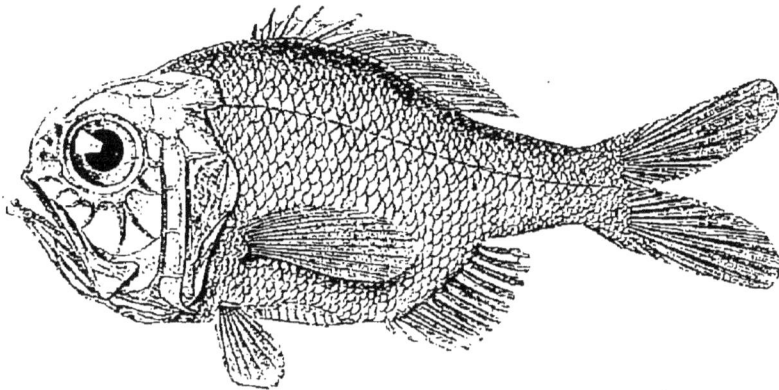

Fig. 925. — Hoplostethus mediterraneus (Cuvier et Valenciennes).

## 1. HOPLOSTETHUS Cuvier. *Hoplostéthe*. Fig. 925.

Entre l'anus et les ventrales, une cuirasse d'écailles carénées. Bouche bien fendue, non protractile. Vomer sans dents. Yeux latéraux. grands; sous-orbitaires munis d'arètes divergentes. 8 rayons branchiostèges. Ventrales à 1 aiguillon et 6 rayons mous. Env. 60 écailles sur la ligne longitudin.; 28-30 sur la **mediterraneus** Cuv. et Val. ligne transv. Caudale profondém. fourchue. Nageoires Méditerranée. TR. 0ᵐ,2 *env* rouge jaunâtre; corps rose violet, ponctué de brun, avec les flancs plus clairs.

## 2. BERYX Cuvier et Valenciennes. *Béryx*.

Écailles pectinées. Mandibule plus saillante que la mâchoire supér. Vomer et palatins munis de dents. Au moins 8 rayons branchiostèges. Ventrale à 9-10 rayons mous. Fente de la bouche très oblique. Yeux très grands. 62- **decadactylus** Günth. 65 écailles sur la ligne longitudin.; 32-34 sur la ligne Méditerranée. *Accidentel* transv. Caudale profondém. fourchue. Rougeâtre. 0ᵐ,3 *au moins*.

## X. PERCIDI.

Écailles presque touj. pectinées. Joues ord. écailleuses, non cuirassées. Mâchoires et ord. vomer munis de dents. Opercule épineux. 7-6 rayons branchiostèges. Anale ord. à 2-3 rayons épineux. Ventrale à 1 aiguillon et 5 rayons mous.

| | | |
|---|---|---|
| 1 { | Dorsale *double* | 2 |
| | *Unique* | 3 |
| 2 { | La 1ʳᵉ dorsale à 6-7 aiguillons | 3. APOGONII. |
| | A *8* aiguillons au moins | 1. PERCII. |
| 3 { | Tête *non écailleuse*, fovéolée | 1. PERCII. |
| | *Munie d'écailles* | 2. SERRANII. |

## 1. Percii.

Tête longue; bouche suboblique ou horizontale. Les mâchoires à dents en velours ou en cardes.

| | | |
|---|---|---|
| 1 { | Opercule muni d'*une seule* épine | 2 |
| | Muni de *2* épines | 3 |
| 2 { | *1* dorsale à *8-9* épines. Tête nue | 4. ACERINA. |
| | *2* dorsales. la 1ʳᵉ à *13* épines au moins | 1. PERCA. |
| 3 { | Bouche *à l'extrémité* du museau. *Marin* | 2. LABRAX. |
| | *Sous* le museau. *D'eau douce* | 3. ASPRO. |

## 1. PERCA Linné. *Perche*. Fig. 926.

Écailles petites. Pas d'écailles sur le crâne ni entre les orbites. Langue lisse. Opercule à 1 épine, à bord postér. denticulé. 2 dorsales, la 1ʳᵉ à 13-15 rayons épineux. Anale à 2 épines.

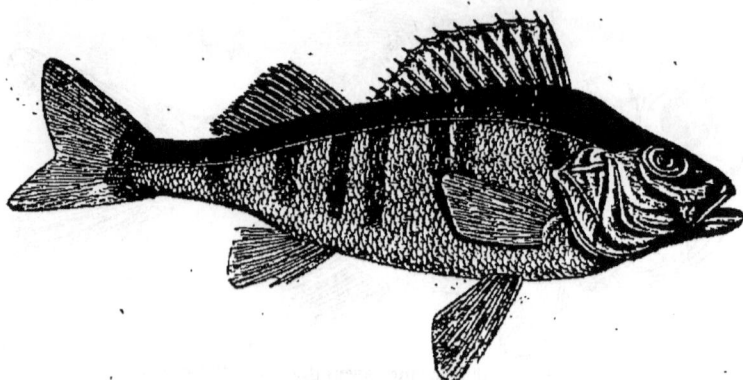

Fig. 926. — Perca fluviatilis (E. Blanchard).

65-70 écailles dans la ligne longitudin. Dos ord. vert doré ou gris bleu, avec 5-7 bandes brunes, perpendiculaires. Dessous gris blanc.

**fluviatilis** Bell. . Presque tte la France. 0ᵐ,2 à 0ᵐ,4.

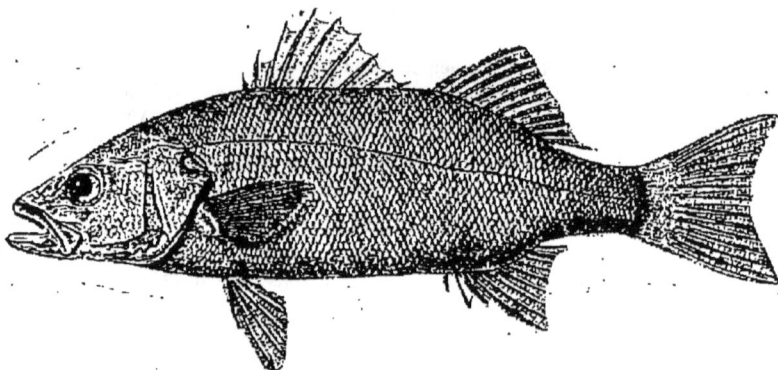

Fig. 927. — Labrax lupus (Cuvier et Valenciennes).

## 2. LABRAX Cuvier. *Bar*. Fig. 927.

Forme oblongue-comprimée. Des écailles sur le crâne et entre les orbites. Dents de la langue sur 3 plaques. Préopercule dentelé au bord postér. Sous-opercule et interopercule non dentelés. Anale à 3 épines. 1ʳᵉ dorsale à 8-9 aiguillons.

1 { Ecailles de l'espace interorbitaire *lisses*. Le *chevron* du vomer seulem. muni de dents. Dos gris do plomb ; flancs et ventre argentés. **lupus** Cuvier. Toutes nos côtes. 0ᵐ,5 à 1 m.

*Garnies de spinules* au bord postér. *Toute la face infér.* du vomer munie de dents. Dos et flancs souv. tachetés de noirâtre. **punctatus** Bloch. Toutes nos mers. R. 0ᵐ,5 à 1 m.

## 3. ASPRO Cuvier. *Apron*. Fig. 928.

Écailles petites, rudes. Des écailles sur le crâne et entre les orbites. Dents en velours partout ; langue lisse. 2 dorsales, distantes.

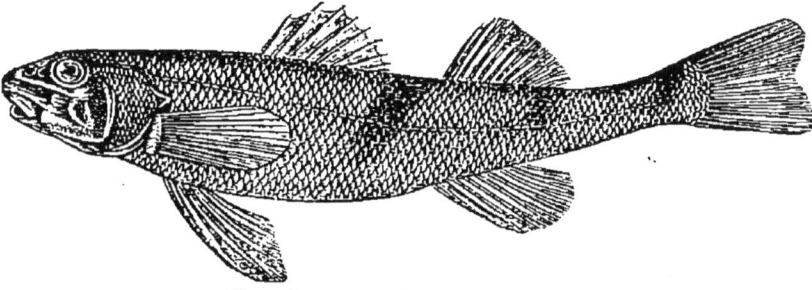

Fig. 928. — Aspro vulgaris (E. Blanchard).

Dessus brun jaunâtre avec 3-5 bandes obliques, noirâ- **vulgaris** Cuvier.
tres. Dessous gris blanc. Nageoires jaune mêlé de Rhône et affluents. 0ᵐ,12 à
gris.  0ᵐ.18.

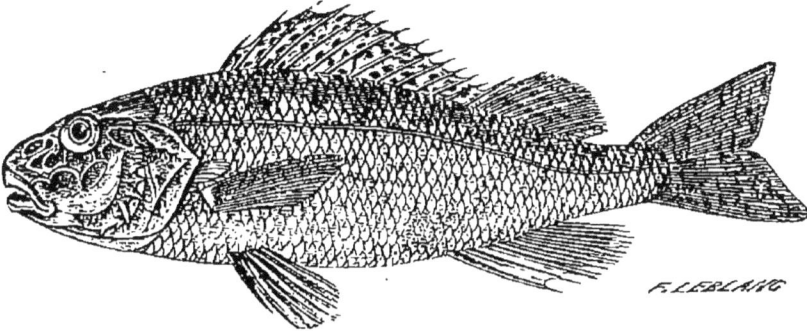

Fig. 929. — Acerina cernua (E. Blanchard).

## 4. ACERINA Cuvier. *Grémille*. Fig. 929.

Écailles petites, pectinées. Tête sans écailles, fovéolée. Mâchoires et chevron du
vomer à dents en velours. 1 dorsale, échancrée. Anale à 2 aiguillons.
Env. 55 écailles dans la ligne longitudin. Dessus brun **cernua** L.
verdâtre; flancs brun jaunâtre; poitrine rosée; abd. *Eau douce.* Nord. Est. Sud.
blanc argenté. Pectorales souv. tachetées de noir. Est. 0ᵐ,12 à 0ᵐ,15.
[*Perche goujonnée.*]

## 2. Serranii.

Forme oblongue-comprimée. Fente branchiale très large. Une seule dorsale, à 10:
11 rayons épineux. Anale à 3 aiguillons. Opercule ord. à 3 épines.

| | | |
|---|---|---|
| 1 { Bord du préopercule *dentelé* | 2 | |
| { *Non dentelé.* Opercule à 2 épines | 5. CALLANTHIAS. | |
| 2 { Opercule *avec* une arête terminée en pointe | 1. POLYPRION. | |
| { *Dépourvu* d'arête | 3 | |
| 3 { Ventrale *très longue* | 4. ANTHIAS. | |
| { *De longueur normale* | 4 | |
| 4 { Mandibule *garnie* d'écailles très petites. Dorsale à 11 épines | 3. EPINEPHELUS. | |
| { *Dépourvue* d'écailles. Dorsale à 10 épines. Langue lisse | 2. SERRANUS. | |

## 1. POLYPRION Cuvier. *Cernier*. Fig. 930.

Écailles petites, cténoïdes. Tête crénelée, munie d'arêtes. Dents en cardes ou en
velours aux mâchoires, vomer, palatins, langue. 11 aiguillons à la dorsale.

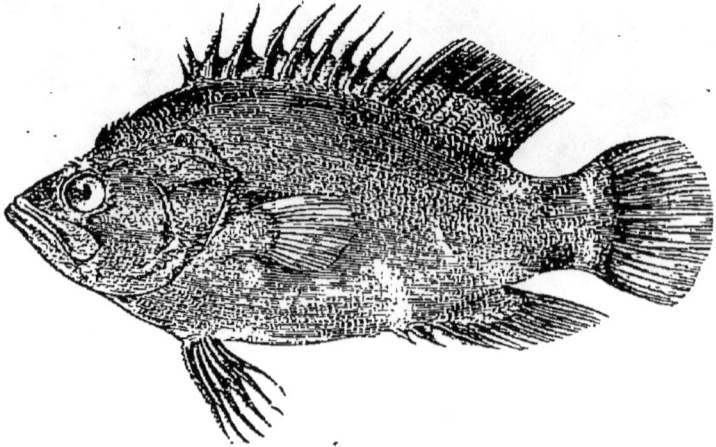

Fig. 930. — Polyprion cernium (E. Moreau).

110 à 115 écailles sur la ligne longitudin. Gris brun un **cernium** Valenc.
peu jaunâtre, avec ou sans bandes blanchâtres au  Méditerranée. Océan. 0ᵐ,6 à
ventre.                                           2 m.

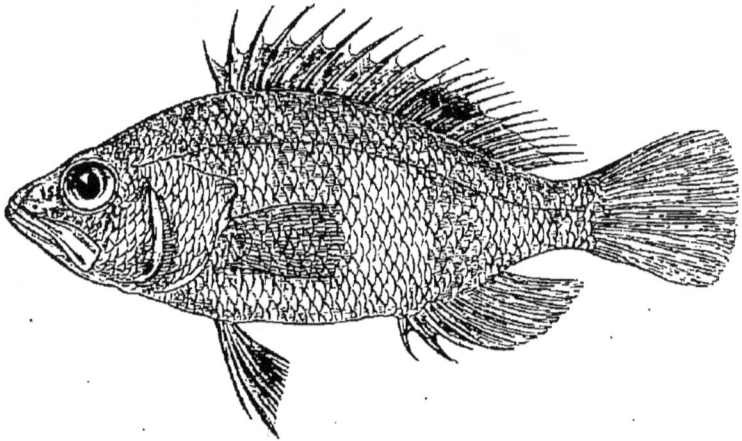

Fig. 931. — Serranus hepatus (E. Moreau).

## 2. SERRANUS Cuvier *pro parte. Serran*. Fig. 931, 932.

Spinules du bord libre des écailles plurisériées. Langue lisse. Opercule 3épineux.
10 rayons épineux à la dorsale. Caudale tronquée ou subtronquée.

*Des écailles* sur l'espace interorbitaire. Env. 41 à   **hepatus** L.
44 écailles sur la ligne longitudin. Préopercule den-  Méditerranée.  C.  0ᵐ,08 à
ticulé *sur toute la longueur* de son bord infé-       0ᵐ,12.
rieur. Gris blanchâtre ou rougeâtre, avec ou sans
bandes verticales noires: ventre avec qqf. des
lignes bleues.

*Pas d'écailles* sur l'espace interorbitaire                    2

Fig. 932. — Serranus scriba (Cuvier et Valenciennes).

Spinules du bord libre des écailles de la joue *pluri-*
*sériées.* Env. 85 écailles sur la ligne longitudin.
Gris jaunâtre ou rougeâtre ; 7-9 bandes verticales
rouge brun ; 3-4 longitudin. jaunâtres. Tête rougeâtre, avec 3 bandes jaunes ou violacées, obliques.

**cabrilla** Linné.
Toutes nos côtes. 0ᵐ,15 à
0ᵐ,25.

Ord. *nulles.* Env. 70 écailles sur la ligne longitudin.
Jaune rougeâtre ; 5-6 bandes verticales noirâtres.
Tête *couverte de lignes sinueuses,* bleu violacé
bordées de noir, simulant des caractères d'écriture. [*S. écriture.*]

**scriba** Cuv. et Val.
Méditerranée. 0ᵐ,15 à 0ᵐ,2.

Fig. 933. — Epinephelus gigas (Cuvier et Valenciennes).

### 3. EPINEPHELUS Bloch. *Mérou.* Fig. 933.

Écailles petites, cténoïdes, celles de la ligne latérale non ciliées. Dents en cardes
sur les mâchoires, le chevron du vomer, les palatins. Dorsale à 11 aiguillons et env.
15 rayons mous.

*8-9* rayons mous à l'anale. Caudale ± profondém.
*échancrée.* Dessus rougeâtre ; 5 bandes bleuâtres
sur les côtés.

**costae** Doderlein.
Méditerranée. 0ᵐ,2 env.

<table>
<tr><td rowspan="2">1</td><td>6 rayons mous à l'anale. Caudale arrondie. Épine de la ventrale 1/2 plus courte que le rayon suivant. Brun rougeâtre ou jaunâtre. taché ou non de gris ou de brun. [M. brun.]</td><td>gigas Brunn.<br>Méditerranée. 0<sup>m</sup>,3 à 1 m.</td></tr>
<tr><td>11 rayons mous à l'anale. Caudale = profondém. échancrée. 80-90 écailles sur la ligne longitudin. Brun, avec des taches plus foncées.</td><td>aoutirostris Cuv. et Val.<br>Méditerranée. TR. 0<sup>m</sup>,35 à 0<sup>m</sup>,8.</td></tr>
</table>

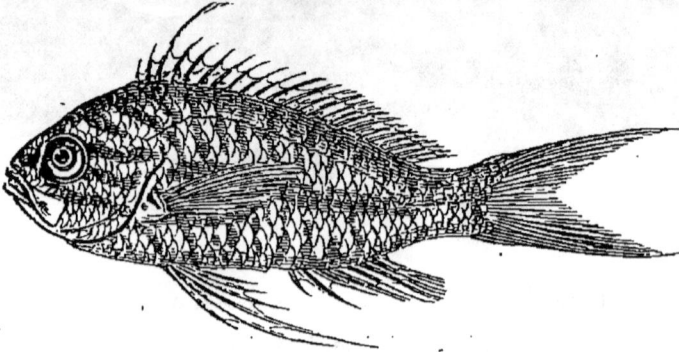

Fig. 934. — Anthias sacer (E. Moreau).

## 4. ANTHIAS Bloch. *Barbier*. Fig. 934.

Écailles grandes, ciliées. Mâchoires munies de canines et de dents en velours. Langue lisse. Bord du préopercule crénelé. 3e aiguillon de la dorsale notablem. plus long que les autres.

Caudale très fourchue. Env. 36 à 39 écailles dans la ligne longitudin. Couleur foncière rosée, variant d'intensité suivant les parties du corps.

**sacer** Bloch.
Méditerranée. 0<sup>m</sup>,12 à 0<sup>m</sup>,18.

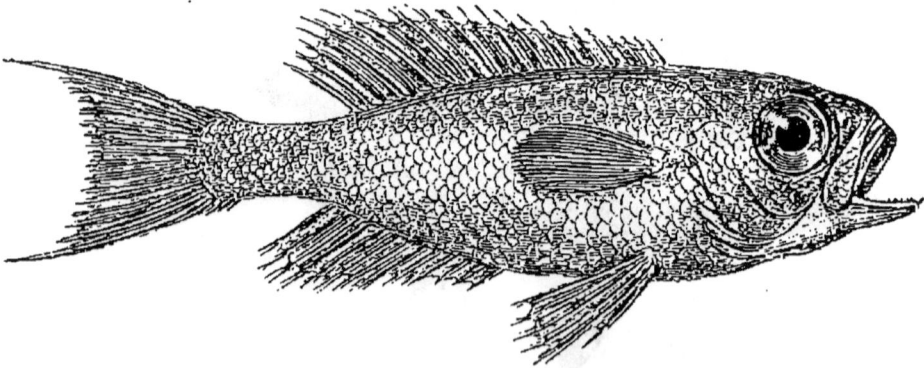

Fig. 935. — Callanthias peloritanus (E. Moreau).

## 5. CALLANTHIAS Lowe. *Callanthias*. Fig. 935.

Écailles grandes. Mâchoires à canines et à dents en velours. Opercule à 2 épines. 6 rayons branchiostèges. Dorsale à 11 épines et 10-11 rayons mous.

40-42 écailles sur la ligne longitudin. Caudale très échancrée. Dessus rougeâtre; flancs et ventre rosés. Nageoires ± jaunâtres.

**peloritanus** Cocco.
Méditerranée. TR. 0<sup>m</sup>,15 à 0<sup>m</sup>,2.

## 3. Apogonii.

Écailles grandes, ciliées. Mâchoires, vomer et palatins à dents en velours; langue lisse. Opercule épineux. 7 rayons branchiostèges. 2 dorsales; la 1re à 6-7 aiguillons. Anale à 2 rayons épineux.

1 {
*Tête complètement écailleuse*. Opercule avec *9* petites écailles. 1re dorsale à 7 aiguillons ... 2. POMATOMUS.
*Nue* sur le crâne, le museau et l'espace interorbitaire. Opercule avec *1* épine peu saillante. 1re dorsale à 6 aiguillons ... 1. APOGON.
}

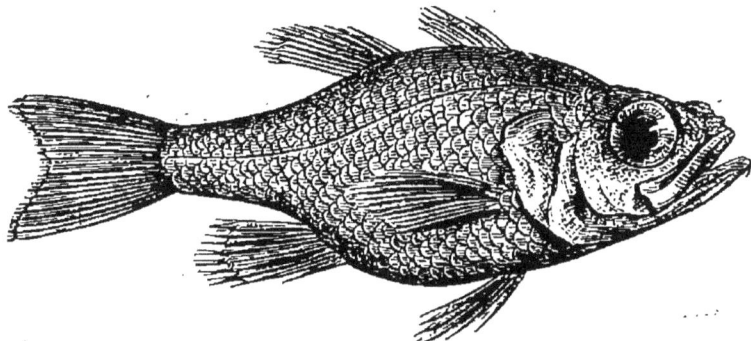

Fig. 936. — Apogon imberbis (E. Moreau).

### 1. APOGON Lacépède. *Apogon*. Fig. 936.

Forme ovale-comprimée; écailles peu adhérentes. Nageoires rouges; 2e dorsale avec 1 tache noire sub-apicale. Dos rougeâtre; dessous plus clair, ponctué de noir. — **imberbis** L. Méditerranée. 0m,1 à 0m,15.

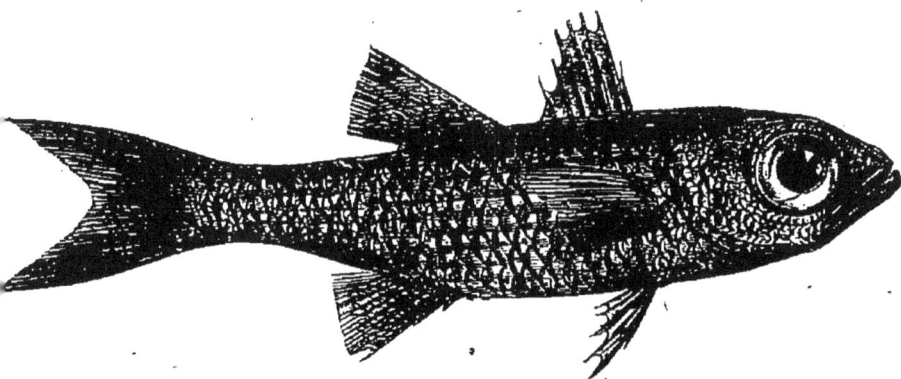

Fig. 937. — Pomatomus telescopus (E. Moreau).

### 2. POMATOMUS Risso. *Pomatome*. Fig. 937.

Forme allongée-épaisse. Écailles facilement caduques. Yeux très grands; paupière en partie écailleuse. Ligne latér. ord. à 45 écailles; ligne transv. à 14. Brun ± violacé. — **telescopus** Risso. Méditerranée. TR. 0m,4 env.

## XI. SCIAENIDI.

Forme oblongue. Écailles pectinées. Tête écailleuse. Pas de dents au vomer et aux palatins. Opercule épineux. 7 rayons branchiostèges. 1-2 dorsales; la 1re à 9-12 épines.

la 2e à 1 aiguillon et au moins 23 rayons mous. Anale à 23 aiguillons et 6-8 rayons mous. Ventrales à 1 aiguillon et 5 rayons mous.

1 { *Pas de barbillon* à la mâchoire inférieur.      2
  { Un gros *barbillon* à la mandibule      1. UMBRINA.

2 { *Une seule* dorsale, à plus de 10 aiguillons      4. PRISTIPOMA.
  { *Deux* dorsales, la 1re à 9-10 épines      3

3 { 2e aiguillon de l'anale *grêle*, à peine distinct des rayons mous      2. SCIAENA.
  { *Très développé*      3. CORVINA.

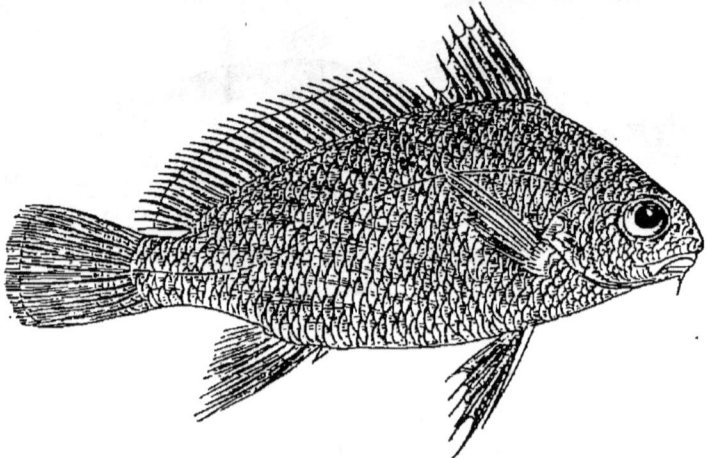

Fig. 938. — Umbrina lafonti (E. Moreau).

### 1. UMBRINA Cuvier. *Ombrine*. Fig. 938.

Écailles grandes. Des pores visibles au museau. Mâchoires à dents en velours; l'infér. avec 1 barbillon gros, court. Opercule 2épineux. 1re dorsale à 9-10 rayons épineux. 2e aiguillon de l'anale très développé.

1 { 68-70 écailles sur la ligne longitudin. Œil env. aussi large *que la 1/2 de l'espace préorbitaire*. Dessus jaunâtre; ventre gris argenté; une trentaine de bandes obliques bleu d'acier.     **cirrhosa** Risso. Méditerranée. Golfe de Gascogne. Manche? 0m,3 à 0m,7.

{ Dos et ventre fortém. arqués. *50-52* écailles sur la ligne longitudin. Œil env. aussi large *que l'espace préorbitaire*. Gris ponctué de noir; des bandes brunes obliques.     **lafonti** Moreau. Golfe de Gascogne. 0m,3 à 0m,5.

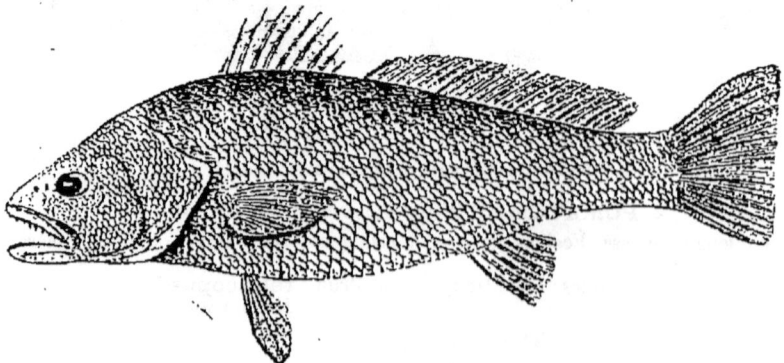

Fig. 939. — Sciaena aquila (Cuvier et Valenciennes).

## 2. SCIAENA Linné. *Maigre*. Fig. 939.

Tête forte, écailleuse. Dents de la rangée externe aux mâchoires plus fortes que les internes. Opercule 2épineux. 1re dorsale avec env. 10 rayons épineux. 2e aiguillon de l'anale mince.

2o dorsale à 4 aiguillon et 27-29 rayons mous. Nageoires **aquila** Cuvier.
paires, 1re dorsale et anale rougeâtres. Dos gris mêlé  Toutes les côtes. 0m.4 à 2 m.
de brun ; côtés et dessous argentés.

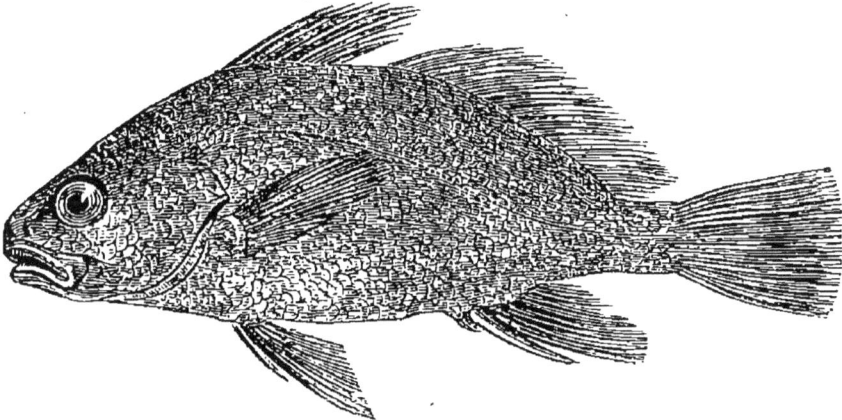

Fig. 940. — Corvina nigra (E. Moreau).

## 3. CORVINA Cuvier. *Corb*. Fig. 940.

Mâchoire supér. débordant l'infér.; dents de la série externe plus fortes que les autres. 2e aiguillon de l'anale très développé.
Nageoires brunes. Brun ponctué de noir, ou brun mêlé  **nigra** Cuvier.
de jaune, avec le ventre jaune tacheté de noir.     Méditerranée. 0m,18 à 0m,25

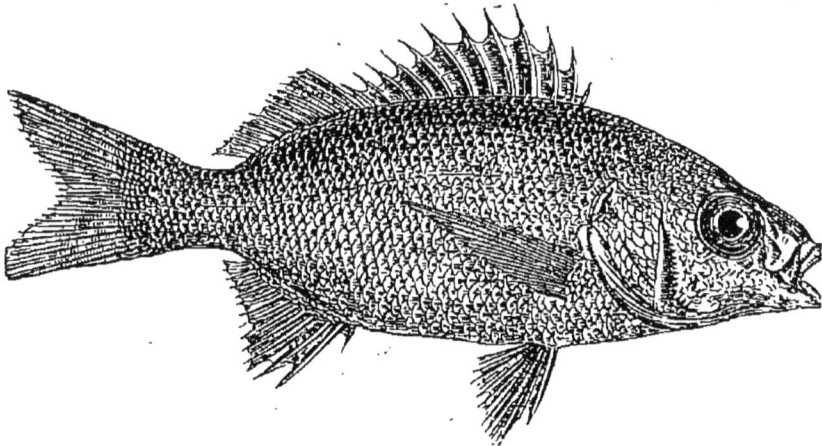

Fig. 941. — Pristipoma bennettii (E. Moreau).

## 4. PRISTIPOMA Cuvier. *Pristipome*. Fig. 941.

Écailles pectinées. Région préorbitaire nue. Mâchoires subégales ; dents en velours. 1 seule dorsale.

Dorsale à 12 rayons épineux. Anale à 9 aiguillons. Dos **bennettii** Lowe.
gris; ventre plus clair, argenté. Anale et ventrales    Méditerranée. *Très acciden-*
jaune-citron.    *tel.* 0ᵐ,1 *au moins.*

## XII. **SCOMBRIDI.**

Tégum. qqf. nus, ord. revêtus d'écailles petites, lisses, scabres ou tuberculeuses.
Dents peu robustes ou nulles. Ord. 7 rayons branchiostèges. Qqf., après la dorsale et
l'anale, des rayons détachés, *fausses nageoires* ou *pinnules.* Ventrales pouvant
manquer.

|   |   |   |
|---|---|---|
| 1 | *Un prolongement* en lame au museau. Pas de ven- trales, ou ventrales rudimentaires | 12. XIPHIASII. |
|   | *Pas de prolongement* en lame au museau | 2 |
| 2 | Tête *portant* un disque ovale formé d'un certain nombre de lamelles transverses | 13. ECHENEISII. |
|   | *Dépourvue* de disque lamelleux | 3 |
| 3 | *Une seule* dorsale | 4 |
|   | *Deux* dorsales | 5 |
| 4 | *14-16* rayons à la ventrale | 8 LAMPRISII; |
|   | *Moins de* 9 rayons à la ventrale | 6 |
| 5 | *Plusieurs* pinnules en arrière de l'anale et de la 2ᵉ dorsale | 8 |
|   | *Une seule* pinnule au plus | 7 |
| 6 | Dorsale très longue, *commençant* sur la tête | 11. CORYPHAENII. |
|   | *Ne commençant pas* sur la tête. Dents des mâ- choires *1séries. For me oblongue* | 10. CENTROLOPHII. |
|   | *Ne commençant pas* sur la tête. Dents des mâ- choires en cardes, *plurisériées.* Forme courte, ovale | 9. BRAMII. |
| 7 | *Deux* anales | 9 |
|   | *Une seule* anale | 10 |
| 8 | Sur le tronçon de la queue, de chaque côté, *2 crêtes* et souv. *1 carène* | 1. SCOMBRII. |
|   | *Ni crêtes ni carène* | 2. THYRSITESII. |
| 9 | Ligne latér. *formée* au moins partiellem. *de bou- cliers écailleux,* carénés ou non | 3. CARANGII. |
|   | *Non formée* de boucliers écailleux | 11 |
| 10 | Forme *allongée.* Caudale assez profondément *four- chue* | 7. CUBICEPSII. |
|   | *Courte,* ovale. Caudale *tronquée.* 1ʳᵉ dorsale *plus haute* que la 2ᵉ | 6. CAPROSII. |
| 11 | 2ᵉ dorsale et 2ᵉ anale *avec* une bordure de scutelles épineuses | 5. ZEII. |
|   | *Sans* bordure de scutelles épineuses | 4. NAUCRATESII. |

### 1. **Scombrii.**

Corps en fuseau, allongé. Écailles très petites; les pectorales qqf. différentes des
autres, et formant une ceinture ou *corselet.* Langue ord. sans dents. 7 rayons branchiostèges. Joues revêtues de pièces osseuses. 2 dorsales; les derniers rayons de la 2ᵉ
et de l'anale séparés en pinnules.

|   |   |   |
|---|---|---|
| 1 | Tronçon de la queue avec de chaque côté **2** petites crêtes, mais *dépourvu* de carène latérale | 1. Scomber. |
|   | *Muni* d'une carène latérale | 2 |
| 2 | Vomer ord. *muni* de dents. Mâchoires à dents *courtes* et *fines.* Dorsales rapprochées | 3. Thynnus. |
|   | Ord. *dépourvu* de dents | 3 |
| 3 | Dorsales *distantes.* Dents des mâchoires *très petites* | 2. Auxis. |
|   | *Rapprochées.* Dents des mâchoires robustes, *allon- gées* | 4. Pelamys. |

### 1. **SCOMBER** Linné. *Scombre.* Fig. 942.

Bouche grande. Dents des mâchoires petites; des dents sur le vomer et les palatins.
Dorsales distantes. En avant de l'anale, 1 petite épine crochue.

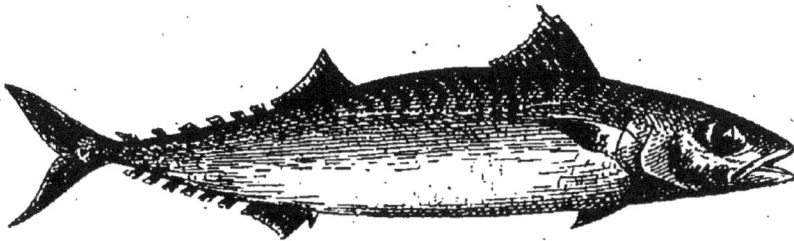

Fig. 942. — Scomber scomber.

Dessus de la tête bleu noirâtre, *sans zone transparente* sur l'espace interorbitaire. Dos avec des lignes sinueuses bleues mêlées à des bandes vertes; une bande blanc doré de la pectorale à la queue. [*Maquereau.*] — **scomber** L. Toutes nos côtes. 0ᵐ,3 à 0ᵐ,4.

Espace interorbitaire *transparent*. Chez l'adulte. un corselet pectoral d'écailles assez grandes. Dos bleu verdâtre. avec des bandes noirâtres. — **colias** L. Méditerranée. Golfe de Gascogne. 0ᵐ,2 à 0ᵐ,35.

Fig. 943. — Auxis bisus (Cuvier et Valenciennes).

### 2. AUXIS Cuvier et Valenciennes. *Auxide*. Fig. 943:

Un corselet bien distinct. Tronçon de la queue ↑caréné latéralem. 7-9 pinnules en dessus et en dessous.

Dos bleu avec des bandes et des taches plus foncées, qqf. indistinctes. Flancs plus clairs. Ventre argenté. [*Bize.*] — **bisus** Rafin. Méditerranée. Océan. TR. 0ᵐ,3 à 0ᵐ,45.

### 3. THYNNUS Cuvier et Valenciennes. *Thon*. Fig. 944 à 947.

Corselet ± distinct. Tronçon de la queue avec de chaque côté 1 carène et 2 crêtes Dents petites, fines, sur les mâchoires et ord. sur le vomer. 13-15 rayons épineux à la 1ʳᵉ dorsale. 7-9 pinnules.

1 — Pectorales très développées, égalant env. le 1/3 de la longueur totale, *dépassant* la 2ᵉ dorsale, falciformes. Angle latér. du corselet atteignant env. en arrière la pointe de la pectorale. Dos bleu; dessous gris bleu. [*Germon.*] — **alalonga** Bonnat. Toutes les côtes. R. 0ᵐ,7 à 1 m.

*Ne dépassant pas* en arrière la 1ʳᵉ dorsale

2 — La 1ʳᵉ dorsale *échancrée-falciforme*, les 3ᵉ à 9ᵉ épines diminuant rapidement de longueur. Angle pectoral du corselet atteignant env. la 13ᵉ épine de la 1ʳᵉ dorsale. Dos bleu, avec des bandes noires; flancs et ventre argentés, avec qques taches noires. [*Thonine.*] — 2 **thunnina** C. et V. Méditerranée. R. 0ᵐ,7 à 1 m.

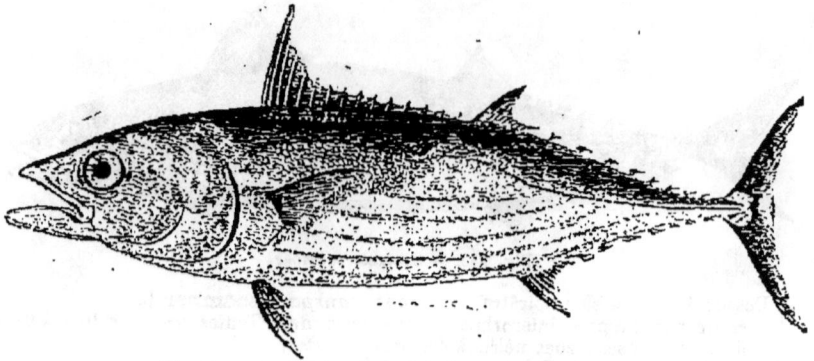

Fig. 944. — Thynnus pelamys (Cuvier et Valenciennes).

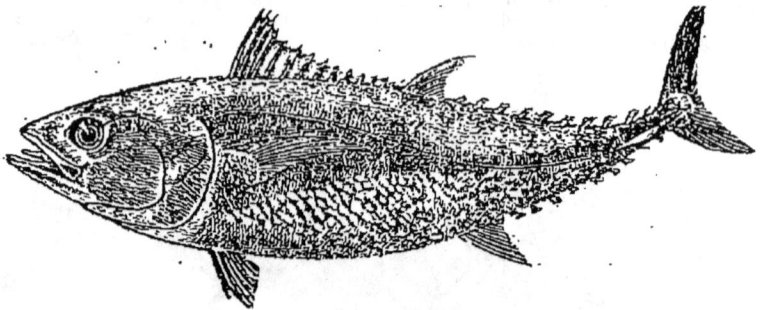

Fig. 945. — Thynnus thynnus.

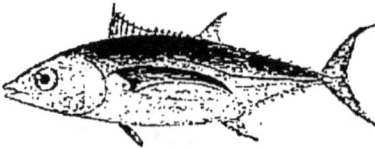

Fig. 946. — Thynnus alalonga
(Cuvier et Valenciennes).

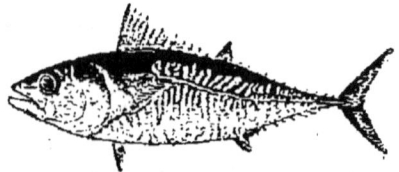

Fig. 947. — T. brachypterus (Cuvier
et Valenciennes).

*Falciforme*, les 3ᵉ à 5ᵉ rayons décroissant rapidem. Forme trapue. Dos et haut des flancs bleu rosé; *sous la ligne latérale*, 4-5 *bandes brunes*, légèrem. courbées, *longitudinales*. [*Bonite.*]

**pelamys** L.
Méditerranée. Océan. *Très accidentel*. 0ᵐ,4 à 0ᵐ,7.

3

*Triangulaire*, non ou à peine échancrée Pointe abdominale du corselet *entourant la base des ventrales* et atteignant le niveau de l'extrém. des pectorales. Dos bleu ± foncé; côtés et dessous gris avec de nombreuses taches blanc argenté. [*Thon.*]

**thynnus** L.
Méditerranée. Golfe de Gascogne. 0ᵐ,8 à 2 m.

3

*Laissant un assez grand espace lisse* autour et en avant des ventrales. Pectorale égale au plus au 1/8 de la longueur totale. Dos et côtés bleus, avec 14-15 bandes perpendiculaires plus foncées.

**brachypterus** C. et V.
Méditerranée. AC. 0ᵐ,5 à 1 m.

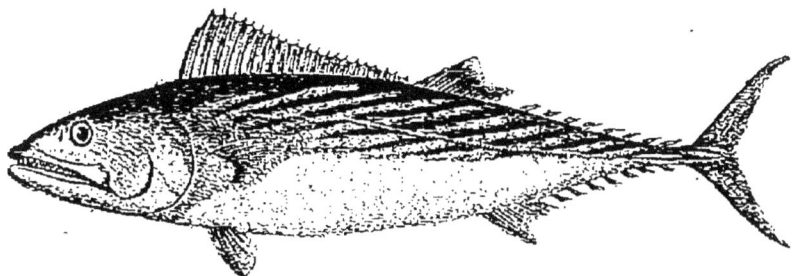

Fig. 948. — Pelamys sarda (Cuvier et Valenciennes).

## 4. PELAMYS Cuvier et Valenciennes. *Pélamide. Fig. 948.*

Corps oblong-allongé. Vomer sans dents ; celles des mâchoires fortes et aiguës. Dorsales subcontiguës, la 2e plus avancée que l'anale. 6-9 pinnules.

1
- 22-24 rayons à la 1re dorsale. Dos bleuâtre, avec **sarda** Bloch.
  12-16 bandes noires ou bleues, larges. coupées par Méditerranée. Océan. *plus*
  des lignes ord. moins foncées, obliques. *rare.* 0m,3 à 0m,7.
- 13 rayons à la 1re dorsale. Dessus bleuâtre, sans trace **bonapartei** Verany.
  de bande ; dessous argenté. Méditerranée. TR. 0m,5 à 0m,8.

## 2. Thyrsitesii.

Corps fusiforme. Pas de corselet. Dents des mâchoires pointues. 1re dorsale plus avancée que la base de la pectorale. Pinnules peu nombreuses.

### 1. RUVETTUS Cocco. *Rouvet.*

Corps oblong. couvert d'écailles petites et de grandes scutelles épineuses. Dents des mâchoires 1sériées, les antér. de la mâchoire supér. plus fortes.
Sur le tronçon de la queue, 2 pinnules unies par une **pretiosus** Cocco.
membrane. Verdâtre châtain, rembruni sur le dos. Méditerranée. Océan. 0m,7 *au moins.*

## 3. Carangii.

Écailles lisses. Des dents aux mâchoires. 1re dorsale précédée d'une épine fixe ; la 2e notablem. plus longue. 1re anale formée de 2 épines. Caudale échancrée.

1
- Scutelles écailleuses n'occupant que *la partie postér.*
  de la ligne latérale 2. CARANX.
- Occupant *toute* la ligne latérale 1. TRACHURUS.

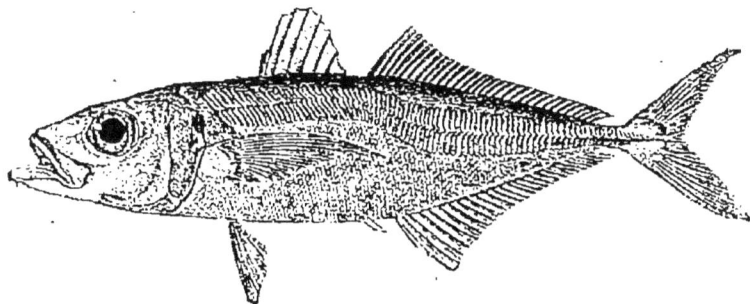

Fig. 949. — Trachurus trachurus (Cuvier et Valenciennes).

## 1. TRACHURUS Cuvier. *Saurel.* Fig. 949.

Des dents aux mâchoires, vomer, langue, palatin.
Corps longuem. fusiforme. Dessus gris bleu ; dessous **trachurus** L.
blanc argenté. 1 tache noire au bord de l'opercule. Toutes les côtes. AC. 0m,2 à 0m,5.

23.

## 2. CARANX Cuvier. *Caranx.*

Forme variable. Pas de scutelles-écailleuses sur la partie courbée de la ligne latérale.

1 {
Env. *46* plaques aiguës sur la partie droite de la ligne latér; 2ᵉ dorsale et anale *suivies chacune d'une pinnule.* Pectorale falciforme, longue. Côtés argentés, irisés. — **suareus** Risso. Méditerranée. TR. 0ᵐ,4 à 0ᵐ,5.

*45* boucliers sur la partie droite de la ligne latér. *Pas de pinnule* après les dorsales et l'anale. Dos gris bleu; côtés blanchâtres; ventre argenté. Une tache noire sur l'opercule. — **fusus** Geoffr. St-H. Méditerranée. TR. 0ᵐ,3.

*26-28* boucliers à la ligne latér. *Pas de pinnule.* Une crête tranchante en avant de la 1ʳᵉ dorsale. Dos bleu verdâtre; côtés blanc argenté. — **luna** Geoffr. St-Hil. Méditerranée. R. 0ᵐ,3 à 0ᵐ,6.
}

## 4. Naucratesii.

Forme ovale. Écailles lisses. Mâchoires, vomer, palatins munis de dents. 7-9 rayons branchiostèges. 1ʳᵉ anale formée par 2 épines. Caudale échancrée.

1 { Aiguillons de la 1ʳᵉ dorsale en majeure partie *libres* 2
*Réunis* par une membrane assez développée 3
2 { Tronçon de la queue *avec* une carène latérale 1. NAUCRATES.
*Sans* carène latérale. 8-9 rayons branchiostèges 2. LICHIA.
3 { Une épine *libre* en avant de la 1ʳᵉ dorsale 3. SERIOLA.
Pas d'épine *libre* en avant de la 1ʳᵉ dorsale 4. TEMNODON.

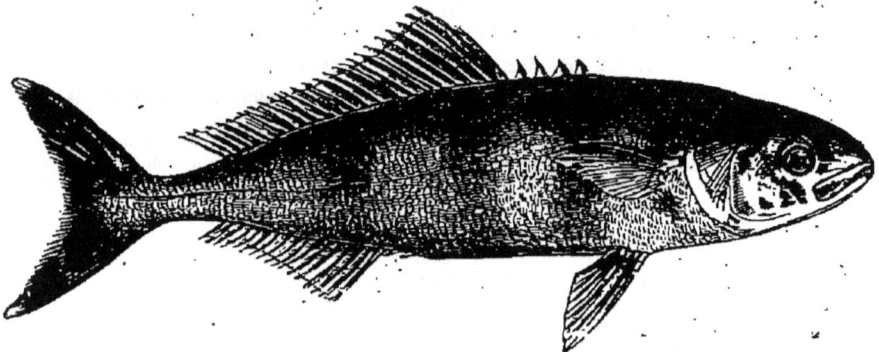

Fig. 950. — Naucrates ductor (E. Moreau).

### 1. NAUCRATES Rafinesque. *Naucrate.* Fig. 950.

Dents en velours; des dents sur la langue. 1ʳᵉ dorsale à 3-4 épines libres. 7 rayons branchiostèges.

Dos gris bleu; flancs bleuâtres ou jaunâtres; 5-6 larges bandes transv. bleu foncé. [*Pilote.*] — **ductor** L. Toutes les côtes, AR. 0ᵐ,2 à 0ᵐ,3.

### 2. LICHIA Cuvier. *Liche.* Fig. 951.

Dents sur la langue. 8-9 rayons branchiostèges. 1 épine fixe en avant de la 1ʳᵉ dorsale, constituée par des aiguillons ayant seulem. à leur bord postér. une petite membrane 3angulaire. Caudale 2furquée.

Mâchoires garnies de bandes assez étroites de dents *en velours. 8* rayons branchiostèges. 1ʳᵉ dorsale à 5-6 rayons; la 2ᵉ à 1 aiguillon et *24-25* rayons mous. Maxillaire supér. atteignant à peine *le bord antér. de l'orbite.* Dessus gris ardoisé; dessous argenté. [*Glaycos.*] — **glauca** L. Méditerranée, AC. Océan, TR. 0ᵐ,3 à 0ᵐ,5.

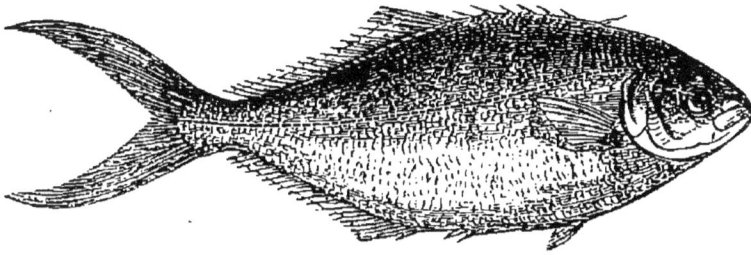

Fig. 951. — Lichia glauca (E. Moreau).

Garnies d'une large bande de dents *en velours*.
9 rayons branchiostèges. 1re dorsale à 7, plus rarem.
6-8 aiguillons ; la 2e à 1 aiguillon et *20-21* rayons
mous. Maxillaire supér. *dépassant le bord postér.
de l'orbite.* Blanc verdâtre, argenté en dessous.
**amia** L.
Méditerranée. R. 0m,5 à 1 m.

Garnies *d'un seul rang* de dents aiguës, distantes,
crochues. 8 rayons branchiostèges. 2e dorsale à
*29-31* rayons mous. Dessus bleuâtre, cette nuance
arrêtée latéralem. *suivant une ligne festonnée.*
**vadigo** Risso.
Méditerranée. TR. 0m,4 à 0m,6.

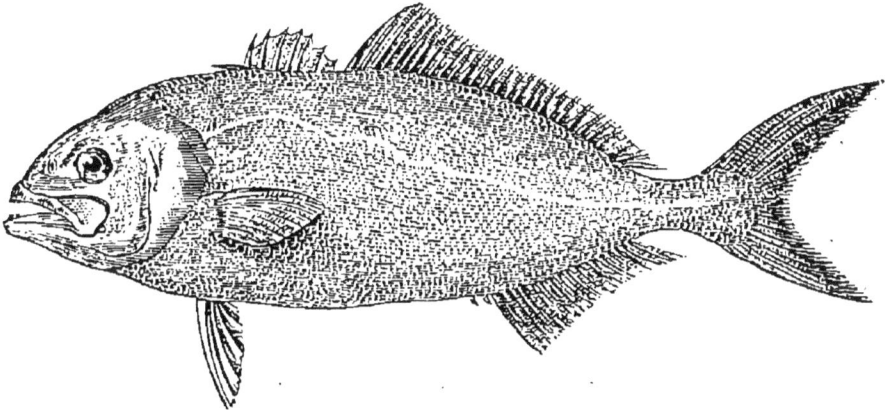

Fig. 952. — Seriola dumerilii (E. Moreau).

### 3. SERIOLA Cuvier. *Sériole.* Fig. 952.

Une crête sur la tête. Dents en velours ; des dents sur la langue. 7 rayons branchiostèges. 1re dorsale à membrane développée, précédée d'une épine dirigée en avant.
30 à 32 rayons mous à la 2e dorsale. Dos gris argenté **dumerilii** Risso.
nuancé de violacé ; flancs jaunâtres ; ventre gris ar-　Méditerranée. R. 0m,4 à 0m,9.
genté.

### 4. TEMNODON Cuvier et Valenciennes. *Temnodon.*

Forme oblongue-comprimée. Dents en velours sur le vomer, les palatins, la langue.
7 rayons branchiostèges. 1re dorsale à 8 rayons, à membrane assez développée, non
précédée par une épine libre.

Joues écailleuses. Intermaxillaires portant un rang **saltator** L.
externe de dents aplaties, à pointe tournée en arrière.　Méditerranée. 0m,2 à 0m,7.
Blanc argenté ; dos verdâtre.

## 5. Zeii.

Corps ovale ; carène ventrale formée par des scutelles épineuses.

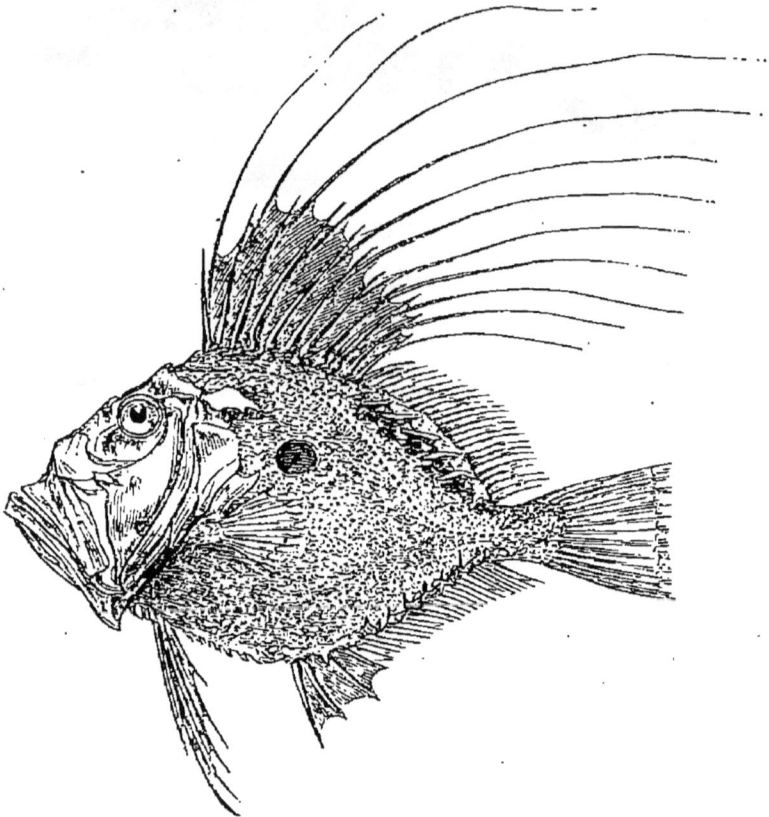

Fig. 953. — Zeus pungio (E. Moreau).

### 1. ZEUS Artedi. Zée. Fig. 953.

Écailles non imbriquées. Forme très comprimée. Bouche fortem. protractile. Vomer denté. 7 rayons branchiostèges. 2 dorsales contiguës, la 1re à 10 rayons envir., avec de longs filaments intraradiaires.

1 {
Os scapulaire muni d'une épine *au moins aussi longue que le diamètre de l'œil*, à pointe dirigée en arrière, à face externe lisse ou carénée. Téguments gris ; une tache arrondie latér., qqf. nulle. [*Dorée.*] — **pungio** Bonap. Méditerranée. Manche. 0m,3 à 0m,5.

A épine *très courte*. Gris argenté nuancé de jaune ; une tache noire arrondie sur les côtés. [*Zée forgeron, Dorée, Poisson St-Pierre.*] — **faber** L. Toutes nos côtes. 0m,3 à 0m,6.
}

## 6. Caprosii.

2 dorsales réunies par une membrane peu haute. Ventrales à 1 aiguillon et 5 rayons mous.

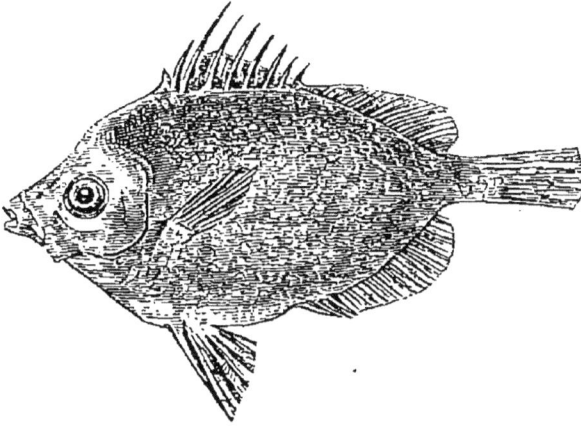

Fig. 954. — Capros aper (E. Moreau).

## 1. CAPROS Lacépède. *Capros*. Fig. 954.

Bouche fortem. protractile. Mâchoires et vomer avec des dents très petites. 5 rayons branchiostèges.
1re dorsale à 9-10 aiguillons ; la 2e à 23-24. Nageoires rouge pâle. Dessus rougeâtre ; dessous à reflets argentés.

aper Linné.
Toutes les côtes. R. 0m,08 à 0m,15.

## 7. Cubicepsii.

Museau court ; bouche petite. Mâchoires à dents fines. 2 dorsales contiguës.

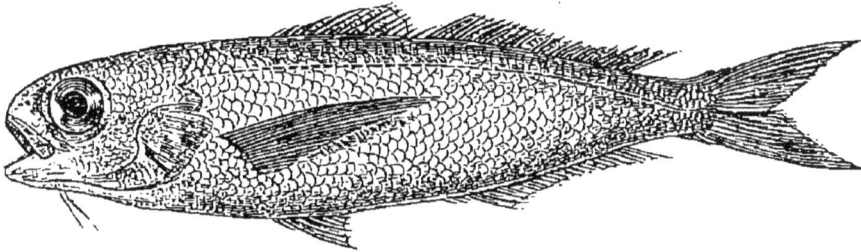

[Fig. 955. — Cubiceps gracilis (E. Moreau).

## 1. CUBICEPS Lowe. *Cubiceps*. Fig. 955.

6 rayons branchiostèges. Pièces operculaires peu distinctes. Anale et 2e dorsale opposées.
Roux marron ; une bande subdorsale plus foncée. Dorsales et pectorales brunes ; anale jaune grisâtre. Dessous moins foncé.
L'adulte est probablem. l'*Atimostoma capensis* Smith, qui atteint 1 m. de long.

gracilis Lowe.
Méditerranée. TR. 0m,2.

## 8. Lamprisii.

Écailles petites, caduques. Pas de dents aux mâchoires. 6-7 rayons branchiostèges.
1 dorsale, très longue.

Fig. 956. — Lampris luna (Cuvier et Valenciennes).

### 1. LAMPRIS Retzius. *Lampris*. Fig. 956.

Caudale échancrée. Ventrale à 14-16 rayons.
Corps ovale, comprimé, revêtu de couleurs brillantes.    luna Risso.
  Dos bleuâtre; flancs violacés; ventre rosé; de nom-    Toutes les côtes. R. 0ᵐ,4 à 1 m.
  breuses taches ovales argentées.

### 9. Bramii.

Écailles grandes. Museau court. Mâchoires munies de dents. Nageoires impaires
écailleuses.

Fig. 957. — Brama raii (E. Moreau).

### 1. BRAMA Schneider. *Castagnole*. Fig. 957.

Bouche subverticale. 7 rayons branchiostèges. Dorsale et anale à premiers rayons
mous plus longs que les autres. Ventrales petites, à 6 rayons.
Corps ovale très comprimé. Blanc argenté, mêlé de gris    raii Schneid.
  en dessus. Bord non écailleux des dorsale et anale    Méditerranée. Océan, acci-
  noirâtre.    dentel. 0ᵐ,3 à 0ᵐ,7.

## 10. Centrolophii.

Forme oblongue. Dents des mâchoires ord. 1sériées. 5-7 rayons branchiostèges.
1 dorsale, opposée à l'anale.

1 { Ventrales *très petites* ou *nulles*      2
  { *Assez développées*. 7 rayons branchiostèges    3

2 { Forme *oblongue-fusiforme*.Mâchoires *non dentées.*
     3-5 rayons branchiostèges. Tronçon de la queue
     caréné latéralem.        4. Luvarus.
  { *Ovale-comprimée.* Mâchoires *dentées.* 6 rayons
     branchiostèges        3. Stromateus.

3 { Ventrales *plus avancées* que les pectorales    2. Schedophilus.
  { Insérées *au même niveau* que les pectorales    1. Centrolophus.

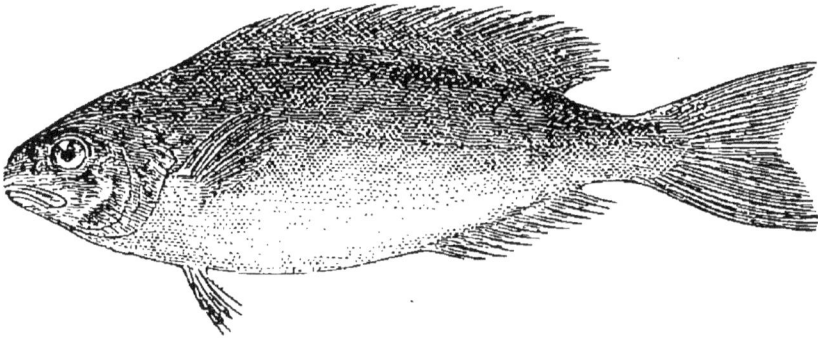

Fig. 958. — Centrolophus pompilus (E. Moreau).

### 1. CENTROLOPHUS Risso. *Centrolophe.* Fig. 958.

Forme oblongue. Écailles petites. Dents des mâchoires 1sériées; pas de dents au
vomer ni aux palatins. 1 dorsale, longue.

1 { *Au moins 3 fois* plus long que haut. Dorsale à 38-   **pompilus** L.
     40 rayons sétiformes. Dessus et flancs bleu foncé,   Méditerranée.Côtes de l'Ouest.
     tachés de jaunâtre ou non tachés ; dessous bleu   *plus rare.* 0ᵐ.2 à 0ᵐ.4.
     cendré.
  { *Moins de 3 fois* plus long que haut      2

2 { Dorsale à 8 rayons épineux et *21* rayons mous. Ré-   **valenciennesii** Moreau.
     gion postorbitaire marquée de nombreux pores.   Méditerranée. TR. 0ᵐ.15.
  { A 6 aiguillons et *32-33* rayons mous. Env. 90 écailles   **ovalis** Cuvier.
     sur la ligne longitudin. Dos brun marron ; dessous   Méditerranée. TR. 0ᵐ.35.
     gris olivâtre.
  { A 6-7 aiguillons et *30-32* rayons mous. Tête *avec de*   **crassus** Cuv. et Val.
     *très nombreux pores,* notamm. au museau et   Méditerranée. TR. 0ᵐ,3 à
     autour des yeux. Dos ardoisé; ventre blanchâtre.   0ᵐ,45.

### 2. SCHEDOPHILUS Cocco. *Schédophile.* Fig. 959.

Forme oblongue. Écailles petites. Dents des mâchoires 1sériées. 7 rayons branchiostèges.
Dorsale à 3 aiguillons et 44-48 rayons mous. Couleur   **medusophagus** Cocco.
foncière olivâtre, avec des taches noirâtres, ± sériées.   Méditerranée. TR. 0ᵐ.13.

### 3. STROMATEUS Linné. *Stromatée.* Fig. 960.

Écailles petites. Dents des mâchoires fines, courtes, 1sériées. 6 rayons branchiostèges.
Corps rhomboïdal. Ventrales d'abord visibles, à 1 épine   **fiatola** L.
et 5 rayons mous (*S. microchirus* Bonelli), puis   Méditerranée. TR. 0ᵐ,15 à
atrophiées. Adulte bleuâtre en dessus, blanc argenté   0ᵐ,3.
en dessous, avec des taches dorées.

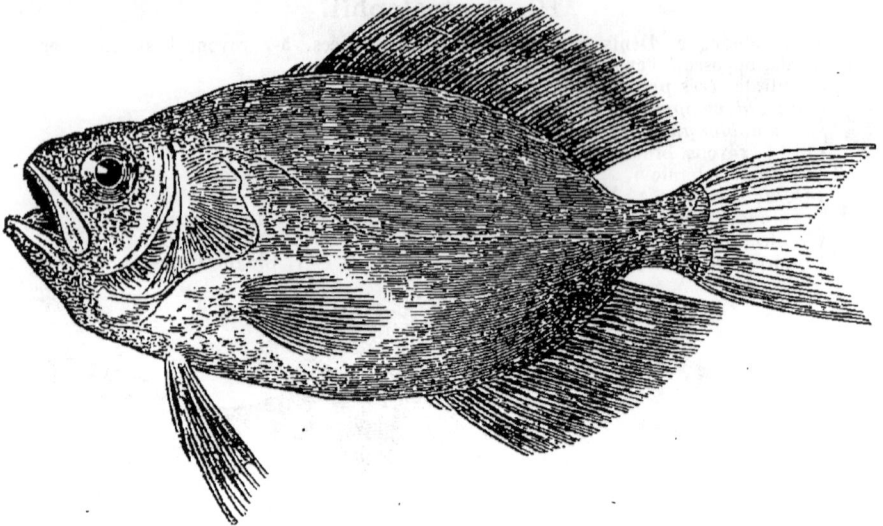

Fig. 959. — Schedophilus medusophagus (E. Moreau).

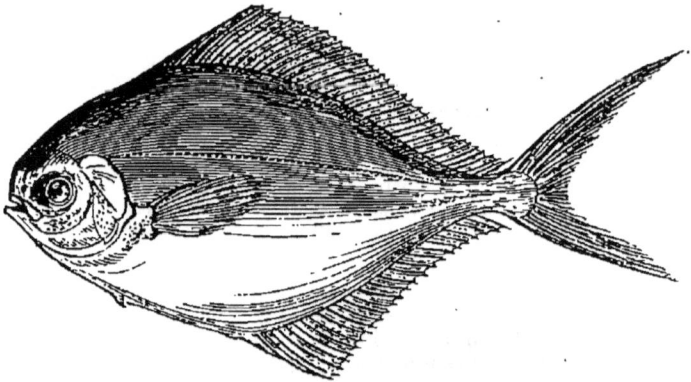

Fig. 960. — Stromateus flatola (E. Moreau).

### 4. LUVARUS Rafinesque. *Louvaréou*.

Tronçon de la queue avec une carène latérale. Pas de dents aux mâchoires. Dorsale
et anale atteignant postérieurem. le même niveau.
Corps ovale-fusiforme, subcomprimé. Ventrales très     **imperialis** Rafin.
   courtes, formant une sorte d'opercule à l'anus. Dos     Méditerranée. TR.   0ᵐ,6 à
   doré; flancs blanc bleuâtre ; ventre blanc argenté.     1ᵐ,5.

## 11. Coryphaenii.

Corps comprimé. Dorsale très longue, commençant sur la tête, à rayons flexibles,
non fourchus. Ventrales à 1 épine et 4-5 rayons mous.
1 { 5 rayons branchiostèges. Tronçon de la queue *avec*
      une carène latérale. Ventrales jugulaires          1. Astrodermus.
    7 rayons branchiostèges. Tronçon de la queue à ca-
      rène *indistincte*. Ventrales insérées sous les pec-
      torales                                             2. Coryphaena.

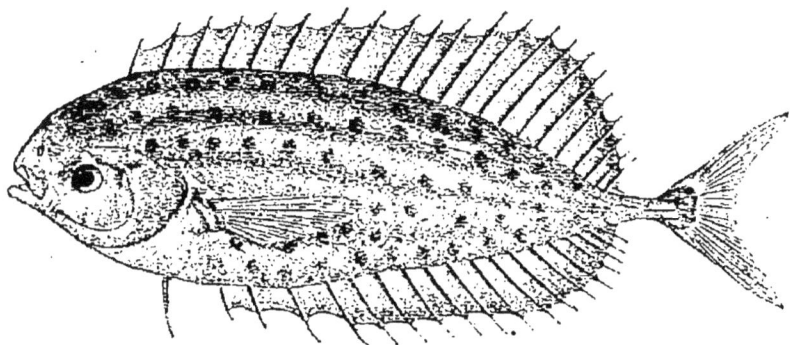

Fig. 961. — Astrodermus elegans (Cuvier et Valenciennes).

## 1. ASTRODERMUS Bonelli. *Astroderme*. Fig. 961.

Corps revêtu de tubercules rudes. Anus très en avant. Caudale échancrée. Dorsale à 22-23 rayons; anale à 17-18. Dessus et flancs **elegans** Risso. rose jaunâtre, avec des taches arrondies noires; des- Méditerranée. TR. 0ᵐ.2 à sous blanchâtre. 0ᵐ.42.

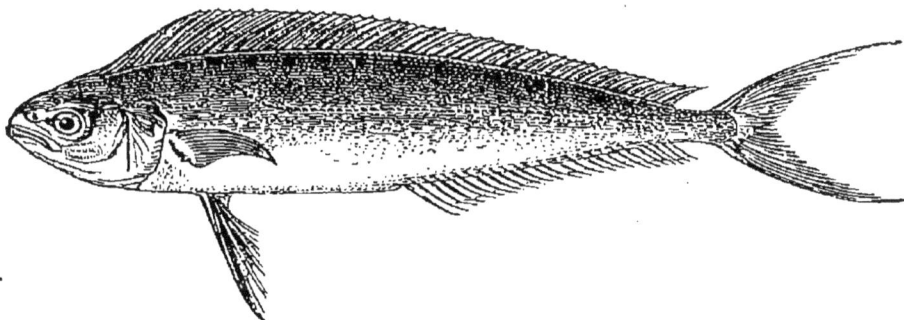

Fig. 962. — Coryphaena hippurus (E. Moreau).

## 2. CORYPHAENA Linné. *Coryphène*. Fig. 962.

Corps revêtu d'écailles lisses, petites. Anale faisant env. la 1/2 postér. du ventre. Caudale très fourchue.

Hauteur du tronc comprise 5 f. 3/4 à 6 f. 2/3 dans **hippurus** L. la longueur totale. Bouche s'ouvrant jusque sous Méditerranée. TR. 0ᵐ,3 à 1 m. le bord antér. de l'orbite. Écailles dimorphes, les premières de la région dorsale en lamelles très longues.

Comprise 4 f. 1/2 à 5 f. dans la longueur totale. **equisetis** L. Mâchoire supér. env. aussi avancée que la man- Méditerranée. TR. 0ᵐ.5 au dibule, son extrém. dépassant le milieu de l'orbite. *moins.*

## 12. Xiphiasii.

Corps en fuseau, allongé. Peau nue, ou à écailles petites. Museau prolongé en bec pointu formé par la mâchoire supér. allongée. Dents faibles ou nulles. Opercule lisse. 7 rayons branchiostèges.

Ventrales *nulles* 1. XIPHIAS. Représentées chacune *par un seul rayon* 2. TETRAPTURUS.

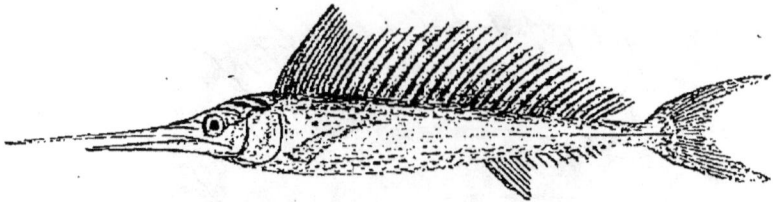

Fig. 963. — Xiphias gladius (Cuvier et Valenciennes).

## 1. XIPHIAS Linné. *Espadon*. Fig. 963.

1-2 dorsales. Ventrales nulles.

Tronçon de la queue avec *une seule* carène latérale. **gladius** L.
Dorsale à 40 rayons mous. Dos bleu foncé ; flancs Toutes les côtes. 1ᵐ.5 à 4 m.
et dessous argenté brillant.

Avec 2 crêtes latérales. 1ʳᵉ dorsale *moins haute* que **nigricans** Lacép.
le tronc. Pas de dents. Épée unie. sans sillons. Océan. TR. 3 m.
(Capturé une fois à la Rochelle.)

Avec 2 crêtes latérales. 1ʳᵉ dorsale *plus haute* que **velifera** Cuv.
le tronc. Océan. 2 m. *env.*

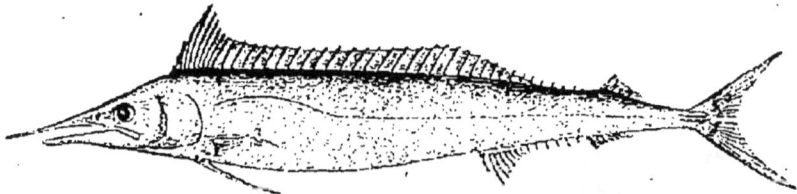

Fig. 964. — Tetrapturus belone (Cuvier et Valenciennes).

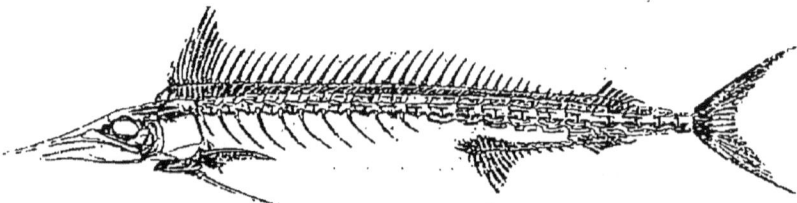

Fig. 965. — Tetrapturus belone, *squelette* (Cuvier et Valenciennes).

## 2. TETRAPTURUS Rafinesque. *Tétrapture*. Fig. 964, 965.

Tronçon de la queue avec 2 crêtes de chaque côté. Bec effilé, arrondi en dessus. Des dents en velours aux mâchoires. 2 dorsales, la 1ʳᵉ bien plus longue.
1ʳᵉ dorsale à 43 rayons. Dos brun bleuâtre ; dessous **belone** Rafin.
blanchâtre. [*Orphie.*] Méditerranée. Océan. TR.
1ᵐ,5 à 2ᵐ,5.

## 13. Echeneisii.

Corps fusiforme. Écailles petites, lisses. Tête large, portant un disque ovale, formé de lamelles épineuses, et fourni par la 1ʳᵉ dorsale. Mâchoires, vomer, palatins munis de dents en velours.

## 1. ECHENEIS Artedi. *Echénéis*. Fig. 966.

7-9 rayons branchiostèges. Ventrales à 1 épine et 5 rayons mous.

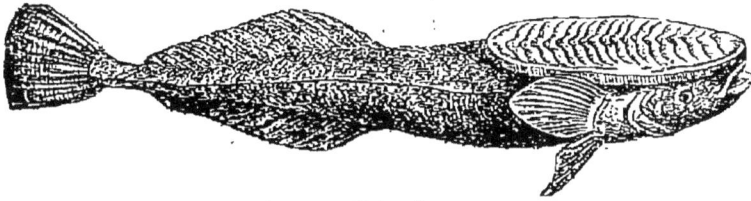

Fig. 966. — Echeneis remora.

De chaque côté de la ligne médiane du disque. *17-18-19* lamelles, à bord libre garni de petites épines plurisériées. Brun ardoisé nuancé de violet. 2ᵉ dorsale à 18-22 rayons.

remora Linné.
Méditerranée. Océan. R. 0ᵐ.2 à 0ᵐ.35.

De chaque côté de la ligne médiane du disque. *21 à 24* lamelles. à épines inégales. 2-3-sériées. 2ᵃ dorsale à 35-40 rayons. Bleu noirâtre.

naucrates L.
Méditerranée. TR. 0ᵐ.3 à 0ᵐ.7.

## XIII. TRICHIURIDI.

Forme très longue, très comprimée. Mâchoires munies de dents, avec en avant qques dents plus robustes. crochues. 7-8 rayons branchiostèges. 1 dorsale. très longue. Ventrale nulle ou squamiforme, très petite.

Caudale et ventrale *complétement nulles* — 2. TRICHIURUS.

*Présentes*, la caudale échancrée, la ventrale squamiforme — 1. LEPIDOPUS.

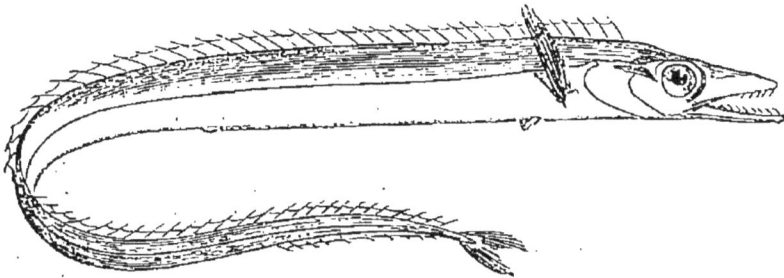

Fig. 967. — Lepidopus argyreus (E. Moreau).

### 1. LEPIDOPUS Goüan. *Jarretière*. Fig. 967.

Des dents aux mâchoires et aux palatins. Dorsale à rayons tous épineux, s'étendant de la nuque à la caudale.

Corps en forme de ruban très allongé, couvert d'une sorte de pigment blanc argenté. 100 à 105 rayons à la dorsale.

argyreus Cuv. et Val.
Méditerranée. Golfe de Gascogne. 0ᵐ,4 à 2 m.

### 2. TRICHIURUS Linné. *Trichiure*.

Corps très long ; queue sétacée. Anale à épines courtes, libres.

Corps blanc argenté. Dorsale à 130-136 rayons, gris foncé.

lepturus L.
Océan. TR. 0ᵐ.5 à 1 m.

## XIV. TRACHYPTERIDI.

Corps allongé, très comprimé. Des dents aux mâchoires. Dorsale touj. très longue.

*Pas d'anale* — 3. TRACHYPTERII.
*Une anale*, insérée *très en arrière* — 1. LOPHOTESII.
*Une anale, avancée, très longue* — 2. CEPOLII.

# 1. Lophotesii.

Téguments nus. Anus très en arrière. Sur la tête, une haute crête 3angulaire, sur laquelle s'articule une longue épine. 6 rayons branchiostèges.

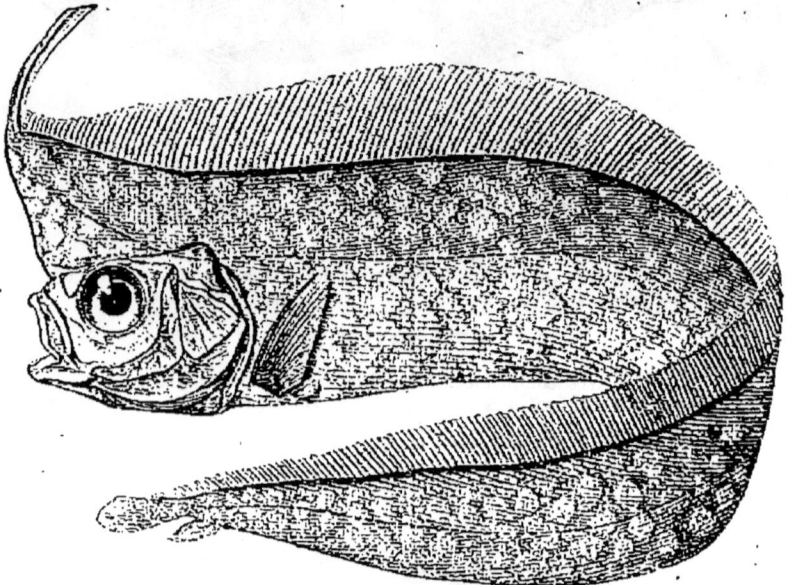

Fig. 968. — Lophotes cœpedianus (Cuvier et Valenciennes).

### ! 1. LOPHOTES Giorna. *Lophote.* Fig. 968.

Dorsale allant du sommet de la crête céphalique à la caudale.
Env. 6 fois plus long que haut. Yeux très grands. Corps **cepedianus** Giorna.
argenté, avec des taches rondes brillantes. Méditerranée, TR. 1 m. *au moins.*

## 2. Cepolii.

Téguments couverts de très petites écailles. Pas de dents au vomer et aux palatins. Dorsale de la tête à la caudale.

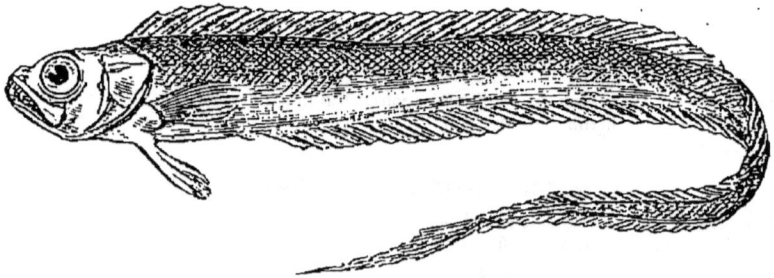

Fig. 969. — Cepola rubescens (E. Moreau).

### 1. CEPOLA Linné. *Cépole.* Fig. 969.

Anale très longue. Caudale pointue.
Dorsale à 67-69 rayons; anale à 60. Dos et côtés rouges. **rubescens** L.
Nageoires rouge jaunâtre clair. Méditerranée, AC. Côtes de l'Ouest, R. 0m,3 à 0m,5.

## 3. Trachypterii.

Bouche protractile. Dents de la mâchoire peu développées. Dorsale très longue. Pas d'anale.

1 { Peau ord. *nue*, rarem. tuberculée. Ventrales à *plu-*
    *sieurs* rayons ......................................... 1. TRACHYPTERUS.
    *Garnie* de petits *tubercules* écailleux. Ventrales à
    *1 seul* rayon, très long ............................ 2. REGALECUS.

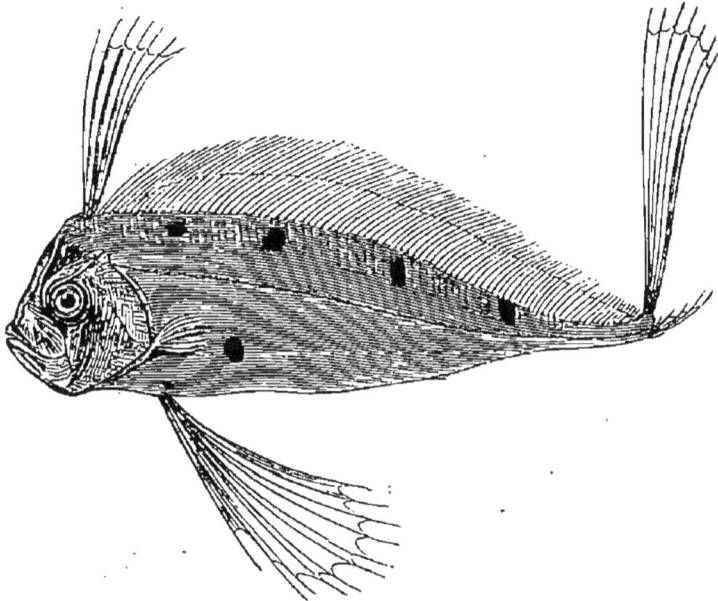

Fig. 970. — Trachypterus spinolae (E. Moreau).

### 1. TRACHYPTERUS Goüan. *Trachyptère*. Fig. 970.

Une crête céphalique tranchante. Ligne latérale scabre, formée par des scutelles épineuses. Dorsale s'étendant de la tête à la caudale.

1 {
114-121 rayons à la dorsale. Peau garnie de petits tubercules. Ligne du ventre *ondulée* en avant de l'anus ; abd. comme lobé et pendant ; profil infér., après l'anus, *sinueux*. — **cristatus** Bonelli. Méditerranée. TR. 0ᵐ,5 à 0ᵐ,9.

120-139 rayons à la dorsale. Profil infér. du corps régulier, *non sinueux*. Corps argenté. — **spinolae** Cuv. et Val. Méditerranée. R. 0ᵐ,1 à 0ᵐ,2.

Plus de 160 rayons, scabres et rugueux. Corps argenté, avec le plus souv. des taches noirâtres. — **falx** Cuv. et Valenc. Méditerranée. 0ᵐ,5 à 1ᵐ,5.
    Rayons scabres ; corps plus allongé, au moins 7 f. plus long que haut. — β. *iris* Arted.
    Rayons lisses. — γ. *leiopterus* C. et V.
}

### 2. REGALECUS Brunnichius. *Régalec*. Fig. 971.

Corps très long, rubané, tuberculeux. 6-7 rayons branchiostèges. Ventrale formée d'un seul rayon très allongé.

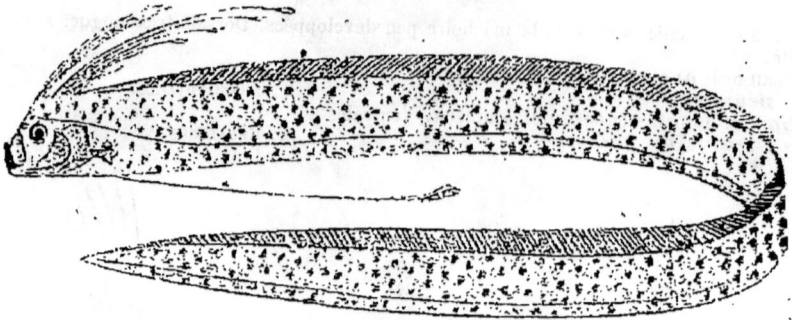

Fig. 971. — Regalecus gladius (Cuvier et Valenciennes).

> Dorsale avec env. *340* rayons. Corps argenté avec des taches grises. Anus placé *après le 1/4 antér.* du corps. — **gladius** C. et V. Méditerranée. TR. *Au moins 2 m.*
> Avec env. *390* rayons. Anus placé *sous le 1/4 antér.* du corps. — *telum* C. et V. Méditerranée. 2 m.

## XV. **PAGRIDI.**

Forme oblongue. Écailles ord. cténoïdes. Mâchoires dentées ; palais lisse. Pièces operculaires écailleuses, non épineuses. 5-7 rayons branchiostèges. 1 dorsale, à 10-15 aiguillons et 10-16 rayons mous. Anale à 3 épines et 7-16 rayons mous. Ventrales à 1 aiguillon et 5 rayons mous.

1 { Dents latérales *coupantes* ou *aiguës* — 2
{ *Arrondies* ou *obtuses* — 4

2 { Incisives *coniques* — 3
{ Aplaties-*tranchantes* — 2. OBLADII.

{ Dents en velours ou en cardes, *subégales* — 4. CANTHARII.
3 { En velours ou en crochets, *inégales* ; 4 dents développées *en canines* à chaque mâchoire — 5. DENTICII.

4 { Incisives aplaties-*tranchantes* — 1. SARGII.
{ *Coniques* — 3. PAGRII.

## 1. **Sargii.**

A chaque mâchoire ord. 8 incisives, aplaties-tranchantes ; molaires arrondies. Forme comprimée-ovale.

1 { Mâchoires à dents *1 sériées* — 2. CHARAX.
{ A dents *plurisériées* — 1. SARGUS.

### 1. **SARGUS** Cuvier. *Sargue.* Fig. 972.

Écailles grandes. 5-6 rayons branchiostèges.

1 { Ventrales *jaune orangé.* 55-60 écailles sur la ligne longitudin. Dessus jaune doré ; côtés jaune clair argenté. Bande noire du tronçon caudal ne s'étendant pas sur la dorsale. [*Sparaillon.*] — **annularis** Linné. Océan, R. Méditerranée, AC. 0m,15.
{ *Noires* au moins en dehors — 2

2 { Bande noirâtre du tronçon caudal *s'étendant* sur les rayons mous de la dorsale. Gris argenté ; des bandes verticales gris doré ; 1 tache dorée susorbitaire. — **vulgaris** Geoff. St-H. Méditerranée. 0m,18 à 0m,25.
{ *Ne s'étendant pas* sur les rayons mous de la dorsale — 3

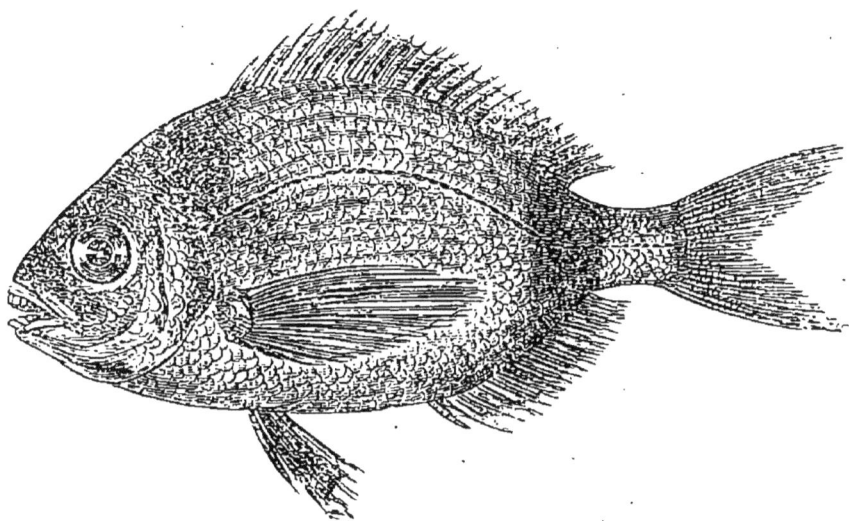

Fig. 972. — Sargus vulgaris (E. Moreau).

3 {
Env. 65 écailles sur la ligne longitudin. Dos et côtés gris brun ; ventre argenté ; 20-25 lignes longitudin. brunes ; *7-8 bandes verticales* brunes.

70-80 écailles sur la ligne longitudin. Dos gris ; flancs plus clairs ; 18-20 bandes longitudin. brun foncé ; *pas de bandes verticales.*

**rondeletii** Cuv. ci).Val. Méditerranée. Golfe de Gascogne. 0m.2 à 0m.3.
**vetula** Cuv. et Val. Méditerranée. TR. 0m.15 à 0m.3.

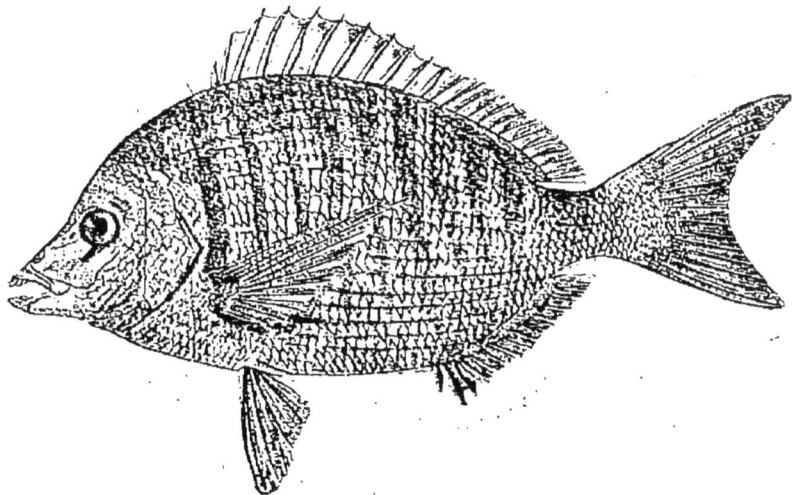

Fig. 973. — Charax puntazzo (Cuvier et Valenciennes).

## 2. CHARAX Risso. *Charax.* Fig. 973.

Écailles médiocres. Dents des mâchoires 1sériées. Incisives tranchantes, avancées. Molaires très petites.

Dorsale, anale, ventrales brunes ; caudale bordée de noir.     **puntazzo** Risso.
  Gris argenté ; 7-9 bandes verticales noirâtres.              Méditerranée. Golfe de Gas-
                                                                cogne. 0ᵐ,1 à 0ᵐ,3.

## 2. Obladii.

Écailles médiocres. Incisives comprimées ; pas de molaires arrondies ; dents latér
tranchantes ou aiguës. 6 rayons branchiostèges.

1 { Dents 1sériées                                            1. Box.
  { En arrière des incisives, un rang de dents grenues        2. OBLADA.

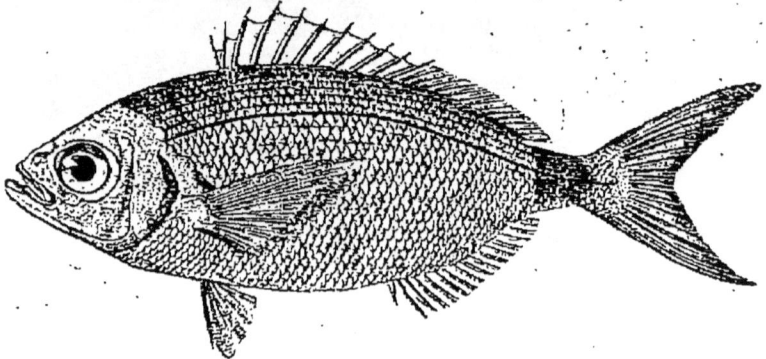

Fig. 974. — Box salpa (Cuvier et Valenciennes).

## 1. BOX Cuvier. *Bogue.* Fig. 974.

Dents supér. à bord tranchant crénelé ou échancré ; les infér. aiguës, munies ou non
de talons latéraux.

1 { / 3 *fois 1/2* au moins plus long que haut. Dents de la   **boops** L.
    { mandibule à double talon. Dos gris bleu ; côtés          Toutes les côtes. 0ᵐ,2 à 0ᵐ,3.
    { et ventre argentés ; 3-4 bandes longitudin. dorées.
    { [*Bogue.*]
    { 2 *fois 1/2* au plus plus long que haut. Dos gris        **salpa** L.
    { bleu ; dessous et côtés blanc argenté mat ; 10-          Océan. TR. Méditerranée.
    { 11 lignes latér. jaune doré. *1 tache noire à la*          0ᵐ,2 à 0ᵐ,4.
    \ *base de la pectorale.*[*Saupe.*]

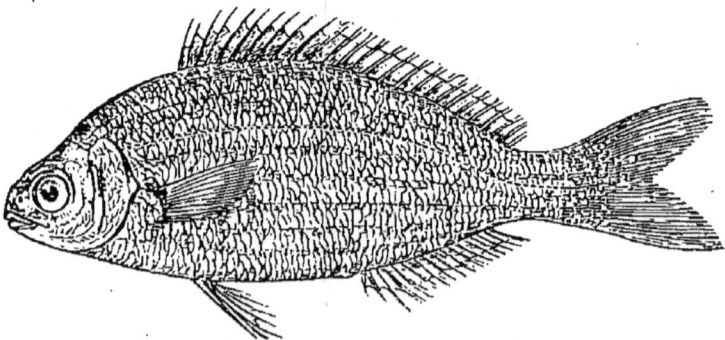

Fig. 975. — Oblada melanura (E. Moreau).

## 2. OBLADA Cuvier et Valenciennes. *Oblade.* Fig. 975.

Mâchoires ayant en avant des incisives aplaties, suivies d'un rang de dents très
petites ; dents latér. pointues, 1sériées.

Dorsale à 11 rayons épineux et 14 mous. Dessus brun ou bleu foncé; côtés gris argenté; 9-11 bandes longitudin. noirâtres. — **melanura** L. Méditerranée. AC. 0^m,15 à 0^m,3.

## 3. Pagrii.

Dents antér. coniques. Molaires arrondies, sur plus d'un rang. 6 rayons branchiostèges. 11-13 aiguillons à la dorsale; 3 à l'anale.

1 {
En avant des mâchoires, *4-6 canines fortes, coniques; molaires 2sériées* — 2. PAGRUS.
*6 canines coniques; molaires 3-5-sériées* à la mâchoire supér. — 3. CHRYSOPHRYS.
Des dents *en cardes ou en velours* — 1. PAGELLUS.
}

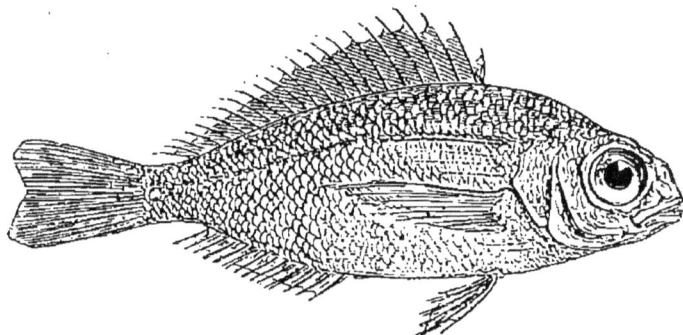

Fig. 976. — Pagellus breviceps (E. Moreau).

## 1. PAGELLUS Cuvier. *Pagel.* Fig. 976.

Mâchoires munies en avant de dents en velours ou en cardes, latéralem. de molaires arrondies plurisériées. Dorsale à 12, rarem. 11-13 aiguillons, et 9-13 rayons mous; anale à 3 épines et 9-12 rayons mous.

1 {
Caudale fourchue, à lobes égaux. Pointe des pectorales dépassant l'anus. 75-80 écailles sur la ligne longitudin. Diamètre de l'œil égal au 1/3 de la longueur de la tête. Gris ± rosé. *1 grande tache noire sur le commencement de la ligne latérale.* [*Rousseau.*] — **centrodontus** Delaroche. Toutes les côtes. 0^m,3 à 0^m.5.

Caudale fourchue. 70-72 écailles. Diam. de l'œil env. égal au 1/4 de la long. de la tête. Rougeâtre argenté. *1 tache noire à l'aisselle de la pectorale.* — **acarne** Risso. Toutes les côtes. 0^m,2 à 0^m,35.

*Pas de tache noire juxtascapulaire* — 2
}

2 {
Œil *plus large* que l'espace préorbitaire — 3
*Moins large* que l'espace préorbitaire — 4
}

3 {
Pectorales à 14 rayons, atteignant *le niveau de la 1re épine de l'anale.* 58-59 écailles. Blanc argenté ± nuancé de rose. — **breviceps** Bonap. Méditerranée. 0^m,1 à 0^m,15.

A 15 rayons env., *n'atteignant pas l'anale,* au plus égale au 1/3 de la longueur totale. 52-56 écailles. Brun nuancé de rougeâtre. [*Bogaravel.*] — **bogaraveo** Brünn. Méditerranée. R. Océan? 0^m,08 à 0^m,2.
}

4 {
Diamètre de l'œil compris au moins 5 fois dans la longueur de la tête, plus petit que la 1/2 de l'espace préorbitaire. Gris argenté; *10-12 bandes verticales noirâtres.* — **mormyrus** L. Méditerranée. Golfe de Gascogne. 0^m,2 à 0^m,3.

Compris au plus *4 fois* dans la longueur de la tête. Dos rouge vif; côtés et dessous plus pâles. — **erythrinus** L. Toutes les côtes. 0^m,2 *au moins.*
}

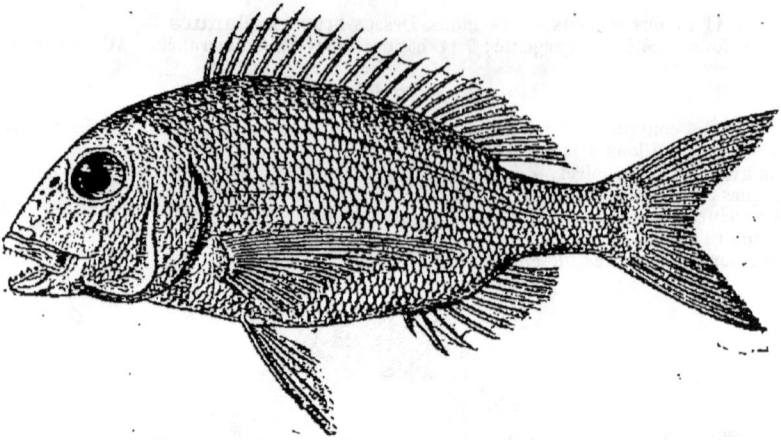

Fig. 977. — Pagrus vulgaris (Cuvier et Valenciennes).

## 2. PAGRUS Risso. *Pagre.* Fig. 977.

Mâchoires avec en avant 4-6 canines coniques, fortes, suivies de dents en cardes ; molaires arrondies, 2sériées.

1
- Couleur foncière rose ; des lignes longitudin. grises. **orphus** Risso.
  Espace interorbitaire *avec une lunule bleue* au-dessus des narines. Méditerranée. Golfe de Gascogne. 0$^m$,15 à 0$^m$,3.
- Couleur foncière rose ; flancs argentés. *Pas de lunule bleue* sur l'espace interorbitaire. **vulgaris** Bonap. Méditerranée. Océan. 0$^m$,2 à 0$^m$,7.

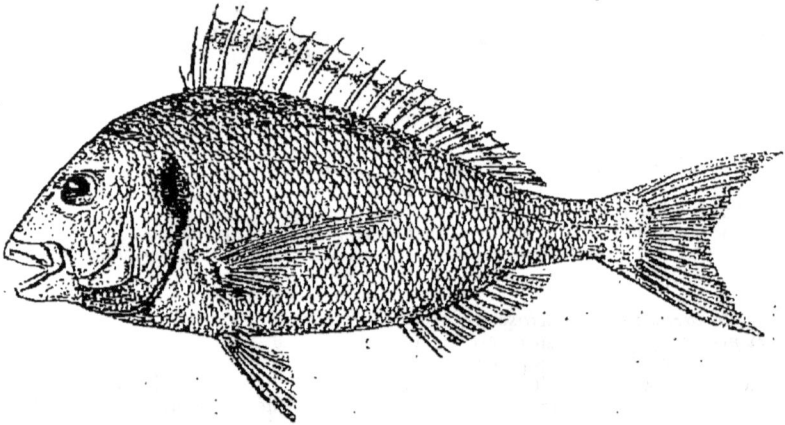

Fig. 978. — Chrysophrys aurata (Cuvier et Valenciennes).

## 3. CHRYSOPHRYS Günther. *Daurade.* Fig. 978.

Mâchoires avec en avant 6 incisives coniques ; molaires arrondies sur 3-5 rangs en haut, sur 2 rangs en bas.

1
- Dorsale bleuâtre, *avec une raie brune longitudinale.* Dessus bleu foncé ; côtés jaune argenté ; des points blancs brillants le long de la ligne latér. 76-80 écailles. **aurata** L. Méditerranée. Océan, C. Manche, R. 0$^m$,2 à 0$^m$,5.
- Gris foncé, *sans raie brune.* Dos bleu foncé ; côtés bleu jaunâtre. Une large tache noire sur l'épaule et l'opercule. **crassirostris** C. et V. Méditerranée. TR. 0$^m$,3 à 0$^m$,5.

## 4. Cantharii.

Écailles médiocres. Dents en velours ou en cardes, les externes un peu plus fortes. 6 rayons branchiostèges. Dorsale à 11 aiguillons.

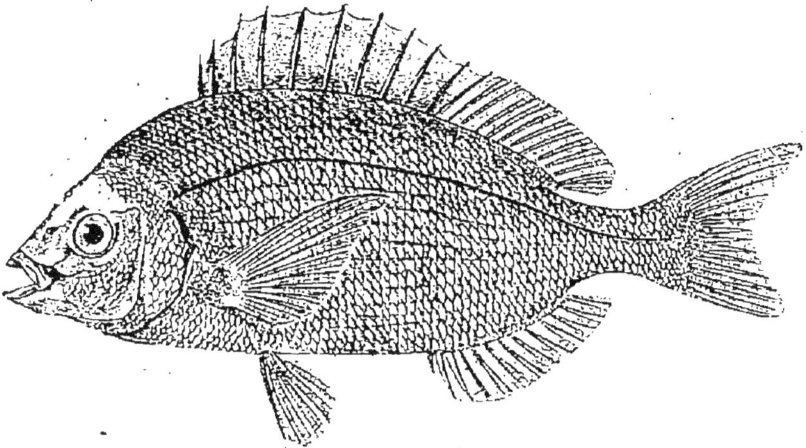

Fig. 979. — Cantharus griseus (Cuvier et Valenciennes).

### 1. CANTHARUS Cuvier. *Canthare*. Fig. 979.

Anale à 3 aiguillons.

Hauteur du tronc comprise env. 3 *fois à* 3 *fois* 1/4 dans la longueur. *Sous-orbitaire antér. échancré* sur le bord inférieur. Gris brun; côtés gris argenté, avec 15-22 lignes longitudin. jaune doré. — **griseus** C. et Val. Toutes nos côtes. 0ᵐ,2 à 0ᵐ,5.

Comprise 3 *fois à* 3 *fois et* 2/3 dans la longueur totale. Gris argenté avec des bandes longitudin. dorées. Caudale fourchue. — **brama** C. et Val. Méditerranée. Côtes de l'Ouest? 0ᵐ,25 à 0ᵐ,35.

Comprise 2 *fois* 3/4 au plus dans la longueur totale. Caudale peu échancrée. Gris argenté, avec des bandes longitudin. brunes. — **orbicularis** C. et Val. Méditerranée. TR. 0ᵐ,3 *au moins*.

## 5. Denticii.

Ovale-comprimé. Dents toutes aiguës; 4 canines à chaque mâchoire.

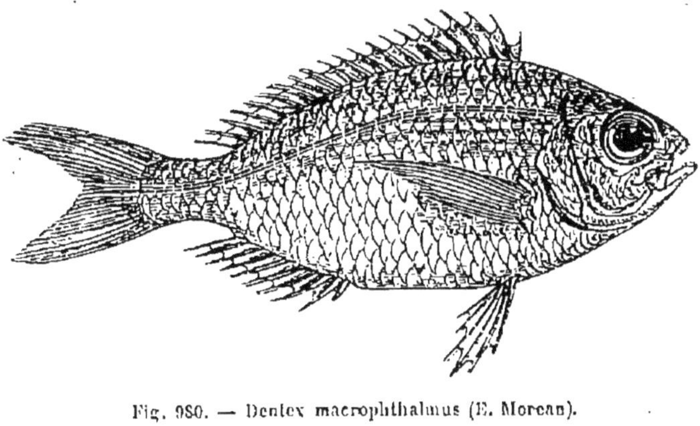

Fig. 980. — Dentex macrophthalmus (E. Moreau).

## 1. DENTEX Cuvier. *Denté.* Fig. 980.

Dorsale à 10-12 aiguillons, à 9-12 rayons mous. Anale à 3 aiguillons, à 8-9 rayons mous. Caudale fourchue.

| | | |
|---|---|---|
| 1 | Dorsale avec des taches bleues; ventrales jaunes. Dos bleu pâle argenté. Diamètre de l'œil *inférieur à la moitié* de l'espace préorbitaire. | **vulgaris** Cuvier. Méditerranée. Océan. 0ᵐ,3 à 1 m. |
| | Dorsale et ventrales rosées; dos et flancs rosés; ventre argenté. Diamètre de l'œil *plus grand* que l'espace préorbitaire. | **macrophthalmus** Bloch. Méditerranée. 0ᵐ,25 à 4 m. |

# XVI. MAENIDI.

Forme oblongue; écailles cténoïdes. Bouche fortem. protractile, tubuliforme. Dents en velours; canines présentes ou nulles. Opercule avec une pointe postér. aiguë. 6 rayons branchiostèges. 1 dorsale, à 22 rayons; anale à 3 épines; ventrales à 6 rayons.

1 { *Des dents* sur le vomer — 1. MAENA.
{ *Pas de dents* sur le vomer — 2. SMARIS.

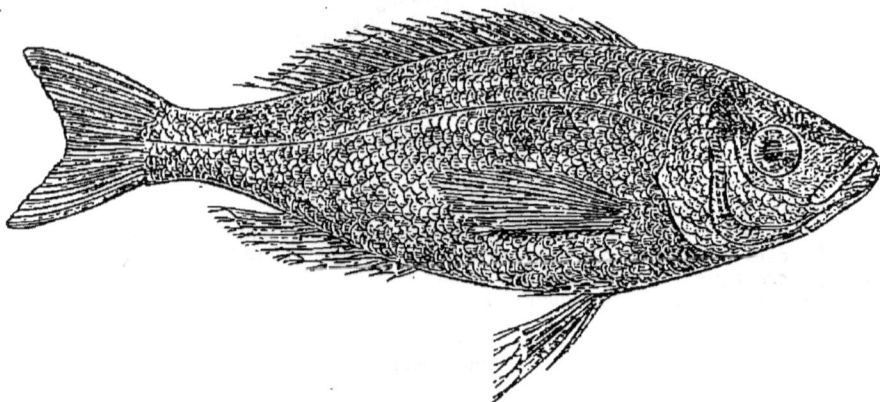

Fig. 981. — *Maena vulgaris* (E. Moreau).

## 1. MAENA Cuvier. *Mendole.* Fig. 981.

Tête allongée. Vomer garni de dents. Ord. 1 tache noire sous la ligne latérale.

vomerina Cuv. et Val. Méditerranée. 0ᵐ,1 à 0ᵐ,2.

jusculum C. et V. Méditerranée. 0ᵐ,15 à 0ᵐ,18.

vulgaris C. et V. Méditerranée. Océan? 0ᵐ,15 à 0ᵐ,2.

osbeckii C. et Val. Méditerranée. AC. 0ᵐ,18 à 0ᵐ,25.

## 2. SMARIS Cuvier. *Picarel.* Fig. 982, 983.

Vomer sans dents. Écailles de la ligne latér. ord. à 2 pores. Dorsale ord. à 22 rayons. Anale à 3 aiguillons et 9-10 rayons mous.

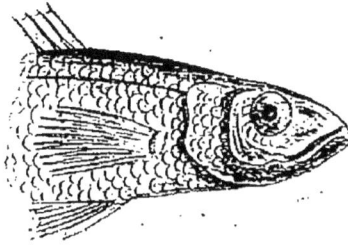

Fig. 982. — Smaris maurii, partie antérieure.

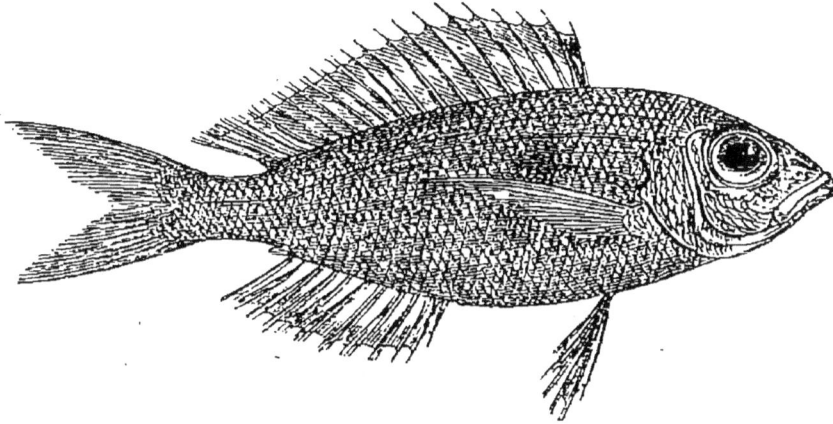

Fig. 983. — Smaris alcedo (E. Moreau).

1 {

*80 écailles* sur la ligne longitudinale. Hauteur du tronc contenue 5 à 6 fois dans la longueur totale. Dessus bleu argenté; côtés plus clairs. — **maurii** Bonap. Méditerranée. 0m,12 à 0m,18

*87-90 écailles* sur la ligne longitudin. Hauteur du tronc contenue 4 fois à 4 fois 3/4 dans la longueur totale. Gris jaunâtre; tache latér. bien marquée. — **vulgaris** Cuv. et Val. Méditerranée. 0m,15 à 0m,18.

*70 écailles.* Hauteur du tronc comprise 4 fois à 4 fois 3/4 dans la longueur totale. Dessus brun clair, côtés gris; des bandes bleues et jaune doré. *Une tache noire entre les 2 premières épines de la dorsale.* — **alcedo** Risso. Méditerranée. 0m,15 à 0m,2.

*70 écailles.* Hauteur du tronc comprise 4 fois à 4 fois 1/4 dans la longueur totale. Dorsale et anale à taches bleues. Dessus gris; côtés plus clairs. — **chryselis** Bonap. Méditerranée. 0m,15 à 0m,2.

## XVII. LABRIDI.

Corps ovale-allongé. Pas de dents à la langue et au palais. 5-6 rayons branchiostèges. Pharyngiens infér. soudés en une seule plaque. Dorsale longue, à rayons antér. épineux. 3-6 aiguillons à l'anale. Ventrales thoraciques, à 1 aiguillon et 5 rayons mous.

1 { Mâchoires à dents *soudées* ..... 1. SCARII. { A dents *non soudées* ..... 2. LABRII.

### 1. Scarii.

Écailles grandes. Bouche terminale, horizontale. 5 rayons branchiostèges.

## 1. SCARUS Forskal. *Scare.*

Joues avec 1 seul rang d'écailles.
Oblong. Ord. 22-24 écailles sur la ligne longitudin. **cretensis** Aldrov.
Dorsale à 9 aiguillons et 10 rayons mous. Couleur Méditerranée. 0ᵐ.2 *au moins.*
foncière ± brune.

## 2. Labrii.

Dents des mâchoires non soudées.

1 { Ligne latérale *interrompue* sous la fin de la dor- 7. XYRICHTHYS.
sale
{ *Non interrompue* 2

2 { Tête presque complètement *nue* 6. JULIS.
{ *Avec des écailles* au moins sur la joue et l'opercule 3

3 { Mâchoires à dents *1sériées* 4
{ A dents *plurisériées. 3* aiguillons à l'anale 4. CTENOLABRUS.
{ A dents *plurisériées. 4-6* aiguillons à l'anale 5. ACANTHOLABRUS.

4 { Préopercule *non dentelé* 1. LABRUS.
{ Dentelé. Bouche { *peu* protractile 2. CRENILABRUS.
{ *très* protractile 3. CORICUS.

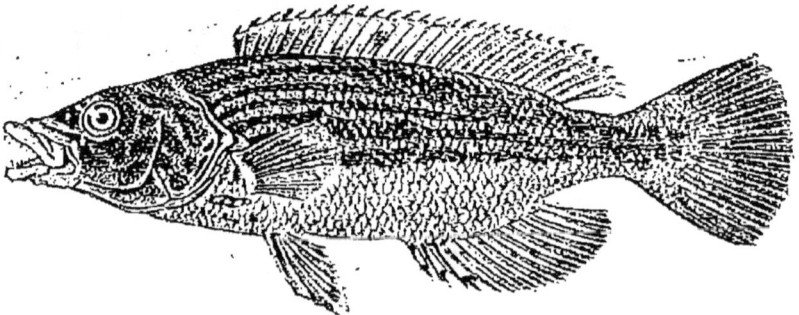

Fig. 984. — Labrus mixtus (Cuvier et Valenciennes).

## 1. LABRUS Artedi. *Labre.* Fig. 984.

Écailles lisses. Mâchoire supér. protractile. 5 rayons branchiostèges. Opercule,
sous-opercule et joues écailleux. Dorsale à 15-21 aiguillons, 8-12 rayons mous; anale
à 3 épines et 8-12 rayons mous. Caudale tronquée à angles arrondis.

1 { Env. 3 f. plus long que haut. 42-45 écailles sur la **saxorum** C. et Val.
ligne longitudin. Dessus brun; côtés lilacés, avec Méditerranée. TR. 0ᵐ,15 à
des lignes obliques. *1 tache bleu foncé noi-* 0ᵐ.3.
*râtre* à l'angle postéro-supér. de l'opercule.
{ *Pas de tache bleue* à l'angle postéro-supér. de
l'opercule 2

2 { Tête au plus *aussi longue* que la hauteur du tronc 3
{ Au moins 1/4 *plus longue* que la hauteur du
tronc 4

3 { 18 rayons épineux à la dorsale. Dessus brun; dessous **lineolatus** C. et V.
argenté. *Sous la ligne latér., env. 10 lignes* Méditerranée. 0ᵐ,2 à 0ᵐ,3.
*longitudin. brunes,* séparées par des taches
blanches.
{ 17-19 rayons épineux à la dorsale. Nageoires im- **merula** L.
paires et pectorales bleu foncé. Dos et flancs bleu Méditerranée. 0ᵐ,2 à 0ᵐ,3.
foncé; dessous lilacé. *Pas de bande argentée*
*ni de lignes brunes aux flancs.*
{ 17-18 rayons épineux à la dorsale. Nageoires im- **turdus** L.
paires vertes; dorsale avec 1 tache noire. Vert, Méditerranée. AC. 0ᵐ,15 à
plus foncé en dessus qu'en dessous. *Une bande* 0ᵐ.3.
*blanchâtre brillante de l'œil à la caudale.*

| | |
|---|---|
| 20-21 rayons épineux à la dorsale. Rougeâtre, verdâtre ou bleu, avec des taches ocellées ou en réseau. [*Labre vieille.*] | **bergylta** Ascanias. Côtes de l'Ouest. 0ᵐ,3 à 0ᵐ,5. |

4 { Des lignes ou *bandelettes noires* autour de l'orbite — 5
Pas de *bandelettes noires* autour de l'orbite — 6

5 { Dorsale jaune ou orangée, *avec* ord. des ocelles lilacés ou verdâtres. ± vert jaunâtre ou bleu sombre, avec ou sans taches noires, blanches, rouges, orangées. — **festivus** Risso. Méditerranée. 0ᵐ.2 à 0ᵐ,4.
Sans ocelles. Dessus verdâtre ou rougeâtre, avec des taches foncées et nacrées. — *luscus* L. Méditerranée.

6 { Interopercule ayant au plus *1-2 écailles*. Hauteur du tronc contenue au moins 5 f. dans la longueur totale. Nageoires vertes avec des ocelles lilacés; dos et flancs verts; dessous vert jaunâtre. — **viridis** L. Méditerranée. AC. 0ᵐ,2 à 0ᵐ,3.
Avec en arrière *plusieurs rangées d'écailles*. 50 à 60 écailles sur la ligne longitudin. Brun verdâtre ou rougeâtre, avec des bandes; dessous jaunâtre. — **mixtus** L. Toutes nos côtes. 0ᵐ,18 à 0ᵐ,3.

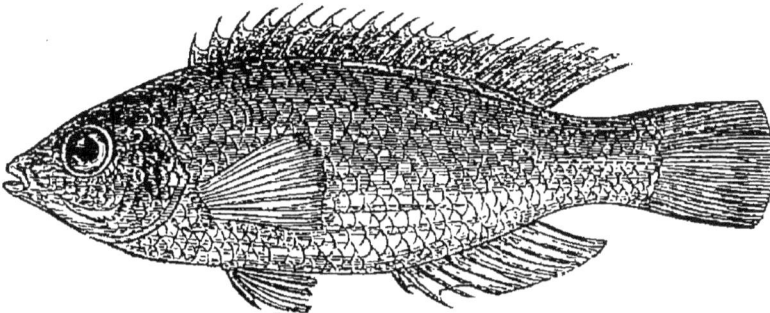

Fig. 985. — Crenilabrus melanocercus (E. Moreau).

## 2. CRENILABRUS Cuvier. *Crénilabre.* Fig. 985.

Écailles assez grandes. Dents des mâchoires 1sériées. Bord postér. du préopercule dentelé ou crénelé. 5 rayons branchiostèges. Rayons épineux de la dorsale plus nombreux que les rayons mous.

1 { Opercule *avec* 1 tache isolée, bleue ou noire, cerclée ou non — 2
Sans tache isolée — 4

2 { *2 à 5 grandes taches noires* sur la dorsale — 3
Dorsale rubigineuse, avec des taches azurées, *sans* taches noires. Tache de l'opercule bleue, cerclée de vermillon. Couleur foncière brun jaunâtre. — **ocellatus** Forskal. Méditerranée. 0ᵐ,07 à 0ᵐ,12.

3 { Interopercule à *2-3 rangs* d'écailles. Tache operculaire noire. Dorsale à 2 taches noires cerclées d'orangé. Couleur foncière verte, nuancée de jaunâtre. — **roissali** Risso. Méditerranée. Océan. 0ᵐ,12 à 0ᵐ,16.
A *1 seul rang* d'écailles. Dorsale gris rosé, avec 3 bandes de taches. Jaune verdâtre, taché de noir. — **tigrinus** Risso. Méditerranée. 0ᵐ,08 à 0ᵐ,12.

4 { Derrière l'œil, *une tache* noir bleu, arquée, très nette. 32-34 écailles sur la ligne longitudin. Coloration variable, jaune ou verte, avec ou sans bandes. — **melops** L. Méditerranée. Côtes de l'Ouest. 0ᵐ,15 à 0ᵐ,2.
Pas de *tache arquée* postoculaire — 5

5 { Tronçon caudal *avec* 1 tache noire — 6
Sans tache noire — 9

Pectorale rose pâle. *avec 1 tache basilaire noire.*    **mediterraneus** Bonap.

Ventrale rouge. Dents *inégales*; à la mâchoire    Méditerranée. AC. 0ᵐ,07 à supér., les 2 prem. incisives plus fortes. Rose ou    0ᵐ,15. rouge jaunâtre.

6    Pas de tache noire au tronçon caudal.    **9.** *brunnichii* Lacép.

*Avec 1 tache basilaire bleue.* Corps rougeâtre.    **tinca** Brunn. Dents *égales.* Gorge rose ou orangée. Ventre à    Méditerranée. R. 0ᵐ,07. profil arqué.

*Sans tache basilaire*    **7**

Tache du tronçon caudal brune, placée *au-dessous*    **pavo** Brunn. de la ligne latérale, et *bien définie.* Ord. vert    Méditerranée. Océan ? 0ᵐ,15 jaunâtre, avec des taches rouges et bleues.    à 0ᵐ,3.

7    Noirâtre ou bleue, placée *au-dessous* de la ligne    **massa** Risso. latér., et *s'étendant sur les rayons de la*    Méditerranée. Golfe de Gas- *caudale.* Gris jaunâtre, verdâtre ou brun rou-    cogne. 0ᵐ,1 à 0ᵐ,15. geâtre, ± maculé.

Placée *au-dessus* de la ligne latérale    **8**

Profil du ventre *fortement arqué.* Joues à 4-5 rangs    **arcuatus** Risso. d'écailles. Dessus rougeâtre. Côtés et ventre bleu    Méditerranée. R. 0ᵐ,1 à

8    grisâtre.    0ᵐ,17.

*Normal.* Mâchoire supér. avec 2 longues dents    **chlorosochrus** Risso. isolées en avant. Verdâtre nuancé de rouge.    Méditerranée. 0ᵐ,1.

*Une bande dorée sourcilière,* ± distincte. Ovale,    **chrysophrys** Risso. très comprimé. Nageoires vertes. Dos et flancs    Méditerranée, TR. Golfe de

9    verts; dessous ± argenté.    Gascogne ? 0ᵐ,1 env.

*Pas de bande dorée* ⎰ *inégales*    **6** au sourcil. Dents ⎱ *égales*    **10**

Dorsale à *14* aiguillons. Corps ovale, gris bleu;    **baillonii** Valenc. flancs violacés. Des taches bleues et jaunes; tête    Manche. Océan. TR. 0ᵐ,15 à ord. avec des bandes orangées.    0ᵐ,22.

10    A *16-17* aiguillons. Pectorale jaune très pâle, *avec*    **melanocercus** Risso. *une large bordure noire.* Dorsale bleu foncé.    Méditerranée. R. 0ᵐ,1 env. Couleur foncière brun rougeâtre.

A *16* aiguillons, Pectorale *sans bordure noire.*    **caeruleus** Risso. Dorsale et anale bleues. Couleur foncière bleue.    Méditerranée. AR. 0ᵐ,1.

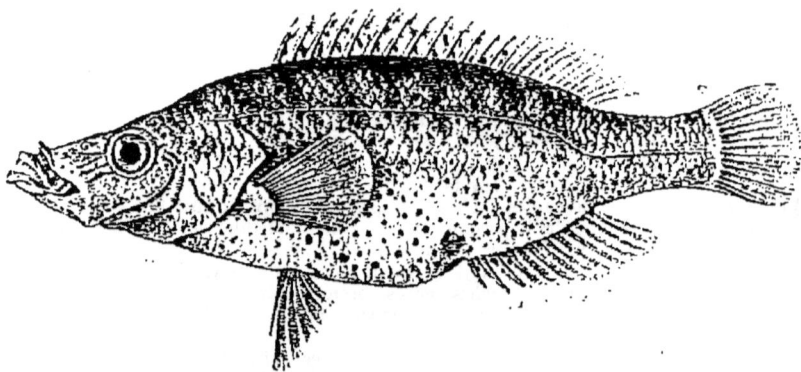

Fig. 986. — Coricus rostratus (Cuvier et Valenciennes).

### 3. CORICUS Cuvier. *Sublet.* Fig. 986.

Bouche très protractile. Dents 1sériées. Préopercule denticulé. 5 rayons branchiostèges. Dorsale à 14-16 aiguillons et env. 10 rayons mous. Anale à 3 aiguillons et 9-10 rayons mous.

Coloration variable, rouge orangé, verdâtre, bleuâtre,    **rostratus** Bloch. brun rougeâtre, ord. ponctué de plus foncé.    Méditerranée. 0ᵐ,08 à 0ᵐ,12.

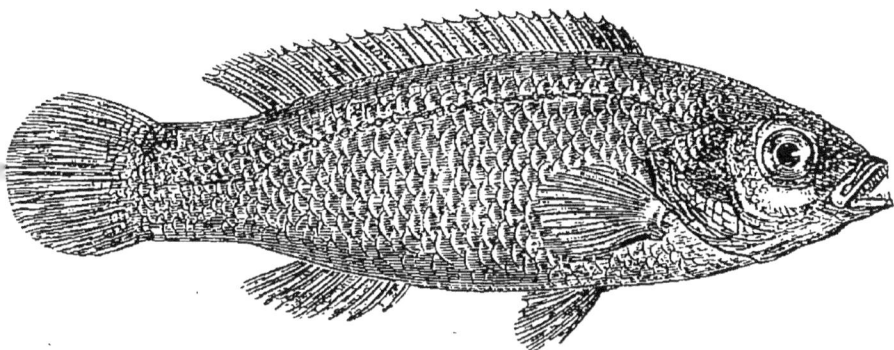

Fig. 987. — Ctenolabrus rupestris (E. Moreau).

### 4. CTENOLABRUS Valenciennes. *Cténolabre*. Fig. 987.

Écailles grandes. Dents plurisériées, le rang ext. à dents coniques fortes. 5 rayons branchiostéges. Dorsale à 16-18 épines et 7-12 rayons mous; anale à 3 épines et 7-10 rayons mous.

7-8 rayons mous à l'anale. Dorsale gris verdâtre, **rupestris** L.
avec *1 tache noire* sur les 3-4 premiers espaces Toutes les côtes. TR. 0ᵐ,1 à
interradiaires. Gris rosé ou rouge verdâtre. 0ᵐ,15.

10 rayons mous à l'anale. Corps allongé. demi-ellip- **iris** C. et Val.
tique. Dorsale ord. *immaculée* sur sa partie épi- Méditerranée. TR. 0ᵐ,1 env.
neuse, souv. tachée sur sa partie molle. Rouge.

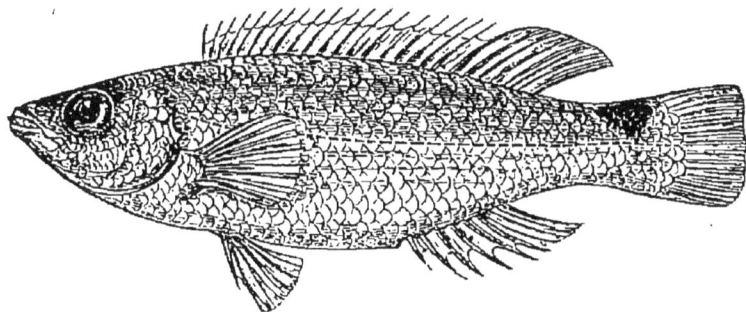

Fig. 988. — Acantholabrus palloni (E. Moreau).

### 5. ACANTHOLABRUS Valenciennes. *Acantholabre*. Fig. 988.

Écailles grandes. Dents des mâchoires plurisériées, les ext. plus fortes. 5 rayons branchiostéges. Dorsale à 16-21 épines; anale à 4 épines au moins.
Dorsale vert jaunâtre; anale blanche; dessus bleu ou **palloni** Risso.
violacé; dessous blanchâtre. Méditerranée. Océan? 0ᵐ,2.

### 6. JULIS Cuvier. *Girelle*. Fig. 989.

Tête presque complétem. nue. Dents antér. plus fortes. Dorsale à 8-9 épines. Anale à 3 aiguillons et 11-12 rayons mous.

29-31 écailles sur la ligne longitudin. Dorsale verte, **pavo** Lacép.
avec ord. 1 bande bleue. Couleur variable; ord. Méditerranée. R. 0ᵐ,15 à
verdâtre, avec un trait vertical rouge sur les 0ᵐ,2.
écailles.

Env. 80 écailles sur la ligne longitudin. Nageoires **giofredi** Risso.
jaunâtres; ord. *pas de tache* à la partie antér. Méditerranée. Golfe de Gas-
de la dorsale. cogne. 0ᵐ,15 à 0ᵐ,2.

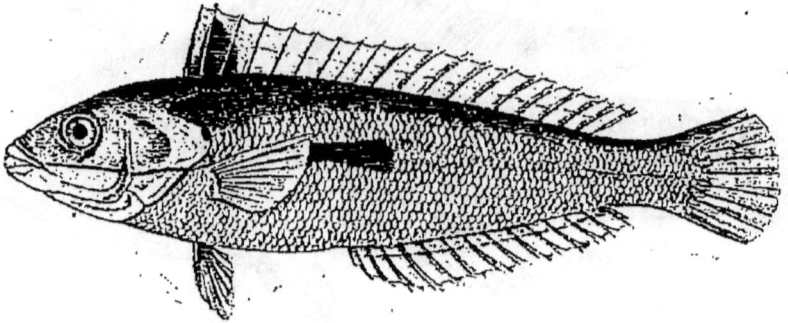

Fig. 989. — Julis vulgaris (Cuvier et Valenciennes).

Nageoires rouges ; 1 tache bleue 3angulaire sur le 2ᵉ espace interradiaire.
74-78 écailles. Dorsale variée de jaunâtre et de rougeâtre, *marquée d'une tache* bleue sur les 2-3 premiers espaces interradiaires.

β. *festiva* Valenc. Manche.
**vulgaris** C. et Val. Méditerranée. Golfe de Gascogne. 0ᵐ,15 à 0ᵐ,25.

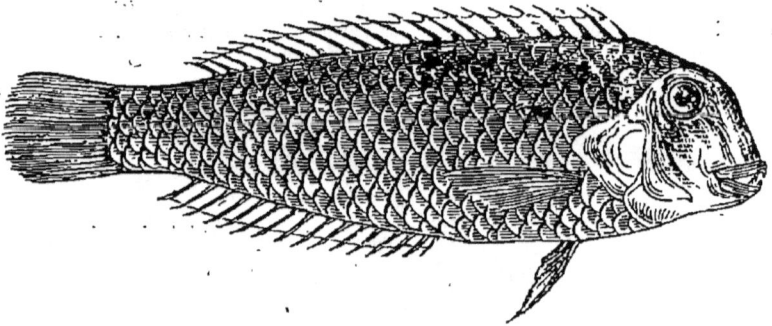

Fig. 990. — Xyrichthys novacula (E. Moreau).

### 7. XYRICHTHYS Cuvier. *Rason*. Fig. 990.

Oblong. très comprimé. Profil antér. de la tête subvertical ; tête presque nue. Dents 1sériées. 6 rayons branchiostèges. Ligne latér. interrompue.

Dorsale à 9-10 aiguillons et 12 rayons mous. Nageoires jaunâtres, les verticales avec des lignes ondulées violettes. Rougeâtre ; chaque écaille avec 1 trait bleu.

**novacula** L. Méditerranée. Golfe de Gascogne. 0ᵐ,15 à 0ᵐ,3.

## XVIII. CHROMISIDI

Ecailles pectinées. Mâchoires peu dentées. 5-7 rayons branchiostèges. Ligne latér. interrompue. 1 dorsale ; ventrales à 1 aiguillon et 5 rayons mous.

### 1. CHROMIS Cuvier. *Chromis*. Fig. 991.

Bouche protractile. Dents en velours. Pas de dents sur le vomer et les palatins. Angle postér. de l'opercule épineux. 6 rayons branchiostèges.

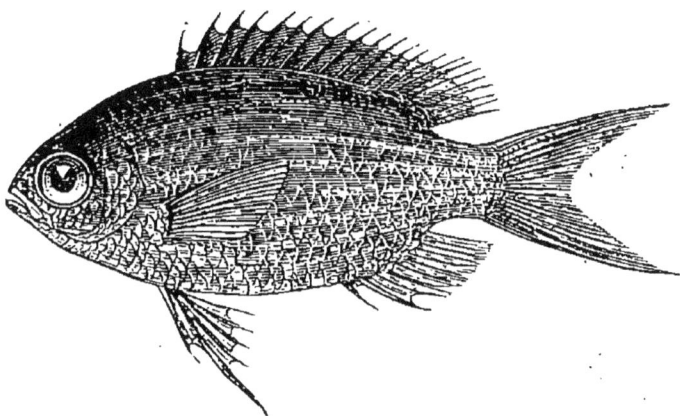

Fig. 991. — Chromis castanea (E. Moreau).

Dorsale à 13-14 épines et 8-11 rayons mous; anale à **castanea** Cuv.
2 épines. Une tache noire à l'aisselle de la pectorale. Méditerranée. 0m,1 env.
Brun violacé marron; ord. des bandes. [*Castagneau.*]

## XIX. NOTACANTHIDI.

Écailles petites, cycloïdes. Tête écailleuse. Mâchoires et palatins dentés. Dorsale formée d'épines libres. Anale longue, réunie à la caudale.

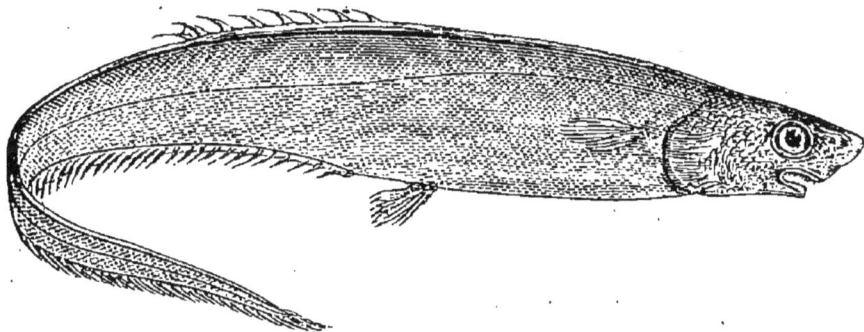

Fig. 992. — Notacanthus mediterraneus (E. Moreau).

### 1. NOTACANTHUS Bloch. *Notacanthe.* Fig. 992..

Forme allongée-comprimée.

1 {
Au moins 30 aiguillons à la dorsale. Région nasale **rissoanus** Filip. et Ver. prolongée en forme de trompe. Méditerranée.
9 aiguillons. Dents du palais 2-sériées. Museau saillant, obtus. **bonapartei** Risso. Méditerranée. TR. 0m,15.
Dorsale double, la 1re à 6 aiguillons libres, la 2e à **mediterraneus** F. et V. 1 aiguillon et 1 rayon mou. Brun rougeâtre. Méditerranée TR. 0m,2.
}

## XX. GASTEROSTEIDI.

Forme allongée. Corps nu ou revêtu de pièces osseuses sur les côtés. Mâchoires dentées; pas de dents au palais et à la langue. 3 rayons branchiostèges. 1re dorsale à aiguillons isolés, munis en arrière d'une membrane 3angulaire; la 2e à 1 épine et plusieurs rayons mous. Pectorales à rayons non branchus, articulés.

1 { 1ʳᵉ dorsale à *2-10* aiguillons. *Des eaux douces*　　1. GASTEROSTEUS.|
  { A *14* aiguillons au moins. *De la mer*　　　　　　　2. SPINACHIA.

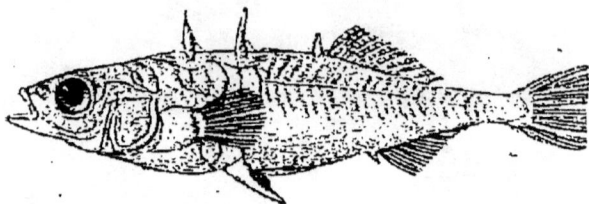

Fig. 993. — Gasterosteus aculeatus *var.* eiurus (Cuvier et Valenciennes).

## 1. GASTEROSTEUS Linné. *Épinoche*. Fig. 993.[1]

Ventrale à 1 épine et 1 rayon mou; cette épine articulée et mobile. — Des eaux douces.

Sect. 1. *Engasterosteus.*

| | |
|---|---|
| En avant des rayons mous de la 2ᵉ dorsale, *2-3-4* aiguillons. Corps comprimé-fusiforme. Ord. verdâtre ponctué de noirâtre. | aculeatus Linné. *Eaux douces.* Presque tte la France. 0ᵐ,05 à 0ᵐ,08. |

a { 4 épines avant les rayons mous de la 2ᵉ dorsale.　　　　Var. *tetracanthus* C. et V.
  { *2* épines.　　　　　　　　　　　　　　　　　　Var. *nemausensis* Crespon.
  { *3* épines ⟫⟩ → *b*

b { 4-7 écussons latéraux; tronçon caudal nu.　　　　Var. *leiurus* C. et V.
  { *26-32* écussons latéraux; qques-uns sur la queue.　　Var. *trachurus* C. et V.
  { *12-15* écussons latér., queue nue.　　　　　　Var. *semiarmatus* C. et V.

Sect. 2. *Gasterostea* (Epinochette).

En avant des rayons mous de la 2ᵉ dorsale, *9-11* épines. Ord. vert jaunâtre à pointillé noirâtre.　　pungitius L. Centre. Nord. 0ᵐ,04 à 0ᵐ,06.

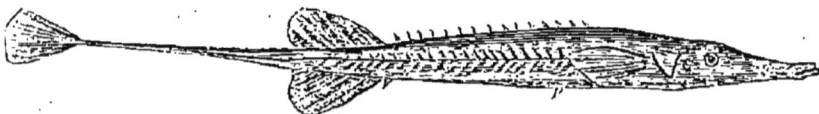

Fig. 994. — Spinachia vulgaris (E. Moreau).

## 2. SPINACHIA Cuvier. *Gastré*. Fig. 994.

Des scutelles osseuses sur le dos et les côtés. Mandibule avancée. 15 épines avant les rayons mous de la 2ᵉ dorsale.
Dorsale et anale avec 1 tache noire à leur partie antér.　**vulgaris** Flem.
Dessus verdâtre teinté de brun. Dessous blanchâtre.　　Côtes de l'Ouest. 0ᵐ,1.

# XXI. CENTRISCIDI.

Corps vêtu d'écailles ou d'une cuirasse, qqf. nu. Bouche non dentée; tête prolongée en rostre.

## 1. CENTRISCUS Linné. *Centrisque*. Fig. 995.

Ovale-comprimé. Tête écailleuse. 2ᵉ aiguillon de la 1ʳᵉ dorsale dentelé, très développé. Épine des ventrales rudimentaire.

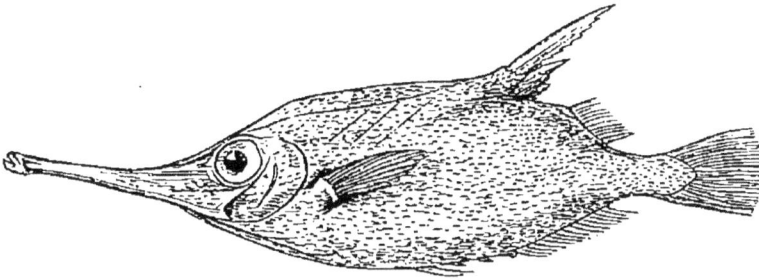

Fig. 995. -- Centriscus scolopax (E. Moreau).

Dessus rose ou gris doré. Côtés et dessous rose argenté.   **scolopax** L.
 [*Bécasse.*]                          Méditerranée. Océan. 0ᵐ,15.

## XXII. TETRAGONURIDI.

Corps allongé. Écailles ciliées. De chaque côté de la queue, 2 crêtes ou carènes.
Dents des mâchoires 1sériées. Vomer et palatins munis de dents. 2 dorsales contiguës,
la 2ᵉ plus haute et plus courte.

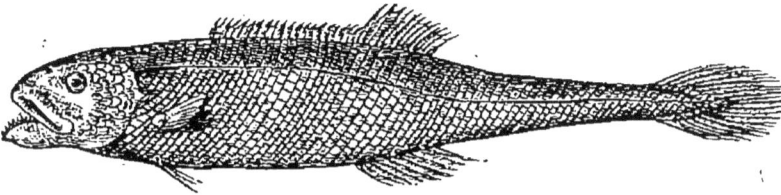

Fig. 996. — Tetragonurus cuvieri (E. Moreau).

### 1. TETRAGONURUS Risso. *Tétragonure.* Fig. 996.

Ventrales plus reculées que l'insertion des pectorales.
Dessus lilacé ou vineux. Dessous et côtés plus clairs.   **cuvieri** Risso.
 15-21 rayons à la 1ʳᵉ dorsale.              Méditerranée. TR. 0ᵐ,3.

## XXIII. MUGILIDI.

Forme allongée. Bouche transversale, peu fendue. 2 dorsales, distantes; la 1ʳᵉ à
4 épines. Ventrales à 1 épine et 5 rayons mous.

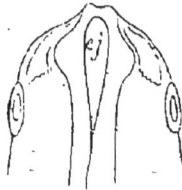

Fig. 997. — Mugil auratus, *tête vue en dessous*; *ej, espace jugulaire.*

### 1. MUGIL Artedi. *Muge.* Fig. 997, 998.

Écailles grandes, très finem. pectinées. Mâchoire supér. échancrée au bout pour recevoir le tubercule de la mandibule. 6 rayons branchiostèges. Pas de ligne latér. distincte. 1ʳᵉ dorsale à 4 épines; 2ᵉ à 1 épine et 7-9 rayons mous.

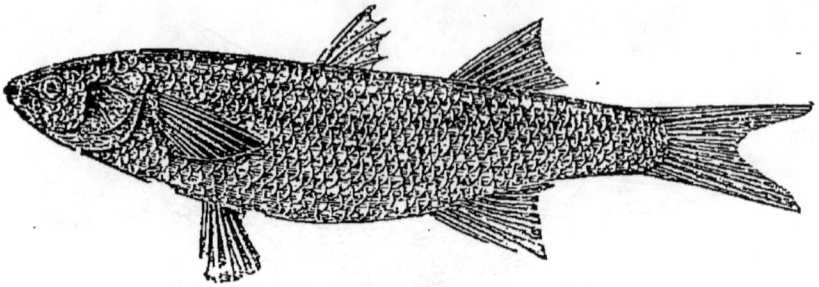

Fig. 998. — Mugil capito (E. Blanchard).

<table>
<tr><td>
1 {
Œil muni *de 2 paupières verticales*. Espace jugu-<br>
laire ovale, plus long que le diamètre de l'œil.<br>
Gris ; côtés avec 6-7 bandes brunes parallèles.<br>
Muni *d'un repli palpébral étroit*, circulaire
</td><td>
**cephalus** Risso.<br>
Méditerranée. Océan. R. 0<sup>m</sup>,5.<br><br>
2
</td></tr>
</table>

1 {
Œil muni *de 2 paupières verticales*. Espace jugulaire ovale, plus long que le diamètre de l'œil. Gris ; côtés avec 6-7 bandes brunes parallèles. — **cephalus** Risso. Méditerranée. Océan. R. 0$^m$,5.
Muni *d'un repli palpébral étroit*, circulaire — 2

2 {
Espace jugulaire *ovale*, plus long que le diamètre de l'œil — 3
Étroitem. *linéaire*, plus court que le diamètre de l'œil — 5

3 {
Maxillaire supér. *couvert presque complétem.* par le sous-orbitaire dans la bouche fermée. Brun ; 6-7 bandes. 1 tache jaune postoculaire ; 1 operculaire. — **auratus** Risso. Toutes les côtes. 0$^m$,4.
*Non entièrem. couvert* par le sous-orbitaire — 4

4 {
Bord antér. du sous-orbitaire denteté partiellem., rectiligne, *non échancré*. Dos brun ; flancs grisâtres ; 6-7 bandes longitudin. [*Capiton.*] — **capito** C. et Val. Toutes les côtes. 0$^m$,4.
Denteté au bord infér. et au bord antér., *avec une échancrure* arrondie vers la 1/2 ext. de ce dernier. Dos brun ; flancs gris ; 5-6 bandes longitudin. — **saliens** Risso. Méditerranée. Golfe de Gascogne. 0$^m$,3.

5 {
Hauteur du tronc comprise dans la longueur totale *au moins 4 fois 1/3* — 6
Comprise *3 fois 1/2 à 4 fois*. 38-39 écailles sur la ligne longitudin. Anale à 3 épines et 9 rayons mous. Brun. — **curtus** Yarr. Manche. Océan. R. 0$^m$,3.

6 {
Anale à 3 aiguillons et 11 rayons mous. Dos et flancs bruns ; ceux-ci avec 6 lignes longitudin. dorées. — **labeo** Cuv. et Val. Méditerranée. R. Golfe de Gascogne ? 0$^m$,2.
A 3 aiguillons et *9* rayons mous. Dos et côtés gris bleuâtre ; ceux-ci avec 6-7 bandes ± brunes. — **chelo** Cuvier. Toutes les côtes. C. 0$^m$,4.

## XXIV. ATHERINIDI.

Corps allongé-fusiforme. Bouche fortem. protractile, obliquem. fendue. Mandibules débordant la mâchoire. 6 rayons branchiostèges. Pas de ligne latér.

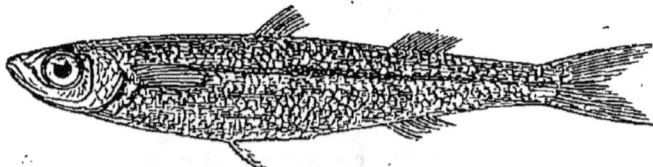

Fig. 999. — Atherina hepsetus (E. Moreau).

**1. ATHERINA** Linné. *Athérine*. Fig. 999.

2 dorsales, distantes ; la 1<sup>re</sup> à 6-9 épines, la 2<sup>e</sup> à 1 épine et 10-12 rayons mous. Caudale fourchue. Ventrales à 1 épine et 5 rayons mous.

Opercule argenté, *sans trace de pointillé noirâtre.* **rissoi** Cuv. et Val.
 Une bande argentée longitudin. très brillante. Méditerranée. TR. 0ᵐ,1 *env.*
 Brun rougeâtre en dessus.
 Argenté. *ponctué de noir* dans sa partie supér. . 2
 58 à 63 écailles sur la ligne longitudin. 3
 50-55 écailles. Diamètre de l'œil compris 2 f. 1/2 **boyeri** Risso.
 dans la longueur de la tête. Dos gris clair; une Méditerranée. Golfe de Gas-
 bande argentée brillante. [*Joël.*] cogne?.0ᵐ,1.
 43-45 écailles. Diamètre de l'œil compris 2 f. 1/2 à **mochon** C. et Val.
 2 f. 2/3 dans la longueur de la tête. Bande ar- Méditerranée. 0ᵐ,08.
 gentée brillante.
 Œil à peine plus grand que l'espace préorbitaire, **hepsetus** L.
 compris 3 f. 1/2 dans la longueur de la tête. Dos Méditerranée. Golfe de Gas-
 grisâtre; bande argentée lisérée de verdâtre. cogne. 0ᵐ,12 *env.*
 1/3 ou 1/4 plus grand que l'espace préorbitaire, **presbyter** C. et Val.
 compris 3 f. au plus dans la longueur de la tête. Côtes de l'Ouest. 0ᵐ,15.
 Dos verdâtre. Bande argentée très brillante.

## XXV. SPHYRAENIDI.

Corps allongé-arrondi; écailles petites, cycloïdes. Tête allongée; museau pointu.
Mandibule plus longue que la mâchoire supér. Mâchoires et palatins garnis de dents;
qques dents aiguës-tranchantes, plus développées que les autres. 7 rayons branchiostèges. 2 dorsales, la 1ʳᵉ à 5 aiguillons, distante de la 2ᵉ. Ventrales en arrière des pectorales.

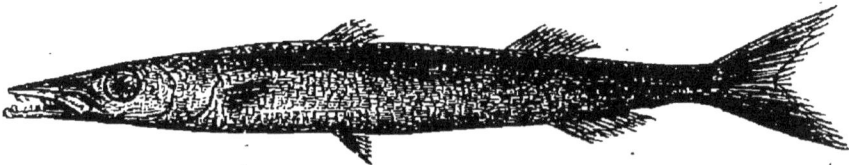

Fig. 1000. — Sphyraena spet (E. Moreau).

**1. SPHYRAENA** Klein. *Sphyrène.* Fig. 1000.

Mandibule terminée par un tubercule aigu. Intermaxil- **spet** Lacép.
laires avec en avant 2 longues dents comprimées. 150 Méditerranée. R. 0ᵐ,4 à 1 m.
écailles env. sur la ligne longitudin. Dessus brun ver-
dâtre; dessous blanc argenté. [*Spet.*]

## SOUS-ORDRE IV. — MALACOPTÉRYGIENS.

Dorsale et anale à rayons mous, sans aiguillons. Ventrales sans rayon épineux, qqf.
nulle.
1 Ventrales *développées* 2
 *Nulles* 3
 Ventrales insérées *en avant* ou *au niveau* des pec-
2 torales 4
 Insérées *en arrière* des pectorales 8
3 Caudale *distincte* I. Ammodytesidi.
 *Confluente* avec la dorsale et l'anale II. Ophidiidi.
4 Corps *dissymétrique* VI. Pleuronectesidi.
 *Symétrique* 5
5 Ventrales *confluentes* en forme de disque VII. Cyclopteridi.
 *Non confluentes* en disque 6
6 Caudale *confondue* avec les dorsale et anale 7
 *Non confondue* avec les dorsale et anale IV. Gadidi.
7 Écailles tégumentaires *scabres* V. Macrouridi.
 *Lisses.* Nageoires ventrales filiformes III. Pteridiidi.

| | | |
|---|---|---|
| | *Une seule* dorsale, qqf. suivie de pinnules | 9 |
| 8 | *Deux* dorsales, la 2ᵉ petite, *munie* de quelques rayons peu développés | XVII. Scopelidi. |
| | *Deux* dorsales, la 2ᵉ *dépourvue* de rayons, formée par du tissu adipeux | XVIII. Salmonidi. |
| 9 | Au moins 6 rayons branchiostèges, souvent davantage | 10 |
| | Au plus 5 rayons branchiostèges | 14 |
| 10 | *Plusieurs barbillons* | XI. Siluridi. |
| | *Un seul barbillon* sous la gorge | XVI. Stomiasidi. |
| | *Pas de barbillons* | 11 |
| 11 | Dorsale *non opposée* à l'anale | XII. Clupeidi. |
| | *Opposée* à l'anale | 12 |
| 12 | Pharyngiens inférieurs *soudés* | XV. Exocoetidi. |
| | *Non soudés* | 13 |
| 13 | Opercule *non écailleux* | XIII. Alepocephalidi. |
| | *Écailleux* | XIV. Esocidi. |
| 14 | Mâchoires *dentées* | X. Cyprinodontidi. |
| | *Non dentées* | 15 |
| 15 | Au moins 6 barbillons | IX. Cobitisidi. |
| | Au plus 4 barbillons | VIII. Cyprinidi. |

## I. AMMODYTESIDI.

Forme allongée, subcylindrique. Anus en arrière. Tête conique. Pas de dents aux mâchoires. Narines à 2 orifices. Fente branchiale très grande. 7 rayons branchiostèges. Dorsale longue, à 53-60 rayons articulés, simples. Caudale distincte, à 15-21 rayons.

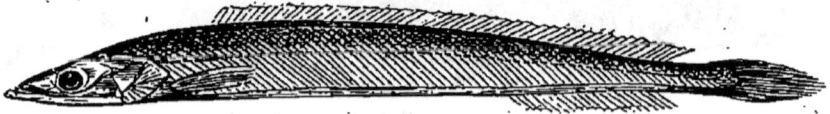

Fig. 1001. — Ammodytes tobianus (E. Moreau).

### 1. AMMODYTES Artedi. *Ammodyte.* Fig. 1001.

Ligne latérale rapprochée de la base de la nageoire dorsale.

| | | | |
|---|---|---|---|
| 1 | *165 à 180 séries d'écailles* de l'épaule à la base de la caudale. Mâchoire supér. *non protractile.* Forme 14 f. à 16 f. plus longue que haute. Dessus verdâtre. [*Lançon.*] | **lanceolatus** Lesauvage. Manche. Océan. 0ᵐ,15 à 0ᵐ,3. |
| | *114 à 130 séries d'écailles* de l'épaule à la caudale. Mâchoire supér. *fortement protractile.* Vomer sans dents. Dessus bleu vert; une bande nacrée latérale. [*Equille.*] | **tobianus** Lesauv. Manche. Océan. 0ᵐ,12 à 0ᵐ,2. |
| | Écailles *nulles* ou çà et là en petites plaques cachées par l'épiderme. Mâchoire supér. *protractile.* Vomer non denté. Dessus bleuâtre; une bande argentée latérale. [*Cicerelle; Jolivet.*] | **cicerellus** Rafin. Méditerranée. AR. Côtes de Bretagne. 0ᵐ,1 à 0ᵐ,15. |

## II. OPHIDIIDI.

Forme allongée, comprimée. Mâchoires et vomer dentés. 7 rayons branchiostèges. Dorsale longue, à 130-180 rayons. Nageoires impaires confluentes.

| | | |
|---|---|---|
| 1 | Téguments *nus.* Anale *commençant vers la base* de la pectorale. Gorge sans barbillon | 2. FIERASFER. |
| | *Munis de petites écailles.* Gorge avec 4 barbillons | 1. OPHIDIUM. |

### 1. OPHIDIUM Artedi. *Donzelle.* Fig. 1002.

Corps comprimé-ensiforme. 4 barbillons disposés par paires, insérés sur un tubercule.

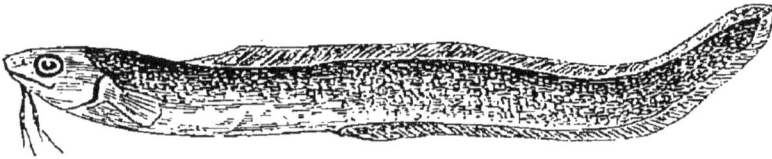

Fig. 1002. — Ophidium barbatum (E. Moreau).

Tête *entièrement dépourvue* d'écailles. Barbillons
blanchâtres. les postér. au moins 1/3 *plus longs*
que les antér. Dos rosé ponctué de noir.
*Munie* d'écailles *sur sa région postorbitaire*. Barbillons tous *subégaux*. Nageoires *sans* bordure
noire.

**barbatum** L.
Méditerranée. Côtes de
l'Ouest? 0ᵐ,15 à 0ᵐ,3.
*vassalii* Risso.
Méditerranée. 0ᵐ,15 à 0ᵐ,25.

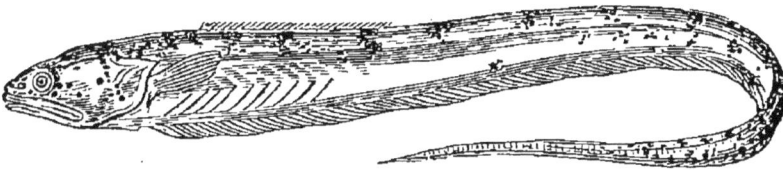

Fig. 1003. — Fierasfer imberbis (E. Moreau).

## 2. FIERASFER Cuvier. *Fiérasfer*. Fig. 1003.

Corps comprimé. Anus en avant.
Dorsale ayant env. *140* rayons. Les 2 mâchoires
garnies de dents *en cardes*. courtes, crochues.
subégales. Jaunâtre. ponctué de rose; qqes
plaques latérales vert doré.
Ayant environ *180* rayons. Mandibule ayant de
chaque côté à l'extrém. 1 dent *forte, crochue*;
la mandibule relevée en pointe entre ces 2 crochets. Rougeâtre.

**imberbis** L.
Méditerranée. R. 0ᵐ,15 *env.*

**dentatus** Cuvier.
Méditerranée. 0ᵐ,15 *env.*

## III. PTERIDIIDI.

### 1. PTERIDIUM Filippi et Vérany. *Ptéridion*. Fig. 1004.

Corps allongé. à écailles cycloïdes. Des dents sur les mâchoires et le vomer. 8 rayons
branchiostèges. Nageoires impaires confluentes; les ventrales filiformes.

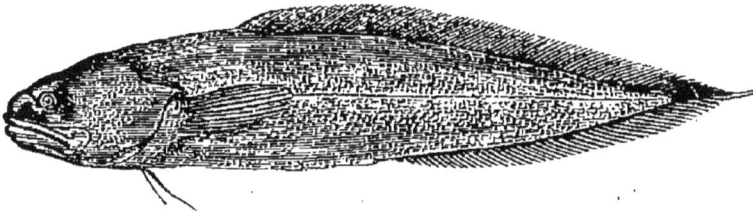

Fig. 1004. — Pteridium atrum (E. Moreau).

Vomer muni de 2-4 grosses dents recourbées. Dorsale à
64 rayons; anale à 44; caudale à 14; ventrales à 2.
Noir ± nuancé de marron.

**atrum** Risso.
Méditerranée. TR. 0ᵐ,08 à
0ᵐ,1.

## IV. GADIDI.

Corps allongé. Écailles lisses, caduques. Mâchoires et ord. vomer deniés. Le plus ord. 7 rayons branchiostèges. Nageoires impaires non confluentes.

<table>
<tr><td rowspan="3">1</td><td>2 anales ; 2 dorsales</td><td>2. MORII.</td></tr>
<tr><td>2 anales ; 3 dorsales</td><td>1. GADII.</td></tr>
<tr><td>1 anale ; 2 dorsales</td><td>2</td></tr>
<tr><td rowspan="2">2</td><td>Mandibule avec 1 barbillon</td><td>3</td></tr>
<tr><td>*Dépourvue* de barbillon</td><td>3. MERLUCII.</td></tr>
<tr><td rowspan="2">3</td><td>1<sup>re</sup> dorsale *à 4 rayons au moins*, souv. davantage</td><td>4. LOTII.</td></tr>
<tr><td>À 2-3 rayons</td><td>5. RANICEPSII.</td></tr>
</table>

### 1. Gadii.

Des dents aux mâchoires et ord. au vomer. 7 rayons branchiostèges.

Extrémité de la { *avec* 1 barbillon       1. GADUS.
mandibule    { *sans* barbillon         2. MERLANGUS.

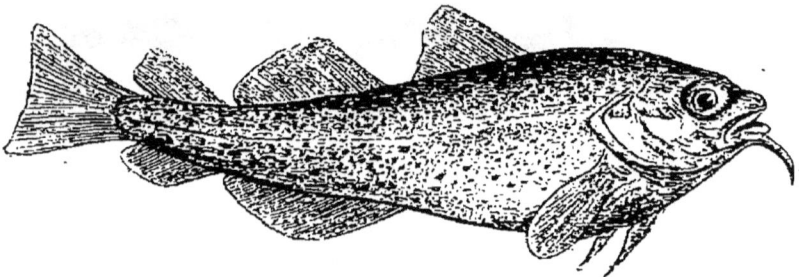

Fig. 1005. — Gadus morrhua.

### 1. GADUS Artedi. *Gade*. Fig. 1005.

1<sup>re</sup> dorsale à 12-16 rayons ; 2<sup>e</sup> à 17-23 ; 3<sup>e</sup> à 17-21. Ventrale à 6.

Les 2 rayons externes de la ventrale *très allongés*, **minutus** L.
le 2<sup>e</sup> atteignant l'origine de la 1<sup>re</sup> anale ; celle-ci   Méditerranée, C. Côtes de
*nullement réunie* à la 2<sup>e</sup>. Brun rougeâtre ponctué   l'Ouest, TR. 0<sup>m</sup>,15 à 0<sup>m</sup>,25.
de noir ; ventre argenté. [*Capelan.*]

1 { *Très allongés* en filaments fragiles. Les 2 anales    **luscus** L.
*confluentes* en une seule fortem. échancrée au 1/3   Côtes de l'Ouest, TC. Médi-
postérieur. Couleur foncière jaune brun ; 3 bandes   terranée, R. 0<sup>m</sup>,2 à 0<sup>m</sup>,3.
vertic. grisâtres ; 1 tache noire à l'aisselle de la
pectorale. [*Tacaud.*]

*De longueur normale*                    2

Diamètre de l'œil égal env. *à la 1/2* de l'espace pré-   **morrhua** L.
orbitaire. 2<sup>e</sup> dorsale à 17-19 rayons. Nageoires   Côtes de l'Ouest. 0<sup>m</sup>,5 à 1<sup>m</sup>,5.
ord. pâles ponctuées de brun. Verdâtre ou oliva-
tre ; des taches jaunes et brunes en dessus et
2 { latéralem. [*Morue franche, Cabillaud.*]

Égal env. *aux 2/3* de l'espace préorbitaire. 2<sup>e</sup> dor-   **aeglefinus** L.
sale à 21-23 rayons, plus longue que les autres.   Côtes de l'Ouest. 0<sup>m</sup>,35 à 0<sup>m</sup>,6.
Dessus gris foncé ; dessous blanchâtre. Une tache
noire sous la base de la 1<sup>re</sup> dorsale. [*Eglefin.*]

### 2. MERLANGUS Cuvier. *Merlan.* Fig. 1006.

1<sup>re</sup> dorsale à 9-16 rayons.

Œil *plus large* que l'espace préorbitaire d'un tiers   **argenteus** Guichen.
au moins ; une crête de l'espace interorbitaire à   Méditerranée, TR. 0<sup>m</sup>,06 à
1 { l'extrém. du museau. Rosé ; une teinte argentée    0<sup>m</sup>,15.
en dessous.

*Plus étroit* que l'espace préorbitaire           2

Fig. 1006. — Merlangus vulgaris.

| | |
|---|---|
| Ligne latérale *droite*. La 3ᵉ dorsale à 22-24 rayons, *plus longue* que la 2ᵉ. Dessus gris brun; dessous et côtés argentés. [*Poutassou*.] | **poutassou** Risso. Méditerranée, AC. Océan ,TR 0ᵐ,2 à 0ᵐ,35. |
| 2 *Droite*. La 3ᵉ dorsale à 20-22 rayons, *plus courte* que la 2ᵉ. Dessus noirâtre; dessous plus clair. Muqueuse buccale noirâtre. [*Colin*.] | **carbonarius** L. Côtes de l'Ouest. 0ᵐ,25 à 0ᵐ, |
| ± *courbe* en avant. 3ᵉ dorsale plus courte que la 2ᵉ | 3 |
| Mâchoire supérieure *moins avancée* que la mandibule. 3ᵉ dorsale à 15-17 rayons; 1ʳᵉ anale à 24-26; 2ᵉ à 16-18. Dessus vert ou gris jaunâtre; dessous blanchâtre. [*Lieu*.] | **pollachius** L. Côtes de l'Ouest. 1ᵐ,5 à 1ᵐ,3. |
| 3 *Plus avancée* que la mandibule. 3ᵉ dorsale à 19-21 rayons; 1ʳᵉ anale à 30-34; 2ᵉ à 20-24. Dessus gris verdâtre ou jaunâtre; dessous argenté.[*Merlan*.] | **vulgaris** Bonap. Côtes de l'Ouest, C. 0ᵐ,2 à 0ᵐ,45. |

## 2. Morii.

### 1. MORA Risso. *Mora.* Fig. 1007.

Forme oblongue. Téguments écailleux. Mâchoires, vomer, palatins dentés. 7 rayons branchiostèges. 2 dorsales; 2 anales.

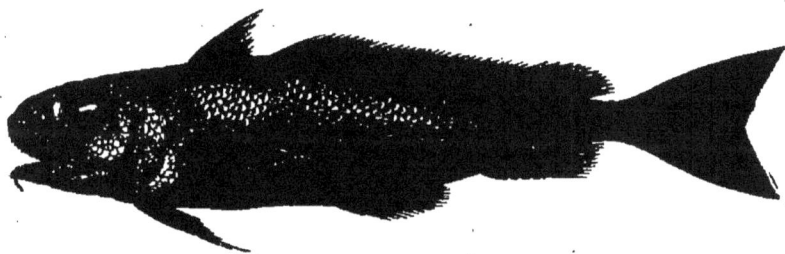

Fig. 1007. — Mora mediterranea (E. Moreau).

| | |
|---|---|
| 1ʳᵉ dorsale à 7-8 rayons; 2ᵉ à 42-45; 1ʳᵉ anale à 16-19; 2ᵉ à 15-20; ventrale à 6. Brun violet à reflets argentés; plus clair en dessous. | **mediterranea** Risso. Méditerranée, R. 0ᵐ,3 à 0ᵐ,6. |

## 3. Merluccii.

Forme allongée-arrondie. Écailles lisses. Mâchoires munies de dents.

| | |
|---|---|
| *Des dents* sur le vomer. 2ᵉ dorsale *plus longue* que l'anale | 1. MERLUCCIUS. |
| *Pas de dents* sur le vomer. 2ᵉ dorsale *plus courte* que l'anale | 2. URALEPTUS. |

### 1. MERLUCCIUS Cuvier. *Merlus.*

| | |
|---|---|
| 2ᵉ dorsale à 36-40 rayons; anale à 36-38. Muqueuse buccale noirâtre. Dos et côtés gris ou bruns; ventre blanchâtre. [*Merlus, merluche*.] | **vulgaris** Cuvier. Toutes les côtes. 0ᵐ,5 à 0ᵐ,7. |

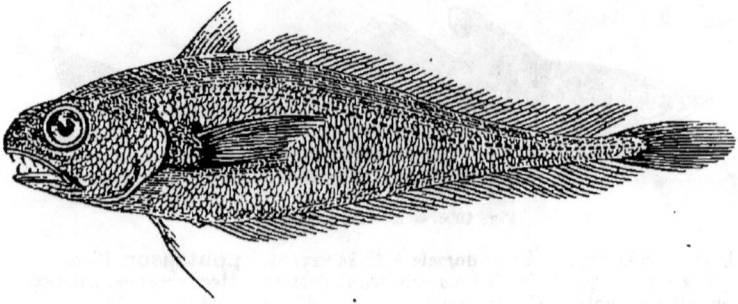

Fig. 1008. — Uraleptus maraldi (E. Moreau).

## 2. URALEPTUS Costa. *Uralepte*. Fig. 1008.

2e dorsale à 56-58 rayons; anale à 58-60. Nageoires **maraldi** Risso.
impaires bordées de noir. Rouge brun; ventre, mu-  Méditerranée, AR. 0ᵐ.2 à
seau noirs.  0ᵐ,3.

## 4. Lotii.

Forme allongée; écailles lisses. Mâchoires dentées. La mandibule avec 1 barbillon.
7-8 rayons branchiostèges. 2 dorsales. la 2e et l'anale longues.

|   |   |   |   |
|---|---|---|---|
| 1 | { | *Pas de dents* sur le vomer. 1re dorsale à 7 rayons | 4. PHYSICULUS. |
|   |   | *Des dents* sur le vomer | 2 |
| 2 | { | La 1re dorsale à rayons nombreux, *petits, crinoïdes,* très déliés. Mâchoire supér. avec des barbillons | 3. MOTELLA. |
|   |   | A rayons *non crinoïdes,* de forme normale | 3 |
| 3 | { | Ventrales à 3 rayons, *paraissant n'en former qu'un* bifide | 2. PHYCIS. |
|   |   | A 6-7 rayons | 1. LOTA. |

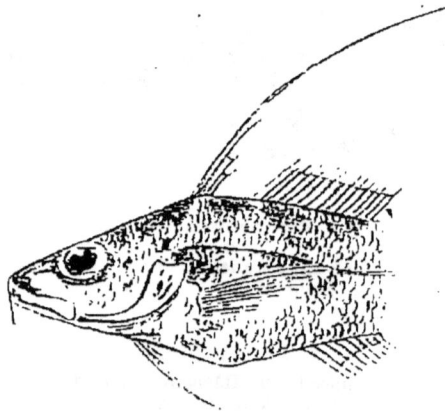

Fig. 1009.  Lola lepidion, *partie antérieure.*

## 1. LOTA Cuvier. *Lotte*. Fig. 1009, 1010.

Corps comprimé en arrière. Vomer et mâchoires dentés.
{ 1re dorsale à 4 rayons, dont le 1er *très long*. Ven-  **lepidion** Risso.
trales atteignant l'anus. Rougeâtre; 2e dorsale  Méditerranée, R. 0ᵐ,2 à 0ᵐ,3.
bleuâtre ord. à bordure noire.

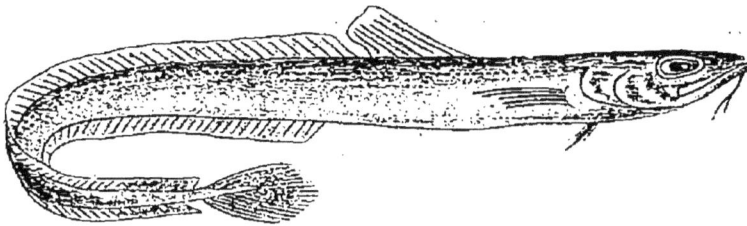

Fig. 1010. — Lota elongata.

1 ⎰ A *10-12* rayons. Forme allongée-cylindrique. Bar- elongata Risso.
⎱ billon de la mandibule *formé de 2 rayons*. Gris Méditerranée. 0ᵐ,3 à 0ᵐ,5.
rougeâtre, ponctué de noir ; dessous grisâtre.
A *12-16* rayons. Barbillon de la mandibule *indivis* 2
*Des eaux douces*. Mâchoires garnies de dents fines vulgaris Bonap.
en cardes, *égales*. Ord. jaunâtre marbré de brun, Rivières. AR. 0ᵐ,35 à 0ᵐ,7.
ou gris taché de noir.
2 ⎰ *De la mer*. Mandibule avec 1 série étroite de dents en molva L.
velours, et une série de dents *plus longues*, coni- Côtes de l'Ouest. 1 m. à 1ᵐ,5.
ques. Jaune brunâtre; dessous blanchâtre.
[*Lingue*.]

## 2. PHYCIS Artedi. *Phycis*.

Écailles lisses. Dents en velours aux mâchoires et sur le chevron du vomer. Un barbillon sur la mandibule. 7 rayons branchiostèges. 2ᵉ dorsale très longue, commençant
avant l'anale.

1 ⎰ Diam. de l'œil contenu *au plus 4 fois* dans la lon- blennoides Brunn.
gueur de la tête. 1ʳᵉ dorsale *bien plus haute* que Méditerranée. Manche. Océan?
la 2ᵉ, à 3ᵉ ou 4ᵉ rayon *très long*. Gris ± lilacé 0ᵐ,2 à 0ᵐ,5.
ou rosé.
Contenu *4 f. 1/2 à 5 f*. dans la longueur de la tête. mediterraneus Delaroche.
1ʳᵉ dorsale *aussi haute* que la 2ᵉ, *sans rayon* Méditerranée. R. 0ᵐ,2 à 0ᵐ,4.
très allongé. Brun rougeâtre.

## 3. MOTELLA Cuvier. *Mustèle*.

Tête écailleuse. Dents en velours aux mâchoires et au chevron du vomer. Au moins
3 barbillons. 2 dorsales. la 1ʳᵉ à rayons crinoïdes très fins.

1 ⎰ 5 barbillons. 1 mandibulaire, 2 nasaux, 2 à la lèvre mustela L.
supér. Hauteur du tronc comprise 5 f. 1/2 à 6 f. Côtes de l'Ouest. 0ᵐ.2.
dans la longueur totale. Ventrales à *8* rayons.
± brun, marbré ou non.
3-4 rayons à la ventrale. glauca Couch.
3 barbillons. 2
2 ⎰ Ventrales à 7 rayons. Tête formant au moins le *1/5* tricirrhata Bonap.
de la longueur totale. Rouge orangé; dessous Toutes les côtes. 0ᵐ.2.
rosé.
A *5-6* rayons. Tête formant *moins du 1/5* de la 3
longueur totale
3 ⎰ Brun noir *uniforme* ou brun foncé. sans taches, fusca Risso.
ou avec 1-2 rang de taches *blanchâtres*. Méditerranée. 0ᵐ.2.
Gris jaunâtre *avec des taches brunes*. 2ᵉ dorsale maculata Risso.
ord. lisérée de blanc. Méditerranée. Océan. R. 0ᵐ,2.

## 4. PHYSICULUS Kaup. *Physicule*.

Des dents aux mâchoires; vomer sans dents. 7 rayons branchiostèges. 2ᵉ dorsale et
anale égalem. longues.
Brun marron ± foncé. 2ᵉ dorsale à 64-67 rayons. Tête dalwighii Kaup.
comprise env. 4 f. 1/2 dans la longueur totale. Méditerranée. TR.

25.

## 5. Ranicepsii.

Forme épaisse en avant. Écailles très petites. Mâchoires et vomer à dents en cardes inégales. Mandibule avec 1 barbillon. 2 dorsales, la 2e et l'anale très longues. Caudale libre. Ventrales à 6 rayons.

### 1. RANICEPS Cuvier. *Raniceps.*

Caudale arrondie. Nageoires brunes. Coloration uni- **trifurcus** Arted.
forme, brun ± jaunâtre. Manche: TR. 0ᵐ,2.

## V. MACROURIDI.

Mâchoires dentées. Palais sans dents. 1 barbillon mandibulaire. 6-7 rayons bran-chiostèges. 2 dorsales, la 2e très longue, confluente avec l'anale au bout de la queue. Ventrales à 6-8 rayons.

1 { Museau avancé-*conique, débordant* la bouche ... 1. MACROURUS.
   { Court. épais, *tronqué* ; bouche située *à son extré-*
     *mité* ... 2. MALACOCEPHALUS.

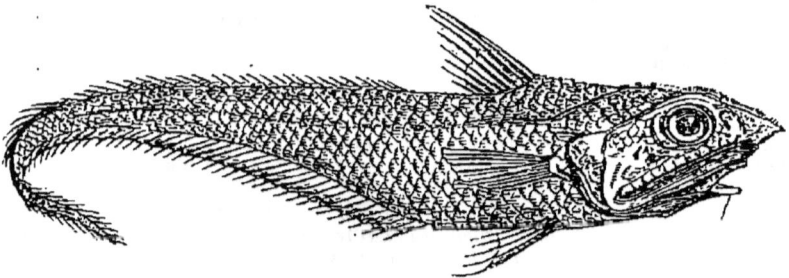

Fig. 1011. — Macrourus coelorhynchus (E. Moreau).

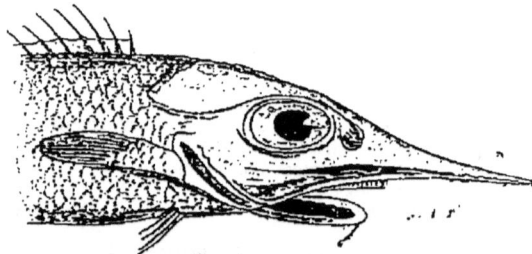

Fig. 1012.— Macrourus trachyrhynchus, *partie antérieure.*

### 1. MACROURUS Bloch. *Macroure.* Fig. 1011, 1012.

Écailles carénées, épineuses. Tête avec des crêtes ± saillantes.

1 { Env. *90* écailles sur la ligne longitudin. Ventrales  **coelorhynchus** Risso.
   { distantes, insérées *au niveau* des pectorales. Des-   Méditerranée. TR. 0ᵐ,2 à
   { sus gris violacé ; ventre brun.                        0ᵐ,35.
   { Env. *120* écailles. Ventrales très étroites, à 6 rayons,  **trachyrhynchus** Risso.
   { insérées en avant des pectorales. Gris brun.             Méditerranée. R. 0ᵐ,3.

### 2. MALACOCEPHALUS Günther. *Malacocéphale.* Fig. 1013.

Forme allongée. Écailles petites, ciliées 1re dorsale bien plus haute que la 2e.

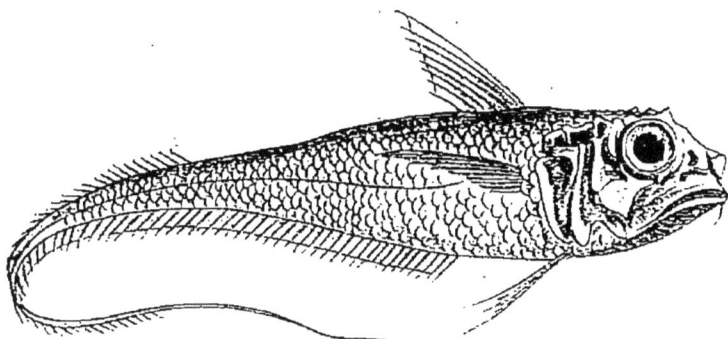

Fig. 1013. — Malacocephalus laevis.

Nageoires brunes. Couleur foncière gris jaunâtre; joues argentées.

laevis Lowe.
Méditerranée. TR. 0ᵐ,2.

## VI. PLEURONECTESIDI.

Corps très comprimé, bordé par l'anale et la dorsale. Anus très avancé. Tête asymétrique ; dents qqf. sur un seul côté des mâchoires ; yeux placés du même côté. 6-8 rayons branchiostèges. Pectorales souv. nulles, au moins d'un côté.

| | | |
|---|---|---|
| 1 | Yeux normalement placés du côté *droit* | 2 |
| | Du côté *gauche* | 5 |
| 2 | Dorsale très longue, commençant *sur le museau*, en avant de l'œil supér., et atteignant presque la caudale | 5. Solea. |
| | Commençant *au-dessus de l'œil supér.* | 3 |
| 3 | Dents *subcylindriques, mousses.* Anale et dorsale munies à la base de tubercules épineux | 4. Flesus. |
| | *Pointues* | 4 |
| 4 | *Comprimées-coupantes* | 3. Platessa. |
| | Corps revêtu d'écailles *lisses* | 1. Hippoglossus. |
| | Revêtu d'écailles *pectinées* | 2. Limanda. |
| 5 | Espace interorbitaire étroit, *moindre* que le diamètre vertical de l'œil | 7 |
| | *Au moins égal* au diam. vertical de l'œil | 6 |
| 6 | Écailles du côté gauche *lisses* ou *tuberculeuses* | 7. Rhombus. |
| | *Pectinées.* Vomer *sans dents* | 8. Bothus. |
| 7 | Nageoires impaires *unies* | 9. Plagusia. |
| | *Non unies* | 6. Pleuronectes. |

### 1. HIPPOGLOSSUS Cuvier. *Flétan.*

Forme oblongue. Tête env. aussi haute que longue. Écailles petites, lisses. Côté droit brun jaunâtre ; côté gauche gris. Ventrales à 6 rayons.

vulgaris Günth.
Manche. Océan. 1-2 m.

### 2. LIMANDA Gottsche. *Limande.* Fig. 1014.

Corps ovale. Anale précédée d'une épine. Écailles du côté droit à bord postér. muni de spinules aiguës. Gris jaunâtre ou brun, avec souv. des taches blanchâtres ou orangées.

vulgaris Gottsche.
Manche. Océan. 0ᵐ,2 à 0ᵐ,3.

### 3. PLATESSA Cuvier. *Plie.*

Ovale ou rhomboïdal. Écailles ord. petites et lisses. 7 rayons branchiostèges.

| | | |
|---|---|---|
| 1 | *Une épine anale* ± développée | 2 |
| | *Pas d'épine anale.* Subrhomboïdal. Jaune rougeâtre ponctué de noirâtre. | microcephala Donov.
Manche. R. 0ᵐ,3. |

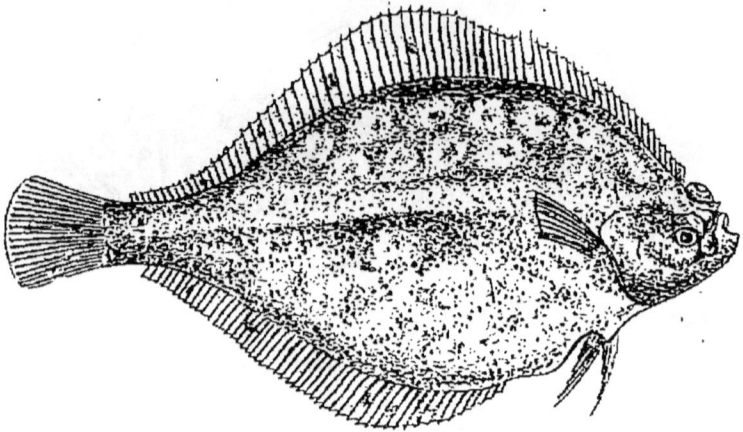

Fig. 1014. — Limanda vulgaris.

<table>
<tr><td rowspan="2">2</td><td>Entre l'espace interorbitaire et la ligne latér., une série de 5-7 tubercules osseux. [Carrelet.]</td><td>vulgaris Gottsche.<br>Côtes de l'Ouest. 0<sup>m</sup>,3 à 0<sup>m</sup>,5.</td></tr>
<tr><td>Pas de tubercules osseux. Ligne latérale droite. Jaune brun.</td><td>cynoglossa Linné.<br>Côtes de l'Ouest. 0<sup>m</sup>,3 à 0<sup>m</sup>,5.</td></tr>
</table>

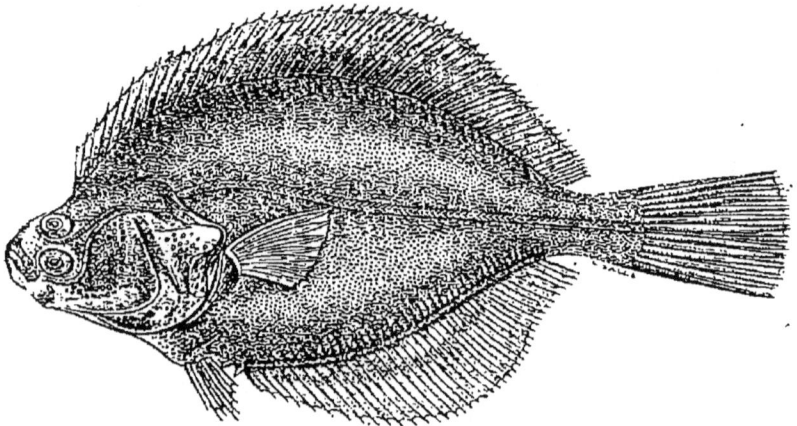

Fig. 1015. — Flesus vulgaris (E. Blanchard).

## 4. FLESUS E. Moreau. *Flet.* Fig. 1015.

Corps ovale. Une crête osseuse de l'espace interorbitaire à la ligne latérale. Anale précédée d'une épine.

<table>
<tr><td rowspan="2">1</td><td>Ligne latér. bordée d'écailles très rudes sur tout son trajet ou seulem. dans sa partie antér. Brun verdâtre, marqué ou non de taches jaunes ou orangées.</td><td>vulgaris L.<br>Côtes de l'Ouest. 0<sup>m</sup>,2 à 0<sup>m</sup>,4.</td></tr>
<tr><td>Non bordée d'écailles rudes. Tronçon caudal ord. un peu plus haut que large. Gris brun.</td><td>passer Risso.<br>Méditerr céan. 0<sup>m</sup>,2 à 0<sup>m</sup>,4.</td></tr>
</table>

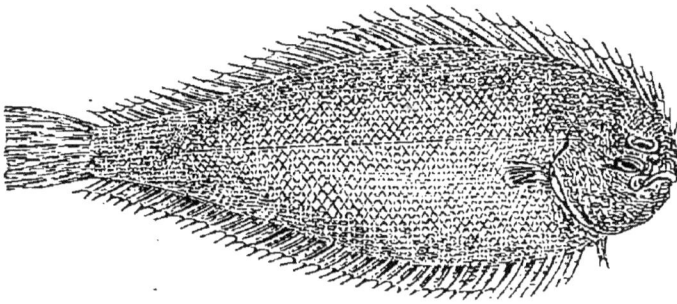

Fig. 1016. — Solea lutea (E. Moreau).

## 5. **SOLEA** Cuvier. *Sole*. Fig. 1016.

Forme ovale très comprimée. Écailles ciliées. Sur le côté gauche, une plaque ou une bande de petites dents en velours. Œil supér. plus avancé que l'autre. 7-8 rayons branchiostèges.

1 { *Deux* pectorales, la gauche toujours *à plus de 4 rayons* — 2
*Deux* pectorales, la gauche *peu développée* — 7

Sect. 1. *Monocheirus* Rafinesque.

*Une seule* pectorale, du côté droit; cette nageoire à 6-7 rayons. Brun rougeâtre. — **hispida** Rafin. Méditerranée. TR. 0m,1.

Sect. 2. *Eusolea*.

2 { Gris jaunâtre, *marqué de 7 taches* noirâtres, *bordées* d'un cercle de points blanchâtres ou jaunâtres. — **oculata** Rondel. Méditerranée. AR. 0m,2.
*Sans* taches ocellées — 3

3 { Ligne latér. dessinant sur la tête *un angle très aigu* à sommet postér. Corps cunéiforme; hauteur contenue 3 f. 1/2 à 4 f. dans la longueur. [*Sétau*.] — **cuneata** de la Pylaie. Océan. 0m,2.
Dessinant sur la tête *une courbe* — 4

4 { Forme oblongue; hauteur du tronc comprise *3 f. 2/5 à 3 f. 3/4* dans la longueur totale. Orifice antér. de la narine gauche cerclé d'un bourrelet très épais. — **kleinii** Risso. Méditerranée. 0m,2.
Comprise au plus 3 f. 1/3 dans la longueur totale — 5

5 { Orifice antér. de la narine gauche *en verrue cupuliforme* garnie au bord de franges cutanées. — **lascaris** Risso. Toutes les côtes. 0m,3.
Ovale. *Subsemblable à l'orifice postér.* — 6

6 { Pectorale *grisâtre* en dedans à la base. Orifice antér. de la narine gauche à peu près à égale distance de la commissure de la bouche et du museau. — **vulgaris** Risso. Toutes les côtes. C. 0m,2 au moins.
*Noirâtre* à la base interne. Orifice antér. de la narine gauche sur le 1/3 antér. d'une ligne qui serait menée par cet orifice du museau à la commissure de la bouche. — **melanocheira** Moreau. Golfe de Gascogne. 0m,3.

Sect. 3. *Microcheirus* Bonaparte.

7 { Écailles *petites*, ciliées. Jaune ± doré, immaculé ou tacheté de noirâtre. *Pas de taches* noires aux dorsale et anale. — **lutea** Risso. Méditerranée. 0m,1.
*Assez grandes*, rudes, pectinées. Gris brun, Dorsale et anale *avec des taches noires*. — **variegata** Günth. Méditerranée. C. 0m,2.

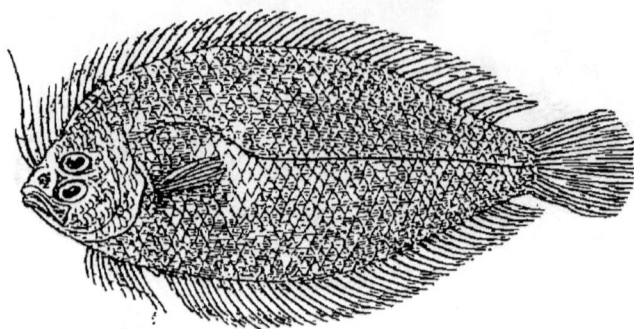

Fig. 1017. — Pleuronectes grohmanni (E. Moreau).

## 6. PLEURONECTES Linné. *Pleuronecte*. Fig. 1017.

Forme ovale ou rhomboïdale. Dorsale commençant au-dessus ou en avant du bord
antér. de l'œil supér.

1 { Anale *non unie* aux ventrales ......................... 2
  Sect. 1. *Zeugopterus* Gottsche.
  *Unie* aux ventrales en avant, fermant posté- **hirtus** Abilgaard.
  rieurem. l'espace où se trouve l'anus. [*Targeur.*] Côtes de l'Ouest. 0ᵐ.1 à 0ᵐ,5.
  Sect. 2. *Azeugopterus.*

2 { Dorsale à 2 premiers rayons libres en majeure **unimaculatus** Bonap.
  partie, le 1ᵉʳ *plus allongé que le* 2ᵉ. Ovale; Méditerranée. Manche.
  vers le 1/3 postér., 1 tache ocellée blanche cerclée Océan ? 0ᵐ.1.
  de noir.
  *A* 2ᵉ *rayon notablem.. plus allongé que les* **grohmanni** Bonap.
  *autres.* Anale précédée d'une épine double. Méditerranée. 0ᵐ.1.
  *A premiers rayons subégaux* ......................... 3

3 { *Pas d'épine double* en avant de l'anale ......................... 5
  *Une épine double* en avant de l'anale ......................... 4

4 { Œil infér. un peu plus avancé que le supér. Gris **arnoglossus** Bonap.
  jaunâtre ou rosé ; *nageoires non tachées.* Méditerranée. Manche.
  Écailles grandes, minces. Océan ? 0ᵐ.1 à 0ᵐ.2.
  Cendré, parsemé de petites taches noirâtres, *ainsi* *conspersus* Canestr.
  *que les nageoires.* Méditerranée. 0ᵐ.1 env.
  Œil supér. *plus avancé* que l'œil infér. Tronçon **citharus** Spinola.
  caudal plus haut que long. Gris ± nuancé de Méditerranée. 0ᵐ.15 à 0ᵐ.3.
  jaune.

5 { *Moins avancé* que l'œil infér. Nageoires pâles, **megastoma** Donov.
  sans taches. Gris jaunâtre nuancé de brun. Toutes les côtes. 0ᵐ.3.
  [*Cardine.*]
  Un peu *moins avancé* que l'œil infér. Dorsale et **boscii** Risso.
  anale *avec*, en arrière, chacune 2 taches rondes, Méditerranée. AC. 0ᵐ,2 à
  noires, symétriques. 0ᵐ,35.

## 7. RHOMBUS Klein. *Turbot*. Fig. 1018.

Ovale ou rhomboïdal. Vomer denté. Dorsale commençant sur le museau, finissant,
ainsi que l'anale, près de la caudale.

1 { Corps en losange régulier. Côté des yeux revêtu **maximus** Linné.
  *de tubercules coniques*, rugueux. [*Turbot.*] Toutes les côtes. 0ᵐ,4 *au*
  *moins.*
  Plutôt ovale. Des deux côtés, *de petites écailles* **laevis** Rondel.
  cycloïdes, minces, très adhérentes. [*Barbue.*] Toutes les côtes. 0ᵐ,2 *au*
  *moins.*

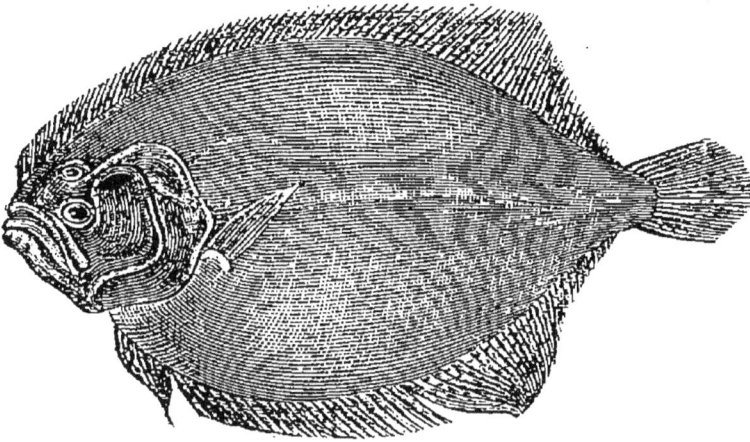

Fig. 1018. — Rhombus laevis.

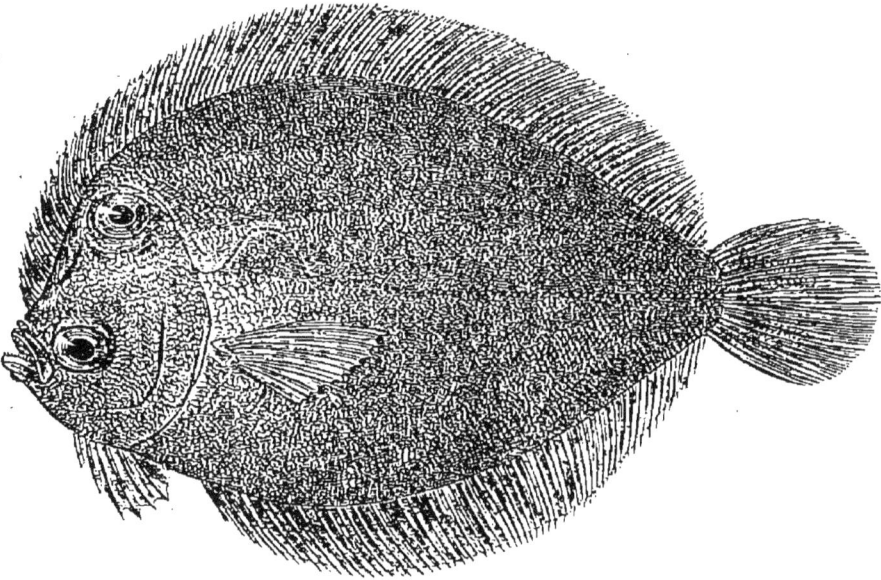

Fig. 1019. — Bothus rhomboides (E. Moreau).

## 8. BOTHUS Bonaparte. *Bothus.* Fig. 1019.

Bouche petite, oblique. Yeux notablem. distants, l'infér. plus avancé.

1 {
Espace interorbitaire plus large que le diam. de l'œil ; sa largeur contenue 1 f. 1/2 à 2 f. 1/2 dans la longueur de la tête. — **rhomboides** Bonap. Méditerranée. R. 0m,15.

Largeur de l'espace interorbitaire contenue 3 f. 1/2 à 4 f. dans la longueur de la tête. Côté gauche brun-olive, avec des taches jaunâtres qqf. cerclées de bleu. — **podas** Delaroche. Méditerranée. TR. 0m,2.
}

## 9. PLAGUSIA Bonaparte. *Plagusie.*

Corps terminé en pointe ; nageoires impaires unies. Espace interorbitaire nul.
Yeux à gauche, dans le même plan vertical. Blanc ou **lactea** Bonap.
bleu jaunâtre.                                                    Méditerranée. TR. 0ᵐ,1.

## VII. CYCLOPTERIDI.

Mâchoires munies de petites dents en velours ou en cardes fines. 5-7 rayons branchiostèges. Sous l'abd., un disque simple ou double, en ventouse.

1 { Disque abdominal *simple* ......................... 1. CYCLOPTERII.
  { *Double* ......................................... 2. LEPADOGASTRII.

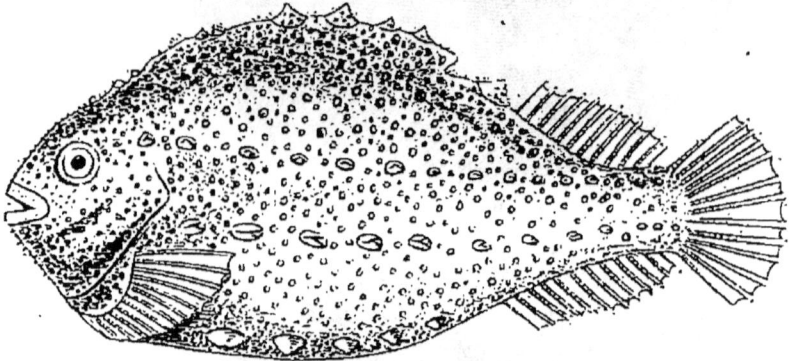

Fig. 1020. — Cyclopterus lumpus.

## 1. Cyclopterii.

### 1. CYCLOPTERUS Artedi. *Cycloptère.* Fig. 1020.

{ Corps *trapu*. Peau couverte *de tubercules* et de **lumpus** L.
  granulations. ♀ dorsales. Pas de ligne latér. Côtes de l'Ouest. 0ᵐ,3 à 0ᵐ.7.
  Coloration variable, brune ou bleuâtre en dessus.
1 { [*Lompe.*]
  { *Allongé*, 3-4 f. plus long que haut. Peau *nue*, **liparis** L.
  molle et visqueuse. 1 dorsale, à 32-36 rayons. Manche. R. 0ᵐ,07 à 0ᵐ.15.

## 2. Lepadogastrii.

Peau sans écailles ni tubercules, lisse.

{ Anale et dorsale à rayons *très distincts*, l'anale
  jamais complètem. confluente avec les nageoires
1 { impaires. ..................................... 1. LEPADOGASTER.
  { A rayons *peu distincts*, visiblem. réunies à la 2. GOUANIA.
  caudale

Fig. 1021. — Lepadogaster bimaculatus.

### 1. LEPADOGASTER Goüan. *Lépadogastre.* Fig. 1021.

Corps cunéiforme-allongé.

1 { Caudale ± *réunie* aux autres nageoires impaires    2
  { Complétement *libre*                                 3

( A l'orifice antér. de la narine, un appendice divisé **gouanii** Lacép.
en 2 *tentacules*, le postér. qqf. ramifié. . · Toutes les côtes. 0ᵐ,05.
2 { Un appendice tentaculaire *simple*. Opercule avec **brownii** Risso.
2 taches violacées cerclées de bleu. Méditerranée. TR. 0ᵐ,05.

( Dorsale sensiblem. *plus longue* que l'anale. à **candollei** Risso.
14-16 rayons. Corps 5-9 f. plus long que haut. Méditerranée. Golfe de Gas-
Caudale arrondie. cogne. 0ᵐ.1.
3 { *Subégale* à l'anale, à 5-7 rayons. Côtés avec ord. **bimaculatus** Pennant.
une tache ronde violacée. cerclée de blanc. Toutes les côtes. 0ᵐ.05 *env.*
*Égale* à l'anale ; ces 2 nageoires à 3 rayons. Pas **gracilis** Canestrini.
de tentacules nasaux. Méditerranée. TR. 0ᵐ.03.

## 2. GOUANIA Nardo. *Goüanie*.

Forme allongée, arrondie en avant. Dorsale et anale peu hautes. unies à la caudale.
8-9 fois plus long que haut. Gris, gris jaunâtre, ponctué **wildenowii** Risso.
de rougeâtre. Méditerranée. 0ᵐ.05.

# VIII. CYPRINIDI.

Corps ovale ou allongé. Écailles cycloïdes. Mâchoires sans dents. 3 rayons branchiostèges. Anale plus reculée que la dorsale.

1 { *Des barbillons* à la bouche | 1. CYPRINII.
{ *Pas de barbillons* | 2
2 { Anale *avec 1 rayon* dentelé | 1. CYPRINII.
{ *Sans* rayon dentelé | 3
3 { Lèvres *cartilagineuses* | 3. CHONDROSTOMII.
{ *Non cartilagineuses* | 2. LEUCISCII.

## 1. Cyprinii.

1 { Caudale *fourchue* ou sensiblement échancrée | 2
{ *Tronquée* | 1. TINCA.
2 { Anale *avec 1 rayon* dentelé | 4
{ *Sans* rayon dentelé | 3
3 { Dents pharyngiennes *2sériées. Deux* barbillons | 2. GOBIO.
{ *3sériées. Quatre* barbillons | 3. BARBUS.
4 { *Des barbillons* | 4. CYPRINUS.
{ *Pas de barbillons* | 5. CARASSIUS.

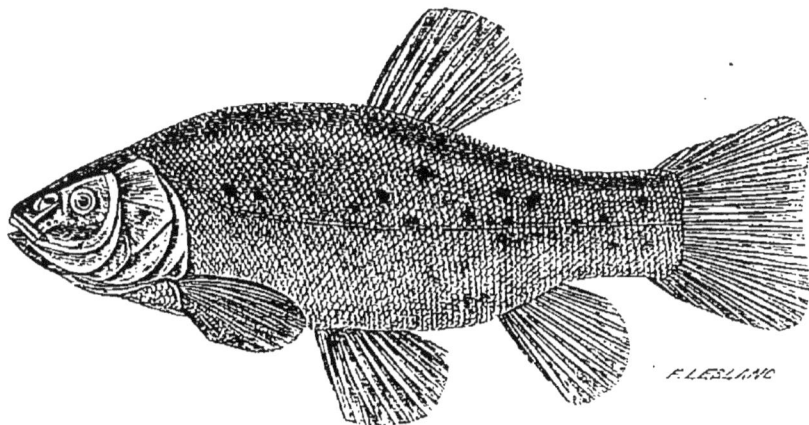

Fig. 1022. Tinca vulgaris (E. Blanchard).

## 1. TINCA Cuvier. *Tanche*. Fig. 1022.

Forme trapue. Dents pharyngiennes subclaviformes, avec un crochet à l'angle
interne, 1sériées et par 4-5 de chaque côté.

Écailles petites. Hauteur du tronc comprise 3 f. 1/4 à **vulgaris** Costa.
4 f. 1/2 dans la longueur totale: 90-120 écailles sur la *Eaux douces*. Presque tte
ligne longitudin. Ord. ± olivâtre.     la France. 0ᵐ,2 à 0ᵐ,3.

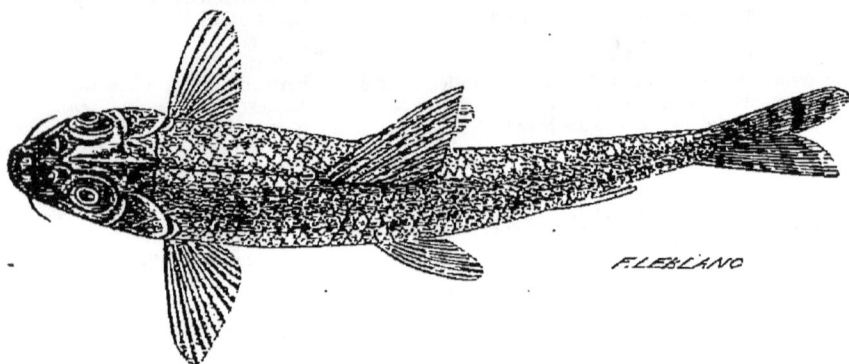

Fig. 1023. — Gobio fluviatilis (E. Blanchard).

## 2. GOBIO Cuvier. *Goujon*. Fig. 1023.

Forme ± allongée. Écailles larges. Dents pharyngiennes 2sériées, 7-8 de chaque
côté, 3 et 2-3.
36-42 écailles sur la ligne longitudin. Dessus brun **fluviatilis** Bell.
verdâtre, à reflets métalliques, taché de noirâtre. *Eaux douces*. C. 0ᵐ,15.

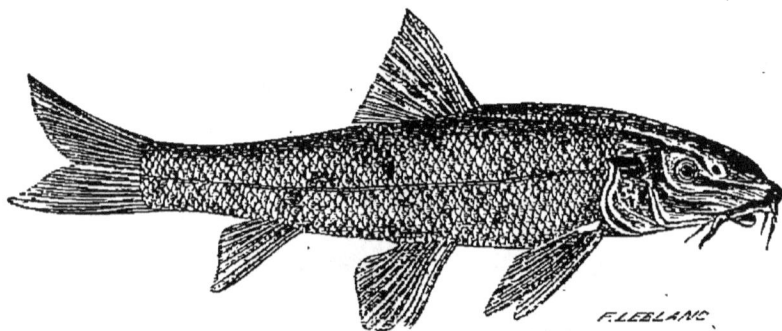

Fig. 1024. — Barbus fluviatilis (E. Blanchard).

## 3. BARBUS Cuvier. *Barbeau*. Fig. 1024.

Forme allongée, en fuseau. Dents pharyngiennes 3sériées, 9-10 de chaque côté,
5, 3 et 1-2.

1 ⎰ Le dernier rayon simple de la dorsale très fort, **fluviatilis** Agass.
⎱ *denticulé* en arrière. Ord. gris bleuâtre ou ver- *Eaux douces*. C. 0ᵐ,3 à
  dâtre.    0ᵐ,5.
  Flexible, *sans dentelures* en arrière. Museau gros, **meridionalis** Risso.
  arrondi, *plus court*.    Midi. 0ᵐ,2.

## 4. CYPRINUS Linné. *Carpe*. Fig. 1025, 1026.

Forme ovale. Écailles larges. Dorsale et anale avec 1 rayon dentelé avec le 1ᵉʳ rayon
branchu.

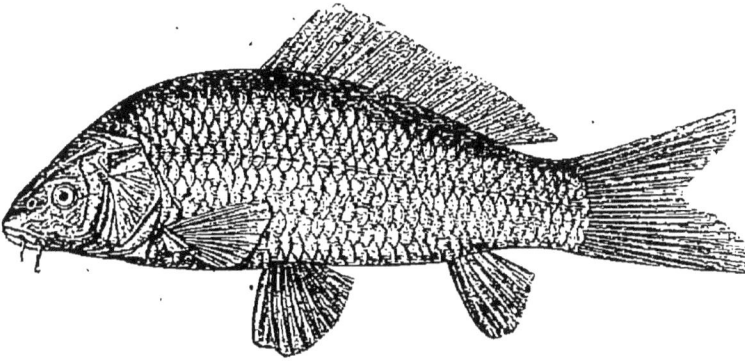

Fig. 1025. — Cyprinus carpio (E. Blanchard).

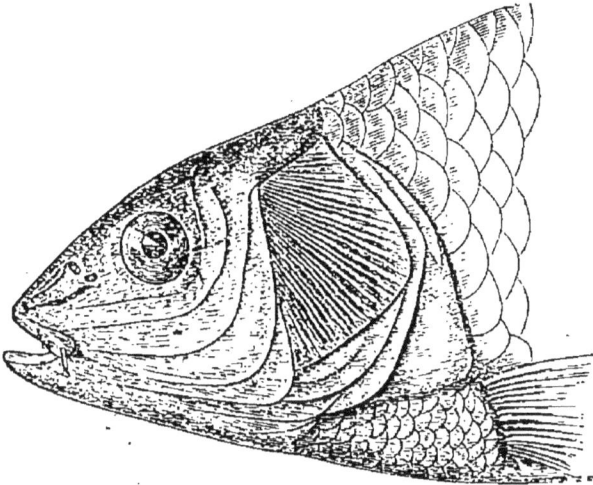

Fig. 1026. — Cyprinus kollarii, *tête* (E. Blanchard).

Barbillons postér. *développés*. Corps comprimé. arqué sur le dos, épais et incurvé sur le ventre. Ord. brun verdâtre. — **carpio** L. *Eaux douces*. C. 0$^m$,3 au moins.

*Courts* et grêles, les antér. nuls ou atrophiés. Rhomboïdal ou ovale, allongé. Ord. brun verdâtre à reflets ± dorés en dessus. [*Carreau.*] — **kollarii** C. et Val. Est. Nord. TR. 0$^m$,2 à 0$^m$,5.

[5. **CARASSIUS** Nilsson. *Carassin*. Fig. 1027, 1028.

Dents pharyngiennes 1sériées. 3-4 de chaque côté.

Hauteur du tronc comprise *au plus 2 f. 3/4* dans la longueur totale. Ligne latér. plus rapprochée du ventre que du dos. — **vulgaris** Nilsson. Nord. Est (Meurthe, Aisne, etc.). 0$^m$,3.

Contenue *3 à 4 fois* dans la longueur totale. Ligne latér. plus rapprochée du dos que du ventre. Caudale fortem. échancrée. Couleur normale d'un beau rouge-vermillon. [*Cyprin doré.*] — **auratus** L. *Acclimaté*. 0$^m$,1 à 0$^m$2.

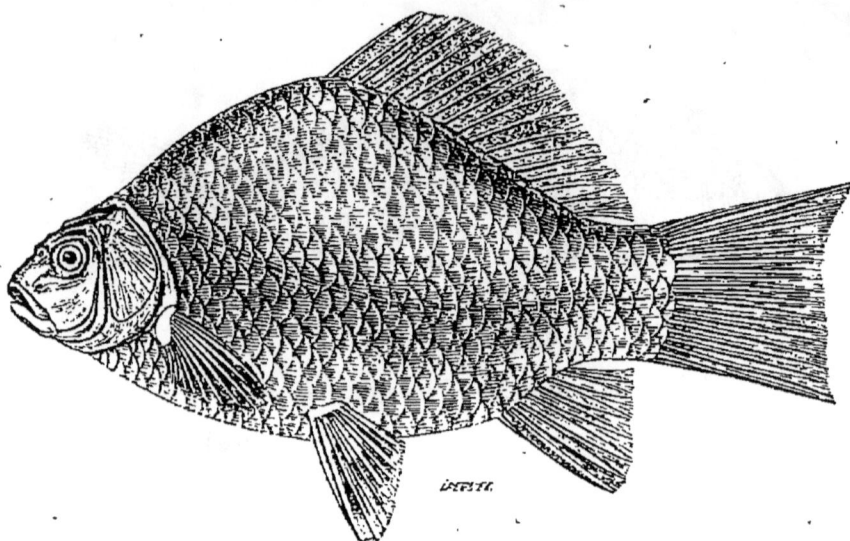

Fig. 1027. — Carassius vulgaris (E. Blanchard).

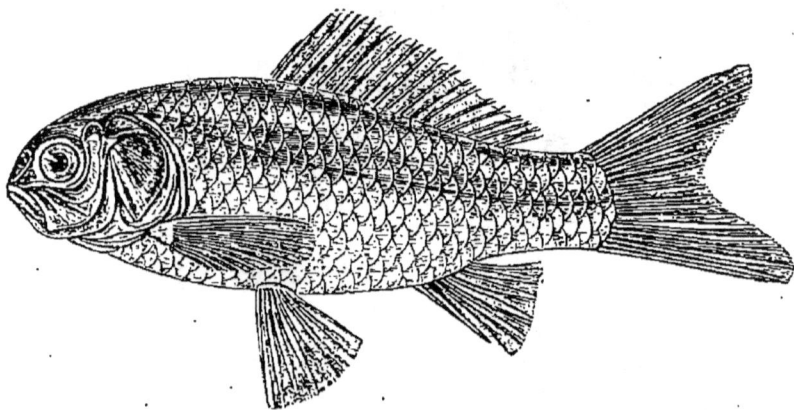

Fig 1028.— Carassius auratus (E. Blanchard).

## 2. Leuciscii.

1 { Dorsale commençant *au-dessus* de l'insertion des
      ventrales                                              2
    { *En arrière* des ventrales                             4

2 { Ligne latérale *très abrégée*, ne dépassant pas la
      5e ou la 6e écaille. Forme ovale              1. Rhodeus.
    { Non abrégée, *entière*                        3

3 { Dents pharyngiennes *1sériées*                  2. Leuciscus.
    { *2sériées*, 8 de chaque côté, 5 et 3          3. Idus.
    { *2sériées*, 6-7 de chaque côté, 4-5 et 2      4. Squalius.

| | | |
|---|---|---|
| 4 { Ligne latérale *abrégée*. Forme cylindrique | 5. PHOXINUS. | |
| { *Entière* | 5 | |
| 5 { Des ventrales à l'anus, carène abdominale *garnie* | | |
| { *d'écailles en chevron imbriquées* | 6. SCARDINIUS. | |
| { *Sans écailles en chevron imbriquées* | 6 | |
| 6 { Mâchoire supér. *avancée*-protractile | 7. ABRAMIS. | |
| { *Non avancée*, ne dépassant pas l'infér. | 8. ALBURNUS. | |

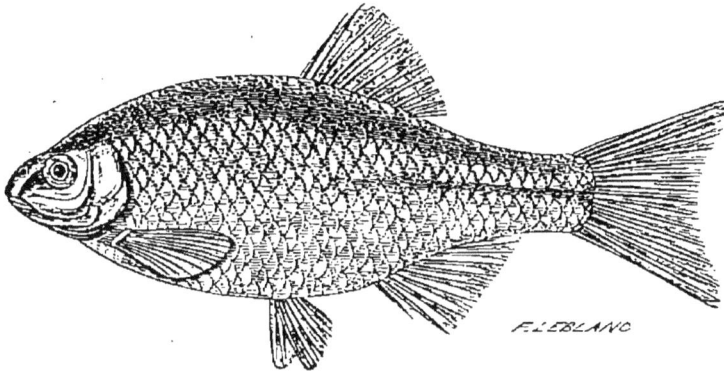

Fig. 1029. — Rhodeus amarus (E. Blanchard).

## 1. RHODEUS Agassiz. *Bouvière*. Fig. 1029.

Écailles grandes. Dents pharyngiennes comprimées, 1sériées, 5 de chaque côté. Caudale échancrée.

Ovale-comprimé. 34-38 écailles sur la ligne longitudin. **amarus** Agass.
Dessus brun ou verdâtre ; ♂ avec des couleurs bril- Centre. Nord-Ouest. Est.
lantes, orangées et roses, à l'époque du frai. 0$^m$,08.

## 2. LEUCISCUS Rondelet. *Gardon*.

Ovale ± comprimé. Écailles grandes. Mâchoire supér. dépassant ord. la mandibule. Dents pharyngiennes 1sériées, ord. 6 à gauche et 5 à droite.

Hauteur du tronc ord. comprise 3 f. 3/4 à 4 f. 2/3 dans **rutilus** Linné.
la longueur totale. Dorsale commençant à peu près Presque toute la France.
au-dessus du milieu de l'insertion des ventrales. Des- 0$^m$.15 à 0$^m$.3.
sus verdâtre à reflets rosés. [*Roche*.]
    Plus allongé ; la hauteur du tronc faisant env. le Var. *prasinus* Agass.
    1/5 de la longueur totale. Dos vert foncé. [*Van-* Lac Léman.
    *geron*.]

## 3. IDUS Heckel. *Ide*.

Ovale ; écailles médiocres. Mâchoire supér. dépassant la mandibule. Dents pharyngiennes 2sériées, 8 de chaque côté. 5 et 3.

Hauteur du tronc faisant env. le 1/4 de la longueur **jeses** L.
totale. Dos ± brun bleuâtre. Somme. Meuse. Moselle. 0$^m$,3.

## 4. SQUALIUS Bonaparte. *Chevaine*. Fig. 1030. 1031..

Allongé-fusiforme, comprimé. Mâchoire supér. dépassant ± la mandibule. Dents pharyngiennes crochues, 2sériées, 7 de chaque côté. 5 et 2. — Des eaux douces.

  { Diamètre de l'œil *un peu* moins grand que l'espace **souffia** Risso.
4 { interorbitaire. Dessus gris cendré ou violacé ; *une* Sud-Est. 0$^m$,1 à 0$^m$,2.
  { *large bande brunâtre* de l'opercule à la caudale.
  { *Pas de bande brune* aux flancs 2

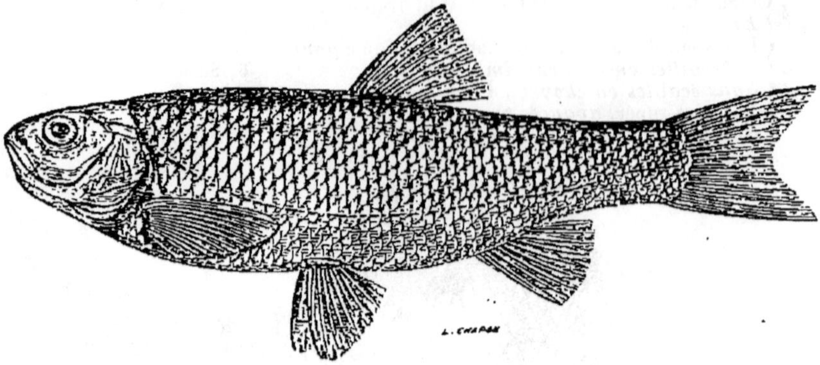

Fig. 1030. — Squalius cephalus (E. Blanchard).

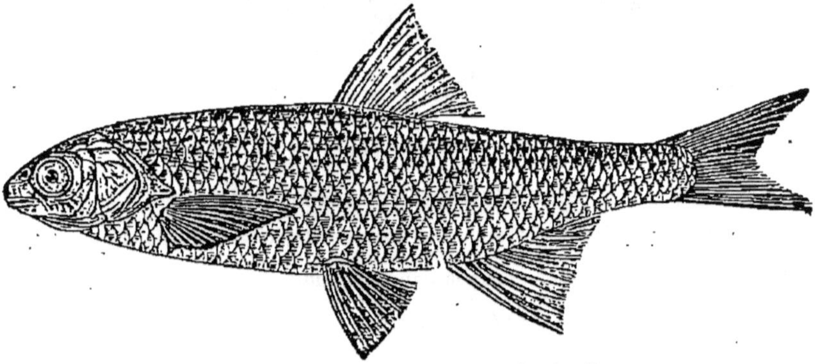

Fig. 1031. — Squalius leuciscus (E. Blanchard).

2 {

Tête *large* en dessus; extrém. de la mâchoire supér. sur le prolongement du diam. longitudin. de l'œil. Diamètre de l'œil *égal au plus à la 1/2* de l'espace interorbitaire. [*Meunier.*] — **cephalus L.** Toute la France. 0m,3 à 0m,5.

*Étroite*; extrém. de la mâchoire supér. *au-dessous* du prolongem. du diam. longitudin. de l'œil ; ce diam. *1/3 plus court* que l'espace interorbitaire. [*Vandoise.*] — **leuciscus L.** Presque tte la France. 0m,2 à 0m,35.

Museau allongé, pointu ; nuque se relevant brusquement. — Var. *rostratus* Agass. Basses-Pyrénées.

Tête effilée; lèvre supér. formant un bourrelet. — Var. *burdigalensis* C. et Val. Garonne. C.

### 5. PHOXINUS Agassiz. *Vairon*. Fig. 1032.

Dents pharyngiennes crochues, 2sériées, 6-7 de chaque côté. Caudale fourchue. Hauteur du tronc comprise 5 à 6 f. dans la longueur totale. 80-90 écailles sur la ligne longitudin. — **laevis Ogér.** *Rivières, ruisseaux.* 0m,1.

### 6. SCARDINIUS Bonaparte. *Rotengle*. Fig. 1033.

Ovale-comprimé. Écailles larges. Dents pharyngiennes à couronne denticulée au bord interne, 2sériées, 8 de chaque côté. — Des eaux douces, stagnantes et courantes. Hauteur du tronc égale au 1/3 ou au 1/4 de la longueur totale. Carène abd. avec des écailles imbriquées. — **erythrophthalmus L.** Çà et là. 0m,15 à 0m,3.

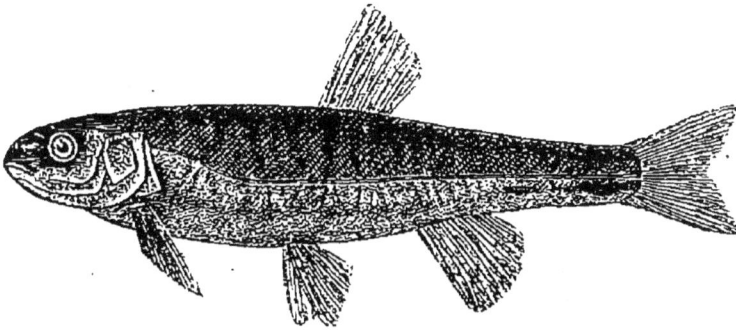

Fig. 1032. — Phoxinus laevis (E. Blanchard).

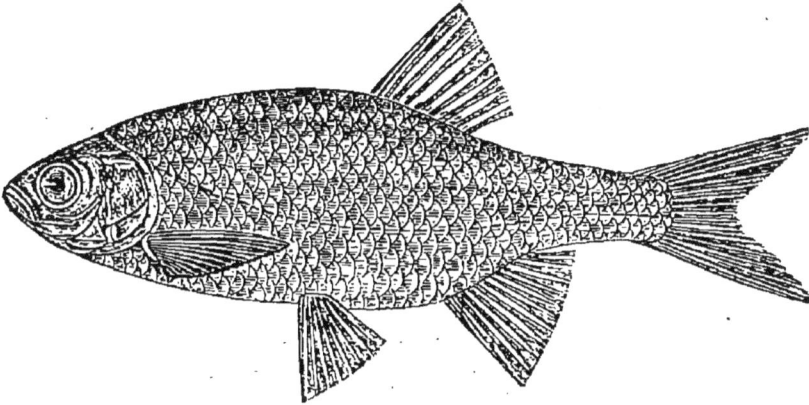

Fig. 1033. — Scardinius erythrophthalmus (E. Blanchard).

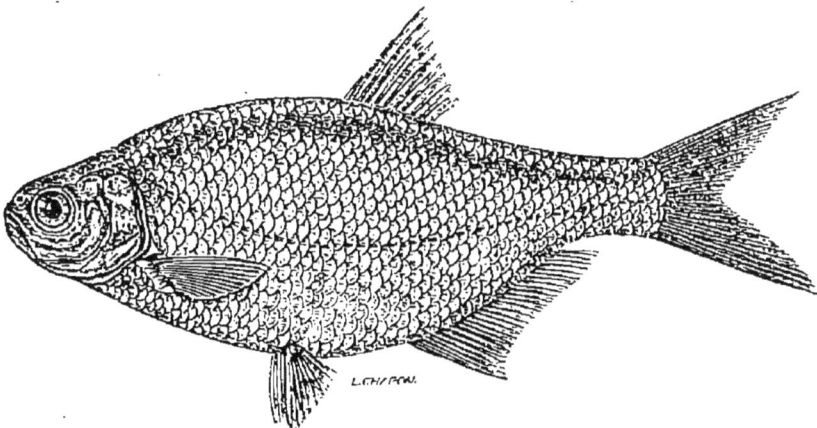

Fig. 1034. — Abramis brama (E. Blanchard).

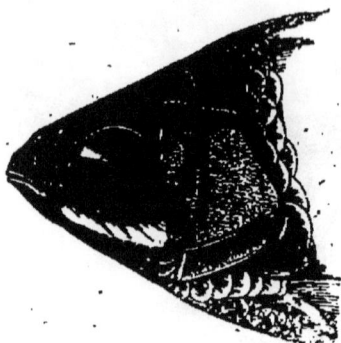

Fig. 1035. — Abramis buggenhagii, *tête* (E. Blanchard).

Fig. 1036. — Abramis bjoerkna, *tête* (E. Blanchard).

## 7. ABRAMIS Cuvier. *Brème.* Fig. 1034 à 1036.

Ovale-comprimé. Écailles grandes. Dents pharyngiennes 1-2sériées, échancrées ou crochues à l'extrém., 5 à 7 de chaque côté. Ligne latér. rapprochée du profil inférieur. — Des eaux douces.

- Dents pharyngiennes *1sériées*, comprimées, 5 de chaque côté; leur extrém. échancrée, crochue à l'angle interne. **brama** L. Presque toute la France. 0ᵐ,2 à 0ᵐ,5.
  - Forme oblongue; crête du dos *garnie d'écailles* en avant. Dorsale finissant *en avant* de l'anale. **buggenhagii** Millet. Çà et là. R. 0ᵐ,15 à 0ᵐ,3.
    - Hybride probable d'*A. brama* × *Leuciscus rutilus.*
- *2sériées*, 7 de chaque côté. Extrém. supér. de l'interopercule *non visible* entre l'opercule et le préopercule. [*Bordelière.*] **bjoerkna** L. Presque toute la France. 0ᵐ,2.

Fig. 1037. — Alburnus bipunctatus (E. Blanchard).

## 8. ALBURNUS Belon. *Ablette.* Fig. 1037, 1038.

Forme ± allongée. Écailles minces. Dents pharyngiennes crochues, 2 sériées, 7 de chaque côté, 5-2. Ligne latér. rapprochée du profil ventral. — Des eaux douces.

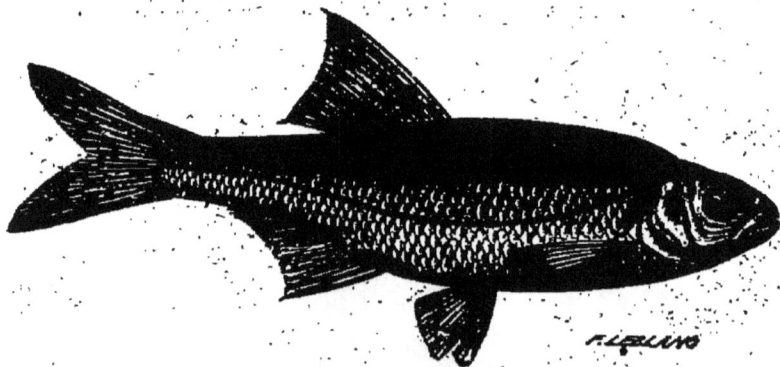

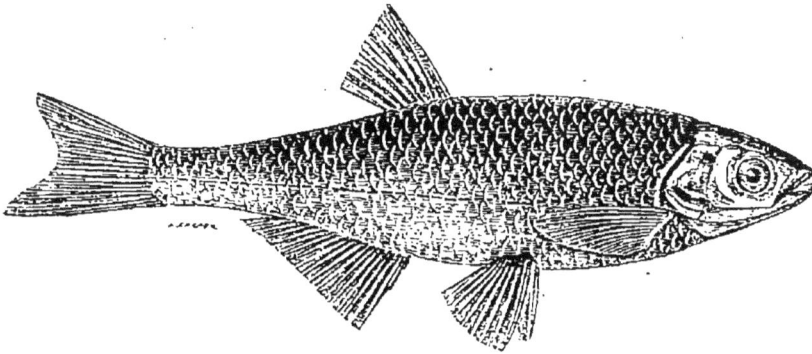

Fig. 1038. — Alburnus lucidus (E. Blanchard).

Ligne latér. fortem. courbée vers le ventre, entièrem. *bordée d'un double rang de petits traits noirs.* [*Spirlin.*] — **bipunctatus** Bloch. Presque tte la France. 0ᵐ,1 env.

*Non bordée* de 2 rangs de traits noirs. Carène abdomin. tranchante, à écailles non imbriquées, non pliées en chevron. [*Ablette, Blanchaille.*] — **lucidus** Heckel. Presque tte la France. 0ᵐ,1 à 0ᵐ,2.

Carène abdom. à écailles ord. pliées en chevron et imbriquées. Mâchoires ord. d'égale longueur sur la bouche fermée. [*Hachette.*] Probablem. hybride de *A. lucidus* × *Squalius cephalus.* — *dolabratus* Holandre. Moselle et affluents. R. 0ᵐ,1.

## 3. Chondrostomii.

**1. CHONDROSTOMA** Agassiz. *Chondrostome.* Fig. 1039.

Dents pharyngiennes en forme de hache, non dentelées, 1sériées ; 5-7 de chaque côté.

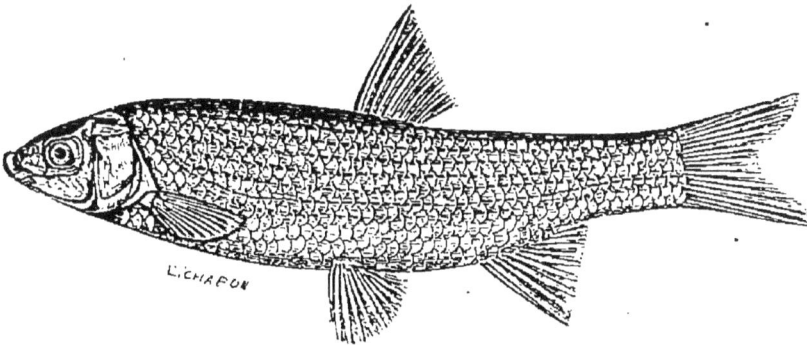

Fig. 1039. — Chondrostoma nasus (E. Blanchard).

Hauteur du tronc comprise *4 f. 1/3 à 5 f. 1/2* dans la longueur totale. Diamètre de l'œil env. *1/3 plus petit* que l'espace préorbitaire. — **nasus** L.. *Assez répandu dans nos cours d'eau.* 0ᵐ,2 à 0ᵐ,4.

Comprise *5 f. 3/4 à 6 fois* dans la longueur totale. Diamètre de l'œil *subégal* à l'espace préorbitaire. Caudale presque fourchue. — **genei** Bonap. Var. 0ᵐ,2.

Acloque. — Faune de France. Vert.

# IX. COBITISIDI.

Forme allongée. Écailles très petites. Bouche petite, inférieure, à 6-10 barbillons.
3 rayons branchiostèges. Dents pharyngiennes 1sériées.

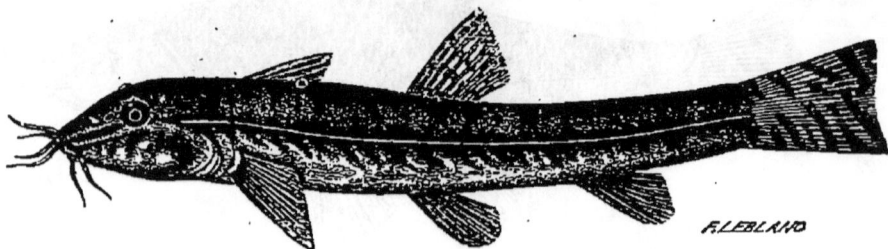

Fig. 1040. — Cobitis barbatula (E. Blanchard).

Fig. 1041. — Cobitis taenia (E. Blanchard).

Fig. 1042. — Cobitis fossilis (E. Blanchard).

## 1. COBITIS Artedi. Loche. Fig. 1040 à 1042.

*Six* barbillons, dont 4 sur la lèvre supér. Corps **barbatula** Rondel.
comprimé après la dorsale, 5-7 f. plus long que *Eaux douces.* C. 0ᵐ,1.
haut. Gris jaunâtre ou jaune rougeâtre, avec des
taches brunes mal limitées. Sous-orbitaire *non*
*épineux.* [*L. franche.*]

*Six* barbillons. Corps très comprimé, 5 f. 1/2 à 8 f. **taenia** L.
plus long que haut. Sous-orbitaire *terminé en* Presque toute la France
*épine* fourchue, très mobile. [*L. de rivière.*] 0ᵐ,1.

*Dix* barbillons. Corps prismatique, 6 f. 1/2 à 9 f. **fossilis** L.
plus long que haut. Pas de ligne latér. [*L. d'é-* Centre. Est. TR. 0ᵐ,2.
*tang.*]

## X. CYPRINODONTIDI.

Écailles lisses, assez grandes. 1 seule dorsale, reculée sur la moitié postér. du corps.

### 1. CYPRINODON Lacépède. *Cyprinodon.*

Forme trapue. Dents des mâchoires 3cuspides, 1sériées. Anale plus reculée que la dorsale.

26-29 écailles sur la ligne longitudin. ♂ gris jaunâtre.  **calaritanus** Costa.
avec des raies verticales pâles; ♀ vert brun en des-  Méditerranée. 0ᵐ.05.
sus. — Chair vénéneuse?

## XI. SILURIDI.

Forme allongée. Peau nue ou garnie de scutelles osseuses.

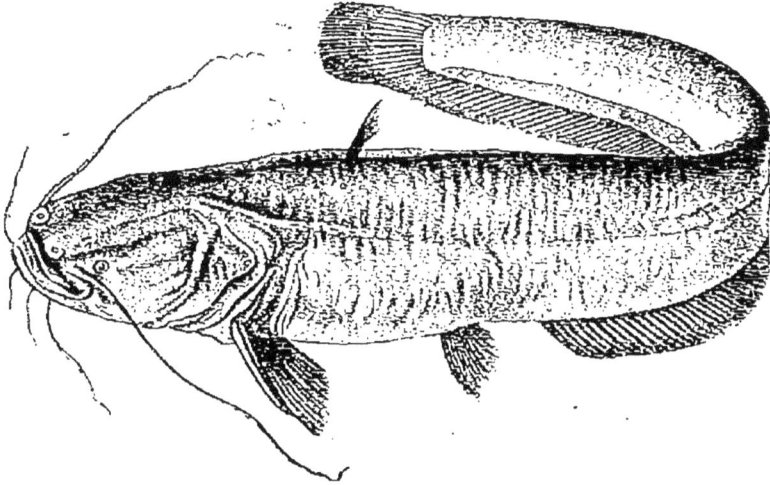

Fig. 1043. — Silurus glanis (Cuvier et Valenciennes).

### 1. SILURUS Linné. *Silure.* Fig. 1043.

Maxillaire supér. rudimentaire, avec 1 fort barbillon; mandibule à 2-4 barbillons.
Forme allongée, arrondie en avant, comprimée en  **glanis** L.
arrière de l'anus. Dos brun verdâtre.  TR. Doubs. 0ᵐ,8 à 2 m.

## XII. CLUPEIDI.

Forme allongée. Écailles lisses, ord. caduques. Carène ventrale presque touj. denticulée. Tête comprimée, sans écailles. 1 dorsale, opposée aux ventrales. Caudale fourchue.

| | | |
|---|---|---|
| 1 { | Carène abdominale *non denticulée.* Mandibule *plus courte* que la mâchoire supér. | 1. ENGRAULIS. |
| | *Denticulée.* Mandibule *plus avancée* que la mâchoire supér. | 2 |
| 2 { | Opercule *avec des* stries | 3 |
| | *Sans* stries | 4 |
| 3 { | Vomer et langue *munis* de dents | 2. CLUPEA. |
| | *Dépourvus* de dents | 3. ALOSA. |
| 4 { | Insertion de la dorsale *plus éloignée* du museau que de la caudale | 5 |
| | *Plus rapprochée* du museau que de la caudale | 6 |
| 5 { | Dorsale commençant *en avant* des ventrales | 2. CLUPEA. |
| | *Au niveau* ou *en arrière* des ventrales | 4. MELETTA. |
| 6 { | Ceinture scapulaire à bord antér. *rectiligne, vertical* | 5. SARDINELLA. |
| | A bord antér. *arqué* | 6. HARENGULA. |

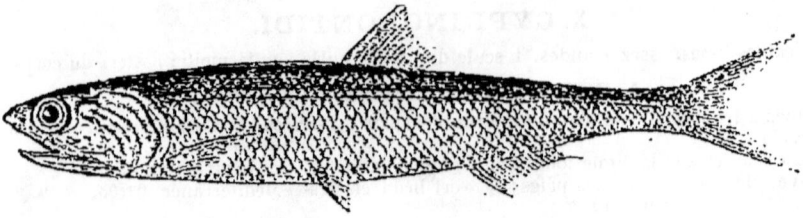

Fig. 1044. — Engraulis encrasicholus (Cuvier et Valenciennes).

## 1. ENGRAULIS Cuvier. *Anchois*. Fig. 1044.

Forme allongée. Museau pointu. Mâchoires ord. dentées.
Env. 6-7 f. plus long que haut. Caudale fourchue, **encrasicholus** L.
munie de 2 grandes écailles oblongues de chaque côté. Toutes les côtes. 0ᵐ,2.
près des rayons médians.

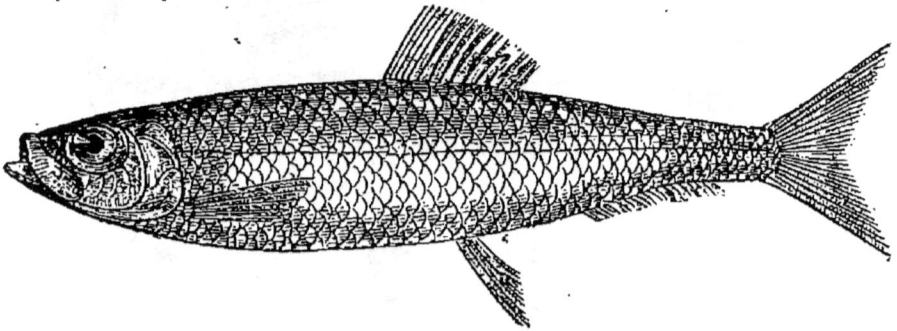

Fig. 1045. — Clupea harengus.

## 2. CLUPEA Cuvier. *Hareng*. Fig. 1045.

Forme allongée-comprimée. Vomer, langue, ord. palatins dentés. Sous-opercule
notablem. plus haut que long.

Longueur de la tête comprise *4 f. 1/4 à 4 f. 3/4*　**pontica** Eichwald.
　dans la longueur totale. Opercule *marqué de*　Méditerranée. 0ᵐ,2 à 0ᵐ,3.
　*stries* prononcées.
Comprise *5 f. à 5 f. 1/2* dans la longueur totale.　**harengus** L.
　Opercule non strié. Dessus vert bleu ; dessous　Côtes de l'Ouest. 0ᵐ,2 à 0ᵐ,3.
　argenté.

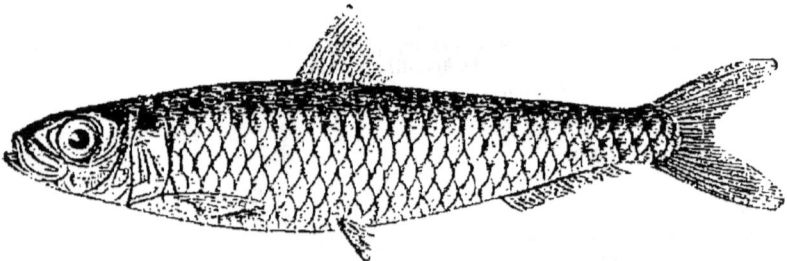

Fig. 1046. — Alosa sardina (Cuvier et Valenciennes).

## 3. ALOSA Cuvier. *Alose*. Fig. 1046, 1047.

Forme allongée. Carène abdominale garnie de scutelles épineuses. Langue et palatins
non dentés. Opercule avec des stries divergentes.

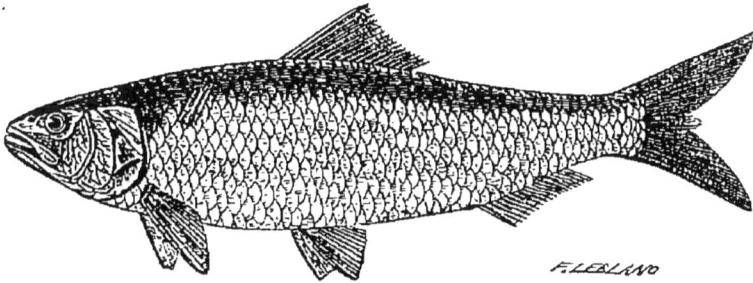

Fig. 1047. — Alosa vulgaris (E. Blanchard).

1 {
7 rayons branchiostèges. Sous-opercule parallélo- **sardina** Cuvier.
grammique. Profil supér. subrectiligne. Dessus Toutes les côtes. 0ᵐ,1 à 0ᵐ,2
vert-olive avec 1 bande bleue. [*Sardine.*]

8 rayons branchiostèges. 1ᵉʳ arc branchial avec *31 à* **finta** Cuvier.
*45* appendices lamelliformes. Carène abdomin. à *Remonte les eaux douces.*
38 boucliers env. Sous-opercule *trapézoïde.* 0ᵐ,3 à 0ᵐ,5.
[*Feinte.*]

8 rayons branchiostèges. *52-190* appendices lamel- **vulgaris** C. et Val.
liformes au 1ᵉʳ arc branchial. 37-42 scutelles à la *Eaux saumâtres; remonte*
carène abdomin. Sous-opercule parallélogrammi- *les eaux douces.* 0ᵐ,3 *au*
que. 1/3 env. plus long que haut. *moins.*
}

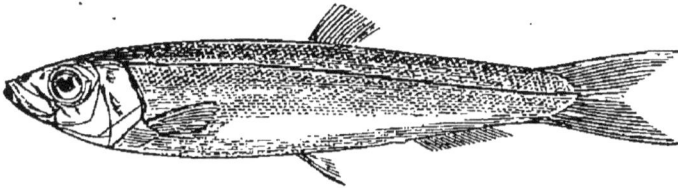

Fig. 1048. — Meletta phalerica (E. Moreau).

### 4. MELETTA Cuvier. *Mélette.* Fig. 1048.

Forme allongée. Vomer non denté. Des dents sur la langue.

1 {
Opercule avec une *assez forte* échancrure au bord **phalerica** Risso.
postér. Sous-opercule subtriangulaire. *2 fois* plus Méditerranée. 0ᵐ,1.
long que haut.

Avec une *faible* échancrure. Sous-opercule *3 fois* **vulgaris** C. et Val.
plus long que haut. [*Esprot.*] Côtes de l'Ouest. 0ᵐ,1.
}

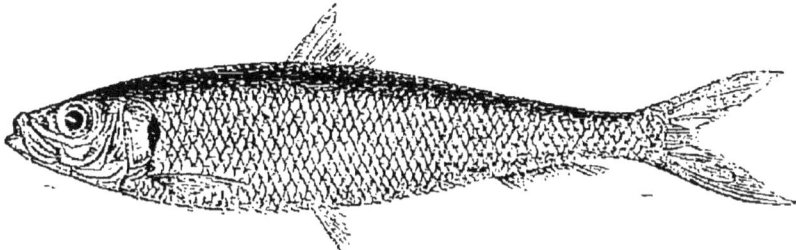

Fig. 1049. — Sardinella aurita (Cuvier et Valenciennes).

### 5. SARDINELLA Valenciennes. *Sardinelle.* Fig. 1049.

Forme allongée. Écailles grandes. Pas de dents aux mâchoires et au vomer.
Hauteur du tronc égale env. au 1/5 ou au 1/6 de la lon- **aurita** Günth.

26.

gueur totale. 48-52 écailles sur la ligne longitudin. Méditerranée. 0$^m$,2 à 0$^m$,3. Pectorales longues ; ventrales très courtes.

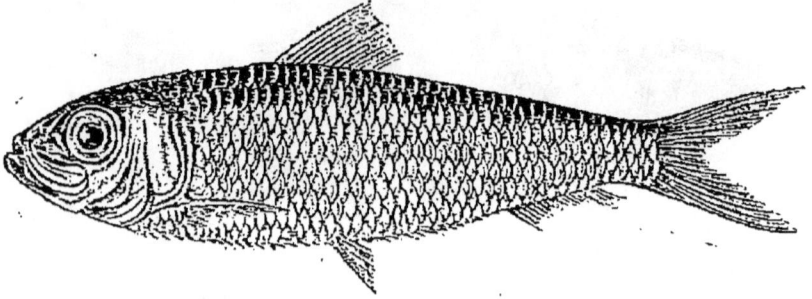

Fig. 1050. — Harengula latulus (Cuvier et Valenciennes).

**6. HARENGULA** Valenciennes. *Harengule*. Fig. 1050.

Forme assez haute. Mâchoires, palatins, langue dentés. Pas de dents sur le vomer. Dorsale plus avancée que les ventrales.
Carène abdomin. fortem. dentelée. Opercule ord. 2 f. **latulus** C. et Val.
plus haut que long. échancré au bord postér. Sous- Côtes de l'Ouest. 0$^m$,1.
opercule très petit. [*Blanquette.*]

## XIII. ALEPOCEPHALIDI.

Forme oblongue-comprimée. Mandibule. intermaxillaires et palatins munis de dents.

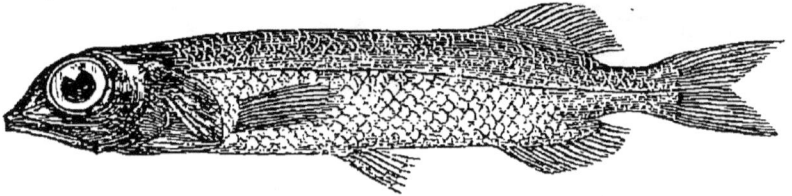

Fig. 1051. — Alepocephalus rostratus (E. Moreau).

**1. ALEPOCEPHALUS** Risso. *Alépocéphale*. Fig. 1051.

6 rayons branchiostèges.
Forme oblongue ; peau revêtue d'écailles grandes, très **rostratus** Risso.
minces, bordées de noir. Brun violacé. Méditerranée. TR. 0$^m$,3.

## XIV. ESOCIDI.

Forme allongée. Écailles lisses, petites. Bouche bien dentée. Nombreux rayous branchiostèges. Caudale échancrée subfourchue.

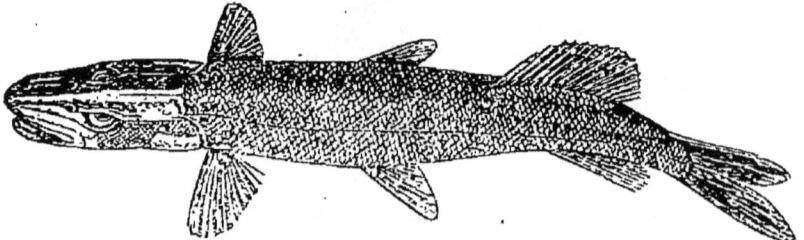

Fig. 1052.— Esox lucius (E. Blanchard).

**1. ESOX** Linné. *Brochet.* Fig. 1052.

Mandibule plus avancée que la mâchoire supér. Maxillaires supér. non dentés. Palatins, vomer, langue munis de dents aiguës. — Des eaux douces.

Allongé ; prismatique de la ceinture scapulaire à la dorsale, puis arrondi en dessus. 120-130 écailles sur la ligne longitudin.

**lucius** L.
Presque toute la France. C. 0ᵐ,4 à 1 m.

## XV. EXOCOETIDI.

De chaque côté du ventre, une carène formée par des écailles relevées. Ligne latér. saillante, parallèle au profil ventral de la ceinture scapulaire au tronçon caudal.

1 { Tête *prolongée en un bec très grêle*   1. BELONEII.
{ *Non prolongée en bec.* Pectorales *très amples*   2. EXOCOETII.

### 1. Beloneii.

Corps très allongé.

{ Nageoires dorsale et anale *suivies* de plusieurs
1 {   pinnules   1. SCOMBRESOX.
{ *Non suivies* de pinnules   2. BELONE.

Fig. 1053. — Scombresox saurus.

**1. SCOMBRESOX** Lacépède. *Scombrésoce.* Fig. 1053.

Mâchoire supér. débordée par la mandibule ; toutes deux à dents 1sériées. Caudale fourchue.

Corps rétréci et progressivem. effilé à partir de la dorsale. Dos bleu brillant. *Une vessie natatoire* bien développée.

*Pas de vessie natatoire.*

**saurus** Pennant.
Côtes de l'Ouest. TR. 0ᵐ,2 à 0ᵐ.3.
**rondeletii** C. et V. = Méditerranée.

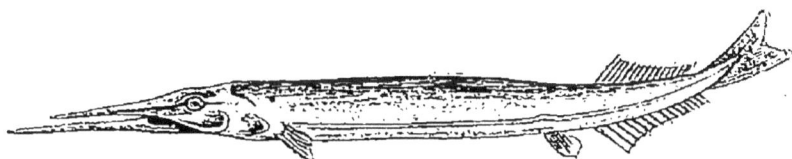

Fig. 1054. — Belone vulgaris.

**2. BELONE** Cuvier. *Orphie.* Fig. 1054.

Tête aplatie en dessus. Mâchoires à dents nombreuses, coniques.

{ Tronçon caudal avec de chaque côté *une crête en*
{   *forme de carène.* Dos bleu foncé.
{ *Sans crête latér.,* 4angulaire. Anguilliforme. Vo-
1 {   mer *avec une plaque de dents coniques.*
{ *Sans crête latér. Pas de dents* au vomer, ou
{   seulem. qques dents très petites.

**imperialis** Rafin.
Méditerranée. TR. 0ᵐ,6 à 1ᵐ.
**vulgaris** C. et Val.
Toutes les côtes. 0ᵐ,5 à 0ᵐ,8.
**acus** Risso.
Méditerranée. Golfe de Gascogne. 0ᵐ,4 à 0ᵐ,7.

### 2. Exocoetii.

Museau court. Bouche petite, non protractile.

**1. EXOCOETUS** Linné. *Exocet.* Fig. 1055.

Pectorales très développées.

{ A la symphyse de la mandibule, *deux barbillons.*
1 {   Env. 7 fois plus long que haut.
{ *Pas de barbillons*

**procne** Filippi et Verany.
Méditerranée. TR. 0ᵐ,1.

2

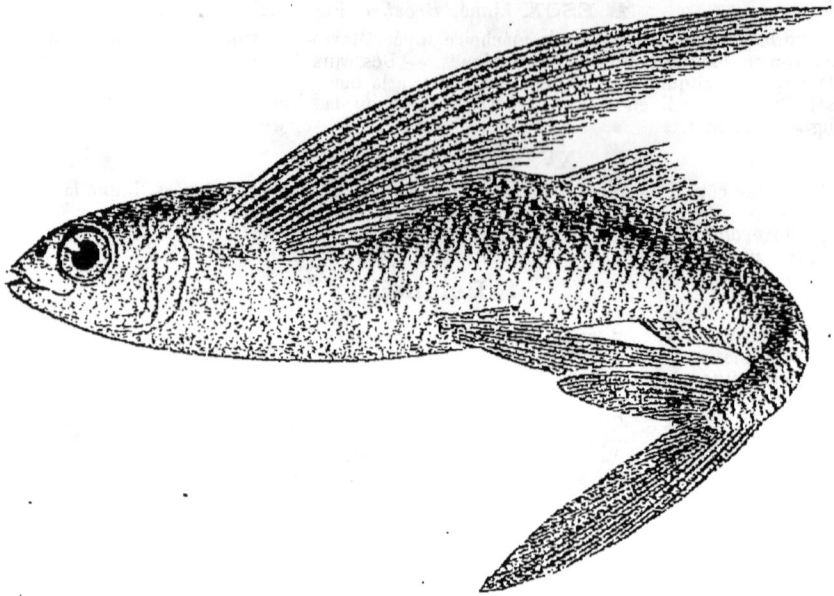

Fig. 1055. — Exococtus volitans (Cuvier et Valenciennes).

2 { 2ᵉ rayon des pectorales *simple*, ainsi que le 1ᵉʳ. **rondeletii** C. et Val.
Ventrales atteignant le niveau de l'anale. Méditerranée. R. 0ᵐ,2.
*Bifurqué* **3**

3 { Ventrales très courtes, *n'arrivant pas* à l'anale **evolans** Linné.
quand elles sont appliquées; insérées vers le 1/3 Océan. Méditerranée. TR.
antér. de la longueur. 0ᵐ,2.
Longues, *atteignant* l'anale **4**

4 { Ventrales bleuâtre très pâle, *sans taches*. 6 f. à **volitans** Linné.
6 f. 1/2 plus long que haut. Pectorales atteignant Toutes nos mers. R. 0ᵐ,2 à
à peu près la base de la caudale. 0ᵐ,4.
Blanchâtres, *avec 1 grande tache noire*. Corps en **spilopus** C. et Val.
parallélépipède comprimé latéralem. Océan. TR. 0ᵐ,2 à 0ᵐ,3.

## XVI. STOMIASIDI.

Forme allongée. Écailles minces, non imbriquées, caduques.

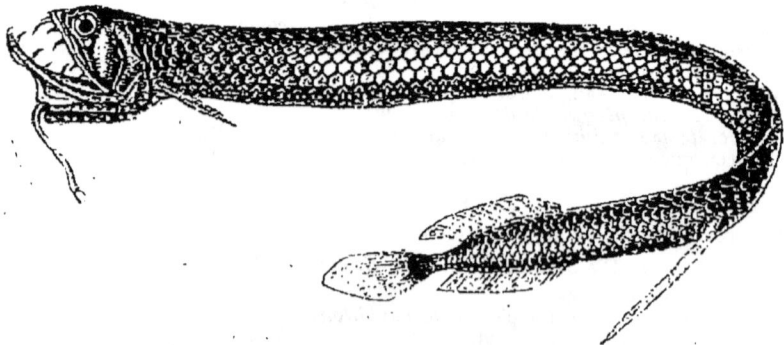

Fig. 1056. — Stomias boa (Cuvier et Valenciennes).

### 1. STOMIAS Cuvier. *Stomias.* Fig. 1056.

Dents inégales, distantes, crochues, très longues à la mâchoire infér. 1 barbillon
allongé sous la gorge. Ventrales très en arrière.
Corps très allongé, comprimé. 10 à 13 f. plus long que **boa** Risso.
  haut. 6 rayons aux pectorales.        Méditerranée. TR. 0$^m$,2.

## XVII. SCOPELIDI.

Peau nue, ou vêtue d'écailles lisses, plus rarem. pectinées. 2 dorsales, la 2$^e$ à rayons
très petits.

| | |
|---|---|
| 1$^re$ dorsale *opposée à l'anale* | 1. CHAULIODII. |
| 1   Commençant *sur la 1/2 postér.* de la longueur totale | 4. PARALEPISII. |
| Commençant *sur la 1/2 antér.* de la longueur totale | 2 |
| *Une carène abdominale* formée par des scutelles | |
| 2   osseuses | 2. STERNOPTYGII. |
| *Pas de carène abdom.* formée par des boucliers | 3 |
| 3   Dents mandibulaires *sensiblement égales* | 3. SCOPELII. |
| *Fortement inégales* | 1. CHAULIODII. |

## 1. Chauliodii.

Forme allongée-comprimée. A la mandibule, quelques dents bien plus longues que
les autres.

| | |
|---|---|
| 1$^re$ dorsale *opposée à l'anale* | 1. GONOSTOMA. |
| 1   Insérée *au niveau des ventrales* | 2. ODONTOSTOMUS. |
| Insérée sensiblem. *en avant des ventrales* | 3. CHAULIODUS. |

### 1. GONOSTOMA Rafinesque. *Gonostome.*

Des points brillants plurisériés à la partie infér. du corps. Anale très longue. Pectorales insérées vers la base de la ceinture scapulaire.
Hauteur du tronc faisant envir. le 1/6 ou le 1/8 de la    **denudata** Rafin.
  longueur totale. Caudale munie à son origine, en    Méditerranée. TR. 0$^m$,15.
  dessus et en dessous, de 6-7 crochets aigus.

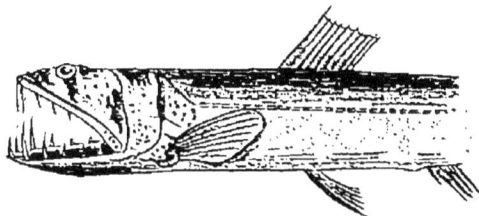

Fig. 1057. — Odontos omus balbo, *partie antérieure.*

### 2. ODONTOSTOMUS Cocco. *Odontostome.* Fig. 1057.

Anale très allongée. Caudale fourchue.
5 f. à 5 f. 1/2 plus long que haut. Gris jaunâtre ponc- **balbo** Risso.
tué de noir.        Méditerranée. TR. 0$^m$,2.

### 3. CHAULIODUS Schneider. *Chauliode.* Fig. 1058.

Forme allongée-comprimée; des points brillants plurisériés à la partie infér. du corps.
Intermaxillaires et mandibule avec des dents très longues. 2$^e$ dorsale et anale opposées ;
anale reculée, atteignant presque la caudale, qui est fourchue.
Ensiforme, comprimé, 6 f. 1/2 à 10 f. plus long que **sloani** Schneider.
  haut. Noirâtre.        Méditerranée. R. 0$^m$,2.

## 2. Sternoptygii.

Des points brillants sur la partie infér. du corps. Bouche subverticale.

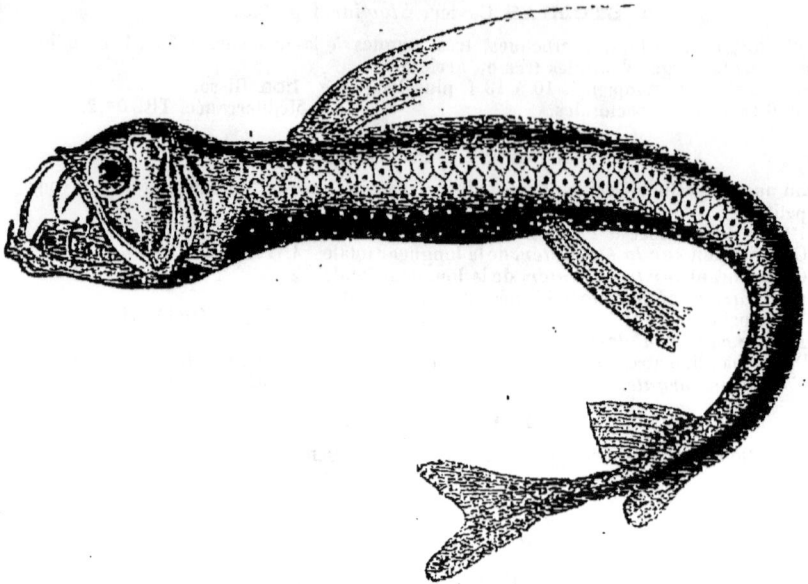

Fig. 1058. — Chauliodus sloani (Cuvier et Valenciennes)

## 1. ARGYROPELECUS Cocco. *Argyropélèque.*

Les 2 mâchoires à dents 1sériées. 9 rayons branchiostèges.
Corps très comprimé; profil infér. brusquem. relevé à
l'anus. 1 rang de pièces osseuses en avant de la dorsale. Ventrales à 5 rayons, petites.

**hemigymnus** Cocco.
Méditerranée. TR. 0ᵐ,05.

## 3. Scopelii.

Forme allongée. Peau nue ou écailleuse. Des dents aux mâchoires.

1 { Ecailles *nulles* ou *lisses* ......... 2
{ *Ciliées* ......... 5. AULOPUS.
2 { *Pas de points brillants* à la partie infér. du corps 4. SAURUS.
{ *Des points brillants* à la partie infér. du corps 3
3 { Mâchoire supér. à bord formé *par les inter-*
{ *maxillaires et les maxillaires* ......... 4
{ *Seulement par les intermaxillaires* ......... 1. SCOPELUS.
{ Mandibule *recouverte* par la mâchoire supér. 3. ICHTHYOCOCCUS.
4 { *Non recouverte* par la mâchoire supér., qu'elle
{ dépasse ......... 2. MAUROLICUS.

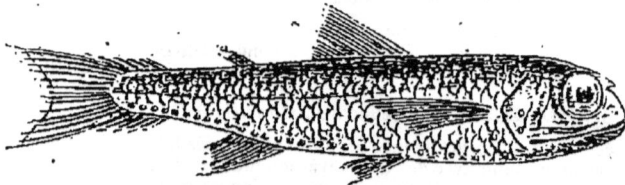

Fig. 1059. — Scopelus bonapartei.

## 1. SCOPELUS Cuvier. *Scopèle.* Fig. 1059.

Forme allongée-comprimée. Ecailles lisses. Mâchoires à dents petites, en velours.
8-10 rayons branchiostèges. 1ʳᵉ dorsale commençant au niveau ou en arrière de l'origine
des ventrales. Caudale échancrée ou fourchue.

1 — Crête du bord supér. de l'orbite *prolongée par une épine* 3angulaire dirigée en avant. Diam. de l'œil compris 3 f. à 3 f. 1/2 dans la longueur de la tête. — **bonapartei** C. et Val. Méditerranée. R. 0ᵐ,1.

*Non prolongée par une épine* — 2

2 — Diamètre de l'œil compris *au moins 4 fois* dans la longueur de la tête — 3

Compris *moins de 4 fois* dans la longueur de la tête — 4

3 — 1ʳᵉ dorsale à *10-12* rayons, plus rapprochée de l'extrém. du museau que de l'origine de la caudale. Ecailles grandes, 33 à 40 sur la ligne longitudin. — **coccoi** Cocco. Océan, *accidentel.* 0ᵐ,05.

A *19-21* rayons. Museau arrondi; bouche oblique. Ecailles grandes, molles, papyracées. — **pseudocrocodilus** E. Moreau. Méditerranée. R. 0ᵐ,15.

A *13-15* rayons. Marron foncé. Pectorales effilées, très longues, *leur pointe arrivant aux premiers rayons de l'anale.* — **crocodilus** Risso. Méditerranée. R. 0ᵐ,15 à 0ᵐ,25.

4 — Espace interorbitaire au moins 1/3 *plus petit* que le diamètre de l'œil — 5

*Subégal* au diamètre de l'œil — 6

5 — Hauteur 1 f. env. plus grande que l'épaisseur, contenue env. 5 *fois* dans la longueur totale. Ecailles de la ligne latérale cordiformes. — **benoiti** Cocco. Méditerranée. TR. 0ᵐ,06.

1 f. plus grande que l'épaisseur, contenue env. 3 *fois 1/4* dans la longueur totale. Diamètre de l'œil 2 f. plus grand que l'espace préorbitaire. — **rissoi** C. et Val. Méditerranée. TR. 0ᵐ,05.

6 — Pectorales à 9 rayons; *leur pointe atteignant seulem. la base des ventrales.* 32-34 écailles sur la ligne longitudin. — **rafinesquii** Cocco. Méditerranée. TR. 0ᵐ,1.

*Plus longues que les ventrales* — 7

7 — Pectorales à *8-9* rayons. Tronc allongé; sa hauteur contenue 5 à 6 f. dans la longueur totale. — **caninianus** C. et Val. Méditerranée. 0ᵐ,1.

A *11-12* rayons. Fente de la bouche très grande, *oblique,* atteignant en arrière jusqu'au niveau du bord postér. de l'orbite. — **veranyi** E. Moreau. Méditerranée. 0ᵐ,1.

A *13-14* rayons. Fente de la bouche *presque horizontale,* arrivant au moins au niveau du bord antér. de l'orbite. Ecailles épaisses. Corps à peu près cunéiforme. — **humboldti** Risso. Méditerranée. R. 0ᵐ,1.

## 2. MAUROLICUS Cocco. *Maurolique.*

Corps allongé, comprimé; écailles indistinctes. 1ʳᵉ dorsale commençant à peu près au niveau des ventrales.

Museau *relevé.* Hauteur env. comprise 5 f. dans la longueur totale. Tête 3angulaire; sa longueur *faisant env. le 1/3* de la longueur totale. — **poweriae** Cocco. Méditerranée. TR. 0ᵐ,03 à 0ᵐ,05.

*Relevé.* Longueur de la tête env. *égale au 1/4* de la longueur totale. — **amethystinopunctatus** Cocco. Méditerranée. TR. 0ᵐ,05.

Régulier, droit, *non relevé* à l'extrém. Corps allongé. Tête 3angulaire; sa longueur *égale env. au 1/4* de la longueur totale. — **attenuatus** Cocco. Méditerranée. TR. 0ᵐ,06.

## 3. ICHTHYOCOCCUS Bonaparte. *Ichthyococcus.*

Des dents à la mâchoire supér.; mandibule ord. sans dents.
Corps élevé; sa hauteur comprise 3 f. à 3 f. 1/4 dans la longueur totale. — **ovatus** Cocco. Méditerranée. TR. 0ᵐ,05.

## 4. SAURUS Cuvier. *Saurus.* Fig. 1060.

Corps allongé, ± arrondi. Mâchoires garnies de dents mobiles, pointues, plurisériées. 15-17 rayons branchiostèges. Caudale fourchue.

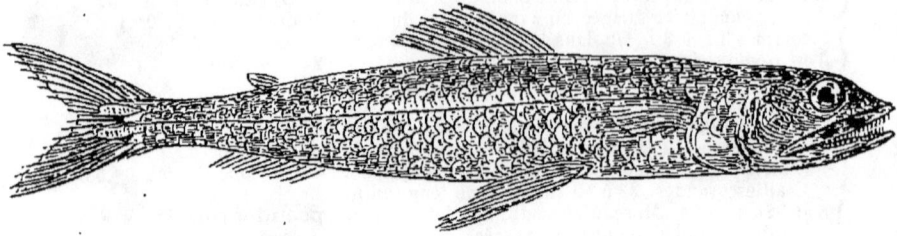

Fig. 1060. — Saurus fasciatus (E. Moreau).

Corps ± arrondi, renflé au milieu ou conique, aplati en dessus. Couleur foncière gris cendré verdâtre. — **fasciatus** Risso. Méditerranée. TR. 0$^m$,3.

## 5. AULOPUS Cuvier.-*Aulope*.

Corps allongé. Écailles grandes, pectinées. Mâchoires à dents en cardes fines. 15-17 rayons branchiostèges.

1 { Œil *moins large* que la longueur de l'espace préorbitaire. Allongé, fusiforme, 6 f. env. plus long que haut; profil supér. élevé jusqu'à la 1$^{re}$ dorsale, puis s'abaissant doucement. — **filamentosus** Bloch. Méditerranée. R. 0$^m$.2 à 0$^m$,4.

*Plus large.* Allongé, 6 f. 1/4 à 6 f. 1/2 plus long que haut, prismatique jusqu'à la 1$^{re}$ dorsale, puis comprimé. Anus s'ouvrant entre les ventrales, vers le 1/3 antér. de leur longueur. — **agassizii** Bonap. Méditerranée. TR. 0$^m$,1 à 0$^m$,2.

## 4. Paralepisii.

Corps allongé, nu ou à écailles caduques. Ventrales reculées sur la 1/2 postér. de la longueur totale.

Fig. 1061. — Paralepis coregonoides.

## 1. PARALEPIS Cuvier. *Paralépis*. Fig. 1061.

1 { 1$^{re}$ dorsale commençant *tout à fait en arrière* des ventrales. 12-13 f. plus long que haut. Corps s'effilant régulièrem. de la ceinture scapulaire à la caudale. — **sphyraenoides** Risso. Méditerranée. R. 0$^m$,15 à 0$^m$,3.

Commençant *au-dessus* des ventrales. Hauteur comprise 9 à 16 fois dans la longueur totale. — **coregonoides** Risso. Méditerranée. TR. 0$^m$,2.

1 série de taches noires en arrière de la ceinture scapulaire. — *speciosus* Bellotti. Méditerranée. 0$^m$.1.

## XVIII. SALMONIDI.

Yeux latéraux, ord. munis d'une paupière adipeuse. 4 à 19 rayons branchiostèges.

1 { 1$^{re}$ dorsale commençant *au-dessus* ou *en arrière* de l'insertion des ventrales ... 2

*En avant* de l'insertion des ventrales ... 3

2 { Maxillaire supér. *ne dépassant pas* en arrière le diamètre vertical de l'œil ... 7. MICROSTOMA.

*Dépassant* en arrière le diamètre vertical de l'œil ... 3. OSMERUS.

3 { Maxillaire supér. *n'atteignant pas* en arrière le milieu de l'œil ... 4

*Dépassant* en arrière le milieu de l'œil ... 5

6 rayons branchiostèges                    6. Argentina.
8 à 10 rayons branchiostèges. 1re dorsale commençant *sur le 2e 1/3* de la longueur totale    5. Coregonus.
4
10 rayons branchiostèges. 1re dorsale commençant
  *sur le 1er 1/3* de la longueur totale        4. Thymallus.
5  *Pas de dents* sur le corps du vomer          1. Salmo.
   *Des dents* sur le corps du vomer             2. Trutta.

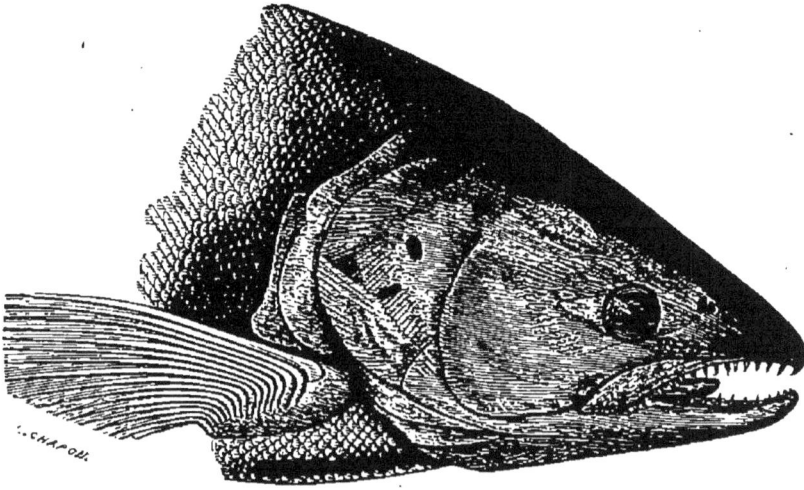

Fig. 1062. — Salmo salar, *tête* (E. Blanchard).

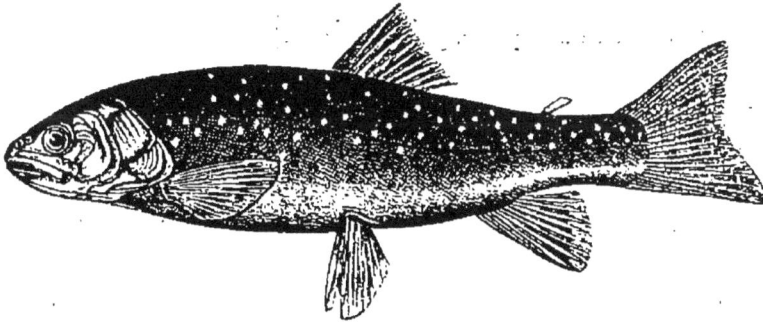

Fig. 1063. — Salmo umbla (E. Blanchard).

## 1. SALMO Linné. *Saumon*. Fig. 1062, 1063.

1re dorsale à 12-15 rayons; caudale tronquée ou seulem. échancrée. Vomer denté seulem. sur le chevron.

Longueur de la tête égale env. *au 1/6* de la lon- | salar L.
gueur totale. 128 écailles env. sur la ligne longi- | *Remonte les fleuves pour*
tudin. Dos bleu ardoisé; des taches noires étoilées. | *frayer.* 0m,5 *au moins.*
  [*Saumon.*]
1  Mandibule très longue, recourbée en crochet | Var. *hamatus* (Heckel).
     [*Bécard.*]
  Égale *au 1/4* ou *au 1/5* de la longueur totale. Au | umbla L.
    moins 200 écailles sur la ligne longitudin. [*Omble-* | *Fleuves, lacs.* Est. 0m,3
    *chevalier.*] | 0m,8.

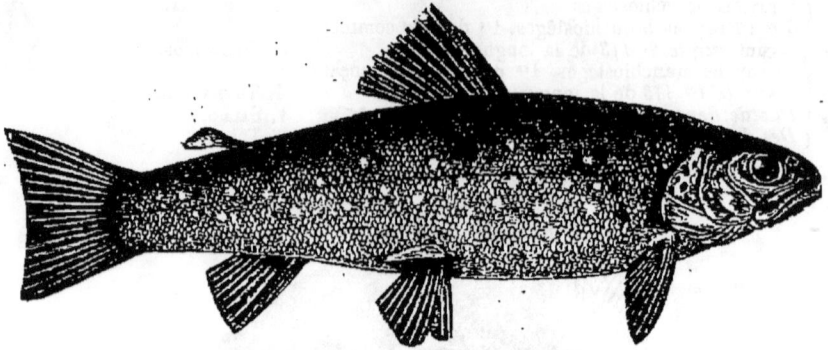

Fig. 1064. — Trutta fario (E. Blanchard).

## 2. TRUTTA Nilsson. *Truite*. Fig. 1064.

Des dents sur le chevron et le corps du vomer.

*9* rayons branchiostèges. Caudale presque fourchue. Env. 120 écailles sur la ligne longitudin. Battant operculaire arrondi au bord postér. — **bailloni** C. et Val. TR. Somme. 0ᵐ,3.

*11* rayons branchiostèges. Longueur de la tête comprise *3 f. 2/3 à 4 f. 3/4* dans la longueur totale. Vomer avec, sur le chevron, 1 rang transv. de 3-4 dents; et sur le corps 2 séries longitudin. de dents crochues. Bord postér. du battant operculaire oblique de haut en bas, d'avant en arrière. — **fario** Linné. *Eaux douces, surtout courantes.* Presque tte la France. 0ᵐ,2 à 0ᵐ,6.

*10-12* rayons branchiostèges. Longueur de la tête comprise 5 *f.* à 5 *f.* 1/2 dans la longueur totale. Vomer avec, sur le chevron, 4-5 dents, suivies d'un rang irrégulier de 4-9 dents. Battant operculaire courbe au bord postér. [*Truite de mer.*] — **marina** Duham. *Remonte les fleuves.* Meuse, Seine, Loire. 0ᵐ,4 à 0ᵐ,8.

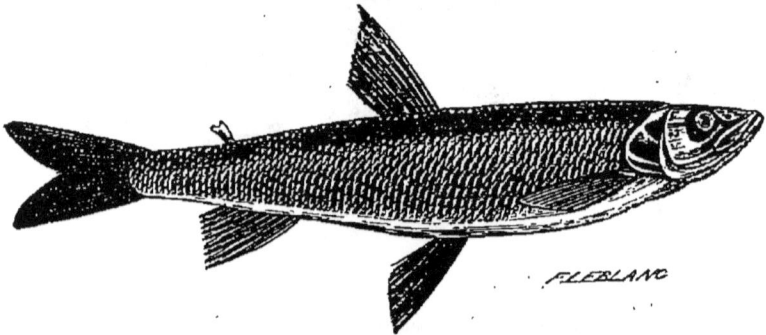

Fig. 1065. — Osmerus eperlanus (E. Blanchard).

## 3. OSMERUS Artedi. *Éperlan*. Fig. 1065.

Anale à 13-15 rayons. Caudale fourchue. Hauteur du tronc égale au 1/6 ou au 1/7 de la longueur totale. Vomer à grosses dents coniques, très avancées. — **eperlanus** L. Côtes de l'Ouest. 0ᵐ,2.

## 4. THYMALLUS Cuvier. *Ombre*. Fig. 1066.

Forme allongée; écailles grandes. Dents des mâchoires fines. 1ʳᵉ dorsale commençant ord. sur le 1/3 antér. de la longueur totale, à 20 rayons env. Caudale fourchue.

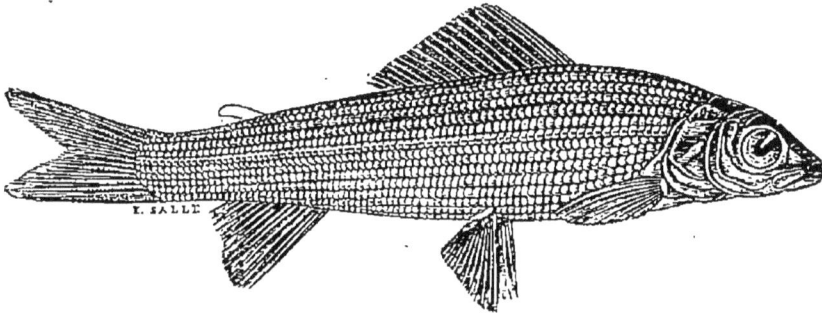

Fig. 1066. — Thymallus vulgaris (E. Blanchard).

Allongé, comprimé, env. 5 f. plus long que haut. 77-90 écailles sur la ligne longitudin. **vulgaris** Nilsson. *Fleuves.* Centre, Est. 0ᵐ,3.

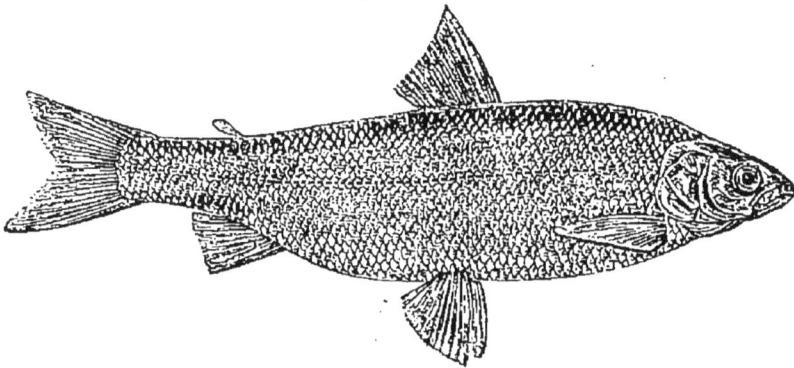

Fig. 1067. — Coregonus lavaretus (E. Blanchard).

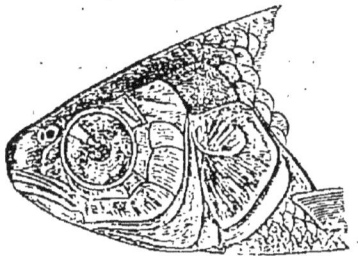

Fig. 1068. — Coregonus fera, *tête* (E. Blanchard).

## 5. COREGONUS Artedi. *Corégone.* Fig. 1067, 1068.

Forme allongée, comprimée. Mâchoires non dentées, ou à dents très petites.

1 { Museau *en saillie conique* dépassant longuem. la fente buccale. 76-80 écailles sur la ligne longitudin. [*Houting.*] **oxyrhynchus** Rondel. *Remonte les fleuves.* TR. 0ᵐ.2 à 0ᵐ.45.

*N'on en* forme de *saillie conique* 2

/ 1ʳᵉ dorsale trapézoïde; pectorales plus longues que **lavaretus** L.
  les ventrales. Museau *non proéminent*. [*Lava-*    Rhône; Ain. 0ᵐ,3.
  *ret.*]

Museau *proéminent*. Pectorales ord. plus longues    **fera** Jurine.
2   que les ventrales, 1/4 plus courtes que la tête.   Lac Léman; *rivières* du
    Celle-ci conique, comprimée latéralem. [*Féra*.]     Centre. 0ᵐ,2 à 0ᵐ,5.

Museau *proéminent*. Pectorales à *peine* moins       **hyemalis** Jurine.
  longues que la tête. Sous-opercule assez court,      Lac Léman. 0ᵐ,2 à 0ᵐ,3.
  large. [*Gravenche*.]

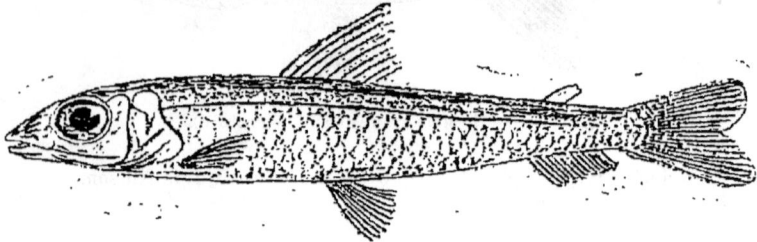

Fig. 1069. — Argentina sphyraena.

## 6. ARGENTINA Artedi. *Argentine*. Fig. 1069.

Corps allongé. Mâchoire infér. sans dents.
Forme prismatique en avant, arrondie en dessus et en   **sphyraena** L.
dessous à partir des ventrales. Ecailles très grandes,  Méditerranée. 0ᵐ,2.
papyracées, nacrées.

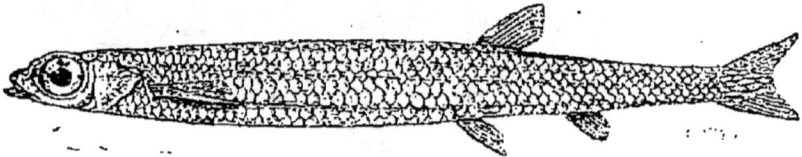

Fig. 1070. — Microstoma rotundatum (Cuvier et Valenciennes).

## 7. MICROSTOMA Cuvier. *Microstome*. Fig. 1070.

Forme très allongée, ± cylindrique. Mâchoire supér. sans dents.

/ 1ʳᵉ dorsale commençant *en arrière* des ventrales.   **rotundatum** Risso.
  4 rayons branchiostèges. Corps 9 à 14 f. plus long    Méditerranée. TR. 0ᵐ,1 à
  que haut.                                              0ᵐ,2.
1 { Commençant *en avant* de la base des ventrales, sur **oblitum** Facciolà.
    la 1ʳᵉ 1/2 de la longueur totale. 4 rayons bran-    Méditerranée,  *accidentel*.
    chiostèges. Corps cunéiforme, s'atténuant régu-      0ᵐ,1 à 0ᵐ,2.
    lièrem. de la ceinture scapulaire à la caudale.

## SOUS-ORDRE V. — APODES.

Forme ord. cylindrique, allongée. Téguments épais, visqueux, ord. nus ou à écailles-
éparses, incluses. Fente des ouïes petite; pièces operculaires et rayons branchiostèges
non distincts. Pas de ventrales.

1 { Pectorales *nulles* ou peu distinctes .          2
  { *Développées*                                    3
2 { *Pas de caudale*  .                              V. Sphagebranchidi.
  { *Une caudale*                                    III. Muraenidi.
  { *Pas de caudale*                                 IV. Ophisuridi.
3 { *Une caudale*                                    4
  ( Orifices de la narine distants, le postér. placé *au-*
4 {   *devant de l'œil* .                            I. Anguillidi.
  ( Dissemblables, l'antér. tubuleux, le postér. placé *vers*
  (   *le bord de la lèvre supér.*                   II. Myridi

## I. ANGUILLIDI.

Forme très allongée, cylindrique. Mâchoires dentées ; langue libre. Nageoires impaires réunies.

$1\ \begin{cases} \text{Ecailles } \textit{très petites, } \text{cachées dans la peau. Dorsale} \\ \quad \text{commençant } \textit{très en arrière } \text{de l'extrém. des} \\ \quad \text{pectorales. Mâchoire supér. } \textit{moins avancée } \text{que} \\ \quad \text{la mandibule} \hfill \text{1. ANGUILLA.} \\ \text{Complètement } \textit{indistinctes. } \text{Dorsale commençant} \\ \quad \text{presque } \textit{au-dessus } \text{des pectorales. Mâchoire supér.} \\ \quad \textit{plus avancée } \text{que la mandibule} \hfill \text{2. CONGER.} \end{cases}$

Fig. 1071. — Anguilla vulgaris (E. Blanchard).

### 1. ANGUILLA Cuvier. *Anguille.* Fig. 1071.

Les deux mâchoires et le vomer munis de dents en cardes.
14-18 rayons à la pectorale. Coloration variant du brun   **vulgaris** Cuvier.

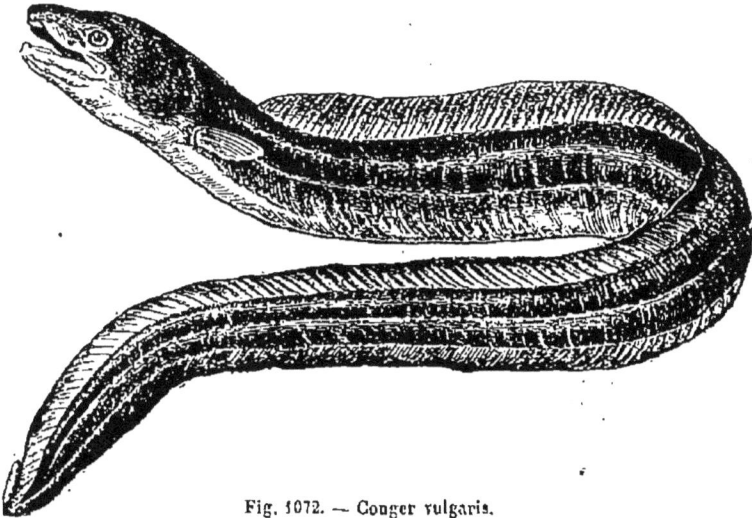

Fig. 1072. — Conger vulgaris.

verdâtre au jaunâtre et au bleu glauque. — Tête variant dans ses proportions relatives.   *Eaux douces.* TC. 0ᵐ,4 à 1 m.

### 2. CONGER Cuvier. *Congre.* Fig. 1072.

Les 2 mâchoires à dents plurisériées.

1 {

Dorsale commençant à peu près *vers la 1/2 de la* longueur des pectorales. Lèvre supér. en large expansion membraneuse *soutenue par 2 tiges osseuses,* de chaque côté.   **mystax** Delaroche. Méditerranée. R. 0ᵐ,3 *au moins.*

Commençant au-dessus de l'ouverture des ouïes, *au niveau de la base* des pectorales.   **balearicus** Delaroche. Méditerranée. R. 0ᵐ,3.

Très basse en avant, commençant *au niveau de l'extrém. postér.* des pectorales.   **vulgaris** Cuvier. Toutes les côtes. *Au moins* 0ᵐ,5.

## II. MYRIDI.

Tégument sans écailles. Dents des mâchoires courtes, aiguës, en cardes.

### 1. MYRUS Kaup. *Myre.*

Dorsale commençant à peu près au niveau de l'extrém. postér. des pectorales. Conique, au moins 20 f. plus long que haut. Gris verdâtre; ventre gris jaunâtre ou rosé.   **vulgaris** Kaup. Méditerranée. Golfe de Gascogne. 0ᵐ,3 à 0ᵐ,8.

## III. MURAENIDI.

Peau nue, visqueuse. Nageoires impaires confluentes; pectorales nulles.

1 {

Museau *court.* Narines à orifices *tubuleux*   1. MURAENA.

*Long.* Narines à orifices dissemblables, l'antér. tubuleux, le postér. *ovale*   2. NETTASTOMA.

Fig. 1073. — Muraena helena.

### 1. MURAENA Linné. *Murène.* Fig. 1073.

Dorsale très longue. Tête comprimée.

1 {

Mâchoire supér. munie de dents comprimées, fortes, crochues, 4-6 sur chaque intermaxillaire, 8-12 sur chaque intermaxillaire, *1sériées.* Mandibule avec de chaque côté 15-18 dents *1sériées.*   **helena** L. Méditerranée. Golfe de Gascogne. 0ᵐ,6 à 1ᵐ,3.

Intermaxillaire et maxillaire supér. à dents *2sériées,* coniques, crochues; mandibule à dents *2sériées* en avant, *1sériées* en arrière.   **unicolor** Delaroche. Méditerranée. 0ᵐ,5 à 1 m.

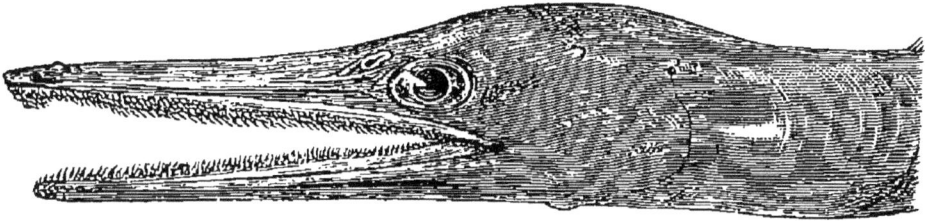

Fig. 1074. — Nettastoma melanura, *tête* (E. Moreau).

### 2. NETTASTOMA Rafinesque. *Nettastome.* Fig. 1074.

Museau très long. Dents des mâchoires en cardes très fines.
Mâchoire supér. débordant la mandibule; dents des **melanura** Rafin.
rangées internes longues et fortes. Méditerranée. R. 0ᵐ,5 à 0ᵐ,8.

## IV. OPHISURIDI.

Forme très allongée, cylindrique; pas d'écailles. Mâchoires et vomer dentés.

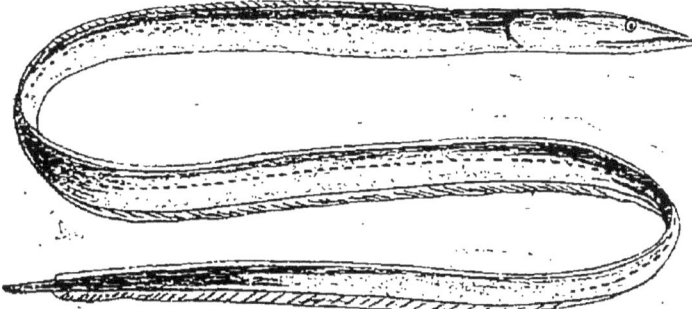

Fig. 1075. — Ophisurus serpens.

Fig. 1076. — Ophisurus hispanus, *tête.*

### 1. OPHISURUS Lacépède. *Ophisure.* Fig. 1075, 1076.

Caudale nulle; anale et dorsale n'atteignant pas l'extrém. de la queue.

| | |
|---|---|
| Extrém. postér. de la fente buccale *dépassant notablem.* l'œil. Dessus jaune doré nuancé de brun; dessous gris ± argenté. | serpens L. Méditerranée. 1 à 2 m. |
| *Atteignant* env. le niveau du bord postér. de l'œil. Rouge jaunâtre clair, ponctulé de noir. | hispanus Bellotti. Méditerranée. TR. 0ᵐ,3 à 0ᵐ,6. |

## V. SPHAGEBRANCHIDI.

### 1. SPHAGEBRANCHUS Bloch. *Sphagébranche.*

Forme allongée-cylindrique; pas d'écailles. Mâchoires munies de petites dents. Narines à orifice antér. tubuleux. Pas de caudale.

1 { Extrémité de la mandibule {
*plus rapprochée* de l'extrém. du museau que de l'œil. Gris violacé, tacheté de noirâtre. — **imberbis** Delaroche, Méditerranée. TR. 0ᵐ,3 à 0ᵐ,5.

*plus éloignée* de l'extrém. du museau que de l'œil. Rougeâtre, ponctué de noir. — **caecus** L. Méditerranée. TR. 0ᵐ,5.

# ORDRE DES CYCLOSTOMES

Squelette cartilagineux. Pas de mâchoires. Bouche circulaire, conformée pour la succion. Orifice nasal impair. Pas de vessie natatoire.

## I. PETROMYZONIDI.

Forme allongée-cylindrique, comprimée à partir de la 1re dorsale. Pas d'écailles.

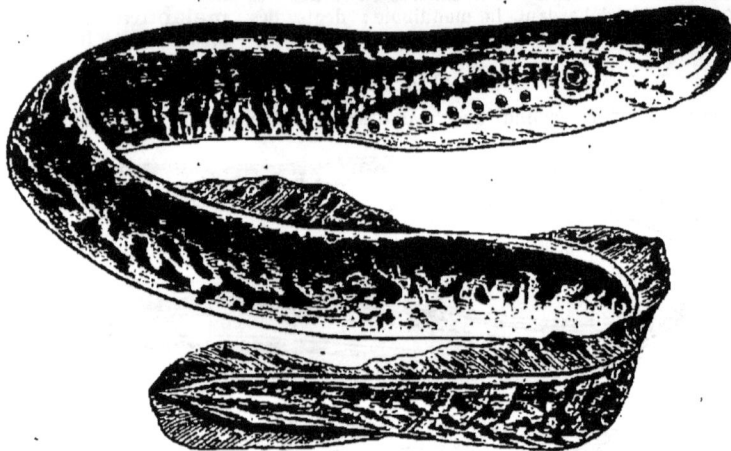

Fig. 1077. — Petromyzon marinus (E. Blanchard).

### 1. PETROMYZON Artedi. *Lamproie.* Fig. 1077.

2 dorsales. 7 paires d'ouvertures branchiales externes. Larves (*Ammocoetes*) différant des adultes par leurs yeux placés sous la peau et leur bouche dépourvue de dents.

1 {
Pièce représentant la mâchoire supér. à 2 pointes *rapprochées*. Dorsales séparées chez l'adulte par une distance env. égale à l'espace préorbitaire. — **marinus** L. *Remonte les fleuves.* 0ᵐ,6 à 1 m.

À 2 pointes *distantes*. Dessus noir de plomb, avec les flancs ± gris argenté. Dorsales distantes. — **fluviatilis** L. *Rivières.* AC. 0ᵐ,1 à 0ᵐ,5.

Dorsales contiguës. — **planeri** Bloch.

# CLASSE DES REPTILES

Un amnios. Pas de mamelles. Téguments dépourvus de poils et de plumes, couverts d'écailles ou de larges plaques cornées. Respiration pulmonaire. Température variable. Ovipares ou ovovivipares. Pas de métamorphoses.

*Téguments.* — Épiderme épais, offrant une couche cornée très développée, qui donne origine : à des *écailles* imbriquées, ou à des *scutelles*, plaques plus larges, juxtaposées, ou à des *plaques*, larges, cornées, soudées à la carapace et au plastron. La couche cornée de l'épiderme subit une mue ± répétée selon les espèces.

*Appareil digestif.* — Qqfois un bec corné, plus souv. des dents, limitées aux mâchoires ou insérées en outre aux palatins. Chez les serpents venimeux, des *crochets*, dents longues et creuses, présentant ou un sillon sur la face antér. (crochets cannelés), ou un conduit central (crochets tubuleux). Langue variable, souv. fourchue et protractile. Œsophage ord. ample. Intestin terminé par un cloaque.

*Appareil circulatoire.* — Cœur à 2 oreillettes et 1 ventricule, ou à 2 ventricules distincts.

*Appareil respiratoire.* — Trachée à anneaux cartilagineux complets ou incomplets. Bronches courtes, simples ou ramifiées. Poumons fermés par 2 sacs à cavité simple ou divisée en loges.

*Squelette.* — Rachis présentant 5 régions chez les types pourvus de membres, 2 seulem. chez les Ophidiens, l'une précaudale, l'autre caudale. Crâne osseux; un seul condyle occipital. Chez les Chéloniens, les côtes forment les parties latér. du bouclier par leur union avec des plaques d'origine dermique, placées au bord de la carapace, plaques marginales, ou au-dessus des côtes, plaques costales. Ceinture scapulaire avec une omoplate et un os coracoïde ; nulle chez les Ophidiens. Ceinture pelvienne formée d'un ilion, d'un ischion et d'un pubis ; nulle chez les Ophidiens.

### DIVISION DES REPTILES EN ORDRES.

**Chéloniens.** — Une carapace et un plastron. Fente cloacale longitudinale.

**Sauriens.** — Pas de carapace. Fente cloacale transversale. Bouche non dilatable. Des membres ou au moins un rudiment de ceinture scapulaire.

**Ophidiens.** — Pas de carapace. Bouche dilatable. Pas de membres.

## ORDRE DES CHÉLONIENS

Une carapace et un plastron. Bec corné ; pas de dents. 4 pattes, normalem. 5dactyles. — Ord. herbivores; se nourrissent aussi de petits animaux.

| | | |
|---|---|---|
| 1 { Doigts *indistincts*. Membres *rémiformes*. Carapace acuminée postérieurem. *Marins* | III. **Chelonidi.** | |
| ± *distincts*. Membres *non rémiformes* | 2 | |
| 2 { Carapace *fortement bombée*. Ord. d'eau douce | I. **Testudinidi.** | |
| *Peu ou non bombée*. Terrestres | II. **Emysidi.** | |

### I. TESTUDINIDI.

Carapace très bombée. Membres subégaux. Doigts distincts, immobiles. Tête et pattes rétractiles; les antér. ord. à 5 ongles, les postér. à 4.

#### 1. TESTUDO Linné. *Tortue*. Fig. 1078.

Carapace formée d'une seule pièce. Sternum jamais mobile en avant.

1 { Sternum *mobile* en arrière. Plaque sus-caudale **mauritanica L.** *simple*. Mâchoires dentelées. Algérie. 0<sup>m</sup>,3.
Complètem. *immobile*. Plaque sus-caudale *fendue*. Un revêtement corné à l'extrém. de la queue. **graeca L.** Europe méridionale. 0<sup>m</sup>,3.

### II. EMYSIDI.

Carapace peu bombée ; une paire de plaques sus-caudales. Pattes ± palmées. Doigts mobiles.

Fig. 1078. — Testudo graeca, 1/4 r.

Fig. 1079. — Emys orbicularis, 1/4 gr. nat.

### 1. EMYS Wagler. *Emys*. Fig. 1079.

Yeux placés latéralem. Tête pouvant rentrer sous la carapace.
Carapace arrondie, déprimée, carénée ♂ ; elliptique, **orbicularis** L.
faiblem. carénée ♀. Mâchoires non dentelées.　　Midi. 0m,3.

## III. CHELONIDI.

Membres rémiformes, les postér. bien plus courts que les antér. — Hab. l'Océan.

1 { Carapace *sans* plaques cornées　　　　　　　　1. DERMATOCHELYS.
{ *Munie* de plaques cornées　　　　　　　　　　2

2 { 5 plaques costales de chaque côté　　　　　　2. THALASSOCHELYS.
{ 4 plaques costales de chaque côté　　　　　　3. CHELONE.

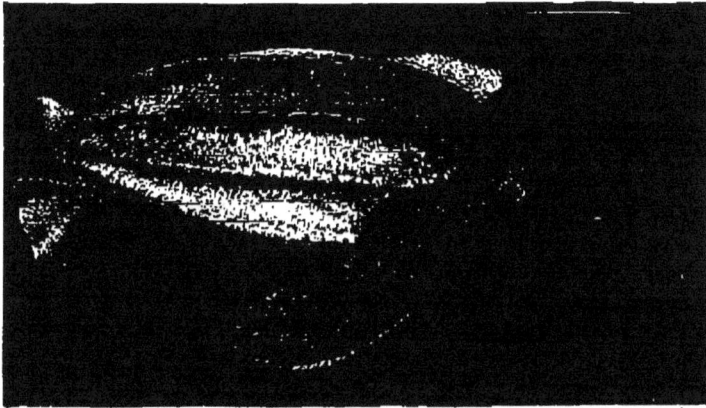

Fig. 1080. — Dermatochelys coriacea, 1/30 gr. nat.

### 1. DERMATOCHELYS Wagler. *Sphargis*. Fig. 1080.

Carapace recouverte d'une peau épaisse.
Carapace cordiforme, avec 7 carènes longitudin. un peu **coriacea** Rond.
dentelées. [*Sph. luth.*]　　　　　　　　*Accidentel.* 2 m.

### 2. THALASSOCHELYS Fitz. *Thalassochélys*.

Carapace un peu allongée. Mâchoires un peu recour- **caouana** Daud.
bées l'une vers l'autre. Dessus brun marron foncé.　*Accidentel ?* 1m.5.

### 3. CHELONE Brogn. *Chélonée*.

1 { *Un seul* ongle aux doigts antér. Plaques du disque **viridis** Schn.
{ non imbriquées. [*Tortue franche.*]　　　　*Très accidentel.* 2 m.
{ *Deux* ongles aux doigts antér. Plaques du disque **imbricata** L.
{ imbriquées. [*Caret.*]　　　　　　　　　*Accidentel.* 1 m.

## ORDRE DES SAURIENS

Pas d'os dermiques. Écailles petites. Fente cloacale transverse. Bouche non dilatable.
Ord. des pattes ou au moins des rudiments de ceinture scapulaire. Œil ord. muni d'une
paupière.

1 { Corps *sans* écailles, annelé. Langue courte, peu ou
{ non rétractile. Yeux peu distincts, *sans* paupières
{ mobiles.　　　　　　　　　　　　　IV. Amphisbaen.d.
{ *Écailleux*, non annelé. *Des paupières mobiles*　2

⎰ Doigts séparés, *formant des disques adhésifs.*
2 ⎰   Langue courte, *épaisse,* peu ou non échancrée à         I. **Platydactylidi.**
  ⎱   l'extrém.
  ⎱ *Ne formant pas* de disques adhésifs                     3

⎰ Écailles dorsales *granuleuses,* juxtaposées, *non*
3 ⎰   *imbriquées.* Langue grêle, extensible, 2fide      II. **Lacertidi.**
  ⎱ *Lisses, imbriquées.* Langue grêle, peu échancrée   III. **Anguisidi.**

# I. PLATYDACTYLIDI.

⎰ Disques adhésifs atteignant l'*extrémité* des doigts.
  ⎰   *Une seule* série d'écailles à la partie infér. de
1 ⎰   chaque doigt                        1. PLATYDACTYLUS.
  ⎱ Atteignant *le milieu* des doigts. *Deux* séries
  ⎱ d'écailles à la partie infér. de chaque doigt    2. HEMIDACTYLUS.

Fig. 1081. — Platydactylus mauritanicus, 1/2 gr. nat.

**1. PLATYDACTYLUS** Cuvier. *Platydactyle.* Fig. 1081.

Dessus avec des bandes transv. de tubercules ovales, ca-      **mauritanicus** L.
rénés et entourés d'écailles ou de petits tubercules.      Pourtour méditerran. 0$^m$,15.

**2. HEMIDACTYLUS** Cuvier. *Hémidactyle.* Fig. 1082.

Tête courte, à museau obtus. Écailles dorsales entre-      **turcicus** L.
mêlées de tubercules 3èdres.                     Pourtour méditerran. 0$^m$,12.

# II. LACERTIDI.

⎰ Écailles de la partie infér. des doigts des membres
1 ⎰   postér. *non carénées*                      2
  ⎱ *Carénées*                                    3

2 ⎰ *Un demi-collier* très distinct de grandes écailles   1. LACERTA.
  ⎱ *Pas de demi-collier* de grandes écailles        2. TROPIDOSAURA.

⎰ Doigts *dentelés* latéralem. Un demi-collier de
3 ⎰   grandes écailles                     3. ACANTHODACTYLUS.
  ⎱ *Non dentelés* latéralement              4. PSAMMODROMUS.

Fig. 1082. — Hemidactylus turcicus, 1/2 gr. nat.

Fig. 1083. — Lacerta muralis, 1/2 gr. nat.

## 1. LACERTA Linné. *Lézard.* Fig. 1083 à 1087.

1 — Demi-collier *rectiligne* postérieurem. Région temporale à écailles petites, subégales aux dorsales; celles-ci orbiculaires. 1 seule plaque entre la narine et l'œil. Plaque occipitale bien moins large que la plaque frontale. — **muralis** Laur. Europe tempérée. 0ᵐ,2.

— Terminé postérieurem. *par une ligne ondulée ou dentée* — 2

2 — La plus grande largeur de la plaque occipitale ± *égale* à celle de la plaque frontale. 2 plaques superposées entre la narine et l'œil. Écailles dorsales orbiculaires. Queue ord. bien plus courte que le double de la longueur de la partie du corps antér. à la fente cloacale. — **ocellata** Daud. Midi. *Jusqu'à* 0ᵐ,8.

— Bien *plus petite* que celle de la plaque frontale. Écailles dorsales *hexagones* — 3

3 — *Une* seule plaque entre la narine et l'œil. Tête petite. Queue un peu plus longue que la partie du corps antér. à la fente cloacale, *ne diminuant pas progressivem. de la base à l'extrém.* — **vivipara** Jacq. Centre. Nord. 0ᵐ,1.

— 2 plaques entre la narine et l'œil. Queue bien plus longue que le reste du corps — 4

Fig. 1084. — Lacerta ocellata, *partie antérieure*, 1/2 gr. nat.

Fig. 1085. — Lacerta vivipara, 1/2 gr. nat.

Fig. 1086. — Lacerta stirpium, 1/2 gr. nat.

Fig. 1087. — Lacerta viridis, *tête*, 1/2 gr. nat.

4 { Dos *brunâtre*. Queue *plus courte* que le double de la longueur du reste du corps. · — **stirpium** Bon. Presque tte la France. 0$^m$,2.
*Verdâtre*. Queue env. *égale* au double de la longueur du reste du corps. — **viridis** Gesn. Midi. 0$^m$,35.

## 2. TROPIDOSAURA Fitz. *Tropidosaure.*

séries d'écailles ventrales. Dessus jaune-fauve, glacé **algira** L.
ord. de vert-métallique; 4 raies jaune doré de la tête Pourtour méditerranéen.
à la queue. 0^m,25 à 0^m,3.

## 3. ACANTHODACTYLUS Wiegmann. *Acanthodactyle.*

Partie antér. du dos à écailles lisses. Demi-collier angu- **vulgaris** Dum.
leux, se confondant en arrière avec la partie infér. du Midi. 0^m,2.
corps.

Fig. 1088. — Psammodromus hispanicus, gr. nat.

## 4. PSAMMODROMUS Fitz. *Psammodrome.* Fig. 1088.

Forme grêle, élancée. Écailles ventrales 6sériées. 1 seule **hispanicus** Fitz.
plaque entre l'œil et la narine. Midi. 0^m,15.]

## III. ANGUISIDI.

1 { *Pas de membres*            1. ANGUIS.
  { *Des membres,* chacun à 3 doigts    2. SEPS.

Fig. 1089. — Anguis fragilis, 2/5 gr. nat.

**1. ANGUIS** Linné. *Orvet.* Fig. 1089.

Écailles lisses, brillantes. Tête courte ; museau arrondi ; **fragilis** L.
dents maxillaires aiguës, couchées en arrière.        Toute l'Europe. 0ᵐ,2 à 0ᵐ,4.

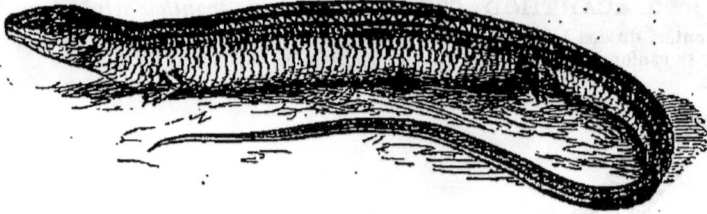

Fig. 1090. — Seps chalcides, 1/2 gr. nat.

**2. SEPS** Laur. *Seps.* Fig. 1090.

Tête très courte ; pas de cou distinct. Queue terminée par   **chalcides** L.
une pointe flexible, cornée.                        Pourtour méditerran. 0ᵐ,4.

## IV. AMPHISBAENIDI.

**1. TROGONOPHIS** Kaup. *Trogonophis.*

Dents soudées si intimement au bord des maxillaires   **wiegmanni** Kaup.
qu'elles paraissent faire corps avec eux. Narines s'ou-   Algérie. 0ᵐ,2 à 0ᵐ,3.
vrant sur les côtés du museau.

## ORDRE DES OPHIDIENS

Pas d'os dermiques. Écailles petites. Fente cloacale transverse. Apodes. Bouche dilatable ; dents touj. recourbées en arrière.

1 { Des écailles petites, nombreuses, *asymétriques*, à
la partie supéro-antér. de la tête. Queue *courte*.
Écailles du corps *carénées*. Mâchoire supér. à
2 crochets creusés chacun d'un canal à venin        I. Viperidi.
Toute la partie antér. de la tête à plaques *symétriques*. Pupille *orbiculaire*. Queue *longue*.
Écailles du corps le plus souv. *lisses*. Pas de crochets à venin                                       2

2 { 2 plaques frénales de chaque côté. *Une fossette* à
la partie supéro-antér. de la tête. Dents postér.
de la mâchoire supér. *sillonnées*                  II. Coelopeltisidi.
1 plaque frénale de chaque côté. *Pas de dents sillonnées* à la partie postér. de la mâchoire supér.   III. Colubridi.

## I. VIPERIDI.

**1. VIPERA** Laur. *Vipère.* Fig. 1091 à 1097.

1 { Bord infér. des yeux séparé au moins en partie des   **berus** L.
plaques supralabiales par *une seule* écaille.       C., *surtout* Ouest. 0ᵐ,6 à
Écailles du dessus de la tête assez grandes.            0ᵐ,75.
Partout séparé des plaques supralabiales par *deux*
écailles au moins                                   2

2 { Museau *terminé* en une pointe cornée saillante,   **ammodytes** L.
relevée.                                             Dauphiné ?
*Non terminé* en une pointe cornée saillante.        **aspis** L.
Écailles du dessus de la tête petites. [*Vipère    Midi. Centre. Est. *Jusqu'à*
aspic.*]                                                0ᵐ,7.

Fig. 1092. — *Sa tête, de profil.*

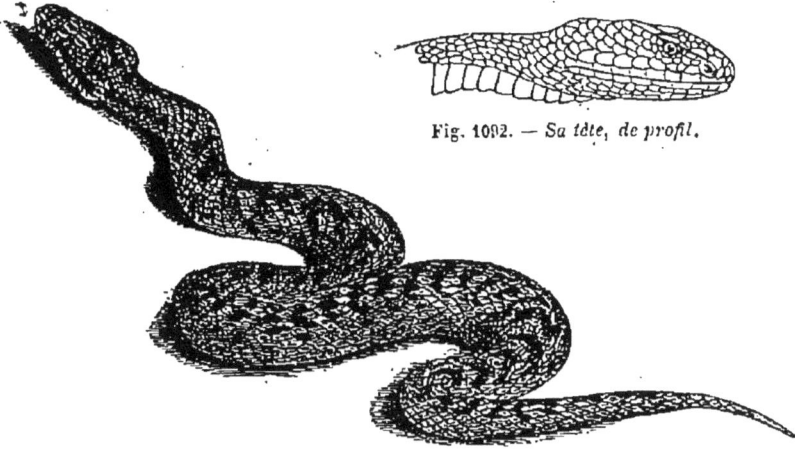

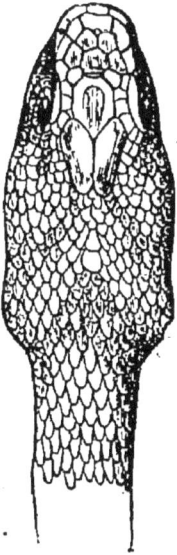

Fig. 1091. — Vipera berus, 1/4 gr. nat.

Fig. 1093. — Vipera berus, *tête en dessus.*

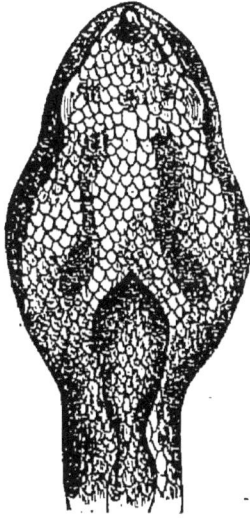

Fig. 1094. — V. ammodytes, *tête en dessus.*

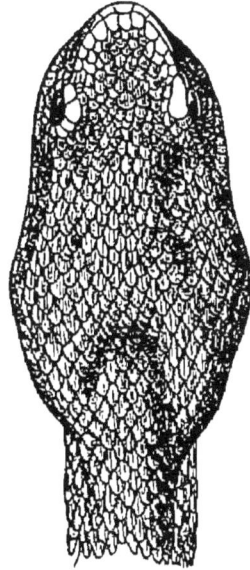

Fig. 1095. — V. aspis, *tête en dessus.*

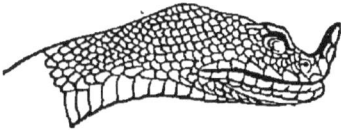

Fig. 1096. — Vipera ammodytes, *tête de profil.*

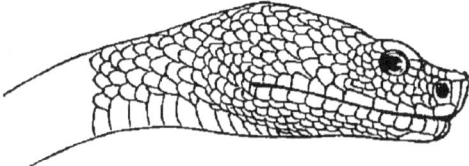

Fig. 1097. — V. aspis, *tête de profil.*

Fig. 1098. — Coelopeltis monspessulanus, 1/5 gr. nat.

## II. COELOPELTISIDI.

**1. COELOPELTIS** Wagler. *Célopeltis*. Fig. 1098.

Dessus de la tête concave entre les yeux. [*Couleuvre*  **monspessulanus** Herm.
*maillée.*]                            Pourtour méditerranéen.

## III. COLUBRIDI.

1 { Bord infér. des yeux *séparé* des plaques suprala-
     biales par des écailles                    1. PERIOPS.
    *Non séparé* par des écailles des plaques suprala-
     biales                              2

2 { Écailles du dos et des flancs fortem. *carénées* chez
    les adultes. Plaques postoculaires en contact
    avec *une seule* plaque temporale       2. TROPIDONOTUS.
    Écailles *lisses* ou carénées, soit au dos, soit aux
    flancs, *jamais aux deux endroits à la fois.*
    Plaques postoculaires le plus souv. en contact
    avec 2 temporales                3

3 { 2 plaques préoculaires                6
    1 *seule* plaque préoculaire            4

4 { Tête *bien* distincte du corps; museau *court, ar-*
    *rondi.* Dents postér. plus *grandes* que les antér.  5. CORONELLA.
    *Peu* distincte du corps; museau *allongé*     5

5 { Pas moins de 26 séries longitudin. d'écailles. Pla-
    que rostrale *prolongée* en avant de la partie
    supér. de la tête               6. RHINECHIS.
    Pas plus de 23 séries longitudin. d'écailles. *Pas de*
    *prolongement rostral.* Flancs formant un angle
    notable avec l'abd.              7. CALLOPELTIS.

6 { Pas plus de 21 séries longitudin. d'écailles    3. ZAMENIS.
    Pas moins de 25 séries longitudin. d'écailles    4. ELAPHIS.

### 1. PERIOPS Wagler. *Périops.*

Tête longue, large. Dessus variant du jaune verdâtre  **hippocrepis** Merr.
à l'orangé; ord. une bande en fer-à-cheval entre les  Espagne, Italie, Algérie.
yeux. [*Couleuvre fer-à-cheval.*]               1m,7.

### 2. TROPIDONOTUS Boie. *Tropidonote.* Fig. 1099, 1100.

1 { 2 plaques postoculaires. Ord. 1 rang de taches  **viperinus** Boie.
    brunes ou noirâtres sur la ligne dorsale médiane.  *Surtout* Midi. *Aquatique.*
    Dessus de la tête avec une bande en forme de Λ.  1 m.
    [*Couleuvre vipérine.*]
    3 plaques postoculaires, 2 taches 3angulaires noires,  **natrix** L.
    derrière un collier clair; sur la nuque. [*Coulœu-*  *Lieux humides.* Toute la
    *vre à collier.*]                   France. 1m,7 *au plus.*

Fig. 1099. — Tropidonotus viperinus
*tête*, 1/3 gr. nat.

Fig. 1100. — T. natrix, *tête*
1/3 gr. nat.

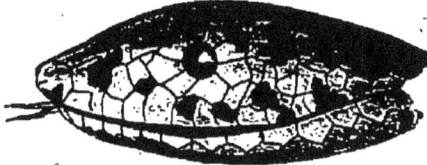

Fig. 1101. — Zamenis viridiflavus, *tête*, 1/3 gr. nat.

### 3. ZAMENIS Wagler. *Zaménis*. Fig. 1101.

Dos et flancs vert foncé; en avant, 4 séries maculaires **viridiflavus** Latr. brunes; écailles ord. tachées de jaune. [*Couleuvre* Espagne, Algérie. *Jusqu'à verte-et-jaune.*] 1$^m$,2.

Fig. 1102. — Elaphis cervone, 1/6 gr. nat.

### 4. ELAPHIS Aldrovande. *Elaphis*. Fig. 1102.

Écailles du dos avec une carène saillante. Brun **cervone** Aldr. jaunâtre ± foncé; 4 raies brunes ou noires sur Europe méridionale. *Env.* toute la longueur du corps. [*C. quatre-raies.*] 1 m.

### 5. CORONELLA Laur. *Coronelle*. Fig. 1103.

1 {
7 plaques supralabiales. Plaque rostrale *saillante* **austriaca** Daudin. au-dessus des internasales. [*C. lisse.*] Çà et là, AC. *Jusqu'à* 0$^m$,8.
8 plaques supralabiales. Plaque rostrale *non sail-* **girundica** Daud. *lante* au-dessus des voisines. Ord. 21 séries d'é- Sud-Ouest. cailles. [*C. bordelaise*].
}

### 6. RHINECHIS Michahelles. *Rhinéchis*.

Queue courte, conique. 2 lignes longitudin. noires, **scalaris** Boie. réunies transversalem. de place en place [*C. à* Midi. *Jusqu'à* 2 m. *échelons.*]

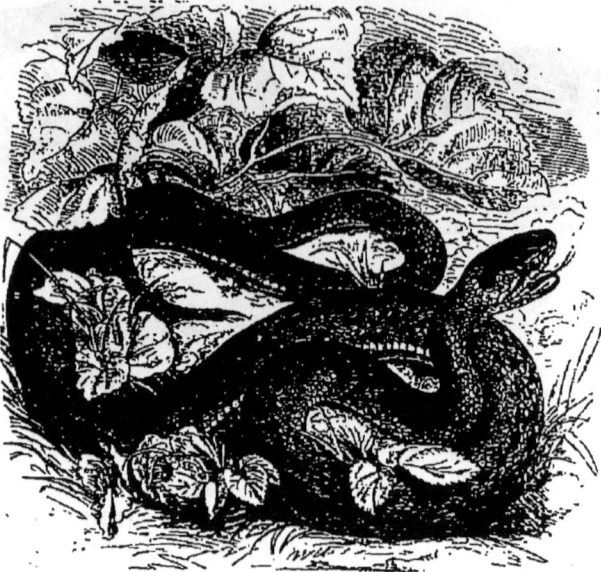

Fig. 1103 — Coronella austriaca, 1/3 gr. na'.

Fig. 1104. — Callopeltis aesculapii, *tête*, 1/3 gr. nat.

## 7. CALLOPELTIS Bonap. *Callopeltis*. Fig. 1104.

Écailles postér. légèrem. carénées. Brun olivâtre, ord. ponctué de petites taches blanches.

**aesculapii** Aldr. Midi. *Jusqu'à* 1ᵐ,6.

# CLASSE DES BATRACIENS

Pas d'amnios. Pas de mamelles. Des pattes. Respiration toujours branchiale dans le jeune âge, pulmonaire ou branchiale et pulmonaire chez les adultes. Sang froid. Des métamorphoses. Larves (têtards) munies d'une queue qui persiste ou s'efface chez l'adulte. Hab. l'eau douce.

*Téguments.* — Peau ord. nue, lisse et visqueuse; épiderme constitué par une couche muqueuse profonde et une superficielle, non cornée, se renouvelant périodiquem.

*Appareil digestif.* — Cavité buccale ord. large, munie de dents maxillaires et palatines, plus rarem. privée de dents. Langue fixée par sa partie antér. au plancher de la bouche, libre à sa partie postér. Œsophage court. Estomac simple, en cornue. Anus terminal.

*Appareil respiratoire.* — Larves respirant ord. par 3 paires de fentes branchiales et autant de *branchies externes* couvertes de cils vibratiles ; un repli cutané recouvrant en partie les branchies, et délimitant qqf. une véritable *chambre branchiale* s'ouvrant par un étroit orifice, *spiraculum*. — Poumons des adultes au nombre de 2, symétriques, en sacs rattachés au pharynx par une courte trachée.

*Squelette.* — Vertèbres peu nombreuses, une seule cervicale, une seule sacrée. Rachis terminé chez les Anoures par un os grêle, allongé (*urostyle* ou *coccyx*). Crâne en partie cartilagineux ; 2 condyles occipitaux ; à la voûte buccale, un os qqf. muni de dents, le *parasphénoïde*. Côtes le plus souv. rudimentaires.

DIVISION DES BATRACIENS EN ORDRES.

**Anoures.** — Quatre membres. Pas de queue.
**Urodèles.** — Deux ou quatre membres. Une queue.

## ORDRE DES ANOURES

Forme ramassée, déprimée. Mâchoire infér. le plus souv. dépourvue de dents. Orifice cloacal terminal, arrondi. Membres bien développés, les antér. 4dactyles, les postér. 5dactyles.

1 { Doigts et orteils *dilatés-disciformes* à l'extrémité    I. **Hylidi.**
   { *Non dilatés en disque* à l'extrémité    2

2 { Mâchoire supér. *dentée.* Pupille *ronde* ou *allongée dans le sens vertical*    II. **Ranidi.**
   { *Sans dents.* Pupille *allongée dans le sens de l'axe longitudin. du corps.* Épiderme ord. fortem. verruqueux    III. **Bufonidi.**

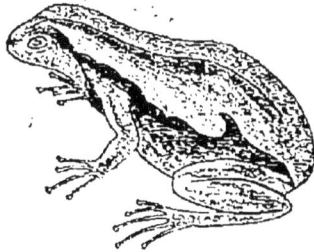

Fig. 1105. — Hyla arborea, gr. nat.

## I. HYLIDI.

**1. HYLA** Laur. *Rainette.* Fig. 1105.

Doigts ± palmés. Peau de la tête non adhérente au crâne. **arborea** L.
± vert ; dessous blanchâtre.    Presque tte l'Europe. 0ᵐ,03.

## II. **RANIDI.**

|   |   |   |
|---|---|---|
| 1 | Langue fortem. *échancrée* en arrière. Des saillies articulaires à la face palmaire des doigts | 1. RANA. |
|   | *Non* ou *peu* échancrée | 2 |
| 2 | Le premier doigt *avec* un fort éperon corné, aplati, tranchant | 2. PELOBATES. |
|   | *Sans* éperon corné | 3 |
| 3 | Pupille *en triangle* isocèle | 3. BOMBINATOR. |
|   | *Non* 3angulaire | 4 |
|   | Dents palatines *en 2 groupes, entre* les arrière-narines. Epiderme sensiblem. verruqueux | 4. PELODYTES. |
| 4 | *En 2 groupes* très séparés. *après* la ligne correspondant aux arrière-narines. Membres postér. *courts*. Epiderme légèrem. verruqueux | 5. ALYTES. |
|   | *En une* longue *série* transv. peu interrompue, *après* la ligne correspondant aux arrière-narines. Membres postér. *longs*. Pas de verrues | 6. DISCOGLOSSUS. |

Fig. 1106. — Rana esculenta, gr. nat.

### 1. **RANA** Linné. *Grenouille.* Fig. 1106, 1107.

|   |   |   |
|---|---|---|
| 1 | *Pas de bande noire* en travers de la tempe. Une série de verrues de chaque côté des flancs. Teinte foncière ord. verdâtre. [*G. verte.*] | **esculenta** L. *Lieux humides.* C. *Jusqu'à* 0^m,2. |
|   | *Une bande noire* en travers de la tempe. | 2 |
| 2 | Membre antér. *n'atteignant pas* le niveau de l'œil quand on le ramène le long du tronc. Ord. pas de taches sombres à la partie infér. du corps. | **temporaria** L. Toute l'Europe. *Jusqu'à* 0^m,2. |
|   | *Dépassant* le niveau de l'œil quand on le ramène le long du tronc. Face allongée. | **agilis** Thomas. Midi. |

### |2. **PELOBATES** Wagler. *Pélobate.* Fig. 1108.

|   |   |   |
|---|---|---|
| 1 | Éperon corné des membres postér. *noir.* Partie supéro-postér. de la tête *plane.* | **cultripes** Cuvier. Midi. Ouest. 0^m,1. |
|   | *Jaunâtre.* Partie postér. et médiane de la tête *avec une élévation saillante.* | **fuscus** Laur. Presque tte la France. 0^m,1. |

Fig. 1107. — Rana temporaria, gr. nat.

Fig. 1108. — Pelobates fuscus, gr. nat.

### 3. BOMBINATOR Merr. *Sonneur.*

Abd. et dessous de la tête rouges, avec de grandes taches noires. Langue arrondie et non échancrée en arrière.      **igneus** Laur. Zones tempérées. AC. 0ᵐ,04.

Fig. 1109. — Pelodytes punctatus, gr. nat.

### 4. PELODYTES Fitz. *Pélodyte.* Fig. 1109.

Membres postér. allongés. Langue très légèrem. échancrée en arrière.      **punctatus** Dug. Centre. Midi. 0ᵐ,04.

Fig. 1110. — Alytes obstetricans, gr. nat.

### 5. ALYTES Wagler. *Alyte.* Fig. 1110.

Langue très convexe à son bord postér., sans trace d'échancrure. Dents palatines sériées.      **obstetricans** Laur. Toute la France. 0ᵐ,05.

### 6. DISCOGLOSSUS Otth. *Discoglosse.*

Bord postér. de la langue rectiligne ou légèrem. échancré. Membres postér. très longs.      **pictus** Otth. Europe méridion, Algérie.

## III. BUFONIDI.

### 1. BUFO Laur. *Crapaud.* Fig. 1111, 1112.

1 { 2ᵉ doigt interne des mains *plus petit* que le 4ᵉ. Tarse *sans* appendice membraneux.      **vulgaris** Laur. Toute l'Europe. *Jusqu'à* 0ᵐ,2.

{ *Plus grand.* Tarse garni au bout d'un appendice membraneux longitudinal      **2**

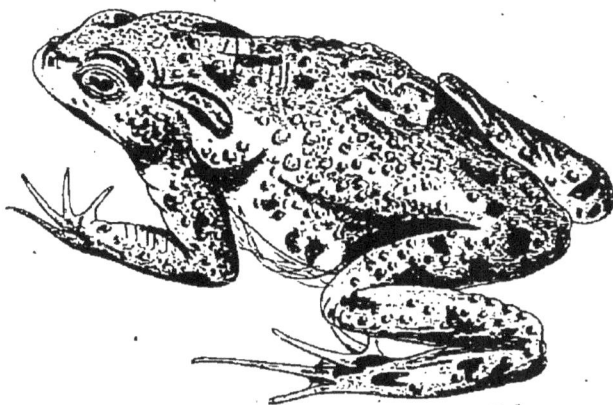

Fig. 1111. — Bufo vulgaris, gr. nat.

Fig. 1112. — Bufo calamita, gr. nat.

Tubercules des articulations des doigts *géminés*. **calamita** Laur.
Presque touj. 1 ligne longitudin. jaunâtre sur le  Presque toute l'Europe. ■,
milieu du dos. Iris avec une saillie au milieu du
bord supér. et une dépression au bord infér.
*Isolés.* Ord. pas de ligne jaunâtre dorsale. Iris dé-  **viridis** Laur.
primé à ses bords supér. et infér.  Europe méridion. Algérie.

## ORDRE DES URODÈLES

Forme allongée. Des dents aux 2 mâchoires. Langue presque entièrem. soudée au
plancher buccal. Orifice cloacal ± longitudinal. Ord. 2 paires de pattes courtes, distantes. Aquatiques.

Langue complètem. libre au bord, attachée seulem.
à la base de la bouche *par un pédicule médian*  I. **Spelerpesidi.**
Attachée *par son extrém. antér.* à la base de la
cavité buccale  2

$2$ { Queue *arrondie*. Dents palatines en 2 séries *cour-*
*bées en S* ............................................ II. **Salamandridi.**
*Comprimée* latéralem. Dents palatines en séries
*subrectilignes* .................................... III. **Tritonidi.**

# I. SPELERPESIDI.

## 1. SPELERPES Raf. *Spélerpe.*

Dents palatines en 2 séries convergentes postérieurem.   **fuscus** Bon.
Queue arrondie.                                          Midi? 0ᵐ,1.

Fig. 1113. — Salamandra maculosa, 1/2 gr. nat.

# II. SALAMANDRIDI.

## 1. SALAMANDRA Laur. *Salamandre.* Fig. 1113.

Dents palatines dépassant antérieurem. les orifices   **maculosa** Laur.
internes des narines. Pas de crête dorsale.           Toute l'Europe. 0ᵐ,15.

Fig. 1114. — Triton marmoratus, gr. nat.

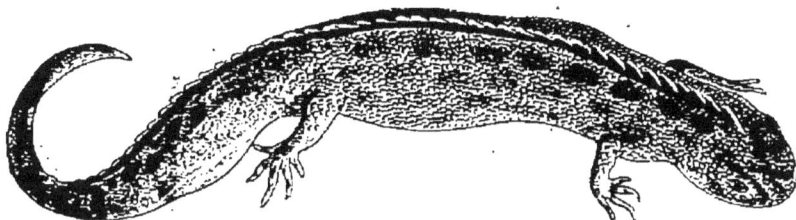

Fig. 1113. — Triton cristatus, gr. nat.

Fig. 1116. — Triton alpestris, gr. nat.

## III. TRITONIDI.

**1. TRITON** Laur. *Triton*. Fig. 1114 à 1118.

| | | |
|---|---|---|
| 1 | Verrues du dos et des flancs *très apparentes* | 2 |
| | *Nulles* ou *peu sensibles* | 4 |
| 2 | Ligne médiane du dos *sans* appendice ou marque qui la distingue du reste du dos. Langue fixée *seulem. en avant*. Ventre orangé, ord. sans taches obscures bien apparentes. | **asper** Sch. Pyrénées. |
| | *Avec* une carène, une crête, un sillon ou une raie claire | 3 |
| 3 | Abd. rouge brun, semé de points noirs et qqf. de points blancs, vert terne maculé de brun chez les ♀. ♂ avec une crête dorsale *plissée, sinueuse*. Les 2 séries de dents palatines *subparallèles* en avant. | **marmoratus** Schinz. Midi. Centre. 0ᵐ,2. |
| | De couleur claire, avec de grandes taches noires arrondies. Tête aussi large que le cou. Crête ♂ à bord *découpé, festonné*. Les 2 séries de dents palatines *divergentes* en avant. | **cristatus** Laur. Presque te de la France. 0ᵐ,13 à 0ᵐ,16. |
| 4 | *Une ligne obscure* du bout du museau aux yeux. Espace interoculaire *avec* 3 sillons convergents en avant | 5 |
| | *Pas de ligne obscure* distincte sur les côtés de la tête. Espace interoculaire *n'ayant pas* 3 sillons longitudin. ♂ avec une crête dorsale au printemps. Abd. sans taches. | **alpestris** Laur. Centre. Nord. 0ᵐ,1. |

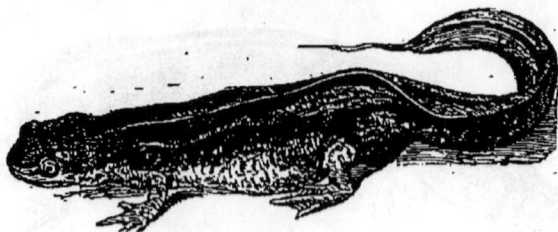

Fig. 1117. — Triton palmatus, gr. nat.

Fig. 1118. — Triton punctatus, gr. nat.

5
Taches dorsales ord. petites, *ne formant pas de* lignes longitudin. régulières. Milieu de l'abd. et dessous de la tête sans taches noires. Langue *anguleuse* latéralem. Queue du ♂ au printemps avec un grêle prolongement terminal et une expansion membraneuse de chaque côté du dos.

**palmatus** Tschb.
Toute la France. 0ᵐ,08.

Grandes, suborbiculaires, *formant* 1 série médiane et 2 latérales. Abd. et dessous de la tête avec des taches foncées. Langue *non anguleuse* latéralem.

**punctatus** Latr.
Presque toute la France. 0ᵐ,08.

# EMBRANCHEMENT DES PROTOCHORDES

Squelette intérieur représenté exclusivem. par une *corde dorsale*, qui peut dispa-
raître chez l'adulte. Système nerveux central consistant en un cordon qui court au-dessus de la corde, et peut se réduire chez l'adulte à un ganglion. Portion antér. du tube
digestif transformée en un sac branchial.

## CLASSE DES CÉPHALOCHORDES
## ORDRE DES AMPHIOXIENS

Pas de crâne ni de colonne vertébrale ; corde dorsale s'étendant sur toute la longueur
du corps.

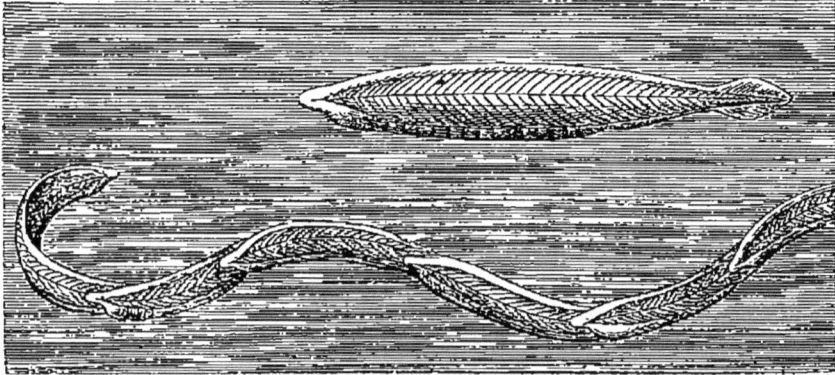

Fig. 1119. — Branchiostoma lanceolatum.

## I. BRANCHIOSTOMIDI.

**1. BRANCHIOSTOMA** Corda. *Branchiostome*. Fig. 1119.

Corps allongé, comprimé, terminé en pointe. Bouche longitudinale, inférieure, bordée
d'un rang de tentacules.

Forme lancéolée, effilée aux 2 extrémités. Ventre avec **lanceolatum** Pallas.
une sorte de carène s'étendant de la bouche à l'anus. Toutes nos côtes. 0ᵐ,04 à
— Vit dans les bancs de sable des côtes maritimes. 0ᵐ,07.

## CLASSE DES UROCHORDES (¹).

Corps en forme d'utricule ; prolongement caudal de la larve ord. non persistant chez
l'adulte. Une tunique commune cellulosique. Pharynx branchial très ample ; branchies
offrant une disposition métamérique. Un vaste atrium s'ouvrant dorsalem. ou en bas.
Tube digestif contourné ; anus supéro-dorsal. Système nerveux de l'adulte réduit à un
ganglion dorsal prolongé en un grêle cordon.

DIVISION DES UROCHORDES EN ORDRES.

**Appendiculariens.** — Formes infér. pélagiques, larvaires, à queue et à corde
*persistantes*. Pas d'atrium. Pharynx communiquant avec le dehors par une paire
d'orifices expirateurs. Anus ventral s'ouvrant directem. au dehors.

(1) L'étude des Tuniciers étant difficile, et la détermination de leurs espèces nécessitant des
recherches anatomiques, nous croyons devoir nous borner, pour ce groupe, à donner les caractères
différentiels des familles. — Consulter. pour de plus amples détails : Yves DELAGE et Edgard
HÉROUARD, *Traité de zoologie concrète*, t. VIII, *Les Procordes*.

28.

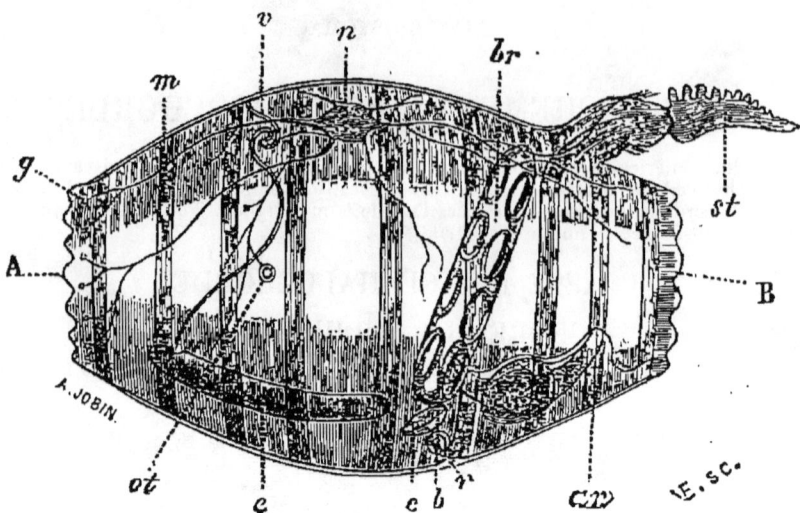

Fig. 1120. — Organisation d'un Thalien (*Doliolum*). — A, orifice d'entrée ; B, orifice de sortie ; e, endostyle ; b, bouche ; an, anus ; c, cœur ; n, ganglion nerveux ; ot, otocyste ; g, cellules colourant la terminaison d'un nerf ; v, organe vibratile ; m, muscles ; br, bronches ; st, stolons ; r', organe en rosette.

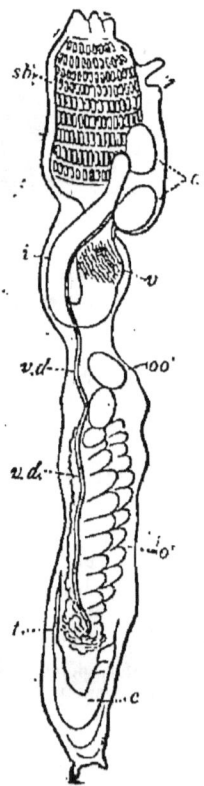

Fig. 1121. — Organisation d'un Ascidien. — sb, sac branchial ; v, estomac ; i, intestin ; c, cœur t, testicules ; vd, canal déférent ; o, ovaire ; o', œufs mûrs.

**Thaliens.** — Formes *libres*, pélagiques. Cavités pharyngienne et atriale très amples. Viscères réduits à un petit *nucléus* latéral. — (Fig. 1120).

**Ascidiens.** — Formes ord. *fixées*. Pharynx branchial en sac, entouré par la cavité péribranchiale. Reproduction avec ou sans générations alternantes, mais presque toujours sans polymorphisme. — (Fig. 1121).

# ORDRE DES APPENDICULARIENS

Pharynx muni d'un endostyle      Appendiculariidi.

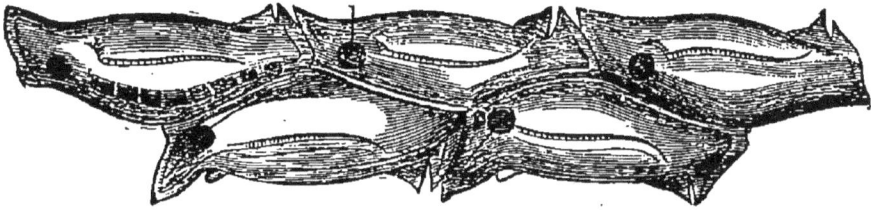

Fig. 1122. — Salpa marima Lk. (Fam. des *Salpidi*).

# ORDRE DES THALIENS

Anneaux musculaires ord. incomplets au côté ventral.
Branchie réduite à une étroite bandelette    Salpidi (fig. 1122).
Réguliers, complets. Corps en forme de tonneau    Doliolidi.

# ORDRE DES ASCIDIENS

Colonies libres    I. *Lucides.*
Ascidies composées, formant par bourgeonnement des colonies fixées    II. *Synascidies.*
Simples, solitaires, n'émettant pas de bourgeons    III. *Monascidies.*

## SOUS-ORDRE I. — LUCIDES.

Formes coloniales, libres, pélagiques    Pyrosomidi.

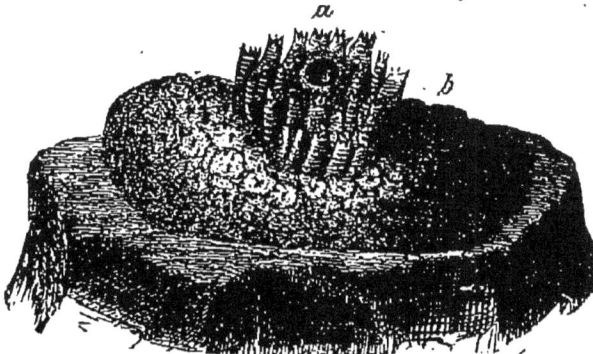

Fig. 1123. — Amarucium densum Edw. (Fam. des *Polyclinidi*).

## SOUS-ORDRE II. — SYNASCIDIES.

Ascidiozoïdes groupés en coenobies irrégulières autour du cloaque commun, perpendiculaires à la surface. Tube digestif, organes génitaux et cœur superposés dans un sac viscéral allongé, placé au-dessous de la branchie    Polyclinidi (fig. 1123).

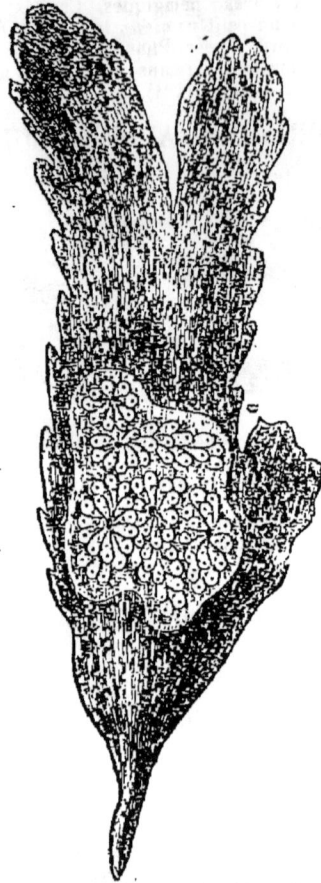

Fig. 1124. — Botryllus albicans Edw. (Fam. des *Botryllidi*).

Groupés ord. en coenobies irrégulières autour du cloaque
commun, perpendiculaires ou obliques à la surface.
Viscères rapprochés dans un sac court, situé au-dessous de la branchie — **Didemnidi.**

Groupés en coenobies régulières autour du cloaque commun, presque tangents à la surface; viscères remontés
sur la gauche, au-dessus du fond du sac branchial — **Botryllidi** (fig. 1124).

Disposés sur des stolons rampants, non empâtés dans
une tunique commune, ne formant pas de coenobies,
dépourvus de cloaque commun — **Clavelinidi.**

### SOUS-ORDRE III. — MONASCIDIES.

Siphon buccal à 8 lobes, le cloacal à 6; branchie non
plissée — **Ascidiidi.**

A 4 lobes, ainsi que le cloacal; branchie plissée longitudinalem. — **Cynthiidi.**

A 6 lobes, le cloacal à 4; branchie plissée longitudinalem. De chaque côté, placées symétriquem., 2 glandes
génitales, l'une mâle, l'autre femelle — **Molgulidi.**

# TABLE DES MATIÈRES

FIN DE LA TABLE DES MATIÈRES.

# INDEX ALPHABÉTIQUE

---

Sont compris dans cette table : les noms des embranchements, classes, ordres, sous-ordres, familles, tribus, les noms latins des genres, et les noms français dans tous les cas où ils s'éloignent sensiblement du terme latin correspondant.

Les nombres en chiffres arabes renvoient aux pages.

Les nombres en chiffres romains renvoient aux tomes.

L'ordre adopté pour les tomes est le suivant :

I. — Vertébrés.

II. — Coléoptères.

III. — Orthoptères, Névroptères, Hyménoptères, Lépidoptères, Hémiptères, Diptères et Ordres satellites.

IV. — Arachnides, Crustacés, Myriopodes, Vers, Mollusques, Phytozoaires et Protozoaires.

## A

Abacoproeces, IV, 85.
Abax, II, 63.
Abdera, II, 335.
Abeille, III, 49.
Abemus, II, 106.
Abia, III, 201.
Ablette, I, 456.
Abothriidi, IV, 322.
Abothrium, IV, 322.
Abraeus, II, 254.
Abramis, I, 456.
Abraxas, III, 337.
Abraxasidi, III, 337.
Abrostola, III, 321.
Absidia, II, 304.
Acalèphes, IV, 474.
Acalles, II, 393.
Acalyptus, II, 388.
Acampsis, III, 135.
Acanthaclisis, III, 34.
Acanthias, I, 353.
Acanthiasidi, I, 353.
Acanthobothrium, IV, 323.
Acanthocéphales, IV, 221.
Acanthochites, IV, 338.
Acanthodactylus, I, 483.
Acanthoderes, II, 422.
Acantholabrus, I, 429.
Acantholophus, IV, 31.
Acanthonotidi, IV, 188.
Acanthonotus, IV, 188.

Acanthonycii, IV, 140.
Acanthonyx, IV, 140.
Acanthopharynx, IV, 239.
Acanthophita, III, 354.
Acanthopleura, IV, 338.
Acanthoptérygiens, I, 372.
Acanthosoma, III, 368.
Acanthosomii, III, 368.
Acanthothorax, III, 394.
Acariens, IV, 111.
Acartauchenius, IV, 87.
Acasta, IV, 213.
Accentor, I, 209.
Accentorii, I, 209.
Accipiter, I, 120.
Acentrus, II, 399.
Aceras, IV, 411.
Acercus, IV, 116.
Acerina, I, 395.
Acerota, III, 191.
Achaeus, IV, 137.
Achenium, II, 117.
Acherontia, III, 250.
Achoristus, III, 127.
Achorutes, IV, 8.
Achroa, III, 349.
Achtheres, IV, 205.
Acidalia, III, 334.
Acidaliidi, III, 333.
Acidota, II, 139.
Acilius, II, 82.
Acinia, III, 484.
Acinopus, II, 68.
Acipenser, I, 366.

Acipenseridi, I, 366.
Aciptilia, III, 357.
Acirsa, IV, 367.
Aclis, IV, 367.
Aclista, III, 194.
Acmaeodera, II, 274.
Acmaeops, II, 428.
Acme, IV, 362.
Acmeidi, IV, 362.
Acocephalus, III, 404.
Acoelius, III, 136.
Acoenites, III, 175.
Acoenitesii, III, 175.
Acolus, III, 189.
Acontia, III, 318.
Acontiidi, III, 318.
Acosmetia, III, 287.
Acraspis, III, 196.
Acridiidi, III, 4.
Acridium, III, 6.
Acritus, II, 254.
Acrobasis, III, 348.
Acrocera, III, 452.
Acrocerii, III, 451.
Acrocormus, III, 185.
Acrognathus, II, 129.
Acrolepia, III, 352.
Acrolocha, II, 142.
Acronycta, III, 275.
Acronyctidi, III, 274.
Acroperus, IV, 211.
Acropiesta, III, 194.
Acrotylus, III, 7.
Acrulia, II, 142.

Brenthii, II, 362.
Brephia, III, 348.
Brephos, III, 320.
Briareidi, IV, 482.
Brissopsis, IV, 464.
Brochet, I, 463.
Bromius, II, 440.
Brontes, II, 219.
Brontesii, II, 219.
Broscus, II, 68.
Bruant, I, 170.
Bruchii, II, 352.
Bruchus, II, 352.
Bryaxis, II, 234.
Bryobia, IV, 115.
Bryocharis, II, 150.
Bryophila, III, 274.
Bryophilidi, III, 274.
Bryoporus, II, 151.
Bryotropha, III, 353.
Bryozoaires, IV, 250.
Bubas, II, 259.
Bubo (Ois.), I, 133.
Bubo (Névr.), III, 32.
Bubulcus, I, 286.
Buccinidi, IV, 377.
Buccinum. IV, 378.
Bucculatrix, III, 357.
Budytes, I, 191.
Bufo, I, 492.
Bufonidi, 1, 492.
Bugetia, IV, 361.
Buhotte, I, 384.
Bulimus, IV, 403.
Bulla, IV, 411.
Bullidi, IV, 411.
Buphus, I, 286.
Buprestidi, II, 273.
Buprestisii, II, 274.
Busard, I, 121.
Buse, I, 104.
Butalis, I, 230.
Butalis, III, 356.
Buteo, I, 104.
Buteonii, I, 104.
Buthidi, IV, 24.
Buthus, IV, 24.
Butor, I, 289.
Butzkopf, I, 81.
Byctiscus, II, 355.
Byrrhidi, II, 198.
Byrrhus, II, 199.
Byrsopsisii, II, 373.
Bythinella, IV, 358.
Bythinia, IV, 361.
Bythinus, II, 233.
Bythoscopus, III, 404.
Bythotrephes, IV, 212.
Byturii, II, 206.
Byturus, II, 207.

## C

Cabera, III, 334.
Caberidi, III, 334.
Cabillaud, I, 438.
Caccobius, II, 259.
Cachalot, I, 81.
Cacochroa, III, 353.
Cadulus, IV, 419.
Caccidi, IV, 365.
Caecilianella, IV, 389.
Caecilius, III, 18.
Caecum, IV, 365.
Caeleno, IV, 113.
Caelenopsis, IV, 113.
Caelenopsisii, IV, 113.
Caelia, II, 66.
Caenacis, III, 185.
Caenis, III, 22.
Caenopachys, III, 129.
Caenopsis, II, 379.
Caenosia, III, 480.
Caepophagus, IV, 127.
Cafard, III, 2.
Cafius, II, 112.
Cagnette, I, 377.
Caille, I, 247.
Calamobius, II, 424.
Calamodes, III, 336.
Calamodyta, I, 220.
Calamoherpe, I, 217.
Calamoherpii, I, 215.
Calamotropha, III, 347.
Calandra, II, 403.
Calandre, I, 185.
Calandrii, II, 403.
Calanidi, IV, 193.
Calantica, III, 351.
Calanus, IV, 194.
Calappa, IV, 148.
Calappidi, IV, 148.
Calathocratus, IV, 35.
Calathus, II, 57.
Calcar, II, 329.
Calcispongiaires, IV, 489.
Calicnemis, II, 267.
Calicnemisii, II, 267.
Calicotyle, IV, 316.
Calicurgus, III, 98.
Calidris, I, 267.
Caligidi, IV, 198.
Caligonus, IV, 116.
Caligus, IV, 198.
Callanthias, I, 398.
Callianassa, IV, 157.
Callianassidi, IV, 157.
Callicera, III, 463.
Callicerus, II, 170.
Callidina, IV, 250.
Callidium, II, 414.
Calliethera, IV, 39.

Calligenia, III, 258.
Callimone, III, 181.
Callimorpha, III, 260.
Callimus, II, 419.
Calliobdella, IV, 313.
Calliobothrium, IV, 322.
Callionymidi, I, 380.
Callionymus, I, 380.
Calliope, I, 209.
Calliphora, III, 479.
Callistus, II, 54.
Callomyia, III, 471.
Callopeltis, I, 488.
Calmar, IV, 453.
Calobata, III, 485.
Calocampa, III, 314.
Calocoris, III, 388.
Calodera, II, 169.
Calodium, IV, 229.
Calophasia, III, 316.
Caloptenus, III, 6.
Calopterygii, III, 23.
Calopteryx, III, 24.
Calopus, II, 347.
Caloscelis, III, 400.
Calosoma, II, 44.
Calosoter, III, 178.
Calpe, III, 323.
Calpidi, III, 323.
Calvia, II, 461.
Calypso, III, 180.
Calypterus, II, 320.
Calyptii, III, 146.
Calyptoblastiques, IV, 467.
Calyptraea, IV, 363.
Calyptraeidi, IV, 363.
Calyptus, III, 146.
Camarota, III, 487.
Campagnol, I, 48.
Campanularia, IV, 470.
Campanulariidi, IV, 470.
Campecopea, IV, 177.
Campichoeta, III, 487.
Campodea, IV, 10.
Campodeidi, IV, 10.
Camponiscus, III, 205.
Camponotus, III, 107.
Campoplex, III, 172.
Camptocercus, IV, 211.
Camptogramma, III, 341.
Camptoptera, III, 192.
Camptopus, III, 383.
Camptorhinus, II, 393.
Campylaspisidi, IV, 170.
Campylomorphus, III, 285.
Campylomyza, III, 428.
Campylus, II, 285.
Canard, I, 318.
Cancellaria, IV, 373.
Cancellariidi, IV, 373.
Canceridi, IV, 141.
Cancerii, IV, 142.

30.

Pterodectes, IV, 118.
Pterodina, IV, 245.
Pterogon, III, 251.
Pterogorgia, IV, 482.
Pterolichus, IV, 128.
Pteromalii, III, 184.
Pteromalus, III, 185.
Pteronyssus, IV, 128.
Pterophagus, IV, 128.
Pterophorus, III, 357.
Pteroplatea, I, 364.
Pteroptii, IV, 113.
Pteroptus, IV, 123.
Pterostichus, II, 64.
Pterostoma, III, 269.
Pterothrix, III, 187.
Pterotmetus, III, 375.
Ptilinus, II, 320.
Ptilium, II, 239.
Ptilonyssus, IV, 113.
Ptilophora, III, 270.
Ptinidi, II, 314.
Ptinomorphus, II, 315.
Ptinus, II, 315.
Ptosima, II, 274.
Ptychobothrium, IV, 321.
Ptychocephalus, IV, 233.
Ptychoptera, III, 415.
Ptychostomon, IV, 368.
Ptyelus, III, 400.
Ptygura, IV, 242.
Puer, III, 32.
Puffinus, I, 299.
Pulex, III, 490.
Pulicidi, III, 490.
Pulmonés, IV, 382.
Punaise, III, 392.
Pupa, IV, 392.
Pupidi, IV 390.
Pupilla, IV, 394.
Purpura, IV, 381.
Purpuricenus, II, 414.
Purpuridi, IV, 381.
Putois, I, 61.
Pychnogonides, IV, 219.
Pychnogonidi, IV, 219.
Pychnogonum, IV, 219.
Pycnoglypta, IV, 142.
Pycnomerii, II, 223.
Pycnomerus, II, 223.
Pycnopterna, III, 387.
Pygaera, III, 270.
Pygargue, I, 103.
Pygidia, II, 304.
Pygidiphorus, II, 328.
Pygmaena, III, 331.
Pygolampisii, III, 394.
Pygospio, IV, 277.
Pygostolus, III, 146.
Pyralis, III, 343.
Pyrausta, III, 344.
Pyrgoma, IV, 217.

Pyrgomorpha, III, 6.
Pyrgota, III, 483.
Pyrgula, IV, 360.
Pyrochroa, II, 346.
Pyrochroidi, II, 346.
Pyroderces, III, 356.
Pyrosomidi, I, 499.
Pyrrhocorax, I, 155.
Pyrrhocoris, III, 370.
Pyrrhocorisii, III, 370.
Pyrrhula, I, 168.
Pyrrhulii, I, 168.
Pythidi, II, 349.
Pytho, II, 350.
Pythonissa, IV, 105.
Pytiophagus, II, 226.

Q

Quartinia, III, 72.
Quedius, II, 113.
Querquedula, I, 320.

R

Rabigus, II, 111.
Radiolaires, IV, 491.
Raia, I, 359.
Raie, I, 359.
Raiidi, I, 359.
Rainette, I, 489.
Rale, I, 279.
Rallidi, I, 278.
Rallii, I, 278.
Rallus, I, 279.
Ramier, I, 237.
Rana, I, 490.
Ranatra, III, 398.
Ranella, IV, 371.
Raniceps, I, 442.
Ranicepsii, I, 442.
Ranidi, I, 490.
Rapaces, I, 92.
Raphidia, III, 37.
Raphidiidi, III, 37.
Raphiglossa, III, 73.
Raphitoma, IV, 375.
Rascasse, I, 392.
Rason, I, 430.
Rat, I, 44.
Rat d'eau, I, 49.
Rattulus, IV, 247.
Ratzeburgia, III, 178.
Recurvaria, III, 354.
Recurvirostra, I, 276.
Recurvirostridi, I, 275.
Recurvirostrii, I, 275.
Reduvii, III, 394.
Reduviidi, III, 393.
Reduvius, III, 394.

Regalecus, I, 417.
Regulii, I, 224.
Regulus, I, 224.
Rémiz, I, 229.
Remus, II, 112.
Renard (Mammif.), I, 54.
Renard (Poiss.), I, 346.
Reptiles, I, 477.
Requin, I, 351.
Retepora, IV, 256.
Reteporidi, IV, 256.
Retinia, III, 350.
Rhabditis, IV, 239.
Rhabditisidi, IV, 238.
Rhabdotoderma, IV, 240.
Rhacocleis, III, 13.
Rhagium, II, 427.
Rhagonycha, II, 304.
Rhamnusium, II, 427.
Rhamphidia, III, 418.
Rhamphii, II, 362.
Rhamphina, III, 474.
Ramphomyia, III, 447.
Rhamphus, II, 362.
Rhaphidopalpa, II, 448.
Rhaphidotelus, III, 184.
Rhaphignathii, IV, 115.
Rhaphignathus, IV, 124.
Rhaphium, III, 459.
Rheochara, II, 163.
Rhincomyia, III, 479.
Rhinechis, I, 487.
Rhingia, III, 467.
Rhinobatus, I, 357.
Rhinobatidi, I, 357.
Rhinocyllus, II, 382.
Rhinolophidi, I, 32.
Rhinolophus, I, 32.
Rhinomacer, II, 357.
Rhinomacerii, II, 357.
Rhinoncus, II, 399.
Rhinosia, III, 354.
Rhinosimus, II, 350.
Rhinusa, II, 402.
Rhipidia, III, 418.
Rhipidii, II, 339.
Rhipidius, II, 339.
Rhipiphorus, II, 339.
Rhipiptères, III, 491.
Rhizobius (Coléopt.), II, 463.
Rhizobius (Hémipt.), III, 407.
Rhizopertha, II, 296.
Rhizophagus, II, 226.
Rhizopodes, IV, 490.
Rhizostoma, IV, 476.
Rhizostomiidi, IV, 476.
Rhizotrogus, II, 269.
Rhizoxenia, IV, 480.
Rhodaria, III, 344.
Rhodeus, I, 453.
Rhodites, III, 196.
Rhodocera, III, 231.

Rhoca. IV, 172.
Rhogas, III. 130.
Rhogasii, III. 129.
Rhombognathus, IV, 117.
Rhombus, I, 446.
Rhoophilus, III. 197.
Rhopalicus. III. 185.
Rhopalii, III, 380.
Rhopalocères, III, 228.
Rhopalodontus. II. 297.
Rhopalopus, II, 414.
Rhopalotomus. III. 388.
Rhopalotus. III. 186.
Rhopalus, III, 380.
Rhopbobota. III, 350.
Rhoptria, III. 335.
Rhopus, III, 179.
Rhyacionia, III. 380.
Rhyacophila, III, 44.
Rhygchium. III. 74.
Rhynchelmis. IV. 307.
Rhynchites, II. 356.
Rhynchobothriidi, IV, 322.
Rhynchobothrius. IV. 322.
Rhynchodemus. IV. 327.
Rhyncholophii. IV. 116.
Rhyncholophus. IV. 116.
Rhyncolophus. IV, 125.
Rhyncolus. II. 404.
Rhyncophores. II, 351.
Rhyparia. III, 337.
Rhyparochromus. III, 375.
Rhyphus. III. 430.
Rhysipolis. III. 126.
Rhyssa. III. 169.
Rhyssalus, III. 126.
Rhyssemus, II, 264.
Rhyssodes. II. 221.
Rhyssodidi. II. 221.
Rhytidoderes. II. 368.
Rhytidosomus. II, 394.
Rhytirhinus, II. 373.
Rhyzophysa. IV. 477.
Rhyzophysidi. IV. 477.
Rictularia. IV, 235.
Ringicula, IV, 410.
Ringiculidi. IV, 410.
Riolus. II, 197.
Ripismia, III. 355.
Risson, IV, 354.
Rissoidi, IV, 353.
Rissoina. IV, 356.
Rivula, III, 343.
Roche, I, 453.
Rocinela, IV, 179.
Roeslerstamunia, III, 352.
Roitelet, I, 224.
Rollier, I, 144.
Roncus, IV, 21.
Rongeurs, I, 40.
Roptrocerus, III, 184.
Rorqual, I, 83.

Rosalia, II, 414.
Roselin, I, 169.
Rossia, IV, 453.
Rossignol, I, 202.
Rotengle, I, 454.
Rotifer, IV, 250.
Rotifères, IV. 249.
Rotiferidi, IV. 249.
Rouge-gorge, I, 200.
Rouge-queue, I, 204.
Rouget, I, 385.
Rousseau, I, 421.
Rousserolle, I, 217.
Roussette, I, 345.
Rouvet, I, 405.
Rubannés, IV, 488.
Rubecula, I, 200.
Rubiconia, III, 305.
Rumia. III, 328.
Rumina. IV, 390.
Ruminants, I, 70.
Ruminidi, IV, 388.
Runcinia, IV, 54.
Rusina, III, 289.
Ruticilla, I, 204.
Ruvettus, I, 405.

## S

Sabacon, IV, 32.
Sabella, IV, 299.
Saccanthus, IV, 485.
Sacciformes, IV, 488.
Sacculina, IV, 219.
Sacium, II, 256.
Sactogaster, III, 191.
Saga, III, 12.
Sagitta, IV, 241.
Sagittidi, IV, 241.
Sagre, I, 354.
Saitis, IV, 42.
Salamandra, I, 494.
Salamandridi, I, 494.
Salda, III, 390.
Saldidi, III, 390.
Salicoque, IV, 164.
Salicornia, IV, 259.
Salius, III, 98.
Salmo, I, 469.
Salmonidi, I, 468.
Salpidi, I, 499.
Salpina, IV, 246.
Salpingus, II, 350.
Salticus, IV, 37.
Sanderling, I, 267.
Sanglier, 69.
Sangsue, IV, 311.
Saperda, IV, 423.
Saphanus, II, 416.
Saphenia, IV, 471.
Sapholytus, III, 196.

Saprinii, II, 252.
Saprinus, II, 252.
Sapromyza, III, 483.
Sapyga, III, 103.
Sapygii, III, 103.
Sarcelle, I, 320.
Sarcophaga, III, 478.
Sarcoptes, IV, 129.
Sarcoptesidi, IV, 117.
Sarcoptesii, IV, 118.
Sardine, I, 461.
Sardinella, I, 461.
Sargii, I, 418.
Sargus (Poiss.), I, 418.
Sargus (Dipt.), III, 439.
Sarrothripa, III, 256.
Sarrotrium, II, 222.
Sarsia, IV, 472.
Sastragala, III, 368.
Saturnia, III, 266.
Saturniidi, III, 266.
Satyridi, III, 240.
Satyrus, III, 242.
Saumon, I, 469.
Saupe, I, 420.
Saurel, I, 405.
Sauriens, I, 479.
Saurus, I, 467.
Sauterelles (Orthopt.), III, 10.
Sauterelle (Crust.), IV, 164.
Saxicava, IV, 449.
Saxicola, I, 206.
Scacchia, IV, 439.
Scalaria, IV, 367.
Scalariidi, IV, 367.
Scalis, IV, 295.
Scalpellum. IV, 216.
Scapaeus, II, 121.
Scaphander, IV, 411.
Scaphandridi, IV, 410.
Scaphidema, II, 327.
Scaphidiidi, II, 238.
Scaphidium, II, 238.
Scaphisoma, II, 238.
Scaphium, II, 238.
Scapholeberis, IV, 210.
Scaphopodes, IV, 418.
Scaptognathus, IV, 117.
Scarabaeidi, II, 257.
Scarabaeus, II, 258.
Scardia, III, 351.
Scardinius, I, 454.
Scarii, I, 425.
Scarites, II, 51.
Scaritii, II, 51.
Scarus, I, 426.
Scathopse, III, 432.
Scatophaga, III, 482.
Scaurus, II, 324.
Scelio, III, 190.
Scelionii, III, 189.

www.ingramcontent.com/pod-product-compliance
Lightning Source LLC
Chambersburg PA
CBHW031353210326
41599CB00019B/2753